ARL Reader Planungstheorie Band 1

Thorsten Wiechmann

(Hrsg.)

ARL Reader Planungstheorie Band 1

Kommunikative Planung – Neoinstitutionalismus und Governance

 Springer Spektrum

Hrsg.
Thorsten Wiechmann
Fakultät Raumplanung, TU Dortmund
Dortmund, Deutschland

ISBN 978-3-662-57629-8   ISBN 978-3-662-57630-4   (eBook)
https://doi.org/10.1007/978-3-662-57630-4

Die Deutsche Nationalbibliothek verzeichnet diese Publikation in der Deutschen Nationalbibliografie; detaillierte biblio-
grafische Daten sind im Internet über http://dnb.d-nb.de abrufbar.

Springer Spektrum

Einbandabbildung: Parco Dora © Thorsten Wiechmann
Planung/Lektorat: Sarah Koch

Springer Spektrum ist ein Imprint der eingetragenen Gesellschaft Springer-Verlag GmbH, DE und ist ein Teil von Springer
Nature.
Die Anschrift der Gesellschaft ist: Heidelberger Platz 3, 14197 Berlin, Germany

Vorwort

Die erste Idee zu diesem Reader entstand in einem Gespräch mit Prof. Dr. Hans Heinrich Blotevogel im März 2011 in Dortmund. Das Präsidium der Akademie für Raumforschung und Landesplanung (ARL) wollte damals eine neue Initiative zur Planungstheorie starten. Dafür sprachen mehrere Gründe: Zum einen bedürfen die Planungswissenschaften, wie jede akademische Disziplin, einer soliden theoretischen Fundierung. Sie müssen einen leistungsfähigen Theoriekern ausbilden, der kumulativ auszubauen ist. Zum anderen werden in Deutschland die lebhaften internationalen Diskussionen zur Planungstheorie traditionell nur wenig rezipiert und erreichen selten die Planungspraxis. Es zeigt sich eine ausgeprägte Kommunikationslücke zwischen der Planungswissenschaft und der Planungspraxis.

Vor diesem Hintergrund sollte die Initiative der ARL den aktuellen Stand planungstheoretischer Diskurse aufarbeiten und reflektieren. In einem Expertengespräch im November desselben Jahres wurden die Ideen konkretisiert und die Einrichtung eines ARL-Arbeitskreises beschlossen. Der hier vorliegende ARL Reader Planungstheorie ist eines der zentralen Ergebnisse dieses Arbeitskreises. Er will eine umfassende und doch pointierte Bestandsaufnahme des planungstheoretischen Diskussionsstandes leisten.

Aus der Fülle möglicher Theorien und Methodologien konzentriert sich der Reader auf vier Themenkomplexe:
1. Kommunikative Planung (Band 1)
2. Neoinstitutionalismus und Governance (Band 1)
3. Strategische Planung (Band 2)
4. Planungskultur (Band 2)

In Form eines Sammelwerkes präsentiert er Debatten bestimmende Originaltexte national und international bekannter Autoren. Diese werden durch namhafte Planungswissenschaftler eingeordnet und kritisch diskutiert. Damit bietet der Band einen so bisher nie dagewesenen Einstieg und Überblick über die Grundlagen der aktuellen planungstheoretischen Debatten für Studierende der Raum- und Planungswissenschaften sowie fachlich interessierte Wissenschaftler und Planungspraktiker.

All jenen, die bei der Entstehung des Readers geholfen haben, sei an dieser Stelle ganz herzlich gedankt. Hierzu zählen zuvorderst die Mitglieder des ARL-Arbeitskreises „Planungstheorien – Stand und Perspektiven", die in den Jahren 2013 bis 2015 in sieben zweitätigen Sitzungen Konzept und Inhalt des Readers gemeinsam entwickelt haben:

Dipl.-Ing. Judith Marie Böttcher (geb. Bornhorst), ARL/HafenCity Universität Hamburg
Prof. Dr. Rainer Danielzyk, ARL/Leibniz Universität Hannover
Dr. Ludger Gailing, Leibniz-Institut für Raumbezogene Sozialforschung
Dr. Marian Günzel, TU Dortmund (AK-Geschäftsführer)
Dr. Alexander Hamedinger, TU Wien
Dr. Gérard Hutter, Leibniz-Institut für ökologische Raumentwicklung
Prof. Dr. Thomas Krüger, HafenCity Universität Hamburg
Prof. Dr. Frank Othengrafen, TU Dortmund
Dr. Mario Reimer, Institut für Landes- und Stadtentwicklungsforschung
Prof. Dr. Walter Schönwandt, Universität Stuttgart
Prof. Dr. Thorsten Wiechmann, TU Dortmund (Leiter des Arbeitskreises)
Prof. Dr. Karsten Zimmermann, TU Dortmund

An den Beratungen des AK haben darüber hinaus eine Reihe weiterer Personen in Form von thematischen Inputs und Statements mitgewirkt. Auch sie haben wesentlichen Anteil am Zustandekommen des Readers: Prof. Dr. Uwe Altrock, Prof. Dr. Hans Heinrich Blotevogel, Prof. Dr. Christian Diller, Klaus Einig, Prof. Dr. Huib Ernste, Prof. Dr. Dietrich Fürst, Prof. Dr. Jean-David Gerber, Prof. Dr. Panos Getimis, Prof. Dr. Enrico Gualini, Dr. Christoph Hemberger, Antje Herbst, Prof. Dr. Oliver Ibert, Dr. Meike Levin-Keitel, Marlies Meijer, Andreas Putlitz, Prof. Dr. Wolf Reuter, Prof. Dr. Klaus Selle und Dr. Martin Sondermann (in alphabetischer Reihenfolge). Als zuständige Wissenschaftlerin in der Geschäftsstelle der ARL hat Dr. Evelyn Gustedt die Lenkungsgruppe des Arbeitskreises in allen administrativen und organisatorischen Fragen tatkräftig unterstützt. Als Geschäftsführer des Arbeitskreises liefen viele Fäden bei Dr. Marian Günzel zusammen, der maßgeblichen Anteil am Erfolg des Vorhabens hatte.

Ein großes Dankeschön gilt auch dem Präsidium der Akademie für Raumforschung und Landesplanung, das nicht nur den Arbeitskreis in allen Phasen wohlwollend unterstützt, sondern auch den Reader durch die Bereitstellung der erforderlichen Mittel erst ermöglicht hat.

Last but not least gilt ein besonderer Dank auch Dr. Simone Jordan und Sarah Koch (Associate Editors) sowie Anja Dochnal (Projektmanagerin) vom Springer Spektrum Verlag, die die Entstehung des Werkes professionell und mit viel Engagement begleitet haben. Beide Bände wurden zudem durch den Springer Spektrum Verlag beim Erwerb der Abdruckrechte für die Originalartikel maßgeblich unterstützt.

Thorsten Wiechmann
Dortmund
8. Februar 2019

Inhaltsverzeichnis

1	**Einleitung – Zum Stand der deutschsprachigen Planungstheorie**	**1**
	Thorsten Wiechmann	
1.1	**Der ARL Reader Planungstheorie**	2
1.2	**Was ist Planungstheorie?**	3
1.2.1	Dimensionen der Planungstheorie	3
1.2.2	Historische Wurzeln der Planungstheorie	4
1.2.3	Entwicklungslinien der Planungstheorie	5
1.2.4	Wandel im planungstheoretischen Denken	8
1.3	**Zur Zusammenstellung des Readers**	8
1.3.1	Kriterien für die Zusammenstellung des Readers	9
	Literatur	10
2	**Kommunikative Planung**	**13**
	Karsten Zimmermann	
2.1	**Kommunikative Planung: Bedeutung und Schlüsselthesen**	14
2.2	**Wie wurde kommunikative Planung eingeführt? – Geschichte**	14
2.3	**Gibt es Unterschiede in der Rezeption in Deutschland und der angloamerikanischen Diskussion?**	18
2.4	**Verhältnis Theorie zu Praxis**	19
2.5	**Kritische Debatte = Kontroversen, Perspektiven, Querbezüge**	20
2.6	**Fazit und Ausblick**	21
2.6.1	Für die Forschung	21
2.6.2	Für die Praxis	22
	Literatur	23
	Originaltexte	24
	Originaltext Habermas 1973	24
	Originaltext Rittel/Webber 1973	36
	Originaltext Healey 1992	51
	Originaltext Forester 1982	71
	Originaltext Renn 1999	86
	Originaltext Selle 2004	104
	Originaltext Mäntysalo 2002	133
	Originaltext Reuter 2000	153
3	**Neoinstitutionalismus und Governance**	**167**
	Ludger Gailing und Alexander Hamedinger	
3.1	**Einführung**	168
3.2	**Neoinstitutionalismus und Planung**	169
3.2.1	Rational-Choice-Institutionalismus	169
3.2.2	Soziologischer Institutionalismus	170
3.2.3	Akteurzentrierter Institutionalismus	171
3.3	**Governance und Planung**	172
3.3.1	Das weite Governance-Verständnis	173
3.3.2	Das enge Governance-Verständnis	174
3.3.3	Kritische Governance-Verständnisse	176
3.4	**Lücken und Weiterentwicklungen von Neoinstitutionalismus und Governance-Forschung**	176
	Literatur	177
	Originaltexte	179
	Originaltext Alexander 2005	179
	Originaltext Healey 2007	194

Originaltext Mayntz/Scharpf 1995 221
Originaltext Kooiman 1999 255
Originaltext Blatter 2005 281
Originaltext Fürst 2001... 318
Originaltext Jessop 2002 329

Serviceteil

Artikelverzeichnis.. 356
Stichwortverzeichnis... 357

Autorenverzeichnis

Ludger Gailing
Leibniz-Institut für Raumbezogene Sozialforschung IRS, Erkner, Deutschland

Alexander Hamedinger
Fachbereich Soziologie, Department für Raumplanung, Universität Wien, Wien, Österreich

Thorsten Wiechmann
Fakultät Raumplanung, TU Dortmund, Dortmund, Deutschland

Karsten Zimmermann
Fakultät Raumplanung, TU Dortmund, Dortmund, Deutschland

Einleitung – Zum Stand der deutschsprachigen Planungstheorie

Thorsten Wiechmann

1.1 Der ARL Reader Planungstheorie – 2

1.2 Was ist Planungstheorie? – 3
1.2.1 Dimensionen der Planungstheorie – 3
1.2.2 Historische Wurzeln der Planungstheorie – 4
1.2.3 Entwicklungslinien der Planungstheorie – 5
1.2.4 Wandel im planungstheoretischen Denken – 8

1.3 Zur Zusammenstellung des Readers – 8
1.3.1 Kriterien für die Zusammenstellung des Readers – 9

Literatur – 10

© Springer-Verlag GmbH Deutschland, ein Teil von Springer Nature 2019
T. Wiechmann (Hrsg.), *ARL Reader Planungstheorie Band 1*, https://doi.org/10.1007/978-3-662-57630-4_1

1

» *There is no planning practice without a theory about how it ought to be practiced. That theory may or may not be named or present in consciousness, but it is there all the same.* (Friedmann 2003, S. 8)

» *In a changing and globalizing world, planning theory is core to understanding how planning and its practices both function and evolve.* (Gunder et al. 2018, S. 1)

1.1 Der ARL Reader Planungstheorie

Die Planungsdisziplin hat sich seit ihren Anfängen in den 1950er und 1960er Jahren zu einer in Forschung, Lehre und Praxis relevanten Wissenschaft entwickelt. Parallel zur Entwicklung der Stadt- und Raumplanung entwickelte sich auch das Nachdenken über Planung, sowohl innerhalb der räumlichen Planung als auch in anderen gesellschaftlichen Bereichen. Dies führte zur Herausbildung von Planungstheorien, deren Vermittlung heute im Curriculum aller Planungsstudiengänge verankert ist. Allerdings fehlte es bislang im deutschsprachigen Raum an einer aktuellen Bestandsaufnahme des internationalen planungstheoretischen Diskussionsstandes, die eine Grundlage bilden könnte für weiterführende Fachdiskurse.

Der von der Akademie für Raumforschung und Landesplanung (ARL) – Leibniz-Forum für Raumwissenschaften 2013 eingesetzte Arbeitskreis „Planungstheorien – Stand und Perspektiven" hatte sich zur Aufgabe gesetzt, eine derartige Bestandsaufnahme in Form einer Reflexion ausgewählter planungstheoretischer Diskurse zu leisten, Defizite in der bisherigen Auseinandersetzung sowie offene Forschungsfragen zu identifizieren und damit einen Beitrag zur konzeptionellen Debatte in den Planungswissenschaften beizusteuern. Entstehung und Rezeption wichtiger Diskurse und Metaerzählungen sollten in einem möglichst kohärenten Rahmen nachgezeichnet und interpretiert werden. Dabei sollte es auch darum gehen, die meist unbewussten Prämissen hinter den bestehenden theoretischen Zugängen deutlich zu machen und den Umgang mit auftauchenden Widersprüchen zu thematisieren.

Reader zur Planungstheorie gibt es 50 Jahre nach Gründung der ersten deutschen Planungsfakultät an der Universität Dortmund im Jahr 1968 bislang nur in englischer Sprache: von dem ersten Kompendium *A Reader in Planning Theory,* herausgegeben von Andreas Faludi (1973), über das in vier Auflagen erschienene Standardwerk *Readings in Planning Theory* (Campbell und Fainstein 1996; Fainstein und Campbell 2003, 2012; Fainstein und DeFilippis 2016) bis hin zu neueren Textsammlungen wie dem dreibändigen Werk *Critical Essays in Planning Theory* (Hillier und Healey 2008) sowie dem aktuellen *Routledge Handbook of Planning Theory* (Gunder et al. 2018).

Kompendien für den deutschsprachigen Raum wurden bisher bestenfalls als vorlesungsbegleitende Handapparate an Planungsschulen zusammengestellt, nicht aber einer breiteren Leserschaft zur Verfügung gestellt. Dies ist im Grunde erstaunlich, denn die englischsprachigen Werke sind weder in der Lage, deutschsprachige Debattenbeiträge zu vermitteln, noch richten sie sich in ihrer Zusammenstellung und Aufbereitung an ein deutschsprachiges Publikum. Aufgabe derartiger Reader ist ja nicht nur eine reine Anordnung bzw. Sammlung von Debattenbeiträgen, sondern die planungstheoretischen Debatten zusammenzufassen, einzuordnen und kritisch zu diskutieren. Die einzelnen Originalbeiträge stehen nicht solitär, sondern werden zueinander in Bezug gesetzt und in einen inhaltlichen Gesamtzusammenhang gestellt. Es geht nicht nur darum, einzelne, besonders lesenswerte Beiträge der planungstheoretischen Debatte pointiert aufzugreifen, sondern auch einen Gesamtüberblick und gegenseitige Verknüpfungen der Debatte zu vermitteln. Dies erfordert aber eine kontextspezifische Betrachtung: „Planning theories, therefore, need to be contextualized and localized, as they are narratives developed in the context of particular circumstances and in response to certain concerns. To map out the current state of planning theory, therefore, these theories need to be located in the context of their historical evolution, and in reference to the changing conditions of the societies in which they emerge" (Gunder et al. 2018, S. 2).

Ziel des *ARL Reader Planungstheorie* ist es, eine umfassende und dennoch pointierte Bestandsaufnahme des internationalen planungstheoretischen Diskussionsstandes aus Sicht der deutschsprachigen Planungswissenschaft zu leisten. In Form eines Sammelbandes präsentiert der Reader hierfür debattenbestimmende Originaltexte national und international bekannter Autoren, die sichtbare Spuren in den jeweiligen Debatten der letzten drei Jahrzehnte hinterlassen haben. Diese Originaltexte werden durch die Autoren des Readers in eigenen Beiträgen zusammengefasst, kontextualisiert und diskutiert. Damit wird ein niedrigschwelliger Zugang zu den Debatten ermöglicht und mit weiteren Literaturhinweisen versehen, um je nach Interessenlage die jeweilige Thematik weiter zu vertiefen. Aus der Fülle möglicher Theorien und Methodologien konzentriert sich der Reader auf folgende vier Themenkomplexe:

1. Kommunikative Planung (Zimmermann; Bd. 1)
2. Neoinstitutionalismus/Governance (Gailing, Hamedinger; Bd. 1)
3. Strategische Planung (Hutter, Wiechmann, Krüger; Bd. 2)
4. Planungskultur (Othengrafen, Reimer, Danielzyk; Bd. 2)

Als erster Reader dieser Art im deutschsprachigen Raum bieten die beiden Bände einen Einstieg und Überblick über ausgewählte Grundlagen der aktuellen planungstheoretischen Debatte für Studierende der Raum- und Planungswissenschaften sowie fachlich interessierte Wissenschaftlerinnen und Wissenschaftler. Aber auch den planungspraktisch Tätigen bietet das Werk einen Rahmen zur theoretischen Reflexion und analytischen Einordnung des eigenen Handelns bzw. des Berufsalltags in der

Planungspraxis. Damit bietet es mittelbar auch Erklärungshilfen und Anregungen für die Lösung planungspraktischer Problemstellungen.

1.2 Was ist Planungstheorie?[1]

Je nach wissenschaftstheoretischem Standpunkt werden unterschiedliche Anforderungen an den Theoriebegriff geknüpft. Im Allgemeinen entwirft eine Theorie ein System von Aussagen, um damit einen spezifischen Ausschnitt der Realität modellhaft zu beschreiben, zu erklären oder auch Vorhersagen zu treffen. Soweit daraus Handlungsempfehlungen abgeleitet werden, bilden Theorien die Grundlage für die Praxis. In der Planungsdisziplin führten Anwendungsnähe, verbunden mit einem traditionell eher geringen Theorieinteresse, disziplinäre Vielfalt an theoretischen Zugängen und mangelnde eigenständige Paradigmatisierung in der Vergangenheit jedoch wiederholt zum Vorwurf des Eklektizismus und eines fehlenden gemeinsamen Theoriekerns. Bislang wurde weder über den Gegenstandsbereich der Planung noch über die relevanten Denkschulen ein disziplinärer Konsens hergestellt. Es ist nicht einmal klar, was unter Planung zu verstehen ist, denn das Begriffsverständnis hängt maßgeblich vom planungstheoretischen Standpunkt des Betrachters ab.

Planungstheorien können wahlweise empirisch-analytisch arbeiten und auf ein besseres Verständnis der Planungspraxis abzielen (deskriptive oder explanative Planungstheorien) oder auch dezidiert Handlungsanleitungen geben, wie geplant werden sollte (normative Planungstheorien): „Planning theory is [...] divided into those who understand planning through analyzing existing practices and those who theorize in an effort to transform planning practices" (Fainstein und DeFilippis 2016, S. 2).

Traditionell ist das Verhältnis von Planungstheorie und Planungspraxis problematisch. Die meisten praktisch Planenden schenken der Planungstheorie wenig Beachtung und erinnern sich auch nur ungern an das Planungstheorieseminar, das sie im Studium absolvieren mussten. Raumplanung ist ein angewandtes Fach, und die meisten Planungsstudierenden werden zu Praktikern und nicht zu akademischen Forschern. Absolventen der Geographie, der Wirtschafts- oder Sozialwissenschaften werden für theoretische Beiträge in der Regel honoriert. In der Stadt- und Regionalplanung geht es hingegen in erster Linie um die praktische Anwendung. Auch dies verlangt vorausschauendes Denken. Die Abschätzung künftiger Auswirkungen von Planungsinterventionen erfordert ein theoretisches Verständnis der Prozesse, die Räume und Orte prägen. Daher sind Theorien für Planerinnen und Planer unentbehrlich, auch wenn diese möglicherweise intuitiv, implizit und nicht hinterfragt sind. Planungspraxis basiert oftmals eher auf Intuition als auf expliziten Theorien: „Yet this intuition may in fact be assimilated theory. In this light, theory represents cumulative professional knowledge" (Fainstein und Campbell 2012, S. 3). Theorien,

ob nun als verdichtete Praxis oder explizit formuliert, sind letztlich Voraussetzung für jedwedes intentionale Handeln in der Praxis. Es spricht allerdings viel dafür, gerade auch die impliziten Theorien, die die Planungspraxis beeinflussen, explizit zu machen und kritisch zu reflektieren.

Planungstheorie ist ferner inter- und transdisziplinär angelegt. Sie greift auf theoretische Vorarbeiten aus ganz unterschiedlichen disziplinären Kontexten zurück. Die Planungswissenschaft ist daher konfrontiert mit einer unaufhebbaren Pluralität und Konkurrenz divergenter Paradigmen. Jeder Versuch, eine umfassende und einheitliche Theorie der Planung aufzustellen, ist unter diesen Umständen zum Scheitern verurteilt.

Den in den vergangenen Jahrzehnten entstandenen planungstheoretischen Ansätzen, die sich immer auch im Spiegel des Zeitgeistes und disziplinfremder Theorieeinflüsse entwickelten, kommt letztlich eine wichtige Funktion zu: die Verständigung der Profession über sich selbst. Wie jede Wissenschaft bedarf auch die Planungswissenschaft der kritischen Selbstreflexion auf Basis von Theorien. Die enge Verknüpfung der vergleichsweise jungen Planungswissenschaft mit dem politisch-administrativen System der Stadt- und Raumplanung macht die Aufgabe der Selbstreflexion besonders dringlich, zumal beide – Wissenschaft und Praxis der Planung – seit ihrer Entstehung unter erheblichem Legitimationsdruck stehen: „Planning theory is one of the few means we have at our disposal to hold us together as a family of practitioners" (Friedmann 2011, S. 130). Zugleich sollte eine praxisbezogene Theorie verstärkt Beiträge zur Lösung von Praxisproblemen leisten (Selle 2006).

1.2.1 Dimensionen der Planungstheorie

Planungstheoretische Ansätze befassen sich mit drei Grundfragen, die eng mit den unterschiedlichen Dimensionen des Politikbegriffs in den Politikwissenschaften – Polity, Policy und Politics – sowie des Strategiebegriffs in den Organisationswissenschaften – Kontext, Inhalt und Prozess – korrelieren (◻ Tab. 1.1): Warum wird geplant? Was wird geplant? Wie wird geplant?

Der Kontext adressiert die institutionelle Dimension von Planung, die von Strukturen, Organisationen, Regeln und Normen bestimmt wird und einerseits Handlungen ermöglicht, aber andererseits den Handlungsspielraum der Akteure auch begrenzt. Die inhaltliche Dimension steht für die normative Substanz von Planung, bei der der materielle Gehalt von Plänen zum Gegenstand der Analyse wird. Es geht um problembezogene Themenbearbeitung und Aufgabenerfüllung, um planerische Leitbilder und Ziele. Die Prozess-Dimension meint schließlich den prozeduralen Verlauf von Planung und stellt auf formelle und informelle Willensbildungs-, Entscheidungs- und Implementationsprozesse sowie die Durchsetzung von Interessen durch

---

1   Die nachfolgenden Ausführungen basieren auf Wiechmann (2018).

Tab. 1.1 Planungstheoretische Grundfragen. (Wiechmann 2018)

Frage	*Warum* wird geplant?	*Was* wird geplant?	*Wie* wird geplant?
	Legitimität von Planung	Substanz von Planung	Rationalität von Planung
Dimension	Kontext	Inhalt	Prozess
	Polity	Policy	Politics
Fokus	Planung als öffentliche Aufgabe	Planerische Leitbilder und Inhalte	Planung als Handlungssystem
Themen	Strukturen, Organisationen, Normen, Institutionen	Probleme, Aufgaben, Ziele, Werte, Issues	Konflikt, Konsens, Macht, Instrumente, Akteure

Macht, Konflikt und Konsens ab. Ähnlich wie beim Policy-Zyklus der Politikwissenschaft werden in der Planungswissenschaft Prozesse häufig mithilfe von Phasenmodellen beschrieben.

So wie Inhalt und Prozess untrennbar miteinander verbunden sind, so sind alle Planungsprozesse in spezifische Kontexte eingebettet und können letztlich nur kontextbezogen interpretiert werden. Variationen in Kontext oder Prozess führen ebenso wie auch Verschiebungen im Zeitablauf zu veränderten Ergebnissen. Die drei Dimensionen dürfen dabei nicht als eigenständige Komponenten missverstanden werden. Es ist heute anerkannt, dass unterschiedliche Ansätze der Stadt- und Raumplanung nur mit Blick auf alle drei Dimensionen – Kontext, Inhalt und Prozess – und ihre Wechselwirkungen umfassend analysiert und erklärt werden können.

Aus analytischen Gründen, zur Fokussierung der Argumentation und zur Reduktion von Komplexität ist bei der theoretischen Auseinandersetzung mit Planung eine Konzentration auf eine der Dimensionen aber sinnvoll, solange die anderen berücksichtigt werden. Aus planungstheoretischer Sicht kommt der Prozessdimension herausragende Bedeutung zu, da Planung die gedankliche Vorwegnahme eines Ablaufs von Handlungsschritten beinhaltet. Spätestens seit den einflussreichen Arbeiten Faludis (1969) mit der Unterteilung in prozessuale „Theories of Planning" und substanzielle „Theories in Planning" ist die Suche nach „allgemeinen Planungstheorien" (Selle 2005), die den Vorgang des Planens unabhängig von konkreten gesellschaftlichen Aufgabenfeldern thematisieren, verbreitet.

1.2.2 Historische Wurzeln der Planungstheorie

Die Entwicklung der Planungstheorie lässt sich nicht losgelöst von der Entwicklung der Planungspraxis verstehen, da sich die Theorie immer auch über die Auseinandersetzung mit der Praxis und den Erkenntniswert für die Praxis definiert hat: „The first question of theory is one of identity, which in turn leads to history" (Fainstein und Campbell 2012, S. 6).

Die Geschichte der modernen Stadt- und Raumplanung als öffentlicher Aufgabe beginnt in der zweiten Hälfte des

19. Jahrhunderts mit dem Bemühen weitsichtiger Stadtplaner, die Folgen der Industrialisierung, die wohnungshygienischen und sozialen Missstände der Gründerzeit zu überwinden. Räumliche Entwicklung galt in dieser Phase der „Anpassungsplanung" (Albers 1992) aber weder als prognostizier- noch steuerbar. Planung beschränkte sich auf „Regulierungsbemühungen" (Düwel und Gutschow 2001, S. 37), auf Gefahrenabwehr, die Behebung konkreter Missstände und stadthygienische Maßnahmen. Der planerische Anspruch blieb bescheiden: „The 19th century revolution town is an example of piecemeal (and bad) planning" (Keeble 1969, S. 1).

In der folgenden Phase der „Auffangplanung" in der ersten Hälfte des 20. Jahrhunderts ging es dagegen schon um ein vorausschauendes Steuerungsverständnis: „Planning emerged as the 20th century response to the 19th century industrial city" (Fainstein und Campbell 2012, S. 6; vgl. Hall 2002). Eine rationale und wissenschaftlich begründete staatliche Planung wurde als Möglichkeit betrachtet, die beste Alternative zur Erreichung eines vorgegebenen Zieles auszuwählen. In den divergierenden politischen Systemen dieser Epoche wurde die Planung zu einem technischen Hilfsmittel deklariert, ohne dass diese Auffassung explizit als Planungstheorie formuliert worden wäre. Einen Meilenstein stellte das Planungskonzept von Patrick Geddes (1915) dar, dessen Diktum „survey before plan" maßgeblichen Einfluss auf die Planung des 20. Jahrhunderts hatte. Geddes befürwortete auf Basis eines systematischen und ganzheitlichen Verständnisses von Stadtregionen die gezielte Beeinflussung sozialer Prozesse durch die Gestaltung der räumlichen Umwelt. Er war zugleich der Erste, der soziologische Ansätze in die Stadtplanung einführte. Der Mythos der rationalistischen Planung, das Gott-Vater-Modell der Planung, blieb jedoch lange der eigentliche Kern des Selbstverständnisses von Planern. Siebel (2006) hat in diesem Zusammenhang auf die Kontinuität der autoritären Planung hingewiesen: Planung wurde systemübergreifend als Akt der Herrschaft zur Reduktion von Komplexität verstanden. Die Ordnung der Gesellschaft sollte durch die Ordnung des Raumes hergestellt werden. Kritik an solch totalitären Ordnungsversuchen, wie sie z. B. Karl Popper (1945) oder Friedrich von Hayek (1945) schon früh formuliert hatten, wurde in der Stadt- und Raumplanung erst sehr spät rezipiert.

Die Geburtsstunde der (expliziten) Planungstheorie lässt sich Mitte des 20. Jahrhunderts in der unmittelbaren Nachkriegszeit verorten. Im Herbst 1947 wurde an der Universität Chicago die erste von der Architektur losgelöste, sozialwissenschaftliche Planungsfakultät eingerichtet. John Friedmann nahm dort ein Jahr später als Masterstudent an einem Seminar des jungen Politologen Edward Banfield teil, das er rückblickend als „the first ever seminar in planning theory" (Friedmann 1998, S. 245) bezeichnete. Das hier entwickelte Planungsmodell sah vor, dass rational handelnde Planer die politisch vorgegebenen Ziele in einen effektiven Plan übersetzen, der von der Verwaltung schließlich umgesetzt wird: „Planning is designing a course of action to achieve ends" (Meyerson und Banfield 1955, S. 314). Doch bereits die 1949 bis 1952 durchgeführte berühmte Fallstudie von Meyerson und Banfield über Public Housing in Chicago zeigte eindrücklich, dass das an der Chicago School erstmals umfassend beschriebene rationalistische Planungsmodell naiv und grob vereinfachend war, die Planungspraxis hingegen durchweg politisch: „Our standard of good planning – rational decision-making – is an ideal one; the standard is, we think, useful for analysis, but real organizations (like real people), if the truth is told, do not make decisions in a substantially rational manner" (Meyerson und Banfield 1955, S. 15).

Auch wenn die Chicago School bereits 1955 aus Kostengründen wieder geschlossen wurde, war ihre Ausrichtung bahnbrechend für die Etablierung einer expliziten Planungstheorie. Sie erlaubte es, die Planungspraxis kritisch zu reflektieren, und war zugleich anschlussfähig an entscheidungstheoretische Konzepte der Sozialwissenschaften von Mannheim über Simon, von Hayek und Lindblom bis Dewey. Für Faludi (1987, S. 27) kann die Wirkung der Chicago School auf die Planungstheorie daher gar nicht hoch genug eingeschätzt werden. Sie sei der „mainspring of modern planning thought".

In Europa kam es erst in Zeiten der Planungseuphorie ab Mitte der 1960er Jahre zur Herausbildung eigenständiger Planungsfakultäten. Parallel dazu entwickelte sich auch hier ein planungstheoretischer Diskurs (vgl. Luhmann 1966; Albers 1969; Faludi 1969). Bis dahin wurde Planungstheorie oftmals lediglich als ein an praktischen Problemen ausgerichteter, mit methodischen und verfahrensbezogenen Fragen befasster Bestandteil einer ingenieurwissenschaftlichen Planung verstanden: „The planning tradition itself has generally been ‚trapped' inside a modernist instrumental rationalism for many years" (Healey 1997, S. 7). Erst in der Aufbruchsstimmung der späten 1960er Jahre setzten kontroverse Debatten zum Verhältnis von Planung und Politik, zum Werteverständnis der Planung und zur Legitimation planerischer Aussagen ein (Fürst 2004, S. 240).

Als besonders einflussreich für die europäische Debatte erwiesen sich die frühen Arbeiten von Faludi (1969). Seine maßgeblich von Popper inspirierte prozessuale Planungstheorie war am Ideal rationaler Planung orientiert. Er begründete die Notwendigkeit einer Theorie der Planung sowohl mit der erforderlichen

Untermauerung des Berufsstands als auch mit der nach Einführung von Planungsstudiengängen erforderlichen Abgrenzung gegenüber anderen Disziplinen. Als die Planungseuphorie Mitte der 1970er Jahre rasch abebbte, ging zeitgleich auch diese erste Phase planungstheoretischer Diskussionen abrupt zu Ende.

1.2.3 Entwicklungslinien der Planungstheorie

In dem halben Jahrhundert seit ihren Anfängen hat sich eine schwer überschaubare Vielfalt planungstheoretischer Ansätze entwickelt. Die einzelnen Entwicklungslinien der Planungstheorie haben wenige Überschneidungen und folgen widersprüchlichen Rationalitäten. Dabei ist es gerade der Anspruch auf besondere Rationalität, der Planung von anderen Formen sozialen Handelns unterscheidet. Für Siebel (2006) muss Planung die Widersprüche zwischen den Rationalitäten aushalten und sich in diesem Spannungsfeld bewegen. Die „eigentliche Rationalität der Planung liegt in ihrer Fähigkeit, zwischen widersprüchlichen Aufgaben zu lavieren, sich gleichsam in der Schwebe zu halten im Spannungsfeld verschiedener Rationalitäten" (Siebel 2006, S. 209).

Alle Versuche, das Feld der Planungstheorie zu kodifizieren und einzugrenzen, scheitern bereits daran, das genuine Theoriefeld der Planung zu bestimmen (Fürst 2004, S. 239): „No two of us could agree on the nature of the beast we wanted to theorize [...] We were riding off on different horses, each galloping into the sunset in a different direction" (Friedmann 1998, S. 246). Gleichwohl lassen sich unter Inkaufnahme einer weitgehenden Simplifizierung grobe Entwicklungslinien und im Zeitverlauf variierende Strömungen im planungstheoretischen Denken nachzeichnen.

1.2.3.1 1950er bis 1970er Jahre

Bis in die 1960er Jahre war in Übereinstimmung mit dem rationalistischen Planungsmodell die Auffassung verbreitet, moderne Planung sei ein leistungsfähiges Instrument zur Entscheidungsvorbereitung, wodurch auf möglichst rationale Weise komplexe gesellschaftliche Vorgänge gesteuert werden können. Aus theoretischer Perspektive hat die rationalistische Planungstheorie auch heute noch ihren Wert, da sie den Blick auf die Abweichungen vom postulierten Rationalitätsideal des informierten Nutzenoptimierers lenkt und damit die Analyse dieser Differenzen ermöglicht. Dieser Rationalitätsanspruch darf aber nicht als Verhaltensdeskription missverstanden werden. Er stellt ein Ideal dar, das in der Realität weder von Individuen noch von Organisationen erfüllt wird. Faludi (1986) folgend handelt es sich vielmehr um ein „methodologisches Prinzip", das einen Maßstab für die Bewertung von Entscheidungen bietet.

Rationalistische Planungstheorie war gleichwohl seit ihren Anfängen umstritten als „wirklichkeitsfremdes Konzept" (Selle 2005, S. 65), das weder theoretisch noch praktisch einzulösen sei. Bereits in den 1950er Jahren formulierte

1

Lindblom (1959) ein alternatives Planungsmodell, bei dem er sich auf Poppers Kritik an holistischer Systemplanung bezog. Statt des aussichtslosen Unterfangens, große Verbesserungen mit großen Plänen und zentraler Steuerung zu erreichen, strebt der fragmentierte Inkrementalismus schrittweise, aber stete Verbesserungen in einem dezentral organisierten sozialen Prozess an. Der Planer konzentriert sich auf eine begrenzte Zahl an Handlungsalternativen und vermeintlich „wichtigen" Konsequenzen und nimmt in Kauf, dass er auch wesentliche Konsequenzen ausspart. Im Vergleich zum rationalistischen Planungsmodell ist damit eine drastische Reduzierung der Anforderungen an den Planer verbunden. Konsequenterweise muss aber auch die Erwartung an die Planungsergebnisse reduziert und der Anspruch aufgegeben werden, ein Problem „endgültig" zu lösen. An die Stelle eines einmaligen kräftigen Zubeißens tritt beständiges Nagen (Lindblom 1968, S. 25).

Der fragmentierte Inkrementalismus wurde in der planungswissenschaftlichen Literatur häufig pauschal kritisiert. Dabei verkürzen viele Kritiker den Ansatz auf ein richtungsloses „Durchwursteln", dem jede strategische Komponente fehle. Diese Gleichsetzung, die durch den Titel des bekanntesten Artikels von Lindblom (1959), „The Science of ‚Muddling Through'", nahegelegt wurde, ist jedoch falsch. Lindblom beschreibt viele Aspekte politischer Entscheidungsfindung realistischer, als es die Ansätze des rationalistischen Planungsmodells vermögen. Trotzdem finden sich bei ihm kaum Hinweise, wie der Verzicht auf langfristige Zielformulierungen und die Verbesserung durch kleine Schritte zu kollektiv wünschenswerten Ergebnissen führen können.

Der Streit zwischen Rationalisten und Inkrementalisten in der Frühphase der Planungstheorie führte zu wiederholten Versuchen, Mittelwege zwischen dem geschlossenen Modell einer synoptischen Entwicklungsplanung und dem offenen Modell der Stückwerktechnik zu beschreiten (Wiechmann 2008, S. 38 ff.). Zu den prominentesten Beispielen zählen das Konzept des „Mixed Scanning" von Etzioni (1967) und der „Strategic Choice Approach" (Friend und Jessop 1969; Friend und Hickling 1987).

1.2.3.2   1980er bis 2000er Jahre

Ab den 1970er Jahren vollzog sich ein fundamentaler planungstheoretischer Wandel. Insbesondere die planungstheoretischen Arbeiten der 1980er und 1990er Jahre betonten den reflexiven und kommunikativen Charakter von Planung. Vertreter der Planungstheorie wie Schön (1983), Forester (1989), Innes (1995) und Healey (1997) sahen den Fokus von Planung nicht mehr auf der technischen Rationalität, sondern auf der Funktion von Planung als kommunikativer Handlung und Lerninstrument. Nicht mehr Kontrolle stand im Mittelpunkt, sondern das Erzeugen von Handlungen und Innovationen (Friedmann 2003, S. 8).

Der „communicative turn in planning theory" (Healey 1992) basiert wesentlich auf den Vorstellungen „kommunikativer Rationalität" von Habermas. Gefragt wird nach normativen Prinzipien, wie strategische Konsensbildung in fragmentierten Gesellschaften gelingen kann. Planung soll dabei durch die Macht des besseren Arguments in hierarchiefreien Verhandlungssituationen demokratischer werden, der Planer selbst zum „Ermöglicher" von Kommunikationsprozessen. Kritisiert wurden die Ansätze **kommunikativer Planung** sowohl hinsichtlich ihrer mangelnden Legitimationsbasis und ihrer begrenzten Konfliktregelungskapazität als auch hinsichtlich ihrer dominant präskriptiven Natur. Die Realität der Planung sei dagegen weit entfernt von den normativen Idealen herrschaftsfreier Kommunikation (vgl. Selle 2004; Allmendinger 2009).

Spätere Ansätze kommunikativer Planung basieren daher eher auf den Arbeiten des französischen Philosophen Foucault, der davon ausgeht, dass Macht allen Diskursen immanent ist, durch sie manifestiert und reproduziert wird. Deswegen sind das darin entstehende Wissen und die „Lösungen" durch die Machtverhältnisse determiniert. Flyvbjerg (1998) hat in einer viel beachteten Fallstudie zum „Aalborg-Projekt" auch empirisch aufgezeigt, dass reale Planungsprozesse stärker von der „Rationality of Power" als von der „Power of Rationality" bestimmt werden.

Die US-amerikanische Planungsdebatte hat sich im Zuge des „argumentative turn" (Fischer und Forester 1993) kritisch mit dem planungspraktischen Spannungsfeld von Ideal und Wirklichkeit auseinandergesetzt. In der Tradition der pragmatischen Planungstheorie wird der durch Handlung geschaffenen Realität ein faktischer Geltungsanspruch zugesprochen. Sie baut auf der in Nordamerika verbreiteten philosophischen Strömung des Pragmatismus auf und betont die Gleichberechtigung von Wissen und Praxis (Dewey 1925). Nach dem Scheitern der meisten planungstheoretischen Ansätze wurde pragmatische Planung als „antitheoretischer" Getting-Things-Done-Ansatz verstanden, in dem Theorie und Praxis keine getrennten Sphären sind, sondern sich gemeinsam entwickeln (Healey 2008). Bei Forester (1989) rückt die Thematisierung von Macht in Planungsprozessen in den Mittelpunkt des Interesses. Im „Critical Pragmatism" (Forester 1993) setzt er sich kritisch mit der politischen Rolle des Planers und den realweltlichen Hindernissen von Planung auseinander. Die Kernidee des Ansatzes ist es, Planung als die Restrukturierung der Kommunikation zwischen Stakeholdern mit divergierenden und widerstreitenden Interessen und großen Ungleichheiten in Bezug auf Macht und Einfluss zu verstehen. Der Planer wird hier nicht als durch sein Fachwissen überlegener Entscheider oder als neutraler Moderator gesehen, sondern als ein pragmatischer Spezialist, der inklusive und partizipative Formen kollektiven Handelns unterstützt.

Wichtige Impulse erhielt die Planungstheorie in den 1990er Jahren auch durch unterschiedliche Theorien des **Neoinstitutionalismus** und der **Governance-Forschung.** Der Neoinstitutionalismus stellt aus sozialwissenschaftlicher Perspektive eine Gegenbewegung zu herkömmlichen behavioristischen Theorieansätzen und zum Rational-Choice-Ansatz dar. Er betrachtet neben formellen Institutionen zur besseren Abbildung der Realität auch informelle Regeln und zusätzliche Ordnungsprinzipien. Besondere Verbreitung in der Planungswissenschaft fanden das „Institutional Analysis and Development Framework" von Ostrom (1990) sowie der Ansatz des „akteurzentrierten Institutionalismus" nach Mayntz und Scharpf (1995).

Die Governance-Perspektive lenkt den Blick auf die Bedeutung kollektiven Handelns. Mit dem Governance-Begriff verbindet sich jedoch keine bestimmte Theorie, vielmehr versprechen eine Reihe von theoretischen Bezügen – Systemtheorie, Spieltheorie, ökonomische und soziologische Institutionentheorien, Urban-Regime-Theorie und Netzwerktheorien – fruchtbare Verknüpfungsoptionen. Anders als die klassischen Ansätze der politikwissenschaftlichen Steuerungstheorie, die einem stärker akteursorientierten Ansatz folgen, nehmen die Ansätze der Governance-Theorie eine stärker institutionalistische Perspektive ein (Mayntz 2004). Sie fragen nach intermediären Regelungsstrukturen, also dem institutionellen Rahmen, der das Handeln der Akteure in Staat, Wirtschaft und Zivilgesellschaft lenkt. Die Akteure konstituieren die Regelungsstrukturen und werden zugleich von ihnen gelenkt. Benz und Fürst (2003, S. 12) verwenden den Rahmenbegriff „Regional Governance" zur „Bezeichnung einer komplexen Steuerungsstruktur in Regionen". Im Zentrum steht die Koordination kollektiven Handelns auf der regionalen Ebene.

1.2.3.3 Neuere Ansätze

Seit den 1990er Jahren ist in der Planungspraxis auch eine Rückbesinnung auf die Notwendigkeit eines planvollen, integrativen Vorgehens beobachtbar. Die unübersehbaren Nachteile projektorientierter Planung führten sowohl in der angelsächsisch geprägten internationalen als auch in der deutschsprachigen Planungsforschung zu einer Debatte über eine Renaissance **strategischer Planung** (Healey et al. 1997; Salet und Faludi 2000; Wiechmann 2008). Der „Turn to Strategy" (Healey 2007, S. 183) ist als eine Antwort auf die Defizite inkrementeller Planung durch Projekte zu verstehen. Theoretisch-konzeptionell orientierte wie auch empirische Arbeiten zur strategischen Planung befassen sich damit, inwieweit leistungsfähige Strategien zu einer effektiveren Planungspraxis führen. In Abhängigkeit vom Planungskontext, den theoretischen Zugängen und den Erkenntnisabsichten sind in den Arbeiten unterschiedliche Verständnisse von strategischer Planung festzustellen. Mit Bezug auf Ansätze der Management-Theorie werden auch emergente Strategien in den Strategiebegriff einbezogen (Wiechmann 2008). Es geht nicht mehr nur darum, die zur Umsetzung eines Zieles notwendigen Mittel einzusetzen. Vielmehr entstehen Strategien auch „planlos" aus alltäglichen Handlungsroutinen und durch spontane Entscheidungen. Neben die formale Planung treten andere Möglichkeiten, eine Strategie zu entwickeln.

Die europäische Debatte über „Strategic Spatial Planning" (Albrechts und Balducci 2013) unterscheidet sich von der amerikanischen Debatte über „Strategic Planning" (Bryson 2004) insbesondere dadurch, dass in Europa strategische Planung als integrative und entwicklungsorientierte Form der Planung diskutiert wird, in den USA hingegen in enger Anlehnung an das „Corporate Planning" als planungsbasierte Form der Strategieentwicklung zur Herbeiführung fundamentaler Entscheidungen.

Mit der **Planungskulturforschung** hat sich in den letzten Jahren ein weiterer Strang planungstheoretischer Ansätze etabliert, der die kulturelle Einbettung und Gebundenheit von Planungspraktiken in den Blick nimmt (Othengrafen und Reimer 2013). Planungskultur meint hier das raumzeitlich gebundene, ortsspezifische Planungsverständnis und die dazugehörigen formellen und informellen Planungsroutinen. Es geht um die Art und Weise, wie die jeweiligen Akteure ihre Rollen und Aufgaben verstehen, wie sie Probleme wahrnehmen, damit umgehen und dabei bestimmte Regeln, Verfahren und Instrumente anwenden. Diese Ansätze bauen auf dem „Cultural Turn" in den Sozialwissenschaften auf und versuchen, die große Varianz an Planungspraktiken weltweit zu erklären. Kritik an Planungskulturforschung macht sich vor allem an dem vagen Kulturbegriff fest. Fürst (2007) spricht von einem „slippery concept", das für empirische Arbeiten ungeeignet sei, weil es zu viele Variablen und wechselseitige Abhängigkeiten berücksichtige, um kausale Zusammenhänge valide ermitteln zu können.

Mit dem Fokus auf kulturelle Phänomene stehen Teile der Planungskulturforschung in der Tradition des Strukturalismus. Andere folgen stärker praxeologischen Ansätzen. Dem stehen jüngere planungstheoretische Ansätze gegenüber, die sich in der Tradition des französischen Post-Strukturalismus sehen. So bezieht sich Gunder (2011) auf Foucault, Derrida und Lacan, während sich Hillier (2008) dezidiert auf Deleuze und Guattari beruft. Poststrukturalistische Planungstheorie knüpft eher an planungskritische Theorien wie den Inkrementalismus und den Pragmatismus an: „So while post-structuralist approaches are part of the contemporary face of planning theory, they actually echo more traditional concerns with ‚non-planning'" (Allmendinger 2009, S. 189).

Poststrukturalistische Planungstheorie geht wie der Pragmatismus davon aus, dass Kommunikation von Macht durchzogen ist. Sprache konstituiert Identifikation und Auffassungen über die Gesellschaft im Allgemeinen und Planung im Speziellen: „We act as planners in and through language" (Gunder 2011, S. 201). Durch Sprache vermittelte Planung versuche, die Realität zu ordnen: „Ideas in planning, such as the role of green belts, can and do have a powerful permanent outside of formal planning policy or plans" (Allmendinger 2009, S. 189). Im Poststrukturalismus werden „Master Signifikanten", wie z. B. Green Belt, als in einem Wort vereinfachte Ordnungen von Wissen verstanden. Die Sprache gilt aber als unvollständig. Symbolische Ankerpunkte für Gruppenidentitäten mit bestenfalls vagem Bedeutungskern werden nach Laclau und Mouffe (2001) „leere Signifikanten" genannt. Für Gunder und Hillier (2009) handelt es sich bei Planung selbst um einen solchen leeren Signifikanten. Dies gelte aber auch für planerische Schlüsselbegriffe wie „Nachhaltigkeit", „Rationalität" und „Verantwortung". Das Unbewusste und die Unmöglichkeit

1

eindeutiger Sinnzuschreibungen, das Verschwimmen von Kategorien wie menschlich vs. nichtmenschlich sind wichtige Bestandteile poststrukturalistischen Denkens. Handlungsfähigkeit wird als relationale Auswirkung von in Netzwerken Handelnden, Macht selbst als relationaler Prozess verstanden. Ziel dieser planungstheoretischen Ansätze ist es letztlich, tieferliegende Gründe und Kräfte für das Entstehen von Planungspraktiken zu verstehen (Balducci et al. 2011, S. 487).

1.2.4 Wandel im planungstheoretischen Denken

Die hier vorgenommene Darstellung von einzelnen Strömungen im planungstheoretischen Denken stellt zwangsläufig eine grobe Simplifizierung dar und kann daher auch keine vollständige Auflistung sein. So fehlen Ausführungen zur marxistischen Planung, zu „Advocacy Planning", zu systemtheoretischen Ansätzen oder auch zum „Evidence Based Planning". Letztlich vermögen aber auch umfassende Darstellungen, wie sie Friedmann (1987) aus amerikanischer Sicht oder Allmendinger (2009) aus britischer Sicht vorgelegt haben, keinen kompletten Überblick zu geben. Alle Versuche zur Systematisierung von Planungstheorien heben zwangsläufig spezifische Aspekte als strukturbestimmende Momente hervor. Ziel der Ausführungen hier war es, die aus Sicht der deutschsprachigen Planungswissenschaft einflussreichen Entwicklungslinien im planungstheoretischen Denken in der gebotenen Kürze nachzuzeichnen.

Einen knappen Überblick über das planungstheoretische Denken zu geben, gleicht nichtsdestotrotz dem Versuch, einem Zuhörer ein diffus auslaufendes Mosaik aus unzähligen Einzelteilen, dem augenscheinlich jedes Muster zu fehlen scheint, in wenigen Worten am Telefon präzise zu beschreiben. Es fehlt an etablierten planungstheoretischen Denkschulen und von der Scientific Community gemeinsam geteilten Grundlagen. Ein Blick in die vorliegenden englischsprachigen Reader zur Planungstheorie belegt dies. Von den Texten in Faludis *Reader in Planning Theory* aus dem Jahr 1973 fanden sich nur zwei (Davidoff 1965; Lindblom 1959) in dem von Campbell und Fainstein (1996) erstmals herausgegebenen Standardwerk *Readings in Planning Theory*. Die drei jüngsten Auflagen dieses Readers (Fainstein und Campbell 2003, 2012; Fainstein und DeFilippis 2016) enthalten insgesamt 62 Originaltexte, von denen sich lediglich sechs durchgängig in allen drei Auflagen wiederfinden[2]. Immerhin sind John Friedmann, Patsy Healey, Frank Fischer und Susan Fainstein jeweils mit drei unterschiedlichen Texten vertreten, Robert Beauregard, Heather Campbell, John Forester, Leonie Sandercock, Bent Flyvbjerg, Iris Young und June Thomas mit zwei verschiedenen Texten. Von einem etablierten Kanon planungstheoretischer Literatur kann auch ein halbes Jahrhundert nach Gründung eigenständiger Planungsfakultäten keine Rede sein.

Gleichwohl ist ein genereller Wandel im planungstheoretischen Denken unverkennbar. In Anlehnung an Friedmann (2011), Fainstein und Campbell (2012) sowie Fürst (2005) lassen sich unabhängig von einzelnen Theorieansätzen vier „big shifts in planning theory" hervorheben:

- vom administrativ-technischen Plänemachen zur gesamtgesellschaftlichen Aufgabe,
- von der verwissenschaftlichen Suche nach optimalen Lösungen zu kollektiven Lernprozessen,
- vom interventionistischen Steuerungsanspruch zu kommunikativem Handeln und
- vom planenden Erfüllungsgehilfen zu politisch agierenden Planungsakteuren.

Dieser Wandel darf nicht darüber hinwegtäuschen, dass das Feld der Planungstheorie auch heute noch heterogen und fragmentiert ist: „Planning theory, like planning practice, is an eclectic or, put it more elegantly, an interdisciplinary, even transdisciplinary field" (Friedmann 2011, S. 222). Trotz der großen Anwendungsnähe eine eigenständige Paradigmatisierung der Planungswissenschaften als universitäre Disziplin voranzutreiben und der Vielfalt an theoretischen Zugängen einen gemeinsamen Grundstock an Denkansätzen und planungstheoretischen Schulen gegenüberzustellen, bleibt Aufgabe künftiger Generationen von Planungswissenschaftlerinnen und -wissenschaftlern.

1.3 Zur Zusammenstellung des Readers

Das Zusammenstellen eines Readers zur Planungstheorie ist alles andere als trivial. Das Feld der Planungstheorie ist nicht klar umrissen. Was gehört dazu, was nicht? Sollte sich der Reader auf originäre Planungstheorien – prozessuale „Theories of Planning" im Sinne Faludis (1969) – beschränken oder auch substanzielle „Theories in Planning" aus Nachbardisziplinen wie der Ökonomie und der Geographie umfassen? Sind Letztere als disziplinär zuordenbare Ansätze nicht nur in Bezug auf die jeweilige „Mutterdisziplin" interpretierbar? Sind mit den zugrunde liegenden fachwissenschaftlichen Diskursen nicht axiomatische Vorentscheidungen verbunden, die nur paradigmeninternen Kontrollmechanismen unterworfen werden können? Wie können divergierende, ja miteinander unvereinbare theoretische Grundlagen aus verwandten Disziplinen in einem kohärenten Überblick dargestellt werden? Erfordert nicht alleine die Bestimmung des Planungsbegriffs a priori eine Positionierung in einem Theoriegebäude, und führt dies nicht zwangsläufig zur Inkommensurabilität unterschiedlicher Begriffe und Positionen? Welche Debattenbeiträge werden aufgenommen, welche weggelassen? Wie viele Texte sind für den angestrebten Überblick erforderlich? Was kann den Leserinnen und Lesern, was dem Verlag zugemutet

---

2   Die sechs Texte sind: Jacobs (1961), Davidoff (1965), Fishman (1982), Foglesong (1986), Campbell (1996) und Scott (1998).

werden? Zudem stellt sich auch immer die Frage, ob vorwiegend Klassiker der Planungsliteratur aufgenommen werden oder ob aktuellen Diskursen der Vorzug gegeben wird.

Der vorliegende Reader verfolgt ein Konzept, das sich zum einen auf den Kern der Planungstheorie und damit die prozessualen „Theories of Planning" fokussiert. Zum anderen unterliegt er nicht der Illusion einer umfassenden Theorie der räumlichen Planung. Vielmehr werden bedeutsame und – theoretisch wie praktisch – einflussreiche Planungstheorien in jeweils eigenständigen Kapiteln nachgezeichnet und interpretiert. Dabei werden sowohl ältere, einflussreiche Originaltexte als auch neuere Debattenbeiträge aufgenommen und kommentiert.

Der ARL-Arbeitskreis „Planungstheorien – Stand und Perspektiven" hat vor dem Hintergrund der dargestellten Entwicklungslinien der Planungstheorie vier große Diskurse herausgegriffen. In Band 1 werden die beiden wohl einflussreichsten planungstheoretischen Metaerzählungen des späten 20. Jahrhunderts behandelt: Mit verschiedenen Ansätzen der kommunikativen Planung sowie des Neoinstitutionalismus und der Governance-Forschung verbindet sich die erfolgreiche Überwindung einer technokratisch-rationalistischen Vorstellung von Planung. Kommunikation, Macht und Konflikt werden in der Planungswissenschaft zu zentralen Kategorien der Auseinandersetzung mit der Planungsrealität.

Band 2 beleuchtet neuere Diskursstränge des frühen 21. Jahrhunderts: strategische Planung und Planungskultur. Während der organisationstheoretisch untersetzte „Turn to Strategy" als eine Antwort auf die Defizite inkrementeller Planung durch Projekte zu verstehen ist, zielen Ansätze die Planen als kulturelle Praxis begreifen, auf ein tieferes Verständnis lokaler und regionaler Praktiken.

Mit der Fokussierung auf diese vier großen Diskurse wird ein wichtiger, keinesfalls jedoch vollständiger Überblick über planungstheoretische Debatten gegeben. Der *ARL Reader Planungstheorie* ist daher grundsätzlich offen angelegt und könnte künftig um weitere Bände erweitert werden. Diese könnten sowohl hochaktuelle Dynamiken im planungstheoretischen Diskurs, wie z. B. den Poststrukturalismus, aufgreifen als auch die Grundlagen der modernen Planung im Widerstreit zwischen Rationalisten und Inkrementalisten in der Frühphase der Planungstheorie zum Gegenstand haben.

1.3.1 Kriterien für die Zusammenstellung des Readers

Durch die Auswahl der Texte des Readers wird ein Beitrag zu einer Kanonisierung von ausgewählten Feldern der Planungstheorie geleistet. Der Reader soll den Mainstream ausgewählter Teilbereiche der Planungstheorie widerspiegeln, nicht aber einer wissenschaftlichen Schulenbildung Vorschub leisten. Es geht vielmehr um eine kritische Aufbereitung und Reflexion vorhandener Debattenansätze. Die Zusammenstellung des Readers soll es

den Leserinnen und Lesern ermöglichen, planungswissenschaftliche Ansätze und Untersuchungsgegenstände in vielfältigen Zusammenhängen zu verorten und dadurch auch neue Perspektiven zu gewinnen.

Die nachfolgend dargelegten Kriterien zu Impact, Originalität, Qualität, Form und Struktur der Texte dienten als Richtschnur zu Auswahl der Texte in den vier Themenfeldern. Allerdings konnte es keine Mechanik bei der Textauswahl geben. Die Abwägung, welche Texte aufzunehmen waren und welche Texte in den rahmensetzenden Beiträgen erwähnt, zitiert oder auch in längeren Exzerpten rezipiert werden, musste fallweise entschieden werden. In den kommentierenden Begleittexten wird auch auf weitere relevante Diskussionsstränge eingegangen, die sich in den ausgewählten Artikeln nicht unmittelbar widerspiegeln.

Impact In den Reader sollten vorrangig wirkmächtige Texte aus dem behandelten planungstheoretischen Gebiet aufgenommen werden. Hat der Text Einfluss auf andere Arbeiten gehabt? Die Zitationshäufigkeit kann hier als Indiz dienen, ist aber alleine nicht entscheidend. Nicht bei jeder Debatte war zwangsläufig der bekannteste Text aufzunehmen, sondern der für den Zweck des Readers interessanteste aus dem betrachteten planungstheoretischen Gebiet. Die Auswahl erfolgte primär nach wissenschaftlicher Relevanz, wobei im Zweifelsfall zugunsten des aktuellen Forschungsstands und gegen die fachhistorische Bedeutung eines Textes entschieden wurde. Nicht das Alter der Texte, sondern ihre Aktualität war ausschlaggebend. Neben „Leuchtturmtexten" von Vätern und Müttern der Debatte sollte auch der aktuelle Debattenstand repräsentiert sein.

Originalität Aufgenommen wurden insbesondere Texte, die eine eigene, zum Zeitpunkt ihrer Veröffentlichung originelle planungstheoretische Position beziehen oder bestehende Ansätze auf eine eigene, innovative Art und Weise verknüpfen bzw. verorten. Dabei ging es nicht darum, eine Debatte möglichst vollständig abzubilden. Stattdessen sollten in diesem Reader besonders lesenswerte und lehrreiche Texte gebündelt werden. Das können sowohl spezifische Positionierungen als auch Review-Artikel sein. Hinsichtlich der räumlichen Bezüge war die Auswahl nicht auf jene Texte beschränkt, die sich auf den deutschsprachigen Raum beziehen. Auch Beiträge, die sich mit einschlägigen planungstheoretischen Fragen in der westlichen Hemisphäre befassen, wurden als relevant erachtet, sofern sie bedeutend sind für die deutschsprachige Debatte.

Qualität Die Textauswahl orientierte sich an den üblichen Qualitätsstandards wissenschaftlicher Publikationen. Darüber hinaus erforderte das Format eines Readers, dass die Texte sich im besonderen Maße durch Substanz und Dichte auszeichnen. Die Texte sollten unabhängig voneinander verständlich sein, zugleich aber in der vergleichenden Betrachtung einen Mehrwert bieten, um zu einem stimmigen Gesamtbild beizutragen.

1

Form und Struktur Für die behandelten planungstheoretischen Diskurse galt es, jeweils circa zehn Texte auszuwählen. Diese Auswahl orientierte sich auch an formalen Kriterien. So wurde auf die Klarheit des Ausdrucks in den ausgewählten Artikeln und damit die Verständlichkeit für eine breite Leserschaft geachtet. Die Länge der ausgewählten Beiträge hatte grundsätzlich Reader-geeignet sein. Hinsichtlich der Sprache der Texte sollten deutsch- und englischsprachige Texte in einer angemessenen Balance ausgewählt werden. Ziel war es, die deutschsprachige Perspektive zu wahren, in der Gesamtschau aber anschlussfähig zu bleiben an englischsprachige Debatten. Auch sollten theoretische und empirische Anteile in den Texten in einem ausgewogenen Verhältnis stehen.

Intensiv wurde im Arbeitskreis schließlich über die Frage diskutiert, ob eigene Artikel der Arbeitskreismitglieder von der Aufnahme in den Reader auszuschließen seien. Dabei wurde das Dilemma angesprochen, dass einerseits der Arbeitskreis Mitglieder berufen hatte, die auf den relevanten Gebieten einschlägig arbeiten, andererseits Rezeption und Akzeptanz des Readers beeinträchtigt werden könnten, wenn der Eindruck entstünde, einzelne Texte seien aus persönlichem Interesse in dem Kanon platziert worden. Da die Beteiligten die Möglichkeit hatten, sich inhaltlich umfassend in den kommentierenden Rahmentexten einzubringen, wurde auf die Aufnahme von Originalartikeln der Beteiligten gänzlich verzichtet. Wo immer es zielführend erschien, finden sich freilich Verweise auch zu jenen Quellen.

Literatur

Albers, G. (1969). Über das Wesen räumlicher Planung. *Stadtbauwelt, 21*, 10–14.

Albers, G. (1992). *Stadtplanung. Eine praxisorientierte Einführung.* Darmstadt: Wissenschaftliche Buchgesellschaft.

Albrechts, L., & Balducci, A. (2013). Practicing strategic planning: In search of critical features to explain the strategic character of plans. *disP – The Planning Review, 49*(3), 16–27.

Allmendinger, P. (2009). *Planning theory.* Basingstoke: Palgrave Macmillan.

Balducci, A., Boelens, L., Hillier, J., Nyseth, T., & Wilkinson, C. (2011). Strategic spatial planning in uncertainty: Theory and exploratory practice. *Town Planning Review, 82*(5), 481–501.

Benz, A., & Fürst, D. (2003). Region – ‚Regional Governance' – Regionalentwicklung. In B. Adamaschek & M. Pröhl (Hrsg.), *Regionen erfolgreich steuern. Regional Governance – von der kommunalen zur regionalen Strategie* (S. 11–66). Gütersloh: Verlag Bertelsmann Stiftung.

Bryson, J. M. (2004). *Strategic planning for public and nonprofit organizations. A guide to strengthening and sustaining organizational achievement.* San Francisco: Jossey-Bass.

Campbell, S. (1996). Green cities, growing cities, just cities? Urban planning and the contradictions of sustainable development. *Journal of the American Planning Association, 62*(3), 296–312.

Campbell, S., & Fainstein, S. S. (1996). *Readings in planning theory.* Cambridge: Blackwell.

Davidoff, P. (1965). Advocacy and pluralism in planning. *Journal of the American Institute of Planners, 31*, 331–338.

Dewey, J. (1925). The development of American pragmatism. In J. Dewey (Hrsg.), *Philosophy and civilization* (S. 13–25). New York: SIU Press.

Düwel, J., & Gutschow, N. (2001). *Städtebau in Deutschland im 20. Jahrhundert. Ideen – Projekte – Akteure.* Teubner: Stuttgart (Studienbücher der Geographie).

Etzioni, A., & Etzioni, A. (1967). Mixed-scanning: A "third" approach to decision-making. *Public Administration Review, 27*(5), 385–392.

Fainstein, S. S., & Campbell, S. (2003). *Readings in planning theory.* Oxford: Blackwell.

Fainstein, S. S., & Campbell, S. (2012). *Readings in planning theory.* Oxford: Blackwell.

Fainstein, S. S., & DeFilippis, J. (2016). *Readings in planning theory.* Oxford: Blackwell.

Faludi, A. (1969). Planungstheorie oder Theorie des Planens? *Stadtbauwelt, 23*(38/39), 216–220.

Faludi, A. (1973). *A reader in planning theory.* Oxford: Pergamon.

Faludi, A. (1986). *Critical rationalism and planning methodology.* London: Pion.

Faludi, A. (1987). *A decision-centred view of environmental planning.* Oxford: Pergamon.

Fischer, F., & Forester, J. (Hrsg.). (1993). *Argumentative turn in policy analysis and planning.* Durham: Duke University Press.

Fishman, R. (1982). *Urban utopias in the twentieth century: Ebenezer Howard, Frank Lloyd Wright, and Le Corbusier.* Cambrige: The MIT Press.

Flyvbjerg, B. (1998). *Rationality and power. Democracy in practice.* Chicago: University of Chicago Press.

Foglesong, R. E. (1986). Planning the capitalist city. In R. E. Foglesong (Hrsg.), *Planning the capitalist city: The colonial era to the 1920s* (S. 18–24). Princeton: Princeton Univ. Press.

Forester, J. (1989). *Planning in the face of power.* Berkeley: University of California Press.

Forester, J. (1993). *Critical theory, public policy, and planning practice: Toward a critical pragmatism.* Albany: State University of New York.

Friedmann, J. (1987). *Planning in the public domain: From knowledge to action.* Princeton: Princeton University Press.

Friedmann, J. (1998). Planning theory revisited. *European Planning Studies, 6*(3), 245–254.

Friedmann, J. (2003). Why do planning theory? *Planning Theory, 2*(1), 7–10.

Friedmann, J. (2011). *Insurgencies: Essays in planning theory.* London: Routledge.

Friend, J., & Hickling, A. (1987). *Planning under pressure. The strategic choice approach.* Oxford: Pergamon.

Friend, J., & Jessop, N. (1969). *Local government and strategic choice – An operational research approach to the processes of public planning.* London: Pergamon.

Fürst, D. (2004). Planungstheorie – Die offenen Stellen. In U. Altrock, S. Günter, S. Huning, & D. Peters (Hrsg.), *Perspektiven der Planungstheorie* (S. 238–255). Berlin: Leue.

Fürst, D. (2005). Entwicklung und Stand des Steuerungsverständnisses in der Raumplanung. *disP – The Planning Review, 163*(4), 16–27.

Fürst, D. (2007). Planungskultur. Auf dem Weg zu einem besseren Verständnis von Planungsprozessen? In: PNDonline III/2007. ▶ http://www.planung-neu-denken.de/images/stories/pnd/dokumente/pndonline3-2007-fuerst.pdf. Zugegriffen: 22. Apr. 2015.

Geddes, P. (1915). *Cities in evolution: An introduction to the town planning movement and to the study of civics.* London: Williams & Norgate.

Gunder, M. (2011). Fake it until you make it, and then…. *Planning Theory, 10*(3), 201–212.

Gunder, M., & Hillier, J. (2009). *Planning in ten words or less: A Lacanian entanglement with spatial planning.* Farnham: Ashgate.

Gunder, M., Madanipour, A., & Watson, V. (Hrsg.). (2018). *The Routledge handbook of planning theory.* New York: Routledge.

Hall, P. (2002). *Cities of tomorrow.* Oxford: Blackwell.

Healey, P. (1992). Planning through debate: The communicative turn in planning theory. *Town Planning Review, 20*(1), 9–20.

Healey, P. (1997). *Collaborative planning: Shaping places in fragmented societies.* London: Macmillan.

Healey, P. (2007). *Urban complexity and spatial strategies. Towards a relational planning for our times.* London: Routledge.

Healey, P. (2008). The pragmatic tradition in planning thought. *Journal of Planning Education and Research, 28*(3), 277–292.

Healey, P., Khakee, A., Motte, A., & Needham, B. (Hrsg.). (1997). *Making strategic spatial plans: Innovation in Europe.* London: UCL Press.

Hillier, J. (2008). Plan(e) speaking: A multiplanar theory of spatial planning. *Planning Theory, 7*(1), 24–50.

Hillier, J., & Healey, P. (2008). *Critical essays in planning theory* (Bd. 3). Burlington, VT: Ashgate.

Innes, J. E. (1995). Planning theory's emerging paradigm: Communicative action and interactive practice. *Journal of Planning Education and Research, 14*(3), 183–189.

Jacobs, J. (1961). *The death and life of great American cities.* New York: Vintage Digital.

Keeble, L. B. (1969). *Principles and practice of town and country planning.* London: Estates Gazette.

Laclau, E., & Mouffe, C. (2001). *Hegemony and socialist strategy: Towards a radical democratic politics.* London: Verso.

Lindblom, C. E. (1959). The science of "muddling through". *Public Administration Review, 19*(2), 79–88.

Lindblom, C. E. (1968). *The policy-making process.* Englewood Cliffs: Prentice-Hall.

Luhmann, N. (1966). Politische Planung. *Jahrbuch für Sozialwissenschaft, 3,* 271–296.

Mayntz, R. (2004). *Governance Theory als fortentwickelte Steuerungstheorie?.* Köln: Max-Planck-Instituts für Gesellschaftsforschung.

Mayntz, R., & Scharpf, F. W. (Hrsg.). (1995). *Gesellschaftliche Selbstregelung und politische Steuerung. Schriften des Max-Planck-Instituts für Gesellschaftsforschung Köln.* Frankfurt a. M.: Campus.

Meyerson, M., & Banfield, E. C. (1955). *Politics, planning, and the public interest: The case of public housing in Chicago.* London: Collier-Macmillan.

Ostrom, E. (1990). *Governing the commons: The evolution of institutions for collective action.* Cambridge: Cambridge University Press.

Othengrafen, F., & Reimer, M. (2013). The embeddedness of planning in cultural contexts: Theoretical foundations for the analysis of dynamic planning cultures. *Environment and Planning A, 45*(6), 1269–1284.

Popper, K. (1945). *The open society and its enemies.* London: Routledge.

Salet, W., & Faludi, A. (Hrsg.). (2000). *The revival of strategic spatial planning.* Amsterdam: Netherlands Academy of Arts and Sciences.

Schön, D. A. (1983). *The reflective practitioner. How professionals think in action.* New York: Basic Books.

Scott, J. (1998). Authoritarian High Modernism. In J. Scott (Hrsg.), *Seeing like a state: How certain schemes to improve the human condition have failed* (S. 87–102). New Haven: Yale University Press.

Selle, K. (2004). Kommunikation in der Kritik? In B. Müller, S. Löb, & K. Zimmermann (Hrsg.), *Steuerung und Planung im Wandel* (S. 229–256). Wiesbaden: VS Verlag.

Selle, K. (2005). *Planen. Steuern. Entwickeln. Über den Beitrag öffentlicher Akteure zur Entwicklung von Stadt und Land.* Dortmund: Dortmunder Vertrieb für Bau- und Planungsliteratur.

Selle, K. (Hrsg.). (2006). *Zur räumlichen Entwicklung beitragen. Konzepte, Theorien, Impulse*: Bd. 1. *Planung Neu Denken.* Dortmund: Rohn.

Siebel, W. (2006). Wandel, Rationalität und Dilemmata der Planung. In K. Selle (Hrsg.), *Zur räumlichen Entwicklung beitragen. Konzepte, Theorien, Impulse*: Bd. 1. *Planung Neu Denken* (S. 195–209). Dortmund: Rohn.

von Hayek, F. A. (1945). The use of knowledge in society. *The American Economic Review, 35*(4), 519–530.

Wiechmann, T. (2008). *Planung und Adaption. Strategieentwicklung in Regionen, Organisationen und Netzwerken.* Dortmund: Rohn.

Wiechmann, T. (2018). Planungstheorie. In Akademie für Raumforschung und Landesplanung (Hrsg.), *Handwörterbuch der Stadt- und Raumentwicklung* (S. 1771–1784). Hannover: Verlag der ARL.

Kommunikative Planung

Karsten Zimmermann

2.1   Kommunikative Planung: Bedeutung und Schlüsselthesen – 14

2.2   Wie wurde kommunikative Planung eingeführt? – Geschichte – 14

2.3   Gibt es Unterschiede in der Rezeption in Deutschland und der angloamerikanischen Diskussion? – 18

2.4   Verhältnis Theorie zu Praxis – 19

2.5   Kritische Debatte = Kontroversen, Perspektiven, Querbezüge – 20

2.6   Fazit und Ausblick – 21
2.6.1   Für die Forschung – 21
2.6.2   Für die Praxis – 22

Literatur – 23

Originaltexte – 24
Originaltext Habermas 1973 – 24
Originaltext Rittel/Webber 1973 – 36
Originaltext Healey 1992 – 51
Originaltext Forester 1982 – 71
Originaltext Renn 1999 – 86
Originaltext Selle 2004 – 104
Originaltext Mäntysalo 2002 – 133
Originaltext Reuter 2000 – 153

Der Autor dankt Wolf Reuter für zahlreiche Hinweise und Kommentare. Ohne diese hätte der Beitrag nicht die jetzt vorliegende Form bekommen.

© Springer-Verlag GmbH Deutschland, ein Teil von Springer Nature 2019
T. Wiechmann (Hrsg.), *ARL Reader Planungstheorie Band 1*, https://doi.org/10.1007/978-3-662-57630-4_2

2

2.1 Kommunikative Planung: Bedeutung und Schlüsselthesen

In dem 2012 von Frank Fischer und Herbert Gottweis veröffentlichten Band *The Argumentative Turn Revisited: Public Policy as Communicative Practice* zieht Mitherausgeber Frank Fischer eine Bilanz des in dem nahezu gleichnamigen Band aus dem Jahr 1993 angekündigten „Argumentative Turn in Policy Analysis and Planning" (damals noch gemeinsam mit John Forester). In beiden Büchern kamen auch Planungswissenschaftler zu Wort, und man kann sagen, dass die argumentative Wende, so wie sie von Frank Fischer, John Forester, John S. Dryzek und Patsy Healey in dem Band beschrieben und angewandt wurde, deutliche Spuren in der Planungspraxis und auch in der Planungstheorie hinterlassen hat. Es kann also auch hier Bilanz gezogen werden.

Für die Gemeinschaft der Planungstheoretiker prägte nicht zuletzt Patsy Healeys Titel eines Aufsatzes von 1992 („Planning through debate: The communicative turn in planning theory") die Bezeichnung „kommunikative Wende". Von da an war die kommunikative Planung in der Theoriedebatte und in der Praxis ein leitendes Modell. Wenn wir das Wort „Modell" benutzen, meinen wir damit, dass es gewisse Eigenschaften des Planens bevorzugt abbildet, aber, je nach Autor, nicht nur als deskriptives, sondern auch als normatives Bild verstanden werden will. Für die nicht so sehr angelsächsisch Orientierten war dieses Modell allerdings durch das Buch des Sozialwissenschaftlers Habermas über die Theorie des kommunikativen Handelns (auf das sich neben Healey auch andere Autoren wie Sager und Innes als Schlüsselreferenz beziehen) von 1981 bereits eingeführt worden. Weitere Vorläufer und Parallelentwicklungen des kommunikativen Ansatzes in der Planungsdiskussion werden in ▶ Abschn. 2.2 behandelt. In der Diskussion werden vordergründig unterschiedliche Begriffe verwendet. Die Bezeichnungen „diskursiv", „kommunikativ", „partizipativ" oder „argumentativ" beziehen sich auf dasselbe Konzept, betonen jedoch unterschiedliche Aspekte der Theorie und der planungspraktischen Implikationen. Die Kernthese besagt, dass planerisches (gesellschaftliches) Handeln durch Normen geleitet sei, über die sich Beteiligte durch Verständigung über ihre Intentionen einigen – bei Zweifeln mittels Diskursen durch fairen Austausch von Argumenten, die sich in eben jenen Diskursen gegenüber anderen Argumenten als Einwänden bewähren müssen. Insofern wird alles Wissen, das zur Lösung von Planungsproblemen relevant wird, kommunikativ und sozial erzeugt und erlangt auf diese Weise auch Geltungskraft.

In diesem einleitenden Beitrag werden die wesentlichen Diskussionslinien der kommunikativen Wende einschließlich der durch sie hervorgerufenen Kritik erläutert. Dabei soll nicht auf die empirischen Erfahrungen und Erfolge eingegangen werden. Dies wäre angesichts der Fülle an Fallstudien ein nahezu aussichtsloses Unterfangen.

Wir dürfen zwar annehmen, dass weitreichende Formen der Kommunikation in der Planung, insbesondere der Beteiligung und Kooperation, mittlerweile nicht mehr wegzudenken und im Prinzip dazu geeignet sind, Prozesse der Verständigung zu unterstützen. Wer sie nicht anwendet, macht sich verdächtig, kein guter Planer zu sein. Wir wissen trotz einer Vielzahl von gut dokumentierten Fallbeispielen aber nicht wirklich, ob sich der „argumentative turn" in der Planungspraxis flächendeckend durchgesetzt hat und ebenso flächendeckend für bessere (d. h. effektive und als legitim anerkannte) Ergebnisse sorgte. Zudem zeigten uns viele Einzelbeispiele die Grenzen und Schwächen des kommunikativen Modells, gerade auch in seiner Form der Partizipation, auf (Selle 2004).

Kritik am kommunikativen Modell basiert sowohl auf empirischen Erfahrungen als auch auf theoretischen Überlegungen. Manche Autoren (Mäntysalo 2002; Flyvbjerg 1998; Hillier 2003, Tewdwr-Jones und Allmendinger 1998) waren dadurch verleitet, mit dem „argumentative turn" abzurechnen und ihn als in gewisser Weise sogar naiv oder theoretisch irregeleitet zu bezeichnen (Bengts 2005), was wiederum Widerspruch seitens der Protagonisten der kommunikativen Planungstheorie hervorrief (Sager 2012; Healey 2006, 2012; Selle 2004; Innes und Booher 2015). So entwickelte sich aber eine fruchtbare Debatte über den Ansatz und die Tragfähigkeit des Modells, auf die in den letzten Abschnitten eingegangen wird, wobei wir das Verhältnis von Theorie zur Praxis und die kontroverse Rezeption berücksichtigen wollen. Die ausgewählten Beiträge lassen die Hauptvertreter zu Wort kommen, spiegeln aber auch diese kritische Debatte. Dabei wird deutlich, was unter kommunikativer Rationalität in der Planung verstanden werden kann, an welche längst bekannten Theorie- und Denkdispositionen angeknüpft wurde und welche Weiterentwicklungen sich ergeben haben.

2.2 Wie wurde kommunikative Planung eingeführt? – Geschichte

Es ist nicht leicht, in der Geschichte der leitenden Paradigmen der Planungstheorie den Zeitpunkt zu identifizieren, an dem das Konzept der kommunikativen Planung theoriebasiert in der Planungsdebatte vorzuherrschen begann. Wenn wir die Formulierung suchen, die seine Durchsetzung einleitete, werden wir in dem oben genannten Aufsatz in der *Town Planning Review* von Patsy Healey (1992) fündig. Der bereits angesprochene Band *Argumentative Turn in Policy Analysis and Planning* von Fischer und Forester erschien 1993. Forester hatte bereits 1989 sein Buch *Planning in the Face of Power* veröffentlicht und damit wesentliche Argumentationslinien der kommunikativen Wende angelegt (vgl. auch Forester 1982). Die späten 1980er/frühen 1990er Jahre können somit als vermeintlicher Wendepunkt ausgemacht werden.

Gleichwohl ist die sozialwissenschaftliche Theorie älter und wurde in den 1970er Jahren wesentlich von Jürgen Habermas formuliert und fortlaufend vertieft (Habermas 1973, 1981, 1994). Wenn Healey (1992, S. 150 ff.) und wenig später auch Tore Sager (1994) und Judith Innes (1995) die geistigen Fundamente ihres Konzepts aufführen, beziehen sie sich auf Habermas. Das Werk von Jürgen Habermas ist äußerst umfangreich. Er hat, beginnend mit seinen Arbeiten zu Fragen der Legitimität politischer Herrschaft, im Verlauf der Jahre an verschiedenen Stellen seine Gedanken zur kommunikativen Rationalität formuliert. Wir glauben, dass ein wesentliches Moment der Attraktivität seiner Theorie für Planungswissenschaftler nicht zuletzt in der Herrschaftskritik liegt, die sich leicht mit den in den späten 1960er/frühen 1970er Jahren aufkommenden Zweifeln an technokratischen und szientifisch-rationalistischen Planungsmodellen verbinden ließ. Als Eröffnung kann seine Gegenüberstellung der instrumentellen Vernunft einer Systemwelt versus einer kommunikativen Vernunft einer Lebenswelt in „Technik und Wissenschaft als Ideologie" gelten (Habermas 1968). Dort findet sich bereits die Formulierung von der intersubjektiven Verständigung in Kommunikation als Verständigung über Normen und Handeln (Habermas 1968, S. 63).

Die erste griffige Formulierung der kommunikativen Rationalität findet sich in dem 1973 veröffentlichten Band *Legitimationsprobleme im Spätkapitalismus*, aus dem wir einen Auszug als ersten Beitrag des Readers ausgewählt haben, um die geistige Autorenschaft der Theorie zu dokumentieren und sein fundamentales Substrat herauszustellen (s. Beitrag unten von Habermas). Kerngedanken bei der Entwicklung des Modells sind:

- *Sprache und Verständigungsorientierung:* Die Theorie des kommunikativen Handelns geht davon aus, das jedweder sprachlicher Kommunikation das Moment der Verständigung innewohnt, sofern eine geteilte lebensweltliche Orientierung gegeben ist.
- *Öffentlichkeit:* Eine der wesentlichen Bedingungen ist das Vorhandensein einer Öffentlichkeit, die es allen Beteiligten erlaubt, ohne Einschränkungen an einem Diskurs teilzunehmen.
- *Vernunft und Gemeinwohlorientierung:* Die Theorie des kommunikativen Handelns geht mit der Erwartung vernünftiger Ergebnisse einher.

Voraussetzung einer kommunikativen Rationalität ist die „ideale Sprechsituation" (Habermas 1973, S. 152). Diese machtfreie Situation, in der alle Motive außer der gemeinsamen Suche nach Wahrheit ausgeschlossen sind und das bessere Argument siegen soll, ist als Orientierung gedacht, an der sich alle Realsituationen messen lassen und, normativ gewendet, annähern sollen, selbst wenn sie nie erreicht werden würde. Habermas bezeichnet sie als „ideal" oder auch „kontrafaktisch". In dem folgenden Beitrag „Die Wahrheitsfähigkeit praktischer Fragen" (Habermas 1973)

entwickelt er einen Kerngedanken der kommunikativen Rationalität: Rationalität ist auf dem Weg der Verständigung über handlungsleitende Normen möglich; verallgemeinerbare Interessen sind von bornierten Einzelinteressen unterscheidbar; um die Rationalität zu gewährleisten, bedarf es einer machtfreien Sprechsituation.

> **Jürgen Habermas: Die Wahrheitsfähigkeit praktischer Fragen (Habermas 1973a, S. 140–152)**
> Grundgedanke ist die Position, „dass ein Konsensus über die Annahme einer empfohlenen Norm mit Gründen herbeigeführt werden könne". Der Autor schlägt ein Modell vor, in dem die Kommunikationsgemeinschaft der Betroffenen in einem Diskurs den Geltungsanspruch von Normen prüft. Substanzielle Argumente können Teilnehmer an einem Diskurs von einem Geltungsanspruch überzeugen. An dieser Stelle führt er die von ihm selbst als „ideal" bezeichnete Sprechsituation ein, die für einen solchen Diskurs unvermeidliche Voraussetzung ist. Er sei eine Form der Kommunikation, erfahrungsfrei, handlungsentlastet, gilt ausschließlich virtualisierten Geltungsansprüchen; Teilnehmer, Themen und Beiträge sind nicht beschränkt. Kein Zwang außer dem des besseren Argumentes wird ausgeübt. Alle Motive außer dem der kooperativen Wahrheitssuche sind ausgeschlossen. So kann ein Konsens über verallgemeinerungsfähige Interessen zustande kommen. Dadurch ist es möglich, statt vor einem undurchdringlichen Pluralismus scheinbar letzter Wertorientierungen […] zu resignieren, […] „kraft Argumentation die jeweils verallgemeinerungsfähigen Interessen von denen zu scheiden, die partikular sind und bleiben".

Im Unterschied zu Habermas, der seine Gedanken für die Entwicklung handlungsleitender Normen auf gesamtgesellschaftlicher Ebene entwickelte, hat ein anderer Vertreter einer auf Kommunikation basierenden Theorie des Handelns zeitparallel zu Habermas ein argumentatives Modell auf dem Gebiet der Planungstheorie postuliert.

1969 hielt der von der Studiengruppe für Systemforschung, Heidelberg, kommende Horst Rittel mit Melvin Webber einen Vortrag in Boston, der 1973 in der Zeitschrift *Policy Science* erschien (Rittel und Webber 2013). Nach scharfer Kritik, die sich gegen den noch geltenden szientifisch-instrumentellen Systemansatz der von ihm sogenannten „ersten Generation" richtete, beschreibt er Planungsprobleme als fundamental anders als solche der Wissenschaft und des Engineering. Ursache ist ihre Ansiedlung in pluralistisch strukturierten sozialen Kontexten moderner Gesellschaften. Er nennt sie „wicked" (bösartig), charakterisiert ihre Andersartigkeit und kommt aufgrund der typischerweise urteilsabhängigen

Problem- und Lösungssicht zu dem Schluss, dass system-theoretische Ansätze einer „zweiten Generation [...] auf einem Modell von Planung als einem argumentativen Prozess beruhen [sollten], in dessen Verlauf allmählich bei den Beteiligten eine Vorstellung vom Problem und der Lösung entsteht, und zwar als Produkt ununterbrochenen Urteilens, das wiederum kritischer Argumentation unterworfen wird" (Rittel und Webber 2013, S. 28). Begrifflich mag man Argumentationsaustausch in dem allgemeinen Vorgang von Kommunikation als eine Untermenge von Austauschen betrachten, zu der auch visuelle, haptische etc. gehören. Der Begriff „Argumentation" betont dabei sowohl das gedanklich in Worte gefasste Substrat als auch die Offenheit des Prozesses. Jedes Argument hat ein Gegenargument bzw. muss sich im Lichte möglicher Gegenargumente bewähren.

Horst Rittel und Melvin Webber: Dilemmas in a General Theory of Planning (Rittel und Webber 2013)

Klassische Expertenplanungen, die auf einer optimistischen Einschätzung ihres auf ingenieurs-wissenschaftlichen Methoden beruhenden Potenzials durchgeführt wurden, erwiesen sich angesichts der sozialen Dimension und der Differenzierung der Wertsysteme in pluralen Gesellschaften als unbefriedigend. Die Autoren unterscheiden zwischen „zahmen" Problemen, wie sie Wissenschaftler und einige Ingenieursgruppen haben, und „bösartigen" Problemen, wie sie typisch in sozialen Kontexten auftauchen. Zu den Eigenschaften der „Bösartigkeit" von Planungs-problemen gehört, dass sie schlecht definierbar sind, dass Lösungen nicht richtig/falsch, sondern „nur" gut/schlecht sein können, dass sie jeweils einzigartig sind, dass ihr Lösungsraum nicht begrenzt ist, dass die Erklärung ihrer Entstehung und entsprechend der Lösungsweg vielfältig ist und – entscheidend – mangels eindeutiger Gütekriterien das Lösungsverhalten vom Urteil des Problemlösers oder der Problemlöser abhängt. Ursache ist ihre Ansiedlung im sozialen Kontext, der in hoch entwickelten Gesellschaften zunehmend heterogener ist. Wenn aber Urteile verschiedener Gesellschaftsgruppen verschieden sind, gibt es kein festes Wissen, „welche Gruppe recht hat und welcher man zur Durchsetzung ihrer Ziele verhelfen sollte". Diesem Dilemma, trotz solcher Ungewissheit dennoch zu entscheiden, sieht sich der Planer gegenüber. Insofern ist Planung immer auch politisch. Als Methode schlagen sie vor, Lösungen in einem argumentativen Prozess zu erarbeiten.

Bemerkenswert ist die Aussage, dass kein „festes Wissen" zu erreichen sei, welches Argument das entscheidend bessere ist. Im Unterschied zu Habermas, der sehr viel stärker auf die Erreichbarkeit von Konsens baut, schlägt Rittel vor, mit dem Dissens zu leben. Argumentation liefert eine bessere Basis für planerische Entscheidungen, auch im Angesicht von Argumenten, die gegen sie sprechen. Zudem erschwert sie die Willkür der Mächtigen.

In einem gleichzeitigen Aufsatz zu dieser zweiten Generation, in dem Rittel auf fundamentale Weise die Paradoxien der Rationalität analysiert, auf denen die erste Generation aufbaut, nennt er einige Prinzipien des Systemansatzes der zweiten Generation, die dem argumentativen Modell folgen. Dazu gehören u. a. „maximierte Miteinbeziehung", Transparentmachen der „deontischen (Soll-)Prämissen", „Symmetrie der Ignoranz" in Sollfragen (der Ratlosigkeit, wer das bessere Wissen hätte) (Rittel 1992b, S. 49).

Rittel hat sich in weiteren Aufsätzen auf die instrumentelle Ausprägung des Modells konzentriert (etwa in dem Beitrag „Issues as Elements of Information Systems"; Rittel 1992a). Er formuliert es als Instrument für Diskurse, welches „die Koordination und Planung politischer Entscheidungsprozesse" unterstützten soll (Rittel 1992a, S. 161). Es beruht auf einem Modell der Problemlösung durch Arbeitsgruppen als argumentativem Prozess. Dabei sind Streitfragen „die organisatorischen Atome"; es sind faktische, deontische (d. h. mit normativen Erwartungen verknüpfte), explanatorische und instrumentelle Fragen, also die gesamte Bandbreite einer Epistemologie planerischen Wissens.

Nachdem wir nun die geistigen Fundamente zeitlich in den 1970er Jahren und ad personam verortet haben, kommen wir auf den Aufsatz zurück, der auch wegen seiner Platzierung im angelsächsischen Sprachraum in der Geschichte der Planungstheorie 1992 seine bahnbrechende Wirkung entfaltete (Healey 1992). Auch in Healeys Positionierung wird deutlich, dass das kommunikative Modell ein vorangegangenes ersetzt, das als technisch-szientisches oder synoptisches bislang die Planung dominiert hatte (vgl. auch Sager 1994):

> » The dilemma is that the technical and administrative machines advocated and created to pursue these goals in the past have been based on what we now see as a narrow scientific rationalism. These machineries have further compromised the development of a democratic attitude, and have failed to achieve the goals promoted (Healey 1992, S. 143).

Healey nimmt die bei Habermas formulierte Trennung von System- und Lebenswelt auf und spricht die legitimatorischen Schwächen der staatlichen Planung an, die in den 1970er und 1980er Jahren offenbar wurden. Sie formuliert dagegen ein Modell, in dem die kommunikative Rationalität dazu führt, dass das lebensweltliche verankerte Wissen Eingang findet in Planungsprozesse und dass objektive Situationsbeschreibungen erst das Resultat von fairen Aushandlungsprozessen sind (Healey 1992, S. 143; vgl. auch 2012). Die Realität ist somit nicht objektiv gegeben, sondern das Ergebnis von Aushandlungen und Prozessen der Verständigung, in die neben kognitiven Aspekten auch Werte eingehen: „I have referred to this as communicative planning theory" (Healey 2012, S. 59; vgl. auch 1992, S. 60). Für Healey geht mit dem kommunikativen Modell ein realitätsgerechtes Bild der Planung einher.

> **Patsy Healey: Planning through Debate: The Communicative Turn in Planning Theory (Healey 1992)**
>
> Mit Referenz auf Gedanken der Aufklärung verband die Disziplin der Planung ihr Konzept von Rationalität mit wissenschaftlichem Denken, dem sie auch ihre Methoden entlehnte. Ihre Ergebnisse wurden Gegenstand von Kritik, da sie weder die Probleme einer Dominanz des Kapitalismus noch technokratischer Überformung noch bürokratischer Macht zu lösen vermochten. Demgegenüber identifiziert Healey fünf neue Wege – Preisorientierung, idealistischen Fundamentalismus, ästhetischen Relativismus, Toleranzprinzip und kommunikative Rationalität. Letztere favorisiert sie und berichtet mit Bezug auf Habermas, der es entwickelt hat, die essenziellen Bestandteile dieses Konzepts ausführlich. Sie gießt es in zehn Propositionen, wie kommunikative Planung zu praktizieren sei. Dazu gehören, dass sehr unterschiedliche Wissensarten wie sie in der „Lebenswelt" (Habermas) vorkommen, einschließlich Erfahrungen oder Urteile, in Diskurse einbezogen werden, dass deren Ergebnisse an Gruppen, Zeit und Ort gebunden sind, dass es ein ständiger kritischer Prozess sei, der die Gültigkeit der Argumente anhand von Kriterien überprüft, dass Respekt Bedingung und wechselseitige Lernbereitschaft Voraussetzung sei. Im letzten Abschnitt betrachtet sie die Bedeutung der kommunikativen Planung für die Planung der Umwelt, von Städten, Orten. Sie charakterisiert sie als Zukunftssuche statt -festlegung. Gegen das Argument des naiven Idealismus (angesichts der Macht des globalen Kapitalismus) setzt sie auf die demokratisierende Kraft, die dem Modell innewohnt.

Allerdings hatte auch John Forester in seinem 1982 veröffentlichten Beitrag „Planning in the Face of Power" bereits auf Habermas Bezug genommen, ohne freilich eine wie auch immer geartete „Wende" auszurufen. Der Beitrag nimmt zentrale Aussagen seines 1989 erschienenen Buchs vorweg.

> **John Forester: Planning in the Face of Power (Forester 1982)**
>
> Forester beschreibt detailliert die Ursachen und Ausprägungen von Machtasymmetrien und sieht im unterschiedlichen Zugang zu Informationen einen wesentlichen Grund für ungleiche Machtverhältnisse. Zentral ist dabei verzerrte Kommunikation als Resultat der gängigen Planungspraxis, die Forester beschreibend durch fünf Planertypen analysiert. Zumindest einige dieser Verzerrungen und Informationsasymmetrien können (und sollen) in Planungsprozessen abgebaut werden, in dem ein voraussetzungsloser Zugang zu Informationen geschaffen wird. Dies läuft auf eine Öffnung von Planungs- und Entscheidungsprozessen sowie der sie regulierenden Institutionen hinaus. Die Kriterien zur Bewertung nicht verzerrter Kommunikation entnimmt Forester nicht zuletzt der Theorie von Habermas: Informationen müssen klar und verständlich sein („clear and comprehensible"), ehrlich und vertrauenswürdig („sincere and trustworthy"), angemessen und legitimiert („appropriate and legitimate") sowie zutreffend und wahr („accurate and true") (Forester 1982, S. 71). Mit seinem Beitrag eröffnet Forester zudem die weiterhin andauernde Diskussion zu Machtverhältnissen und kommunikativer Rationalität (vgl. auch den Beitrag „Zur Komplementarität von Diskurs und Macht in der Planung" von Reuter in ▶ Abschn. 2.5).

Durch Autoren wie Tore Sager (1994), Judith Innes (1995; vgl. auch Innes und Booher 2003, 2015) erfolgten danach rasch die Etablierung und planungswissenschaftliche Ausdifferenzierung des Modells. Allerdings wurde weniger angestrebt, eine umfassende kommunikative Planungstheorie zu entwickeln. Beispielhaft sei wiederum Healey angesprochen, die sich in ihren jüngeren Veröffentlichungen immer mehr auf die kommunikativen Alltagspraktiken der Planer bezieht, sich dabei aber immer mehr von Theoriegebäuden und gesamtgesellschaftlichen Perspektiven distanziert. In Deutschland hat neben Klaus Selle (1994, 1996) Ortwin Renn zur Verbreitung und Etablierung kommunikativer Planungspraxis in der Raum- und Umweltplanung beigetragen. Mit Blick auf die Arbeiten von Renn ist hervorzuheben, dass er insbesondere Verfahrensaspekte thematisierte und im Resultat mit dem „kooperativen Diskurs" ein Format kommunikativer Planung erfolgreich etablierte, das auf die Bürgerbeteiligung und die Bewältigung von Konflikten angelegt war.

2

Ortwin Renn: Kooperativer Diskurs: Kommunikation in der Umweltpolitik (Renn 1996)

Renn nennt als theoretische Voraussetzung für sein Konzept des „kooperativen Diskurses" explizit die Theorie des kommunikativen Handelns. Der kooperative Diskurs schafft mithin Rahmenbedingungen, die gleichberechtigte Sprechmöglichkeiten aller Betroffenen ermöglichen und auf diese Weise zu als fair und sachlich kompetent betrachteten Lösungen beitragen (Renn 1996, S. 102). Mindestens sollen Kompromisse erleichtert und allgemein zustimmungsfähige Entscheidungen erreicht werden, indem der kooperative Diskurs als ein faires Verfahren der Prüfung von mit Geltungsansprüchen verknüpften Aussagen angewandt wird. Renn hält mit Recht fest, dass die Theorie des kommunikativen Handelns dafür keine konkreten Handlungsanweisungen gibt. Hier setzt der kooperative Diskurs an und bietet ein Organisationsmodell für eine Strukturierung von Aushandlungen, das sicherstellt, dass „das notwendige Sachwissen eingeht, geltende Normen und Gesetze beachtet werden, soziale Werte und Interessen in fairer und repräsentativer Weise eingebunden werden" (Renn 1996, S. 104). Dabei werden die vier Geltungskriterien der Verständlichkeit, der Evidenz (Wahrheit), der Wahrhaftigkeit und der normativen Angemessenheit berücksichtigt und im Verfahren operationalisiert.

Das Verfahren selbst nimmt Elemente bestehender Beteiligungskonzepte auf und gliedert sich in drei Stufen: Kriterienfindung durch Mediation mit Interessengruppen (Werterhebung mittels Wertbaumanalyse), Klärung von kognitiven Konflikten durch Experten-Delphi (Faktenermittlung) und Abwägung von Handlungsoptionen durch Planungszellen bzw. Bürgerforen (Abwägung). Für die Verknüpfung der drei Schritte werden Prinzipien formuliert (abschließende Ermittlung aller Werte, von allen anerkannte Neutralität der Experten). Das Verfahren fand in verschiedenen Kontexten der Umwelt-, Landschafts- und Raumplanung Anwendung, wobei insbesondere Standortkonflikte (Deponien) vertreten waren. Schwächen liegen weniger im Verfahren selbst, sondern sind in der Herstellung von Verbindlichkeit im Zusammenwirken mit den politischen Entscheidungsträgern zu sehen.

2.3 Gibt es Unterschiede in der Rezeption in Deutschland und der angloamerikanischen Diskussion?

Zwar wurde die kommunikative Wende in der angelsächsischen Theorieentwicklung ausgerufen, doch besteht kein Zweifel unter den dortigen Autoren, dass das theoretische Repertoire aus dem Werk von Jürgen Habermas

stammt. Sein 1973 erschienenes Buch *Legitimationsprobleme im Spätkapitalismus* und die 1981 veröffentlichte *Theorie des kommunikativen Handelns* (TKH) haben durch ihre Übersetzungen ins Englische (1975 bzw. 1984) den „communicative turn" ganz wesentlich geprägt.

Aufgrund der Literaturverteilung liegt des Weiteren die Annahme nahe, dass die TKH über den Umweg der englischen Planungsliteratur ihren Weg in die deutsche Diskussion fand, in der eine Diskussion in der Tiefe aber nicht stattfand. Hierzu eine These, die durch die Lektüre von Healey (2012) nahegelegt wird: Da die englischen Planer aufgrund der Rechtstradition und des fast schon fehlenden Legalismus stets gezwungen sind, ihre Pläne und Vorhaben in der Öffentlichkeit unter Berücksichtigung von „material considerations" zu rechtfertigen, musste das kommunikative Modell dort früher Aufmerksamkeit finden (Healey 2012, S. 64). Insofern wäre die Verbreitung der Idee kommunikativer Planung auch an planungskulturelle Kontexte gebunden (Kap. 3, Bd. 2).

Dem ist entgegenzuhalten, dass der deutsche Diskurs seit den 1968er Jahren die Kerngedanken des Modells in seinen Verlauf einbaute. Die bereits 1972 im Städtebauförderungsgesetz geronnene Festschreibung partizipativer Verfahren kann als ein äußerer Beleg dafür gelten. Autoren wie Helga Fassbinder (1997), Klaus Selle (1996) und Ortwin Renn (1996) entwickelten Formen „interaktiver", „kooperativer" Planung. Der Kontext seiner Entwicklung war allerdings anders. Im politisierten Geistesklima der 1968er Jahre stellten sich die Planer die Frage nach der ungleichen Verteilung von Einflusschancen und damit nach der Macht in Planungsprozessen (Scharpf 1971; Naschold 1972), die in der angelsächsischen Welt erst nach der Verkündung des „communicative turn" einsetzten. Ausgangspunkt ist eine kapitalismuskritische Verortung ungerechter Machtverteilung. Planung soll der Emanzipation der Beherrschten dienen, soll gegen die Disparitäten angehen, die zwischen unterschiedlichen Lebens- und Politikbereichen herrschen (Offe 1972a), setzt auf Reformen des demokratischen Modells durch Stärkung von Partizipation in verschiedensten Formen wie Advokatenplanung, Bürgerinitiativen, Bürgerforen, Planungszellen (Offe 1972b). Die 1968 von Habermas beobachtete Dominanz der Systemwelt über die Lebenswelt ist einer der Ausdrücke genau dieser Kritik und seine Favorisierung des kommunikativen Behandelns lebensweltlicher Fragen die Antwort. Und nicht zufällig entwickelte der deutsche Planungstheoretiker Horst Rittel zur gleichen Zeit sein vorwiegend instrumentell formuliertes argumentatives Modell, wie es oben geschildert ist.

Allerdings wurde die kommunikative Wende in Deutschland in leicht veränderter Weise akzentuiert und behandelt. Die angloamerikanische Debatte hat mithin in der deutschen Diskussion, die ja ihre eigenen Protagonisten hatte, nicht unbedingt einen spiegelbildlichen Verlauf genommen. Zwar erhielten deutsche Formen praktischer Anwendung des argumentativen, kommunikativen Vorgehens nun ihren theoretischen Überbau, speisten sich aber ganz unabhängig davon aus den Linien, die bereits vorher angelegt waren (hauptsächlich in Selle 1994, 1996; vgl. auch Ganser et al. 1993). Partizipation mag als die zusammenfassende Bezeichnung der Bemühungen in Deutschland dienen. Ihre kritische Reflexion verweist zum einen auf die Erfahrungen des kommunikativen Modells in der Praxis, wie sie in ▶ Abschn. 2.4 thematisiert sind, aber auch auf die fundamentalere Debatte, die sich gerade aus der Gegenüberstellung einer faktisch machtdurchsetzten Praxis und des normativ-lastigen Ansatzes des kommunikativen Modells speist (▶ Abschn. 2.5).

Wenn Healey die Einflusslinien von Pragmatisten wie beispielsweise Rorty und Dewey zu Friedmann und später Forester nachzeichnet (Healey 2009), wird die amerikanische Konnotation des kommunikativen Modells deutlich. Bei der Lösung problematischer Situationen haben der Austausch gemachter Erfahrungen, Wissen und die Vermittlung von Erklärungen im Diskurs (Dewey 2001) ihren Platz. Im „kritischen Pragmatismus" Foresters gehört aufklärende Argumentation gegen die Verzerrungen durch Machtintervention zur pragmatischen Rationalität. In der Einbindung der realen Machtsituationen und ihrer aufklärerisch argumentierenden Konterkarierung neutralisiert sie gleichsam den „Idealismus" deutscher Prägung und rückt den epistemologischen Aspekt und die praktische Situation einschließlich argumentativer Klärung in den Vordergrund. Die Habermas'sche Bedingung der idealen Sprechsituation muss nicht gelten, um bessere Pläne zu erreichen: „Planning is a practically situated social learning activity" (Healey 2009, S. 277).

2.4   Verhältnis Theorie zu Praxis

Bereits Habermas hatte den Punkt identifiziert, an dem die Theorie des kommunikativen Handelns mit der Praxis, in der gehandelt würde, in Spannung gerät, indem er die Sprechsituation als „ideal" und das Modell als „kontrafaktisch" bezeichnet hat. Hier entzündet sich denn auch ein großer Teil der kritischen Reaktion. Zudem speiste sie sich aus den Erfahrungen, die Planer in der Praxis machten und die den Theoretikern wiederum Substanz für grundsätzliche Einwände boten. Schon Forester (1989) sieht den Planer in der Rolle, in der Praxis die aufklärende Argumentation gegen das als Störung des Modells empfundene Machthandeln einzusetzen. Ebenso identifiziert Reuter (1989) im Rahmen einer Theorie der Macht in der Planung eine Menge von Machtakten, wie sie in der Praxis vorkamen. Zehn Jahre später nimmt Flyvbjerg (1998) seine Erfahrungen in Aalborg zum Anlass, der Habermas'schen Rationalität eine andere (richtige) entgegenzusetzen, die er „Realrationalität" nennt. Mit Referenz auf Machiavelli, Nietzsche und Foucault stellt er fest, dass die Wirklichkeit planerischen Handelns von Macht bestimmt sei, eine Theorie von Planung daher wesentlich machtorientiert sein müsse und eine normativ orientierte in die Irre führe. Indem er den erklärtermaßen kontrafaktischen Impetus der

kommunikativen Rationalität außen vor lässt, gerät er mit dem Argument der Faktizität missbrauchter Macht in Konflikt mit einem Gebot der Logik, dass normative Sätze nicht durch faktische widerlegt werden können – es sei denn, es gibt eine übergeordnete Sollprämisse.

Am klarsten erscheint der Diskurs, wie er das kritische Verhältnis zwischen Theorie und Praxis reflektiert, in dem folgenden Beitrag von Klaus Selle (2004). Er kann dabei aus jahrelangen Erfahrungen in vielen Fällen kooperativer Planung schöpfen, die sich kommunikativer Formen bedienen. Selle handelt systematisch die Einwände aus Theorie und Praxis ab und führt einige klärende Unterscheidungen ein.

> **Klaus Selle: Kommunikation in der Kritik (Selle 2004)**
>
> Es gehört zu üblichen Pendelbewegungen, dass ein zum leitenden Paradigma erklärtes Konzept wie das kommunikative Planungsmodell Gegenstand von Kritik wird. Zwei Quellen der Kritik werden unterschieden: eine, die sich aus der Praxis speist, eine andere, die kritischer Reflexion entspringt. Aus der Praxis wird angeführt, dass Konsenssuche in zustimmungsfähigen Leerformeln endet, das Ergebnis instabil ist, machtvolle Akteure vernachlässigt werden, Scheindebatten geführt, aktive Einzelne dominieren oder reale Entscheidungen unbeeinflusst fallen. Auf der Theorieebene wird mangelnder Bezug zur Praxis, in der Machtstrukturen vorherrschen, kritisiert; der Ansatz sei insofern unvollständig. Die kritisierten Mängel führt Selle auf verschiedene Ursachen zurück: Formfehler beim Kommunikationsdesign, Wecken falscher Erwartungen, falsche Beteiligte, keine Verzahnung mit institutionellen Gremien, Blindheit gegenüber der Realität der Macht, idealistische Verkürzung, Ausblendung existierender Steuerungsformen und Rahmenbedingungen.
> Für die Würdigung der Kritik ist die Unterscheidung zwischen Steuerungsmodus (hoheitlich oder kooperativ) und Arbeitsform (kommunikativ) wichtig und erhellend. Ebenso klärend ist, dass mangelnde Wirksamkeit nicht der kommunikativen Form, sondern dem Verhältnis von Planung zur Politik generell anzulasten sei. Für ein kritisch überdachtes Planungsverständnis sei die (praktisch selbstverständliche) Folgerung zu ziehen, dass zwischen kommunikativen Verständigungsprozessen und planerischem Fachwissen ein enger Zusammenhang realisiert wird. Dann wird Sachwissen in Argumente eingebunden, deren Transport und Durchsetzung auch in widerständigen Kontexten zum Planen gehören.

Argumente gegen das kommunikative Modell, die sein allgemeines normatives Postulat angreifen, indem sie die aktuelle Realität des Machtgebrauchs in der Praxis gesellschaftlicher Realität anführen, scheitern an dem logischen Argument, dass aus Fakten keine normativen Schlüsse zu ziehen und dass Normen durch Fakten nicht

2

widerlegbar sind, es sei denn, eine übergeordnete normative Prämisse wird eingeführt. Daran scheitern letztlich auch die von Foucault (1976) inspirierten Argumente, dass Diskurse machtgesteuert seien. Der Diskurs als aufklärendes Instrument – so das normative Postulat und die historische Beobachtung z. B. der treibenden Kraft der Revolutionen vorangegangenen argumentativen Angriffe auf die Gerechtigkeitslage – hat als einziges Instrument die Kraft, eben dieses Faktum zu entlarven, wofür Foucaults kritische Analyse von Diskursen als intrinsisch machtgesteuerte Prozesse selbst ein Beispiel ist.

2.5 Kritische Debatte = Kontroversen, Perspektiven, Querbezüge

Nachdem die kommunikative Wende von Healey initiiert und auf der Agenda der planungstheoretischen Debatte dominant geworden war, dauerte es nicht lange, bis sich eine kritische Debatte entwickelte. Sie zeigte einige Parallelen zur sozialwissenschaftlichen Rezeption der Theorie des kommunikativen Handels, offenbarte aber selbstverständlich auch für die Planungswissenschaft spezifische Reaktionen. Für den Teil der Kritik, die sich überwiegend aus der Praxis des Planens nährte, wurde der in ▶ Abschn. 2.4 berichtete Aufsatz von Selle (2004) ausgewählt.

Einen anderen Einwand schält Raine Mäntysalo (2002) heraus. Hinter der Legitimierungsleistung der Critical Planning Theory (CPT) verschwänden wesentliche Aspekte von Planung wie ihr Umgang mit praktischen Problemen und das zu Lösung nötige Wissen. Die Nähe zur Position des Pragmatismus ist unverkennbar.

> **Raine Mäntysalo: Dilemmas in Critical Planning Theory (Mäntysalo 2002)**
> Mäntysalo leistet in seinem Aufsatz einen wichtigen Beitrag zur Einordnung des kommunikativen Modells in die Planungstheorie. Seiner Ansicht nach besteht der Fehler des kommunikativen Modells in der Planung in der Engführung der theoretischen Debatte auf Ziele der Argumentation und des Konsenses. So könnten zwar wichtige Fragen zur Legitimation von Planungsentscheidungen und -prozessen gestellt werden. Allerdings würden die eigentliche Problemorientierung der Planung und das dafür erforderliche theoretische Wissen in den Hintergrund gerückt: „As a planning theory, which acknowledges the character of planning as a problem-solving activity, CPT, is bound to apply Habermas's theory beyond the limits of its applicability, otherwise analysts would be dealing with a theory of legitimacy in the context of planning instead of a theory of planning" (Mäntysalo 2002, S. 421). Dies bezeichnet Mäntysalo als Dilemma kritischer Planungstheorie und führt CPT damit an ihren Ursprung zurück (Herrschafts- und Machtkritik). Die Theorie des kommunikativen Handelns ist somit nicht geeignet, die vielfältigen Facetten der Planungskommunikation auszuleuchten; sie bleibt eine kritische Theorie, mit deren Hilfe im Lichte theoretisch abgeleiteter normativer Kriterien empirische Entwicklungen beurteilt werden können. Allerdings, so Mäntysalo, muss auch diese kritische Theorie immer wieder ihre Grundlagen überprüfen.

Der wichtigste Block in der kontroversen Debatte ist derjenige, der das Verhältnis von Macht und kommunikativer Rationalität grundsätzlich abhandelt. Zu ihr haben u. a. Autoren wie Forester (1982, 1989), Innes (1995), Flyvbjerg (1998), Throgmorton (2008) und – im deutschen Sprachraum – Reuter (1989, 1997, 2000) beigetragen. Die Kernfrage lautet: Ist die Theorie der kommunikativen Planung geeignet, planerisches Handeln angemessen zu modellieren? Die Antworten lassen sich wie folgt bündeln:

- Die Intention der kommunikationsbasierten Machtkritik wird akzeptiert. Jedoch sei die Voraussetzung machtfreier Kommunikation empirisch nicht realitätsgerecht und bestenfalls näherungsweise und temporär zu erreichen (Hillier 2003; Tewdwr-Jones und Allmendinger 1998; Sager 1994). In stärker theoretisch inspirierten Entgegnungen, die sich mehrheitlich an den Arbeiten von Foucault (1976) orientieren, werden Machtungleichgewichte zum strukturierenden Prinzip in einer weitgehend vermachteten politischen Sphäre (Reuter 1989, 2000; Flyvbjerg 1998).
- Die aus der Theorie noch ableitbaren Designprinzipien kommunikativer Planung sind nur bedingt in Planungspraxis zu übersetzen (Mäntysalo 2002; Selle 2004).
- Ein Grund dafür ist die wachsende Diversität moderner Gesellschaften, die die Annahme geteilter Lebenswelten unrealistisch erscheinen lässt (Vertovec 2007).
- Aus poststrukturalistischer Perspektive (Mouffe, auf die sich Hillier bezieht) sind der Universalitäts- und Konsensanspruch des kommunikativen Modells auch theoretisch nicht zu rechtfertigen. Vielmehr droht eine totalisierende Perspektive (Konsenszwänge), die nicht zu beseitigende gesellschaftliche Widersprüche versucht einzuebnen (Mouffe 2000; Hillier 2003).
- Aus sozialwissenschaftlicher Perspektive formuliert Axel Honneth (1985) seinen Einwand. Er ist strukturell gedacht und grundsätzlich, sodass er auch für die planungswissenschaftliche Disziplin fruchtbar ist. Er sieht die Verschleifung von Idealität und Praxis in dem Begriff der Sprechsituation als Angelpunkt des Zweifels an der Tragfähigkeit des Konzepts für die Modellierung planerischen Handelns. Was im idealen Raum gilt, gilt nicht für das Mittel, das die Idealität trägt. Das Postulat der Machtfreiheit ist sowohl Voraussetzung als auch Folge einer konzeptionell konstruierten Trennung in System und Lebenswelt. Im System des zweckrational organisierten Handelns sei kein Platz für normengebundene Kommunikation über dort geltende Regeln.

In der Lebenswelt sei konstruktionsbedingt kein Platz für Macht. Dort feststellbare faktische Machtphänomene folgen aus der Kolonialisierungsdynamik, die von der Systemwelt auf die Lebenswelt störend übergreift.

Diese geistesgeschichtlich und gesellschaftsanalytisch fundierte Trennung erzeugt, wie Honneth (1985, S. 328) formuliert, zwei komplementäre Fiktionen, die eine der normfreien Handlungsorganisation, die andere der machtfreien Kommunikationssphäre. Sie halten zwei Argumenten nicht stand, zum einen der „Bedeutung [...] situationsgebundener Formen alltäglicher Herrschaftsausübung in der Reproduktion einer Gesellschaft", zum anderen „der Bedeutung von innerorganisatorischen Prozessen der sozialen Interaktion für die Funktionsweise gesellschaftlicher Organisationen" (Honneth 1985, S. 331)

Für die Planungswissenschaft behandelt der folgende Beitrag von Reuter (2000) das Problem, das aus dem Auseinanderklaffen eines normativen Konstrukts und einer diese konterkarierenden realen Machtverteilung erwächst. Im Unterschied jedoch zu den einen verschärften Antagonismus aufbauenden Sichtweisen konstatiert er die Existenz beider Phänomene als zwei Seiten einer Planungsrealität, in der sowohl Machtakte als auch kommunikative Akte in einem beschreibbaren Verhältnis stehen. Als zwei Modelle bilden sie unterschiedliche Phänomene ab und haben unterschiedliche Erklärungs- bzw. Orientierungskraft für ein gleiches Objekt, das Planungsgeschehen. Ihre wechselseitige Bezogenheit ist ein Kernbefund. Aufgrund dieser Überlegung bezeichnet er das Verhältnis als komplementär.

> **Wolf Reuter: Zur Komplementarität von Diskurs und Macht in der Planung (Reuter 2000)**
> Sowohl in Deutschland als auch – nach der dortigen Rezeption von Habermas – im angelsächsischen Sprachraum wurde nach einem technisch-szientifisch orientierten Planungsverständnis die Theorie der kommunikativen Planung zum leitenden Paradigma. Sie entstand in Deutschland gleichzeitig, seit 1968, mit anderen kurz referierten Konzepten, die von einer Kritik an den gesellschaftlichen Machtverhältnissen ausgingen. Der Autor sichtet kritisch die wesentlichen Elemente des kommunikativen Modells und würdigt es als ein normativ gegen Macht gerichtetes Konzept. Allerdings konstatiert er, dass eine Theorie, die das Tun der Planer abbilden will, eine Konzipierung des Handlungskontextes und der entsprechenden Handlungen selbst enthalten muss, um vollständig zu sein. Die Praxis wird als ein Gemisch von diskursiven Akten und Machtakten modelliert. Ein Fall, das Bahnprojekt Stuttgart 21, dient als Quelle für empirische Befunde. Dem kommunikativen Modell wird ein Modell des Machthandelns gegenübergestellt und in seinen Elementen expliziert. Dazu gehören eine (machiavellistische) Phänomenologie von Machtakten, die Struktur und Logik der Macht, ihre Kalküle angesichts von Gegnern und ihre ethische Reflexion. Das in der Praxis beobachtbare Nebeneinander der beiden Handlungsarten wird in der Beziehung der Komplementarität gefasst. Die Modelle erklären verschiedene Phänomene des gleichen Geschehens und ergänzen sich. Die wechselseitigen Beziehungen werden beschrieben. Sich beider Modelle zu bedienen, erweitert das Wissen und die Fähigkeit des Planers, in der so heterogenen Praxis erfolgreich zu arbeiten.

2.6 Fazit und Ausblick

Die kommunikative Theorie hat bleibende Spuren sowohl in der Literatur als auch im institutionellen Handeln und im Alltag praktizierender Akteure hinterlassen. Die Verdienste sind unbestritten. In der theoretischen Debatte kann eine gewisse Sättigung konstatiert werden. Dennoch interessieren in Theorie und Praxis weiterhin einige sowohl in Deutschland als auch international offene Fragen.

2.6.1 Für die Forschung

Unbeendet ist der Streit darüber, ob Konsens ein anzustrebender Anspruch sein soll. Eine Antwort auf diese Frage besagt, dass möglicherweise die kreative Dimension diskursiver Öffentlichkeiten, die bei Habermas zu finden ist, gerade nicht auf einen Konsens hinausläuft, sondern auf eine ständige Diskursdynamik im Wettbewerb der Argumente.

Gerade die Partizipationsdiskussion ist vielfach zu konsensorientiert und verdeckt dabei, dass erst aus dem Dissens heraus Infragestellungen von Wissensbeständen mit der Option der Einigung entstehen können. Dieses Argument wird auch von Miller (2006) eingebracht, der den Beginn eines Lernprozesses in der gegenseitigen Anerkennung von Dissens sieht, der nicht zwangsläufig in einem Konsens aufgelöst werden muss. Ein koordinierter Dissens kann sich ihm zufolge als ein für alle Beteiligten zufriedenstellendes Resultat erweisen. Auch Nullmeier (1995) bringt dieses Argument ein, indem er die kreative und dynamische Seite des deliberativen Diskurses betont. Demzufolge verstand Habermas den Diskurs zunächst nicht als Modus der Wissensproduktion, der Kreativität und Innovation, sondern als intersubjektives Verfahren der Geltungsprüfung. Erst später gewinnt diese innovatorische Funktion an Bedeutung, und zwar im Zusammenhang mit einer kreativ-innovatorischen Öffentlichkeit, die an den Knotenpunkten verflochtener autonomer Öffentlichkeiten entstehen kann:

2

» Der Sinn von Diskursivität verschiebt sich tendenziell
von Prüfungsaufgaben hin zur Erzeugung von
innovativen Themen, Behauptungen und Normen. Der
Grundcharakter der Öffentlichkeit verwandelte sich dann
in Richtung einer kreativ-innovatorischen Öffentlichkeit,
deren politische Funktion im Gedankenanstoß und in
der Impulsgebung bestände (Nullmeier 1995, S. 98).

In diesem Verständnis führt kommunikatives Handeln zu
einem kontinuierlichen Austausch von Argumenten, der –
anders als im Konsensmodell – nie beendet wird, sondern
aufbauend auf einem ständigen Ungleichgewicht stets Veränderungen in der Zusammensetzung kollektiver Wissensbestände impliziert. Eine Weiterentwicklung im Sinne
einer epistemischen Steigerung wäre auch dann erreicht,
wenn sich die Fülle der in Betracht gezogenen Belange und
Wissensbestände erweitert hat.

Es kann nur bedingt überzeugen, stets den Maßstab
völligen gegenseitigen Einverständnisses oder der Gemeinwohlorientierung anzulegen. Beides stellt empirisch ohnehin eine Seltenheit dar und verstellt einen Zugang zu
realitätsnahen Modellen. Schon Scharpf (1971, S. 1) hatte,
als er Planung als politischen Prozess identifizierte, festgestellt, dass es in der Praxis der Planung um die Möglichkeit des Handelns bei nicht vorauszusetzendem Konsens
geht.

Ein weiterer durch die Forschung noch wenig
behandelter Fragenkomplex bezieht sich auf durch kommunikatives Planen erfolgte oder mögliche Änderungen
des institutionellen Kontextes (► Kap. 3). Dazu gehört die
Frage, welche Rolle rechtliche Rahmenbedingungen für
kommunikatives Handeln spielen? Im Hinblick darauf sind
das spätere Werk von Habermas und damit die Weiterentwicklung der kommunikativen Rationalität relevant.
Das Buch „Faktizität und Geltung" ist für die Debatte nur
begrenzt rezipiert worden (Habermas 1994). Hier werden
nicht zuletzt institutionelle Rahmenbedingungen der kommunikativen Rationalität angesprochen, die auch für die
Planung interessante Einsichten bieten. Man könnte mithin
fragen, ob die Voraussetzungen für den Erfolg kommunikativer Rationalität in der Planungsdiskussion erschöpfend
behandelt wurden. Oft entsteht der Eindruck, kommunikative Rationalität sei in erster Linie eine Frage der subjektiven
Einstellung, nicht aber der Rahmenbedingungen. Wie ist
aber die Bedingung gemeinsamer lebensweltlicher Bezüge
(und Sprache) im Zeitalter der Superdiversität (Vertovec
2007) zu bewerten?

Theoretisch strittig ist überdies Frage, ob nicht das kommunikative Konzept funktionalisiert wurde, also kommunikatives Handeln heute eher im Zentrum der Effektivierung
oder Optimierung von Planungsprozessen steht? Hat man
zugunsten des Prozessmanagements die gesellschafts-
theoretischen Implikationen beiseitegelegt?

Darüber hinaus wäre zu untersuchen, wie sich das
Konzept kommunikativen Handelns zu ehemals entgegen-
gesetzten Konzepten wie dem rational-szientifischen oder
dem Systemansatz verhält oder ob es sich nicht längst in
ein praktisch orientiertes Modell planerischen Handelns
integriert hat, in dem die verschiedenen Arten der Wissensproduktion und ihrer Stellung im Aushandlungs- und
Durchsetzungsprozess planerischer Maßnahmen ihren Platz
haben (vgl. Reuter 1999).

2.6.2 Für die Praxis

Eine zunehmend stärkere Position besagt, statt die Theoriedebatte mit geringem Innovations- und Informations-
potential fortzusetzen, wäre es weiterführend, die
Aufmerksamkeit verstärkt auf die Phänomene und Möglichkeiten ihrer Ausprägung in der Praxis zu richten.

Auch hier erweist sich ihr historisch unbestrittenes
und für die zukünftige Planungspraxis gewichtiges Potenzial. Prominenter Vertreter dieser Position ist Klaus Selle,
der in permanenten empirisch praktischen Eingriffen und
Beobachtungen ihrer Wirksamkeit eine realitätsnahe Perspektive entwickelt – die Planungspraxis wird zum Feld der
Weiterentwicklung der kommunikativen Idee. In der Praxis
der Stadtplanung richtet sich die Aufmerksamkeit nicht nur
auf die kritische Begleitung bereits eingeführter Verfahren,
sondern auch auf die Neuentwicklung von Verfahren, um
sie jeweils spezifischen Situationen anzupassen.

Für die Forschung entwickelt sich dadurch andererseits ein neuer Gegenstandsbereich. Ihr eröffnet sich ein
Feld, das verspricht, dem notorischen Mangel an empirisch
gesättigten Erkenntnissen abzuhelfen. Da der kommuni-
kative Ansatz in seinen verschiedenen Benennungs- und
Akzentvarianten (diskursiv, kooperativ, argumentativ, partizipativ) in Theorie und Praxis weiterhin von hoher Relevanz
ist, bleibt er auch für die Ausbildung zukünftiger Stadt-,
Regional- und Landesplaner fester Bestand der Curricula.
Es trifft in spezifischer Weise zu, was Friedmann (2008,
S. 248) mit Bezug auf Klaus Selle allgemein als Rolle der
Planungstheorie u. a. einst forderte. Es gilt, eine zentrale
Rolle in der Erneuerung von Planungspraxis einzunehmen,
das bedeutet, Planungspraktiken an die Bedingungen der
realen Welt anzupassen. Das hat das Konzept der kommunikativen Planung geleistet, indem sie der offenen Gesellschaft
mit ihren heterogenen Wertvorstellungen eine Theorie für
Verfahren ihrer eigenen Planung angeboten hat. Es gehört
ferner zu den Aufgaben der Planungstheorie, Konzepte und
Wissen aus anderen Disziplinen in das Feld der Planung zu
übersetzen (Friedmann 2008, S. 248). Das im Bereich der
Sozialwissenschaften entstandene Konzept der kommunikativen Planung ermöglicht, die verschiedenen Disziplinen
im Diskursprozess als Wissenslieferanten zu aktivieren und
zusammenzuführen.

Unabhängig von der Klärung noch offener Fragen und
immer unzureichender, aber sich fortentwickelnder Praxis
und der berichteten kritischen Debatten bleibt festzuhalten,
dass das kommunikative Modell von Planung der Disziplin
in Theorie und Praxis einen epochalen Impuls gegeben hat,
dem sich kein führender Vertreter hat entziehen können, ob
affirmativ, differenzierend oder kritisch.

Literatur

Bengts, C. (2005). Planning theory for the Naive. *European Journal of Spatial Development*.

Dewey, J. (2001). *Die Öffentlichkeit und ihre Probleme (The public and its problems)*. Berlin: Philo (Erstveröffentlichung 1927).

Fassbinder, H. (1997). *Stadtforum Berlin. Einübung in kooperative Planung*. Hamburg: TU Hamburg-Harburg.

Flyvbjerg, B. (1998a). *Rationality and power*. Chicago: University of Chicago of Press.

Forester, J. (1982). Planning in the face of power. *Journal of the American Planning Association, 48*(1), 67–80.

Forester, J. (1989). *Planning in the face of power*. Berkeley: University of California Press.

Foucault, M. (1976). *Mikrophysik der Macht*. Berlin: Merve.

Fischer, F. & Gottweis, H. (Hrsg.). (2012). *The argumentative turn revisited. Public policy as communicative practice*. Durham: Duke University Press.

Friedmann, J. (2008). The uses of planning theory: A bibliographic essay. *Journal of Planning Education an Research, 28*, 247–257.

Ganser, K., Siebel, W., & Sieverts, T. (1993). Die Planungsstrategie der IBA Emscher Park. *Raumplanung, 61*, 112–118.

Habermas, J. (1968). *Technik und Wissenschaft als Ideologie*. Frankurt a. M.: Suhrkamp.

Habermas, J. (1973a). Die Wahrheitsfähigkeit praktischer Fragen. In *Legitimationsprobleme im Spätkapitalismus*, (Ffm 1973), S. 140–162 oder (als Auszug: S. 144–162).

Habermas, J. (1973b). *Legitimationsprobleme im Spätkapitalismus*. Frankurt a. M.: Suhrkamp.

Habermas, J. (1981). *Theorie des kommunikativen Handelns* (Erster Band). Frankurt a. M.: Suhrkamp.

Habermas, J. (1994). *Faktizität und Geltung*. Frankfurt a. M.: Suhrkamp.

Honneth, A. (1985). *Kritik der Macht. Reflexionsstufen einer kritischen Gesellschaftstheorie*. Frankfurt a. M.: Suhrkamp.

Healey, P. (1992). Planning through debate: The communicative turn in planning theory. *Town Planning Review, 63*(2), 143–162.

Healey, P. (2006). *Collaborative planning: Shaping places in fragmented societies*. London: Macmillan.

Healey, P. (2009). The pragmatic tradition in planning thought. *Journal of Planning Education and Research, 28*, 277–292.

Healey, P. (2012). Performing place governance collaboratively. Planning as communicative process. In F. Fischer & H. Gottweis (Hrsg.), *The argumentative turn revisited. Public policy as communicative practice* (S. 58–84). Durham: Duke University Press.

Hillier, J. (2003). Agonizing over consensus: Why Habermasian ideals cannot be real. *Planning Theory, 2*(1), 37–59.

Innes, J. (1995). Planning theorie's emerging paradigm. Communicative action and interactive rationality. *Journal of Planning Education and Research, 14*(4), 183–189.

Innes, J., & Booher, D. E. (2003). Collaborative policy making: Governance through dialogue. In M. Hajer & H. Wagenaar (Hrsg.), *Deliberative policy analysis: Understanding governance in the network society* (S. 33–59). Cambridge: Cambridge University Press.

Innes, J., & Booher, D. E. (2015). A turning point for planning theory? Overcoming dividing discourses. *Planning Theory, 14*(2), 195–213.

Mäntysalo, R. (2002). Dilemmas of critical planning theory. *Town Planning Review, 73*(4), 417–436.

Miller, M. (2006). *Dissens. Zur Theorie diskursiven und systemischen Lernens*. Bielefeld: transcript.

Mouffe, C. (2000). *Deliberative democracy or agonistic pluralism*. Wien: Institut für höhere Studien.

Naschold, F. (1972). Anpassungsplanung oder politische Gestaltungsplanung. In W. Steffani (Hrsg.), *Parlamentarismus ohne Transparenz* (S. 69–104). Wiesbaden: VS Verlag.

Nullmeier, F. (1995). Diskursive Öffentlichkeit. In G. Göhler (Hrsg.), *Macht der Öffentlichkeit – Öffentlichkeit der Macht* (S. 85–112). Baden-Baden: Nomos.

Offe, C. (1972a). Politische Herrschaft und Klassenstrukturen. In S. Kress (Hrsg.), *Politikwissenschaft*. Frankfurt a. M.: Fischer.

Offe, C. (1972b). Demokratische Legitimation der Planung. In B. Schäfers (Hrsg.), *Gesellschaftliche Planung*. Stuttgart: Enke.

Renn, O. (1996). Kooperativer Diskurs. Kommunikation in der Umweltpolitik. In K. Selle (Hrsg.) *Planung und Kommunikation* (S. 101–112) Berlin: Bauverlag.

Reuter, W. (1989*). Die Macht der Planer und Architekten*. Stuttgart: Kohlhammer.

Reuter, W. (1997). Power and discourse in planning. *Planning Theory 18*, 132–141.

Reuter, W. (1999). On the complementarity of discourse and power in planning, Konferenzpapier, vorgelegt auf dem XIII AESOP Kongress, Bergen.

Reuter, W. (2000). Zur Komplementarität von Diskurs und Macht in der Planung. *DISP, 141*, 4–16.

Rittel, H. (1988). Die Denkweise von Planern und Entwerfern. In H. Rittel (Hrsg.), *Planen, Entwerfen, Design* (S. 135–150). Stuttgart: Kohlhammer.

Rittel, H. (1992a). Issues as elements of information systems. In H. W. Rittel (Hrsg.), Planen Entwerfen Design (S. 161–168). Stuttgart: Kohlhammer (Erstveröffentlichung 1970).

Rittel, H. (1992b). Zur Planungskrise: Systemanalyse der 1. Und 2. Generation. In H. Rittel (Hrsg.), *Planen, Entwerfen, Design* (S. 37–58). Stuttgart: Kohlhammer (Erstveröffentlichung 1972).

Rittel, H. (1992c). Struktur und Nützlichkeit von Planungsinformationssystemen. In H. Rittel (Hrsg.), *Planen, Entwerfen, Design* (S. 169–182). Stuttgart: Kohlhammer (Erstveröffentlichung 1972).

Rittel, H., & Webber, M. (2013). Dilemmas in einer allgemeinen Theorie der Planung. In W. Reuter & W. Jonas (Hrsg.) *Thinking Design. Transdisziplinäre Konzepte für Planer und Entwerfer* (S. 20–38). Berlin: De Gruyter (Erstveröffentlichung 1973).

Sager, T. (1994). *Communicative planning theory. Rationality versus power*. Aldershot: Avebury.

Sager, T. (2012). *Reviving critical planning theory: Dealing with pressure, neo-liberalism, and responsibility in communicative planning. RTPI library series*. London: Routledge.

Scharpf, F. (1971). Planung als politischer Prozess. *Die Verwaltung, 4*(1971), 1–30.

Selle, K. (1994). *Was ist bloß mit der Planung los? Erkundungen auf dem Weg zum kooperativen Handeln*. Dortmund: Blaue Reihe.

Selle, K. (Hrsg.). (1996). *Planung und Kommunikation, Gestaltung von Planungsprozessen in Quartier, Stadt und Landschaft*. Wiesbaden: Bauverlag.

Selle, K. (2004). Kommunikation in der Kritik. In B. Müller, S. Löb, & K. Zimmermann (Hrsg.), *Steuerung und Planung im Wandel, FS für Dietrich Fürst* (S. 229–256). Wiesbaden: VS Verlag.

Tewdwr-Jones, M., & Allmendinger, P. (1998). Deconstructing communicative rationality: A critique of Habermasian collaborative planning. *Environment & Planning A, 30*, 1975–1989.

Throgmorton, J. A. (2008). The argumentative or rhetorical turn in planning. In J. Hillier & P. Healey (Hrsg.), *Critical essays in planning theory: Bd. 3. Contemporary movements in planning theory* (S. 77–89). Hampshire: Ashgate.

Vertovec, S. (2007). Super-diversity and its implications. *Ethnic and Racial Studies, 29*(6), 1024–1054.

Originaltexte

Originaltext Habermas 1973

2

Die Wahrheitsfähigkeit praktischer Fragen

Der seit Hume grundsätzlich geklärte Dualismus zwischen Sein und Sollen, Tatsachen und Werten bedeutet die logische Unableitbarkeit von präskriptiven Sätzen oder Werturteilen aus deklarativen Sätzen oder Aussagen.[147] In der analytischen Philosophie ist dies der Ausgangspunkt für eine nichtkognitivistische Behandlung praktischer Fragen gewesen. Wir können eine empiristische Linie der Argumentation von einer dezisionistischen unterscheiden: beide konvergieren in der Überzeugung, daß moralische Kontroversen letztlich nicht mit Gründen entschieden werden können, weil die Wertprämissen, aus denen wir moralische Sätze folgern, irrational sind. Die empiristischen Annahmen gehen dahin, daß wir praktische Sätze verwenden, um entweder Einstellungen und Bedürfnisse des Sprechers auszudrücken oder um beim Hörer Verhaltensbereitschaften hervorzurufen bzw. zu manipulieren. In der analytischen Philosophie sind auf dieser Linie vor allem semantische und pragmatische Untersuchungen über die emotive Bedeutung moralischer Ausdrücke durchgeführt worden (Stevenson, Monro).[148] Die dezisionistischen Annahmen gehen dahin, daß die praktischen Sätze einem autonomen Bereich angehören, der einer anderen Logik gehorcht als theoretisch-empirische Sätze und, statt mit Erfahrungen, mit Glaubensakten oder Entscheidungen verknüpft ist. In der analytischen Philosophie sind auf dieser Linie vor allem sprachlogische Untersuchungen, sei es zu Fragen einer deontischen Logik (von Wright), sei es allgemein zum formalen Aufbau präskriptiver Sprachen (Hare) entstanden.[149]

Als Beispiel wähle ich einen instruktiven Aufsatz von K. H. Ilting, der Argumente beider Richtungen verbindet, um den kognitivistischen Anspruch auf Rechtfertigung praktischer Sätze zurückzuweisen; Ilting versucht, die Position eines Carl Schmittschen Hobbes mit sprachanalytischen Mitteln zu rehabilitieren.[150]

---

147 K. R. Popper, *Die offene Gesellschaft und ihre Feinde* Bd. I, Bern 1957, Kap. 5: Natur und Konvention, S. 90 ff.

148 L. Stevenson, *Ethics and Language*, New Haven 1950; D. H. Monro, *Empiricism and Ethics*, Cambridge 1967.

149 R. M. Hare, *Die Sprache der Moral*, Frankfurt 1972.

150 K. H. Ilting, *Anerkennung*, in: *Probleme der Ethik*, Freiburg 1972.

Ilting trifft die nicht weiter begründete Vorentscheidung, Normen aus Forderungssätzen (Imperativen) abzuleiten. Der elementare Forderungssatz bedeutet: (a) daß der Sprecher will, daß etwas der Fall sei, und (b) daß er vom Hörer will, daß dieser sich den von ihm gewollten Sachverhalt zu eigen mache und verwirkliche (S. 97); (a) sei ein bestimmter Wille, (b) heiße eine Aufforderung. Ilting unterscheidet ferner zwischen dem Gedanken, den die Aufforderung enthält; dem Appell an den Willen des Aufgeforderten, diesen Gedanken zu übernehmen und danach zu handeln; und schließlich dem Willensakt des Aufgeforderten, mit dem dieser den Appell annimmt oder ablehnt. Der Entschluß, dem Imperativ eines anderen zu folgen, ist durch dessen Aufforderung weder logisch noch kausal »bewirkt«: »Zumutbar ist [...] lediglich das, wozu der Aufgeforderte entweder von sich aus eine Neigung hat oder wozu er sich durch Androhung eines größeren Übels bewegen läßt« (S. 99). Welchen Gebrauch der Aufgeforderte in Ansehung eines Imperativs von seiner Willkür macht, hängt allein von empirischen Motiven ab. Werden nun zwei Imperative auf der Grundlage der Gegenseitigkeit in der Weise verknüpft, daß beide Parteien übereinkommen, ihren wechselseitigen Aufforderungen nachzukommen, sprechen wir von einem *Vertrag*. Ein Vertrag begründet eine Norm, die die Vertragschließenden »anerkennen«: »Die Anerkennung der gemeinsamen Norm schafft gewisse Verhaltenserwartungen, die es einem der Beteiligten geraten erscheinen lassen können, als erster eine Leistung zu erbringen, die im Interesse des anderen liegt. Damit hört aber die Aufforderung, der andere möge nun auch seinerseits die vereinbarte Leistung erbringen, auf, eine bloße Zumutung zu sein, die der Aufgeforderte nach seiner Willkür (wie im Falle eines Imperativs) annehmen oder ablehnen mag. Sie wird zu einem *Anspruch*, den er bereits im vorhinein als Bedingung seines Handelns anerkannt hat.« (S. 100 f.)

Die imperativische Konstruktion, die Ilting für die Rekonstruktion von Normensystemen vorschlägt, ist dem nichtkognitivistischen Beweisziel günstig. Da sich der kognitive Bestandteil von Forderungssätzen (Wünschen, Befehlen) auf den propositionalen Gehalt (»den gewollten Sachverhalt«, den »Gedanken«, den die Aufforderung enthält) beschränkt und Willensakte (eine Entscheidung, ein Glaube, eine Einstellung) nur empirisch motiviert sind (nämlich Bedürfnisse oder Interessen zur Geltung bringen), kann auch eine Norm, sobald sie durch die Willkür der vertragschließenden Parteien in Kraft gesetzt worden ist, nichts enthalten, was einer

2

kognitiven Unterstützung oder Problematisierung, also einer Rechtfertigung oder Bestreitung, fähig wäre. Es wäre sinnlos, praktische Sätze anders als durch den Hinweis auf die Tatsache eines empirisch motivierten Vertragsschlusses »rechtfertigen« zu wollen: »Es ist nicht weiter sinnvoll, nach einer Rechtfertigung der gemeinsam anerkannten Vertragsnorm zu suchen. Beide Partner hatten ein hinreichendes Motiv, die Vertragsnorm anzuerkennen [...] Ebensowenig kann man [...] sinnvoll eine Rechtfertigung der Norm, daß Verträge zu halten sind, fordern.« (S. 101)

Die vorgeschlagene Konstruktion (deren expliziter Inhalt übrigens mit ihrem eigenen Status schwer zu vereinbaren sein dürfte) bemißt sich an der Aufgabe, den Sinn und die Leistung von Normen möglichst vollständig zu erklären. Nun kann sie aber *eine* zentrale Bedeutungskomponente, nämlich das Sollen oder die normative Geltung, keineswegs befriedigend erklären. Eine Norm hat bindenden Charakter – darin besteht ihr Geltungsanspruch. Wenn aber allein empirische Motive (wie Neigung, Interesse, Furcht vor Sanktionen) die Übereinkunft tragen, ist nicht zu sehen, warum sich ein Vertragspartner, sobald sich seine ursprünglichen Motive ändern, noch an die vereinbarte Norm gebunden fühlen sollte. Iltings Konstruktion ist unangemessen, weil sie nicht gestattet, die entscheidende *Differenz zwischen dem Gehorsam gegenüber konkreten Befehlen und der Befolgung von intersubjektiv anerkannten Normen* anzugeben. Darum sieht sich Ilting zu der Hilfshypothese genötigt, »daß bei der Anerkennung einer jeden Norm stets die Anerkennung einer ›Grundnorm‹ im voraus gesetzt ist: die Anerkennung einer Norm solle als ein Akt des Willens angesehen werden, der auch weiterhin gegen ihn selbst geltend gemacht werden dürfe« (S. 103). Allein, welches Motiv könnte es für die Anerkennung einer so widersinnigen Grundnorm geben? Die Geltung von Normen kann nicht dadurch begründet werden, daß man sich verpflichtet, sie nicht zu ändern; denn die Interessenkonstellation der Ausgangslage kann sich alsbald ändern, und Normen, die sich gegenüber ihrer Interessenbasis verselbständigen, verfehlen nach Iltings eigener Konstruktion den Sinn von normativen Regelungen überhaupt. Will man andererseits die Mißlichkeit, flüchtige Interessenkonstellationen auf unbestimmte Zeit normativ festzuschreiben, vermeiden und Revisionen zulassen, dann müssen revisionskräftige Motive ausgezeichnet werden können. Wäre jede beliebige Motivänderung ein hinreichender Anlaß, die Norm zu ändern, könnte wiederum nicht plausibel gemacht werden, was denn der Geltungsanspruch einer Norm im Unterschied zum imperativen Sinn einer Aufforderung heißen soll. Wenn es andererseits nur empirische Motive geben darf, ist eines so gut wie das andere: ein jedes rechtfertigt sich durch seine bloße Existenz. Die einzigen Motive, die sich vor anderen auszeichnen lassen, sind Motive, für die wir Gründe anführen können.

Aus dieser Überlegung ergibt sich, daß wir den Geltungsanspruch von Normen nicht erklären können, solange wir nicht auf eine rational motivierte Übereinkunft oder mindestens auf die Überzeugung, daß ein Konsensus über die Annahme einer empfohlenen Norm *mit Gründen* herbeigeführt werden könnte, rekurrieren. Dann ist aber das Modell vertragschließender Parteien, die lediglich wissen müssen, was ein Imperativ bedeutet, unzureichend. Das angemessene Modell ist vielmehr die Kommunikationsgemeinschaft der Betroffenen, die als Beteiligte an einem praktischen Diskurs den Geltungsanspruch von Normen prüfen und, sofern sie ihn mit Gründen akzeptieren, zu der Überzeugung gelangen, daß unter den gegebenen Umständen die vorgeschlagenen Normen »richtig« sind. Nicht die irrationalen Willensakte von Vertragspartnern, sondern die rational motivierte Anerkennung von Normen, die jederzeit problematisiert werden darf, begründet den Geltungsanspruch von Normen. Der kognitive Bestandteil von Normen beschränkt sich also nicht auf die propositionalen Gehalte der normierten Verhaltenserwartungen; der normative Geltungsanspruch selber ist kognitiv im Sinne der (wie immer kontrafaktischen) Unterstellung, daß er diskursiv eingelöst, also in einem argumentativ erzielten Konsensus der Beteiligten begründet werden könnte.

Eine imperativistisch aufgebaute Ethik verfehlt die eigentliche Dimension einer möglichen Rechtfertigung praktischer Sätze: die moralische Argumentation. Wie die Beispiele Max Webers oder Poppers zeigen, gibt es freilich Positionen, die die Möglichkeit moralischen Argumentierens einräumen und gleichwohl an einer dezisionistischen Behandlung der Wertproblematik festhalten. Der Grund liegt in einem engen Rationalitätskonzept, welches nur deduktive Argumente zuläßt. Da ein gültiges deduktives Argument weder neue Informationen erzeugen noch etwas zur Bestimmung der Wahrheitswerte seiner Komponenten beitragen kann, ist die moralische Argumentation auf zwei Aufgaben beschränkt: auf die analytische Prüfung der Konsistenz der Wertprämissen oder des zugrunde gelegten

Präferenzsystems einerseits sowie andererseits auf die empirische Prüfung der Realisierbarkeit von Zielen, die unter Wertgesichtspunkten selegiert worden sind. Diese Art »rationaler Wertkritik« ändert nichts an der Irrationalität der Wahl der Präferenzsysteme selber.

Hans Albert geht in der metaethischen Anwendung von Grundsätzen des *kritischen Rationalismus* einen Schritt weiter.[151] Wenn man, wie der Kritizismus, für die Wissenschaft auf die Idee der Begründung verzichtet, ohne auf die fallibilistisch interpretierte Möglichkeit der kritischen Prüfung zu verzichten, dann muß die Preisgabe von Rechtfertigungsansprüchen in der Ethik nicht ohne weiteres dezisionistische Konsequenzen haben. Da kognitive Ansprüche unter den jeweils adoptierten Gesichtspunkten einer rational motivierten Bewertung ebenso unterliegen wie praktische Ansprüche, behauptet Albert die Möglichkeit einer kritischen Prüfung von praktischen Sätzen, die der Prüfung theoretisch-empirischer Sätze in gewisser Weise analog ist. Indem er die »aktive Suche nach Widersprüchen« in die Diskussion von Wertproblemen einbezieht, kann die moralische Argumentation, über die Prüfung der Konsistenz von Werten und der Realisierbarkeit von Zielen hinaus, auch die

---

151 H. Albert, *Traktat über kritische Vernunft*, Kap. III, S. 55 ff.; J. Mittelstrass (*Das praktische Fundament der Wissenschaft*, Konstanz 1972, S. 18) bemerkt allerdings mit Recht, daß das Popper-Albertsche Trilemma durch eine unmotivierte Gleichsetzung von deduktiver Begründung mit Begründung überhaupt erst produziert wird; K. O. Apel (*Das Apriori der Kommunikationsgemeinschaft*, in: *Transformation der Philosophie*, Frankfurt 1973 Bd, II, S. 405 ff.) unterscheidet deduktive und transzendentale Begründung und führt die Reflexionslosigkeit des kritischen Rationalismus auf ein charakteristisches Absehen von der pragmatischen Dimension der Argumentation zurück: »Es gibt nämlich unter der Voraussetzung der Abstraktion von der pragmatischen Zeichendimension kein menschliches *Subjekt* der Argumentation und daher auch nicht die Möglichkeit einer *Reflexion* auf die *für uns immer schon* vorausgesetzten Bedingungen der Möglichkeit der Argumentation. Statt dessen gibt es – freilich – die unendliche Hierarchie der *Meta*-Sprachen, *Meta*-Theorien usw., in der sich die *Reflexions-Kompetenz* des Menschen als des *Argumentations-Subjektes* zugleich bemerkbar macht und verbirgt. [...] Und doch wissen wir sehr genau, daß unsere *Reflexions-Kompetenz* – genauer: die in der Ebene syntaktisch-semantischer Systeme a priori ausgeklammerte Selbst-Reflexion des menschlichen Subjekts der Denkoperationen – hinter der Aporie des unendlichen Regresses sich verbirgt und z. B. so etwas wie einen Nichtentscheidbarkeits*beweis* im Sinne Gödels *möglich* macht. M. a. W.: Gerade in der Feststellung der *Nichtobjektivierbarkeit* der subjektiven Bedingungen der Möglichkeit der Argumentation in einem syntaktisch-semantischen *Modell* der Argumentation drückt sich das *selbstreflexive* Wissen des transzendental-pragmatischen Subjekts der Argumentation aus.« (Ebd., S. 406 f.)

produktive Aufgabe einer kritischen Fortbildung von Werten und Normen übernehmen: »Zwar ist, wie wir wissen, aus einer Sachaussage nicht ohne weiteres ein Werturteil deduzierbar, aber bestimmte Werturteile können sich durchaus im Lichte einer revidierten sachlichen Überzeugung als mit bestimmten Wertüberzeugungen, die wir bisher hatten, unvereinbar erweisen. [...] Eine andere Art von Kritik kann sich daraus ergeben, daß neue moralische Ideen erfunden werden, von denen aus bisherige Lösungen moralischer Probleme fragwürdig erscheinen. Im Lichte solcher Ideen werden oft erst bestimmte, bisher unbeachtete oder für selbstverständlich gehaltene problematische Züge dieser Lösungen sichtbar. Dadurch ergibt sich eine neue Problemsituation, wie das in der Wissenschaft beim Auftauchen neuer Ideen der Fall ist.« (S. 78) Auf diese Weise bringt Albert die bereits in der pragmatistischen Tradition, insbesondere von Dewey[152] entfaltete Idee einer vernünftigen Klärung und kritischen Fortbildung von überlieferten Wertsystemen in den Popperschen Kritizismus ein. Allerdings bleibt auch dieses Programm im Kern nicht-kognitivistisch, weil es an der Alternative zwischen Entscheidungen, die rational nicht motiviert werden können, und Begründungen bzw. Rechtfertigungen, die allein kraft deduktiver Argumente möglich sind, festhält. Auch die ad hoc herangezogenen »Brückenprinzipien« können diese Kluft nicht überbrükken. Die im kritischen Rationalismus entwickelte Idee der (auf Begründung verzichtenden) Eliminierung von Unwahrheiten kann die Kraft des diskursiv erzielten, des vernünftigen Konsensus gegenüber dem Max Weberschen Pluralismns von Wertsystemen und Glaubensmächten nicht zur Geltung bringen – die empiristische und/oder dezisionistische Schranke, die den sogenannten Wertepluralismus gegen die Anstrengung praktischer Vernunft immunisiert, kann nicht durchbrochen werden, solange die Kraft der Argumentation alleine in der Widerlegungskraft deduktiver Argumente gesucht wird.

Demgegenüber haben sowohl Peirce wie Toulmin[153] die rational motivierende Kraft der Argumentation darin gesehen, daß der Erkenntnisfortschritt durch substantielle Argumente zustande kommt. Diese stützen sich auf logische Folgerungen, aber sie

---

152 J. Dewey, *The Quest for Certainty*, New York 1929.

153 St. Toulmin, *The Uses of Argument*, a.a.O.; zu Peirce; K. O. Apel, *Von Kant zu Peirce. Die semiotische Transformation der Transzendentalen Logik*, in: *Transformation der Philosophie*, a.a.O., S. 157 ff.

erschöpfen sich nicht in deduktiven Aussagenzusammenhängen. Substantielle Argumente dienen der Einlösung oder der Kritik von Geltungsansprüchen, sei es der in Behauptungen implizierten Wahrheits-, sei es der mit (Handlungs- und Bewertungs-)Normen verbundenen, in Empfehlungen bzw. Warnungen implizierten Richtigkeitsansprüche. Sie haben die Kraft, die Teilnehmer eines Diskurses von einem Geltungsanspruch zu überzeugen, d. h. zur Anerkennung von Geltungsansprüchen *rational zu motivieren*. Substantielle Argumente sind Erklärungen und Rechtfertigungen, also pragmatische Einheiten, in denen nicht Sätze, sondern Sprechakte (d. h. in Äußerungen verwendete Sätze) verknüpft werden; die Systematik ihrer Verknüpfung muß im Rahmen einer Logik des Diskurses geklärt werden.[154] In theoretischen Diskursen, die der Begründung von Behauptungen dienen, wird Konsensus nach anderen Regeln der Argumentation erzeugt als in praktischen Diskursen, die der Rechtfertigung empfohlener Normen dienen. Das Ziel ist jedoch in beiden Fällen das gleiche: eine rational motivierte Entscheidung über die Anerkennung (oder Abtehnung) von diskursiv einlösbaren Geltungsansprüchen.

Was die *rational motivierte Anerkennung* des Geltungsanspruchs einer Handlungsnorm bedeutet, geht aus dem diskursiven Verfahren der Motivierung hervor. Der Diskurs läßt sich als diejenige erfahrungsfreie und handlungsentlastete Form der Kommunikation verstehen, deren Struktur sicherstellt, daß ausschließlich virtualisierte Geltungsansprüche von Behauptungen bzw. Empfehlungen oder Warnungen Gegenstand der Diskussion sind; daß Teilnehmer, Themen und Beiträge nicht, es sei denn im Hinblick auf das Ziel der Prüfung problematisierter Geltungsansprüche, beschränkt werden; daß kein Zwang außer dem des besseren Argumentes ausgeübt wird: daß infolgedessen alle Motive außer dem der kooperativen Wahrheitssuche ausgeschlossen sind. Wenn unter diesen Bedingungen über die Empfehlung, eine Norm anzunehmen, argumentativ, d. h. aufgrund von hypothetisch vorgeschlagenen alternativenreichen Rechtfertigungen, ein Konsensus zustande kommt, dann drückt dieser Konsensus einen »vernünftigen Willen« aus. Da prinzipiell alle Betroffenen an der praktischen Beratung teilzunehmen mindestens die Chance haben, besteht die »Vernünftigkeit« des diskursiv gebildeten Willens darin, daß die zur Norm erhobenen reziproken Verhaltenserwartungen ein *täuschungsfrei*

---

154 J. Habermas, *Wahrheitstheorien*, a.a.O.

festgestelltes *gemeinsames* Interesse zur Geltung bringen: gemeinsam, weil der zwanglose Konsensus nur das zuläßt, was *alle* wollen können; und täuschungsfrei, weil auch die Bedürfnisinterpretationen, in denen *jeder Einzelne* das, was er wollen kann, muß wiedererkennen können, zum Gegenstand der diskursiven Willensbildung werden. »Vernünftig« darf der diskursiv gebildete Wille heißen, weil die formalen Eigenschaften des Diskurses und der Beratungssituation hinreichend garantieren, daß ein Konsensus nur über angemessen interpretierte *verallgemeinerungsfähige* Interessen, darunter verstehe ich: Bedürfnisse, *die kommunikativ geteilt werden,* zustande kommen kann. Die Schranke einer dezisionistischen Behandlung praktischer Fragen wird überwunden, sobald der Argumentation zugemutet wird, die Verallgemeinerungs*fähigkeit* von Interessen zu prüfen, statt vor einem undurchdringlichen Pluralismus scheinbar letzter Wertorientierungen (oder Glaubensakte oder Einstellungen) zu resignieren. Nicht die Tatsache dieses Pluralismus soll bestritten werden, sondern die Behauptung, daß es unmöglich sei, kraft Argumentation die jeweils verallgemeinerungsfähigen Interessen von denen zu scheiden, die partikular sind und bleiben. Albert nennt zwar verschiedene Sorten von mehr oder weniger kontingenten »Brückenprinzipien«, aber den einzigen Grundsatz, in dem sich praktische Vernunft ausspricht, nämlich den der Universalisierung, erwähnt er nicht.

Allein an diesem Grundsatz scheiden sich kognitivistische und nichtkognitivistische Ansätze in der Ethik. In der analytischen Philosophie hat der »good reasons approach« (der von der Frage ausgeht, inwiefern für die Handlung X »bessere« Gründe angeführt werden können als für die Handlung Y) zur Erneuerung einer strategisch-utilitaristischen Vertragsmoral geführt, die fundamentale Pflichten durch die Möglichkeit ihrer universellen Geltung auszeichnet (Grice).[155] Eine andere Linie der Argumentation geht auf Kant zurück, um den kategorischen Imperativ aus dem Zusammenhang der Transzendentalphilosophie zu lösen und als »principle of universality« oder als »generalization argument« sprachanalytisch nachzukonstruieren (Baier, Singer).[156] Auch die methodische Philosophie Erlanger Provenienz versteht ihre Lehre vom moralischen Argumentieren als eine Erneuerung der Kritik der

---

155 R. Grice, *The Grounds of Moral Judgement*, Cambridge 1967.

156 K. Baier, *The Moral Point of View*, Ithaca 1958; M. G. Singer, *Generalization in Ethics*, London 1963.

2

praktischen Vernunft (Lorenzen, Schwemmer).[157] In unserem Zusammenhang interessiert weniger die vorgeschlagene Normierung der für die Beratung praktischer Fragen zulässigen Verhandlungssprache als vielmehr die Einführung des »Moralprinzips«, das jeden Teilnehmer an einem praktischen Diskurs dazu verpflichtet, seine subjektiven Begehrungen in verallgemeinerungsfähige zu transformieren. Lorenzen spricht deshalb auch vom Prinzip der *Transsubjektivität*.

Nun schafft die Einführung von Universalisierungsmaximen (dieser oder jener Art) das Folgeproblem der zirkulären Rechtfertigung eines Prinzips, das Rechtfertigung von Normen erst ermöglichen soll. P. Lorenzen gesteht eine dezisionistische Restproblematik ein, wenn er die Anerkennung des Moralprinzips einen »act of faith« nennt, »if one defines faith in a negative sense as the acceptance of something which is not justified«.[158] Er nimmt diesem Glaubensakt den willkürlichen Charakter aber insofern, als die methodische Einübung in die Beratungspraxis zu einer vernünftigen Einstellung erzieht: Vernunft läßt sich nicht andemonstrieren, aber gewissermaßen einsozialisieren. Schwemmer gibt dieser Interpretation, wenn ich recht sehe, eine andere Wendung, indem er einerseits auf das in naturwüchsigen Interaktionszusammenhängen eingespielte Vorverständnis intersubjektiver Rede- und Handlungspraxis, andererseits auf das darin sich bildende Motiv, entstehende Konflikte *gewaltfrei* beizulegen, rekurriert. Aber der Letztbegründungsanspruch der methodischen Philosophie nötigt auch Schwemmer zur Stilisierung eines »ersten« Entschlusses: »Das Moralprinzip wurde aufgestellt auf Grund einer gemeinsamen Praxis, die ich hier Schritt für Schritt versucht habe zu motivieren und verständlich zu machen. In diesem gemeinsamen Handeln haben wir unsere Begehrungen so transformiert, daß wir die gemeinsame Transformierung der Begehrungen als die Erfüllung unserer ursprünglichen Begehrungen (Motive) erkannt haben, die uns dazu brachten, eine gemeinsame Praxis überhaupt aufzunehmen. Erforderlich zur gemeinsamen Aufstellung des Moralprinzips ist die Teilnahme an der gemeinsamen Praxis – insofern ein ›Entschluß‹, der nicht durch weiteres Reden gerechtfertigt wird –

157 P. Lorenzen, *Normative Logic and Ethics*, Mannheim 1969; ders., *Szientismus versus Dialektik*, in: *Festschrift für Gadamer*, Tübingen 1970 Bd. I, S. 57 ff.; O. Schwemmer, *Philosophie der Praxis*, Frankfurt 1971; S. Blasche, O. Schwemmer, *Methode und Dialektik*, in: M. Riedel (Hrsg.), *Rehabilitierung der praktischen Philosophie* I, Freiburg 1972, S. 457 ff.
158 P. Lorenzen, *Normative Logic and Ethics*, a.a.O., S. 74.

, und diese Teilnahme ermöglicht erst vernünftige, auch die Begehrungen der anderen berücksichtigendes und verstehendes Handeln.«[158a] Die Schwierigkeiten der Schwemmerschen Konstruktion werden in einer Arbeit von Looser, Lüscher, Maciejewski und Menne analysiert: »Für den Anfang des Aufbaus normierter Rede besteht die notwendige Bedingung, daß die Individuen, die diesen Anfang machen, immer schon in einem *gemeinsamen* Rede- und Handlungszusammenhang stehen und in diesem durch eine Antizipation gewaltfreier Kommunikation, einer Vorform der ›praktischen Beratung‹ (Schwemmer), sich einigen, den Aufbau einer begründeten Redeweise *gemeimam* zu unternehmen. Daß diese Antizipation unter ungeklärten Bedingungen vollzogen wird, zeigt sich daran, daß der Erlanger Versueh sich nicht als einen historisch ausgewiesenen Versuch begreift, der als Folge des Erwerbs und der Durchsetzung des Prinzips, praktische Fragen in gewaltfreier Kommunikation, d. h. ›diskursiv‹, zu lösen verstehbar wäre, sondern daß er die Entscheidung zwischen Rede und Gewalt selber noch in die Konstruktion der praktischen Philosophie hineinverlegt.«[159]

Die Problematik, die mit der Einführung eines Moralprinzips auftritt, erledigt sich, sobald man sieht, daß die in der Struktur von Intersubjekuvität bereits enthaltene Erwartung der diskursiven Einlösung von normativen Geltungsansprüchen speziell eingeführte Universalisierungsmaximen überflüssig macht. Indem wir einen praktischen Diskurs aufnehmen, unterstellen wir unvermeidlich eine ideale Sprech-situation, die kraft ihrer formalen Eigenschaften einen Konsensus ohnehin nur über *verallgemeinerungsfähige* Interessen zuläßt. Eine kognitivistische Sprachethik bedarf keines Prinzips; sie stützt sich allein auf Grundnormen der vernünftigen Rede, die wir, sofern wir überhaupt Diskurse führen, immer schon supponieren müssen. Dieser, wenn man will: transzendentale Charakter der Umgangssprache, der implizit auch von den Erlangern als Basis für den Aufbau der normierten Sprache in Anspruch

---

158a O. Schwemmer, *Philosophie der Praxis*, a.a.O., S. 194.

159 Manuskript, erscheint demnächst in einem von F. Kambartel herausgegebenen Theorie-Diskussions-Band zur Praktischen Philosophie.

genommen wird, kann, wie ich zu zeigen hoffe, im Rahmen einer Universalpragmatik nachkonstruiert werden.[160]

---

160 Vgl. auch K. O. Apel, *Das Apriori der Kommunikationsgemeinschaft und die Ethik* a.a.O., S. 358 ff. In dieser faszinierenden Abhandlung, in der Apel seinen großangelegten Rekonstruktionsversuch resümiert, wird die Grundannahme der kommunikativen Ethik entfaltet, »daß die Wahrheitssuche mit der Voraussetzung des intersubjektiven Konsensus auch die Moral einer idealen Kommunikationsgemeinschaft antizipieren muß« (S, 405). Allerdings entsteht auch bei Apel eine dezisionistische Restproblematik: »[...] wer die m. E. durchaus sinnvolle Frage nach der Rechtfertigung des Moralprinzips stellt, der *nimmt* ja schon an der Diskussion *teil*, und man kann ihm – durchaus auf dem von Lorenzen und Schwemmer eingeschlagenen Weg einer Rekonstruktion der Vernunft – ›einsichtig machen‹, was er ›immer schon‹ als Grundprinzip akzeptiert hat und daß er dieses Prinzip als *Bedingung der Möglichkeit und Gültigkeit der Argumentation* durch willentliche Bekräftigung akzeptieren soll. Wer dies nicht einsieht, bzw. nicht akzeptiert, der scheidet damit aus der Diskussion aus. Wer aber nicht an der Diskussion teilnimmt, der kann überhaupt nicht die Frage nach der Rechtfertigung ethischer Grundprinzipien stellen, und von daher ist *dies sinnlos:* von der Sinnlosigkeit seiner Frage zu reden und ihm einen wackeren Glaubensentschluß zu empfehlen,« (S. 420/21) Jene »willentliche Bekräftigung« kann jedoch nur zu einem existenziellen Akt stilisiert werden, solange man außer acht läßt, daß Diskurse nicht nur kontingenterweise, sondern systematisch in einen Lebenszusammenhang eingelassen sind, dessen eigentümlich zerbrechliche *Faktizität* in der Anerkennung diskursiver Geltungsansprüche *besteht.* Wer nicht an Argumentationen teilnimmt oder teilzunehmen bereit ist, steht gleichwohl »immer schon« in Zusammenhängen *kommunikativen Handelns.* Indem er das tut, tat er die, wie immer auch kontrafaktisch erhobenen, in Sprechakten enthaltenen und allein diskursiv einlösbaren Geltungsansprüche naiv schon anerkannt – andernfalls hätte er sich vom kommunikativ eingelebten Sprachspiel der Alltagspraxis lösen müssen. Der *fundamentale* Irrtum des methodischen Solipsismus erstreckt sich auf die Annahme der Möglichkeit nicht nur des monologischen *Denkens,* sondern auch des monologischen *Handelns:* absurd ist die Vorstellung, als könne ein sprach- und handlungsfähiges Subjekt den Grenzfall kommunikativen Handelns, nämlich die monologische Rolle des instrumentell und strategisch Handelnden permanent machen, ohne seine Identität zu verlieren. Die sozio-kulturelle Lebensform der kommunikativ

vergesellschafteten Individuen erzeugt in *jedem* Interaktionszusammenhang den »transzendentalen

Schein« reinen kommunikativen Handelns, und zugleich verweist sie *jeden* Interaktionszusammenhang

strukturell auf die Möglichkeit einer idealen Sprechsituation, in der die im Handeln akzeptierten

Geltungsansprüche diskursiv geprüft werden können (Habermas, Luhmann, *Gesellschaflstheorie*,

a.a.O., S. 136 ff.). Wenn man die Kommunikationsgemeinschaft *zunächst* als Interaktions- und nicht

als Argumentationsgemeinschaft, als Handeln und nicht als Diskurs versteht, läßt sich übrigens auch

das unter dem emanzipatorischen Gesichtspunkt wichtige Verhältnis der »realen« zur »idealen«

Kommunikationsgemeinschaft (Apel, a.a.O., S. 429 ff.) am Leitfaden der Idealisierungen reinen

kommunikativen Handelns untersuchen (vgl. meine Einleitung zur Neuausgabe von *Theorie und*

Praxis, Frankfurt 1971, und mein Nachwort zur Taschenbuchausgabe von *Erkenntnis und Interesse*,

Frankfurt 1973).

Originaltext Rittel/Webber 1973

2

Dilemmas in a General Theory of Planning*

HORST W. J. RITTEL

Professor of the Science of Design, University of California, Berkeley

MELVIN M. WEBBER

Professor of City Planning, University of California, Berkeley

ABSTRACT

The search for scientific bases for confronting problems of social policy is bound to fail, because of the nature of these problems. They are "wicked" problems, whereas science has developed to deal with "tame" problems. Policy problems cannot be definitively described. Moreover, in a pluralistic society there is nothing like the undisputable public good; there is no objective definition of equity; policies that respond to social problems cannot be meaningfully correct or false; and it makes no sense to talk about "optimal solutions" to social problems unless severe qualifications are imposed first. Even worse, there are no "solutions" in the sense of definitive and objective answers.

George Bernard Shaw diagnosed the case several years ago; in more recent times popular protest may have already become a social movement. Shaw averred that "every profession is a conspiracy against the laity." The contemporary publics are responding as though they have made the same discovery.

Few of the modern professionals seem to be immune from the popular attack whether they be social workers, educators, housers, public health officials, policemen, city planners, highway engineers or physicians. Our restive clients have been telling us that they don't like the educational programs that schoolmen have been offering, the redevelopment projects urban renewal agencies have been proposing, the law-enforcement styles of the police, the administrative behavior of the welfare agencies, the locations of the highways, and so on. In the courts, the streets, and the political campaigns, we've been hearing ever-louder public protests against the professions' diagnoses of the clients' problems, against professionally designed governmental programs, against professionally certified standards for the public services.

It does seem odd that this attack should be coming just when professionals in

---

* This is a modification of a paper presented to the Panel on Policy Sciences, American Association for the Advancement of Science, Boston, December 1969.

the social services are beginning to acquire professional competencies. It might seem that our publics are being perverse, having condoned professionalism when it was really only dressed-up amateurism and condemning professionalism when we finally seem to be getting good at our jobs. Perverse though the laity may be, surely the professionals themselves have been behind this attack as well.

Some of the generators of the confrontation have been intellectual in origin. The anti-professional movement stems in part from a reconceptualization of the professional's task. Others are more in the character of historical imperatives, i.e. conditions have been thrown up by the course of societal events that call for different modes of intervention.

The professional's job was once seen as solving an assortment of problems that appeared to be definable, understandable and consensual. He was hired to eliminate those conditions that predominant opinion judged undesirable. His record has been quite spectacular, of course; the contemporary city and contemporary urban society stand as clean evidences of professional prowess. The streets have been paved, and roads now connect all places; houses shelter virtually everyone; the dread diseases are virtually gone; clean water is piped into nearly every building; sanitary sewers carry wastes from them; schools and hospitals serve virtually every district; and so on. The accomplishments of the past century in these respects have been truly phenomenal, however short of some persons' aspirations they might have been.

But now that these relatively easy problems have been dealt with, we have been turning our attention to others that are much more stubborn. The tests for efficiency, that were once so useful as measures of accomplishment, are being challenged by a renewed preoccupation with consequences for equity. The seeming consensus, that might once have allowed distributional problems to be dealt with, is being eroded by the growing awareness of the nation's pluralism and of the differentiation of values that accompanies differentiation of publics. The professionalized cognitive and occupational styles that were refined in the first half of this century, based in Newtonian mechanistic physics, are not readily adapted to contemporary conceptions of interacting open systems and to contemporary concerns with equity. A growing sensitivity to the waves of repercussions that ripple through such systemic networks and to the value consequences of those repercussions has generated the recent reexamination of received values and the recent search for national goals. There seems to be a growing realization that a weak strut in the professional's support system lies at the juncture where goal-formulation, problem-definition and equity issues meet. We should like to address these matters in turn.

I. Goal Formulation

The search for explicit goals was initiated in force with the opening of the 1960s. In a 1960 RAND publication, Charles J. Hitch urged that "We must learn to look at *our objectives* as critically and as professionally as we look at our models and our other inputs."[1] The subsequent work in systems analysis reaffirmed that injunction.

---

[1] Charles J. Hitch, "On the Choice of Objectives in Systems Studies" (Santa Monica, California: The RAND Corporation, 1960; P-1955), p. 19.

Men in a wide array of fields were prompted to redefine the systems they dealt with in the syntax of verbs rather than nouns – to ask "What do the systems *do*?" rather than "What are they made of? – and then to ask the most difficult question of all: "What *should* these systems do?" Also 1960 was inaugurated with the publication of *Goals for Americans,* the report of President Eisenhower's Commission on National Goals.[2] There followed then a wave of similar efforts. The Committee for Economic Development commissioned a follow-up re-examination. So did the Brookings Institution, the American Academy of Arts and Sciences, and then President Nixon through his National Goals Research Staff. But these may be only the most apparent attempts to clarify the nation's directions.[3]

Perhaps more symptomatic in the U.S. were the efforts to install PPBS, which requires explication of *desired outcomes;* and then the more recent attempts to build systems of social indicators, which are in effect surrogates for statements of desired conditions. As we all now know, it has turned out to be terribly difficult, if not impossible, to make either of these systems operational. Although there are some small success stories recounted in a few civilian agencies, successes are still rare. Goal-finding is turning out to be an extraordinarily obstinate task. Because goal-finding is one of the central functions of planning, we shall shortly want to ask why that must be so.

At the same time that these formalized attempts were being made to discover our latent aims, the nation was buffeted by the revolt of the blacks, then by the revolt of the students, then by the widespread revolt against the war, more recently with a new consumerism and conservationism. All these movements were striking out at the underlying systemic processes of contemporary American society. In a style rather different from those of the systems analysts and the Presidential commissioners, participants in these revolts were seeking to restructure the value and goal systems that affect the distribution of social product and shape the directions of national policy.

Systems analysis, goals commissions, PPBS, social indicators, the several revolts, the poverty program, model cities, the current concerns with environmental quality and with the qualities of urban life, the search for new religions among contemporary youth, and the increasing attractiveness of the planning idea – all seem to be driven by a common quest. Each in its peculiar way is asking for a clarification of purposes, for a redefinition of problems, for a re-ordering of priorities to match stated purposes, for the design of new kinds of goal-directed actions, for a reorientation of the professions to the outputs of professional activities rather than to the inputs into them, and then for a redistribution of the outputs of governmental programs among the competing publics.

A deep-running current of optimism in American thought seems to have been propelling these diverse searches for direction-finding instruments. But at the same time, the Americans' traditional faith in a guaranteed Progress is being eroded by the same waves that are wearing down old beliefs in the social order's inherent goodness and in history's intrinsic benevolence. Candide is dead. His place is being problems and the overspill of crises across national boundaries.

---

[2]The report was published by Spectrum Books, Prentice-Hall, 1960.

[3]At the same time to be sure, counter voices – uncomfortable to many – were claiming that the "nation's direction" presents no meaningful reference system at all, owing to the worldwide character of the

occupied by a new conception of future history that, rejecting historicism, is searching for ways of exploiting the intellectual and inventive capabilities of men.

This belief comes in two quite contradictory forms. On the one hand, there is the belief in the "makeability," or unrestricted malleability, of future history by means of the planning intellect – by reasoning, rational discourse, and civilized negotiation. At the same time, there are vocal proponents of the "feeling approach," of compassionate engagement and dramatic action, even of a revival of mysticism, aiming at overcoming The System which is seen as the evil source of misery and suffering.

The Enlightenment may be coming to full maturity in the late 20th century, or it may be on its deathbed. Many Americans seem to believe both that we can perfect future history – that we can deliberately shape future outcomes to accord with our wishes – and that there will be no future history. Some have arrived at deep pessimism and some at resignation. To them, planning for large social systems has proved to be impossible without loss of liberty and equity. Hence, for them the ultimate goal of planning should be anarchy, because it should aim at the elimination of government over others. Still another group has arrived at the conclusion that liberty and equity are luxuries which cannot be afforded by a modern society, and that they should be substituted by "cybernetically feasible" values.

Professionalism has been understood to be one of the major instruments for perfectability, an agent sustaining the traditional American optimism. Based in modern science, each of the professions has been conceived as the medium through which the knowledge of science is applied. In effect, each profession has been seen as a subset of engineering. Planning and the emerging policy sciences are among the more optimistic of those professions. Their representatives refuse to believe that planning for betterment is impossible, however grave their misgivings about the appropriateness of past and present modes of planning. They have not abandoned the hope that the instruments of perfectability can be perfected. It is that view that we want to examine, in an effort to ask whether the social professions are equipped to do what they are expected to do.

II. Problem Definition

During the industrial age, the idea of planning, in common with the idea of professionalism, was dominated by the pervasive idea of *efficiency*. Drawn from 18th century physics, classical economics and the principle of least-means, efficiency was seen as a condition in which a specified task could be performed with low inputs of resources. That has been a powerful idea. It has long been the guiding concept of civil engineering, the scientific management movement, much of contemporary operations research; and it still pervades modern government and industry. When attached to the idea of planning, it became dominating there too. Planning was then seen as a process of designing problem-solutions that might be installed and operated cheaply. Because it was fairly easy to get consensus on the nature of problems during the early industrial period, the task could be assigned to the technically skilled, who in turn could be trusted to accomplish the simplified end-in-view. Or, in the more work-a-day setting, we could rely upon the efficiency expert to diagnose a problem and then solve it, while simultaneously reducing the resource inputs into whatever it was we were doing.

We have come to think about the planning task in very different ways in recent years. We have been learning to ask whether what we are doing is the *right* thing to do. That is to say, we have been learning to ask questions about the *outputs* of actions and to pose problem statements in valuative frameworks. We have been learning to see social processes as the links tying open systems into large and interconnected networks of systems, such that outputs from one become inputs to others. In that structural framework it has become less apparent where problem centers lie, and less apparent *where* and *how* we should intervene even if we do happen to know what aims we seek. We are now sensitized to the waves of repercussions generated by a problem-solving action directed to any one node in the network, and we are no longer surprised to find it inducing problems of greater severity at some other node. And so we have been forced to expand the boundaries of the systems we deal with, trying to internalize those externalities.

This was the professional style of the systems analysts, who were commonly seen as forebearers of the universal problem-solvers. With arrogant confidence, the early systems analysts pronounced themselves ready to take on anyone's perceived problem, diagnostically to discover its hidden character, and then, having exposed its true nature, skillfully to excise its root causes. Two decades of experience have worn the self-assurances thin. These analysts are coming to realize how valid their model really is, for they themselves have been caught by the very same diagnostic difficulties that troubled their clients.

By now we are all beginning to realize that one of the most intractable problems is that of defining problems (of knowing what distinguishes an observed condition from a desired condition) and of locating problems (finding where in the complex causal networks the trouble really lies). In turn, and equally intractable, is the problem of identifying the actions that might effectively narrow the gap between what-is and what-ought-to-be. As we seek to improve the effectiveness of actions in pursuit of valued outcomes, as system boundaries get stretched, and as we become more sophisticated about the complex workings of open societal systems, it becomes ever more difficult to make the planning idea operational.

Many now have an image of *how* an *idealized* planning system would function. It is being seen as an on-going, cybernetic process of governance, incorporating systematic procedures for continuously searching out goals; identifying problems; forecasting uncontrollable contextual changes; inventing alternative strategies, tactics, and time-sequenced actions; stimulating alternative and plausible action sets and their consequences; evaluating alternatively forecasted outcomes; statistically monitoring those conditions of the publics and of systems that are judged to be germane; feeding back information to the simulation and decision channels so that errors can be corrected – all in a simultaneously functioning governing process. That set of steps is familiar to all of us, for it comprises what is by now the modern-classical model of planning. And yet we all know that such a planning system is unattainable, even as we seek more closely to approximate it. It is even questionable whether such a planning system is desirable.

III. Planning Problems are Wicked Problems

A great many barriers keep us from perfecting such a planning/governing system: theory is inadequate for decent forecasting; our intelligence is insufficient to our tasks; plurality of objectives held by pluralities of politics makes it impossible to pursue unitary aims; and so on. The difficulties attached to rationality are tenacious, and we have so far been unable to get untangled from their web. This is partly because the classical paradigm of science and engineering – the paradigm that has underlain modern professionalism – is not applicable to the problems of open societal systems. One reason the publics have been attacking the social professions, we believe, is that the cognitive and occupational styles of the professions – mimicking the cognitive style of science and the occupational style of engineering – have just not worked on a wide array of social problems. The lay customers are complaining because planners and other professionals have not succeeded in solving the problems they claimed they could solve. We shall want to suggest that the social professions were misled somewhere along the line into assuming they could be applied scientists – that they could solve problems in the ways scientists can solve their sorts of problems. The error has been a serious one.

The kinds of problems that planners deal with – societal problems – are inherently different from the problems that scientists and perhaps some classes of engineers deal with. Planning problems are inherently wicked.

As distinguished from problems in the natural sciences, which are definable and separable and may have solutions that are findable, the problems of governmental planning – and especially those of social or policy planning – are ill-defined; and they rely upon elusive political judgment for resolution. (Not "solution." Social problems are never solved. At best they are only re-solved – over and over again.) Permit us to draw a cartoon that will help clarify the distinction we intend.

The problems that scientists and engineers have usually focused upon are mostly "tame" or "benign" ones. As an example, consider a problem of mathematics, such as solving an equation; or the task of an organic chemist in analyzing the structure of some unknown compound; or that of the chessplayer attempting to accomplish checkmate in five moves. For each the mission is clear. It is clear, in turn, whether or not the problems have been solved.

Wicked problems, in contrast, have neither of these clarifying traits; and they include nearly all public policy issues-whether the question concerns the location of a freeway, the adjustment of a tax rate, the modification of school curricula, or the confrontation of crime.

There are at least ten distinguishing properties of planning-type problems, i.e. wicked ones, that planners had better be alert to and which we shall comment upon in turn. As you will see, we are calling them "wicked" not because these properties are themselves ethically deplorable. We use the term "wicked" in a meaning akin to that of "malignant" (in contrast to "benign") or "vicious" (like a circle) or "tricky" (like a leprechaun) or "aggressive" (like a lion, in contrast to the docility of a lamb). We do not mean to personify these properties of social systems by implying malicious

161

intent. But then, you may agree that it becomes morally objectionable for the planner to treat a wicked problem as though it were a tame one, or to tame a wicked problem prematurely, or to refuse to recognize the inherent wickedness of social problems.

1. There is no definitive formulation of a wicked problem

For any given tame problem, an exhaustive formulation can be stated containing all the information the problem-solver needs for understanding and solving the problem – provided he knows his "art," of course.

This is not possible with wicked-problems. The information needed to *understand* the problem depends upon one's idea for *solving* it. That is to say: in order to *describe* a wicked-problem in sufficient detail, one has to develop an exhaustive inventory of all conceivable *solutions* ahead of time. The reason is that every question asking for additional information depends upon the understanding of the problem – and its resolution – at that time. Problem understanding and problem resolution are concomitant to each other. Therefore, in order to anticipate all questions (in order to anticipate all information required for resolution ahead of time), knowledge of all conceivable solutions is required.

Consider, for example, what would be necessary in identifying the nature of the poverty problem. Does poverty mean low income? Yes, in part. But what are the determinants of low income? Is it deficiency of the national and regional economies, or is it deficiencies of cognitive and occupational skills within the labor force? If the latter, the problem statement and the problem "solution" must encompass the educational processes. But, then, where within the educational system does the real problem lie? What then might it mean to "improve the educational system"? Or does the poverty problem reside in deficient physical and mental health? If so, we must add those etiologies to our information package, and search inside the health services for a plausible cause. Does it include cultural deprivation? spatial dislocation? problems of ego identity? deficient political and social skills? – and so on. If we can formulate the problem by tracing it to some sorts of sources – such that we can say, "Aha! That's the locus of the difficulty," i.e. those are the root causes ofthe differences between the "is" and the "ought to be" conditions – then we have thereby also formulated a solution. To find the problem is thus the same thing as finding the solution; the problem can't be defined until the solution has been found.

The formulation of a wicked problem *is* the problem! The process of formulating the problem and of conceiving a solution (or re-solution) are identical, since every specification of the problem is a specification of the direction in which a treatment is considered. Thus, if we recognize deficient mental health services as part of the problem, then – trivially enough – "improvement of mental health services" is a specification of solution. If, as the next step, we declare the Jack of community centers one deficiency of the mental health services system, then "procurement of community centers" is the next specification of solution. If it is inadequate treatment within community centers, then improved therapy training of staff may be the locus of solution, and so on.

This property sheds some light on the usefulness of the famed "systems-approach" for treating wicked problems. The classical systems-approach of the military and the space programs is based on the assumption that a planning project can be organized into distinct phases. Every textbook of systems engineering starts with an enumeration of these phases: "understand the problems or the mission," "gather information," "analyze information," "synthesize information and wait for the creative leap," "work out solution," or the like. For wicked problems, however, this type of scheme does not work. One cannot understand the problem without knowing about its context; one cannot meaningfully search for information without the orientation of a solution concept; one cannot first understand, then solve. The systems-approach "of the first generation" is inadequate for dealing with wicked-problems. Approaches of the "second generation" should be based 011 a model of planning as an argumentative process in the course of which an image of the problem and of the solution emerges gradually among the participants, as a product of incessant judgment, subjected to critical argument. The methods of Operations Research play a prominent role in the systems-approach of the first generation; they become operational, how- ever, only *after* the most important decisions have already been made, i.e. after the problem has already been tamed.

Take an optimization model. Here the inputs needed include the definition of the solution space, the system of constraints, and the performance measure as a function of the planning and contextual variables. But setting up and constraining the solution space and constructing the measure of performance is the wicked part of the problem. Very likely it is more essential than the remaining steps of searching for a solution which is optimal relative to the measure of performance and the constraint system.

2. Wicked problems have no stopping rule

In solving a chess problem or a mathematical equation, the problem-solver knows when he has done his job. There are criteria that tell when *the* or *a* solution has been found.

Not so with planning problems. Because (according to Proposition 1) the process of solving the problem is identical with the process of understanding its nature, because there are no criteria for sufficient understanding and because there are no ends to the causal chains that link interacting open systems, the would-be planner can always try to do better. Some additional investment of effort might increase the chances of finding a better solution.

The planner terminates work on a wicked problem, not for reasons inherent in the "logic" of the problem. He stops for considerations that are external to the problem: he runs out of time, or money, or patience. He finally says, "That's good enough," or "This is the best I can do within the limitations of the project," or "I like this solution," etc.

3. Solutions to wicked problems are not true-or-false, but good-or-bad

There are conventionalized criteria for objectively deciding whether the offered solution to an equation or whether the proposed structural formula of a chemical compound is correct or false. They can be independently checked by other qualified persons who are familiar with the established criteria; and the answer will be normally unambiguous.

For wicked planning problems, there are no true or false answers. Normally, many parties are equally equipped, interested, and/or entitled to judge the solutions, although none has the power to set formal decision rules to determine correctness. Their judgments are likely to differ widely to accord with their group or personal interests, their special value-sets, and their ideological predilections. Their assessments of proposed solutions are expressed as "good" or "bad" or, more likely, as "better or worse" or "satisfying" or "good enough."

4. There is no immediate and no ultimate test of a solution to a wicked problem

For tame-problems one can determine on the spot how good a solution-attempt has been. More accurately, the test of a solution is entirely under the control of the few people who are involved and interested in the problem.

With wicked problems, on the other hand, any solution, after being implemented, will generate waves of consequences over an extended – virtually an unbounded – period of time. Moreover, the next day's consequences of the solution may yield utterly undesirable repercussions which outweigh the intended advantages or the advantages accomplished hitherto. In such cases, one would have been better off if the plan had never been carried out.

The full consequences cannot be appraised until the waves of repercussions have completely run out, and we have no way of tracing *all* the waves through *all* the affected lives ahead of time or within a limited time span.

5. Every solution to a wicked problem is a "one-shot operation"; because there is no opportunity to learn by trial-and-error, every attempt counts significantly

In the sciences and in fields like mathematics, chess, puzzle-solving or mechanical engineering design, the problem-solver can try various runs without penalty. Whatever his outcome on these individual experimental runs, it doesn't matter much to the subject-system or to the course of societal affairs. A lost chess game is seldom consequential for other chess games or for non-chess-players.

With wicked planning problems, however, *every* implemented solution is consequential. It leaves "traces" that cannot be undone. One cannot build a freeway to see how it works, and then easily correct it after unsatisfactory performance. Large public-works are effectively irreversible, and the consequences they generate have long half-lives. Many people's lives will have been irreversibly influenced, and large amounts of money will have been spent – another irreversible act. The same happens with most other large-scale public works and with virtually all public-service programs. The effects of an experimental curriculum will follow the pupils into their adult lives.

Whenever actions are effectively irreversible and whenever the half-lives of the consequences are long, *every trial counts*. And every attempt to reverse a decision or to correct for the undesired consequences poses another set of wicked problems, which are in turn subject to the same dilemmas.

6. Wicked problems do not have an enumerable (or an exhaustively describable) set of potential solutions, nor is there a well-described set of permissible operations that may be incorporated into the plan

There are no criteria which enable one to prove that all solutions to a wicked problem have been identified and considered.

It may happen that *no* solution is found, owing to logical inconsistencies in the "picture" of the problem. (For example, the problem-solver may arrive at a problem description requiring that both *A* and not-*A* should happen at the same time.) Or it might result from his failing to develop an idea for solution (which does not mean that someone else might be more successful). But normally, in the pursuit of a wicked planning problem, a host of potential solutions arises; and another host is never thought up. It is then a matter of *judgment* whether one should try to enlarge the available set or not. And it is, of course, a matter of judgment which of these solutions should be pursued and implemented.

Chess has a finite set of rules, accounting for all situations that can occur. In mathematics, the tool chest of operations is also explicit; so, too, although less rigorously, in chemistry.

But not so in the world of social policy. Which strategies-or-moves are permissible in dealing with crime in the streets, for example, have been enumerated nowhere. "Anything goes," or at least, any new idea for a planning measure may become a serious candidate for a re-solution: What should we do to reduce street crime? Should we disarm the police, as they do in England, since even criminals are less likely to shoot unarmed men? Or repeal the laws that define crime, such as those that make marijuana use a criminal act or those that make car theft a criminal act? That would reduce crime by changing definitions. Try moral rearmament and substitute ethical self-control for police and court control? Shoot all criminals and thus reduce the numbers who commit crime? Give away free loot to would-be-thieves, and so reduce the incentive to crime? And so on.

In such fields of ill-defined problems and hence ill-definable solutions, the set of feasible plans of action relies on realistic judgment, the capability to appraise "exotic" ideas and on the amount of trust and credibility between planner and clientele that will lead to the conclusion, "OK let's try that."

7. Every wicked problem is essentially unique

Of course, for any two problems at least one distinguishing property can be found (just as any number of properties can be found which they share in common), and each of them is therefore unique in a trivial sense. But by *"essentially* unique" we mean that, despite long lists of similarities between a current problem and a previous one, there always might be an additional distinguishing property that is of overriding importance. Part of the art of dealing with wicked problems is the art of not knowing too early which type of solution to apply.

There are no *classes* of wicked problems in the sense that principles of solution can be developed to fit *all* members of a class. In mathematics there are rules for classifying families of problems – say, of solving a class of equations – whenever a

2

certain, quite-well-specified set of characteristics matches the problem. There are explicit characteristics of tame problems that define similarities among them, in such fashion that the same set of techniques is likely to be effective on all of them. Despite seeming similarities among wicked problems, one can never be *certain* that the particulars of a problem do not override its commonalities with other problems already dealt with.

The conditions in a city constructing a subway may look similar to the conditions in San Francisco, say; but planners would be ill-advised to transfer the San Francisco solutions directly. Differences in commuter habits or residential patterns may far outweigh similarities in subway layout, downtown layout and the rest. In the more complex world of social policy planning, every situation is likely to be one-of-a-kind. If we are right about that, the direct transference of the physical-science and engineering thoughtways into social policy might be dysfunctional, i.e. positively harmful. "Solutions" might be applied to seemingly familiar problems which are quite incompatible with them.

8. Every wicked problem can be considered to be a symptom of another problem

Problems can be described as discrepancies between the state of affairs as it is and the state as it ought to be. The process of resolving the problem starts with the search for causal explanation of the discrepancy. Removal of that cause poses another problem of which the original problem is a "symptom." In turn, it can be considered the symptom of still another, "higher level" problem. Thus "crime in the streets" can be considered as a symptom of general moral decay, or permissiveness, or deficient opportunity, or wealth, or poverty, or whatever causal explanation you happen to like best. The level at which a problem is settled depends upon the self-confidence of the analyst and cannot be decided on logical grounds. There is nothing like a natural level of a wicked problem. Of course, the higher the level of a problem's formulation, the broader and more general it becomes: and the more difficult it becomes to do something about it. On the other hand, one should not try to cure symptoms: and therefore one should try to settle the problem on as high a level as possible.

Here lies a difficulty with incrementalism, as well. This doctrine advertises a policy of small steps, in the hope of contributing systematically to overall improvement. If, however, the problem is attacked on too low a level (an increment), then success of resolution may result in making things worse, because it may become more difficult to deal with the higher problems. Marginal improvement does not guarantee overall improvement. For example, computerization of an administrative process may result in reduced cost, ease of operation, etc. But at the same time it becomes more difficult to incur structural changes in the organization, because technical perfection reinforces organizational patterns and normally increases the cost of change. The newly acquired power of the controllers of information may then deter later modifications of their roles.

Under these circumstances it is not surprising that the members of an organization tend to see the problems on a level below their own level. If you ask a police chief what the problems of the police are, he is likely to demand better hardware.

9. The existence of a discrepancy representing a wicked problem can be explained in numerous ways. The choice of explanation determines the nature of the problem's resolution

"Crime in the streets" can be explained by not enough police, by too many criminals, by inadequate laws, too many police, cultural deprivation, deficient opportunity, too many guns, phrenologic aberrations, etc. Bach of these offers a direction for attacking crime in the streets. Which one is right? There is no rule or procedure to determine the "correct" explanation or combination of them.   The reason is that in dealing with wicked problems there are several more ways of refuting a hypothesis than there are permissible in the sciences.

The mode of dealing with conflicting evidence that is customary in science is as follows: "Under conditions C and assuming the validity of hypothesis H, effect E must occur. Now, given C, E does not occur. Consequently H is to be refuted." In the context of wicked problems, however, further modes are admissible: one can deny that the effect E has not occurred, or one can explain the nonoccurrence of E by intervening processes without having to abandon H.   Here's an example: Assume that somebody chooses to explain crime in the streets by "not enough police." This is made the basis of a plan, and the size of the police force is increased. Assume further that in the subsequent years there is an increased number of arrests, but an increase of offenses at a rate slightly lower than the increase of GNP. Has the effect E occurred? Has crime in the streets been reduced by increasing the police force? If the answer is no, several nonscientific explanations may be tried in order to rescue the hypothesis H ("Increasing the police force reduces crime in the streets"): "If we had not increased the number of officers, the increase in crime would have been even greater;" "This case is an exception from rule H because there was an irregular influx of criminal elements;" "Time is too short to feel the effects yet;" etc. But also the answer "Yes, E has occurred" can be defended: "The number of arrests was increased," etc.

In dealing with wicked problems, the modes of reasoning used in the argument are much richer than those permissible in the scientific discourse. Because of the essential uniqueness of the problem (see Proposition 7) and lacking opportunity for rigorous experimentation (see Proposition 5), it is not possible to put H to a crucial test.

That is to say, the choice of explanation is arbitrary in the logical sense. In actuality, attitudinal criteria guide the choice. People choose those explanations which are most plausible to them. Somewhat but not much exaggerated, you might say that everybody picks that explanation of a discrepancy which fits his intentions best and which conforms to the action-prospects that are available to him. The analyst's "world view" is the strongest determining factor in explaining a discrepancy and, therefore, in resolving a wicked problem.

10. The planner has no right to be wrong

As Karl Popper argues in *The Logic of Scientific Discovery,*[4] it is a principle of science that solutions to problems are only hypotheses offered for refutation. This

---

[4] Science Editions, New York, 1961.

habit is based on the insight that there are no proofs to hypotheses, only potential refutations. The more a hypothesis withstands numerous attempts at refutation, the better its "corroboration" is considered to be. Consequently, the scientific community does not blame its members for postulating hypotheses that are later refuted – so long as the author abides by the rules of the game, of c ourse.

In the world of planning and wicked problems no such immunity is tolerated. Here the aim is not to find the truth, but to improve some characteristics of the world where people live. Planners are liable for the consequences of the actions they generate; the effects can matter a great deal to those people that are touched by those actions. We are thus led to conclude that the problems that planners must deal with are wicked and incorrigible ones, for they defy efforts to delineate their boundaries and to identify their causes, and thus to expose their problematic nature. The planner who works with open systems is caught up in the ambiguity of their causal webs. Moreover, his would-be solutions are confounded by a still further set of dilemmas posed by the growing pluralism of the contemporary publics, whose valuations of his proposals are judged against an array of different and contradicting scales. Let us turn to these dilemmas next.

IV. The Social Context

There was a time during the 'Fifties when the quasi-sociological literature was predicting a Mass Society-foreseen as a rather homogeneously shared culture in which most persons would share values and beliefs, would hold to common aims, would follow similar life-styles, and thus would behave in similar ways. (You will recall the popular literature on suburbia of ten years ago.) It is now apparent that those forecasts were wrong.

Instead, the high-scale societies of the Western world are becoming increasingly heterogeneous. They are becoming increasingly differentiated, comprising thousands of minority groups, *each* joined around common interests, common value systems, and shared stylistic preferences that differ from those of other groups. As the sheer volume of information and knowledge increases, as technological developments further expand the range of options, and as awareness of the liberty to deviate and differentiate spreads, more variations are *possible*. Rising affluence or, even more, growing desire for at least subcultural identity induces groups to exploit those options and to invent new ones. We almost dare say that irregular cultural permutations are becoming the rule. We have come to realize that the melting pot never worked for large numbers of immigrants to American,[5] and that the unitary conception of *"The American Way of Life"* is now giving way to a recognition that there are numerous ways of life that are also American.

It was *pre*-industrial society that was culturally homogeneous. The industrial age greatly expanded cultural diversity. Post-industrial society is likely to be far more differentiated than any in all of past history.

It is still too early to know whether the current politicization of subpublics is

---

[5] See an early sign of this growing realization in Nathan Glazer and Daniel Patrick Moynihan, *Beyond the Melting Pot* (Cambridge: Harvard and MIT Presses, 1963).

going to be a long-run phenomenon or not. One could write scenarios that would be equally plausible either way. But one thing is clear: large population size will mean that small minorities can comprise large numbers of people; and, as we have been seeing, even small minorities can swing large political influence.

In a setting in which a plurality of publics is politically pursuing a diversity of goals, how is the larger society to deal with its wicked problems in a planful way? How are goals to be set, when the valuative bases are so diverse? Surely a unitary conception of *a* unitary "public welfare" is an anachronistic one.

We do not even have a theory that tells us how to find out what might be considered a societally best state. We have no theory that tells us what distribution of the social product is best — whether those outputs are expressed in the coinage of money income, information income, cultural opportunities, or whatever. We have come to realize that the concept of *the* social product is not very meaningful; possibly there is no aggregate measure for the welfare of a highly diversified society, if this measure is claimed to be objective and non-partisan. Social science has simply been unable to uncover a social-welfare function that would suggest which decisions would contribute to a societally best state. Instead, we have had to rely upon the axioms of individualism that underlie economic and political theory, deducing, in effect, that the *larger-public* welfare derives from summation of individualistic choices. And yet, we know that *this* is not necessarily so, as our current experience with air pollution has dramatized.

We also know that many societal processes have the character of zero-sum games. As the population becomes increasingly pluralistic, inter-group differences are likely to be reflected as inter-group rivalries of the zero-sum sorts. If they do, the prospects for inventing positive non-zero-sum development strategies would become increasingly difficult.

Perhaps we can illustrate. A few years ago there was a nearly universal consensus in America that full-employment, high productivity, and widespread distribution of consumer durables fitted into a development strategy in which all would be winners. That consensus is now being eroded. Now, when substitutes for wages are being disbursed to the poor, the college student, and the retired, as well as to the more traditional recipient of nonwage incomes, our conceptions of "employment" and of a full-employment economy are having to be revised. Now, when it is recognized that raw materials that enter the economy end up as residuals polluting the air mantle and the rivers, many are becoming wary of rising manufacturing production. And, when some of the new middle-class religions are exorcising worldly goods in favor of less tangible communal "goods," the consumption-oriented society is being challenged – oddly enough, to be sure, by those who were reared in its affluence.

What was once a clear-cut win-win strategy, that had the status of a near-truism, has now become a source of contentious differences among subpublics.

Or, if these illustrations seem to be posed at too high a level of generality, consider the sorts of inter-group conflicts imbedded in urban renewal, roadway construction, or curriculum design in the public schools. Our observation is not only that values are changing. That is true enough, and the probabilities of parametric changes are large enough to humble even the most perceptive observer of contemporary norms.

Our point, rather, is that diverse values are held by different groups of individuals — that what satisfies one may be abhorrent to another, that what comprises problem-solution for one is problem-generation for another. Under such circumstances, and in the absence of an overriding social theory or an overriding social ethic, there is no gainsaying which group is right and which should have its ends served.

One traditional approach to the reconciliation of social values and individual choice is to entrust *de facto* decision-making to the wise and knowledgeable professional experts and politicians. But whether one finds that ethically tolerable or not, we hope we have made it clear that even such a tactic only begs the question, for there are no value-free, true-false answers to any of the wicked problems governments must deal with. To substitute expert professional judgment for those of contending political groups may make the rationales and the repercussions more explicit, but it would not necessarily make the outcomes better. The one-best answer is possible with tame problems, but not with wicked ones.

Another traditional approach to the reconciliation of social values and individual choice is to bias in favor of the latter. Accordingly, one would promote widened differentiation of goods, services, environments, and opportunities, such that individuals might more closely satisfy their individual preferences. Where large-system problems are generated, he would seek to ameliorate the effects that he judges most deleterious. Where latent opportunities become visible, he would seek to exploit them. Where positive non-zero-sum developmental strategies can be designed, he would of course work hard to install them.

Whichever the tactic, though, it should be clear that the expert is also the player in a political game, seeking to promote his private vision of goodness over others'. Planning is a component of politics. There is no escaping that truism.

We are also suggesting that none of these tactics will answer the difficult questions attached to the sorts of wicked problems planners must deal with. We have neither a theory that can locate societal goodness, nor one that might dispel wickedness, nor one that might resolve the problems of equity that rising pluralism is provoking. We are inclined to think that these theoretic dilemmas may be the most wicked conditions that confront us.

Originaltext Healey 1992

TPR, 63 (2) 1992

PATSY HEALEY

Planning through debate[1]

The communicative turn in planning theory[2]

This article proposes an approach to planning which aims to realise the democratic potential of planning in the contemporary conditions of societies with developed economies and diverse social structures. Any claim for the relevance of planning in such societies has to confront the challenges to the planning idea from both the resurgence of economic evaluation within public policy, and, more fundamentally, the philosophical post-modernist critique of scientific rationalism. It is argued in this article that the Habermasian conception of inter-subjective reasoning among diverse discourse communities, drawing on technical, moral and expressive-aesthetic ways of experiencing and understanding, can provide a direction for the invention of forms and practices of a planning behaviour appropriate for societies which seek progressive ways of collectively 'making sense together while living differently'. The article draws on the work of a number of contemporary writers in the field of planning theory to present an outline of such an approach, and its implications for the contemporary practices of environmental planning.

This article is about what 'planning' can be taken to mean in contemporary democratic societies. Its context is the dilemma faced by all those committed to planning as a democratic enterprise, aimed to promote social justice and environmental sustainability. The dilemma is that the technical and administrative machineries advocated and created to pursue these goals in the past have been based on what we now see as a narrow scientific rationalism. These machineries have further compromised the development of a democratic attitude, and have failed to achieve the goals promoted. So how can we now support a renewal of the enterprise of planning? If we can, what are its forms and principles?

The article is written specifically for those planners in Britain, in planning schools and in planning practice, who have shared a particular experience of the 1970s and 1980s. The 1970s provided us with a soft social and environmental commitment and a hard political critique of the enterprise of planning. In this critique, planning was a site of struggle between class forces for control of the management of the urban environment. By the 1980s, this critique had itself dissolved into a search for a less one-dimensional view of conflict and cleavage in society and a more nuanced appreciation of the diversity of the experience of urban

143

2

life and environment. This search for a democratic pluralism[3] took place, however, against the harsh backcloth of the Thatcherite hegemonic agenda. This set out to destroy not merely democratic socialist thought and practices, but the very enterprise of urban management and planning which was the object of the democratic socialist critique.

The Thatcherite project has now been brought to a remarkably sudden halt as a political idea, though many of the practices it instituted remain.[4] Citizen responsiveness environmental sustainability, as vague political principles, are now widely asserted, as in the general idea of environmental planning and the specific principle of a plan-led regulatory land-use planning system. But what kind of a planning can be compatible with our contemporary understandings of a democratic attitude? And how can the concept of planning survive the contemporary philosophical challenges to materialism, modernism and rationalism, these central pillars of the traditions of 'modernity' which dominated Western thought from the middle of last century until late into the present one?[5] How can there be a 'planning' without 'unifying' conceptions of systems and structures, based on scientific knowledge, from which to articulate hypotheses as to key relationships and appropriate interventions? How can decisions be arrived at without systematic 'rational' procedures for knowledgeable and collective 'deciding and acting'?

Throughout the past decade, signs of alternative conceptions of planning purposes and practices have been increasingly identified and debated in planning theory. One route to imagining alternatives has focused on substantive issues, moving from material analyses of options for local economies exposed to global capitalism, to concerns with culture, consciousness, community and 'placeness'.[6] Another has taken a 'process' route, exploring the communicative dimensions of collectively debating and deciding on matters of collective concern.[7]

The problem with the substantive route is its a priori assumptions of what is 'good/bad', 'right/wrong'. Local economic development is presented as often 'good', national economic intervention as oppressive, 'bad'. By what knowledge and reasoning has this been arrived at? If such principles are embodied in our plans, will we not have fallen yet again into the trap of imposing the reasoning of one group of people on another? Does the process route offer a way out of this dilemma of relativism which treats every position as merely someone's opinion, and hence the dominance of a position pursued through planning strategies and their implementation as nothing more than the outcome of a power game?

This article argues that it can. The argument is explored firstly by a brief review of the idea of planning and its challenges. The article then identifies five directions for the management of the urban environment which seem to be prefigured in present discussions. Of these, it is argued that the conception of planning as a communicative enterprise holds most promise for a democratic form of planning in the contemporary context. The article concludes with some implications for the systems and practices of environmental planning.

Throughout, the contextual 'locus' of the article is environmental planning in Britain, although this merely allows the purposes and practices for planning to be developed in a specific context. More generally, the challenge for planning in the

PLANNING THROUGH DEBATE   145

contemporary era lies at the heart of our efforts to reinterpret a progressive meaning for democracy in Western societies.[8]

The idea of planning and its challenges

As with so much of Western culture, the contemporary idea of planning is rooted in the enlightenment tradition of 'modernity'.[8] This freed individuals from the intellectual tyranny of religious faith and from the political tyranny of despots. Such free individuals, in democratic association, could, it was believed then and since, combine in one way or another, to manage their collective affairs. By the application of scientific knowledge and reason to human affairs, it would be possible to build a better world, in which the sum of human happiness and welfare would be increased. For all our consciousness of the errors of democratic management in the past two centuries, it is difficult not to recognise the vast achievements that this intellectual and political enlightenment has brought.

This modern idea of planning, as Friedmann has described in his authoritative account of its intellectual origins,[10] is centrally linked to concepts of democracy and progress. It centres on the challenge of finding ways in which citizens, through acting together, can manage their collective concerns, with respect to the sharing of space and time.

In this century, Mannheim's advocacy of a form of planning which harnessed systematised social scientific knowledge and techniques to the management of collective affairs in a democratic society proved inspirational for the influential Chicago school of rational decision making.[11] A procedural view evolved which presented planning as a progressive force for economic and social development in a world where democracy and capitalism were seen to co-exist in comfortable consensus.[12] It challenged populist 'clientelism' (as in Chicago in the 1950s)[13] as much as idealist totalitarianism.

But as with any progressive force, procedures developed with a progressive democratic intention may be subverted for other purposes. In the early 1970s, this subversion was identified with the power of capitalist forces to dominate everyone's life opportunities. Environmental planning, it was argued, put the needs of capital (through regional economic development and the implicit opportunities for land and property markets created by planning regimes) before citizens and the environment.[14]

However, a more fundamental challenge to the Mannheimian notion of planning was gathering force, through the critique of scientific reason itself. German critical theorists and French 'deconstructionists' elaborated ideas which challenged reason's dominance of human affairs. Reason, understood as logic coupled with scientifically-constructed empirical knowledge, was unveiled as having achieved hegemonic power over other ways of being and knowing, crowding out moral and aesthetic discourses. Further, rationalising power dominated the very institutions set up in the name of democratic action, the bureaucratic agencies of the state. Following Foucault's analysis, planning could be associated with the dominatory power of systematic reason pursued through state bureaucracies.[15] Evidence for

2

this seemed to be everywhere, from the disaster of high-rise tower blocks for the poor to the dominance of economic criteria justifying road projects and the functional categorisation of activity zones which worked for large industrial companies and those working in them, but not for women (with their necessarily complex lifestyle), the elderly and disabled, and many ethnic groups forced to discover ways of existing on the edge of established economic practices.

This 'challenge to systematised reason', and with it, to the planning enterprise, strikes at the heart of the enlightenment project, or, as we now understand it, the project of 'modernity'. The challenge is now labelled as 'post-modernist', drawing on a terminology first developed in art and architectural critique.[16] But whereas post-modernism in architecture is primarily a critique of a particular paradigm and style *within* Western art and architecture, philosophical post-modernism challenges the foundations or two hundred years of Western thought.

The post-modern challenge to Western thought is both progressive and regressive in its potential, as was the idea of systematised reason. It is also highly diverse, with different lines of development. Only some of these claim to *replace* the 'project of modernity' with that of post-modernity. Others, following the position of the economic geographer Harvey, and the critical theorist Habermas, seek new ways of reconstituting the 'incomplete' project of modernity. Some of the strands of post-modernist debate leave space for a form of planning, i.e. for collective activity. Others dismiss planning as, variously, impossible, irrelevant or oppressive.

Moore Milroy, reviewing the development of the post-modernist debate in planning thought, identifies four 'broad characteristics' to the challenge post-modernism presents to modernism.

> It is *deconstructive* in the sense of questioning and establishing a sceptical distance from conventional beliefs and, more actively, trying both to ascertain who derives value from upholding their authority and to displace them; *antifoundationalist* in the sense of dispensing with universals as bases of truth; *nondualistic* in the sense of refusing the separation between subjectivity and objectivity along with the array of dualisms it engenders including the splits between truth and opinion, fact and value; and *encouraging of plurality and differences*.[17]

This double challenge, to the tendency for progressive values to be destroyed by the very systems created to promote them, and to the systems of technocratic rationalist throught which have underpinned so much of Western and Eastern bloc thinking about planning, seems so powerful as to be fatal to the idea of planning. Is there any way out? It is argued in this article not only that there is, via the development of communicative forms of planning, but also, following Harvey and Habermas, that some directions of the 'post-modern challenge' to planning need to be actively resisted as in their turn regressive and undemocratic. Current debate suggests several 'routes for invention' of a new planning. Five such 'routes' or directions are outlined here. These directions are not necessarily exclusive. Their presentation in the planning literature varies in its coherence. They are offered as a sketch of possibilities, through which to foreground the promise of a communicative form of planning in promoting and realising a progressive democratic attitude.

PLANNING THROUGH DEBATE   147

Directions for a new planning

The five directions discussed are:

1. A retreat to the bastions of scientific rationalism as expressed through neo-classical economics. Planning is reformulated to provide a framework of rules to ensure collectively experienced impacts are addressed through the price mechanism.
2. An idealism based on fundamental moral or aesthetic principle. Planning purposes and practices would be directed to realising this principle.
3. A relativism in which self-conscious individuals assert their own principles and 'mutually' adjust when they get in each other's way. Planning has little purpose in this route except as deconstructive technique, to reveal 'dominatory' systems in order to remove them.
4. Enlarged conceptions of democratic socialism beyond economic struggles over material conditions, to incorporate other loci of 'cleavage', such as gender and race, and allow more space for cultural issues (moral and aesthetic). This refocuses the purposes and practices of planning around a reformulated substantive agenda.
5. A communicative conception of rationality, to replace that of the self-conscious autonomous subject using principles of logic and scientifically-formulated empirical knowledge to guide actions. This new conception of reasoning is arrived at by an inter-subjective effort at mutual under-standing. This refocuses the practices of planning, to enable purposes to be communicatively discovered.

THE PRINCIPLE OF PRICE

This conception ignores most of the debates and challenges just discussed, and continues the rationalist project. In conformity with the post-enlightenment tradition, individuals are constituted as autonomous subjects, confronting the object-world. They allocate their resources according to their subjectively perceived wants, and their material opportunities. Public policy facilitates this allocatory process by authoritative structures (rules) based on 'market information' about supply, demand, and the blockages to market exchange. Environmental planning comes into play to conserve assets which are not readily traded in the market place (national parks, wildlife reserves, historic buildings, agricultural land) and to ensure that the actions of individuals do not impose excessive costs on neighbours, communities and environments. As far as possible, such a planning should proceed by pricing strategies which require everyone to internalise these external costs. Only when this is difficult to enforce or where positive conservation is required, should regulatory intervention be used. David Pearce's approach to environmental economics provides a clear example of how 'environmental sustainability' objectives could be achieved in this paradigm.[18]

Though hesitantly and inconsistently, it is this route which was followed by the British government in the 1980s.[18] Some planning theorists have been developing its dimensions in the planning field.[20] It has been a dominant tradition for some years in the United States, and is now being vigorously developed in Britain in

2

ideas for traffic management and an 'impact fee' approach to planning gain. But, as environmental debates clearly illustrate, it proceeds ignorant of any doubts about the supreme power of scientific rationalism, and assumes that most aesthetic and moral issues can be converted into priceable preferences.[21]

It is not hard to see the dominatory force of scientific rationalism at work here. This is not to argue that such an approach is *never* appropriate; merely that it is but one possibility among many. We may criticise its practitioners for their failure to grasp that it 'lives together' with other ways of making policy issues manageable, and we may criticise governments and knowledge production institutions for prioritising it above others. If post-modernism has any progressive meaning, it must mean that this direction for planning turns away from, rather than towards, the challenge of 'making sense together while living differently'.

IDEALIST FUNDAMENTALISM

Several strands of contemporary post-modern critique focus on unmasking the corrupting power of scientific rationalism at the heart of our thought, to reveal deeper unifying principles which hold our world together.[22] From this perspective individuals are constituted not as autonomous subjects responsible for their own actions, but as bearers and interpreters of a metaphysical principle. This principle becomes the locus of moral and aesthetic order, and its contemplation fosters a reflective 'interiorisation' of experience rather than 'acting in the world'.[23] The preoccupation is with existence, with *being*, rather than a collective 'exteriorised' enterprise of *becoming* something different and better *in* the world. While such a fundamentalism has progressive force in releasing and legitimating people's search for a moral basis for their lives, it also contains within it a dominatory potential. Examples of this can be seen in the adoption of religious codes in public spheres (for example, the British 1988 Education Act's requirement for a 'daily corporate act of worship of an essentially Christian nature') or proposals for environmental actions irrespective of their economic and social consequences justified in terms of scientifically and aesthetically constructed notions of ecological apocalypse. Planning in this context becomes either an irrelevance to the contemplative interior life or an expression of the metaphysical principle (as in, for example, Chinese *fung schiu* or Islamic principles for environmental planning derived from the Koran). In essence, this direction merely replaces one uni-dimensional hegemony (rationalism) with another (a particular moral principle). It is hard to see how such an approach can advance the project of progressive democratic pluralism.

AESTHETIC RELATIVISM

Others elevate experience and the aesthetic mode to the central dimension of human life. This focuses on the self-conscious autonomous individual, existing, *being*, to be extricated from the oppression of functional systems based on scientific rationalism. Within this conception, there is no unifying metaphysical source, to be contemplatively revealed once the reasoning dominance has been unmasked. Instead, all interpretations are valid. The unifier of humanity is merely the experiential capacity. This leads to a celebration and enjoyment of differences,[24]

PLANNING THROUGH DEBATE   149

but experienced individually rather than collectively. No criteria seem to be available for distinguishing one person's interpretations and actions from another's, since to distinguish would involve recourse to reason or idealist beliefs. All have equivalent standing; all have validity through interior reflection. The much-criticised outcome is a potentially regressive idealist nihilism. The dominatory potential within this strand of post-modernism is of enraged anarchistic violence between individuals and groups struggling to stake out the territory within which their purposes and practices can prevail. The Western media's portrayal of inter-ethnic and factional strife in the former USSR and Yugoslavia provides examples of what this could mean. If planning has any role at all in this direction, it is to stake out and defend boundaries and at the same time to foster the celebration of difference. But without a discursive reasoning capacity, it is difficult to see what practices could constitute such a planning. To argue this is not to reject the importance of aesthetic and emotional experience in forming our understandings and values. It is the *prioritising* of a particular dimension of experience and understanding (in this case the aesthetic) above all others which compromises the project of progressive democratic pluralism. The progressive challenge is instead to find ways of acknowledging different ways of experiencing and understanding, while seeking to 'make sense together'.

EXTENDING MODERNITY'S TOLERANCE

Another route has been to develop the socialist project beyond a preoccupation with material conditions and economic classes. This project, whether in Marxian or democratic humanist forms, aims to develop a society in which the conditions of material existence are adequate for all, and in which everyone has the opportunity to work in conditions where we are justly rewarded and respected for the work we do and in which we have real control over the economic and political conditions of the societies in which we live. Marxist analysis conceived of individuals as self-conscious and reflective. But people's perceptions and worth were seen as constituted by the material conditions of the societies in which we live, and specifically by the mode of production. Through scientific historical analysis, people could become aware of this, and through collective action, change the conditions of our existence. Planning thus became the means for redesigning less oppressive societies than those dominated by feudal, capitalist and colonial power.

But scientific materialism as the basis for the socialist project in retrospect engendered a domination by state bureaucrats pursuing scientific management principles in the name of working class power (in Eastern European countries, often in highly corrupt forms). Moral principles and aesthetic consensus were interpreted within a set of scientific 'laws' about economic class interests. By the 1970s in Britain and elsewhere, many socialist thinkers were identifying similar tendencies within the welfare state machinery of Western capitalist economies.[25] Critiques developed which firstly highlighted power-distributing cleavages other than economic class, notably those of gender and race, and secondly sought to break out of a 'totalising' scientific rationalism. The new socialism of the 1980s in Britain has been concerned with developing a pluralist understanding of people's needs, values and ways of experiencing oppression. Appreciating diversity and

150   PATSY HEALEY

recognising differences are key elements in this conception, requiring collective action to be informed by principles of tolerance and respect. There is not one route to progress, but many, not one form of reasoning but many. The socialist project thus comes to focus on both restructuring the control of economies and the flow of the fruits of material effort, while at the same time discovering ways of 'living together differently but respectfully'.[26] Planning retains its traditional importance in socialist thought, but the planning enterprise is refocused to recognise diverse forms of disadvantage.

The frame of reference of these efforts remains a struggle for opportunities for the disadvantaged against a systematically understood capitalist world order. This provides a frame of reasoning which interprets and selects among the various claims for attention which a pluralist socialism can generate.[27] But where does this frame of reasoning come from and what gives it its authority? Is it merely providing a slightly more sensitive development of the notion of class interests? And does this really accommodate the claims and arguments of the different ethnic communities in Britain, or the anger of those oppressed by racial and gender prejudice? These 'voices' may argue that the pluralist socialist project of 'living together but differently' dominates them by failing to *listen* to their different ways of *experiencing*. It requires acceptance of a belief in the analyses propounded, in a particular interpretation of what 'living together' and 'difference' mean. The planning frameworks developed within this route thus cannot escape the critique of scientific rationalism. In other words, the pluralist socialist project is still founded on systematised rationality and scientific understanding of social structure in its conception of 'living together' and of 'difference'.

COMMUNICATIVE RATIONALITY

It is here that Habermas' search for a reformulation of modernity's concept of reason offers a way forward. Habermas argues that, far from giving up on reason as an informing principle for contemporary societies, we should shift perspective from an individualised, subject-object conception of reason, to reasoning formed within inter-subjective communication. Such reasoning is required where 'living together but differently' in shared space and time drives us to search for ways of finding agreement on how to 'act in the world' to address our collective concerns. Habermas' communicative rationality has parallels within conceptions of practical reasoning, implying an expansion from the notion of reason as pure logic and scientific empiricism to encompass all the ways we come to understand and know things and to use that knowledge in acting. Habermas argues that without some conception of reasoning, we have no way out of fundamentalism and nihilism. For him, the notion of the self-conscious autonomous individual, refining his or her knowledge against principles of logic and science, can be replaced by a notion of reason as inter-subjective mutual understanding arrived at by particular people in particular times and places, i.e. historically situated. Both subject and object are constituted through this process. Knowledge claims, upon which action possibilities are proposed, are validated in this conception of reasoning through discursively establishing principles of validity, rather than through appeal to logic

PLANNING THROUGH DEBATE　　　　　　　　　　　　　　　　　　151

or science, although both may well be considered as possibilities within the communicative context.[28]

In this way, knowledge for action, principles of action and ways of acting are actively constituted by the members of an inter-communicating community, situated in the particularities of time and place. Further, the reasoning employed can escape from confines of rational-scientific principles to include varying systems of morality, and culturally-specific traditions of expressive aesthetic experience. 'Right' and 'good' actions are those we can come to agree on, in particular times and places, across our diverse differences in material conditions and wants, moral perspectives and expressive cultures and inclinations. We do not need recourse to common fundamental ideals, or principles of 'the good social organisation' to guide us. Planning, and its contents, in this conception, is a way of acting which we can *choose*, after *debate*.

Habermas' conception of communicative action has been criticised in the context of the present discussion on two grounds. Firstly, by holding on to reason, it retains the very source of modernity's dominatory potential. Secondly, Habermas would like to believe that consensual positions can be arrived at, whereas contemporary social relations reveal deep cleavages, of class, race, gender and culture, which can only be resolved through power struggle between conflicting forces.[28]

Habermas justifies his retention of reasoning as a legitimate guiding principle for collective affairs on the grounds that, where collective 'acting in the world' is our concern, we need to engage in argumentation and debate. We need a reasoning capacity for these purposes. We cannot just engage in aesthetic presentation or moral faith if at some point we are faced both with 'making sense together' and 'working out' how to act together. This does not mean that the language of morality or aesthetics is excluded from our reasoning. Habermas argues that our inter-subjective practical reasoning draws on the store of knowledge and understandings of technique, morality and aesthetics. In this way, our collective reasoning is informed by, situated within, the various 'lifeworlds' from which we come to engage in our collective enterprises.[30] Our inter-subjective arguments may involve 'telling stories' as well as 'doing analyses'.[31] Thus the narrative mode should accompany and intersect with experiential expression and the analytical mode. But in the end, the purpose of our efforts is not these (doing analysis, telling stories, rhetoric), but *doing something*, i.e. 'acting in the world'. For this, we need to discuss what we could and should do, why and how. There is an interesting parallel here with Walzer's notion of principles of justice for different spheres of social activity.[32]

But does not this process of collective argumentation merely lead to a new and potentially dominatory consensus, as the agreement freely arrived at through argument in one period imposes itself on the different differentiations of the next? Habermas proposes to counteract this possibility through criteria to sustain a dynamic critique within the reasoning process. Claims should be assessed in terms of their comprehensibility, integrity, legitimacy and truth.[33] Forester has since developed these as heuristic questions for planners to use in critiquing themselves and others as they search for a progressive power-challenging planning.[30]

The mutual understandings and agreements reached for one purpose at one

152   PATSY HEALEY

time are thus revisable as the flow of communicative action proceeds. Habermas himself would clearly like to see stable consensuses emerge, societies built around principles of mutual understanding. Several planning theorists have also proposed the development of a communicative 'metalanguage' or a 'meta-discourse' for planning discussion.[35] Such an enterprise parallels the search noted above by the 'new left' in Britain for forms of a democratically pluralist participation.

But a metalanguage, however full of internal principles of critique, unavoidably contains dominatory potential. It could all too easily settle into assumptions of understanding and agreement detached from those whose ways of being, knowing and valuing are supposed to be reflected in the agreement. To be liberating rather than dominating, inter-communicative reasoning for the purposes of 'acting in the world' must accept that the 'differences' between which we must communicate are not just differences in economic and social position, or in specific wants and needs, but in *systems of meaning*. We see things differently because words, phrases, expressions, objects, are interpreted differently according to our frame of reference. It is this point, long understood in anthropology[36] and emphasised in phenomenology, which underpins the strength of the relativist position. It is here that the present author would part company with Habermas, in order to recognise the inherent localised specificity and untranslatability of the systems of meaning. We may shift our ideas, learn from each other, adapt to each other, 'act in the world' together. Systems of meaning or frames of reference shift and evolve in response to such encounters. But it can never be possible to construct a stable consensus around 'how we see things', merely a temporary accommodation of different, and differently adapting, perceptions.

The critics of modernity argue that the system of meaning proposed by scientific rationalism has dominated and crowded out all other systems of meaning. If communicative action is to transcend this dominatory threat, its concern should rather be to develop understandings and practices of *inter-discursive* communication, of translation rather than superimposition. For, as Geertz argues, no one system of meaning can ever fully understand enough.[37] It can merely search for ways of opening windows on what it means to see things differently.

Developed in this way, this direction is for a new form of planning through inter-discursive communication, a way of 'living together differently through struggling to make sense together'. Its openness, its exteriorising quality, its internal capacity for critique should counteract any potential to turn mutual understanding arrived at at one historical moment into a repressive cultural regime at the next. It offers the hope that 'progress', a 'project of becoming', is still possible. It is this direction which, in the present author's view, holds an important promise and challenge for planning, and, more generally, for democracy, as Forester argues.[38]

Planning as a communicative enterprise

Environmental planning has been understood in this article as a process for collectively, and interactively, addressing and working out how to act, in respect of shared concerns about how far and how to 'manage' environmental change. Mannheim argued that scientific rationalism provided the central resource for this

PLANNING THROUGH DEBATE 153

enterprise.[39] The collapse of the uni-dimensional domination of scientific rationalism has now demolished this route to invention for planning. Apart from the vestigial endeavours of a politically dominant economics, any recourse to scientific knowledge or rational procedures must now be contained within some other conception of what makes for democratic 'acting in the world'. Habermas offers an alternative which retains the notion of the liberating and democratic potential of reasoning, but broadened to encompass not merely rational-technical forms of reasoning, but moral appreciation and aesthetic experience. This wider understanding of what we know, and how we know it, rooted as much in 'practical sense'[40] as in formalised knowledge, is brought into collective 'deciding and acting' through inter-subjective communication rather than the self-reflective consciousness of autonomous individuals. The effort of constructing mutual understanding as the locus of reasoning activity replaces the subject-centred 'philosophy of consciousness', which, Habermas argues, has dominated Western conceptions of reason since the Enlightenment.[41] Through it, the specificities of time and place, of culture, society and personality, of 'habitus' as Bourdieu puts it,[42] are expressed, and constituted. For Habermas, a conscious inter-subjective understanding of collective communicative work is a force to sustain an internally critical democratic effort, resisting the potential domination of 'one-dimensional' principles, whether scientific, moral or aesthetic.

What can planning mean in this context of post-rationalist, inter-communicative, reasoned, many-dimensional, 'thinking about and acting' in the world? What purposes and practices should it have? A communicative approach to knowledge production—knowledge of conditions, of cause and effect, moral values and aesthetic worlds—maintains that knowledge is not pre-formulated but is specifically created anew in our communication through exchanging perceptions and understanding and through drawing on the stock of life experience and previously consolidated cultural and moral knowledge available to participants. We cannot, therefore, predefine a set of tasks which planning must address, since these must be specifically discovered, learnt about and understood through inter-communicative processes.

Nevertheless, ongoing processes of debate about environmental matters have created a thought-world, a contemporary 'common sense' within which, however fluid and in need of critique it may be, the elements of a substantive agenda are evident. The contemporary rediscovery of environmental planning is fuelled by a widespread and inter-discursive concern with managing economic development, enriching our cultural life, avoiding polarising and segregating tendencies in life styles and life opportunities, and undertaking all these within an attitude to the natural environment which is both respecting and sustaining of long-term ecological balances. The general purposes of environmental planning situated in this context are to balance these connecting but often contradictory aims. But what constitutes the 'balance' in particular times and places cannot be known in advance. 'Standardised' approaches to 'balancing', which have a long history in planning thought and practice, encapsulated in substantive 'blueprint' plans, merely 'dominate' the situations they land upon.

This shifts attention from the substantive purposes of environmental planning to

154   PATSY HEALEY

the practices by which purposes are established, actions identified and followed through. What does a communicative rationality suggest as appropriate when addressing environmental management issues in contemporary Western democracies, and how could their conversion into a 'process' blueprint be avoided?

The outlines of appropriate practices for an inter-communicative planning are beginning to emerge through the work of a range of planning theorists during the 1980s. This work has been influenced not only by Habermas, but by other and often conflicting contributors to the post-modern and anti-rationalist debate, notably Foucault and Bourdieu, and by an increasing number of 'ethnographic' studies of planning practice.[43] An attempt is made to summarise this 'new' planning direction through ten propositions.

1. Planning is an interactive and interpretive process, focusing 'deciding and acting' within a range of specialised allocative and authoritative systems, but drawing on the multi-dimensionality of 'lifeworlds' or 'practical sense', rather than a single formalised dimension (for example, urban morphology or scientific rationalism).[44] Formal techniques of analysis and design in planning processes are but one form of discourse. Planning processes should be enriched by discussion of moral dilemmas and aesthetic experience, using a range of presentational forms, from 'telling stories' to aesthetic illustrations of experiences. Statistical analysis coexists in such processes with poems and moral fables.[45] A prototype example here might be some of the new initiatives in Britain in working to help tenants and residents improve the quality of their living environment.

2. Such interaction assumes the pre-existence of individuals engaged with others in diverse, fluid and overlapping 'discourse communities', each with its own meaning systems, and hence knowledge forms and ways of reasoning and valuing. Such communities may be nearer or further from each other in relation to access to each other's languages, but no common language or fully common understanding can be arrived at. Communicative action thus focuses on searching for achievable levels of mutual understanding for the purposes in hand, while retaining awareness of that which is not understood (i.e. we may not understand why someone says 'no', but we should recognise the negation as valid; that we know there is a reason but it cannot [yet] be understood by us).[46]

3. Such interaction involves respectful discussion within and between discursive communities, respect implying recognising, valuing, listening and searching for translative possibilities between different discourse communities.[47] A prototype example here might be the public participation exercise undertaken on Sheffield City Centre's Local Plan.[48]

4. It involves invention not only through programmes of action, but in the construction of the arenas within which these programmes are formulated and conflicts identified and mediated. Such a planning thus needs to be reflective about its own processes.[49] The Sheffield City Centre Local Plan exercise is one example among several in Britain which illustrate this sensitive attention to arenas within which planning work gets done.

PLANNING THROUGH DEBATE   155

5. Within the argumentation of these communicative processes, all dimensions of knowing, understanding, appreciating, experiencing and judging may be brought into play. The struggle of engaging in inter-discursive communicative action is to grasp these and find ways of reasoning among the competing claims for action they generate, without dismissing or devaluing any one until it has been explored. Nothing is 'inadmissible' except the claim that some things are 'off agenda' and cannot be discussed. All claims merit the reply: 'we acknowledge you feel this is of value. Can you help us undertand why? Can we work out how it affects what we thought we were trying to do? Are there any reasons why the claim cannot receive collective support?'[50]

6. A reflexive and critical capacity should be kept alive in the processes of argumentation, using the Habermasian claims of comprehensibility, integrity, legitimacy and truth. But the critical intent should not be directed at the discourses of the different participative communities (not: 'we are right and you are wrong'; 'we are good and you are bad'), but at the discourse around specific actions being *invented* through the communicative process (e.g. 'watch out: this metaphor we are using blocks out the ideas our other colleagues are proposing', or 'this line of thinking will be dismissed as illegitimate by central government. Do we really think it is illegitimate? Are we really going to challenge their power? OK, so how?').[51] A sensitive illustration of this was the discussion around developing the women's agenda for the Greater London Development Plan as described by Allen.[52]

7. This inbuilt critique, a morality for interaction, serves the project of democratic pluralism by according 'voice', 'ear' and 'respect' to all those with an interest in the issues at stake. This is no easy matter, as interests overlap and conflict, with the conflicts experienced within each one of us magnified in the inter-discursive arena. The important point is that the morality and the dilemmas are addressed inter-discursively, forming thereby both the processes and arenas of debate.

8. The literature on negotiation counsels us that apparently fixed preferences may be altered when individuals and groups are encouraged to articulate their interests together.[53] Interaction is thus not simply a form of exchange, or bargaining around pre-defined interests. It involves mutually reconstructing what constitute the interests of the various participants—a process of mutual learning through mutually searching to understand.[54]

9. It is not only innovative, but has the potential to change, to transform material conditions and established power relations through the continuous effort to 'critique' and 'demystify'; through increasing understanding among participants and hence highlighting oppressions and 'dominatory' forces; and through creating well-grounded arguments for alternative analyses and perceptions, through actively *constructing* new understandings. Ultimately, the transformative potential of communicative action lies in the power embodied in 'the better argument',[55] in the power of ideas, metaphors, images, stories. This echoes Bourdieu's point that how we talk about things helps to bring them about.[56] In this way, diverse people, with

156   PATSY HEALEY

experience of different societal conditions and cultural communities, are encouraged to recognise each other's presence and negotiate their shared concerns. Through such processes of argumentation, we may come to agree, or accept a process of agreeing, on what should be done, without necessarily arriving at a unified view of our respective lifeworlds. The critical criteria built into such a process of argument encourages openness and 'transparency', but without simplification. If collective concerns are ambivalent and ambiguous, such a communicative process should allow acknowledgement that this is so, perhaps unavoidably so. So the dilemmas and creative potentials of ambiguity enrich the inter-discursive effort, rather than being washed out in the attempt to construct a one-dimensional language.[57]

10. The purpose of such an inter-communicative planning is to help to 'start out' and 'go along' in mutually agreeable ways based on an effort at inter-discursive understanding, drawing on, critiquing and reconstructing the understandings we bring to discussion. The inbuilt criteria of critique, if kept alive, should prevent such 'starting agreements' and 'travelling pacts' consolidating into a unified code and language which could then limit our further capacities at invention. We may be able to agree on what to do next, on how to 'start out', and 'travel along' for a while. We cannot know where this will take us. But we can act with hope and ambition to achieve future possibilities. Neither the 'comprehensive plan' nor 'goal-directed' pro-grammes have more than a temporary existence in such a conception of communicative and potentially transformative environmental planning.[58]

Systems and practices for environmental planning

How can this conception of communicative practices for constructing and critiquing understanding among diverse discursive communities assist in the development of 'systems' for environmental planning, of local realisations of these, and of the specific contents of local planning systems? The very concept of a 'system' immediately conjures up notions of dominatory practices which impose themselves on our actions. Yet with respect to our mutual environmental concerns, a key purpose of communicative action is to work out what 'rules' or 'codes of conduct' we can agree we need, to allow us to 'live together but differently' in shared environments.

Planning systems consist of formal rules to guide the conduct, the resource allocation and management activities of individuals and businesses. But they are more than a set of rules. The rules derive from conceptions of situations (contexts), problems experienced in these situations, ways of addressing these problems and of changing situations. It is where planning effort is deliberately focused on *changing* situations that we can speak of a planning with transformative intent.[59]

'Urban design' or 'physical blueprint' approaches to environmental planning focused on 'transforming towns'. Ideas of urban existence were consolidated into principles of urban structure and form, and from these to rules to govern proposals for development probjects. Debates were confined to principles of urban form,

PLANNING THROUGH DEBATE   157

conducted primarily within a narrow expert group (architects, engineers) legitimated by paternalist notions of 'planning *for* people'. It was supported by a narrow architectural engineering discourse about the relative merits of different urban forms, drawing on aesthetic and moral principles. The 'dominatory' consequences of this for our towns and cities are notorious. This was essentially a continuation of a pre-enlightenment tradition of city planning carried forward into the context of nineteenth- and twentieth-century industrialisation and urbanisation.

The Mannheimian conception of planning as the 'rational mastery of the irrational'[60] provided a more appropriate realisation of a 'modern' conception of planning. Translated through the Chicago school, this became the rational comprehensive process model of planning which has since been so influential in planning practice. This focused on the processes through which goals were formulated and strategies for achieving them devised. Here, rule generation operates on two levels—the methodological rules for arriving at a plan or programme, and the criteria necessary for realising that programme. Both were designed to be recursive, with feedback loops via monitoring procedures intended to sustain an internal critique of planning principles. Planning effort was focused on comprehensive understanding of urban and environmental systems and the 'invention' of sets of objectives and guidance principles for the comprehensive management of these systems. Rules to govern change in systems were expressed as performance criteria, linked back to objectives. The vocabulary of this approach is still influential in plan-making practice in Britain, in the way strategy is identified and expressed and rules for development control articulated. In this rationalist conception, citizens contribute to the process, but only by 'feeding in' their rationalised goals, rather than debating the understandings through which they come to have their goals. The concerns of politicians and citizens are in effect 'translated', 'converted' into the technical scientific language of policy analysts and urban and regional science. The metaphors of this language focused around images of process forms, of strategy and programmatic action. The dominatory potential of the rational procedural model lies in the claims to 'comprehensiveness' of what was primarily a narrow, economistic and functionalist conception of the dimensions of lifeworlds. The criticial capacity of the monitoring feedback loops merely shifted priorities within the discourse. It did not provide a mechanism for critiquing the discourse itself.

Pluralist conceptions of interest mediation, of the kind first proposed by Davidoff,[61] but later widely developed, seemed to reflect more clearly the reality of environmental planning politics. The practice of environmental planning has been described by many in Britain, including the present author, as one within which environmental perceptions and interests were asserted and mediated.[62] The strategies, rules and the way rules were used were the product of bargaining processes among conflicting interests. But, as Forester argues, this treats each interest as a source of power, bargaining with others to create a calculus which expresses the power relations among the participants. Its language is that of prevalent political power games. It is not underpinned by any effort at 'learning about' the interests and perceptions of the participants and with that knowledge, revising what each participant thinks about each other's and their own interests.

158   PATSY HEALEY

Only if this could happen could a creative inventive form of environmental planning develop, rather than merely a power-broking planning.[63]

The focus of an inter-subjective communicative argumentation is exactly at this point. It starts by recognising the potential diversity of ways in which concerned citizens (citizens with an 'interest' in issues) come to be concerned. Citizens may share a concern, but arrive at these through different cultural, societal and personal experiences. 'Understanding each other' must therefore be accepted as a challenging task which is unlikely to be more than partially achieved. The language of inter-discursive communication, as already discussed, uses multiple modes, moving between analysis, moral fables and 'poems'.

The struggle within such inter-discursive communication is to maintain a capacity for critique. This requires the development of a critical, interactively reflexive habit. Of course, the dynamics of the ongoing flow of relations means that people cannot pause to reflect collectively at every instant. What it means is that 'taking breath' and 'sorting things out' should become a normal part of the practical endeavour of planning work. The Habermasian criteria help here, but reflection is also required as to the arenas of the communicative effort itself. Are there other concerned people who should be involved? Are there other ways of understanding these issues, discursive practices, which we should include? How should the position we have reached be expressed to maximise its relevance to all of us, allowing us to 'move on' but yet minimise the potential that what we have agreed will live on beyond our need for it and come to dominate us?[64] Through these processes of active discursive critique, ideas for action may be invented, and necessary codes of conduct for the collective management of shared concerns be identified and agreed upon.

This conception of a planning 'invented' through reflective processes of inter-subjective communication within which are absorbed internal criteria of critique, is suggestive of ways in which existing processes of plan-making, conflict resolution and implementation programmes might be transformed. Specifically, the active presence of a planning in this form will be reflected in the language and metaphor used within the various arenas constituted for environmental planning work. It would reflect efforts at honesty and openness, without losing a recognition of the layers and range of meanings present among those concerned with the issue in hand. It would acknowledge with respect the limited scope for mutual understanding between diverse discourse communities, while struggling to enlarge that understanding. It would accept other limits—to power, to empirical knowledge, to the resolvability of moral dilemmas—but seek to enable the world-of-action to 'start out' or 'move on' towards something better, without having to specify precisely a goal. Rather than Lindblomian marginal adjustments to the present,[65] its language would be *future seeking*, but not, like its physical blueprint' and 'goal-directed' predecessors, *future defining*. Its images and metaphors would draw on both the experiential and abstract knowledge and understanding of those involved, recognising the interweaving of rational-technical, moral and aesthetic dimensions in our lives. It would seek to 'reason between' conflicting claims and conflicting ways of validating claims. It would not force one dimension of knowledge to dominate over another. It would be courageous, challenging power relations

PLANNING THROUGH DEBATE   159

through critique and the presentation of alternative arguments. It would reflect the internal critical monitoring practices of participants. It is thus by the *tone* of its practices that it would be identified.

The dialectics of a new planning

To those seeking specific substantive solutions to particular problems, the planning outlined here may seem too leisurely. With environmental disasters near at hand, can we afford to take the time to invent answers? To those seeking knowledgeable actions, this planning may seem too unfocused and diffuse. What happens if mystical perceptions or aesthetic reification crowd out the useful empirical and theoretical knowledge we have about cause and effect? To those conscious of the scale of inequalities in power relations, it may seem idealistic and innocent. Does it not merely cocoon us into a naive belief in the power of democratic discussions, while the forces of global capitalism ever more cleverly conceal the ways they oppress us?

To these doubts there are two replies. One is that to engage in any other strategy is to generate once again forms of planning which have inherent within them an anti-democratic 'dominatory' potential. Each is one-dimensional, drawing on the power of design, of moral imperative, of scientific reasoning or, unmasked, as a direct power struggle, drawing on the possibility of replacing one dominant power source with another. The second is that the practices involved are not so far from our experience. Prefigurative examples can be found in Britain in some of the work of the 'new left' for example, in the Greater London Council (GLC), particularly in dealing with women's issues;[66] and recently in a few of the new efforts in plan-making in Britain resulting from requirements to prepare Urban Development Plans and District Development Plans.[67] More generally, some branches of the environmental and feminist movements have been moving in this direction. Further prefigurative potentials can even be recognised in contemporary management theory's emphasis on group culture formation and empowerment, rather than management through hierarchical authoritarian structures.[68] At a broader level, the 'struggle for democracy' in Eastern Europe and China has highlighted awareness in Western societies as to what democracy might mean. It is in Britain perhaps that this awareness has most progressive potential, since a critical eye finds so few guarantees of democracy in our political and legal systems.

'Inventing democracy' is thus, for British people, an issue which is moving increasingly sharply into focus. It is a time, as noted at the start of this article, for the invention of democratic processes. The field of environmental concerns is one of the critical arenas within which such invention is being demanded and tested.[69]

However, there are many democracies which might be invented. Learning and listening, respectful argumentation, are not enough. We need to develop skills in translation, in constructive critique, in collective invention and respectful action to be able to realise the potential of a planning understood as collectively and inter-subjectively addressing and working out how to act in respect of common concerns about urban and regional environments. We need to re-work the store of techniques and practices evolved within the planning field to identify their

160   PATSY HEALEY

potential *within* a new communicative, dialogue-based, form of planning. This article has drawn on the work of a number of planning academics searching within the 'lifeworld' of planning practice for a better understanding of these skills. What is being invented, in planning practice and planning theory, is a new form of planning, a respectful argumentative form, of *planning through debate*, appropriate to our recognition of the failure of modernity's conception of 'pure reason', yet searching, as Habermas does, for a continuation of the Enlightenment project of democratic progress through reasoned inter-subjective argument among free citizens.

Yet, as the planning community explores the hopefulness of this new approach, it is important to remember the experience of past efforts at 'democratic making'. Habermas offers the theory of communicative action as an inter-subjective project of emancipation from fundamentalism, totalitarianism and nihilism through deliberate efforts in mutual understanding through argument. But this can only succeed for more than a historical moment so long as the processes of internal critique are kept constantly alive; if what Habermas calls 'the lifeworld' is constantly brought into the collective thinking about 'acting in the world' in respect of common affairs; and if the communicative effort of mutual understanding is sustained as a critical as well as a creative process. Either we succeed in keeping a critical dialectics alive within communicative action, or we remain caught within the dialectics of totalising systems. As the opposition of 'capitalism' versus 'communism' collapses, perhaps there is a hope that, through dynamically critical communicative processes, the democratic project of 'making sense together while living differently' can develop as a progressive force.

NOTES AND REFERENCES

Debate is used here in preference to 'argumentation', as a more collaborative and positive word. Others see 'debate' as involving opposition between two sides. It will become clear that this is not what I associate with the word.

2 This article is a very substantial development of ideas initially sketched in Healey, P., 'Planning through Debate' (Paper given to *Planning Theory Conference*, Oxford, April 1990) A shorter version will appear in Fischer, F. and Forester, J. (eds), *The Argumentative Turn in Policy Analysis and Planning*, Durham, NC, Duke University Press. My thanks to my sister Bridget who allowed me to write this and read Habermas while on holiday My thanks to Huw Thomas, John Forester, Seymour Mandelbaum, Jean Hillier, Jack Ellerby, Michael Benfield, Beth Moore Milroy, Gavin Kitching, Judith Allen, Michael Synnott and Nilton Torres, for their critical attention to an earlier draft.

3 See, for example, Rustin, M., *For a Pluralist Socialism*, London, Verso, 1985.

4 See Thornley, A., *Urban Planning under* *Thatcherism*, London, Routledge, 1991 for a discussion of its impact in the planning field.

5 For discussions of the meaning of 'modernity' and 'post-modernity' in relation to planning, see Friedmann, J , *Planning in the Public Domain*, Princeton, NJ, Princeton University Press, 1987; Moore Milroy, B., 'Into Postmodern Weightlessness', *Journal of Planning Education and Research*, 10 (3) 1991, pp. 181–87, and other articles in this issue of the *Journal*; and Goodchild, B., 'Planning and the Modern/Postmodern Debate', *Town Planning Review*, 61 (2) 1990, pp. 119–37.

6 This is evident particularly in discussions on locality, place and local economic development. See, for example, Cooke, P N , *Back to the Future*, London, Unwin Hyman, 1990; Massey, D., 'The Political Place of Locality Studies', *Environment and Planning A*, 23 (2) 1991, pp. 267–81.

7 See Forester, J., *Planning in the Face of Power*, Berkeley, CA, University of California Press, 1989; Throgmorton, J., 'Planning and Analysis as Persuasive Storytelling: The Case of Electric Power Rate-making in the Chicago Area' (paper pre-

PLANNING THROUGH DEBATE   161

sented to the ACSP Congress, Austin, Texas, November 1990.

8 'Democracy' is, of course, used in contemporary debate in a wide and confused range of meanings (Williams, R., *Keywords* [2nd edn], London, Fontana, 1988). By a 'progressive meaning', I align myself with the position adopted by British authors such as Held, D., *Models of Democracy*, Oxford, Polity Press, 1987, who argue for a notion of democracy based on the principle of autonomy in both political and economic spheres, in a system which promotes 'discussion, debate and competition among many divergent views' (p. 280) Within this conception, open debate, access to power centres, and general political participation are key requirements for democratic public life (p. 284) It is principles such as these which have helped to fuel the *Charter* 88 constitutional movement in Britain.

9 See Note 6, and also Bernstein, R. J. (ed.), *Habermas and Modernity*, Cambridge, Polity Press, 1981; Berman, M., *All That's Solid Melts to Air*, London, Verso, 1983; Harvey, D., *The Condition of Postmodernity*, Oxford, Blackwell, 1989.

10 See Friedmann, J., op. cit., N5.

11 Mannheim, K., *Man and Society in an Age of Reason*, London, Routledge, 1960; Friedmann, J., *Retracking America*, New York, Anchor, 1973; Friedman, J., op. cit., N5; and Faludi, A., *Critical Rationalism and Planning Methodology*, London, Pion, 1986.

12 See discussion in Friedmann, J., op. cit., N11.

13 See Meyerson, M. and Banfield, E., *Politics, Planning and the Public Interest*, New York, Free Press, 1955.

14 This position was most forcefully articulated in Castells, M., *The Urban Question*, London, Edward Arnold, 1977. See also Ambrose, P. and Colenutt, B., *The Property Machine*, Harmondsworth, Penguin, 1973; and Scott, A. and Roweis, S. T., 'Urban Planning in Theory and Practice', *Environment and Planning A*, 9, 1977, pp. 1097–1119.

15 See Habermas, J., *The Philosophical Discourse of Modernity*, Cambridge, Polity Press, 1987 for a helpful debate on the work of Adorno, Marcuse, Foucault and Derrida.

16 See Note 9 above.

17 Moore Milroy, B., op. cit., N5.

18 Pearce, D., Markandya, A. and Barbier, E. B., *Blueprint for a Green Economy*, London, Earthscan, 1989.

19 See Thornley, op. cit., N4.

20 See Sorensen, A., 'Towards a Market Theory of Planning', *The Planner*, 69 (3) 1983; pp. 78–80.

21 For good critiques of this 'direction' with respect to environmental issues, see Hajer, M., 'Bias in Environmental Discourse: an Analysis of the Acid Raid Controversy in Great Britain' in Fischer, F. and Forester, J. (eds.), *The Argumentative Turn in Policy and Planning*, Durham, NC, Duke University Press (forthcoming); and Grove White, R., 'Land, the Law and Environment', *Journal of Law and Society* (forthcoming)

22 See the discussion of Neitsche's Dionysian Search and Heidigger's justification of Nazism in Habermas, J., op. cit., N15, and Moore Milroy's discussion of the fundamentalism in some 'postmodern' thought (Moore Milroy, op cit., N5)

23 See discussion in Sennett, R., *The Conscience of the Eye The Design and Social Life of Cities*, London, Faber & Faber, 1990; and Habermas, J., op. cit., N15.

24 See Habermas' discussion of Derrida and difference in Habermas, J., op. cit., N15.

25 See Cockburn, C., *The Local State*, London, Pluto, 1977.

26 See Rustin, M., op. cit., N3 and Massey, D., op. cit., N6. Interestingly, this thinking parallels some ideas developed by Mel Webber on 'persuasive planning' for pluralist, democratic societies in the 1970s, which aimed to foster debate and encompass difference (Webber, M., 'A Difference Paradigm for Planning' in Burchell, R. W. and Sternleib, G., *Planning Theory in the 1980s*, Rutgers, NJ, Center for Urban Policy Research, 1978.

27 See Rustin, M., op. cit., N3.

28 See Habermas, J., op. cit., N15.

29 See Moore Milroy, B., 'Critical Capacity and Planning Theory', *Planning Theory Newsletter*, Winter 1990; pp. 12–18; and Sennett, R., op cit., N23.

30 Habermas, J., op. cit., N15.

31 See Innes, J., *Knowledge and Public Policy: The Search for Meaningful Indicators*, New Brunswick, Transaction Publishers, 1990; Mandelbaum, S., 'Telling Stories', *Journal of Planning Education and Research*, 10 (3) 1991, pp. 209–14; and Forester, J., 'The Politics of Storytelling in Planning Practice' (Paper to the ACSP Congress, Austin, Texas, November 1990), for an appreciation of the role of 'story-telling' in policy analysis.

32 Walzer, M., *Spheres of Justice: A Defence of Pluralism and Equality*, Oxford, Blackwell, 1983.

33 Habermas, J., *The Theory of Communicative Action Vol. 1: Reason and the Rationalisation of Society*, London, Heinemann, Polity Press, 1984.

34 Forester, J., op. cit., N7.

35 See, for example, Hillier, J., 'Deconstructing the Discourse of Planning' and Throgmorton, J., 'Impeaching Research: Planning as a Persuasive

162   PATSY HEALEY

and Constitutive Discourse' (both Papers presented to the ACSP/AESOP Congress, Oxford, July 1991).

36 See Geertz, C., *Local Knowledge: Further Essays in Interpretive Anthropology*, New York, Basic Books, 1983; and Bourdieu, P., *In Other Words: Essays Towards a Reflexive Sociology*, Oxford, Polity Press, 1990.

37 See Geertz, C., op. cit., N36.

38 Forester, J., 'Envisioning the Politics of Public Sector Dispute Resolution' in Silbey, S. and Sarat, A. (eds.), *Studies in Law, Politics and Society*, Vol. 12, Greenwich, CT, JAI Press, 1992, pp 83–122

39 See a recent reassessment of Mannheim's thinking by van Houten, D., 'Planning Rationality and Relativism', *Environment and Planning B Planning and Design*, 16 (2) 1989, pp 201–14.

40 See Bourdieu, P., op. cit., N36.

41 See Habermas, J., op. cit., N15, pp. 196–297.

42 Bourdieu, P., op. cit., N36.

43 See Forester, J., op. cit., N7, Throgmorton, J., op. cit., N7, and also Hoch, C., 'Conflict at Large: A National Survey of Planners and Political Conflict', *Journal of Planning Education and Research*, 8 (1) 1988, pp. 25–34; Hendler, S., 'Spending Time with Planners: Their Conflicts and their Stress' (Paper presented to the ACSP Congress, Austin, Texas, November 1990)

44 See Innes, J., op. cit., N31, and Healey, P., 'A Day's Work', *Journal of the American Planning Association*, 58 (1) 1992, pp. 9–20.

45 See Mandelbaum, S., op. cit., N31, and Forester J., op. cit., 31.

46 This goes beyond Habermas' argument into the ideas offered by 'ethnographic' scholars such as Bourdieu and Geertz.

47 The emphasis on respect is powerfully expressed in John Forester's work. Geertz (op. cit., N36) highlights the challenge of translation

48 Alty, R. and Darke, R., 'A City Centre for People Involving the Community in Planning for Sheffield's Central Area', *Planning Practice and Research*, 3, 1987, pp 7–12.

49 See Forester, J., 'Anticipating Implementation Normative Practices in Planning and Policy Analysis' in Fischer, F. and Forester, J. (eds.), *Confronting Values in Policy Analysis: The Politics of Criteria*, California, Sage, 1987; and, at a more organisational level, Bryson, J. and Crosby, B., 'The Design and Use of Strategic Planning Arenas', *Planning Outlook*, 32 (1) 1989, pp. 5–13.

50 The importance of this listening and learning attitude is emphasised in Forester, J., op. cit.,

N7. See also Throgmorton, J., op. cit., N35, and Healey, P., op cit., N44.

51 See Throgmorton, J., op cit., N35, and Tait, A. and Wolfe, J., 'Discourse Analysis and City Plans', *Journal of Planning Education and Research*, 10 (3) 1991, pp 195–200 for the critical 'deconstructive' analysis of planning texts.

52 Allen, J., 'Smoke Over the Winter Palace: The Politics of Resistance and London's Community Areas' (Paper presented to the Second International *Planning Theory in Practice* Conference, Torino, Italy, September 1986)

53 I am indebted to Seymour Mandelbaum for the phrasing of this sentence

54 See Forester, J., op. cit., N38.

55 As Habermas, J., op. cit., N15, claims.

56 Bourdieu, P., op. cit., N36 is referring to Marx's idea of class.

57 See Forester's discussion of Nussbaum's work (Forester, J., op. cit., N31).

58 I am indebted to correspondence about the qualities of a democratic plan with John Forester for my thinking here, as well as the ideas of Sennett, R., op. cit., N23, on designing with the grain of diversity

59 Following the usage of Friedmann, J., op. cit., N15, 'transformative' here refers to changing the context deliberately as well as acting within the context.

60 Mannheim, K., op cit., N11.

61 Davidoff, P., 'Advocacy and Pluralism in Planning', *Journal of the American Institute of Planning*, 31, November 1965, pp 331–38.

62 Healey, P., McNamara, P. F., Elson, M. J. and Doak, A. J., *Land Use Planning and the Mediation of Urban Change*, Cambridge, Cambridge University Press, 1988; Brindley, T., Rydin, Y. and Stoker, G., *Remaking Planning*, London, Hutchinson, 1989; Blowers, A., *The Limits of Power the Politics of Local Planning Policy*, Oxford, Pergamon, 1980.

63 See Forester, J., op. cit., N38.

64 I have developed ideas on the constitution of *process forms* in Healey, P., 'Policy Processes in Planning', *Policy and Politics* 18 (1) 1990, pp. 91–103.

65 Lindblom, C. E., *The Intelligence of Democracy*, New York, Free Press, 1965.

66 See Allen, J., op. cit., N52.

67 See Healey, P., 'The Communicative Work of Development Plans', *Environment and Planning B: Planning and Design*, forthcoming.

68 See Handy, C., *Understanding Organisation* (3rd edn), Harmondsworth, Penguin, 1985.

69 Grove White, R., op. cit., N21 makes this point very cogently.

Originaltext Forester 1982

Planning in the Face of Power

John Forester

Information is a source of power in the planning process. This article begins by assessing five perspectives of the planner's use of information: those of the technician, the incremental pragmatist, the liberal advocate, the structuralist, and the "progressive." Then several types of misinformation (inevitable or unnecessary, ad hoc or systematic) are distinguished in a reformulation of bounded rationality in planning, and practical responses by planning staff are identified. The role and ethics of planners acting as sources of misinformation are considered. In practice planners work in the face of power manifest as the social and political (mis)-management of citizens' knowledge, consent, trust, and attention. Seeking to enable planners to anticipate and counteract sources of misinformation threatening public serving, democratic planning processes, the article clarifies a practical and politically sensitive form of "progressive" planning practice.

If planners ignore those in power, they assure their own powerlessness. Alternatively, if planners understand how relations of power work to structure the planning process, they can improve the quality of their analyses and empower citizen and community action as well. By focusing upon practical issues of information control, misinformation, and distorted communications more generally, this article elaborates a pragmatic and progressive planning role for all those planning in the face of power.

Whether or not power corrupts, the lack of power surely frustrates. Planners know this only too well. They often feel overwhelmed by the exercise of private economic power or by politics, or by both (Altshuler 1965, Balkas 1979, Baum 1980, Bradley 1979, Howe and Kaufman 1979, Page 1977, Roche 1979). In health planning, for example, planners have often been in a defensive position, reacting to the initiatives of the established and usually private "providers." Those providers have time, money, expertise, information, and control of capital; the countervailing consumers, in contrast, have little of these resources. Nevertheless, planners in many areas are legally mandated to make democratic citizen participation in the planning process a reality rather than a romantic promise.

Furthermore, planners often have had little influence upon the implementation of the plans that they produced. Those painstaking plans have too often ended up "on the shelf," or they have been used to further political purposes that they were never intended to serve. Given these conditions of work and the political setting of planning practice, how then can planners work to fulfill their legal mandates to foster a genuinely democratic planning process? What power may planners have? In a time of retrenchment, these questions become more, and not less, important than ever.

"Once and for all" solutions in planning practice should not be expected, though, for the object of planning (i.e., future action) is the routinely unique and novel. Even when planning serves to rationalize economic decisions, it must be attentive to the special problems presented by the concrete case at hand. Even technical problems that may be solved with standardized methods exist in the context of conflicting interpretations and interests, established power, and excluded segments of the population—all of which inevitably limit the scope and acceptability of purely technical solutions. Nevertheless, despite the fact that planners have little influence upon the structure of ownership and power in this society, they can influence the conditions which make citizens able (or unable) to participate, act, and organize effectively regarding issues affecting their collective lives.

As this article seeks to demonstrate, by addressing or

John Forester received his Ph.D. in planning from the University of California, Berkeley in 1977. Now assistant professor in the City and Regional Planning Department at Cornell University, his interests include planning theory, organizational and political aspects of planning practice, social policy analysis, and critical social theory.

2

ignoring the exercise of political power in the planning process, planners can make that process more democratic or less, more technocratic or less, still more dominated by the established wielders of power or less so. Planning staff can play such roles in several ways. Planners shape not only documents but participation as well: who is contacted, who is able to participate in informal design review meetings, who seeks to persuade whom of which options for project development. Planners do so not only by shaping which facts certain citizens may have, but by shaping the trust and expectations of those citizens as well. Planners not only organize data and sketches, they also organize cooperation, or acquiescence, or activism. They are often not authoritative problem solvers, as stereotypical engineers may be. Instead they are organizers (or disorganizers) of public attention: organizing attention to options for action, to particular costs and benefits, to particular arguments for and against proposals (Forester 1980–1981, 1981a). This article explores a key source of the planner's power to exert such influence: the control of information (Marris and Rein 1974, Krumholz 1975, Benveniste 1977, Rabinowitz 1969, Kaufman 1974, Needleman and Needleman 1974).

To address the questions of the range and bounds of the planner's power, it is necessary not only to understand how information may be a source of power in the planning process, but also to recognize what sorts of misinformation planners and citizens alike might regularly face and thus learn to counteract as well. Furthermore, if planners can come to anticipate and counteract misinformation that threatens to undermine well-informed planning and participation, several interesting questions arise. Is all misinformation or distorted communication inevitable, or is some clearly unnecessary and avoidable? What are the effects of misinformation on planners' and citizens' actions, and how might planners respond? Might planners contribute to misinformation, and if so, can such action by planners ever be justified? What are the political and social structural sources of misinformation more generally? Finally, what can progressive planners do in practice both to foster a well-informed, democratic planning process and to empower affected citizens to act in their own behalf as well? The following sections of this article address these questions.

Information as a source of power: five perspectives

Why may information be a source of power for planners? Four possible answers to this question are rather common, but a fifth shall be considered as well. These are the perspectives of (a) the technician, (b) the incrementalist or pragmatist, (c) the liberal-advocate, (d) the structuralist, and (e) (what the author shall call) the progressive.[1] While each of these perspectives will be discussed separately for purposes of clarity of analysis, in actual practice planners might either combine several of these attitudes or adopt just one in any given case. For example, a transportation planner might strategically combine the attitudes of the technician and the progressive (e.g., Rabin 1980), or a health planner might combine attitudes of the pragmatist and the liberal-advocate (e.g., Bradley 1979). Nevertheless, each of these attitudes suggests a different basis of power which planners may cultivate and develop in their actual practice. Each of these attitudes indicates how the control and management of information can make a practical difference in planning or in broader political processes.

The technician. The technician's attitude supposes power to lie in technical information: knowing where the data is, which questions to ask, how to perform the relevant data analysis. Here, because information supplies solutions to technical problems, it is a source of power. This view reflects at once the most traditional problem solving idea of planning and one of the most criticized professional ideals—for it avoids or pretends it need not concern itself directly with politics, whether in the form of essentially political judgments or in simply assessing the political contexts of planning organizations. The technician must adopt a benign view of politics to believe that sound technical work will prevail on its own merits. Many planning practitioners and critics of planning, of course, have taken a less trusting and technocratic attitude (Altshuler 1965, Benveniste 1977, Bradley 1979, Jacobs 1978, Krumholz 1975, Meltsner 1976, Roche 1979).

The incrementalist. The incrementalist or organizationally pragmatic attitude supposes that information is a source of power because it responds to organizational needs. People need to know who to go to for information, how to get a project approved with minimum delay, what sorts of design problems to avoid. Here knowing the ropes is a source of power, and informal networks and steady contacts and communications keep the planner in the know. This is a "social problem solving" view, where "social" is narrowly construed to mean "organizational." Planners do, of course, work in organizational webs of contacts in which different actors depend on one another for key information. Ironically, this dependency on the planner's information may be a source of power in planning even though the incrementalist planners (as Lindblom suggested twenty years ago) may not know what such power may be good for beyond its impact on narrow organizational politics (cf. Benveniste 1977, Kravitz 1970, Lindblom 1959, Meltsner 1976, Nilson 1979, Thompson 1967, Wildavsky 1979).

The liberal-advocate. The liberal-advocate's attitude supposes that information is a source of power because it responds to a need created by a pluralist political system; information can be used by underrepresented or relatively unorganized groups to enable them to participate more effectively in the planning process. This is the traditional advocacy planning perspective, for example. It seeks to redress inequalities of participation and distribution by bringing excluded groups into existing political processes with an equal chance, equal information, and equal technical skills (Davidoff 1965). Traditional technical assistance projects also fall within this view: provide technical skills and expertise so that community groups, among others, can compete on an equal footing with developers. The liberal-advocate view spotlights the information needs of a particular client, i.e., the disenfranchised, the underdog, the excluded, the underrepresented, the poor and powerless (cf. Davidoff 1965, Mazziotti 1974).

The structuralist. The structuralist's attitude, paradoxically, supposes that the planner's information is a source of power because it serves necessarily, first, to legitimize and rationalize the maintenance of existing structures of power, control, and ownership, and, second, to perpetuate public inattention to such fundamental issues as the incompatibility of democratic political processes with a capitalist political-economy. The structuralist view ironically can remind one of another functionalism of two decades ago, but now the argument is somewhat different: the actions of the state and the planners who work within it inevitably function to prop up capitalism. The structuralist perspective suggests that planners have power, but despite their best intentions, this power serves to keep people in their place, to protect existing power. It cannot serve freedom (Harvey 1978, Piven and Cloward 1971, cf. Saunders 1979).[2]

The progressive. Finally, the progressive's attitude supposes that information is a source of power because it not only enables participation of citizens affected by proposed projects, and avoids performing the legitimizing functions of which the structuralist warns, but it also calls attention to the structural, organizational, and political barriers that may *unnecessarily* distort the information that citizens have and use to shape their own actions.[3] The progressive perspective thus combines the insights of the liberal and structuralist views and goes one step further. Recognizing that political-economic power may function systematically to misinform affected publics (e.g., misrepresenting risk or costs and benefits), the progressive view anticipates this regular, structurally rooted, misinformation and organizes information to counteract this "noise" (or "ideologizing" as some would call it) (e.g., Burlage and Kennedy 1980, Burton and Murphy 1980, Bradley 1979, Forester 1980a, 1980b, 1981a, 1981-82, Freire 1970, Friedmann 1980, Gorz 1967, Hartman 1978, Kemp 1980, Kraushaar 1979, Needleman and Needleman 1974, Schroyer 1973).

In practice, as suggested above, these attitudes may

be combined by some planners and held singly by others. Each of the accounts, though, points to a different source of the need for information, and thus to a different basis of power: technical problems, organizational needs, political inequality, system legitimation, or citizen action and the correction of misinformation.

Since the progressive view reflects a synthesis and refinement of the other more common positions, it is particularly important to consider in more detail, for it combines an emphasis on enabling participation (organizing practices for planners) with a recognition that there are systemic obstacles threatening such actions. Compare first the other views, however; these may all be more familiar than the progressive's position.

Limitations of these views

The technician is not wrong so much as rather intentionally neglectful. Politics "gets in the way" of rigorous work. From this perspective, the political context of planning is understood as a threat and not as an opportunity (Meltsner 1976). Yet a political process created not only a set of problems to be addressed, but the technician's job as well. There is, therefore, no choice to be technical *or* to be political. The technician is necessarily a political actor; the crucial questions are: "In what way? How covertly? Serving whom, excluding whom?"

Following Lindblom's classic article, "The Science of Muddling Through," the incrementalist view first found great favor for being practical, but then found no end of criticism for being unprincipled, unethical, apolitical, or, in a phrase, threatening to leave us simply with an admonition to "make do" (1959). In the context of rejecting the rational-comprehensive call to get all the facts, the incrementalist position serves as an important antidote, but it says little about the improvement of planning practice, about what planners ought to be doing and how they might do it.

The liberal-advocate's view gained a more explicitly ethical following, in part for addressing issues of inequality and inequity, but this perspective has been correctly criticized for failing to understand the historical and structural character of these same issues.[4] The liberal-advocate has been cast in the role of the nurse ministering to the sick but lacking the ability to prevent the sickness from occurring in the first place.

The structuralist's position is as tragic as the liberal-advocate's: pure in intention, yet frustrating in practice. Finding all planning practice to be legitimation of the status-quo, the structuralist account systematically fails to address possibilities for positive work in planning (Saunders 1979). The structuralist view may fail even to identify and exploit what might be called "internal contradictions" in the structure of the political economy and the planning process in particular. The liberal-advocates' irony is that their best intentions may be betrayed if they ignore structural effects of political-economic organization (e.g., private control of investment; more environmental impact reports will not prevent environmental destruction); the structuralists' tragedy is that their apparently comprehensive position may itself be wholly undialectical, supposing the power that planners face (or serve) to be monolithic, without contradictions.[5]

The progressive analysis of power: the dependency of practical action on information (political communication) and structural sources of misinformation (systematically distorted communication)

The progressives have problems too. Like the more strictly technical planners, they need good information for their own analyses. Like the liberal-advocate planners, they need to supply information to citizens, community, and labor groups to aid their organizing and democratic action. Yet the progressives face further problems: they need to act upon a political analysis that tells them how the political system in which they work will function regularly to misinform both participants in the planning process and affected citizens more generally.[6] The progressive planner needs to anticipate that, for example: developers of projects may withhold information or misrepresent likely consequences (revenues, e.g.) of development; consultants may be used less for analysis in some cases than for legitimation; agency meeting schedules may favor entrepreneurs whose business is development while excluding affected working people whose business is their own daily employment; and that documentation provided by project planners for public review cannot be expected to discuss project weaknesses or alternatives quite as candidly as project virtues, and so on.

Unlike the incrementalist or liberal-advocate planner, the progressive believes that misinformation is often not an accidental problem in planning, but rather (as shall be discussed below) that such distortions of communication are *systemic*, structural and institutional problems to be addressed and counteracted on that basis.[7] The practical tasks facing the progressive planner, then, are not radically new ones; they are analogous to those that community organizers and political actors more generally have traditionally performed. In health planning, for example, there has been a growing recognition of the relevance of educative and organizing skills to the problems of daily planning practice (Bolan and Nuttal 1975, Burlage 1979, Burlage and Kennedy 1980, Checkoway 1981, Forester 1981-1982, Lancourt 1979, Roche 1979). Still, formulating such educative organizing responses to regular sources of misinformation requires planners to address several crucial, practically oriented questions of political and organizational analysis.

1. What types of misinformation can be anticipated? Are some distortions inevitable while others are avoidable? Are some distortions socially systematic while others are not?
2. What effects does misinformation have upon planning and citizen action? What practical responses are possible?
3. Might planners themselves be sources of distortion? Can this be justified?
4. More generally, how is misinformation communicated through the relations of power that structure the planning process?
5. Finally, in the face of expectable misinformation and distortion threatening well-informed planning and citizen action, what can progressive planners do in actual practice?

The remainder of this article addresses these questions. Finally, then, the article answers the question, "So what? What does this analysis mean for an effective, progressive planning practice?"

Misinformation to anticipate and counter: necessary or unnecessary, ad-hoc or systematic bounds to the rationality of action

Several types of misinformation must be distinguished. These are presented schematically in Table 1. Some instances of misinformation will be ad-hoc, unplanned, random, or spontaneous. For example, in a public hearing, a developer's consultant may speak too quickly, or unwittingly use technical terms that his or her audience fails to understand. In either case, communication would be hampered, but hardly as the result of any systematic, structural influence. Other instances of misinformation, though, will reflect the speakers' locations in the structure of the economy, their political-economic roles. For example, consider the recent remarks of James C. Miller 3rd, Executive Director of the President's Task Force on Regulatory Relief, indicating that representatives of industry can be expected to misrepresent likely costs of proposed regulations, while representatives of government (i.e., the regulators) can be expected to inflate the benefits of the same proposed regulations (Brownstein 1981). Here the misrepresentation is clearly not ad hoc; it is rather a systematic, structural product of established institutional relations.

If planners might anticipate both systematic and non-systematic (ad hoc) sources and types of misinformation, then planners' possible responses should vary accordingly. For example, impromptu and informal measures may suffice in response to non-systematic, ad hoc distortions of communication, because these distortions may be merely matters of social convention. Questions of clarification may be asked, time for questions and cross-examination can be allotted in the time set aside for hearings, reviews, presentations, or commission meetings, or a sensitive chairperson convening the meeting may be able to intervene and suggest that a speaker speak more slowly, more directly into the microphone, more colloquially and less technically, and so on.

In contrast, responses to structurally based misinformation ought correspondingly to be less ad hoc and be instead more strategic, based upon the planner's analysis of the structure of power at hand. As Lukes (1974) argues, systematic misinformation will be rooted in the political-economic structures that define who has initiative and who reacts, who has expertise or invokes authority and who is mystified or defers, who appeals to trust and who chooses to trust or be skeptical, who defines agendas of need and investment and who is thus defined (Forester 1982).

There are, in addition, instances of misinformation which seem to be socially necessary (i.e., unavoidable), and still others that are unnecessary, hardly inevitable. That there is *some* division of expertise and knowledge in society seems to be a socially, if not a biologically, necessary matter: not in the particulars of distribution (the *shape* of the distribution is a political question), but in the *fact* of any unequal distribution at all. Some people will have developed skills for graphic arts, others for community organization, others for music composition; some might be mechanics, others painters, others farmers, still others teachers. How the division of labor is structured in a given society is a political question; that there must be a division of labor in capitalist, socialist, or future societies seems to be a reproductive necessity of social life. Thus some misinformation may be necessary and inevitable (if tied to a division of labor, and thus of knowledge, expertise, and access to information), while other misinformation will be socially unnecessary and avoidable (capricious propaganda, e.g.).

While the argument cannot be fully developed here, this analysis of misinformation and communicative distortion provides the basis for a powerful reformulation of Herbert Simon's notion of the boundedness of the rationality of social action.[8] The rationality of action *is* bounded to be sure; but how? How inevitably? How politically?

Some of the constraints upon action may be necessary for all actors, while other bounds may be merely social or political artifacts, social or political constraints which are merely contingent on relations of custom, status, or power which are themselves hardly inevitable or immutable. Working to alter the *necessary* boundedness of rational action may simply be foolishness, but working instead to alter the *unnecessary* constraints distorting rational action may be emancipatory, practically liberating.

In addition, there will always be constraints upon social action due to random disturbances, but still other constraints will be systematic, rooted in the political-economic structures providing the context for any ac-

tion. Treating random distortions as if they were systematic is a sign of paranoia; treating systematic distortions as if they were merely ad hoc is to be ethically and politically blind, assuring repeated surprise, disappointment, and most likely, failure.

It is the task of any critical social and political theory to be able to distinguish carefully the necessary from the unnecessary, and the ad hoc from the systematic, constraints upon social action (whether involving planners, citizens, decision makers, or others) so that correspondingly appropriate responses, enabling what social and political rationality there may be, will be possible. In this manner, the analysis of misinformation and communicative distortion provides the basis for an ethically and politically refined assessment of both the problematic rationality of social and political action and, as discussed below, the practical responses and actions possible to *counteract* the threats to—and especially the systematic distortions of—socially and politically rational interaction. The paradigmatic types of systematic distortions of social action are, of course, neurosis (social-psychologically) and ideology (political-economically). In each case systematic distortions of communicative action have produced domination rather than emancipation (Held 1980). By providing an analysis of communicative distortions that allows actors to anticipate and then respond practically to misinforming or distorting communicative influences, a critical social theory joins an account of power relations to an account of emancipatory, politically informed and guided practice. This analysis suggests research, then, to clarify, first, those bounds or constraints upon rationality (the various types of communicative distortions) and second, those actions and practices called for to counteract or avoid those distortions mapped schematically in Table 1.

Misinformation or distorted communication: the vulnerabilities of action, and planning responses

The analysis of distorted communications, represented in Table 2, focuses upon the information and communication that shape the actions of the people with whom the planner works.[9] Informed, unmanipulated action depends upon four practical conditions of communication (Habermas 1979; Forester 1980a, 1981b, 1981c). If information and communication in the planning process are not (1) clear and comprehensible, (2) sincere and trustworthy, (3) appropriate and legitimate, and (4) accurate and true, then *to that extent* may the participants in the planning process be misinformed, or, possibly, manipulated. Just as these conditions are never guaranteed to be satisfied, there is no guarantee against the presence of manipulation in planning. How well or poorly these conditions may be satisfied is not only a question about the systematic structure of the

Table 1. Bounded rationality: a critical theoretic reformulation distinguishing types of misinformation or communicative distortion (bounds on the rationality of action)

	Autonomy of the source of distortion	
	Socially ad hoc	Socially systematic/ structural
Contingency of distortion		
Inevitable distortions	1. Idiosyncratic personal traits affecting communication	2. Information inequalities due to legitimate division of labor
	Random noise	Transmission/ content losses across organizational boundaries
	(cognitive limits)	(division of labor)
Socially unnecessary distortions	3. Willful unresponsiveness	4. Monopolistic distortions of exchange
	Interpersonal deception	Monopolistic creation of needs
	Interpersonal bargaining behavior, e.g., bluffing	Ideological rationalization of class or power structure
	(interpersonal manipulation)	(structural legitimation)

planning process, but it is a practical, political question to be asked in each particular case as well. Thus, these four conditions of unmanipulated action represent *four practical vulnerabilities* of informed political or community action, action that a progressive planner wishes to encourage and strengthen:

(a) the vulnerability of people's comprehension of issues: obfuscation by bureaucratic language or clear presentation; confused or clear attribution of responsibility; distraction from significant issues or attention called to them;

(b) the vulnerability of the trust with which planner and citizen listen to one another and to others: trust may often be manipulated through the false assurances of agency staff protecting their organization, by technicians claiming to be neutral, or by established interests claiming public serving intentions and relevant expertise (e.g., local medical associations or hospital staff in health planning contexts);

(c) the vulnerability to the management of consent: claims of legitimacy made by politicians, professionals, or planning process commission or board members. Agency staff will claim legitimacy and try to obtain consent because the proper procedures have been followed; rivals within the community will claim legitimacy because they are acting in the public interest, acting to right wrongs, or acting as representatives of a population in need. In each case, the claim to legitimacy is an attempt to shape action through the mobilization of consent; and

(d) the vulnerability to misrepresentation of the "facts" of feasible alternatives, possible actions, costs, benefits, or risks. Support or opposition to projects and participation in the planning or broader political process depends in part upon what interested citizens *believe* to be true about project alternatives, possible threats to the quality of life, foreseeable benefits that may actually derive from the proposed project. Whether or not "the truth shall set community organizations and neighborhood groups free," misrepresentations of what these groups can do (whether improving streets or health services) is likely to breed cynicism and cripple action.[10]

Informed planning and citizen action is vulnerable, then, to the systematic management of comprehension, trust, consent, and knowledge (cf. Tables 2 and 3).

Responses to misinformation

Each of these vulnerabilities of planning and citizen action indicates how different types of misinformation can influence participation in the planning process.[11] More importantly, each type of misinformation calls for a different type of action or response by planning staff. The progressive planner may counter the manipulation of a neighborhood organization's trust by revealing previous instances of such misinformation presented to other neighborhoods—in the case of a suspicious developer's promise, for example. By weeding jargon out of communications and by calling attention to important planning issues which might otherwise be obscured by the sheer volume of data presented in consultants' reports or proposals, for example, planners may avoid the obfuscation and confusion, the manipulation of comprehension, that can paralyze informed citizen action. The illegitimate appeal to relevant expertise to gain the consent of consumers in a health planning agency, for example, may be countered by marshalling counter-expertise or by exploring the issue to clarify just what sorts of expertise are and are not appropriate (e.g., med-

Table 2. Power, information, and misinformation: the management of comprehension, trust, consent, and knowledge

The exercise of power (may work to obstruct informed action through:)	Forms of misinformation			
	The management of affected persons':			
	Comprehension (confusion/ distraction)	Trust (false assurance)	Consent (illegitimacy)	Knowledge (misrepresentation)
Decisions	Resolutions passed with deliberate ambiguity; confusing rhetoric, e.g., regarding the "truly needy"	"symbolic" decisions (false promises)	decisions reached without legitimate representation of public interests but appealing to public consent as if this were not the case.	decisions which misrepresent to the public actual possibilities (e.g., the effectiveness of insufficiently tested medications)
Agenda setting	obfuscating issues through jargon or quantity of "information"	marshalling respectable personages to gain trust (independent of substance)	arguing, e.g., that a political issue is actually a technical issue best left to experts.	before decisions are made, misrepresenting costs, benefits, risks, true options in the planning process
Felt needs shaping	Diagnosis, problem definition, or solution definition	Ritualistic appeals to "openness," "the public interest," and "responsiveness;" the encouragement of dependency upon benign apolitical others.	appeals to the adequacy and efficacy of formal "participatory" processes or market mechanisms without addressing their systematic failures	ideological or deceptive presentation of needs, requirements, or sources of satisfaction (false advertising, "analysis for hire")

ical, epidemiological, or management skills.) Finally, planners may counter the management of citizens' beliefs or knowledge (by others' misrepresentation of the facts of a case) by promoting project review criticism and debate and by politicizing planning processes further, not less. In this sense, "politicizing" means an increase in democratically structured, publicly aired political argument (and not an increase in covert wheeling and dealing).

In environmental and health planning processes, such "corrective" actions are variants of community and bureaucratic organizing strategies; they work to enable informed participation, cognizant of the rights of others but skeptical about the benevolence of established interests (whether land developers or hospitals) who stand to reap substantial private gains from the proposed projects (Checkoway 1981, Needleman and Needleman 1974, Forester 1982). Informing the "affected but unorganized, or unknowing" earlier rather than later in the planning process is one simple rule of thumb helpful to counter the varieties of misinformation or distorted communication that citizens can be expected to face. Likewise, establishing the contacts, trust, and working relationships with neighborhood and com-

munity organizations, or other likely constituencies, so that there are prepared citizens to contact as issues develop is a second rule of thumb (and one which has been said, for example, to characterize the effectiveness in the last decade of Allan Jacobs in San Francisco and Norman Krumholz in Cleveland) (Benveniste 1977, Jacobs 1978, Krumholz 1975, Lancourt 1979, Meltsner 1976, Needleman and Needleman 1974, Roche 1979).

Yet what is crucial here is not any new progressive social technology, strategic moves, or gimmickry, that can be plugged in to counteract misinformation. The repertoire of practical responses is already vast; a research enterprise mapping out these possible strategies would include the commonplace acts of checking, double checking, testing, consulting experts, seeking third party counsel, clarifying issues, exposing implicit assumptions, reviewing and citing the past record, appealing to precedent, invoking traditional values (democratic participation, for example), spreading questions about unexplored possibilities (what about . . .?), spotlighting jargon and bureaucratese and exposing meaning, negotiating for clearly specified outcomes and values, working through informal networks to get information, bargaining for information, holding others to previous public commitments, and so on (Goffman 1981, Lyman and Scott 1970, Needleman and Needleman 1974, Wilensky 1967).

The essential lesson here, then, is that the progressive planner can learn to expect and anticipate misinformation before the fact, when something may still be done to counteract it. The more traditional perspectives treat information problems as either inevitable or ad hoc (see Table 1), and as a result, these perspectives threaten to leave planners in the position of attempting to respond to misinformation after the fact and thus most likely with little or no time in which to act. The practical problem, then, is not to invent new strategies of action in response to misinformation; such strategies abound, and the selection of the appropriate strategy to use from the repertoire of possibilities can only be made in the particular situation that the planner faces. The problem, rather, is for the planner to be able, as the progressive view suggests, to *anticipate* just what sorts of practical misinformation to expect and from whom, from what organizational channels and political sources, to expect it (see Table 2). With such vision, the progressive planner can then draw upon the repertoire of possible responses in order to counteract the disabling and misleading effects of misinformation in the planning process. Only if the planner anticipates and expects these problems can he or she counteract misrepresentation with checking and testing, false appeals to trust with checking the record of past promises, obfuscation with clarification and powerful writing, or manipula-

tion of consent by invoking shared tradition, precedent, or established rights. The progressive perspective, then, recalls and draws upon the vast store of communicative or interactive strategies that planners and citizens already possess, but furthermore it suggests that planners and citizens may anticipate problems of misinformation in time to use those strategies, rather than later to look back, regretfully, and say, "Well, what we should have done was . . ." These responses to problems of misinformation may involve risks to the planner, depending both upon the internal support available to the planner from within the planning department (Needleman and Needleman 1974) and the external support available from other agencies, community groups, or established figures (Fainstein and Fainstein 1972). How much risk is involved should be neither minimized nor exaggerated, but further assessed in theory and in practice (Krumholz 1975).

Planners as sources of misinformation: incentives, ethics, and alternatives

So far, it has been suggested that planners might anticipate and respond to the problems of misinformation threatening to undermine publicly responsive planning processes. Might planning staff themselves, though, be sources of misinformation? Planners often work within pressing time constraints. They may have inadequate information available to them, and they face organizational and political incentives to legitimate existing

Table 3. Power and misinformation progressive planners face in health planning: an illustration of the management of comprehension, trust, consent and knowledge

The exercise of power obstructing informed citizen action through:	The management of affected persons':			
	Comprehension (confusion)	Trust (false assurance)	Consent (manipulation of consent)	Knowledge (misrepresentation)
decisions	mute and suppress disagreements, differences of opinion and conflicts within the board	"appear democratic" claim to be "representative," "objective"	control the committee nominations and official appointments	focus on task only; ignore process, hide omissions
agenda setting	"overwhelm the board with data"	"ensure that sympathetic professionals chair the board and key committees"	selective scheduling and timing of announcements; use of professional language	avoid "sensitive issues of current relevance to the agency"
needs shaping	"the best kind of training program is one . . . where the flow of information is one way from an expert to the board members."	avoid group process type training . . . conflict and negotiation skills	avoid staff trained in community organizing	the more information provided, the more difficult . . . for consumers to learn anything important . . .

Source: from "How to Keep Your Mandated Citizen Board Out of Your Hair and Off Your Back: A Guide for Executive Directors" (A. Steckler, and W. Herzog, AJPH 8/79).

processes, to mitigate or avoid conflict, and to gain consensus and consent from potentially warring factions (developers, community groups, labor representatives) whenever possible. Under such conditions, planners may not only counteract, but they may also exacerbate the problems of misinformation previously discussed: the misrepresentation of facts, the improper appeal to expertise or precedent, the misleading statement of intentions or good will, or the obfuscation of significant issues by distracting attention to other matters. Moreover, the production of misinformation by planners may often not be simply ad hoc, occurring by happenstance; rather it may be systemically encouraged by the structure of the bureaucratic organizations in which the planners work.

There can be no general assurances that planners do not participate in the production of misinformation. Yet two questions are crucial for planning practice. First, when can misinformation be justified (and when rejected) ethically?[12] Second, if misinformation cannot be prevented once and for all by any technical fix, just what good is an analysis of these problems?

The ethics of any misinforming actions by planners (and professionals more generally) has been a neglected topic in the planning profession until quite recently. In the last several years, however, a number of studies have begun to address these issues, and they provide guidance for the isolated justification—and more frequently for the rejection—of planning actions that distort communications, e.g., withholding or falsifying information, exaggerating risks or uncertainties, and so on (Rohr 1978, Bok 1978, Howe and Kaufman 1979, Marcuse 1976, Euben 1981, Fleischman and Payne 1980, Forester 1980a, 1980-1981, 1981a). Because acts depend on particular contexts for their sense and meaning, so must any ethical justification or rejection, seeking to protect human integrity, autonomy, and welfare, be interpreted and applied anew in the particular historical contexts at hand. Without applying such general ethical principles to specific cases, planners risk becoming either dogmatists, blind to specific and concrete cases, or sheer relativists, thinking that whatever seems right in the situation will suffice. Rigid adherence to formal principle, though, may callously substitute ready-made solutions for discriminating and sensitive ethical judgments. Situational relativism, in contrast, actually provides an ethics of convenience for the powerful. When "the situation" decides, then those with the power to define the situation really decide: "right" is reduced to "might." Thus, at either extreme, questions of genuine justification in a community of actors become meaningless.[13] So how then are planners to apply general principles, protecting integrity, autonomy, and welfare, to concrete cases?

As Bok (1978) points out, while there is an important initial negative weighting against lying, for example, because of the corrosive effect of lies upon social trust, nevertheless, in some few and special circumstances lying may be justified: lying, for example, to a violent assailant about the whereabouts of his or her victim who has taken refuge in your house. Similarly, it may be argued that misinforming acts by planners may at quite special times be justified, but only under quite particular conditions, and hardly as often as might be supposed: when reasonable alternatives (as judged by a diverse, informed public) are not available; when the informed consent of others may be available (a client requests a rough summary of issues, not a more precise technical analysis); or when substantial and serious harm may be done otherwise. Each of these conditions is quite "soft," open to a range of interpretations, but nevertheless each may be useful as a guide in the consideration of the justification or rejection of planners' possible misinforming actions.

However ethically indeterminate any written analysis may be in the face of ever-changing historical situations that demand practical action, the analysis of misinformation still serves an ethically and politically critical function. For before the justification or the rejection of planners' acts contributing to the spread of misinformation can be discussed, the types of misinformation that may be produced must first be distinguished. Only then can the availability of concrete alternatives in specific circumstances be examined, and only then can arguments in justification or rejection be offered. This article cannot offer ethical judgments independent of all practical cases, but it can and does serve: (1) to identify the possible types of misinformation, whether produced or faced by planners, or both; (2) to identify a repertoire of responses to misinformation, responses differing appropriately for each type of communicative distortion; and (3) to suggest the ethical considerations which ought to be taken into account in the evaluation of practical strategies of presenting, withholding, supplying, checking, or challenging information in the planning process.

The structural sources of misinformation: three faces of power

In practice, how planners respond to anticipated threats of misinformation will depend in part upon what they understand the effective sources of that misinformation to be. If they perceive these problems to be accidental or unique to particular communities or types of projects, they are likely to work in a more ad hoc manner than if they think these problems are structural, to be routinely expected and countered. To ask, "What are the sources of effective misinformation needing to be anticipated and countered?" now becomes a practical question. What are the types and mechanisms of power faced by planners, or by citizens participating in or affected by the planning process, and how influential are these faces of power? How does this power work, and how is it limited or vulnerable?

Again, there are several answers to these questions, and each answer suggests a different set of strategies for progressive planners to employ (Lukes 1974, Roche 1979). First, one type of the exercise of power can be understood by focusing—as the pluralists do—on decision making situations. One has the ability to inform or misinform citizens effectively by virtue of the ability to prevail in decision making. Second, a more subtle and less explicit exercise of power occurs in the setting of agendas: the influence over which citizens find out what and when, about which projects, which options, and about what they might be able to do as a result. This understanding of power reminds one immediately of the information brokering roles often attributed to planners. Shaping who finds out what and when often shapes action (and inaction) (Meltsner 1976, Benveniste 1977, Kemp 1980, Rabinowitz 1969, Needleman and Needleman 1974, Marris and Rein 1974). A third, still more insidious and difficult to measure exercise of power (e.g., the efficacy of advertising) exists in the ability of major institutions and actors to shape the felt needs and self-conceptions of citizens: for example, that they must acquiesce in the face of big government and big business, that socialism for poor and middle-income persons is perverse, but that it is fine for the wealthy controlling investment, that individual market consumption will provide for the satisfaction of all needs, and that collective action is not a public responsibility but a nuisance (Lukes 1974).

Each of these three faces of power can work to thwart efforts of both planners and informed citizens seeking to participate in a democratic planning process. Each of these modes of power of established participants in the planning process—decision centered, agenda setting, felt needs shaping—can create the types of misinformation that not only subvert informed and responsible citizen participation, but weaken planner–citizen working relationships as well. For example, hospitals proposing expansion often utilize the pomp and circumstance of their medical staff to manipulate the trust and consent of consumer members of health planning boards (e.g., Clark 1977, Checkoway 1981). Consumer participation may then become passivity and deference, and progressive planning staff who question the need for expansion may come to be looked upon with suspicion by the consumers! In such a case, the hospital staff exert power not through decision making, but through their ability to shape both the agendas of discussion and the citizens' perceived needs and self-interests. But how are these agendas and self-perceptions shaped? Why do the consumer board members listen?

Power as political communication

The hospital staff in the above example are able to exert power because the information that they present— and the way they communicate—is highly political. They inform and misinform citizens very selectively. They may call attention to particular issues of apparent need and obscure others—such as already existing resources available to meet that need. Appealing to the

public trust in their reputation and record of community service, they may stress pressing community problems and their devotion and commitment to addressing those problems. They may appear to welcome legitimate open discussion and public education, while they may simultaneously neglect the inability of significantly affected populations to join in those discussions. They may omit a careful analysis of public serving alternatives to the proposed expansion, and thus misrepresent the actual planning options faced by the health planning body. In each of these cases—and they are all common enough, as any review of public participation in planning reveals—the established and often private "developer" can exert power through the control of several kinds of information. Informing genuinely or misinforming citizens, the exercise of power is the management, through communication, of comprehension (or obfuscation), of trust (or false assurance), of consent (or manipulated agreement), and of knowledge (or misrepresentation).[14] Each of the "three faces of power" works in this way, either to thwart democratic citizen participation and encourage passivity, or to encourage responsible political action and the realization of a democratic planning process. Table 2 presents these dynamics of power.[15] Showing how such power can work in health planning agencies, Table 3 uses examples provided in a recent satirical guide, "How to Keep Your Mandated Citizen Board Out of Your Hair and Off Your Back: A Guide for Executive Directors" (Steckler and Herzog 1979).

Progressive planning practice: the anticipation of misinformation and response

In these ways the public and private exercise of power shapes the information and misinformation of all of the participants in planning processes. The progressive planner, then, expects, anticipates, and works to counteract misinformation hampering publicly accessible, informed, and participatory planning. Each mode of power (decision centered, agenda setting, felt needs shaping) and each dimension of misinformation (obfuscation, false assurance, pretension to legitimacy, or misrepresentation of facts) may present distinct obstacles to progressive planning practice, and each of these obstacles calls for a distinct response.[16] As discussed above, planners *can* prepare participants in the planning process to deal with expected misinformation—sometimes preparing them with facts, sometimes with questions and arguments, sometimes with expertise, and at other times with just an early warning.

Planners can respond to decision focused power by anticipating political pressures and mobilizing countervailing support (Fisher and Foster 1978, Forester 1980a, 1982, Hartman 1978, Kraushaar 1979, Lancourt 1979, and Needleman and Needleman 1974, Roche 1979). Anticipating the agenda setting attempts of established inter-

progressive planners to employ (Lukes 1974, Roche 1979). First, one type of the exercise of power can be understood by focusing—as the pluralists do—on decision making situations. One has the ability to inform or misinform citizens effectively by virtue of the ability to prevail in decision making. Second, a more subtle and less explicit exercise of power occurs in the setting of agendas: the influence over which citizens find out what and when, about which projects, which options, and about what they might be able to do as a result. This understanding of power reminds one immediately of the information brokering roles often attributed to planners. Shaping who finds out what and when often shapes action (and inaction) (Meltsner 1976, Benveniste 1977, Kemp 1980, Rabinowitz 1969, Needleman and Needleman 1974, Marris and Rein 1974). A third, still more insidious and difficult to measure exercise of power (e.g., the efficacy of advertising) exists in the ability of major institutions and actors to shape the felt needs and self-conceptions of citizens: for example, that they must acquiesce in the face of big government and big business, that socialism for poor and middle-income persons is perverse, but that it is fine for the wealthy controlling investment, that individual market consumption will provide for the satisfaction of all needs, and that collective action is not a public responsibility but a nuisance (Lukes 1974).

Each of these three faces of power can work to thwart efforts of both planners and informed citizens seeking to participate in a democratic planning process. Each of these modes of power of established participants in the planning process—decision centered, agenda setting, felt needs shaping—can create the types of misinformation that not only subvert informed and responsible citizen participation, but weaken planner–citizen working relationships as well. For example, hospitals proposing expansion often utilize the pomp and circumstance of their medical staff to manipulate the trust and consent of consumer members of health planning boards (e.g., Clark 1977, Checkoway 1981). Consumer participation may then become passivity and deference, and progressive planning staff who question the need for expansion may come to be looked upon with suspicion by the consumers! In such a case, the hospital staff exert power not through decision making, but through their ability to shape both the agendas of discussion and the citizens' perceived needs and self-interests. But how are these agendas and self-perceptions shaped? Why do the consumer board members listen?

Power as political communication

The hospital staff in the above example are able to exert power because the information that they present—and the way they communicate—is highly political. They inform and misinform citizens very selectively. They may call attention to particular issues of apparent need and obscure others—such as already existing resources available to meet that need. Appealing to the

public trust in their reputation and record of community service, they may stress pressing community problems and their devotion and commitment to addressing those problems. They may appear to welcome legitimate open discussion and public education, while they may simultaneously neglect the inability of significantly affected populations to join in those discussions. They may omit a careful analysis of public serving alternatives to the proposed expansion, and thus misrepresent the actual planning options faced by the health planning body. In each of these cases—and they are all common enough, as any review of public participation in planning reveals—the established and often private "developer" can exert power through the control of several kinds of information. Informing genuinely or misinforming citizens, the exercise of power is the management, through communication, of comprehension (or obfuscation), of trust (or false assurance), of consent (or manipulated agreement), and of knowledge (or misrepresentation).[14] Each of the "three faces of power" works in this way, either to thwart democratic citizen participation and encourage passivity, or to encourage responsible political action and the realization of a democratic planning process. Table 2 presents these dynamics of power.[15] Showing how such power can work in health planning agencies, Table 3 uses examples provided in a recent satirical guide, "How to Keep Your Mandated Citizen Board Out of Your Hair and Off Your Back: A Guide for Executive Directors" (Steckler and Herzog 1979).

Progressive planning practice: the anticipation of misinformation and response

In these ways the public and private exercise of power shapes the information and misinformation of all of the participants in planning processes. The progressive planner, then, expects, anticipates, and works to counteract misinformation hampering publicly accessible, informed, and participatory planning. Each mode of power (decision centered, agenda setting, felt needs shaping) and each dimension of misinformation (obfuscation, false assurance, pretension to legitimacy, or misrepresentation of facts) may present distinct obstacles to progressive planning practice, and each of these obstacles calls for a distinct response.[16] As discussed above, planners *can* prepare participants in the planning process to deal with expected misinformation—sometimes preparing them with facts, sometimes with questions and arguments, sometimes with expertise, and at other times with just an early warning.

Planners can respond to decision focused power by anticipating political pressures and mobilizing countervailing support (Fisher and Foster 1978, Forester 1980a, 1982, Hartman 1978, Kraushaar 1979, Lancourt 1979, and Needleman and Needleman 1974, Roche 1979). Anticipating the agenda setting attempts of established interests, planners can counter such dominating influence through a variety of informal, information brokering roles, keenly attuned to the timing of the planning process, its stages and procedures, and the interests and perceptions of the participants all along the way. In addition, planners may work to include or seek ties to those traditionally excluded, and encourage attention to alternatives which dominant interests might otherwise suppress. As presented here, then, progressive planning practice represents a refinement of traditional advocacy planning, a refinement based upon the practical political-bureaucratic recognition and anticipation of systematic sources of misinformation. Finally, planners who anticipate the attempts of established interests to shape the perceived needs of citizens may not only work against the rhetoric influencing such perceptions, but they may also encourage, or ally themselves with, progressive local organizing efforts at the neighborhood (or larger) level. In the face of these varieties of established power, no single type of planning action should be expected to be a *sufficient* response; but each type of action may be *necessary* if planning practitioners are to be responsive to, and indeed empower, citizens hoping to participate effectively regarding the issues shaping their lives.

Conclusion

The power available to progressive planners encompasses the information strategies of the technician, incrementalist, and liberal-advocate, but it is more extensive still. Recognizing structural, routine sources of misinformation which vary from case to case but effectively thwart the realization of a genuinely democratic planning process, the progressive planner can anticipate and counter particular efforts of influential interests that threaten to make a mockery of the planning process by misrepresenting cases, improperly invoking authority, disingenuously making promises, or distracting attention from key issues. In environmental planning this means beginning with the demand that impact reports are intelligible to the public and not simply commented upon once they are written. In health planning this means beginning with the clarification of the difference between health care and medical care, and with the simultaneous demystification of medicine. In neighborhood planning this may mean demystifying the planning process—and the rest of local government—itself. In each area, progressive planners can encourage and inform the mobilization and action of affected citizens.

Just as each misinforming obstacle in Table 2 is a barrier to the informed participation of the public supposedly served by planners, so does an analysis of those obstacles provide a step toward the practical identification, anticipation, and overcoming of such systematic barriers to a democratic planning process. Planners can distinguish inevitable from avoidable communicative distortions, ad hoc from structural and systematic dis-

tortions, and they may respond to these accordingly, thus protecting well-informed planning and empowering citizen action as well.[17] Anticipating and working to counteract distortions of communication that weaken democratic planning processes, progressive planning—structurally critical yet hardly fatalistic—is at once a democratizing and practical organizing process.

Author's note

This essay is an extensive revision of my "What are Planners Up Against? Planning in the Face of Power." That earlier, substantially different, version of the manuscript was delivered to the National Conference of the American Planning Association in Baltimore, Md., October 1979, later published in the ACSP *Bulletin* (18,2), and issued as Working Paper #33, Cornell Working Papers in Planning. For comments on the earlier draft, I would like to thank Howell Baum, Stephen Blum, Robb Burlage, Pierre Clavel, John Davis, Kieran Donaghy, Elizabeth Falcao, Nan Fink, Bob Grose, Ray Kemp, Robert Kraushaar, Simon Neustein, Ann Shepardson, and several anonymous reviewers for this *Journal*, none of whom are responsible for the style or content of whatever communicative distortions appear in this essay. Thanks also to Jan Rutledge for preparing the final copy.

Notes

1. "Progressive" is used because "radical" has been discredited as disruptive rather than pragmatic, "advocate" is overly narrow, "ethical" is conventionally (mis)understood to be simply idealistic, and "professional" has been reduced, colloquially, from that of a "calling" to denote merely expertise and socioeconomic status. The use of "progressive" appropriates those elements of the Progressive Era that called into question the structural relations of nondemocratic control of capital and investment; the use rejects, however, those elements of the same era that sought instead to rationalize, objectify, manage, and quieten the conflicts and exploitation inherent in the political economy.

2. Like that of the other perspectives, the brief description of the structuralist perspective here is ideal-typical. Structuralist perspectives have been both forcefully presented (Poulantzas 1973) and criticized (Thompson 1980). The intention here is not to delineate substantially, but rather to characterize briefly, if necessarily overly simply, a structuralist position; a fuller treatment is a task for critical accounts of the way that planning theory draws upon the broader fields of social and political theory and political-economy. The structuralist position is sketched here to indicate that problems of local effectiveness versus system determinism (or the philosophical "problem" of voluntarism versus determinism) are always present in planning practice, as shown simply in the familiar question planners ask, "Am I really making a difference here, or is everything I'm doing getting washed out by the larger political and economic system?" Depending upon how this question is asked, it may lead to paralysis or alternatively to sharper strategic thinking. In any case, the structuralist view of information as power is presented here not to represent Marxist structuralist work in general (nor to represent all work simply taking into account social, political, or economic structures), but instead to indicate how a view of systems-determinism might be manifest, and have undialectical consequences, in practice. There are, of course, other Marxist positions, in theory and in practice, than that of the structuralist perspective briefly presented here (Tabb and Sawers 1978).

3. Necessary and unnecessary distortions as well as structural and non-structural distortions are discussed and distinguished in the next section of this article. These distinctions are presented schematically in Table 1.

4. Two fascinating discussions of the liberal attitude described so briefly here may be found in the work of John Schaar (1967) and Isaac Kramnick (1981); their essays discuss the inegalitarian ironies

of traditional liberal arguments for equal opportunity. Kramnick's historical analysis suggests that the liberal doctrine of equal opportunity arose as an argument against the claims of eighteenth century English aristocracy. While the resulting promotion of meritocracy might be seen as an emancipatory movement in the context of aristocracy, the same doctrine of equal opportunity today, leading to the same results, meritocracy, may hardly any longer be appreciated as emancipatory.

5. It might be conjectured that planners holding such a view do not last long as planners or, alternatively, that this perspective provides an all-encompassing rationalization for planning inefficacy, if not for "satisficing."

6. As shall be seen, how the misinformation confronting planners takes place concretely is a matter of the specific institutional settings in which planners work. In a capitalist political economy in which the state functions both productively, to protect and foster capital accumulation, and reproductively, to promote and gain legitimation, the concrete content of the misinformation faced by planners and citizens more generally will of course differ in specific content from that faced by members of bureaucratic socialist or other political-economic systems. Nevertheless, misinformation and systematic distortions of communication may be expected and anticipated to occur in a wide variety of political economies, and the analysis of the present article attempts only to provide a framework for research that suggests the dimensions in which misinformation and communicative distortions can be expected to occur. It remains for analysts of planning in capitalist, bureaucratic socialist, and other political economies to specify the particular contents of expectable misinformation generated in those institutional settings.

7. For the purposes of this article, "systemic," "systematic," and "structural" will be used virtually synonymously. Further analyses of misinformation must distinguish between distortions of communication that are rooted in (Weberian) status structures and those distortions that are rooted in (Marxist) class structures. What substantive theory of social and political-economic structure a planner assumes or employs will determine what sorts of structural distortions he or she may be able to anticipate and expect in practice. Social and political theory, thus, informs planners' abilities to anticipate and expect problems of practice, problems calling for response on the one hand, and threatening failure on the other. See Clegg's work (1975, 1979), for example, for a critical discussion of power and structure and Stone (1980).

8. This will be the subject of another essay. Table 1 presents a reformulation of the meaning of the "boundedness" of rational action, and these categories (necessary versus unnecessary, ad hoc versus systematic) may provide an initial, graphic representation of the meaning of Richard Bernstein's claim that Habermas' critical communications theory of society is essentially an attempt to reformulate a comprehensive social and political theory of rationality (Bernstein 1976). See also McCarthy (1978). See note 17 below.

9. Table 2 arrays the effects of misinformation upon action against the various levels of the exercise of power through which such misinformation may be communicated. These dimensions of Table 2 are not simply speculative; they are based upon recent analyses of political power (Lukes 1974, Gaventa 1980) and the pragmatic structure of communicative interaction (Habermas 1979, Held 1980, Shapiro 1976, McCarthy 1978, Forester 1980a, 1981b). The problem of political misinformation might be approached in two ways: either by cataloguing the types of "symbolic" power that political acts may manifest (Edelman 1977, 1971, 1963), or by assessing the vulnerability of political action to distorted communications (Habermas 1970, 1975, 1979, Bernstein 1976, Shapiro 1976). The former approach illuminates the functions of "symbolic politics," but it fails to ground those functions in an account of practical interaction, a theory of social action. Thus, the argument of the present article extends the analysis of communicative action in planning practice (Forester 1980a) to consider problems of practice and relations of power directly.

10. In the field of transportation planning, Rabin, for example, writes,

"Some believe that central city decline, minority isolation, and gasoline dependent dispersal have merely evolved from the incremental effects of millions of free choices and independent transactions in the metropolitan marketplace and that these conditions therefore simply reflect the mainstream values of a pluralistic society. The evidence, however, strongly suggests that these choices and transactions and the values which motivated them have been profoundly influenced by the systematic withholding by public officials of essential information about the fundamental nature and foreseeable impacts of highway policies and projects (Rabin 1980, p. 35).

11. Again, the vulnerabilities of social action (to the structural management of attention, trust, consent, and knowledge) can be expected to be present whether the social action (negotiating, bargaining, covering up, arguing, appealing, promising, threatening, and so on) is situated historically in capitalist or noncapitalist political economies; but how actors actually face particular structural influences managing their knowledge, consent, trust, and attention will of course vary, and so must be specified concretely (and its strategic and practical anticipation and resistance must so vary and likewise be specified) across differing political economic systems. The analysis of misinformation and counter-response, then, may provide a framework for comparative analysis of planning practices.

12. Answering this question analytically, of course, will not prevent unjustified acts in planning any more than distinguishing perjury from truth telling will prevent perjury. Still, without the analytical distinctions, confusion and mystification are guaranteed, for one could never then distinguish perjury from truth telling or outright lies from honest claims.

13. This analysis reflects the help of Professor Stephen Blum of the University of California, Berkeley (School of Public Health).

14. It should be noted that arguing that power works as a communication, in several dimensions, is not to argue that power and force are unrelated. Even dictatorial power may work far more often through the communication of the *threat* of force than through the application of force itself. Legitimate power, while retaining its potential use of force, appeals to and maintains consent for the most part, rather than threatening violence. See, for example, Habermas' discussion of Arendt's concept of power (Habermas 1977), and Pitkin's discussion of the distinction between legitimate power (authority) and illegitimate power (domination) (Pitkin 1972). Cf. Forester 1982.

15. In Forester (1982) it is argued that these dimensions of misinformation provide a powerful reformulation of the notions of agenda setting and mobilization of bias in discussions of political power. That essay emphasizes variations in the content of agenda setting and needs shaping; the present essay emphasizes the types of misinformation (necessary or avoidable, ad hoc or systematic) that may be anticipated and counteracted by progressive planning practitioners.

16. Thus, further research should identify in detail the strategies appropriate to respond to the particular types of misinformation mapped in Tables 2 and 3.

17. Table 1 also allows one to locate the differences in outlook separating several conventional planning perspectives and political sensibilities more generally. For example, incrementalists and pragmatists seem to assume a world where the significant distortions are inevitable; their typical question, then, is "what can we do, given that distortions will always haunt whatever planning we attempt?" Incrementalists, pragmatists, and technicians seem to spend little time separating socially unnecessary distortions from apparently necessary ones; while technicians hope that more powerful methods will mitigate the effects of distortion, incrementalists and pragmatists retreat to a "satisficing" position. Liberals, in contrast, find inequalities of access, knowledge, expertise, and information to be socially unnecessary and hardly inevitable, so they work to provide compensatory or remedial programs de-

signed to overcome and eliminate those socially unnecessary distortions of communicative action. The liberal, though, seems generally unconcerned with distinguishing ad hoc distortions from socially systematic or structural ones. Here, of course, is the crux of the difference between the liberal and the progressive; the progressive seeks to isolate the ad hoc from the more structurally rooted distortions and then respond to each accordingly.

Technicians may treat all information problems as if they are located in quadrant 1; incrementalists and pragmatists treat distortions as if they are located in quadrants 1 or 2. Liberals, in contrast, worry less about inevitable distortions than about politically contingent ones; thus, lacking a theory of the reproduction of social structures, they concentrate their attention in quadrant 3. Progressives, in contrast, distinguish the four quadrants and concentrate their attention on those avoidable distortions that they can anticipate regularly (because these are structurally rooted) and then work to counteract, i.e., those in quadrant 4. If planners fail to distinguish the distortions in quadrant 4 from those in the other quadrants, they risk either mistaking recurring and expectable distortions for ad hoc and transient ones, or accepting avoidable distortions as if they were inevitable. In the former case, the error produces recurring surprise and avoidable distortion; in the latter case, the error produces fatalism while opportunities to improve the quality of practical interactions in the planning process remain unappreciated.

References

Alford, Robert. 1975. *Health care politics.* Chicago: University Chicago Press.

Altshuler, Alan. 1965. *The city planning process.* Ithaca: Cornell University Press.

Bachrach, Peter, and Baratz, Morton. 1962. The two faces of power. *American Political Science Review* 56: 947–952.

———. 1963. Decisions and non-decisions: an analytical framework. *American Political Science Review* 57: 641–651.

Baer, William. 1977. Urban planners: doctors or midwives. *Public Administration Review* 37, 6: 671–678.

Balkas, Denise M. 1979. An investigation into the professional status of city planning. Master's thesis. Ithaca, New York: Cornell University, Department of City and Regional Planning.

Baum, Howell. 1980. Sensitizing planners to organization. In *Urban and Regional Planning in an Age of Austerity,* eds., Pierre Clavel, John Forester, and William Goldsmith. New York: Pergamon.

———. 1980. Analysts and planners must think organizationally. *Policy Analysis* 6, 4: 480–494.

Beauregard, Robert. 1980. Thinking about practicing planning. In *Urban and Regional Planning in an Age of Austerity,* eds., Pierre Clavel, John Forester, and William Goldsmith. New York: Pergamon.

Benveniste, Guy. 1977. *The politics of expertise* (Second edition). San Francisco: Boyd and Frazier.

Bernstein, Richard. 1976. *The restructuring of social and political theory.* Philadelphia: University of Pennsylvania Press.

Bok, Sissela. 1978. *Lying.* New York: Vintage.

Bolan, Richard S., and Nuttal, Ronald L. 1975. *Urban planning and politics.* Lexington: Lexington Books.

Bradley, John. 1979. Volunteer education: key to building an effective planning process. *Health Law Project Library Bulletin* 4, May: 164–172.

Brownstein, Ronald. 1981. Making the worker safe for the workplace. *The Nation,* June 6.

Bryson, John. 1981. The role of forums, arenas, and courts in organizational design and change. Manuscript under review.

Burlage, Robb. 1979. New health care alliance could build new system. *Democratic Left,* June.

Burlage, Robb, and Kennedy, Louanne. 1980. Repressive vs. reconstructive forces in austerity planning domains: the case of health. In *Urban and Regional Planning in an Age of Austerity,* eds., Pierre

Clavel, John Forester, and William Goldsmith. New York: Pergamon.

Burton, Dudley, and Murphy, Brian. 1980. Democratic planning in austerity: practice and theory. In *Urban and Regional Planning in an Age of Austerity,* eds., Pierre Clavel, John Forester, and William Goldsmith. New York: Pergamon.

Burton, Dudley, and Murphy, Brian. Forthcoming. Energy: the democratic prospect. *democracy.*

Checkoway, Barry. 1979. Citizens on local health planning boards: what are the obstacles? *Journal of the Community Development Society* 10: 101–116.

———. 1981. *Citizens and health care: participation and planning for social change.* New York: Pergamon Press.

Clark, Wayne. 1977. Placebo or cure: state and local health planning agencies in the South. Atlanta, Ga: Southern Regional Council.

Clegg, Stewart. 1975. *Power, rule and domination.* London: Routledge & Kegan Paul.

———. 1979. *The theory of power and organization.* London: Routledge & Kegan Paul.

Dahl, Robert. 1961. *Who governs: democracy and power in an American city.* New Haven: Yale University Press.

Davidoff, Paul. 1965. Advocacy and pluralism in planning. *Journal of the American Institute of Planners* 31: 596–615.

Dekema, Jan D. 1981. Incommmensurability and judgment. *Theory and Society.* 10: 521–546.

Denhardt, Robert. 1981. *In the shadow of organization.* Lawrence, Kansas: Regents Press of Kansas.

Dyckman, John. 1978. Three crises of American planning. In *Planning Theory in the 1980's,* eds., George Sternlieb and Robert Burchell. New Brunswick, New Jersey: Rutgers Center for Urban Policy Research.

Edelman, Murray. 1971. *Politics as symbolic action.* New York: Academic Press.

———. 1978. *Political language.* New York: Academic Press.

Euben, J. Peter. 1981. Philosophy and the professions. *democracy* 1, 2: 112–127.

Fainstein, Norman, and Fainstein, Susan. 1972. Innovation in urban bureaucracies: clients and change. *American Behavioral Scientist* 15, 4: 511–530.

Feshbach, Dan, and Nakamoto, Takuya. 1981. Political strategies for health systems agencies. In *Citizens and Health Care: Participation and Planning for Social Change,* ed., Barry Checkoway. New York: Pergamon.

Fisher, Steve, and Foster, Jim. 1978. Class, political consciousness, and destructive power: strategy for change in Appalachia. *Appalachian Journal* 5, 3: 290–311.

Fleischman, Joel L., and Payne, Bruce L. 1980. *Ethical dilemmas and the education of policy makers,* Vol. VIII Monographs on the Teaching of Ethics. Hastings-on-Hudson, NY: Hastings Center.

Forester, John. 1980a. Critical theory and planning practice. *Journal of the American Planning Association* 46, 3: 275–286.

———. 1980b. Listening: the social policy of everyday life (critical theory and hermeneutics in practice). *Social Praxis* 7, 3/4: 210–232.

———. 1980-81. What do planning analysts do? Planning and policy analysis as organizing. *Policy Studies Journal* 9, 4: 595–604.

———. 1981a. Questioning and organizing attention as planning strategy: toward a critical theory of planning. *Administration and Society* 13, 2: 161–205.

———. 1981b-82. Critical theory and organizational analysis. Working paper #50. Ithaca, New York: Cornell University Program in Urban and Regional Studies.

———. 1981c. Selling you the Brooklyn Bridge and ideology (A review of Habermas's *Communication and the Evolution of Society*). *Theory and Society* 10: 745–750.

———. 1982. Critical reason and political power in project review activity. *Policy and Politics* 10, 1: 65–83.

Freire, Paulo. 1970. *Pedagogy of the oppressed.* New York: Seabury.

Friedmann, John. 1980. On the theory of social construction: an introduction. DP 138, School of Architecture and Urban Planning. Los Angeles, California: University of California.

Gavanta, John. 1980. Power and powerlessness. Urbana: University of Illinois Press.

Goffman, Erving. 1981. Forms of talk. Philadelphia: University of Pennsylvania Press.

Gorz, Andre. 1967. Strategy for labor. Boston: Beacon.

Habermas, Jurgen. 1970. Toward a rational society. Boston: Beacon.

———. 1975. Legitimation crisis. Boston: Beacon.

———. 1979. Communication and the evolution of society. Boston: Beacon.

———. 1977. Hannah Arendt's communications concept of power. Social research 44, 1: 3-24.

Hartman, Chester. 1978. Social planning and the political planner. In Planning Theory in the 1980's, eds., Robert Burchell and George Sternliet. New Brunswick, N. J.: Center for Urban Policy Research.

Harvey, David. 1978. Planning the ideology of planning. In Planning Theory in the 1980's, eds., Robert Burchell and George Sternlieb. New Brunswick: Center for Urban Policy Research.

Held, David. 1980. Introduction to critical theory. Berkeley: University of California Press.

Hemmens, George C.; Bergman, Edward; and Moroney, Robert M. 1978. The practitioner's view of social planning. Journal of the American Institute of Planners 44, 2: 181-192.

Howe, Elizabeth and Kaufman, Jerome. 1979. The ethics of contemporary American planners. Journal of the American Planning Association 45, 3: 243-255.

Hummel, Ralph. 1982. The bureaucratic experience. Second edition. New York: St. Martins.

Jacobs, Allan B. 1978. Making city planning work. Chicago: American Society of Planning Officials.

Kaufman, Jerome. 1974. Contemporary planning practice: state of the art. In Planning in America: Learning from Turbulence, ed., David Godschalk. Washington D.C.: American Institute of Planners.

Kemp, Ray. 1980. Planning, legitimation, and the development of nuclear energy. International Journal of Urban and Regional Research 4: 350-371.

Killingsworth, James. 1978. System hypocrisy: the boundary spanning case. Prepared for the National Conference of the American Society for Public Administration, Phoenix, Arizona. (Available from author, Mount Mercy College, Iowa, 52402.)

Klosterman, Richard. 1978. Foundations for normative planning. Journal of the American Institute of Planners 44, 1: 37-46.

Kramnick, Isaac. 1981. Equal opportunity and "the race of life:" reflections on liberal ideology. Dissent Spring: 178-187.

Kraushaar, Robert. 1979. Pragmatic radicalism. International Journal of Urban and Regional Research 3, 1: 61-79.

———. 1980. Policy without protest: the dilemma of organizing for change in Britain. In Urban Change and Conflict, ed., Michael Harloe. London: Heineman.

Kravitz, Alan. 1970. Mandarinism: planning as handmaiden to conservative politics. In Planning and Politics, eds., T. Beyle and G. Lathrop. New York: Odyssey.

Krieger, Martin. 1981. Advice and planning. Philadelphia: Temple University Press.

Krumholz, Norman. 1978. Cut-back planning in Cleveland. Unpublished mimeograph.

Krumholz, Norman; with Cogger, Janice, and Linner, John. 1975. The Cleveland policy planning report. Journal of the American Institute of Planners 41, 5: 298-304.

Lancourt, Joan. 1979. Developing implementation strategies: community organization not public relations. Boston: Boston University Health Policy Center.

Lindblom, Charles. 1979. Usable knowledge. New Haven: Yale University Press.

———. 1959. The science of muddling through. Public Administration Review 19, Spring: 79-88.

Lyman, Stanford M., and Scott, Marvin B. 1970. A sociology of the absurd. New York: Meredith Press.

Lukes, Steven. 1974. Power: a radical view. London: MacMillan.

Marcuse, Peter. 1976. Professional ethics and beyond: values in planning. Journal of the American Institute of Planners 42: 264-294.

Marris, Peter, and Rein, Martin. 1974. Dilemmas of social reform. Second edition. London: Penguin.

Maruyama, Magoroh. 1963. Basic elements in misunderstandings I. Dialectica 17: 78-109.

Mazziotti, D. F. 1974. The underlying assumptions of advocacy planning. Journal of the American Institute of Planners 40, 1: 38-46.

McCarthy, Thomas. 1978. The Critical theory of Jurgen Habermas. Cambridge: MIT Press.

Meltsner, Arnold. 1976. Policy analysts in the bureaucracy. Berkeley: University California Press.

———. 1979. Don't slight communication: some problems of analytical practice. Policy Analysis 5, 3: 367-392.

Mueller, Claus. 1973. The politics of communications. New York: Oxford University Press.

Murphy, Brian M., and Wolfe, Alan. 1980. Democracy in disarray. Kapitalistate 8: 9-25.

Needleman, Carolyn, and Needleman, Martin. 1974. Guerrillas in the bureaucracy. New York: Wiley.

Nilson, Linda B. 1979. An application of the occupational "uncertainty principle" to the professions. Social Problems 26, 5: 570-581.

O'Connor, James. 1973. The fiscal crisis of the state. New York: St. Martin's Press.

Page, John. 1977. Environmental planning in Canada. Toronto: York University, Faculty of Environmental Studies.

Pitkin, Hanna. 1972. Wittgenstein and justice. Berkeley: University of California Press.

Piven, Frances F., and Cloward, Richard. 1977. Poor people's movements. New York: Pantheon Books.

———. 1971. Regulating the poor. New York: Pantheon.

Poulantzas, Nicos. 1973. Political power and social classes. London: New Left Books.

Rabin, Yale. 1980. Federal urban transportation policy and the highway planning process in metropolitan areas. Annals, American Academy of Political and Social Science 451, September: 421-435.

Rabinowitz, Francine. 1969. City politics and planning. New York: Atherton Press.

Rieff, R. 1974. The power of the helping professions. Journal of Applied Behavioral Science 10, 3: 451-461.

Roche, Joseph. 1979. Plan implementation: a community organization approach to health planning. Prepared for presentation to the American Health Planning Association, Boston, June 1979. Also in Checkoway 1981 (revised).

Rohr, John Anthony. 1978. Ethics for bureaucrats. New York: Marcel Dekker.

Saunders, Peter. 1979. Urban politics. London: Hutchinson.

Schaar, John. 1967. Equality of opportunity and beyond. In Nomos IX: Equality, eds., J. R. Pennock and J. Chapman. New York: Atherton Press.

Schattschneider, E. E. 1960. The semi-sovereign people. New York: Holt, Rhinehard, Winston.

Schroyer, Trent. 1973. The critique of domination. Boston: Beacon Press.

Shapiro, Jeremy J. 1976. Reply to Miller's review of Habermas's Legitimation Crisis. Telos 27, Spring: 170-176.

Steckler, Allan. B., and Herzog, William T. 1979. How to keep your mandated citizen board out of your hair and off your back: a guide for executive directors. American Journal of Public Health 69, 8: 809-812.

Stone, Clarence. 1980. Systemic power in community decision making: a restatement of stratification theory. American Political Science Review 74, 4: 978-990.

Tabb, William, and Sawers, Larry. 1978. Marxism and the metropolis. New York: Oxford.

Thompson, E. P. 1980. The poverty of theory. London: Monthly Review.

Thompson, J. D. 1967. Organizations in action. New York: McGraw Hill.

Wildavsky, Aaron. 1979. Speaking truth to power. New York: Little, Brown & Co.

Wilensky, Harold. 1967. Organizational intelligence. New York: Basic Books.

Wolfe, Alan. 1977. The limits of legitimacy. New York: Free Press.

Originaltext Renn 1999

2

Kooperativer Diskurs - Kommunikation und Konfliktschlichtung in der Umweltpolitik

Ortwin Renn

Akademie für Technikfolgenabschätzung Stuttgart

1 Einleitung

Ob es um eine Neuorientierung der Wirtschaft zugunsten einer nachhaltigen Entwicklung, um eine Vermeidung von möglichen Klimaauswirkungen aufgrund des Ausstoßes von Kohlendioxid, um die Verminderung von Umweltbelastungen in Wasser, Boden und Luft oder um eine Umkehr zu einem auf „Sein" statt auf „Haben" beruhenden Lebensstil geht, stets wird der Umweltpolitik eine entscheidende Rolle für die Gestaltung der zukünftigen Entwicklung unserer Gesellschaft gegeben. Kaum ein Politikbereich ist von der grundlegenden Frage „Wie wollen wir in Zukunft leben?" so sehr geprägt wie der Bereich der Umweltpolitik. Umfragen belegen deutlich, daß die meisten Menschen mit der offiziellen Umweltpolitik höchst unzufrieden sind. In einer 1992 durchgeführten Umfrage der Europäischen Union stuften 85 % der EU-Bevölkerung Umweltschutz als unmittelbares und drängendes Problem ein. Mehr als 90 % sind besorgt über das Verschwinden von Tier- und Pflanzenarten und über 70 % halten die Luft- und Wasserverschmutzung in Europa für untragbar (Eurobarometer 1992).

Stellt man den Deutschen die Frage, ob die Umweltschutzgesetzgebung in Deutschland ausreichend sei und ob genügend für die Einhaltung dieser Gesetze getan werde, dann wird man schnell auf eine große Unzufriedenheit mit der offiziellen Umweltpolitk stoßen (Institut IPOS 1992, S. 22). Für ausreichend halten die umweltpolitischen Maßnahmen lediglich 26 % der Westdeutschen und 27 % der Ostdeutschen, für nicht ausreichend halten die Umweltpolitik in beiden Landesteilen 72 % der befragten Bürger. Darüber hinaus sind rund 90 % der Bundesbürger davon überzeugt, daß die Umweltgesetze nicht genügend überwacht würden. Es ist offenkundig, daß in der Wahrnehmung einer Umweltkrise und in dem Wunsch nach mehr Umweltschutz und schärferer Gesetzgebung kaum Widersprüche in der deutschen Gesellschaft bestehen. Kaum eine Sorge einigt die Deutschen so sehr wie die um bessere Umweltqualität. Die politischen Institutionen, die den Umweltschutz voranbringen sollen, erhalten dabei ein vernichtendes Urteil. Von zehn Deutschen halten sieben die Umweltgesetzgebung für unzureichend, rund neun die Überwachung der Gesetze für zu lasch.

Es ist nicht die Aufgabe dieses Beitrages, die aktuelle Bilanz der Umweltpolitik mit deren Perzeption in der Öffentlichkeit zu vergleichen. Vielmehr interpretiere ich die geradezu einhellige Unzufriedenheit mit der Umweltpolitik als ein Zeichen der Verdrossenheit mit den heutigen Formen der Umweltpolitik und der Art der Entscheidungsfindung in diesem Politikbereich. So ist es kein Wunder, daß gerade in diesem Bereich der Politik neue Verfahren der Planung und Konfliktschlichtung mit dem Anspruch auf diskursive Verständigung eingefordert und zum Teil auch umgesetzt werden.

In dem vorliegenden Beitrag geht es mir um die Frage, welche Rolle diskursive Formen der Aushandlung von umweltpolitischen Maßnahmen in der Umweltpolitik spielen können. Im ersten Teil dieses Beitrages werde ich Anforderungen an diskursive Verfahren beschreiben. Im zweiten Teil werde ich auf eigene Erfahrungen mit dem von uns entwickelten Modell des kooperativen Diskurses zurückgreifen. Zum Schluß komme ich dann auf die Umsetzungsmöglichkeiten und Erfolgsbedingungen diskursiver Verfahren in der Umweltpolitik zurück.

2 Theoretische Voraussetzungen eines Diskurses

Was versteht man unter einem Diskurs? Die Definition bleibt inhaltsleer, so lange es nicht gelingt, die Merkmale eines solchen Diskurses und die Regeln für den Entscheidungsprozeß näher zu spezifizieren. Bei der Wahl eines geeigneten Konzeptes kann uns die Theorie des kommunikativen Handelns von Jürgen Habermas weiterhelfen (grundlegend in Habermas 1971, S. 101 - 141). Warum Habermas? Zum ersten hat Habermas die Grundelemente einer jeden Verständigung über Wissen und Ziele identifiziert, theoretisch zugänglich gemacht und dadurch die Struktur von idealen Beteiligungsverfahren vorgezeichnet. Zum zweiten verarbeitet Habermas Erkenntnisse aus der Entwicklungspsychologie, der Kleingruppenforschung, der politischen Soziologie und der Philosophie und integriert sie in einen logisch konsistenten Bezugsrahmen. Zum dritten erscheinen uns die von Habermas verwandten Kategorien nach mehr als 10jähriger praktischer Erfahrung mit Bürgerbeteiligung als intuitiv einsichtig und relevant. Schließlich haben meine Mitarbeiter und ich außer einigen Beispielen in der Entscheidungs- und Organisationstheorie wenig theoretisch befriedigende Alternativen in der Literatur finden können.

Es kann nicht Aufgabe dieses Berichtes sein, die Theorie des kommunikativen Handelns in all seinen Nuancen wiederzugeben. Zum besseren Verständnis unseres eigenen Vorgehens ist es aber notwendig, einige Grundbegriffe der Theorie vorzustellen und sie auf unser Thema anzuwenden. In diesem Kapitel geht es vor allem um die Grundtypen von Aussagen und um die Kriterien ihrer Bewertung. Ein Austausch von Informationen (im folgenden Diskurs genannt) genügt dann den Ansprüchen der von Habermas geforderten kommunikativen Rationalität, wenn alle Teilnehmer gleiche Rechte und Pflichten besitzen und sie (freiwillig oder durch Regeln der Beweisführung) von strategischen Beeinflussungen Abstand nehmen. Strategische Aussagen sind solche, bei denen die Beteiligten bewußt die anderen Diskursteilnehmer täuschen, also etwa wissentlich die Unwahrheit sagen, um Punkte für die von ihnen präferierte Lösung zu sammeln. Diskurse beruhen dagegen auf der Annahme, daß mit Hilfe von Kommunikation Konflikte zwischen den Aussagen der jeweiligen Teilnehmer durch konsensfähige Verfahren der Aussagenüberprüfung bewältigt und dadurch Kompromisse erleichtert werden, die für alle Beteiligten eine faire und kompetente Lösung in Aussicht stellen. Fairneß im Diskurs bedeutet, daß jede Partei das gleiche Recht hat, Aussagen zu machen und zu kritisieren. Kompetenz bedeutet, daß die Selektion der Aussagen und die schließliche Einigung auf eine Option nach bestem Stand des Wissens und nach rational nachvollziehbaren Kriterien der Überprüfung von Aussagen zustandegekommen ist.

Wie ist dies konkret zu verstehen? Im Rahmen eines Diskurses werden Aussagen gemacht und ausgetauscht. Aussagen können vielfältige Formen annehmen, sie können zum Beispiel Behauptungen, Argumente, Gefühlsäußerungen, Appelle, Versprechungen u. a. m. umfassen. Derartige Aussagen werden in einem Diskurs zur Diskussion gestellt, d. h., sie werden vorgestellt und begründet und stehen dann den anderen Diskursteilnehmern als Material zur Kommentierung oder Kritik zur Verfügung. Im Rahmen dieses Austausches von Aussagen werden Geltungsansprüche angemeldet. Diese Ansprüche besagen, daß die Aussagen entweder hilfreich, wahr, wahrhaftig oder angemessen seien. Innerhalb des Diskurses muß dann die Gültigkeit dieser Ansprüche überprüft und eingelöst werden. Habermas unterscheidet dabei vier Formen von Aussagen: kommunikative, kognitive, expressive und normative Sprachakte. Diesen Aussagetypen sind vier Kriterien zur Überprüfung der Geltungsansprüche gegenübergestellt, mit deren Hilfe die Validität der jeweiligen Aussagen intersubjektiv bewertet werden kann. Aussagetypen und Kriterien sind Hilfsmittel, um legitime von illegitimen Aussagen bzw. Einwänden zu trennen. Diese Kriterien sind in Tabelle 1 zusammengefaßt (siehe auch Austin 1969).

Tabelle 1: Typen von Aussagen und Prinzipien der jeweils anzuwendenden Geltungsansprüche

Geltungs-kriterien	Verständlichkeit	Evidenz	Wahrhaftigkeit	Normative Angemessenheit
Aussagetypus	kommunikativ	kognitiv	expressiv	normativ
Beispiel	Definition	Tatsachenbehauptung	Versprechen, Gefühlsäußerung	Werte, Ziele Interessen
Geltungsanspruch auf:	Zweckmäßigkeit	Wahrheit	Aufrichtigkeit	Richtigkeit
Kriterien der Überprüfung	Erleichterung des Verständnisses Kongruenz zwischen Übersetzung und Original Autorisierung durch Verfasser	Für systematisches Wissen: Methodologische Regeln Peer Review Für anekdotisches Wissen: Singuläre Nachprüfbarkeit	Für affektive Aussagen: Übersetzung in kognitive oder normative Aussagen Autorisierung der Übersetzung Für Verhaltensprognosen: Verhalten in der Vergangenheit Reputation	Kohärenz (Widerspruchs-freiheit) Konsistenz (Logische Folgerichtigkeit) Reziprozität (Verallgemeinerungs-fähigkeit) Kompatibilität mit Gesetzen und allgemein anerkannten Normen

Die Unterscheidung in unterschiedliche Aussagetypen und der Art ihrer Überprüfung ist ein wesentliches Merkmal für die Organisation von Diskursen. Der Diskurs stellt den realen oder symbolischen Raum dar, in dem unterschiedliche Personen, Institutionen oder Interessengruppen Aussagen formulieren, begründen und dann anderen Teilnehmern am Diskurs Gelegenheit geben, diese Aussagen zu kritisieren und zu überprüfen. Widersprüche zwischen Aussagen können dadurch überbrückt werden, daß zunächst der Typus der Aussage bestimmt und dann das entsprechende Verfahren der Überprüfung eingeleitet wird. Anders als bei der rein instrumentellen Sichtweise von Entscheidungen, bei der Aussagen nur nach dem Zweck-Mittel-Verhältnis beurteilt werden, bietet das Aussagenschema von Habermas eine breitere Grundlage für die Festlegung von Regeln für den Diskurs und bietet Platz für die Einbindung von alltäglichen Sprachhandlungen, die allzu häufig in formalen Anhörungsverfahren ausgeblendet werden. Gleichzeitig bietet diese Sichtweise Kriterien an, um die notwendige Selektion von Aussagen durchzuführen. Denn Zweck eines Diskurses ist es. Einigung über die sachgerechte und präferenzadäquate Auswahl von Optionen zu erzielen.

Im Diskursmodell von Habermas erfolgt dieser Selektionsprozeß in vier Schritten (Habermas 1983a, S. 302). Im ersten Schritt stellt ein Sprecher eine Argumentationskette vor. In einem zweiten Schritt entscheiden die anderen Teilnehmer, welche Typen von Aussagen in dieser Argumentationskette enthalten sind und welche Formen der Kritik angebracht sind. In einem dritten Schritt wird diese Kritik vorgebracht und möglicherweise mit Gegenargumenten untermauert. Im vierten und letzten Schritt werden Aussagen und Gegenaussagen gegenübergestellt und nach den Kriterien der Validität von Aussagen bewertet. Aufgrund dieser vier Schritte werden dann die Aussagen gesammelt, die den Bewertungskriterien standhalten.

Es ist wichtig darauf hinzuweisen, daß eine solche Selektion selbst im Idealfall keine eindeutige Lösung des Konfliktes verspricht. Auch wenn alle Sachaussagen geklärt sind, die Wahrbaftigkeit von Aussagen überprüft ist und die Angemessenheit von Normen sichergestellt ist, kann es immer noch zu unüberbrückbaren Gegensätzen zwischen den Diskursteilnehmern kommen. Konsens ist nicht die einzige Möglichkeit der Verständigung (Markowitz 1991; Geser 1986). Unterschiedliche Strategien in der Behandlung von unsicheren Folgen, unterschiedliche Erfahrungen mit Institutionen in Bezug auf Vertrauenswürdigkeit und unterschiedliche, wenn auch in sich konsistente Systeme von Werten und Präferenzen, können im Einzelfall sogar Konflikte verstärken und Kompromisse erschweren. Ein Diskurs ist kein Garant, nicht einmal eine notwendige Bedingung für eine Konfliktlösung. Oft können Mißverständnisse, Doppeldeutigkeiten und strategische Vorgehensweisen Kompromißlösungen eher fördern als die schonungslose Offenlegung von Interessen und Präferenzen. Allerdings bietet nach meiner Überzeugung nur der Diskurs die Gewähr für eine *faire und kompetente* Problemlösung.

Folgt man dieser Argumentation, dann ist bei der Organisation von Diskursen zunächst darauf zu achten, daß die Bedingungen der kommunikativen Rationalität so weit wie möglich erfüllt sind. In einem zweiten Schritt müssen dann Strategien des Aushandelns eingesetzt werden, um verbleibende legitime Konflikte zwischen den Parteien einer Lösung zuzuführen. Wie läßt sich beispielsweise ein Konsens erzielen, wenn unterschiedliche Handlungsoptionen aufgrund unterschiedlicher Werteprioritäten der Teilnehmer unterschiedlich beurteilt werden? Wie können unterschiedliche Erfahrungen mit Institutionen in Einklang gebracht werden? Nach welchen Gesichtspunkten sollen unsichere Folgen oder nicht bekannte Überraschungen in die Bewertung von Optionen einfließen? Auf all diese Fragen gibt die Theorie des kommunikativen Handelns keine Antwort. Sie stellt lediglich ein Forum der Auseinandersetzung bereit, in dem solche Fragen kompetent und fair behandelt werden können. Andere theoretische Konzepte, wie die Spieltheorie, die Theorien des Tauschs und Aushandelns sowie entscheidungsanalytische Vorgehensweisen bieten Strategien und Anleitungen zur Konsens- oder Kompromißfindung aus der beschränkten Menge der legitimen, d. h. im Diskurs bewährten Optionen an (Bacow und Wheeler 1984; Chen und Mathes 1989).

3 Der kooperative Diskurs: Ein Modell der partizipativen Umweltpolitik

Aufgrund der bisherigen Überlegungen zu Diskursen kann ein Anforderungsprofil für die notwendigen Bedingungen zur Organisation von Diskursen entwickelt werden. Diskursive Verfahren müssen so strukturiert sein, daß sie zwei Zielen gerecht werden: Auf der einen Seite sollen sie sicherstellen, daß eine kompetente Problemerfassung und Problemlösung erfolgt, auf der anderen Seite sollen sie jedem potentiell Betroffenen die gleiche Chance einräumen, seine Werte und Interessen in den Entscheidungsprozeß gleichwertig einzubringen. Dazu bedarf es einer Strukturierung des Verhandlungsprozesses, in den das notwendige Sachwissen eingeht, geltende Normen und Gesetze beachtet werden, soziale Werte und Interessen in fairer und repräsentativer Weise eingebunden werden und eine Integration sachlicher, emotionaler und normativer Aussagen zustandekommen kann (Zilleßen 1993, S. 18ff).

Welche organisatorischen Vorschläge für die Verwirklichung von Diskursen gibt es in der Literatur und welche haben sich davon in der Praxis bewährt? Wie sollte ein Diskurs gestaltet sein, daß er eine verständigungsorientierte Lösung von Umweltkonflikten verspricht?

Dazu gibt es eine Reihe von Vorschlägen, die von Mediation über Zukunftswerkstätten bis zu Planungszellen und Bürgerforen reichen (Überblicke in: Folberg and Tayler 1984; Hoffmann-Riem 1990; Burns und Überhorst 1988; Gaßner u. a. 1992 Claus und Wiedemann 1994; Renn und Oppermann, in Druck). Im vorliegenden Beitrag möchte ich mich auf ein Organisationsmodell beschränken, mit dem ich in der Vergangenheit intensiv gearbeitet habe. Aus der Erfahrung der normengenerierenden Kraft von Diskursen haben mein Kollege Thomas Webler und ich dieses Modell entwickelt und ihm den Namen „Kooperativer Diskurs" gegeben (Renn u. a. 1993; Renn und Webler 1994). Der kooperative Diskurs beruht auf einer akteursbezogenen Organisation des Planungsablaufs in drei Schritten: Kriterienfindung durch Mediation mit Interessengruppen, Klärung von kognitiven Konflikten durch Experten-Delphi und Abwägung von Handlungsoptionen durch Planungszellen (Renn u. a., 1991). Dieses idealtypisch verfaßte Konzept spiegelt natürlich nicht die Wirklichkeit wider. Vom Ideal zur Konzeption und von der Konzeption zur Umsetzung sind Abstriche zu machen. Das Modell ist jedoch in seinen Grundzügen in zahlreichen Beispielen von uns in der Abfallplanung, in der Umwelt- und Raumplanung sowie in Fragen der Energiepolitik erprobt worden (Renn et al. 1989; Renn 1994, Webler 1994). In weiteren Forschungsprojekten, die allerdings erst in der Phase der Antragstellung sind, soll dieses Modell im Bereich der städtischen Verkehrsplanung und der Landschaftsplanung eingesetzt werden.

Das Modell folgt einem Aufbau in drei Phasen oder Schritten, wobei die Vor- und Nachteile der Verfahrensbestandteile im positiven Sinn miteinander verknüpft werden. In den Schritten wird zwischen Werterhebung, Faktenermittlung und Abwägung unterschieden. Diese drei Aufgaben werden vorrangig von den Akteuren vorgenommen, von denen wir annehmen, daß sie für diese Aufgabenstellung besonders geeignet seien. Die Verknüpfung dieser drei Ebenen geschieht in den folgenden Schritten:

1. Alle in einer Arena vorhandenen Parteien werden gebeten, ihre Werte und Kriterien für die Beurteilung unterschiedlicher Handlungsoptionen (etwa Einführung einer neuen Technologie; Modifikation vor Einführung; Ablehnung einer neuen Technologie) offenzulegen. Dies geschieht in Interviews zwischen den Diskurs-Organisatoren und den Repräsentanten der jeweiligen Parteien. Als methodisches Werkzeug dient dabei die Wertebaum-Analyse, ein in den USA entwickeltes interaktives Verfahren zur Bewußtmachung und Strukturierung von Werten und Attributen (Keeney u.a. 1984). Alle Parteien haben das Recht, ihren Wertebaum solange zu modifizieren, bis sie mit dem Produkt einverstanden sind. Die Wertebäume aller Parteien werden dann additiv zu einem logischen Gesamtbaum verschmolzen, wobei alle nicht-redundanten Eingaben übernommen und in eine hierarchische Struktur überführt werden. Dieser Gesamtwertebaum spiegelt folglich die Wertdimensionen aller beteiligten Parteien wider. Die Einbeziehung aller

relevanten Werte in einen logisch kohärenten Bezugsrahmen hilft, potentielle Konflikte über die Angemessenheit von Werten und Berurteilungskriterien zu entschärfen und allen Parteien das Gefühl zu vermitteln, daß ihre Bedenken in den Entscheidungsprozeß eingebunden werden.

2. Die Wertedimensionen werden in einem zweiten Schritt durch ein Forschungsteam, das möglichst von allen Parteien als neutral angesehen wird, in Indikatoren transformiert. Dies ist der erste Schritt zur Lösung von Konflikten über Sachverhalte. Diese Indikatoren sind Meßanweisungen, um die möglichen Folgen einer jeden Handlungsoption zu bestimmen. Da viele der Folgen nicht physisch meßbar sind und manche auch wissenschaftlich umstritten sein mögen, ist es nicht möglich, einen einzigen Wert für jeden Indikator anzugeben. Dies gilt vor allem für unsichere Folgen. Gleichzeitig sind die Folgen auch nicht beliebig, sondern ergeben sich als logische Folgerung aus dem jeweiligen Wissen und der Anwendung methodischer Regeln innerhalb verschiedener wissenschaftlicher Lager. Für den Diskurs ist es entscheidend, die Spannweite wissenschaftlich legitimer Abschätzungen so genau wie möglich zu bestimmen. Dazu haben wir eine Modifikation des klassischen Delphi-Verfahrens entwickelt, bei dem Gruppen von Experten gemeinsam Abschätzungen vornehmen und Diskrepanzen innerhalb der Gruppen in direkter Konfrontation ausdiskutieren (Webler u. a., 1991). Dieses Verfahren zur kognitiven Konsensfindung bezeichnen wir als Gruppen-Delphi. Am Ende dieses Schrittes verfügt man über ein Auswirkungsprofil jeder Handlungsoption auf jedem Kriterium. Aufgrund der Expertendiskussionen kann man auch die verbalen Begründungen für unterschiedliche Abschätzungen in das Profil einbeziehen.

3. Hat man die Wertdimensionen bestimmt und die Folgen der jeweiligen Handlungsoptionen abgeschätzt, folgt der schwierige Prozeß der Abwägung. Es geht also um die Lösung von normativen Konflikten. Normative Konflikte basieren nicht auf unterschiedlichen Vorstellungen über die möglichen Folgen von Optionen, sondern beziehen sich auf die Wünschbarkeiten dieser Folgen im Hinblick auf soziale Normen, Werte und Lebensstile. Normative Konflikte lassen sich gemäß den oben genannten Bedingungen grundsätzlich in einem Diskurs zwischen den organisierten Parteien klären. Häufig aber sind diese Parteien in ihren Meinungen weitgehend polarisiert und nicht mehr offen für einen Kompromiß. Gleichzeitig repräsentieren sie nur in eingeschränktem Maß die betroffene Bevölkerung. Aus diesem Grund hat P. Dienel vorgeschlagen, die Bevölkerung als „Schöffen" zu gewinnen und es einigen, nach dem Zufallsverfahren ausgesuchten Bürgern zu überlassen, stellvertretend für alle, diese Abwägung vorzunehmen (Dienel 1978; Dienel 1989)[1] Dieses Verfahren setzt voraus, daß die am Konflikt beteiligten Parteien einer solchen Lösung zustimmen. Dies wird um so eher geschehen, je mehr die Parteien selber keine Chance mehr wahrnehmen, den Konflikt aus eigenen Kräften zu überwinden und sie gleichzeitig daran glauben, daß sie ihren Standpunkt dem Schiedsgericht überzeugend nahebringen können. Alle Parteien sind daher eingeladen, als Zeugen vor den Bürgern auszusagen und ihre Empfehlungen vorzutragen. Die ausgesuchten Bürger

---

1. Parallel zu den Arbeiten von Peter Dienel zur Planungszelle hat auch N. Crosby ein Verfahren eines Schiedsgerichtes (Citizen Juries) entwickelt, das ebenfalls auf der Idee von Laiengutachtern, die nach dem Losverfahren ausgewählt werden, beruht (Crosby u. a. 1986; Crosby 1987). Laien als Planer werden in den USA in verschiedenen Kontexten eingesetzt (als Beispiel vgl. Kathlene und Martin 1991).

2

haben mehrere Tage Zeit, die Profile der jeweiligen Handlungsoptionen zu studieren, Experten zu befragen, Zeugen anzuhören, Besichtigungen vorzunehmen und sich eingehend zu beraten. Am Ende stellen sie eine Handlungsempfehlung aus, die sie, wie bei einem Gerichtsverfahren, eingehend in einem Bürgergutachten begründen müssen. Dafür erhalten sie eine Vergütung. Diesem Verfahren hat P. Dienel den etwas problematischen Namen „Planungszelle" gegeben. Wir bevorzugen dagegen den Namen „Bürgerforum". Bürgerforen haben sich auf kommunaler wie auf regionaler Ebene bereits bewährt und wurden erstmals für einen nationalen Konflikt zu Beginn der 80er Jahre eingesetzt.

Neben der Strukturierung in drei Verfahrensschritte ist das Modell des kooperativen Diskurses durch eine verständigungsorientierte Vorgehensweise innerhalb der Beratungen der verschiedenen Gruppen (sei es Mediation oder Planungszelle) charakterisiert. Ich gehe dabei von den Grundbedingungen der kommunikativen Rationalität aus, wie ich sie weiter oben erörtert habe. Zu diesen Bedingungen gehören: eine streng egalitäre Position aller Teilnehmer (keine Privilegien für einzelne Beteiligte), die Toleranz aller Aussagetypen im Rahmen des Kategorienaystems von Habermas (kognitiv, expressiv, normativ) und die Einigung auf gemeinsame Regeln der Einlösung von Geltungsansprüchen.

Das hier beschriebene Verfahren hat den Vorteil, daß es die verschiedenen Konflikttypen getrennt angeht und geeignete Schlichtungsinstrumente für jede am Konflikt beteiligte Gruppe vorsieht. Dadurch werden unterschiedliche Prozesse der Trennung von Ideologie und Wissen wirksam, die sich in einem allumfassenden Diskurs oft vermischen. Innerhalb der Bürgerforen lassen sich darüber hinaus die Regeln des verständigungsorientierten Diskurses meist besser durchsetzen als in einer Verhandlung zwischen Parteien. Das sequentielle Vorgehen und die Einbeziehung von Akteuren und Instrumenten ist in Bild 1 illustriert.

Bild 1: Das Drei-Stufenmodell des Kooperativen Diskurses

Akteure ↓	1. Stufe Kriterien zur Bewertung	2. Stufe Folgenabschätzung der Optionen	3. Stufe Bewertung der Optionen
Interessen-gruppen	**Erstellung von Wertebäumen für jede Gruppe**	Vorschläge und gruppen-spezifische Abschätzungen	Zeugenaussagen für Bürgerberatungen
Experten	Beifügung von Werten und Suche nach Optionen	**Gruppendelphi: Expertenurteile**	Teilnahme an Podiums-diskussion oder Video-statement
Bürger	Beifügung und Modifikation von Werten und Optionen	Übertragung der Experten-urteile in Nutzenkategorien	**Bewertung und Empfehlung von Optionen**
Antragsteller	Beifügung von Werten und Suche nach Optionen	Einbindung des institutionellen Wissens	Zeugenaussagen für Bürgerberatungen
Forschungs-team	Übersetzung der Werte in Indikatoren	Verifikation der Experten-urteile (Literaturstudie, Review Prozeß)	Erstellung des Bürgergutachtens
Produkte	**Integrierter Wertebaum**	**Auswirkungsprofil für jede Option**	**Rangordnung der Optionen und politische Empfehlungen**

Dem Modell des kooperativen Diskurses liegt ein Planungsverständnis zugrunde, bei dem die Beteiligungsmaßnahme im Vorfeld der eigentlichen Entscheidung stattfinden soll und nicht, wie bei den rechtlich vorgeschriebenen Anhörungen, im Nachfeld der politischen Entscheidungsfindung. Sind nämlich Entscheidungen einmal politisch getroffen, dann sind nachträgliche Korrekturen meist teuer und politisch unerwünscht. In ähnlicher Weise, wie Verwaltungen und politische Entscheidungsträger im Vorfeld der Entscheidung Sachgutachten von Experten einholen, um die Entscheidungsgrundlage zu verbessern, soll die Beteiligung dazu dienen, von den berroffenen Bürgern Wertgutachten einzuholen, durch die politische Urteile der demokratisch legitimierten Entscheidungsträger im Hinblick auf die Wünschbarkeit der vermuteten Entscheidungsfolgen verbessert werden können.

4 Fallbeispiele: Aargau und Nordschwarzwald

Das Modell des kooperativen Diskurses kann nicht im Maßstab 1:1 in die Praxis übernommen werden. Die Beteiligungsmaßnahme ist den jeweils speziellen Fragestellungen anzupassen und auch im Verlauf der Prozesse immer wieder neu zu konzipieren. Dazu zwei Beispiele: Im ersten Fall geht es um eine Standortsuche für eine Deponie im Kanton Aargau, im zweiten Fall um ein Abfallwirtschaftskonzept für die Region Nordschwarzwald. Der Schweizer Fall wurde von O. Renn und T. Webler betreut (Renn 1994, Webler 1994). der zweite von Mitarbeitern der Akademie für Technikfolgenabschätzung in Baden-Württemberg (Stuttgart).

2

(a) Deponiesuche im Aargau

Für die Standortfestlegung einer Reststoffdeponie im Kanton Aargau wurden in einem ersten Schritt 13 Gemeinden ausgewählt, die als mögliche Deponie-Standorte in Frage kamen. Aus jeder der 13 Gemeinden wurden acht Einwohner ausgewählt, die so auf vier Kommissionen verteilt wurden, daß gleich viele Repräsentanten aus jeder möglichen Standortgemeinde in jeder Kommission vertreten waren. Die Aufgabe dieser Kommissionen bestand darin, Kriterien für die Bewertung der möglichen Standorte auszuarbeiten, die Standorte nach diesen Kriterien zu beurteilen und mittels einer Gewichtung der Kriterien eine Rangordnung der möglichen Standorte feslzulegen.

Zu diesem Zweck erhielten die Kommissionsmitglieder technische Informationen, sie konnten sich in Vorträgen und Anhörungen über Risiken und Probleme von Deponien informieren, sie besichtigten die potentiellen Standorte und führten eine systematische Bewertung dieser Standorte durch. Dazu erstellten sie zunächst einen hierarchisch geordneten Wertebaum, in dem alle Werte und Auswirkungsdimensionen, die für die Kommissionsmitglieder von Bedeutung waren, zusammengefaßt waren. Aus diesem Wertebaum wurden dann deduktiv Kriterien und Indikatoren erarbeitet, mit deren Hilfe jeder Standort auf einer Skala von +2 bis -2 beurteilt werden konnte. Um die Beurteilung zu erleichtern, erhielten die Teilnehmer die Ergebnisse eines im Frühjahr 1993 durchgeführten Experten-Workshops nach dem Gruppendelphi-Verfahren. Daran nahmen sieben Deponie-Experten teil, deren Aufgabe es war, für jeden Standort ein Eignungsprofil nach den von den Kommissionen erarbeiteten Kriterien zu erstellen. Dabei wurden nur die Kriterien bearbeitet, die Expertenwissen verlangten. Die Gewichtung der Kriterien blieb weiterhin den Kommissionsmitgliedern überlassen.

In einem abschließenden Workshop bewerteten alle vier Kommissionen getrennt voneinander die einzelnen Standorte, einigten sich innerhalb der Kommission auf die Kriteriengewichte und führten mit diesen Vorgaben eine Nutzwertanalyse durch. Diese Analyse erbrachte für alle Kommissionen eine Rangfolge der möglichen Standorte. Dabei wurden in allen vier Kommissionen einstimmige Ergebnisse sowohl hinsichtlich der Rangfolge der Standorte als auch der weiteren Enpfehlungen erzielt. Obwohl die vier Kommissionen unabhängig voneinander tagten und jeweils ihre eigenen Kriterien für die Bewertung entwickelten, lagen die Ergebnisse der Empfehlungen kaum auseinander. Um die verbleibenden Differenzen auszugleichen und die vier Kommissionsvoten in eine Form zu integrieren, wurde aus den vier Kommissionen ein Kommissionsausschuß (Superkommjssion) gebildet, der in einer eintägigen Veranstaltung eine gemeinsame Empfehlung erarbeitete. Diese Empfehlung umfaßte zunächst die Rangordnung der weiter zu untersuchenden Standorte, darüber hinaus aber auch konkrete Handlungsempfehlungen für diese Standortmöglichkeiten.

Die Arbeit der Kommissionen wurde durch eine Behördendelegation begleitet, die sich aus jeweils einem Vertreter der potentiellen Standortgemeinden und dem Leiter des Baudepartements (oberste Umweltbehörde im Kanton) zusammensetzte. Aufgabe der Behördendelegation war es, die Arbeiten der Kommissionen kritisch zu begleiten und deren Empfehlungen entgegenzunehmen, intensiv zu diskutieren und eine eigene Empfehlung für die weitere Bearbeitung der Deponiesuche zu formulieren. Im November 1993 hat sich die Behördendelegation dem Votum des Kommissionsausschusses angeschlossen und gleichzeitig noch weitere Ausführungsbestimmungen erarbeitet. Allerdings wurde im weiteren Verlauf der Standortsuche die ursprüngliche Reihenfolge der drei besten Standorte zugunsten einer gleichwertigen und simultanen Untersuchung dieser Standorte auf ihre Eignungsfähigkeit aufgegeben.

(b) Abfallplanung im Nordschwarzwald

Das Projekt der Beteiligung der Bürger an der Abfallplanung in der Region Nordschwarzwald war in drei Phasen gegliedert. In der ersten Phase ging es um die Bestimmung der zu erwartenden Abfallmengen. In der zweiten Phase stand die Wahl des technischen Behandlungskonzeptes für den Restabfall im Vordergrund. Als Optionen wurden biologisch-mechanische Verfahren, die thermische Behandlung oder verschiedene Kombinationsmöglichkeiten diskutiert. Die dritte Phase war der Standortsuche für die ausgewählten technischen Anlagen gewidmet.

Die Phase 1 diente der Bestimmung der zu behandelnden Restabfallmenge, die im Jahre 2005 zu erwarten sei. Um diese Aufgabe wahrzunehmen, wurde ein Runder Tisch nach dem Konzept der Mediation ins Leben gerufen, zu dem alle interessierten Gruppen der Region eingeladen wurden. Die Funktion dieses Moderators übernahmen Mitarbeiterinnen und Mitarbeiter der Akademie für Technikfolgenabschätzung in Baden-Württemberg. Als beratende Gremien wurden zwei Beiräte, ein wissenschaftlich orientiertes Gremium und eine regionale Beratergruppe eingerichtet.

Die Mediationsgruppen wurden per Zeitungsannonce zur Mitarbeit aufgefordert. Insgesamt meldeten sich 56 Gruppen, die einzeln über das Projekt informiert wurden. Als Teilnahmevoraussetzung wurde ein stetiges Engagement über eine längere Zeitdauer für das Projekt vorausgesetzt. Allein aufgrund der zu erwartenden Arbeitsbelastung erklärten sich viele Gruppen bereit, lieber einen Beobachterstatus als „zu informierende Gruppe" wahrzunehmen. Durch die Aufteilung in Informationsgruppen und an den Verhandlungen teilnehmende Gruppen (die sogenannten Mediationsgruppen) verringerte sich die Anzahl der am Runden Tisch versammelten Gruppen auf 16[1]. Je Gruppe wurden 2 - 3 Vertreter zu den Diskussionsrunden am Runden Tisch erwartet. Im Vorfeld hatten die Teilnehmer und die Gruppen den Gesprächsregeln in Form einer auf sachliche Kommunikation zielenden Geschäftsordnung zugestimmt. Zusätzlich waren in den Diskussionsrunden, die als Konsenskonferenzen bezeichnet wurden, Verwaltungsfachleute und das mit der Prognose beauftragte Ingenieurbüro als Informanten und Beobachter präsent.

Die an der Konsensuskonferenz beteiligten Gruppen konnten keine eigene Prognose erarbeiten. Das Vorgehen war deshalb von der Auseinandersetzung mit der Prognose des einbezogenen Ingenieurbüros geprägt. Die meisten Annahmen des Ingenieurbüros konnten von den Teilnehmern nachvollzogen werden. In einigen Bereichen wurden allerdings alternative Argumentationsstränge enlwickelt und andere Annahmen zugrundegelegt. Wichtigste Ergebnisse der ersten Phase waren eine deutlich geringere Prognose der Restabfallmenge gegenüber der Schätzung des Ingenieurbüros, eine Liste von Maßnahmen zur weiteren Abfallreduzierung und einige Vorschläge zur Verbesserung der Methodik von solchen Prognosen. Die Empfehlungen des Runden Tisches sind in dem von der Akademie herausgegebenen Bürgergutachten I zusammengefaßt worden.

---

1. Dies waren: Handwerkskammer, Industrie- und Handelskammer, Einzelhandelsverband, Bauernverband, landwirtschaftlicher Maschinenring, Landfrauen, BUND, Das Bessere Müllkonzept und verschiedene Bürgervereine und Bürgerinitiativen

In der zweiten Phase wurden alle Gruppen gebeten, ihre Ansprüche und Kriterien zur Bewertung der möglichen Restabfallbehandlungstechniken darzulegen. In Gesprächen mit den Gruppenvertretern wurden die Werthaltungen in Bezug auf die Abfallproblematik erfaßt und daraus ein Kriterienkatalog abgeleitet. Mit Hilfe dieses Kataloges wurden insgesamt vier grundsätzlich verschiedene Optionen der Behandlung diskutiert und bewertet. Die Optionen waren: reine biologisch-mechanische Behandlung, reine thermische Behandlung, die Behandlung mit einer vorgeschalteten biologisch-mechanischen Anlage und danach mit einer thermischen Anlage (Kombination „Volumenreduktion") und die abfallsortenspezifische Behandlung, je nachdem, ob „heiß" oder „kalt" (Kombination: „Splitting"). Von allen Gruppen wurde konstaliert, daß weder die sogenannten „kallen" Verfahren noch die Verbrennungstechniken nur Vor- oder nur Nachteile aufweisen. Die Mehrzahl der Gruppen plädierte für eine Behandlung des Abfalls mit biologisch-mechanischer Technik auf einem hohen Standard. Dahei betonten die Gruppen die Notwendigkeit, die regionalen Bemühungen um die weitere Abfallvermeidung durch die auszuwählende Technik nicht zu behindern. Zudem waren sich die Gruppen durchaus bewußt, daß die derzeidge Gesetzeslage (TASi) die Gebietskörperschaften dazu zwingt, Standorte für thermische Anlagen zu suchen.

Drei Gruppen konnten sich dem Mehrheitsvotum nicht anschließen und plädierten für eine zentrale Verbrennungsanlage in der Region. Auch dieses Votum wurde ausführlich begründet. Beide Voten sind im Bürgergutachten II enthalten, das ebenfalls von der Akademie herausgegeben wurde.

Auf der Basis dieser Empfehlungen und anderer Gutachten kamen die Gebietskörperschaften der Region Nordschwarzwald überein, für den dritten Schritt, die Standortsuche, von einem Kombinationskonzept von mehreren biologisch-mechanischen und einer thermischen Anlage auszugehen und dafür geeignete Standorte zu finden. Mit dieser Entscheidung waren viele der am Runden Tisch versammelten Gruppen unzufrieden, da sie eine thermische Komponente strikt abgelehnt hatten. Sie stiegen deshalb aus dem Mediationsverfahren aus. Dennoch waren Vertreter der an der Mediation beteiligten Gruppen bereit, ihre Argumente den Bürgern und Bürgerinnen in der dritten Phase der Standortfindung zu erläutern.

In der dritten Phase, also der Suche nach geeigneten Standorten, waren die Interessengruppen nicht mehr direkt betroffen. Aus diesem Grunde waren hier Bürgerforen besonders geeignet. Dies entspricht auch der vorgeschlagenen Vorgehensweise im kooperativen Diskurs. Bürgerforen beruhen auf dem einfachen Grundsatz, daß diejenigen, die von den Folgen einer Entscheidung unmittelbar betroffen sind, auch am Zustandekommen einer solchen Entscheidung mitwirken sollen. Da nicht alle Betroffenen eingebunden werden können, benötigt man ein Auswahlverfahren, das für jeden Einwohner eine faire Chance bietet, im Interesse aller Mitbürgerinnen und Mitbürger an den Planungen teilzunehmen.

Um eine einigermaßen überschaubare Grundgesamtheit zu haben, aus der man die Teilnehmer an den Bürgerforen auswählen konnte, mußten zunächst potentiell geeignete Standorte ausfindig gemacht werden. Diese Aufgabe übernahm ein Ingenieurbüro. Nachdem das beteiligte Ingenieurbüro sechs mögliche Standorte für biologisch-mechanische Behandlungsanlagen und vier mögliche Standorte für thermische oder biologisch-mechanische Behandlungsanlagen sowie einen Standort nur für eine thermische Anlage gefunden hatte, erfogte die Auswahl von Laiengutachtern aus den potentiell betroffenen Gemeinden. Insgesamt wurden 5.440 Bürger, die nach dem Zufallsprinzip aus den Einwohnermeldedateien der jeweiligen Gemeinden ausgesucht worden waren, zur Teilnahme an den Bürgerforen eingeladen. Davon nahmen 198 die Einladung an, weitere sieben mußten aus persönlichen Gründen später auf eine Teilnahme verzichten. Um die Foren nicht zu überlasten, wurden sechs Foren mit der Aufgabe betraut, Standorte für biologisch-mechanische Anlagen zu bewerten, und vier Foren mit der Aufgabe, Standorte für die zentrale thermische Anlage zu beurteilen. In jedem Forum war rund die gleiche Anzahl von Personen aus jedem potentiellen Standort vertreten. Eine durchgängig paritätische Besetzung war aufgrund der unterschiedlichen Zusageraten aus den betroffenen Gemeinden nicht möglich. Von den in den Foren versammelten Bürgerinnen und Bürgern wurde dabei erwartet, daß sie aufgrund der gemeinsam gewählten Argumentation und Bewertung auch ihren eigenen Wohnort als Standort für eine Abfallbehandlungsanlage zur Diskussion stellten. Mit großem Engagement und Einsatz von ca. 15.000 Stunden trafen sich die Bürger zu sechs bis sieben Abendsitzungen, zu Besichtigungsfahrten von Abfallbehandlungsanlagen, zu Standortexkursionen, zu einem Wochenendworkshop und einige der Teilnehmer zu einer Delegiertenkonferenz.

Um die Bewertung der Standorte kompetent vorzunehmen und gleichzeitig die Werthaltungen und Erfahrungen der Teilnehmer in den Bewertungsprozeß einzubinden, wurde das sogenannte Wertebaumverfahren eingesetzt, ein in den USA entwickeltes interaktives Verfahren zur Bewußtmachung und Strukturierung von Werten und Attributen. Alle Teilnehmer der Bürgerforen werden gebeten, ihre Werthaltungen in Bezug auf Abfallfragen in den Diskurs einzubringen und dann gemeinsam daraus Kriterien für die Bewertung von Standorten abzuleiten. Diese Kriterien werden dann mit Gewichten versehen und dienen als Beurteilungsgrundlage für die relative Bewertung der Standorte untereinander. Daraus ergibt sich folgerichtig eine Rangfolge der besser und weniger geeigneten Standorte. Der Wertebaum spiegelt die Wertdimensionen aller Teilnehmer wider. Die Einbeziehung aller relevanten Werte in einen logisch kohärenten Bezugsrahmen hilft, potentielle Konflikte über die Angemessenheit von Werten und Berurteilungskriterien zu entschärfen und allen Bedenken und Beurteilungskriterien, die von den Teilnehmern als relevant angesehen werden, in den Enlscheidungsprozeß zu integrieren. Die Wertebäume der einzeinen Gruppen umfaßten häufig bis zu 30 Kriterien. Sucht man sich nur die Dimensionen heraus, die von allen Gruppen unabhängig voneinander als relevant eingestuft wurden, so verblieben drei Hauptkriterien (Mensch, Natur und Wirtschaftlichkeit).

In einem zähen Ringen um die besten Lösungen, in unzähligen Diskussionen um die Vor- und Nachteile eines jeden Standortes, in grundsätzlichen Auseinandersetzungen mit dem Mandat und dem Stellenwert der Empfehlungen, in kritischer Hinterfragung der vorgenommenen Vorauswahl durch das beauftragte Ingenieurbüro haben sich am Ende alle 10 Bürgerforen zu einer konsensual getragenen Empfehlung bzw. in einem Falle zu einer konsensual getragenen Erklärung durchgerungen. Im Mittelpunkt der Empfehlungen stehen die Bewertungen der einzelnen Standorte, aber auch weitere Vorschläge zur Technik und zum weiteren Verfahren der Entscheidungsfindung.

Da die Voten der 10 Foren nicht völlig identisch (aber durchaus in ihrer Grundstruktur ähnlich) ausgefallen sind und die Aufgabe einer Kombinationslösung von den einzelnen, arbeitsteilig arbeitenden Gruppen nicht angegangen worden war, mußten die Ergebnisse der Einzelforen weiter verdichtet und zu einer Gesamtempfehlung zusammengefaßt werden. Dazu wählte jedes Forum drei Delegierte, die in einer eintägigen Delegiertenversammlung die verbleibenden Differenzen zwischen den Foren ausräumen und eine Empfehlung für das Kombinationskonzept aussprechen sollten. Die in der Delegiertenversammlung getroffene Empfehlung wurde ebenfalls einstimmig von allen Delegierten verabschiedet. In einer letzten Bestätigungsrunde erhielten alle 10 Foren den Empfehlungstext der Delegierten zur weiteren Kommentierung. Bei dieser Rückkopplung wurde der ausgearbeitete Kompromiß nicht von allen Gruppen getragen, die meisten Gruppen fügten noch weitere Anmerkungen und Kommentare hinzu, einige lehnten eine der beiden vorgeschlagenen Lösungswege ab und wiederum andere hatten grundsätzliche Bedenken. Die Empfehlungen der Delegiertenkonferenz sind zusammen mit den Kommentaren, Bedenken und Verbesserungsvorschlägen der einzelnen Gruppen im Bürgergutachten III aufgeführt.

Nach Abschluß aller drei Phasen bleibt zu fragen, welche Lehren man aus dem aufwendigen Projekt Ziehen kann. Da die politischen Entscheidungen noch nicht getroffen worden sind, kann man über die Wirkungen des Bürgergutachtens auf die praktische Politik noch wenig aussagen. Allerdings ist es bemerkenswert, daß sich Bürgerinnen und Bürger trotz unterschiedlicher Werte und Lebensstile einer unpopulären Aufgabe gestellt haben und sich in Gemeinwohlorientierung zu einer handlungsrelevanten Entscheidung haben durchringen können. Die Vermutung, betroffene Anwohner würden grundsätzlich nach dem St.-Florinas-Prinzip verfahren, hat sich nicht bestätigt. Im Gegenteil, die konsensualen Ergebnisse in allen 10 Foren läßt nur den Schluß zu, daß die Bürger und Bürgrinnen Gemeinwohlinteressen den Vorrang geben, wenn ihnen die Argumente und Hintergründe transparent gemacht werden und sie gleichzeitig an dem immer notwendigen Abwägungsprozeß zwischen Zielkonflikten teilhaben können.

5 Möglichkeiten und Grenzen des kooperativen Diskurses

Das Verfahren des kooperativen Diskurses hat den Vorteil, daß es zwischen Werterhebung, Faktenermittlung und Abwägung trennt und dafür verschiedene Verfahrensschritte vorschlägt. Darüber hinaus lassen sich die im dritten Schritt eingesetzten Bürgerforen beliebig vervielfachen. Mehrere parallel arbeitende Bürgerforen mit identischer Aufgabe bieten den besonderen Vorteil, daß zufällige gruppendynamische Entwicklungen oder Rückfälle in strategische Verhaltensweisen kompensiert werden können. Gleichzeitig wächst die legitimatorische Kraft der Empfehlungen, wenn mehrere unabhängig voneinander arbeitende Gruppen zu ähnlichen oder sogar identischen Empfehlungen kommen. Allerdings beruht das Verfahren der Bürgerforen auf der expliziten Zustimmung aller relevanten Parteien, die Empfehlung der Bürger zumindest zu berücksichtigen, wenn nicht sogar für einen selbst als verbindlich anzuerkennen. Gleichzeitig müssen die Profile und faklischen Analysen so aufbereitet sein, daß ein Nichtfachmann mit ihnen umgehen kann. Die Praxis hat jedoch gezeigt, daß Wissenschaftler und Interessengruppen die Urteilskraft des Bürgers meist unterschätzen. Sofern die faktischen Zusammenhänge eingehend erläutert und die Interessen und Werte der beteiligten Parteien transparent gemacht werden, sind Bürger durchaus in der Lage, sachlich richtige und politisch faire Empfehlungen vorzuschlagen.

Um diesem Anspruch gerecht zu werden, ist das unmittelbare und verständigungsorientierte Gespräch zwischen Personen an einem Tisch Voraussetzung. Die Personenanzahl ist dabei grundsätzlich beschränkt. Diese Beschränkung engt allerdings den Grad der kollektiven Verbindlichkeit der erarbeiteten Empfehlungen ein. Auch die Forderung, daß Delegieite von Interessengruppen ihre Erkenntnisse in ihre Gruppen zurücktragen sollen, ist noch keine Garantie dafür, daß das Verfahren für eine breite Öffentlichkeit transparent und nachvollziehbar gestaltet werden kann. Mediationsgruppen, Runde Tische oder Bürgerforen sind keine Verfahren mit großer Breitenwirkung. Diese Verfahren sind deshalb darauf angewiesen, zusätzliche Maßnahmen der Öffentlichkeitsarbeit und der Kommunikation mit außenstehenden Gruppen durchzuführen. Inwieweit damit die Legitimation von Ergebnissen aus der Beteiligung gegenüber Nichtbeteiligten verbessert werden kann, läßt sich aufgrund der geringen Erfahrungen, die bislang mit diesen Instrumenten gesammett worden sind, noch nicht abschließend beurteilen. Allerdings deuten Befragungen nach Planungszellenverfahren und die ersten Auswertungen der Mediationsverfahren auf eine erhöhte Legitimation der Verhandlungsergebnisse durch Außenstehende hin (vgl. Dienel 1989; Wiedemann u. a. 1994; Renn 1994).

Gleichzeitig ist jede Beteiligung an einen Auftrag und ein Mandat gebunden. Die Festlegung dieses Mandats untersteht in den meisten Fällen der auftraggebenden Bebörde. Ein zu enges Mandat kann dazu führen, daß sich die Beleiligung auf eine Akzeptanzbeschaffungsmaßnahme für die Durchsetzung unpopulärer Entscheidungen beschränkt. Ein zu weites Mandat kann die Entscheidungsfähigkeit des Beratungsgremiums außer Kraft setzen oder auch endlose Grundsatzdiskussionen vom Zaun reißen. Hier den richtigen Mittelweg zu finden, ist nicht einfach, vor allem bei komplexen und vernetzten Problembereichen. Je komplexer die behandelten Felder werden, desto mehr Wert muß auf die jeweilige Eingrenzung und Beschneidung der Fragestellung gelegt werden.

6 Schluß

Die Notwendigkeit partizipativer Diskurse, gerade im Bereich der Umweltpolitik und der Raumplanung, ergibt sich aus der Problematik, daß kollektive Entscheidungen in immer stärkerem Maße zeitlich und räumlich weitreichende Konsequenzen haben, unser Wissen über diese Wirkungszusammenhänge immer komplexer und spezialisierter wird und gleichzeitig die von Entscheidungen Betroffenen Mitspracherechte an der Gestaltung ihrer Lebenswelt einfordern (Beck 1986; Fiorino 1989). Wissen ohne Partizipation verletzt das Grundrecht eines fairen Interessenausgleichs zwischen den versehiedenen Parteien; Partizipation ohne Wissen führt zum Diletantismus und daimt zu Handlungsfolgen, die sich niemand wünschen kann. Eine rationale und strukturierte Beteiligung der betroffenen Menschen versucht, beiden Anforderungen gerecht zu werden: die Handlungsfolgen müssen rational durchdacht und die damit verbundenen Interessen fair ausgehandelt werden.

So sehr diskursive Verfahren Umweltpoltik bereichern können und unter Umständen die in allen Umfragen zur Umweltpolitik zum Ausdruck kommende Politikverdrossenheit konstruktiv in Mitverantwortung überführen kann, so sind Diskurse keine magischen Instrumente zur Akzeptanzbeschaffung oder zur Systemintegration. Sie können ihr Ziel nur dann erreichen, wenn die politisch Verantwortlichen den Diskursteilnehmern einen

2

Vertrauensvorschuß gewähren und neue Handlungsspielräume eröffnen. Wenn es um nachträgliche Absengung bereits getroffener Entscheidungen geht, versagt nicht nur das Instrument des Diskurses (und zwar zu Recht), es wirkt dann auch noch zusätzlich kontraproduktiv: Auch der Rest der noch verbliebenen politischen Glaubwürdigkeit wird verspielt. Aus diesem Grunde sollten diskursive Verfahren nur dann in Erwägung gezogen werden, wenn folgende Bedingungen erfüllt sind (vgl, auch Karger und Wiedemann 1994):

- *Klares Mandat und Zeitraster für die am Diskurs beteiligten Parteien oder Individuen:*
  Allen Beteiligten muß vor dem Diskurs klar sein, welche Aufgabe ihnen anvertraut wurde und welche Handlungsspielräume sie besitzen. Jede Entscheidung ist immer in einem Kontext eingeordnet, der durch vergangene Entscheidungen vorbestimmt wurde. Inwieweit diese vorangegangenen Entscheidungen noch revidierbar sind, bedarf der eingehenden Klärung vor Beginn des Diskurses. Alle beteiligten Personen müssen die Grenzen des Mandats genau kennen und diese auch annehmen, sofern sie am Diskurs teilnehmen wollen. Ebenfalls muß deutlich werden, zu welchem Zeitpunkt Empfehlungen benötigt werden, damit sie noch in den politischen Entscheidungsprozeß einfließen können. Der Diskurs sollte aber nicht unter Zeitdruck geraten.

- *Faire Auswahl der Diskursteilnehmer:*
  Je nach Fragestellung sind organisierte Gruppen, Anwohner oder nach dem Zufallsprinzip ermittelte Personen auszuwählen. Die Wahl muß plausibel begründbar sein. Im Zweifelsfall ist es besser, die Zahl der Beteiligten zu erweitern, als eine Gruppe auszuschließen.

- *Einhaltung der verständigungsorientierten Vorgehensweise innerhalb des Diskurses:*
  Viele Verfahren beginnen häufig mit der besten Absicht, die Regeln des Diskurses einzuhalten. Bei der ersten Belastungsprobe läuft aber alles wieder nach strategischen Verhaltensmustern ab. Statusunterschiede werden ausgespielt und Argumente durch Rhetorik und Unterstellungen ersetzt. Um diese "Entgleisung" in die Maschen strategiegeleiteter Verhandlungsführung zu vermeiden, ist es notwendig, die Regeln der Gesprächsführung von vornherein mit den Beteiligten zu diskutieren und einstimmig zu verabschieden. Dies ermächtigt den Moderator, auf die Einhaltung der von allen akzeptierten Regeln zu achten.

- *Rückkopplung der Diskursergebnisse an die engere und weitere Öffentlichkeit:*
  Im Rahmen von Mediationsverhandlungen mit Parteien ist es wichtig, die in jeder Verhandlung erreichten Teilergebnisse von den Klienten oder Gruppenmitgliedern der jeweiligen Diskursteilnehmer bestätigen zu lassen. Wartet man bis zum Endergebnis, ist eine Zustimmung der jeweiligen Gruppe selten zu erreichen, weil die anderen Gruppenmitglieder am Prozeß der Konsensfindung nicht beteiligt waren und die gefundene Lösung dann auch nicht mehr schrittweise nachvollziehen können. Eine explizite Rückkopplung aller Teilergebnisse ermöglicht es den Gruppen, in jedem Teilschritt zustimmende oder ablehnende Voten abzugeben, Nachverhandlungen zu fordern oder neue

Gesichtspunkte einzubringen. Dieser Abstimmungsprozeß hilft den Diskursteilnehmern, ihr Gesicht vor ihren Gruppenmitgliedern zu wahren, und den möglichen Konsens auf eine breitere Basis zu stellen. In gleicher Weise ist es notwendig, die nicht am Runden Tisch versammelte breite Öffentlichkeit über den Prozeß und die jeweiligen Ergebnisse zu informieren, um der Gefahr der Abgehobenheit des Prozesses vom Alltag der Bürger entgegegenzuwirken. Die Glaubwürdigkeit des Verfahrensergebnisses ist weitgehend an die Transparenz des Verfahrens selbst gebunden.

- *Einbindung der Ergebnisse in die politisch legitimierten Entscheidungsverfahren:*

Die meisten diskursiven Verfahren, einschließlich des kooperativen Diskurses, sind informelle Prozesse der Erarbeitung von Empfehlungen in der Phase der Entscheidungsvorbereitung. Solche Empfehlungen können nach unserer Verfassung keine bindende Kraft haben (und sollten es auch nicht). Dennoch muß sichergestelllt sein, daß die Adressaten der Empfehlungen im voraus erklären, in welcher Weise sie mit den Empfehlungen umgehen werden. Zum Beispiel können spezielle Anhörungen organisiert werden, in denen die Entscheidungsträger sich ausgiebig von den Diskursteilnehmern über die Empfehlungen unterrichten lassen. Ebenso sollte eine schriftliche Stellungnahme zu den Empfehlungen erfolgen. Ziel ist es letztlich, die Methode der diskursiven Konsensfindung auch ein Stück weit in den politischen Prozeß der Entscheidungsfindung hineinzutragen, um damit die politische Kultur von den vorherrschenden strategie- und positionsbezogenen Entscheidungsverfahren zu entlasten und durch argumentative Begründungsverfahren zu bereichern.

Der hier vorgestellte kooperative Diskurs ist dabei eine der vielen Möglichkeiten, zu einer sinnvollen Konfliktaustragung und vorausschauenden Umweltpolitik zu kommen. Die Forderung nach einem kooperativen Diskurs ist daher nicht nur ein Anliegen zur rationalen Bewältigung der Umweltprobleme, sondern auch ein Instrument zur Gestaltung einer lebendigen und dynamischen politischen Kultur in Deutschland.

Literatur

Akademie für Technikfolgenabschätzung (1994), Bürgergutachten, Bürgerbeteiligung an der Abfallplanung für die Region Nordschwarzwald. Bürgergutachten Teil I: Restabfallmengenprognose. Band 1: Empfehlungen; Band 2: Dokumentation; Bürgutachten Teil II: Technik der Restabfallbehandlung, Band 1: Empfehlungen (Akademie: Stuttgart)

Austin, John (1969), How to Do Things with Words (Harvard University Press: Cambridge)

Bacow, Lawrence S.und Wheeler, Michael (1984), Environmental Dispute Resolution (Plenum: New York)

Beck, Ulrich (1986), Die Risikogeseilschaft. Auf dem Weg in eine andere Moderne (Suhrkamp: Frankfurt/Main)

Burns, Tom R. and Ueberhorst, Reinhard (1988), Creative Democracy: Systematic Conflict Resolution and Policymaking in a World of High Science and Technology (Praeger: New York)

Claus, Frank und Wiedemann, Peter (1994), Umweltkonflikte. Vermittlungsverfahren zu ihrer Lösung (Blottner: Taunusstein)

Chen, Kan und Mathes, John C. (1989), „Value Oriented Social Decision Analysis: A Communication Tool for Public Decision Making on Technological Projects", in: Charles Vlek und George Cvetkovich (Hrsg.), Social Decision Methodology for Technological Projects (Kluwer: Dordrecht)

Crosby, Ned (1987), Citizen Panels: A New Democratic Process for Risk Management, Paper presented at the National Conference, American Society for Public Administration, (Boston, MA)

Crosby, Ned.; Kelly, J. M. und Schaefer, P. (1986), „Citizen Panels: A New Approach to Citizen Participation", Public Administration Review, 46, 170 - 178

Dienel, Peter, C.(1992), Die Planungszelle. 3. erweiterte Auflage (Westdeutscher Verlag, Opladen)

Dienel, Peter, C. (1989), „Contributing to Social Decision Methodology: Citizen Reports on Technological Projects", in: Charles Vlek und George Cvetkowich (Hrsg.). Social Decision Methodology for Technologial Projects (Kluwer Academic Press: Dordrecht), S, 133 - 150

Fiorino, Daniel, J. (1989) „Technical and Democratic Values in Risk Analysis", Risk Analysis, 9, Nr. 3, 293 - 299

Folberg, Jerry und Taylor, Anthony (1984), Mediation: A Comprehensive Guide to Resolving Conflicts Without Litigation (Jossey-Bass: San Francisco)

Geser, Hans (1986), „Elemente einer soziologischen Theorie des Unterlassens", Kölner Zeitschrift für Soziologie und Sozialpsychologie, 4, 643 - 669

Gaßner, Hartmut; Hotznagel, Bernd und Lahl, Uwe (1992), Mediation, Verhandlungen als Mittel der Konsensfindung bei Umweltstreitigkeiten. Reihe Planung und Praxis im Umweltschutz (Economica Verlag)

Institut für praxisorientierte Sozialforschung [IPOS] (1992), Einstellungen zu Fragen des Umweltschutzes 1992 (IPOS: Mannheim)

Habermas, Jürgen (1971), „Vorbereilende Bemerkungen zu einer Theorie der kommunikativen Kompetenz", in: Jürgen Habermas und Niklas Luhmann (Hrsg.), Theorie der Gesellschaft oder Sozialtechnologie. Was leistet die Systemforschung? (Suhrkamp: Frankfurt/Main), S. 101 - 141

Habermas, Jürgen (1981), Theorie des kommunikativen Handelns. Vol. 1 & 2 (Suhrkamp: Frankfurt/Main)

Hoffmann-Riem, Wolfgang (1990), „Verhandlungslösungen und Mittlereinsatz im Bereich der Verwaltung: Eine vergleichende Einführung", in: Wolfgang Hoffmann-Riem and Eberhard Schmidt-Assmann (Hrsg.), Konfliktbewäftigung durch Verhandlungen. Vol. I (Nomos: Baden-Baden), S. 13 - 41

Karger, Cornelia und Wiedemann, Peter (1994), „Fallstricke und Stoplersteine in Aushandlungsprozessen", in; Frank Claus und Peter Wiedemann (Hrsg.), Umweltkonflikte. Vermittlungsverfahren zu ihrer Lösung (Blottner: Taunusstein), S. 195 - 214

Kathlene, Lynn und Martin, John A. (1991), „Enhancing Citizen Participation: Panel Designs, Perspectives, and Policy Formation", Policy Analysis and Management, 10, No. 1, 46 - 63

Keeney, Ralph L.; Renn, Ortwin; von Winterfeldt, Detlof und Kotte, Ulrich (1984), Die Wertbaumanalyse (HTV Edition, Technik und Sozialer Wandel: München)

Markowitz, Jürgen (1991), „Anmerkungen zum Projektantrag: Vorbeugendes Konflikt- managment für risikobezogene Entscheidungen", Manuskript (Universität Essen: Essen)

Renn, Ortwin (1994), Der kooperative Diskurs: Theorie und praktische Erfahrungen mit einem Deponieprojekt im Aargau. Arbeilsbericht Im Rahmen des Polyprojekts der Eidgenössischen Hochschule Zürich: Sicherheit und Risiko technischer Systeme (ETH:: Zürich, November)

Renn, Ortwin; Goble, Robert; Levine, Deborah; Rakel, Horst und Webler, Thomas (1989), Citizen Participation for Sludge Management. Final Report to the New Jersey Department of Environmental Protection, (CENTED. Clark University: Worcester)

Renn, Ortwin; Webler, Thomas; Rakel, Horst; Dienel, Peter C. und Johnson, Brandon (1993), „Public Participation in Decision Making: A Three-Step-Procedure", Policy Sciences, 26, 189 - 214

Renn, Ortwin und Webler, Thomas (1994), „Konfliklbewältigung durch Kooperation in der Umweltpolitik - Theoretische Grundlagen und Handlungsvorschläge", in: Umweltökonomische Studenteniniative OIKOS an der Hochschule St. Gallon (Hrsg.), Kooperationen für die Umwelt. Im Dialog zum Handeln (Ruegger Verlag: Zürich), S. 11 - 52

Renn, Ortwin; Webler, Thomas und Wiedemann, Peter (1995), Fairness and Competence in Citizen Participation (Kluver: Dordrecht)

Renn, Ortwin und Oppermann, Bettina (in Druck), „'Bottom-up statt Top-down' Die Forderung nach Bürgermitwirkung als (altes und neues) Mittel zur Lösung von Konflikten in der räumlichen Planung", Zeitschrift für Angewandte Umweltfragen

Webler, Thomas (1994), Experimenting with a New Democratic Instrument in Switzerland: Siting a Landfill in the Eastern Part of Canton Aargau, Arbeitsbericht im Rahmen des Polyprojekts: Risiko und Sicherheit technischer Systeme an der Eidgenössischen Technischen Hochschule (ETH: Zürich)

Webler, Thomas; Levine, Deborah; Rakel. Horst und Renn, Ortwin (1991), „The Group Delphi: A Novel Attempt at Reducing Uncertainty", Technological Forecasting and Social Change, 39, 253 - 263

Wiedemann, Peters; Femers, Susanne und Nothdurft, Werner (1994), „Kommunikatives Konfliktmanagement: Trainingsmöglichkeiten", in: Frank Claus und Peter Wiedemann (Hrsg.), Umweltkonflikte. Vermittlungsverfahren zu ihrer Lösung (Blottner: Taunusstein, S. 215 - 227

Zilleßen, Horst (1993), „Die Modernisierung der Demokratie im Zeichen der Umweltpolitik", in: Horts Zilleßen, Peter C. Dienel und Wendelin Strubelt (Hrsg.), Die Modernisierung der Demokratie (Westdeutseher Verlag: Opladen), S. 17 - 39

Originaltext Selle 2004

2

Klaus Selle

Kommunikation in der Kritik?

Anmerkungen zur jüngeren Diskussion um die kommunikative Orientierung in Praxis und Theorie der Planung

Unser Zeitalter ist eine Ära des Aberglaubens und der urbanen Legendenbildung
(Mike Davis)

Die Grenzen meiner Sprache bedeuten die Grenzen meiner Welt
(Ludwig Wittgenstein)

Irgendwann gegen Ende der 80er Jahre, so wird es in der planungstheoretischen Literatur erzählt, habe es den Wandel gegeben: Man begann, in Planungs- und Entwicklungsprozessen kooperative Steuerungs-Elemente zu entdecken, vor und neben gesetzlich definierten (hoheitlichen) Verfahrensschritten traten Aushandlungen und Vereinbarungen, hierarchische Strukturen wurden durch heterarchische (Netzwerke) ergänzt, öffentliche Akteure reihten sich ein in Partnerschaften unterschiedlicher Art. Diese Veränderungen im Planungsverständnis führten auch zu einem neuen Blick auf Kommunikation in Planungsprozessen: Auf den ersten Blick evident war, dass die kooperativen Steuerungsbemühungen eines hohen Maßes an kommunikativer Aktion bedurften. Zugleich aber wurde deutlich, dass auch der traditionelle Arbeitsalltag der Planungsfachleute ganz wesentlich von Kommunikation (und ihren Problemen) gekennzeichnet war und ist. Das traditionelle Verständnis planungsbezogener Kommunikation, das sich bislang vor allem auf die Beteiligung der Bürgerinnen und Bürger bezog, wurde wesentlich erweitert: Nun geriet der gesamte Prozess des Planens und Entwickelns als kommunikative Gestaltungsaufgabe in den Blick.

So entstand ein neues Planungs-Paradigma. Als zentrale Stichworte zu dessen Kennzeichnung dienen seither „Kooperatives Handeln" – für den Steuerungsmodus – und „Kommunikative Prozessgestaltung" – für die Arbeitsformen.

230   Klaus Selle

Dieser Paradigmenwechsel vollzog sich fast gleichzeitig in verschiedenen Ländern bzw. Diskussionszusammenhängen und fand seither in einer unübersehbaren Flut von Publikationen seinen Ausdruck.

Interessant ist nun eine neuere Entwicklung: In der englischsprachigen planungstheoretischen Diskussion regt sich Widerstand: Kritik wird laut am „communicative turn" und dessen Dominanz in der wissenschaftlichen Auseinandersetzung über Planung.

In der deutschsprachigen Debatte hat sich diese Kritik noch nicht formiert und publizistisch bemerkbar gemacht. Was nicht heißt, dass es keine Kritik gäbe: Im Planungsalltag begegnet man allenthalben abfälligen Bemerkungen über „dieses ständige Gerede" und auch in wissenschaftlichen Diskussionskreisen sind skeptische Kommentare wie „das mit der Kommunikation kann doch nicht alles sein" zu hören.

Erweitert man seine Aufmerksamkeit auf das politische Umfeld, so werden auch dort neue Töne hörbar: In den vergangenen Jahren wurden – zumal in Deutschland – viele gesellschaftliche Probleme von der Politik nicht mehr nur in parlamentarischen oder parteiinternen Diskussionen aufgegriffen, sondern in Kommissionen, Runden Tischen, Foren etc. behandelt. Gegen diese breit angelegten, oft mühsamen Diskursprozesse beginnt sich Widerstand zu formieren: Die „Zeit des Redens" sei vorbei, heißt es, „Entscheiden" und „Handeln" sei jetzt gefragt. Die Politik solle der „ihr zustehenden Rolle" wieder gerecht werden. In anderen Ländern ist sogar von einer „Rückkehr des Paternalismus" die Rede.

Zeichnen sich neue Entwicklungen ab? Stehen wir vor einer erneuten Wende? Sind – mit Blick auf die Planung – Folgerungen zu ziehen?

Es liegt in der Natur von Paradigmen, dass sie wechseln. Über kurz oder lang tritt an die Stelle des einen ein anderes. Also erhebt sich die Frage, ob die amerikanische und englische Planungsdiskussion uns hier voraus ist und wir dort den Vorschein eines Paradigmawandels erkennen können.

Anlass genug also, sich die Kritik genauer anzuschauen, ihre Berechtigung zu prüfen und nach Folgerungen für die hiesige Diskussion zu fragen.

Das kann hier nicht in der notwendigen Breite geschehen (allein das Nachvollziehen der verschiedenen Diskussionsstränge verlangt nach dem Buchformat). So bleibt nur, Stichproben zu nehmen: Anhand einiger neuerer Aufsätze stelle ich zwei „Ebenen" der Kritik vor (Kap. 1), unternehme Einordnungsversuche (Kap. 2) und Brückenschläge zur hiesigen Debatte (vgl. dazu ausführlicher Selle 2000a), skizziere „Weiterungen" des Themas (Kap. 3) und spreche abschließend einige Folgerungen für das Planungsverständnis (Kap. 4) an.

2

1.   Kritik: Zwei Ebenen

Wer die jüngere Auseinandersetzung mit der kommunikativen Orientierung Revue passieren lässt, kommt schnell zu der Einsicht, dass da auf verschiedenen Ebenen und mit unterschiedlichen Stoßrichtungen argumentiert wird:

- Vordergründig ist die Rede von Widrigkeiten, Fragwürdigkeiten und unbefriedigenden Ergebnissen der Kommunikationsprozesse. Mit dem Hinweis auf diese Probleme verbinden die Kritiker zugleich die Vermutung, dass von den Verfechtern der kommunikativen Orientierung ein zu rosiges Bild von der Wirklichkeit gezeichnet werde.
- Diese Kritik verweist bereits auf die dahinter liegende Ebene der Debatte: Wie steht es mit dem Bezug der Theorien zur Praxis? Und, weiter noch: Wird eine Planungstheorie, die sich vor allem auf Kommunikation konzentriert, ihrem Gegenstand noch gerecht?

1.1   Alles Käse?

Beginnen wir mit den konkreten Fragen, den Niederungen der Praxis. Ich greife hier im Wesentlichen zwei Aufsätze heraus und versuche einige kritische Beobachtungen und Argumente in geraffter Form wiederzugeben:

Michael Neumann ist nach eigenem Bekunden mit der Praxis (konsensorientierter Verfahren) gut vertraut. In seinem Aufsatz *Communicate This! Does Consensus Lead to Advocacy and Pluralism?* sieht er sich nun zu einer kritischen Betrachtung aufgefordert. Einige wesentliche Punkte seiner Argumentation (Neumann 2000: 346 ff.) lauten:

- Auf der Suche nach Konsens werden die realen Probleme auf die bearbeitbaren reduziert und heraus kommt geschmackloser Käse – als kleinster gemeinsamer Nenner: „*Thus the internal dynanmics of consensus processes usually mitigate a thorough deliberation of all the issues before them. Instead they bite off just as much as they can chew, and not a bit more, in order to still spit out a 'yes'. The resulting mastication has indeed been chewed over, but is bland and overly processed, like homogenized American cheese. Consent ends up being the lowest common denominator instead of the highest possible hope and aspiration.*"
- Das Bemühen um Konsens führt zu zustimmungsfähigen Leerformeln: Wer kann etwas gegen „Mom and apple pie", gegen gute Luft und mehr Arbeitsplätze haben? „*If a group does get consensus, then the resulting language in the*

written agreement is typically general and vague ... The most abstract level of intent statements – goals – can be so general in their wording that they are referred to derisively as 'mom and apple pie' stetements. Who can be against mom and apple pie? That is, who can be against clean air or more jobs?"

- Der Konsens ist instabil, personengebunden und findet oft keinen Rückhalt in den Heimatorganisationen der Beteiligten: *"Consensus processes suffer a further weakness because they are often constructed ad hoc, using temporary arrangements of persons who represent a wide range of interests. Sometimes participants speak their own conscience rather than truly representing their affiliated organization's interests. Sometimes the group's representative is not authorized to decide on behalf of the parent organization... In any case, consensus gained in an ad hoc forum is fragile, and can easily dissipate when the forum is not in session, or when the forum dissolves at the end of its term."*

- Die Konsensfindung bezieht die wirklichen Zentren der Macht, die entscheidenden Akteure oft nicht ein: *" ... Often the conditions surrounding the consensus process that planners engage in and scholars study are divorced from the true centers of power."*

Vor diesem Hintergrund beschreibt Neuman dann die vielen Taktiken, die es gibt, um einen Dissens oder das Scheitern von Konsensverfahren zu vermeiden: das Verlagern der Problembearbeitung in andere Bereiche (der Regierung), das Gründen neuer Komitees für weitere Untersuchungen, das Zerlegen des Entscheidungsgegenstandes in viele Einzelteile, das Hineinstellen des Themas in einen anderen Kontext oder die Neuformulierung der Fragestellung oder gar die Übereinstimmung darin, dass man nicht übereinstimme. In der Summe führe alles das dazu, dass wirklich drängende Probleme nicht bearbeitet, notwendige Entscheidungen nicht getroffen und lediglich fadenscheinige Beschlüsse gefasst und nichts sagende Papiere verfasst werden.

Kritik wie die von Neumann findet sich vielfach (vgl. z. B. auch Fainstein 2000: 458 f.) Die Ausrichtung am Konsens, mit dem Zielkonflikte ummäntelt würden, wird dort ebenso kritisiert wie das Auseinanderfallen von Reden und Handeln oder die Dominanz des Nimby-Prinzips (*Not in my back yard* – das englische Gegenstück zu unserem St. Florians-Prinzip) bei vielen Bürgerversammlungen und anderen Bekundungen lokaler Interessen.

Hier setzt auch der folgende Aufsatz an – allerdings nicht auf allgemeiner Ebene sondern konkret aufgabenbezogen: Simone A. Abram stellt in dem Aufsatz *Planning the Public: Some Comments on Empirical Problems for Planning Theory* einleitend (2000: 351 f.) fest, dass in Großbritannien (und nicht nur dort) Stadterweiterung und der Bau neuer Wohnsiedlungen nicht selten kollidierten mit dem

written agreement is typically general and vague ... The most abstract level of intent statements – goals – can be so general in their wording that they are referred to derisively as 'mom and apple pie' stetements. Who can be against mom and apple pie? That is, who can be against clean air or more jobs?"

- Der Konsens ist instabil, personengebunden und findet oft keinen Rückhalt in den Heimatorganisationen der Beteiligten: *„Consensus processes suffer a further weakness because they are often constructed ad hoc, using temporary arrangements of persons who represent a wide range of interests. Sometimes participants speak their own conscience rather than truly representing their affiliated organization's interests. Sometimes the group's representative is not authorized to decide on behalf of the parent organization... In any case, consensus gained in an ad hoc forum is fragile, and can easily dissipate when the forum is not in session, or when the forum dissolves at the end of its term."*

- Die Konsensfindung bezieht die wirklichen Zentren der Macht, die entscheidenden Akteure oft nicht ein: *„ ... Often the conditions surrounding the consensus process that planners engage in and scholars study are divorced from the true centers of power."*

Vor diesem Hintergrund beschreibt Neuman dann die vielen Taktiken, die es gibt, um einen Dissens oder das Scheitern von Konsensverfahren zu vermeiden: das Verlagern der Problembearbeitung in andere Bereiche (der Regierung), das Gründen neuer Komitees für weitere Untersuchungen, das Zerlegen des Entscheidungsgegenstandes in viele Einzelteile, das Hineinstellen des Themas in einen anderen Kontext oder die Neuformulierung der Fragestellung oder gar die Übereinstimmung darin, dass man nicht übereinstimme. In der Summe führe alles das dazu, dass wirklich drängende Probleme nicht bearbeitet, notwendige Entscheidungen nicht getroffen und lediglich fadenscheinige Beschlüsse gefasst und nichts sagende Papiere verfasst werden.

Kritik wie die von Neumann findet sich vielfach (vgl. z. B. auch Fainstein 2000: 458 f.) Die Ausrichtung am Konsens, mit dem Zielkonflikte ummäntelt würden, wird dort ebenso kritisiert wie das Auseinanderfallen von Reden und Handeln oder die Dominanz des Nimby-Prinzips (*Not in my back yard* – das englische Gegenstück zu unserem St. Florians-Prinzip) bei vielen Bürgerversammlungen und anderen Bekundungen lokaler Interessen.

Hier setzt auch der folgende Aufsatz an – allerdings nicht auf allgemeiner Ebene sondern konkret aufgabenbezogen: Simone A. Abram stellt in dem Aufsatz *Planning the Public: Some Comments on Empirical Problems for Planning Theory* einleitend (2000: 351 f.) fest, dass in Großbritannien (und nicht nur dort) Stadterweiterung und der Bau neuer Wohnsiedlungen nicht selten kollidierten mit dem

Erhalt von Landschaft und den lokalen Einzelinteressen. Bei der Auseinandersetzung mit diesem Zielwiderspruch habe sich gezeigt, dass verstärkte Beteiligung
durchaus nicht zur Besserung der Situation beitrage. Vielmehr würde man da erst
recht mit der geballten Wut der Menschen vor Ort konfrontiert: *„This leads to the
inevitable accusation from disappointed participants that, in this context, communicative efforts are wasted rhetoric. The real decisions have already been made."*
(357)

Außerdem, so Abram weiter, würde in solchen Konflikten deutlich, dass sich
da keineswegs Vertreterinnen und Vertreter eines lokalen Gemeinwesens mit Interesse am Gemeinwohl zu Wort melden, sondern versucht werde, unmittelbare Eigeninteressen durchzusetzen. Mit der Repräsentativität derjenigen, die an solchen
Kommunikationen teilnähmen sei es also nicht weit her: *„Some basic mistakes lay
in assuming that tribal chiefs simply represented the interests of their community..."* (352)

Ein letzter Kritikpunkt, der bereits bei Neumann hervorgehoben wurde, sei hier
erwähnt: Der (Kommunikations-)Prozess und die realen Entscheidungen stünden
oft in keinem oder nur in einem sehr losen Zusammenhang *(„disconnections
between process and outcome")*, was zu erheblichen Frustrationen führen könnte (zwei klassische Fälle werden in dem zitierten Aufsatz auf S. 353 dargestellt):
„While communication carries a useful purpose in itself, the links between talk,
decisions, and action are neither straight-forward nor inevitable." (352)

In diesem Zusammenhang wird zudem darauf hingewiesen (355), dass es vielfach sehr unklare und reibungsvolle Rollenverteilungen zwischen Planung und
Politik gibt: die einen müssen den Kopf hinhalten und die anderen beteiligen sich
nicht an den Erörterungsprozessen, entscheiden aber dann möglicherweise völlig
selbstständig nach ihren eigenen Rationalitäten.

Muss man das bis hierher Gesagte so zusammenfassen: Da bringen nicht legitimierte Einzelne ihre Privat-Interessen zum Ausdruck und das Gemeinwohl steht
hinten an? Da folgen Foren und Runde Tische einander und heraus kommen nichts
sagende Papiere? Da scheint man sich in mühsamen Gesprächen geeinigt zu haben, aber der Kompromiss erweist sich als nicht haltbar? Da diskutieren die einen
und die anderen fällen ihre Entscheidungen – ist das die Realität der Kommunikation? Ist es das, was die Verfechter des *„Communicative Turn"* meinten?

1.2   *Vernachlässigte Praxis, verkürzte Theorie?*

Die Entwicklung der kommunikativen Planungstheorien in den letzten 15 Jahren
blieb in der *scientific community* nicht ohne Widerspruch. James A. Throgmorten

2

(2000: 367; die zahlreichen Literaturhinweise in dem Textausschnitt werden hier nicht wiedergegeben) fasst zusammen: „*Over the past 10 to 15 years, a diverse mix of planning and policy-related scholars have been claiming that planning is, at root, an interactive communicative activity (...). This claim has engendered a series of replies and counterclaims arguing that the communicative turn (like prior planning theories) tends to be expressed in abstract languages that alienate practicioners, is not producing a cumulative body of knowledge that advances our collective understandings of planning (...), privileges process over substantive issues that are grounded in actual contexts (...), gives too much attention to action by planners and too little to structural features that shape and limit those actions (...) and has ignored the 'dark side' of planning, which can produce social oppression, domination, and control (...).*"

Aus der von Throgmorton skizzierten Kritik möchte ich hier nur die beiden letztgenannten Aspekte herausgreifen (weil sie in der Diskussion die größte Bedeutung zu haben scheinen): die Frage nach dem Realitätsbezug (wurden die „dunklen Seiten" der Kommunikation ignoriert etc?) und die nach der Vollständigkeit des Ansatzes (bleiben strukturelle Aspekte unberücksichtigt?).

Die (eingangs dargestellten, für viele anderen stehenden) Beschreibungen praktischer Probleme der Kommunikation wurden von den jeweiligen Autorinnen und Autoren nicht in erster Linie zusammengestellt, um die Praxis besser zu verstehen oder verbessern zu können. Vielmehr zielen sie in erster Linie auf die Theorie, genauer auf die Verfechter der kommunikativen Orientierung in der Planungstheorie: Die Praxis der Kommunikation sei nicht so, wie sie in der Theorie dargestellt werde. Und das, so die Kritiker, lege die Frage auf, ob möglicherweise mit der Theorie selbst etwas nicht stimme …

Auch hierfür wieder ein Beispiel: Susan S. Fainstein (2000) beschreibt in dem Aufsatz *New Directions in Planning Theory* die Herkunft des kommunikativen Modells einerseits aus dem amerikanischen Pragmatismus (Dewey) und andererseits aus der Frankfurter Schule (Habermas). Allerdings verkürzten die *communicative theorists*, so Fainstein, insbesondere den Habermas'schen Ansatz um seine kritisch-analytische Absicht, was dazu führe, dass sich moralische Postulate verselbstständigten und ökonomische, soziale sowie politische Kräfteverhältnisse aus dem Blick gerieten: „*Habermas posited the ideal speech situation as a criterion by which to register the distortion inherent in most interactions. As such, it supplies a vehicle for demystification. But when instead ideal speech becomes the objective of planning, the argument takes a moralistic tone, and its proponents seem to forget the economic and social forces that produce endemic social conflict and domination by the powerful.*" Zudem seien die Vertreter der kommunikativen Denkschule weitgehend blind gegenüber den möglicherweise ungerechten Ergebnissen offener, „diskursiver" Prozesse: *„Communicative theorists avoid dealing with the classic topic of what to do when open processes produce unjust results."* Die Liste ihrer Kritikpunkte ist noch deutlich länger – aber belassen wir es zunächst bei diesen Aspekten, die im Kern besagen: Die Realität werde von den „Communicative Theorists" nur sehr selektiv zur Kenntnis genommen. Und kritische Analysen würden durch moralische Postulate ersetzt.

Man wird fragen können, ob Fainstein nicht auch die Argumentationen, die zur kommunikativen Orientierung führen, recht selektiv (oder verkürzend) wahrnimmt, aber unstrittig dürfte sein, dass es durchaus einen hohen moralischen Ton in vielen Kommunikations-Beiträgen gibt. Es geht deren Autorinnen und Autoren vielfach um nichts weniger als Demokratie und Emanzipation. Patsy Healey hat hier in ihrem 1992 erstveröffentlichten Leitaufsatz *(Planning Through Debate: The Communicative Turn in Planning Theory)* den Ton angeschlagen: „Inventing democracy is ... an issue that is moving increasingly sharply into focus. This is a time for the invention of democratic processes ... We need to develop skills in translation, in constructive critique, and in collective invention and respectful action to be able to realize the potential of a planning understood as collectively and intersubjectively addressing how to act in respect of common concerns about urban and regional environments." (zitiert nach dem Wiederabdruck in: Fischer, Forester 1996: 248 f.)

Niemand wird solchen Absichten und Überlegungen seine Sympathien absprechen. Aber jeder weiß, dass die wirkliche Planungs-Welt der Erfindung und Anwendung demokratischer Prozesse viele Widerstände entgegensetzt. Eine Theorie, die – scheinbar – vor allem diese hehren Ziele verfolgt und die ihnen entgegenstehenden Kräfte nicht zur Kenntnis nimmt oder angemessen thematisiert, müsste man in der Tat der Realitätsblindheit zeihen. Ähnliche Vorwürfe musste sich früher auch die klassische „rationalistische" Sicht auf Planung gefallen lassen. Auch ihr schien zu entgehen, dass die Entwicklung von Raum und Gesellschaft nicht so verläuft, wie es sich die reinen Planungs-Lehren vorstellen. Und wem aus dem Blick gerät, dass es in der Realität sehr viel „schmutziger" zugeht, dem muss dies gelegentlich vorgehalten werden – wie es etwa Bent Flyvberg (1998) mit seinem Hinweis auf die *„dark side"* der Planung unternimmt oder wie es in der hiesigen Diskussion zum Beispiel die Auseinandersetzungen mit Großprojekten zu leisten versuchen (vgl. Reuter 2001; Müller, Selle 2002).

Es geht bei dem Hinweis auf die (möglicherweise vernachlässigte) „dunkle Seite" nicht nur um die angemessene Beschreibung der Praxis, sondern vor allem um die Auseinandersetzung mit jenen Faktoren, die zu den oft problematischen Entwicklungen in der Planungsrealität führen. Flyvberg spielt nicht zufällig assoziativ mit dem „Krieg der Sterne", in dem die „dunkle Seite der Macht" eine hand-

2

lungsbestimmende Rolle inne hat. Damit ist ein Schlüsselbegriff angesprochen: Macht. Dominanz von Interessen, Durchsetzung starker Akteure und – als Gegenstück – die Benachteiligung schwacher Interessen, Akteure, Räume etc. seien, so die Kritiker, in den kommunikativen Ansätzen unzureichend berücksichtigt. Eine Planungstheorie aber, die sich derart auf Kommunikation beschränke und strukturelle Aspekte außer Acht lasse, greife zu kurz, werde ihrem Gegenstand nicht gerecht:

- Wer Macht und Interessen nicht angemessen berücksichtige und etwa Fragen nach sozialer Gerechtigkeit nicht stelle, der vermittle ein unzureichendes Bild von der Planung. Eben dies aber geschehe bei der Hinwendung auf Kommunikation.
- Wer nur auf den Prozess (und da wieder vorrangig auf die Kommunikation) schaue, der vernachlässige die Inhalte, Aufgaben und Ergebnisse der Planung – könne also nicht zu sinnvollen Aussagen kommen.

Die Kontroverse über den Realitätsbezug und die theoretische Reichweite der Kommunikativen Orientierung führt uns schon mitten hinein in die Frage danach, was denn von der hier – zweifellos unvollständig – wiedergegebenen Kritik zu halten sei. Mit zehn Anmerkungen sei versucht, einige (sicher nicht alle notwendigen) Antworten auf diese Fragen zu finden, Antworten, die auch in neue Fragen münden können.

2.   Brückenschläge und Einordnungsversuche

Am Anfang der Kritik an der kommunikativen Orientierung standen Praxisbeschreibungen. Wir hörten von frustrierten Bürgern, von durchsetzungsstarken Einzelinteressen, fragilen Vereinbarungen, faulen Kompromissen und vielem anderen mehr. Alles das scheint keineswegs geeignet, das positive Bild, das gelegentlich von der Kommunikation gezeichnet wird, zu bestätigen.

Allerdings: Alles das gibt es. Und: Alles das ist auch hierzulande bekannt. Es wird zwar kaum in den Fachblättern verbreitet, beherrscht aber manche Diskussion in der Praxis: Nicht selten bekommen altgediente Praktiker zornrote Köpfe, wenn ihnen jemand von „Bürgerorientierung", „offenen Prozessen" und „Planung im Diskurs" erzählt: „Ihr denkt Euch da was am grünen Tisch aus – aber schaut Euch doch an, wie es wirklich ist!" Und dann folgt eine Suada von Frustrationen: „Da kommen doch immer nur die Querulanten hin! Die haben doch nur ihre Interessen im Kopf! Die zerreden doch alles! Da kommt doch nichts bei heraus …" Und so weiter und so fort.

Versuchen wir also zunächst, angeregt durch die Diskussion im Ausland, Antworten auf die Frage zu finden, was von derlei Erfahrungen zu halten ist.

2.1   *Formfehler, oder: Von den selbst erzeugten Problemen*

Die Gestaltung von Kommunikationsprozessen ist eine anspruchsvolle Aufgabe. Nicht alle beherrschen die in den jeweiligen Situationen erforderlichen kommunikativen Arbeitsformen. Und so werden Fehler gemacht. Und da es zumeist an kritischer Evaluation und professioneller Begleitung solcher Prozesse mangelt, werden die Fehler auch gern wiederholt – bis dann die Feststellung „Kommunikation macht keinen Sinn" zur sich selbst erfüllenden Prophezeiung wird.

Die Liste der Fehler ist sehr lang. Beschränken wir uns also hier auf einige der Beispiele, die bereits genannt wurden:

- Die Anwohnerinnen und Anwohner sind erzürnt, schreibt Abram, weil sie zwar zur Erörterung über neue Baugebiete geladen wurden, aber feststellen müssen, dass alles schon entschieden ist. Und so entartet die Kommunikation in Beschimpfungen. Hier liegt ein geradezu klassischer Fehler vor: Substanz und Reichweite des Kommunikationsangebotes wurden nicht geklärt und nicht vermittelt. Wer schon alles entschieden hat, sollte nicht zur Erörterung laden. Und wer lediglich über getroffene Entscheidungen informieren will, sollte dies vorab mitteilen – und sich ansonsten warm anziehen.
- In Auseinandersetzung mit Judith Innes bezweifelt Abram (2000: 355) auch, ob die Beteiligten an solchen Prozessen überhaupt Interesse an gemeinsamen Problemlösungen haben Die Zweifel sind berechtigt. Interesse hat man nur, wenn man Nutzen sieht – und der hängt von der Substanz des Kommunikationsangebotes ab. Ist die aus der Sicht der Angesprochenen zu gering, wird man wohl gar nicht erst hingehen. Also muss vorab der Nutzen für verschiedene Zielgruppen herausgearbeitet und entsprechend kommuniziert werden.
- Zur Irrelevanz von Kommunikationsangeboten kann auch beitragen, dass nicht die richtigen Beteiligten zusammengebracht werden. Fainstein, Neumann und viele andere beklagen das Auseinanderfallen von Diskurs und Entscheidung. Auch aus der hiesigen Praxis sind entsprechende Klagen – etwa im Zusammenhang mit Agenda-Prozessen – wohl bekannt. Die anspruchsvolle Aufgabe für Prozessgestalter besteht also darin, das entscheidungsrelevante Personal einzubinden (hier wird gelegentlich von der „Entscheiderbeteiligung" gesprochen). Das wird nur in Ausnahmefällen mit einer Kommunikationsform (etwa dem gemeinsamen großen Forum) zu gewährleisten sein. In aller Regel werden diffe-

2

renzierte Vorgehensweisen (innere und äußere Kreise, Parallelgruppen, bilaterale Abstimmungen etc.) notwendig werden.

Brechen wir die Fehlerliste ab. In Kurzform lässt sich sagen, dass viele Kommunikationsangebote fahrlässig gemacht werden. Zentrale Voraussetzungen sind nicht geklärt und so sind Fehler und Misserfolge unvermeidlich. Das Problem liegt hier nicht in der Kommunikation sondern in mangelnden Kenntnissen derer, die sie betreiben.

2.2   *NIMBY und andere, oder: Von den Missverständnissen*

Auf ähnlicher Ebene wie die Formfehler sind Missverständnisse angesiedelt, mit denen Kommunikationsversuche belastet werden. Zwei Beispiele:

Da beschweren sich nicht nur die eingangs zitierten Autoren immer wieder, in Erörterungen zu Planungsproblemen kämen nur Einzelinteressen zur Sprache (NIMBY und andere). An das Gemeinwohl denke niemand. Aber eben darum werden die an Kommunikationen Beteiligten doch zusammengeführt: dass sie ihre Sicht der Dinge, ihre Kenntnisse und Interessen einbringen.

Dem Investor billigt man ohne weiteres zu, dass er seinen Nutzen im Auge behält und auch dem Vertreter einer Fachbehörde gesteht man seine Ressortsicht zu – nur die Bürgerinnen und Bürger sollen das Gemeinwohl im Auge haben? Hier steckt das Missverständnis: Es ist nicht Aufgabe der einzelnen Interessierten, Betroffenen und Beteiligten, das Gemeinwohl zu vertreten. Es sind die Verfahren, mit denen gewährleistet werden muss, dass aus dem Gegen- und Miteinander dieser vielen Einzelsichten sinnvolle Handlungsansätze entstehen können. Es liegt in der Verantwortung derer, die Verfahren gestalten, dass alle Interessen angemessen vertreten, dass Fairness und Kompetenz gewährleistet werden.

Am Rande bemerkt handelt es sich bei den Beschwerden über Egoismen oft auch um Resultate von „technischen" Fehlern: Es wurde vor der öffentlichen Erörterung zu lange intern erörtert, allzu vieles liegt bereits fest – und da nimmt es dann nicht Wunder, wenn die Interessen der bislang nicht Involvierten nicht zum mühsam abgestimmten Konzept passen. Eine frühere Öffnung des Verfahrens wäre (in den meisten Fällen) besser gewesen.

Kommen wir zu einem zweiten Missverständnis. Es findet in der Klage seinen Ausdruck, dass der Kreis, der da zusammenkomme, überhaupt nicht repräsentativ sei. Wie sollte es – bei einer offenen Einladung – auch anders sein? Solche „Angebots-Kommunikationen" sind immer sozial selektiv. Wer auch die Akteure, die solchen Angeboten fern bleiben, erreichen will, muss (ergänzend) zielgruppenorientierte Kommunikationsstrategien entwickeln. Aber oft reicht das Missverständnis noch tiefer: Wieso überhaupt „repräsentativ"? Sollen die Kompetenzen repräsentativ zustande gekommener Körperschaften oder Gremien ersetzt oder geschmälert werden? Wohl kaum.

Also dürfte es entweder um Ergänzungen vorhandener (verfasster) Entscheidungsprozesse durch gezielte Meinungsbildungen oder aber um Vereinbarungen gehen, die einer abschließenden Billigung von Parlamenten, Stadträten etc. nicht bedürfen:

Im ersten Fall geht man davon aus, dass Meinungsbildungen im Vorfeld politischer Entscheidungen ständig stattfinden: in Theaterfoyers, auf Golfplätzen, in Lyon Clubs. Diese intransparenten und durchaus nicht „repräsentativen" Formen der Kommunikation sollen – mit Foren, Werkstätten etc. – durch öffentliche Meinungsbildungen ergänzt werden. Dass nun gerade letztere zum Gegenstand von Kritik werden und erstere unbenannt bleiben, erstaunt doch sehr.

Im zweiten Fall werden Entscheidungen in Feldern vorbereitet, für die öffentliche Gremien nicht oder nicht allein entscheidungsbefugt sind. Als Beispiel sei ein lokaler Agenda-Prozess benannt, in dem Akteure aus Unternehmen Verbänden und verschiedenen Organisationen erörtern, ob und wie man Impulse für nachhaltiges Wirtschaften in der Region geben könnte. Eine solche Runde kann Vereinbarungen treffen, die die Teilnehmenden binden – vorausgesetzt die jeweiligen Heimatinstitutionen tragen sie mit. Ganz ähnlich verhält es sich (um nur ein weiteres Beispiel zu nennen) bei Konferenzen für Innenstädte. Mit ihnen wird versucht, Investitionen und private Standortentscheidungen in Gleichklang zu bringen. Die Kooperanden entscheiden im eigenen Kompetenzbereich und lediglich dort, wo kommunale Rahmensetzungen berührt werden, sind ggf. öffentliche Entscheidungen vonnöten.

Auch hier – bei der Frage der Repräsentativität – stoßen wir übrigens nicht selten wieder auf schlichte „technische" Fehler: Da werden Kommunikationen angeboten, ohne zuvor die Verzahnung mit formellen (gesetzlich vorgeschriebenen bzw. politisch notwendigen) Entscheidungsgängen oder die Frage von Reichweite der Meinungsbildung bzw. die Entscheidungskompetenz der Teilnehmenden zu klären.

2.3   Ursache und Wirkung

In Neumanns Kritik an der Tragfähigkeit informeller, konsensorientierter Prozesse war zu lesen (siehe oben), dass die Verbindungen zu den Arenen von Politik und Wirtschaft oft sehr schwach ausgeprägt seien und insofern der erzielte Konsens wenig Wirkungskraft entfalte. Das gilt sicher oft. Aber was ist von Neumanns

2

Folgerung zu halten, man müsse die Konsensprozesse stärker institutionalisieren um deren Wert und Wirkung zu stärken? „*To stand up to powerful forces in fields of action, such as a-renas of economic, political, and legal conflict – the batt-le-grounds where all planning conflicts are eventually fought – consensus processes must be institutionally constructed and sanctioned ...*" (Neumann 2000: 346).

Wenig. Denn hier scheint es sich um eine Verwechslung von Ursache und Wirkung zu handeln. Rekapitulieren wir noch einmal: Informelle Verfahren entstanden vielfach dort, wo innerhalb formalisierter Verfahren bestimmte Aufgaben nicht mehr oder nur mit sehr hohen „Kosten" (Zeit, Personal, Geld, schlechte Ergebnisse) zu bewältigen waren: Stadtforen wurden eingerichtet, um der Geschwindigkeit der Stadtentwicklung, der mit den traditionellen konsekutiven Abstimmungsprozessen nicht mehr entsprochen werden konnte, gerecht zu werden. Mediationsverfahren entstanden, weil traditionelle gerichtliche Klärung zu lang dauerte und zu – oft für beide Seiten – unvorteilhaften Ergebnissen führte. Ähnliches gilt für das Entstehen neuer Mittler-Institutionen, die zur Kooperation zwischen z. B. den Sphären von lokaler Gesellschaft, Staat und Märkten beitragen: Solche Intermediären Organisationen entstanden, weil im traditionellen Institutionengeflecht neu entstandene Aufgaben nicht angemessen bearbeitet werden konnten (vgl. zu dieser „These von der Inkomplementarität" Selle 1991). Und, das macht dieses Beispiel auch deutlich, sie verschwinden auch wieder oder verwandeln sich einer der Sphären an, wenn sich zeigt, dass diese Form der Problemlösung nicht mehr benötigt wird oder aber dauerhaft in den Kanon von Verfahren und Institutionen eingestellt werden soll. Dynamik ist hier eine Konstante – hieß es in früheren Untersuchungen dazu.

Mit Bezug auf Neumanns Institutionalisierungsforderung heißt das: In bestimmten Entwicklungsphasen sind informelle Kommunikationsgestaltungen zwingend *informell*, weil die vorhandenen Kommunikations-Wege versperrt sind oder scheinen. Hier nach Institutionalisierung zu rufen wäre Nonsens. In anderen Phasen und Situationen können sich die informellen Wege als verzichtbar erweisen, weil sie ihren Dienst bereits getan haben (guter Fall) oder sich als irrelevant erwiesen (häufiger, schlechter Fall, insbesondere dort auftretend, wo die informelle Kommunikation nicht aus Handlungszwängen resultierte sondern lediglich aus „guten Absichten"). Auch in diesen Fällen wäre eine Institutionalisierung unsinnig.

Dort, wo sich auf Dauer ein Bedarf zeigt, wird das „neue" Verfahren oder die „neue" intermediäre Kommunikationsagentur in der Regel assimiliert oder inkorporiert. Das heißt, die vormaligen Neuerungen werden zum Beispiel

Kommunikation in der Kritik? 241

- zu einem anerkannten Verfahrensbestandteil: Einige Stadtforen hatten für einige Zeit diesen Status im Rahmen der lokalen politischen Meinungsbildung, die Integration der Mediation in das Berufsbild der Juristen wäre ein anderes Beispiel,
- oder zu einem Unternehmen am Markt: Manche alternativen Sanierungsträger der 80er Jahre entwickelten sich so weiter, auch vormals mit staatlichen Programmen entstandene intermediäre Projektentwickler wandelten sich mit der Zeit (durchaus absichtsvoll) zu „normalen" Beratungsfirmen.

Informelle Verfahren sind informell, wenn und soweit die formellen nicht zielführend sind, sie sind „schwach" solange man sie nicht „stark" benötigt etc. Es geht also um Handlungsbedarf, um Notwendigkeiten und Zwänge – und damit um Macht, Interessen und Durchsetzungsmöglichkeiten.

2.4 Sturz auf die Erde, oder: Vom Realitätssinn

„The communicative turn…has ignored the 'dark side' of planning, which can produce social oppression, domination, and control" stellte Throgmorton (2000: 367) – mit Verweis auf Yftachel und Flyvberg – fest. Gemünzt war diese Kritik auf jene, die mit der kommunikativen Wende vor allem den Aufbruch in die Welt der Diskurse meinten. In die gleiche Kerbe hieb Susan Fainstein (2000), wenn sie feststellte, dass sich da in den Gedankengängen der Kommunikations-Verfechter gelegentlich moralische Argumente verselbstständigten.

Dem ist nur zuzustimmen. Allerdings scheint auch die Rede von der „dunklen Seite" bereits eine Verselbstständigung der Diskussion zum Ausdruck zu bringen. Denn bei der Kommunikation in der Planung geht es nicht um eine helle und eine dunkle Seite, um das Gute oder das Böse. Kommunikation ist vielmehr untrennbar an die Inhalte der Planung und die mit ihnen verwobenen Interessen geknüpft – und die können gut, schlecht, banal, hochfliegend, unausgewogen, um Ausgleich bemüht, großspurig, kleinkariert, pragmatisch, realitätsfern und vieles mehr sein…

Allerdings gerät dies nicht nur gelegentlich und nicht nur in der auswärtigen Diskussion aus dem Blick. Von der Forderung „Mehr Demokratie zu wagen" über die emphatische Verkündigung einer verkürzten Habermas'schen Diskursethik bis hin zu den Elogen auf Zivil- oder Bürgergesellschaft wohnt der Erörterung über Kommunikation ein erheblicher utopischer Überschuss inne. Tatsächlich haben viele Propagandisten der Kommunikation den Blick in den Wolken statt vor den Füßen. Und das kann zum Stolpern führen – zumindest dann, wenn man sich der Praxis aussetzt. So ergeht es zumeist denen, die in Literatur und Lehre nur jenen sehnsuchtsvoll entrückten Blick auf Kommunikation vermittelt bekamen und nun

2

vor realen Aufgaben der Prozessgestaltung stehen: Sie gehen von völlig unrealistischen Annahmen aus und kommen folglich zu praxisuntauglichen Schlüssen – etwa dem, dass man nur alle zusammenbringen muss, um schon in einen produktiven „Diskurs" zu gelangen. Auch ist so ihr ungläubiges Erstaunen zu verstehen, wenn sie sehen, dass (bewusst gestaltete) Kommunikation bedeuten kann, selektiv vorzugehen, durchaus nicht immer öffentlich zu agieren und dennoch am öffentlichen Wohl orientiert zu sein.

Diese Realitätsferne mancher Theorie ist der Hintergrund für die Zornesröte vieler Praktiker: Mit einem solchen Wissen von der wirklichen Welt wird man – da ist ihnen zuzustimmen – keine Kommunikation gestalten können.

Insofern ist durchaus berechtigt zu fragen, ob etwa eine zum moralischen Postulat umgeformte Habermas'sche Diskursethik einen Beitrag zur planungstheoretischen Diskussion leisten kann. Zur Erinnerung: Der „Universalisierungsgrundsatz U" der Diskursethik beinhaltet (vgl. Habermas 1983: 76 und 97), dass jede gültige Norm der Bedingung genügen muss, „dass die Folgen und Nebenwirkungen, die sich jeweils aus ihrer allgemeinen Befolgung für die Befriedigung der Interessen eines jeden einzelnen (voraussichtlich) ergeben, von allen Betroffenen akzeptiert (…) werden können". Daraus folgt, dass jeder, der sich auf die allgemeinen und notwendigen Kommunikationsvoraussetzungen der argumentativen Rede einlässt … „implizit die Gültigkeit des Universalisierungsgrundsatzes unterstellen muss" (97).

Das ist zweifellos nicht die Welt, in der Planung angesiedelt ist. Die „zwanglose Übereinstimmung" in Diskursen, von denen prinzipiell niemand ausgeschlossen ist, stellt sich nicht ein, weil die „notwendigen Kommunikationsvoraussetzungen" nicht vorliegen.

Wer die mühsamen und nervenaufreibenden Erörterungen auf den vielen Bühnen eines komplexen Planungskonfliktes vor Augen hat oder die Auseinandersetzungen um ein Großprojekt der Stadtentwicklung wird – selbst wenn in diesem Kontext noch so viele „Diskurse" öffentlich angekündigt und hoch glänzend publiziert werden – Habermas mit der Realität nicht zusammenbringen können.

Darin allerdings lag eben die ursprüngliche Bedeutung des kritisch gemeinten Habermas'schen Ansatzes. Er kann zur Analyse jener Faktoren beitragen, die die wirkliche Welt der Aushandlungen und Konflikte soweit von einem der Diskursethik verpflichteten, kommunikativen Handeln entfernt.

Zugleich können dieses und andere Konzepte als Utopien verstanden werden: sie haben keinen Ort in der hiesigen Realität, vermögen aber als Leitsterne bei der Auseinandersetzung mit den Widrigkeiten des Alltags bei der Richtungsbestimmung zu helfen.

Gerade weil Kommunikation in der Praxis immer in Spannungsfeldern zwischen Manipulation und Aufklärung, Publicity und Publizität, Überreden und Überzeugen etc. stattfindet, sind ethische Grundsätze, sind weit reichende Orientierungen hilfreich und notwendig.

Während Utopien in diesem Sinne sehr nützlich sind, schaden sie bei verkürzter Verwendung erheblich: Indem sie den Blick auf die Realität verstellen, entstehen in dem Fall weltferne Vorstellungen von Charakter und Leistungsfähigkeit der Kommunikation.

Um idealistische Verkürzungen zu vermeiden mag hilfreich sein, was James Throgmorten (1999) empfiehlt: Der kommunikative Ansatz solle verstärkt Fallstudien durchführen und dabei die spezifischen räumlichen, institutionellen, politischen und sozio-ökonomischen Kontexte berücksichtigen. Zu dem sollten die Anhänger der kommunikativen Denkschulen stärker darauf achten, dass und warum kommunikative Prozesse zu illegitimen und faulen Kompromissen und unausgewogener Interessenberücksichtigung führen können. Zugleich wäre zu fragen, wie marginalisierte Gruppen ihre Vorstellungen von sozialer Gerechtigkeit und Nachhaltigkeit in kommunikative Prozesse stärker einbringen können.

Eine solche offene Debatte über Stärken und Schwächen, Implikationen und Funktionen der Kommunikation in konkreten Fällen würde auch manche der gedanklichen Verbiegungen meiden helfen, von denen z. B. Abram (2000: 353) berichtet:

„When pressed for his view of the value of participation, he hesitated to criticize the idea of participation itself – indeed, it constituates a central belief among planners – falling back on the idea that participation would work if the public was better educated on strategic matters." Da traut sich ein Planer nicht, offen die Probleme, die er mit kommunikativer Praxis hat, zu thematisieren, weil er am Grundsatz nicht rühren mag, dass (in diesem Fall:) Partizipation etwas (an sich) Gutes sei. Also flüchtet er sich in die – auch hierzulande oft zu hörende – Vorstellung, dass Beteiligungsprozesse gut verlaufen könnten, wenn nur die Beteiligten mit Planungsfragen besser vertraut wären.

Aber, um es noch einmal zu betonen, Kommunikation „an sich" ist ebenso wenig „gut" wie etwa „Planung". Und sie bedarf ebenso wie die letztere unvoreingenommener und offener kritischer Betrachtung. Nur so verweht vielleicht der Weihrauchdunst, der das Thema noch für viele umgibt. Und im Wege offener Fach-Diskussion wird dann auch die xte Wiederholung jener beliebten Denkpirouette (die man ja nicht nur aus der Kommunikationsdiskussion kennt) vermeidbar, dass manches besser würde, wenn die anderen (die Nicht-Planer) ewas mehr vom Planen verstünden.

2.5   Vom Teil und vom Ganzen

Oren Yftachel (1999) berichtet von einer Planungstheorie-Tagung in Oxford, auf der die Widersprüche zwischen den kommunikativ orientierten Theoretikern und den Vertretern einer „kritischen" Planungstheorie, die an klassische politisch-ökonomische Ansätze anknüpfen, sehr deutlich geworden sei.

Yftachel äußerte die Vermutung, dass die Anhänger der kommunikativen Schule Planung von innen verbessern und reformieren wollen. Diese normative Aufgabe soll dadurch angegangen werden, dass Einfluss auf das Handeln in der Profession genommen wird. Die Vertreter des kritischen Ansatzes hingegen untersuchten Planung von außen als soziales bzw. gesellschaftliches Phänomen. Sie argumentieren, dass Theoriebildung eine kritische Distanz voraussetzt, um generalisieren, erklären und vergleichen zu können.

Allerdings, so fragt Yftachel zu recht, sei unklar, ob es sich bei diesen Positionen wirklich um unüberbrückbare Gegensätze handele: Schließlich bedürfte jeder sozialwissenschaftliche Ansatz sowohl des Verstehens wie auch einer normativen Position und – so ist hinzuzufügen – der genauen Kenntnis seines Gegenstandes wie der kritischen Distanz.

Dieses Beispiel macht deutlich, dass die „communicative turn"-Diskussion zum Teil durch „Entweder-Oder-Denken" bzw. künstliche Gegensätze ihre Spannung erhält. Aber wirklich ernst nehmen mag man die Unterstellung nicht, da wolle jemand Planung nur von ihrer kommunikativen Seite her verstehen und Inhalte oder Kontext außer Acht lassen. Niemand wird bestreiten wollen, dass Planen vor allem – um mit Judith Innes zu sprechen – eine interaktive, kommunikative Aktivität ist. Aber ebenso wird niemand (außer für rhetorische Übungen) behaupten wollen, dass sie das nur ist.

Kommunikation ist, es wurde bereits mehrfach darauf verwiesen, von den Inhalten des Prozesses ebenso wenig zu trennen wie von den Rahmenbedingungen, unter denen dieser verläuft. Man mag den Zugang zu diesem komplexen Zusammenhang nur von einer Seite suchen, wird aber doch immer vom Ganzen reden müssen. Auch die dezidierten Vertreter einer kommunikativen Orientierung würden nicht in Abrede stellen, dass

- zu einer Prozessanalyse neben kommunikativen Elementen auch die anderen – zumeist eng damit verknüpften – Steuerungsformen gehören,
- eine Betrachtung von Prozessen ohne gleichzeitige Würdigung ihrer Inhalte unsinnig ist,
- ein angemessenes Verständnis von den Möglichkeiten der Prozessgestaltung ohne kritische Analyse von Rahmenbedingungen und Kontext wohl kaum möglich sein kann.

3.   Weiterungen und neue Fragen

Der Seitenblick auf die im Ausland geführte Diskussion hat gezeigt, dass es neben
deutlichen Unterschieden auch einige Gemeinsamkeiten gibt. Beim letzten Stichwort gilt es, ein wenig zu verweilen, denn gemeinsam scheinen beiden Diskussi-
onsverläufen – zumindest soweit ich sie nachvollziehen konnte und verstanden
habe – auch einige blinde Flecken, begriffliche Verwirrungen und offene Fragen.
Davon sei im Folgenden die Rede.

3.1   Klagenkanon, oder: Von der Wirkungslosigkeit

Betrachtet man die Kritik an der kommunikativen Praxis, dann wird neben selbst
verursachten Problemen und Missverständnissen noch eine dritte Kategorie sichtbar. Das ist die, die mit Kommunikation wenig, mit Planung aber viel zu tun hat.
Seitdem es Planung und Planer gibt, gibt es die Klagen: „Unsere Analysen sind
gut – aber die Politik vermag ihnen nicht zu folgen. Wir haben die Lösung – aber
niemand hört uns zu. Unsere Pläne sind gut – aber sie werden nicht richtig umgesetzt." Wirkungslosigkeit allerorten. Schon immer wünschten sich die Planerinnen
und Planer, dass andere Dienststellen, die Politik oder die ökonomisch relevanten
Entscheider ihren Vorgaben folgen mögen. Und schon immer war dies in wirklich
wichtigen Fragen zumeist nicht der Fall. Und so wiederholen sich die Klagen in
gewissen Abständen mit unterschiedlichen Vokabular. Auf diese Weise entsteht so
etwas wie der Klagenkanon der Disziplin.

Seit einiger Zeit nun wird die Kommunikation gescholten, dass es ihr an Wirksamkeit und Durchsetzungsfähigkeit mangele. Aber in nahezu jedem Kritikpunkt
kann man das Wort „Kommunikation" durch „Planung" ersetzen:

- Fragile Konsense werden nicht nur in kommunikativen Prozessen erzeugt. Auch
  in traditionellen Verfahren kann sich eine einmal erreichte Vereinbarung – sei
  es die Abstimmung zwischen Fachämtern, sei es das Stillhalteabkommen mit
  einer Fraktion im Rat – als brüchig erweisen.
- Dass in den wirklichen Arenen der Macht oft anders entschieden wird als es sich
  die Außenwelt wünscht – ganz gleich ob diese sich in öffentlichen Werkstätten
  formiert oder ob ihre Meinungsbildung in voluminösen Fachgutachten ihren
  Ausdruck findet – ist eine altbekannte Tatsache.
- Leerformeln sind zweifellos nicht allein Ergebnis öffentlicher Konsens-Suche.
  Auch viele „große" Pläne der Vergangenheit beinhalten – als Ergebnis von

Fachverstand und formalisierten Verfahren – ausreichend viele „*mom-and-app-le-pie*"-Formulierungen.

Kooperationen und kommunikative Arbeitsformen sind zwar eine Antwort auf die früher wahrgenommene Wirkungslosigkeit der hierarchischen Steuerung und formalisierter Verfahren – aber deswegen beheben sie doch nicht alle strukturellen Defizite, mit denen sich öffentliche Akteure bei ihrem Bemühen, an der räumlichen Entwicklung gestaltend mitzuwirken, konfrontiert sehen.

3.2   Steuerungsmodi, oder: Vom klugen König

In Antoine de Saint-Exupérys Geschichte vom Kleinen Prinzen begegnet uns auf dem Weg durch die Sterne ein König, der die Kunst des Regierens beherrscht. Er befiehlt – und das Befohlene geschieht. So befiehlt er der Sonne aufzugehen – und sie geht auf. Das Geheimnis dieser Regierungskunst besteht darin, das, was ohnehin geschieht, zu befehlen. Der König hat keine Untertanen – er ist der alleinige Bewohner seines Sterns. Das erleichtert diese Art des Regierens. Als er dem Kleinen Prinzen zu befehlen versucht, scheitert er an dessen Unverständnis – und schließlich Unlust. Der Kleine Prinz, leicht irritiert, verlässt den kleinen Stern. Der König mit seiner Regierungskunst bleibt regierend zurück.

Die Analogie liegt nahe: hoheitlich-regulative Steuerungsversuche allein scheinen – so die Erfahrungen der 90er Jahre – Planung nicht nur gelegentlich in die Rolle des Saint-Exupéry'schen Sternen-Königs zu bringen. Bewegt wird nur was ohnehin geschieht. Für mehr scheint es dem Staat und den Kommunen an Steuerungsressourcen zu fehlen.

Die klassischen und die neuen (durch den Rückzug des Staates aus vielen Handlungsfeldern verursachten) Defizite hoheitlicher Planung haben den Blick der Theoretiker auf einen anderen Steuerungsmodus gerichtet: das kooperative Handeln („collaborative action"). Damit eilen sie der Praxis nach: Vermutlich ist auch schon früher – sozusagen avant la lettre – kooperativ Stadtentwicklung betrieben worden, heute jedenfalls prägen Kooperationen, die zunächst nur in innovationsbedürftigen Aufgabenbereichen vermutet wurden, selbst das „Kerngeschäft" der Stadtplanung – wie etwa die Entwicklung neuer Baugebiete oder die Umgestaltung öffentlicher Räume. Private Ko-Finanzierungen, gesellschaftliche Bündnisse, Partnerschaften unterschiedlichster Art sind wesentliche Kennzeichen aktueller Projekte der Stadtentwicklung. Diese kooperativen Steuerungsformen ersetzen das traditionelle Instrumentarium nicht, betten es aber in Prozesse ein, in denen öffentliche

Akteure zumeist nicht mehr führende, sondern lediglich mitgestaltende Rollen haben (vgl. zur Praxis in Deutschland: Selle 2000b).

Die Klagen von der Wirkungslosigkeit planerischen Handelns haben also zu einer Konsequenz geführt: Wenn wir es nicht alleine schaffen, dann vielleicht mit anderen. Auch die Geschichte vom König und dem kleinen Prinzen wäre sicher anders verlaufen, wenn Antoine de Saint-Exupéry ihn nicht das Befehlen, sondern das Kooperieren gelehrt hätte.

Aber was hat das alles mit Kommunikation zu tun?

Kooperation *ist* Kommunikation. Genauer: Jeglicher Kooperationsversuch lebt ganz offensichtlich wesentlich von Kommunikationsbemühungen. Aber, und hier beginnt das Verwirrspiel: Nicht alle Kommunikation ist Kooperation. Genauer: Nicht alle Verständigungsarbeit findet im Kontext kooperativer Steuerungsversuche statt. Selbstverständlich ist auch der Alltag traditioneller Planungsbemühungen ein interaktiver Prozess und ebenso selbstverständlich finden wir Öffentlichkeitsarbeit, Anhörungen, Foren und Werkstätten etc. ausdrücklich auch im Kontext hierarchischer Steuerungsmodi.

Das aber wird allzu oft durcheinander geworfen und in eins gesetzt: Viele Diskussionsteilnehmer trennen in der Analyse nicht zwischen Steuerungsmodus (hoheitlich-regulativ, kooperativ etc.) und Arbeitsform (kommunikativ) und so werden manche Probleme der Kommunikation angelastet, die doch der Steuerungsform zuzuordnen sind und vice versa.

Aber es macht natürlich einen wesentlichen Unterschied, ob wir von Kommunikation unter den Bedingungen eines Hierarchiegefälles oder innerhalb von Kooperations-Netzen sprechen. Die Arbeitsformen mögen ähnliche sein (die Werkstatt, das Forum etc.), die Steuerungsmodi und damit auch die Rollenverteilungen sind es nicht.

3.3   *Wovon ist die Rede? oder: Von notwendigen Bezügen*

Spätestens an dieser Stelle ist ein Zwischenruf erforderlich: Wovon ist eigentlich die Rede? Kommunikation – ohne Zweifel. Aber mit welchem Inhalt? Bezogen auf welche Aufgaben? Mit wem? Und: warum?

Es fällt bei vielen Beiträgen auf, dass die Inhalte, um die es geht, nicht benannt werden. Probleme, Aufgaben und Akteure bleiben im Dunkeln. Das führt zu Verwirrungen, denn Sinn und Gestaltung von Kommunikation lassen sich zweifellos erst dann vernünftig beschreiben, analysieren und bewerten, wenn bekannt ist, in welchem Kontext, auf welche Ziele hin da kommuniziert wird: Ein Forum ist nicht

2

an sich gut oder schlecht, ein lang andauerndes öffentliches Ringen um Konsens mag im einen Fall angemessen, im anderen aber lediglich ein leeres Ritual sein.

Das fällt auch in der hier durchgesehenen Literatur aus dem englischsprachigen Raum auf: Zwar gibt es zahlreiche Fallstudien (vgl. verschiedene Beiträge bei Fischer und Forester 1996, zur Verwendung von Fallstudien: Fischler 2000a) und Einzelillustrationen (z. B. bei Abram 2000 oder in verschiedenen Texten Throgmortons), aber in der planungstheoretischen Diskussion über das Für und Wider der kommunikativen Orientierung wird dann doch wieder ohne empirische Referenz argumentiert.

Ganz ähnlich verhält es sich in der hiesigen planungsmethodischen Diskussion über Kommunikation: Da werden einzelne Kommunikationsformen, -methoden und -techniken beschrieben ohne dass das „Was" und „Warum" zuvor beleuchtet würde.

Eben das aber macht eine sinnvolle Diskussion über Kommunikation problematisch. Jeder der Diskussionsteilnehmer hat eigene Referenzfälle und unterschiedliche Praxis vor Augen. Da man sich aber darüber nicht verständigt, redet man leicht aneinander vorbei. Eine erste Folgerung bestünde also darin, den empirischen Hintergrund der eigenen Argumentation jeweils konkret zu benennen. Das aber wiederum setzt voraus, dass man sich mit der Praxis systematisch auseinandersetzt. Forester folgert in *„Learning from Practice Stories"* (1993: 202), dass es für die Planungsdiskussion notwendig ist, auf die Praxis zu hören „... *to listen carefully to practice stories and to understand who is attempting what, why, and how, in what situation, and what really matters in all that"*.

Die Problematik der unklaren Bezüge verschärft sich dann, wenn deutlich wird, dass auch das Verständnis von „Planung" und „Theorie" in der Diskussion auseinandergeht. Eben das aber stellt Yftachel (1999) im Rückblick auf die 3. Oxford-Konferenz zur Planungstheorie fest.

Man mag das für eine Disziplin, die immer wieder auf ihren Wissenschaftlichkeitsanspruch pocht, als recht chaotische Situation oder – Yftachel folgend – als aufregendes Feld für Dialog und Disput ansehen. In jedem Fall wird auch die weitere Diskussion um die kommunikative Orientierung in Planungspraxis und -theorie von solchem an die Wurzeln gehenden Klärungsbedarf geprägt bleiben.

3.4   Arbeitsformen, oder: Vom Alltag

Gelegentlich entsteht in der Diskussion um Kommunikation der Eindruck, es handele sich um so etwas wie Verfahrensornamentik, die sich um den harten Kern des eigentlichen Planungsprozesses windet. Mit dieser Sichtweise verbunden ist die Annahme, man könne auf dieses schmückende Beiwerk in Zeiten der Not verzichten. Eine solche Annahme kann nur entstehen, wenn man bestimmte Ereignisse vor Augen hat (womit wir wieder bei dem zuvor angesprochenen Referenz-Problem wären): die Bürgeranhörung, in der sich die Planer beschimpfen lassen müssen, um danach das ohnehin (von anderen) Beschlossene zu vollziehen, die aufwändige Werkstatt-Folge, die zu keinen anderen Ergebnissen als den erwarteten führt, das opulent ausgestatte Forum, das vor allem der politischen Selbstdarstellung dient oder ähnliches. Derlei ist verzichtbar. Aber ist (nur) das Kommunikation?

Judith Innes hat mehrfach (z. B.1998: 52) darauf verwiesen, dass Planen im Kern eine kommunikative Aktivität ist (*„what planners do most of the time is talk and interact"*): Erörtern, Beraten, Präsentieren, Verfassen von Plänen und Papieren, Teilnahme an Abstimmungsgesprächen und Meetings etc. bestimmen den Arbeitsalltag. Selbst wenn sich die Planungsfachleute ausschließlich in politisch-administrativen Sphären aufhalten, findet ihre Arbeit alltäglich in Sprache, in Wort und Bild, Argument und Gestaltungsvorschlag ihren Ausdruck.

Und Patsy Healey (1997: 29) fasst diese Beobachtungen im Rahmen ihrer Überlegungen zur Sinnhaftigkeit des communicative turn so zusammen:

> *„(1) all forms of knowledge are socially constructed;*
> *(2) knowledge and reasoning may take many different forms, including storytelling and subjective statements;*
> *(3) individuals develop their views through social interaction;*
> *(4) people have diverse interests and expectations and these are social and symbolic as well as material;*
> *(5) public policy needs to draw upon and make widely available a broad range of knowledge and reasoning drawn from different sources. "*

Aus alledem folgt, dass Kommunikation untrennbar mit Planungsprozessen jedweder Art verbunden ist und damit auch notwendiger Gegenstand planungstheoretischer Überlegungen ist. Das ist der grundlegende Aspekt.

Nun ist Planung aber ein besonderer Interaktionsprozess: Es geht hier um spezifische Probleme und die Suche nach realitätstauglichen Lösungen. Aus dieser Aufgabenstellung resultiert ebenfalls ein notwendiger Bezug zur Kommunikation: Planerinnen und Planer halten sich nicht nur in ihren Büros und Verwaltungsgebäuden auf. Die Inhalte ihrer Pläne betreffen viele und es hat sich inzwischen herumgesprochen, dass es nicht zweckmäßig ist, die Pläne nur im Amtsblatt zu veröffentlichen. Eine derart reduzierte Kommunikation mit der Außenwelt würde Entstehung und Umsetzung von Plänen praktisch unmöglich machen. Wenn also auch

2

klassische, in festen rechtlichen Schritten formalisierte Verfahren – wie etwa die Aufstellung von Flächennutzungsplänen – durch informelle Kommunikationsangebote begleitet werden, so geschieht dies aus klarer Einsicht in die Zweckmäßigkeit. Helga Fassbinder hat das bereits 1993 (12) so formuliert: „Die Entwicklung der Städte (kann) nicht mehr mit den klassischen Instrumenten von Flächennutzungsplan, Bebauungsplan und Ausführungsplanung in zeitlich deduktiver Abfolge gesteuert werden. ... Wohl behalten die klassischen Planfiguren der Bauleitplanung ihre juristische Bedeutung, sind also weiterhin Mittel der Bodenordnung und der schlussendlichen Festlegung. Aber sie werden befreit von der Aufgabe, dass einzig und allein sie auch gleichzeitig die Instrumente stadtplanerischer und städtebaulicher Entdeckung, Kommunikation und Abstimmung zu sein haben."

Und so zeigt der Rückblick auf die Entwicklung erweiterter Kommunikationsangebote in der Planung (zumindest in Deutschland), dass wichtige Schübe – etwa die Einführung von Partizipationsangeboten in das Planungsrecht oder die Intensivierung konsensorientierter Verfahren z. B. im Verkehrs- und Altlastenbereich – aus Handlungszwängen resultierten und nicht etwa der Lust am Verfahrensornament geschuldet waren.

Kommunikation und Planung gehören also zusammen, sind – auch analytisch – nicht sinnvoll zu trennen. Inhalte und Arbeitsformen, Prozess und Produkt sind zwei Seiten einer Medaille.

3.5   Pendelbewegungen

„Planning theoreticians are in state of turmoil. Nothing is accepted; everything is questioned" stellt Alexander (1996: 45) mit Blick auf die amerikanische Diskussion fest. Aus hiesiger Perspektive ist allerdings – zumindest was das Thema „Kommunikation" angeht – so viel Durcheinander nicht auszumachen. Vielmehr stellt sich der Diskussionsverlauf als eine der üblichen Pendelbewegungen dar: Als Kritik auf die überkommenen planungstheoretischen Konzepte entwickelte sich die „kommunikative Wende" und mit ihrer Durchsetzung wächst zugleich die Kritik an dem nun dominierenden Paradigma. Ob das zu einer erneuten Gegenbewegung in Richtung „kritische Planungstheorie" führt, steht noch aus.

Ähnliche Pendelbewegungen waren in der hiesigen Diskussion um das Planungsverständnis zu beobachten. Auf die Planungseuphorie (der 70er) folgten Ernüchterung und Frustration (in den 80ern), die seit den 90er Jahren von vorsichtiger Hoffnung auf kooperative Steuerungsmodi abgelöst werden. Ein jedes Mal wird ein solcher Pendelausschlag begleitet von mahnender Kritik (die alte Werte und Erkenntnisse gefährdet sieht), gedämpfter Euphorie (nun werde möglich, was bislang vergebens versucht wurde) und resignierendem Fatalismus (so seien sie wohl, die neuen Zeiten). Erst nach geraumer Zeit haben dann diejenigen, die sich für die Bewegungen dieses Pendels überhaupt noch interessieren, Gelegenheit festzustellen, dass er sich nun in einer Mittenlage auspendelt. Es tritt an diesem Punkt Ruhe ein. Während möglicherweise andere Pendel heftig auszuschlagen beginnen.

Zu den Pendelbewegungen gehören Missverständnisse. Die lassen sich am ehesten durch zwei Mittel bewirken: Verabsolutierung und Verkürzung. Was ursprünglich als differenzierte Argumentation in einem komplexen Kontext entstand, wird dieses Zusammenhangs beraubt und auf einige zentrale Begriffe reduziert (den Überschriften von Aufsätzen und Büchern entlehnt, die nur wenige wirklich lasen). Im nächsten Schritt werden aus den Begriffen leitmotivisch verwendete Schlagworte, deren ursprünglichen Kontext nur mehr wenige kennen. Gegen solche Schlagworte muss sich Kritik formieren, denn sie sind (ihre Entstehung legt es nahe) einfach zu grobschlächtig, verkürzen die Komplexität des Gegenstandes und so fort.

So scheint es auch der „kommunikativen Wende" in der englischsprachigen Diskussion ergangen zu sein.

Hierzulande hat es eine eigenständige planungstheoretische Debatte über Kommunikation bislang nicht gegeben. Erörtert wurden eher – nicht sehr kontrovers – Themen wie der kooperative Steuerungsmodus oder die sog. projektorientierte Planung (vgl. als Beispiel für eine kritische Position: Häußermann und Siebel 1994). Kommunikation wurde dabei nur implizit behandelt und war ansonsten eher ein Thema für planungsmethodische Betrachtungen, Beispielsammlungen und Handbücher.

Natürlich gibt es Nähen zur Diskussion in den USA, Großbritannien etc. Aber (aus meiner Sicht) steht eine Wiederholung der amerikanischen und englischen Diskussion nicht an. Das hat unter anderen auch folgende Gründe:

* Nach einer langen planungstheoretischen Dürrephase in den 80er Jahren erfolgte in Deutschland die Wiederbelebung der Diskussion aus der Praxis selbst heraus (z. B. durch Impulse wie die Internationale Bauausstellung Emscher Park). Dem folgte eine starke empirische Orientierung (z. B. Auseinandersetzung mit Großprojekten, mit regionalen Kooperationen etc.). Beides gemeinsam hat vermutlich bislang eine allzu große Entfernung der Theorie- von der Praxisentwicklung verhindert. Diese Praxis-Bindung ist noch so eng, dass manchen sogar die Distanzvoraussetzungen der „Theorie" zu fehlen scheinen.
* Zudem ist die „planungstheoretische Community" in den deutschsprachigen Ländern (eine übergreifende „europäische Diskussion gibt es nicht wirklich) noch viel zu klein, um schon „Lager" bilden und Teilthemen „besetzen" zu

2

können oder (zum Zwecke der Markierung eigener Positionen) zu müssen. Insofern sind hier die Paradigmen-Pendel noch nicht in Schwung gekommen. Was, wie diese Diskussion zeigt, nicht nur von Nachteil sein muss.

4.   Folgerungen: Verständigungsarbeit „in the flow"

Es gäbe noch manche weiteren Kommentare und Transferüberlegungen, die durch die Kommunikations-Debatte angeregt werden. Aber bevor wir den Wald vor lauter Bäumen nicht mehr sehen, sei hier ein Schluss-Strich gezogen und die Frage gestellt: Gibt es so etwas wie einen gemeinsamen Nenner der Debatten „hüben und drüben"? Die Antwort lautet: Sicher. Mehr als einen. Es dürfte deutlich geworden sein, dass viele Aspekte, Fragen wie Antworten ähnlich gesehen werden, wenn sie auch auf unterschiedlichen Niveaus und mit unterschiedlicher Intensität debattiert werden. Ich möchte hier abschließend auf zwei Aspekte eingehen, die eng miteinander zusammenhängen: Das Planungsverständnis und die Ausbildung.

James A. Throgmorton verarbeitet in einem Aufsatz *(On the Virtues of Skillful Meandering. Acting as a Skilled-Voice-in-the-Flow of Persuasive Argumentation,* Throgmorton 2000) eigene berufliche Erfahrungen und thematisiert dabei auch (was nicht nur in der englischsprachigen Diskussion sehr selten ist) Niederlagen und Fehler – zum Beispiel in kommunikativer Hinsicht. Vor dem Hintergrund dieser Erfahrungen entwickelt er zwei plastische Bilder für Planungsverständnis und Planerrolle:

1. Planung bedeutet seiner Meinung nach, in einem Prozess ununterbrochener Verständigungsarbeit, in einem steten Argumentationsfluss handlungsfähig zu werden: „*...I claim that planning practice can be productively understood as action in the flow of persuasive argumentation*" (367).
2. Die Planungsfachleute sind in diesem Prozess keine „heroischen Experten", die – hier greift er ein Zitat von Leonie Sandercock (1998: 35) auf – die Drachen der Unvernunft („the dragons of greed and irrationality") niedermachen, sondern sie haben eine Stimme unter anderen, argumentieren – kundig und kenntnisreich, so ist zu hoffen – in einem turbulenten und oft unübersichtlichen Prozess: „*... planners can best be understood ... as ... skilled-voices-in-the-flow (367) ... they are ... just skilled voices, voices that speak within a turbulent and often unpredictable flow*" (375).

Wenn es hierzulande auch nicht so bilderstark formuliert wurde – die Inhalte der Throgmorton'schen Beschreibungen dürften weitgehend unstrittig sein. Es gilt: Die

Auseinandersetzung mit Sach- und Fachfragen einerseits und die Gestaltung des Prozesses mit und zwischen den Akteuren andererseits hängen eng zusammen. Fachwissen bleibt weitgehend wirkungslos, wenn es sich nicht in Verständigungsprozessen – zwischen sehr verschiedenen Beteiligten zu bewähren vermag. Sach- und Vermittlungsaspekte sind also die zwei Seiten ein und derselben Medaille – des Planungsprozesses.

Donald Keller empfiehlt (1996: 141), „statt auf den Monolog der Experten vermehrt auf den Dialog mit den Bürgern bauen, und das heißt: Planung nicht nur als Verstandesarbeit sondern mehr noch als Verständigungsarbeit praktizieren". In diesem Begriffspaar – Verstandes- und Verständigungsarbeit – werden die zwei Seiten des Planungsprozesses deutlich sichtbar.

Eine sehr ähnliche Dualität findet sich in einem Bericht aus der Arbeit der Internationalen Bauausstellung Emscher-Park, in dem deren Planungsansatz beschrieben wird: „Neben die 'Sach-Kreativität' des Entwerfens tritt ... die „Verfahrens-Kreativität" des intelligenten Kombinierens von Förderungsprogrammen und Verfahrenswegen, des Zusammenbringens von engagierten Persönlichkeiten und der Mobilisierung der Öffentlichkeiten als komplexe Innovationsstrategie" (Ganser, Siebel, Sieverts 1993: 115).

Die zwei Seiten des Planens sind nicht getrennt voneinander zu behandeln, sie bilden sich heraus als *action in the flow of argumentation:* Das Ermitteln sachlich sinnvoller und möglicher Problemlösungen entsteht in einem offenen und in seinem Verlauf nur bedingt vorhersehbaren Prozess der Kommunikation zwischen den Beteiligten und deren unterschiedlichen Sichtweise auf Probleme und Lösungen.

Was heißt das für die Ausbildung. Throgmorton (a. a. O., 376) setzt Akzente: Die ökonomischen, statistischen etc. Kenntnisse seien zwar wichtig, aber mindestens ebenso wichtig sei, dass die Studierenden lernten:

- Probleme zu definieren und Chancen zu erkennen (angesichts anderer, möglicherweise gegensätzlicher Problemdefinitionen),
- Fakten in tragfähige und überzeugende Argumente zu übersetzen (angesichts gegenteiliger Behauptungen und Argumentationen),
- die eigenen Argumente in verschiedenen Medien und auf unterschiedliche Art zu transportieren und diese Aufgabe auch in Zusammenhängen zu bewältigen, indem einem erheblicher Widerspruch entgegenschlägt,
- zu verstehen, dass die Tragfähigkeit von Argumenten ganz wesentlich von den Kontexten und vom konkreten Verlauf der jeweiligen Argumentation abhängt („the thisness of practice").

Dem dürfte hierzulande kaum jemand widersprechen wollen. Nicht zuletzt weil die von Throgmorton benannten Lernziele als so wichtig eingeschätzt werden, hat sich an den meisten Ausbildungsstätten für Planung das Projektstudium, also der Versuch an konkreten Problemen praxisnah (auch) die fachliche Argumentation zu üben, seit den 70er Jahren gehalten. Kritische Fragen müssen allerdings hinsichtlich der Reflexion dieser Lernprozesse gestellt werden: Vielerorts scheint es noch an dem Instrumentarium zu fehlen, um das „kommunikative Handeln" kritisch analysieren und lernend weiter entwickeln zu können. Hier wären neben didaktischen Hinweisen für die Moderatoren solcher Lernprozesse möglicherweise auch entsprechend ausgerichtete planungstheoretische Beiträge hilfreich.

Im Kern aber herrscht über die Ziele Einigkeit. Und daher sei zum abschließenden Appell (in dem erneut Grundsätze projektorientierten Lernens unterstrichen werden) wieder an James A. Throgmorton (a. a. O.) verwiesen „*So, in addition to learning by reading and analyzing, I say: To learn, do! To learn, play! To learn, talk with other people, especially those who differ from you*".

Literatur

Abram, S. A. (2000): Planning the Public: Some Comments on Empirical Problems for Planning Theory. In: Journal of Planning Education and Research, Vol. 19, S. 351-357.

Alexander, E. R. (1996): After Rationality: Towards a Contingency Theory for Planning. In: Mandelbaum, S. et al. (Eds.) (1996): Explorations in Planning Theory, Center for Urban Policy Research. New Brunswick NJ, S. 45-64.

Fainstein, S. S. (2000): New Directions in Planning Theory. In: Urban Affairs Review, Vol. 35, No. 4, 451-478.

Fassbinder, H. (Hrsg.) (1993): Strategien der Stadtentwicklung in europäischen Metropolen. Berichte aus Barcelona, Berlin, Hamburg, Madrid, Rotterdam und Wien. Dokumentation des Fachkongresses der Stadtentwicklungsbehörde Hamburg und der TU Hamburg-Harburg am 6.-7. Nov. 1992. Harburger Berichte zur Stadtplanung, Bd. 1, TUHH, Hamburg.

Fischer, F. / Forester, J. (Hrsg.) (1993): The argumentative turn in policy analysis and planning. Durham, N. C., Duke University Press.

Fischler, R. (2000a): Case Studies of Planners at Work. In: Journal of Planning Literature 15. Jg., No. 2, S. 184-195.

Fischler, R. (2000b): Communicative Planning Theory: A Foucauldian Assessment. In: Journal of Planning Education and Research, 19. Jg., S. 358-368.

Flyvberg, B. (1998): Rationality and Power: Democracy in Practice. Chicago, University of Chicago Press.

Forester, J. (1996): Learning from Practice Stories: the priority of practical judgement. In: Readings in Planning Theory, eds. S. Campbell and S. Fainstein, Blackwell Publishers, S. 507-528.

Forester, J. (1999): The deliberative practitioner. Encouraging participatory planning processes. Cambridge, MIT Press.

Frey, O. / Keller, D. A. / Klotz, A. / Koch, M. / Selle, K. (2003): Rückkehr der großen Pläne? Ergebnisse eines internationalen Workshops in Wien. In DISP, Jg. 39, Heft 153, S. 13-18.

Kommunikation in der Kritik?   255

Fürst, D. / Scholles, F. (Hrsg.) (2001): Handbuch. Theorien + Methoden der Raum- und Umweltplanung. Dortmund, Dortmunder Vertrieb für Bau- und Planungsliteratur.

Fürst, D. (2001): Planung und Kommunikation. Stadt-Umland-Kooperation als Kommunikation. In: vhw-Zeitschrift für Wohneigentum in der Stadtentwicklung und Immobilienwirtschaft, H. 3/2001, 159-163.

Ganser, K. / Siebel, W. / Sieverts, Th. (1993): Die Planungsstrategie der IBA Emscher Park. Eine Annäherung. In: RaumPlanung, H. 61, S. 112-118.

Habermas, J. (1983): Moralbewußtsein und kommunikatives Handeln. Frankfurt a. M., Suhrkamp Verlag.

Habermas, J. (1991): Erläuterungen zur Diskursethik. Frankfurt a. M., Suhrkamp Verlag.

Häußermann, H. / Siebel, W. (1994): Neue Formen der Stadt- und Regionalpolitik. In: Archiv für Kommunalwissenschaft, Bd. I/94, S. 32-44.

Healey, P. (1992): Planning Through Debate. The Communicative Turn in Planning Theory. In: Town Planning Review, Vol. 63, No. 2, S. 143-162 (hier zitiert nach dem Wiederabdruck in Fischer/Forester 1996).

Healey, P. (1997): Collaborative planning. Hampshire, UK, Macmillan.

Healey, P. (1998): Collaborative planning in a stakeholder society. In: Town Planning Review, 69. Jg., H. 1, S. 1-21.

Healey, P. (1999): Institutionalist Analysis, Communicative Planning and Shaping Places. In: Journal of Planning Education and Research, 19, S. 111-121.

Innes, J. E. (1995): Planning theory's emerging paradigm: Communicative action and interactive practise. In: Journal of Planning Education and Research, 14. Jg., H. 3, S. 183-189.

Innes, J. E. (1998): Information in Communicative Planning. In: Journal of the American Planning Association, Vol. 64, No. 1, S. 52-63.

Innes, J. E. / Booher, D. E. (1999): Consensus Building as Role Playing and Bricolage. Toward a Theory of Collaborative Planning. In: Journal of the American Planning Association, Vol. 65, No. 1, S. 9-26.

Keller, D. (1996): Planung als Verstandes- und Verständigungsarbeit. In: Selle, K. (Hrsg): Planung und Kommunikation. Wiesbaden und Berlin, Bauverlag, S. 133-142.

Müller, H. / Selle, K. (Hrsg.) (2002): EXPOst. Großprojekte und Festivalisierung als Mittel der Stadt- und Regionalentwicklung: Lernen von Hannover. Werkberichte der AGB, Bd. 48. Dortmund, Dortmunder Vertrieb.

Neumann, M. (2000): Communicate This! Does Consensus Lead to Advocacy and Pluralism? In: Journal of Planning Education and Research, 19, S. 343-350.

Reuter, W. (2001): Öffentlich-privates Partnerschaftsprojekt „Stuttgart 21". Konflikte, Krisen, Machtkalküle. In: DISP 145, S. 29-40.

Sandercock, L. (1998): Towards Cosmopolis: Planning for multicultural cities. Chichester (Wiley)

Selle, K. (Hrsg.) (1991): Der Beitrag intermediärer Organisationen zur Entwicklung städtischer Quartiere. Beobachtungen aus sechs Ländern (7 Bde). Darmstadt, Dortmund. Dortmunder Vertrieb für Bau- und Planungsliteratur.

Selle, K. (2000a): Was? Wer? Wie? Warum? Möglichkeiten und Voraussetzungen einer nachhaltigen Kommunikation. Dortmund, Dortmunder Vertrieb für Bau- und Planungsliteratur.

Selle, K. (Hrsg.) (2000b): Arbeits- und Organisationsformen für eine nachhaltige Entwicklung (4 Bde.). Dortmund, Dortmunder Vetrieb.

Throgmorton, J. (1993): Planning as a Rhetorical Activity: Survey Research as a Trope in Arguments about Electric Power Planning in Chicago. In: Journal of the American Planning Association, Vol. 59, No. 3.

Throgmorton, J. (1999): Learning through Conflict at Oxford. In: Journal of Planning Education and Research, Vol. 19, S. 269-270.

2

Throgmorton, J. (2000): On the Virtues of Skillful Meandering. Acting as a Skilled-Voice-in-the-Flow
    of Persuasive Argumentation. In: Journal of the American Planning Association, Vol. 66, No. 4,
    S. 367-379.
Yiftachel, O. (1999): Planning Theory at a Crossroad: The Third Oxford Conference. In: Journal of
    Planning Education and Research, 18, S. 267-270.

Originaltext Mäntysalo 2002

TPR, **73** (4) 2002

RAINE MÄNTYSALO

Dilemmas in Critical Planning Theory

In this paper, it is argued that Critical Planning Theory is inadequate as a planning theory. It ought to search for the means to incorporate the principles of legitimate planning argumentation, derived from Habermas's social theory, to a theory that is able to address planning practices both descriptively and prescriptively—grasping the essence of planning as problem-solving activity that transcends rationality and necessarily manages social relationships. However, Habermas's conceptual separation of communicative and instrumental rationalities, and his total reliance on rationality, make such theoretical work inherently problematic. In order to add descriptive and prescriptive capacity, planning theorists have had to look for other theoretical sources, such as pragmatist systems theory and Foucauldian power analytics, which, however, are incompatible with Habermas's theory of communicative action.

The purpose of this paper is to evaluate Critical Planning Theory (CPT) as a planning theory based on Critical Theory. It addresses the question as to whether CPT can be expected to give rise to a new paradigm of planning theory (Innes, 1995) or is too controversial and inconsistent to claim such a position in the Kuhnian (1970) sense. By Critical Planning Theory is meant the planning theoretical developments since the late 1980s, also placed under the headings of 'communicative' and 'collaborative' planning, where Jürgen Habermas's (1984; 1987) Critical Theory has provided the main theoretical and philosophical foundations.[1] Among the key planning theorists in this 'new planning theory'

Raine Mäntysalo teaches urban design at the Institute of Urban Design, Department of Architecture, University of Oulu, PO-Box 4100, FIN-90014 University of Oulu, Finland.

Paper submitted January 2000; revised paper received January 2002 and accepted March 2002.

1 In place of the concept of 'communicative planning theory' I prefer to use in the context of this article the concept of 'Critical Planning Theory' to indicate its specific reliance on Critical Theory. Communicative planning theory can be understood as a broader concept, which, besides Critical Theory, applies other theoretical sources too, such as argumentation theory following Perelman and Toulmin, and power analytics following Foucault. By the notion of 'Critical Theory' I refer particularly to the theoretical work of Habermas, as does Forester in his book *Critical Theory, Public Policy, and Planning Practice* (Forester, 1993, 163).

418   RAINE MÄNTYSALO

field are John Forester, Frank Fischer, Patsy Healey, Tore Sager and Judith Innes. With the development of their work such normative, interdependent issues as legitimacy, inclusiveness, domination and quality of argumentation in planning have become central in planning theoretical discussion.

Recently the new planning theory has also met some criticism. These critical comments focus on the application of Habermas's concept of 'communicative rationality' in the context of planning. What Habermas means by the concept of communicative rationality is unforced argumentation held in an 'ideal speech situation' between participants where, by making claims and testing their validity in reference to shared 'lifeworldly' criteria, it is possible to achieve consensus on common issues and decisions. The attacks on CPT draw on certain critical observations on the idea of planning as communicatively rational action; it is claimed that critical planning theorists do not explain how communicative rationality in planning can be achieved. CPT is thus claimed to lack prescriptive potential (Tewdwr-Jones and Allmendinger, 1998, 1988; McGuirk, 2001, 199). Communicative rationality as a concept is said to have a character that is too utopian to function as a model for real life planning practices (Hillier, 2000, 50). It does not offer clear advice on how to organise and manage planning processes, and hence it tends to remain as a theoretical ideal not rooted in everyday planning work.

A central aspect of the presumed utopianism of CPT is said to be the conceptual separation of power from communicative rationality. For Habermas, power represents a repressive force that replaces consensus-seeking argumentation with communication based on exchange relationships. In such power-based communication, the coordination of participants' actions can be achieved by appealing to positive and negative sanctions, thereby rendering unnecessary efforts to achieve consensus between the participants (Habermas, 1987, 277–81 and 310–11). Power 'distorts' communicative rationality (Habermas, 1987, 187 and 322). Mostly basing their argument on the Foucauldian approach to power, the critics put the view that in the analysis of actual planning situations the Habermasian understanding of power is unfruitful. By viewing power as a negative 'outer force' that distorts argumentation in planning, one fails to acknowledge the positive, constructive aspect of power—power as a necessity in achieving the capability of making and implementing decisions. In communicative planning, too, power is needed in carrying the planning process through, but this aspect of power is fenced out from the idea of communicative rationality.

In their counter-argument, the critical theorists appeal to the distinction Habermas has made between two types of power—power as unnecessary, systematic distortions of communicative action, and power as necessary distortions, publicly acknowledged as legitimate authority. The latter type of power, legitimate authority, would provide 'positive distortions' to communicative action. Notwithstanding the problematic vagueness of this distinction between 'necessary' and 'unnecessary' distortions, the distinction still maintains the general approach to power as an outer distortion. The Foucauldian critics of this approach assert that when power is dissected analytically from action

DILEMMAS IN CRITICAL PLANNING THEORY 419

situations in this way, the crucial aspect of power as a factor that constitutes the action situations themselves and subjects involved in them is missed (McGuirk, 2001, 213; Hillier, 2000, 50; Flyvbjerg, 1998, 227).

This dispute over the concept of power between critical planning theorists and their Foucauldian critics is, to a degree, misdirected, since the disputants stand on different philosophical foundations. In planning theory, a common context for a comparative review between the two theoretical traditions can be found by evaluating the explanatory power of each and responsiveness to planning practice. Flyvbjerg's (1998) detailed account of the making and implementation of the traffic plan for Aalborg, Denmark is a powerful argument in favour of the Foucauldian (combined with Nietzschean and Machiavellian) approach in analysing and explaining real-life planning processes—whereas attempts to apply CPT in the analyses of actual planning processes are strikingly few. On the other hand, Forester, too, has convincingly developed Habermas's ideas on validity criteria and their manipulation into an analytical framework by which uses of unnecessary power in planning communications can be categorised (Forester, 1989, 27–47).

Indeed, Habermas's Critical Theory seems to apply best in the identification of normative principles of legitimate argumentation in planning and this is practically all that critical planning theorists claim they are striving for. This is also their general argument against accusations of utopianism and the lack of prescriptive capacity of CPT. The concept of communicative rationality is not offered as a real possibility, but as a 'yardstick' with which to measure the real planning situations that always lag more or less behind it (Innes and Booher, 1999a, 418; Sager, 1994, 21 and 246). The theory, therefore, is not intended to provide tools for the production of new planning practices but for the critical evaluation of existing planning practices. However, the question of whether the theory can truly serve as a useful empirical tool in the critical evaluation of the factual, normative and expressive validity of real life planning discourses is still not successfully answered (Tait and Campbell, 2000). Be that as it may, the critical planning theorists' central argument against notions of utopianism and lack of prescriptions is that such criticisms display the critics' misreading of the general purpose of CPT (Healey, 1999, 1133).

The crucial questions which remain are whether CPT thus framed can really serve as a planning theory; what should be expected of a planning theory; whether CPT can refrain from an attempt to achieve a methodology of argumentative participatory planning without losing its character as a planning theory; and whether it is a 'theory of valid argumentation in the context of planning' or a theory of planning.

A theory of planning ought to address the basic question—'what is planning?' (Ramírez, 1995, 2). This question raises the issue of the kind of activity being dealt with when studying the activity of planning. Habermas has several categories to identify different types of human action, but basically his view of human action can be seen as movement between two rationalities—communicative rationality and instrumental rationality. Power-mediated action is oriented towards self-regarded success aiming at instrumentally rational

2

strategies, whereas action oriented towards consensus aims at communicative rationality. A direct application of Habermas's conception of human action leads to a view of planning as activity that alternates between these two rationalities. Does this view truly grasp the essence of planning?

If CPT were satisfied with the task of formulating theoretically the normative criteria of argumentation in participatory planning, it would leave largely unanswered the questions of how participatory planning processes proceed or how they should be developed—how the planning process is organised and planning situations arranged, how planning problems take shape and are solved, how worldviews, attitudes, allegiances and roles evolve in the process and how conflicts are handled. Habermas's Critical Theory poses powerfully for analysts the problems of public accountability and systematic domination in planning, public administration and policy (Forester, 1993, 4). It thereby leads us to practical tasks, which take us beyond the goals of Critical Theory. Critical Theory defends practical and political reason, but as a philosophy it cannot solve the problems of society and politics (Bernstein, 1986, 112–14). This cannot be required of any philosophy—not even a philosophy rooted in praxis; but what then about Critical Planning Theory? Should it be considered similarly as a philosophy of participatory planning, rather than a theory—a theory of participatory planning, which would take on the normative-pragmatic challenge of how to achieve legitimate and inclusive planning practices? Although Habermas's theory as a philosophy cannot be required to provide solutions for our societal and political problems, this demand can be made to theorists, who apply Habermas's philosophy to planning theory, especially since planning is a form of human action motivated by the resolution of societal and political problems. It is awkward, to say the least, to retain a philosopher's attitude when applying a philosophy to the field of planning. This is not to argue that critical planning theorists adopt such an attitude, but in this regard they are (conveniently) unclear what their position actually is. Can a planning theory consist of a mere critique of society without addressing society constructively?

In any case, the formulation of a constructive theory of participatory planning is a sensible and justifiable task for a planning theorist, regardless of whether critical planning theorists themselves are willing to take on this task or not. However, what could be the use of CPT in this theoretical work? Is it possible to move beyond CPT towards a theory of participatory planning, which attempts to capture participatory planning activity as a whole phenomenon, both descriptively and normatively? Could CPT be integrated into such a normative-pragmatic theory, which utilises its principles of legitimacy and valid argumentation in planning and its general conception of modern capitalist society?

In the following, these issues will be taken into closer scrutiny. Can CPT be considered as a planning theory, which grasps the phenomenon of participatory planning activity to a sufficient degree, and if not, can it be complemented with other theoretical sources to form one? If the answer is negative to both of these

DILEMMAS IN CRITICAL PLANNING THEORY   421

Planning aims to solve problems, not merely to achieve valid argumentation and consensus

As a theory of argumentation in planning, CPT cannot limit itself to identifying the principles of valid planning discourses without losing that which I consider the most essential characteristic of planning discourses. Planning discourses are intended to detect and solve problems we face in our social, political and urban lives. What we need is more than just legitimate and argumentative planning discourses; we need planning discourses that solve our problems and this poses the requirement of integrating the criteria of valid discourses into a methodology of planning as problem-solving activity.

As a planning theory, which acknowledges the character of planning as problem-solving activity, CPT is bound to apply Habermas's theory beyond the limits of its applicability, otherwise analysts would be dealing with a theory of legitimacy in the context of planning instead of a theory of planning. According to critical planning theorists, an ideal planning practice would be based on communicative rationality. The goal of communicatively rational action is consensus based on mutual understanding. What can be done with consensus in planning? Where does it lead us? As I see it, the goal of planning is the ability to cope with complex social problems. Even in an ideal situation, the task of planning would not end with the achievement of consensus. Planning problems are social in the sense that they affect a large number of people from different walks of life, but also in the sense that acting upon them demands social action and commitment. Moreover, they are often complex in the sense that their proper understanding requires cooperative action that transcends sub-cultural contexts of meaning. It follows from the nature of these problems that consensus becomes a necessary factor of successful planning. It is also necessary in order to gain trans-cultural commitment and support behind the making of such binding decisions that are influential enough to make a difference in our social reality. Hence, consensus becomes a constitutive element of our coping with complex social problems (Mäntysalo, 2000, 104).

It would be a misunderstanding of such planning activity to try to determine whether it were communicatively or instrumentally rational. The instrumental search for means is always present in our approach to a problematic situation, but due to the complexity of the situation, the search must often be extended to focus on ends as well. What is needed, then, is an ability to construct the whole framework of ends and means in such planning that reaches the quality of trans-cultural dialogue, but the dialogue is still motivated by the initial search for means, although acknowledging that one needs to find meanings first (or perhaps simultaneously). The basic effort is to mutually orient ourselves to our problematic situation, so that we can formulate plans of coordinated action on it. Rather than consensus *per se*, the issue is how consensus advances our coping with our problematic planning and policy problems. To cope with a planning problem is not the same as to get a planning project done. It means that we get done with the problem, for now—whatever we may decide to do with the project. The instrumentality of consensus is the collective orientation to our world that enables us to make decisions (Mäntysalo, 2000; Tewdwr-Jones and Allmendinger, 1998, 1983–84; McGuirk, 2001, 206–207).

Planning transcends rationality

PLANNING AS WORLD-MAKING

The possibility of communicative rationality is based on the assertion that a shared context of lifeworldly values and understandings is achievable as soon as each participant withdraws from the use of power. There is a good case for a counter-argument that in the present world we lead our lives in a society so differentiated into subcultures that a shared lifeworld is no longer readily (if at all) available (Tewdwr-Jones and Allmendinger, 1998, 1979; McGuirk, 2001, 213–14; Lapintie, 1999, 9–11; Hillier, 2000, 50–52). If that were the case, it would not be possible, even in principle, to plan in the fashion of communicative rationality before the participants have mutually created such circumstances, where the differing understandings and goals can be bridged. What kind of activity then is this creation of circumstances for communicatively rational action?

Habermas's theory with its rationality apparatus leads us to observe analytically and critically the created new, not the creation of the new itself. Critical Theory is too 'scientific' to handle the question of creativity[2]—it is a captive of its two rationalities. Can the true essence of planning activity really be found from rationality—communicative or instrumental? Is planning merely a form of rational debate, or a rational means for a given end, or an alternation between the two? Are we here offered an adequate description of what the planner actually does when he plans?

In communicatively rational planning, the participants are expected to make claims about something and to appeal to something that is already there, but where does planning step in? Are we not here reducing planning to a form of reasoned speaking and decision-making and neglecting its potential in world-making? In planning we are not merely debating but also producing the contents (survey results, ideas and suggestions for solutions, contexts for value choices, comparisons to similar cases, and so forth) upon which we debate. Rationality, whether communicative or instrumental, is concerned with the validity or effectiveness of a proposed set of actions in reference to a given criterion or end. It does not address the type of communication that has to do with more

---

2 Undoubtedly there are those who would claim that it is no business of science to study creativity. But if we accepted this, should we not also give up studying planning—or at least admit that science can capture only those aspects of planning that are not connected with creativity? Scientific planning theory is a possibility only if we broaden the limits of science to include research on creativity.

DILEMMAS IN CRITICAL PLANNING THEORY   423

fundamental processes of shaping criteria or ends. Habermas's communicative rationality is based on making and testing claims in reference to a given moral-practical horizon of shared understandings, but the key problem in transcultural and pluralistic planning situations is how such a mutual horizon could be found (Rittel and Webber, 1973). In its deepest sense, planning is the shaping of shared worlds and, accordingly, the formulation of shared rationalities. Habermas's Critical Theory does not address this crucial aspect of planning, but starts from a situation where we already have a shared world and a shared yardstick of rationality (Mäntysalo, 2000, 103). Habermas's communicatively rational dialogue is not genuine dialogue because, as Karatani points out, the participants already have shared rules. For Karatani, shared rules are the outcome of dialogue, not its point of departure (Karatani, 1995, 153).

PLANNING AS DIALOGUE

Let us examine the concept of 'dialogue' more closely. Bohm and Peat see dialogue as 'the free flow of meaning between communicating parties' (Bohm and Peat, 1992, 245).[3] They emphasise the creative nature of dialogue as a process of revealing and then melting together the rigid constructions of implicit cultural knowledge. Bohm and Peat make a distinction between 'dialogue' and 'discussion' as the two basic forms of discourse (Bohm and Peat, 1992, 245). Senge elaborates this distinction by claiming that in discussion different views are presented and defended, whereas in dialogue different views are presented as a means towards discovering a new view (Senge, 1990, 247). He argues that discourses in the form of discussion may provide useful analyses of problem situations. In dialogue, complex issues are explored, but in a discussion, decisions are made.

> When a team must reach agreement and decisions must be taken, some discussion is needed. On the basis of a commonly agreed analysis, alternative views need to be weighed and a preferred view selected ... When they are productive, discussions converge on a conclusion or course of action. On the other hand, dialogues are diverging; they do not seek agreement, but a richer grasp of complex issues. Both dialogue and discussion can lead to new courses of action; but actions are often the focus of discussion, whereas new actions emerge as a by-product of dialogue. (Senge, 1990, 247)

Here Senge associates the distinction between dialogue and discussion with the distinction between divergent and convergent thinking that Faludi, among others, has used in his *Planning Theory* (Faludi, 1973). Faludi suggests that creative planning oscillates between convergent thinking, which corresponds to

---

3 The etymological explanation is that *dia* means 'to cross', 'through'; and *logos* denotes not only 'word' but, more profoundly, 'meaning' (Bohm and Peat, 1992, 245). Ramirez, on the other hand, translates *logos* as 'conversation' (Swedish *samtal*) (Ramírez, 1993, 28). In spite of these differing derivations from the etymological origins of 'dialogue' ('crossing meanings', 'crossing conversation'), both sources (Bohm and Peat, 1992; Ramírez, 1993) conceive of dialogue as 'meaning-generating communication'.

conscious analysing and selecting, and divergent thinking, which corresponds to intuitive associating (Faludi, 1973, 119). Faludi quotes O. L. Zangwill:

> ... in convergent thinking, the aim is to discover the one right answer to a problem set. It is highly directed, essentially logical thinking of the kind required in science and mathematics. It is also the kind required for the solution of most intelligence tests. In divergent thinking, on the other hand, the aim is to produce a large number of possible answers, none of which is necessarily more correct than the others though some may be more original. Such thinking is marked by its variety and fertility rather than by its logical precision. (Faludi, 1973, 118)

Faludi concludes that '[w]hen combined, these types of convergent and divergent thinking enable truly creative responses to an ever-changing environment in a way which neither of the two would be capable of providing on its own' (Faludi, 1973, 118). When Habermas's concept of communicative rationality is related to these definitions of dialogue and discussion (and divergent and converted thinking) it can be claimed that communicative rationality is more akin to un-dominated discussion than to dialogue. Habermas is more concerned with determining valid methods of evaluating and criticizing arguments than with the actual production of arguments (Mäntysalo, 2000, 339).

Habermas's concept of dialogue is too narrow. The central aspect of creativity is missing. In Habermasian dialogue the lifeworld exists as a stable horizon, in reference to which societal ends are rationally derived in an undominated argumentation process. The concept does not reach the changing of the lifeworld. Neither communicative rationality nor instrumental rationality can be used to explain how lifeworld changes and evolves. As Forester comments, Habermas defines explicitly the processes of lifeworld reproduction, but '[h]e does little, though, sociologically, to assess how these processes work, how worldviews, allegiances, identities are elaborated, routinised, established, or altered' (Forester, 1993, 126). According to Forester

> that is the central issue to be addressed in any concrete analysis of political struggle, policy debate, political conflict, or social movement—and this explains part of the difficulty, to this date, of applying Habermas's work directly and concretely to political conflicts. (Forester, 1993, 126)

Forester himself has addressed this issue with his concept 'designing as making sense together'. With the concept he refers to the notion of designing as a shared interpretive sense-making process between participants engaged in practical conversation in their institutional and historical settings (Forester, 1989, 119–33):

> when form-giving is understood more as an activity of making sense together, it can be situated in a world where social meaning is a perpetual practical accomplishment. Designing takes place in institutional settings where rationality is precarious at best, conflict abounds, and relations of power shape what is feasible, desirable, and at times even imaginable. By

DILEMMAS IN CRITICAL PLANNING THEORY 425

recognizing design practices as conversational processes of making sense together, designers can become alert to the social dimensions of design processes, including organizational, institutional, and political-economic influences that they will face—necessarily, if also unhappily at times—in everyday practice. (Forester, 1989, 120–21)

'Designing as making sense together' acknowledges the world-making nature of design, where the participants create new meanings together, regarding ends as well as means (Forester, 1989, 126–28). According to Forester, such design work is both instrumentally productive and socially reproductive (Forester, 1989, 129–32), but rather than referring to Habermas's theory of communicative action, Forester's description of design activity follows Schön's ideas of designing and planning as 'reflective conversations with the situation' (Schön, 1983, 76–104). Schön's theory of reflective action is a powerful influence also on other major critical planning theorists, such as Fischer (1990), Sager (1994) and Innes and Booher (1999a; 1999b). However, the use of Schön's theory in the context of Critical Theory poses philosophical and theoretical problems. The discussion will return to these in the next section.

To Forester's concept 'designing as making sense together', Healey makes an addition—'while living differently' (Healey, 1992, 148). This reveals Healey's attitude of doubt towards hopes of achieving truly shared understanding in trans-cultural communicative planning. Participants may share a concern, but arrive at it through different cultural, societal and personal experiences. They belong to different 'systems' of knowing and valuing that will remain nearer or farther from each other in relation to access to each other's languages. Planning communication should thus focus on reaching an achievable level of mutual understanding for the purposes at hand, while retaining awareness of that which is not understood (Healey, 1992, 154).

> Through such processes of argumentation we may come to agree, or accept a process of agreeing, on what should be done, without necessarily arriving at a unified view of our respective lifeworlds. The critical criteria built into such a process of argument encourages openness and 'transparency', but without simplification. If collective concerns are ambivalent and ambiguous, such a communicative process should allow acknowledgement that this is so, perhaps unavoidably so. So the dilemmas and creative potentials of ambiguity enrich the inter-discursive effort, rather than being washed out in the attempt to construct a one-dimensional language. (Healey, 1992, 156)

This approach to planning situations as socially and culturally fragmented contexts where a shared lifeworld is missing, in fact, stresses the view that in planning we need to transcend communicative (and instrumental) rationality. Problems are solved in planning, but beyond that characteristic, and more essentially, planning is about shaping such problem situations, where problems can be identified as rationally solvable. In planning we generate the context for rationality. Cates's comment in her critique of the bounded rationality of incrementalism applies here also—'What is needed is something other than rationality' (Cates, 1979, 529).

Participatory planning bureaucratises itself

PLANNING AS ORGANISED PARTICIPATION

Critical planning theorists' theoretical efforts have in large part concentrated on demonstrating and articulating the crisis of former planning theory, which was heavily influenced by systems theory. Simon introduced the view of systems theory as the theoretical core of planning theory in the 1940s and this theoretical development culminated in the 1960s and the early 1970s. The main counter-argument of CPT against this theoretical tradition is that systems theory models of thought turn public planning agencies into technocratic institutions, which aim at efficient control of environmental changes, but which thereby also bypass political conduct. The political treatment of public affairs would hence be superseded by systems rationality, which both defines the problems and offers solutions for them. Instead of being a mere administrative tool, systems rationality would thus become the goal of planning, the supreme value (Fischer, 1990, 203–10, 271–74; Forester, 1993, 9 and 89; Thomas, 1982, 15, 21 and 25).

Habermas uses systems theory in describing the mechanisms of societal sub-systems that are steered by the media of power and money. The sub-systems are thus presented as control systems, which have the tendency to 'colonise' the lifeworld by their processes of bureaucratisation and commodification. However, although Habermas critically approaches the workings of positivist systems thought in this way, he does not seek to restructure the theory. For Habermas systems theory is still an adequate theory to describe the type of rationality that is decisive in the political and economic life of the modern capitalist state. Habermas calls this rationality 'instrumental rationality'—a concept which is a reformulation of Weber's purposive rationality, but also comprises systems rationality. Habermas's communicative action, on the other hand, is based on his concept of communicative rationality—on seeking agreement in social interaction by making and testing claims of the shared world in reference to three practical criteria—propositional truth; normative rightness; and subjective truthfulness.[4]

There is a dialectical relationship between the two rationalities, but how does this dialectic actually work? Habermas alternates from one rationality to the other, but does not actually analyse their interplay—that is, how communicative and strategic actions intertwine to produce and reproduce forms of social and societally institutionalised behaviour. We find ourselves at one end of the dialectical relationship between 'system' and 'lifeworld', looking critically at the

---

4 Habermas, 1984, 75. Here Habermas builds on Parsons, who saw culture as consisting of three respective dimensions—factual, moral, and expressive—and who also worked on the theory of validity claims (Heiskala, 1994, 94).

DILEMMAS IN CRITICAL PLANNING THEORY   427

other end. However, it seems that to achieve a proper understanding of planning processes would require a shift in focus to the dialectical relationship itself.

On the basis of Habermas's 'bipolar' theory of society, it is difficult to approach constructively the kind of problems that concern public planning and organisation dynamics. These issues are placed on the 'system' side. Public planning, signified as 'bureaucratisation of the lifeworld', is seen as a potential threat to legitimacy in planning. On the other hand, unconstrained participation aiming at communicative rationality is treated as an ideal form of legitimate conduct, but participation has an inherent tendency to organise, and hence to bureaucratise, itself. What is organised participation, if not a bureaucracy? To address the issue of participation without addressing the organisation of participation is half-hearted, if not outright irresponsible, theoretical work (Luhmann, 1990, 223). Critical planning theorists speak for participation against bureaucracy without critically recognising the bureaucratisation inherent in participation itself.[5] For example, in a relatively short time, residents' associations have developed from *ad hoc* civic movements into well organised interest groups that have found their institutionalised positions in the local political organisations. The following quotation from Luhmann is illustrative:

> Organizations are social systems that produce decisions with the help of decisions. Therefore the strengthening of the possibilities of participation within organizations amounts to an increase of decisions. More decisions are necessary if decisions are shifted to committees where those affected or their representatives have to decide whether they want to agree with a decision or not. Such committees have to be prepared, both regarding the subject matter as well as tactically. The decision process is reflexive. Everyone has to decide how one wants to decide. Most of all, this reflexive decision process has to be discussed in advance. In this way the reflexivity of deciding is shifted to a third level. One has to decide about how a representative ought to decide about decisions. (Luhmann, 1990, 223)

This process has a striking correspondence with normal behaviour in bureaucracies. According to Luhmann, '[t]he normal bureaucratic process constantly makes decisions about decisions. Decisions are made possible or impeded by decisions. Or if one cannot decide about this decision, then it is deferred by decision' (Luhmann, 1990, 223). Luhmann argues that this is precisely how one behaves in the participatory procedure (Luhmann, 1990, 223–24). 'Like a puppet within a puppet, participation develops into an organisation within an organisation, into a bureaucracy within a bureaucracy' (Luhmann, 1990, 224).

In the light of CPT, the result can be condemned as bureaucracy and praised as participation. As Luhmann remarks, this double evaluation has an immobilising effect—'[o]ne affirms in principle what one condemns in

---

5 A notable exception is Healey (1997; 1998) who has elaborated the institutional aspects of collaborative planning.

428   RAINE MÄNTYSALO

execution' (Luhmann, 1990, 224). Here Luhmann, in fact, describes the double bind[6] of participation that critical planning theorists often produce—because you want to participate, you must reject bureaucratic domination; and because participation itself gets bureaucratised, you have to reject participation.

Critical planning theorists are well aware of the necessity of administrative and managerial work for the success of participatory planning processes:

> When participatory research projects fail, the problem most commonly stems from a misbegotten belief—namely, that participation assigns equal weight to all opinions and, worse, that everyone can talk at will (if not all at once). Under these conditions, participatory research opens up a cacophony of miscommunication that easily degenerates into vituperative namecalling. In the absence of a well-structured model of expert–client discourse, including rules of evidence and evaluation criteria, participatory research can be a formula for trouble. To avoid its premature failure, and to avert disillusionment among both experts and clients in the process, it is essential that the ground rules of the alternative model, procedural as well as methodological, be carefully worked out. (Fischer, 1990, 377)

From the conceptual basis of Critical Theory, however, the issue of management in participatory planning is very difficult to attend to. Critical planning theorists often mistake the structural problems of a participatory organisation for ideological problems. They offer hopes of democratic liberation in such organisational contexts where these hopes may be structurally impossible to fulfil (Luhmann, 1990, 223). When structure is identified with domination, liberation means the same as 'unstructuring'. Our situation becomes unbearable, if our conceptions lead us to condemn as domination the forms of strategic and coordinated action that are unavoidable and ubiquitous in our social relations. These confusions lead to the divorce of ethics and praxis. Social justice is pursued at the price of practical handling of common affairs. We become paralysed equally.

The distinction between 'socially necessary' and 'socially unnecessary' distortions of communication processes is offered as a defence against this critique. According to Forester, even among critical planning theorists the fundamental difference between the two often goes unrecognised, with the consequence of mistaking the distortions of discourses that are inevitable for domination. (Forester, 1993, 159; 1989, 33–35 and 41–43; Fischler, 1995, 17). Habermas himself, according to Forester, 'has no illusions ... Rather, he

---

6 Double binds are activity contexts where there are no alternatives left (Bateson, 1987, 335). As one example, Bateson describes a Zen Buddhist lesson between the Zen master and his pupil. The Zen master holds a stick over the pupil's head and says fiercely 'If you say this stick is real, I will strike you with it; if you say this stick is not real, I will strike you with it; if you don't say anything, I will strike you with it.' The pupil might break out of this immobilising activity context by reaching up and taking the stick away from the master (Bateson, 1987, 208). According to Wilden, industrial capitalism is in a global double bind—if it stops producing for the sake of producing, it will destroy itself; if it goes on producing it will destroy us all (Wilden, 1980, 394).

DILEMMAS IN CRITICAL PLANNING THEORY   429

contrasts unnecessary, systematic distortion with what might be called necessary and justifiable, or legitimate, distortion. The former manifests domination; the latter manifests legitimate authority' (Forester, 1993, 168).

This distinction between domination and legitimate authority leads to a further problem. How can necessary distortions be legitimated in communicative action that already is distorted by these distortions? How can we justify the terms within which we justify? Moreover, how can we even distinguish between necessary and unnecessary distortions in a distorted speech situation? The distinction can be made only in an 'ideal speech situation', where all use of power, and thus distortion, is absent. As this is an ideal, not a real context of communication, it is likely to render unreal also the distinction between necessary and unnecessary distortions as a theoretical tool.

The problem with the concept of communicative rationality is that it leads us to attempt to 'rise above' power. We need an alternative theoretical approach, which, instead, would guide us to reflect on our contexts of planning that are not distorted but structured by different forms of contextual power, such as conceptual domination by planning experts, institutionalised economic criteria and the privilege of organised political interests. Such an alternative would acknowledge the unavoidable presence of power in all planning action, even in acts of critique and reflection. Legitimacy in planning would thus be approached with a more humble attitude—as a normative task of improving legitimacy without assuming the possibility, and necessity, of determining universally what constitutes legitimate planning.

PLANNING AS ORGANISATIONAL LEARNING

Although CPT speaks for dialogue and social learning, it can address them only passively. By following Habermas, one is able to deduce how planners should act in order to allow social learning to take place—not yet grasping what actually takes place in social learning. In order to add theoretical capability to describe social learning processes in planning, the critical planning theorists have looked for other theoretical sources besides Habermas. In this regard, what has been considered as promising is especially Schön's (1983) theory of reflective professional action.

Schön belongs to the broad scientific tradition of 'Organisation Development' (Friedmann, 1987, 56–57). Organisation Development (OD) is a spin-off from 'Scientific Management', which developed after 1945 mainly to serve large private corporations. Argyris, Schön, Senge and others moved the field gradually away from profit as the sole criterion of management, and brought forth humanistic values and the motive of psychological self-development (Friedmann, 1987). OD acted so as to apply systems-theoretical thinking, but approached it from the perspective of American pragmatism (for example James, Peirce, Dewey and Mead).

There are objectives in OD research that are likened to those of Habermas's Critical Theory (Fischer, 1990, 365; Huttunen, et al., 1999, 126). In addition to the shared emphasis on the importance of dialogue, the conception of knowledge as historically and socially situated is a shared characteristic. According to

Habermas, a claim is accepted as a true claim if its validity is inter-subjectively agreed upon by the community to which the claim is directed. The OD tradition works with a process concept of knowledge—knowledge is not pre-existing in libraries, in agency documents, in computer files, or in the expert's 'head'; it is rather designed by small task-oriented groups of both experts and clients. Knowledge is the product of a social learning process, which has brought mutual understanding of a problematic situation and simultaneously provided means to alter that situation. Knowledge is tied to specific real-life contexts and to problems and goals that are relevant in those contexts. What is generalisable is not knowledge itself, but the collective learning processes that generate knowledge. Problems are examined from the perspective of actors actually engaged in practice; it is the practice itself that poses the puzzles to be solved. Research attitude and dialogue become aspects of an ongoing practice.

At the first glance, OD seems like a welcome complement to Critical Theory. Due to its 'client-orientedness', it harmonises with the emancipatory principle of Critical Theory. At the same time, it goes further in joining theory and practice and in synthesising normative and empirical research. It is oriented towards the actual production of practice, not merely aiming to define the normative principles the practice should meet. Whereas Critical Theory offers social learning and dialogue as a well-reasoned and ethical plea, the field of OD goes further and provides a methodology for them.

Nevertheless, in general terms the project of OD is rejected by critical planning theorists. And the reason is clear—it is, after all, organisations that are developed. What should be concerned with the maintenance of communicative action has been harnessed in the service of 'system maintenance'. According to Forester, OD theorists formulate our problems of planning and administration as the organisation of learning, and thereby bypass important questions of politics and power (Forester, 1993, 58).

> The literature of 'learning organizations' teaches us that in a turbulent environment, organizations must be adaptive, flexible, continually testing, 'error-correcting,' and innovating. Still, the 'learning theorists' leave unasked the basic political questions: what ends ought these organizations to serve and who ought to learn what? (Forester, 1993, 53–54)

Forester does not deny that our organisations need to be 'error-correcting'—but then we should remember to ask, '[w]hat sorts of judgments will determine error, undesirable activity, and who will have the power, with what accountability, to make these judgments?' (Forester, 1993, 54). Ignoring these questions,

> we are left with the struggle only for organizational survival and self-perpetuation; we are asked to keep the organizations we now have, whether or not 'might makes right', and only then, if at all, are we to ask what we ought to keep them for. (Forester, 1993, 54)

The critique is continued by Friedmann, who argues that OD is 'primarily a science for board rooms' (Friedmann, 1987, 216). According to Friedmann, its

DILEMMAS IN CRITICAL PLANNING THEORY   431

therapeutic programme is mainly addressed to managerial elites, who tend to overlook power in their organisations. The matter is quite different for those who remain outside the executive chambers and council rooms—whether white- and blue-collar workers or the less well-to-do citizens, who frequently experience the depredating effects of power (Friedmann, 1987). Fischer, in turn, claims that the theory has become a technique and ideology advanced largely by management consultants who have bypassed the objectives of democratisation. Instead they speak of 'participative management' with the aim of making bureaucratic organisations more responsive to change (Fischer, 1990, 365).

These criticisms reflect an approach to organisational learning that is framed by the dichotomy between 'system' and 'lifeworld'. What learns in organisational learning is the 'system'. Thus learning takes the meaning of improvement in the 'system's' ability to control its environment, that is 'lifeworld'. This position makes it very problematic to incorporate Schön into CPT, as Forester (1989; 1993), Fischer (1990) and others have done. With Schön's theory, systems theory also creeps in again, only in a revised, pragmatist form.

Indeed, not even Schön will take us very far, in our attempts to approach planning as legitimate organisational learning, since he is primarily concerned with individual reflection, rather than organisational reflection. The very reason why Schön's ideas are so popular among critical planning theorists may be that his main and most cited book *The Reflective Practitioner* (1983) is concerned with how individual professionals learn, not with how organisations learn. Here, in contrast to his former work, Schön does not raise problematic questions concerning the goals and inclusiveness of organisational learning. At the level of organisational learning lurks the 'trap' of putting participation against bureaucracy. Then, organisational learning soon takes the meaning of improvement in the domination of participation.

However, the question of how participatory organisations can and should develop themselves does not fade away by not addressing it. We are already addressing the question, anyway, when we observe individual learning. There is no dividing line between individual and organisational learning (Engeström, 1987, 158–61). As Peter Senge argues, learning that changes mental models cannot be done alone: '[i]t can only occur within a community of learners' (Senge, 1990, xv). There is an organisational side to every individual learning act. Individuals learn in organisations, and organisational development is triggered by the learning acts of their individual members (Argyris, 1992, 123).

Organised activity means cooperation between individuals specialised into performing certain sub-tasks, so that the sub-tasks are coordinated to produce a higher collective task jointly. In an organisation, cooperative relations between its members are institutionalised to produce a certain collective outcome recurrently. Through the division of sub-tasks all organisations necessarily involve power relationships and inequalities in members' access to resources and their opportunities to affect decision-making. On the other hand, however, power relationships generated by the coordination of sub-tasks are also necessary for the achievement of collectively beneficial results. This far, CPT has been much more successful in tapping into indications of 'systemic distortion' and 'structural influence' (Sager, 1994, 131) in planning as organised activity and organisational learning than in articulating the productive aspects of power in this activity. Even if it were signified as 'necessary distortions' to communicative action, this productive power would still be 'distortions'.

In Habermasian terms, cooperation in a public organisation towards a given collective end is describable as a form of activity that approaches 'instrumental rationality'. However, how could this form be combined with 'communicatively rational action', which enables the members to question and evaluate the legitimacy of this collective end and the means used, and, moreover, with the non-rational action of creative planning, where new collective ends and means are shaped? By answering this question, we address the methodology of planning as organisational learning. The critical planning theorists may be reluctant to go far in this direction, but even if they wanted to, it would be exceedingly hard to do so with the conceptual tools provided by Habermas. The main stumbling blocks for such work are, first, the conceptual separation of communicative and instrumental rationalities, so that their interplay is basically described as disturbances of one form of rationality by the other; and, secondly, the total reliance on reason, whether communicative or instrumental. Planning work cannot be based on reason alone. Otherwise we would lose the possibility for creativity and development—the fulfilment of the demands posed by the communicatively rational critique of existing ends and means of coordinated action in our public organisations.

Conclusion

In its critical stance towards Critical Planning Theory, this paper joins with a number of other recent reviews of communicative (or collaborative) planning theory (Flyvbjerg 1998; Hillier, 2000; McGuirk, 2001; Tait and Campbell, 2000; Tewdwr-Jones and Allmendinger, 1998). However, by questioning whether the programme of CPT serves sufficiently as a programme for planning theory, my approach is somewhat different. CPT is a theory concerned with planning practices and the normative task of improving their legitimacy and inclusiveness. If CPT, as such a theory, settles in with articulating the principles of legitimate argumentation in planning, then it is bound to be partial as a planning theory. Planning practices aiming at legitimacy and inclusiveness raise many other essential questions to planning theory, besides the question of what are the parameters of legitimate planning argumentation. Other important questions are, for instance, how should the participatory planning process be organised and managed; how do new ideas and capacities for cooperation emerge, and how can these be mutually developed and mobilised into coordinated problem-solving activity; how can participatory planning be empowered, and, at the same time, the depredating effects of power in the actual planning work be countered; what are the characteristics of planning and participatory planning as forms of human and social action?

If it is agreed that a theory of participatory planning ought to face the

DILEMMAS IN CRITICAL PLANNING THEORY 433

questions of legitimacy, power, openness, quality of argumentation and possibilities for critique, creativity and social learning as challenges to planning methodology, then CPT should be considered as inadequate. Rather than a theory of participatory planning, CPT is a theory of legitimacy in the context of (participatory) planning. To some extent critical planning theorists, such as Forester, Fischer, Sager, Healey and Innes, have attempted to complement CPT with other theoretical sources to constitute such a planning theory. They have combined other theoretical strands with Habermas's Critical Theory to address issues of planning methodology, creativity and social learning. As I have tried to show, there are severe difficulties in incorporating theories of creativity and organisational learning into Habermas's theoretical framework. First, Habermas's concept of dialogue as undominated speech is too narrow in its reliance on communicative rationality and the assumption of a shared lifeworld. It misses the aspect of creativity as non-rational search for meanings and ideas in a possible situation where a shared lifeworld is missing. Second, Habermas's dichotomy between 'system' and 'lifeworld' makes it difficult to make a constructive theoretical contribution to organisational management and learning in planning, without its being signified as an attempt to improve the 'system's' domination over the 'lifeworld'. The theories of public management and organisational learning are largely rooted in systems theory. Efforts to combine theories of this origin with Critical Theory would lead into an epistemological and ideological clash. This clash is already hidden in the critical planning theorists' use of Schön.

Although CPT provides, without a doubt, a crucial contribution to the 'communicative turn' of planning theory, the problem of how it can be related with methodologically and empirically concerned theories of participatory planning is a pressing one. It seems that, in order to be able to address these aspects of planning theory, there has to be a shift from Habermas to other theoretical sources, such as pragmatist systems theory and Foucauldian power analytics, which, however, are incompatible with Habermas's theory of communicative action, including his general conceptions of society and rationality. Therefore, in terms of scientific consistency, the communicative turn of planning theory does not yet deserve to be associated with the term 'paradigm'.

In my own work, I have tried to formulate an alternative theoretical foundation to the theory of participatory planning (Mäntysalo, 2000). It stems from a dialectical reorientation of systems theory, utilising especially the communication-theoretical insights of Bateson (1987) and Wilden (1980). In this line of thought, the 'system' provides the conceptual framework for all aspects of human and social life, including reason, creativity and learning, as well as explicit and implicit forms of power and pathological behaviour. The aim is to view these as inherent aspects and states of a single dialectical planning system, thus enabling one to concentrate on the dialectics of planning activity itself—not dissecting it into two separate strands, each of which is explained by using different theoretical tools, and thus losing the crucial 'in between'. The aim is also to transcend the dichotomies between the Habermasian and the

434   RAINE MÄNTYSALO

Foucauldian view, on the one hand, and the Habermasian and the systems view, on the other. With this reorientation of the theoretical foundation, it may be possible to bring together, in a coherent fashion, theoretical contributions to participatory planning that now seem mutually incompatible.

REFERENCES

ADORNO, T. W., HORKHEIMER, M. and MARCUSE, H. (1991), *Järjen kritiikki* (*The Critique of Reason*) (J. Kotkavirta, trans. and ed.), Tampere, Vastapaino.

ARGYRIS, C. (1992), *On Organisational Learning*, Cambridge, MA, Blackwell.

BATESON, G. (1987), *Steps to an Ecology of Mind* (Second edition), Northvale, NJ, Jason Aronson.

BERNSTEIN, R. J. (1986), *Philosophical Profiles*, Cambridge, Polity Press.

BOHM, D., and PEAT, F. D. (1992), *Tiede, järjestys ja luovuus* (*Science, Order, and Creativity*) (T. Seppälä, J. Jääskinen and P. Pylkkänen, trans.), Helsinki, Gaudeamus.

CATES, C. (1979), 'Beyond muddling: creativity', *Public Administration Review*, **39**, 527–32.

CHADWICK, G. (1978), *A Systems View of Planning* (Second edition), Oxford, Pergamon Press.

ENGESTRÖM, Y. (1987), *Learning by Expanding*, Helsinki, Orienta-konsultit.

ENGESTRÖM, Y. (1995), *Kehittävä työntutkimus. Perusteita, tuloksia ja haasteita* (*Developmental Work Research. Principles, Results and Challenges*), Helsinki, Hallinnon kehittämiskeskus.

ETZIONI, A. (1967), 'Mixed-scanning: a "third" approach to decision making', *Public Administration Review*, **27**, 385–92.

FALUDI, A. (1973), *Planning Theory*, Oxford, Pergamon Press.

FISCHER, F. (1990), *Technocracy and the Politics of Expertise*, Newbury Park, CA, Sage.

FISCHLER, R. (1995), 'Strategy and history in professional practice: planning as world making' in Liggett and Perry (eds), 13–58.

FLYVBERG, B. (1998), *Rationality and Power. Democracy in Practice* (S. Sampson, trans.), Chicago, University of Chicago Press.

FORESTER, J. (1987), 'Planning in the face of conflict: negotiation and mediation strategies in local land use regulation', *Journal of American Planning Association*, **53**, 303–14.

FORESTER, J. (1989), *Planning in the Face of Power*, Berkeley, CA, University of California Press.

FORESTER, J. (1993), *Critical Theory, Public Policy, and Planning Practice*, Albany, State University of New York Press.

FRIEDMANN, J. (1973), *Retracking America*, Garden City, New York, Anchor Press/Doubleday.

FRIEDMANN, J. (1987), *Planning in the Public Domain: From Knowledge to Action*, Princeton, NJ, Princeton University Press.

HABERMAS, J. (1984), *The Theory of Communicative Action. Volume 1: Reason and the Rationalisation of Society* (T. McCarthy, trans.), Boston, MA, Beacon Press.

HABERMAS, J. (1987), *The Theory of Communicative Action. Volume 2: Lifeworld and System*, Cambridge, Polity Press.

HABERMAS, J. (1996), *Between Facts and Norms: Contributions to a Discourse Theory of Law and Democracy* (W. Rehg, trans.), Cambridge, Polity Press.

HEALEY, P. (1992), 'Planning through debate: the communicative turn in planning theory', *Town Planning Review*, **63**, 143–62.

HEALEY, P. (1995), 'The argumentative turn in planning theory and its implication for spatial strategy formation' in T. Pakarinen and H. Ylinen (eds), *Are Local Strategies Possible? Scrutinizing Sustainability*, Publication 29, Tampere, Department of Architecture and Urban Planning, Tampere University of Technology, 46–70.

HEALEY, P. (1997), *Collaborative Planning: Shaping Places in Fragmented Societies* (Planning, Environment and Cities Series), Houndmills, Macmillan.

HEALEY, P. (1998), 'Building institutional capacity through collaborative approaches to urban planning', *Environment and Planning A*, **30**, 1531–546.

HEALEY, P. (1999), 'Deconstructing communicative planning theory: a reply to Tewdwr-Jones and Allmendinger', *Environment and Planning A*, **31**, 1129–135.

DILEMMAS IN CRITICAL PLANNING THEORY   435

HEISKALA, R. (1994), 'Talcott Parsons ja rakennefunktionalismi' ('Talcott Parsons and structural functionalism'), in R. Heiskala (ed.), *Sosiologisen teorian nykysuuntauksi* (*Current Tendencies in Sociological Theory*), Helsinki, Gaudeamus, 88–120.

HILLIER, J. (2000), 'Going round the back? Complex networks and informal action in local planning processes', *Environment and Planning A*, **32**, 33–54.

HUTTUNEN, R., KAKKORI, L. and HEIKKINEN, H. L. T. (1999), 'Toiminta, tutkimus ja totuus' ('Action, research and truth') in H. L. T. Heikkinen, R. Huttunen and P. Moilanen (eds), *Siinä tutkija missä tekijä. Toimintatutkimuksen perusteita ja näköaloja* (*Where the Researcher, There the Agent. Principles and Prospects of Action Research*), Juva, Atena kustannus, 111–36.

INNES, J. E. (1995), 'Planning theory's emerging paradigm: communicative action and interactive practice', *Journal of Planning Education and Research*, **14**, 183–90.

INNES, J. E. (1998), 'Information in communicative planning', *Journal of the American Planning Association*, **64**, 52–63.

INNES, J. E. and BOOHER, D. E. (1999a), 'Consensus building and complex adaptive systems: a framework for evaluating collaborative planning', *Journal of the American Planning Association*, **65**, 412–23.

INNES, J. E. and BOOHER, D. E. (1999b), 'Consensus building as role playing and bricolage: toward a theory of collaborative planning', *Journal of the American Planning Association*, **65**, 9–26.

KARATANI, K. (1995), *Architecture as Metaphor: Language, Number, Money* (S. Kohso, trans.), Cambridge, MA, The MIT Press.

KNUUTI, L. (ed.) (1999), *Kaupunki vuorovaikutuksessa* (*City in Interaction*) (Centre for Urban and Regional Studies, Paper C 52), Espoo, Helsinki University of Technology.

KUHN, T. S. (1970), *The Structure of Scientific Revolutions* (Second edition, enlarged), Chicago, University of Chicago Press.

LAPINTIE, K. (1999), 'Ratkaisemattomien kiistojen kaupunki' ('The city of unsettled conflicts') in Knuuti (ed.), 7–13.

LIGGETT, H. and PERRY, D. C. (eds) (1995), *Spatial Practices*, London, Sage.

LINDBLOM, C. E. (1959), 'The science of muddling through', *Public Administration Review*, **19**, 79–88.

LUHMANN, N. (1990), *Political Theory in the Welfare State* (J. Bednarz, Jr, trans.), Berlin, de Gruyter.

MÄNTYSALO, R. (2000), *Land Use Planning as Inter-organisational Learning* (Paper C 155 [http://herkules.oulu.fi/isbn9514258444/], Oulu, Acta Universitatis Ouluensis Technica.

MARCH, J. G. and SIMON, H. A. (1958), *Organisations*, New York, John Wiley & Sons.

McGUIRK, P. M. (2001), 'Situating communicative planning theory: context, power, and knowledge', *Environment and Planning A*, **33**, 195–217.

PARIS, C. (ed.) (1982), *Critical Readings in Planning Theory*, Oxford, Pergamon Press.

RAMÍREZ, J. L. (1993), *Strukturer och livsformer* (Report 3), Stockholm, Nordplan.

RAMÍREZ, J. L. (1995), *Designteori och teoridesign* (Report 3), Stockholm, Nordplan.

RITTEL, H. W. J. and WEBBER, M. M. (1973), 'Dilemmas in a general theory of planning', *Policy Sciences*, **4**, 155–69.

SAGER, T. (1994), *Communicative Planning Theory*, Aldershot, Avebury.

SCHÖN, D. A. (1983), *The Reflective Practitioner*, New York, Basic Books.

SENGE, P. (1990), *The Fifth Discipline. The Art and Practice of the Learning Organisation*, New York, Currency Doubleday.

SIMON, H. A. (1979), *Päätöksenteko ja hallinto* (*Administrative Behaviour*) (P. Rajala, trans.) (Economy Series 58), Espoo, Weilin & Göös.

SOTARAUTA, M. (1996), *Kohti epäselvyyden hallintaa. Pehmeä strategia 2000-luvun alun suunnittelun lähtökohtana* (*Towards Management of Ambiguity: Soft Strategy as the Basis of Planning in the Early Twenty-first Century*), Jyväskylä, Finnpublishers, Gummerus.

TAIT, M. and CAMPBELL, H. (2000), 'The politics of communication between planning officers and politicians: the exercise of power through discourse', *Environment and Planning A*, **32**, 489–506.

TEWDWR-JONES, M. and ALLMENDINGER, P. (1998), 'Deconstructing communicative rationality: a critique of Habermasian collaborative planning', *Environment and Planning A*, **30**, 1975–989.

TEWDWR-JONES, M. and THOMAS, H.

436   RAINE MÄNTYSALO

(1998), 'Collaborative action in local plan-making: planners' perceptions of "planning through debate"', *Environment and Planning B: Planning and Design*, **25**, 127–44.

THOMAS, M. J. (1982), 'The procedural planning theory of A. Faludi' in Paris (ed.), 13–26.

WILDEN, A. (1980), *System and Structure. Essays in Communication and Exchange*, London, Tavistock.

ACKNOWLEDGEMENT

I am very grateful to the referees of this paper, whose insightful remarks helped me to improve my argument considerably.

Originaltext Reuter 2000

DISP 141   **4**   2000

Wolf Reuter

REVIEWED

Zur Komplementarität von Diskurs und Macht in der Planung

At present the communicative or discursive model of planning – excluding the scientific-instrumental one – is fundamental for many planners, in Germany as well as the USA. Its capability to map the reality of planning processes and to guide thinking and acting of planners is doubted. Evidence is provided from the experiences of other planning theorists with their practical attempts at cooperation and from observing the planning process of a large real planning project. The observation was that during the whole tedious planning process a large variety of actors try to influence the outcome of the planning process by different kinds of contributions, discoursive as well as power acts.

The concept of power is introduced, its underlying logic, its internal calculi (following a strategic rationality) and its instrumental forms in planning are shown. The conclusion is, not to replace one concept with the other, not to include one concept in the other, not to mix both up into a new kind of (real)rationality. It is rather adequate to see them as necessarily separate concepts in inevitably complementary interrelations. The kind of interrelations between both concepts in a complementarity model of planning is shown.

1. Einleitung

Die Suche nach theoretischen Konstrukten, die das Vorgehen von Planern städtischer Umwelten leiten könnten, hat eine wechselvolle Geschichte durchlaufen. Entscheidende Aspekte waren die Sicht der Problemart, die Relation einer Problemlösung zum umgebenden System, die Vorgehensweise bei der Lösungssuche, die Möglichkeit der Legitimation der Ergebnisse und – entscheidend – die Art der zugrunde liegenden Rationalität.

Wo ist die Suche derzeit angelangt? Patsy Healey favorisiert nach einer Diskussion verschiedener Richtungen ein Modell von «planning as communicative enterprise», und dies nicht als beiläufige Bereicherung, sondern als

«communicative turn in planning theory» [1]. Forester versteht Planungspraxis «as action that is fundamentally communicative in character» [2]. Auch er und Fisher sehen «the argumentative turn in policy analyses and planning» [3]. Leicht gebrochen durch die Reibung an der Praxis, entwickelt Tore Sager eine kommunikative Planungstheorie, die in der Haltung eines kritischen Pragmatismus realitätsnah wird. [4]

Auch in Deutschland spielt nach einem wechselvollen Verlauf der planungstheoretischen Debatte derzeit Kommunikation als essentielles Konstituens von Planungsprozessen eine übergeordnete Rolle. Verschiedene Theoretiker mit Erfahrung in realen Experimenten entwickeln variierende Sichten kommunikativer Planungspraxis.

Helga Fassbinder z.B. sieht in «offener» Planung, «interaktiver» Planung, in «kooperativer» Planung, in einer «Ausgestaltung des Planungsprozesses als diskursiven, offenen Prozess» die Chance, in einer «symbiotischen Stadt» erfolgreich zu planen [5].

In ähnlichem Sinne argumentiert Klaus Selle, wenn er den Weg zum «kooperativen Planen» erkundet und das Verhältnis von Planung und Kommunikation als dasjenige behandelt, das Planungspraxis bereits durchdringt und noch stärker formen sollte [6].

Unter den gleichen Vorzeichen unternimmt Ortwin Renn den Versuch, eine ideale Diskurssituation in der Praxis (der Standortplanung einer Abfallverwertungsanlage) zur Realität zu machen. [7]

Für diejenigen, die in kommunikativer Planung das zentrale Thema derzeitiger Planungsdiskussion sehen, ist Habermas' Theorie des kommunikativen Handelns – mehr oder minder explizit – das theoretische Fundament.

Zu ihrer Rezeption sind einige Kommentare angebracht.

1. Es ist wichtig zu registrieren, dass sie nicht originär als eine Planungstheorie, sondern im Kontext einer kritischen Theorie moderner Gesellschaft entwickelt wurde.

2. Sie steht in bewusstem normativem Widerspruch zu der Irrationalität, die in der Praxis aus nicht rechtfertigbaren, jedoch faktischen Machtbeziehungen

erwächst. Sie ist gegen Zwänge und Machtausübung jener verselbständigten Handlungssysteme (wie Bürokratie und Kommerz) gerichtet, die darauf tendieren, die kommunikativ strukturierte Lebenswelt zu kolonialisieren. [8]

3. Das kommunikative Modell ist normativ und explizit «kontrafaktisch», d.h. es leugnet nicht die Existenz von Macht, sondern es setzt ihr ein ideales Konzept entgegen, welches schwer zu erreichen, aber anzustreben ist. Insofern können kritische Kommentare, die mit der Faktizität von Macht argumentieren, das Modell nicht treffen, allenfalls seine Fähigkeit bezweifeln, in professionellen Situationen planerisches Handeln operational zu leiten.

Habermas war nicht der einzige, der machtkritisch argumentierte. Um 1968 wurden insbesondere in der deutschen Planungstheorie verschiedene Konzepte entwickelt, die sich mit gesellschaftlichen Machtstrukturen auseinandersetzten. Sie gehören zum Erfahrungsfundament gerade derjenigen, die heute – wie oben zitiert – auf die Kraft der Kommunikation setzen.

Sie waren gleichzeitig gegen jene Planungstheorien gerichtet, die in Verkennung der sozialen Dimension des Planens Probleme technisch-wissenschaftlich zu lösen versuchten [9], von Rittel als «1. Generation» bezeichnet. [10] Bei als gegeben angenommenen Zielen, eindeutigen Gütekritierien, abgrenzbaren Systemumgebungen gab es vermeintlich «optimale» Lösungen, in denen der Einsatz von Mitteln möglichst effektiv organisiert war. Nur so konnte auch die Vorstellung, die sich die Entwicklungsplanung zu eigen machte [11], gedeihen, dass Systeme im Ganzen steuerbar seien. Wissenschaft als Grundlagenlieferant garantierte – so der Glaube – über ihre Träger, die Experten, richtige Planungsentscheidungen.

Gegen diese bis in die 70er Jahre wirksame objektivistische, wissenschaftsgläubige, expertokratische und holistische Auffassung entwickelt sich Kritik. Die in derartigen Zweck-Mittel-Kalkülen unterstellte potentielle Gesamtrationalität gerät in den Verdacht, in ihrer Ignoranz gegenüber divergierenden Urteilen und

2

Interessen Ideologielieferant asymmetrischer Machtverteilung zu sein. Diese These prägte eine neue Sicht von Planung, in der die Interessen der an Planungen beteiligten Akteure bzw. Gruppen, Schichten oder Klassen und ihre systemisch bedingte unterschiedliche Fähigkeit, diese Interessen durchzusetzen, die herausragende Rolle spielten.

Im folgenden wird zunächst ein grober Abriss einiger um 1968 entwickelter planungstheoretischer Positionen – soweit relevant für das Thema – gegeben. Sodann wird der Versuch unternommen, die dem kommunikativen Modell planerischen Vorgehens innewohnende Rationalität zu referieren (Abschnitt 3). Anschliessend an eine Sichtung von neuen Tendenzen planerischer Praxis werden Ansätze zu einer Rationalität entwickelt, die – so die zentrale These – in der Komplementarität von Diskurs und Machtgebrauch liegen.

2. Konzepte im Rahmen einer Kritik gesellschaftlicher Machtverhältnisse

Die Erkenntnis, dass Pläne Vor- und Nachteile umverteilen, hatte Konsequenzen. Es geht nun um planungstheoretische Konzepte, die die Durchsetzungschancen konfliktierender Interessengruppen bei mangelndem Konsens (Scharpf) mit einbeziehen, d.h. Planung als ein Feld von Handlungsoptionen in für Politik typischen Machtkonstellationen zu begreifen. An der Frage, ob sich eine einzelne Gruppe mit ihrem Interesse bei der Lösung von Planungsproblemen stärker durchsetzt als andere Gruppen, entzündet sich nun – und dies fällt mit der Zeit der Infragestellung bis dahin gültiger Autoritäten einschliesslich des kapitalistischen Staates zusammen – der planungstheoretische Diskurs. Seine Reichweite beschränkt sich nicht auf die jeweils beteiligten Akteursgruppen, z.B. die Eliten, Interessengruppen, Institutionen einer Stadt, sondern weitet die Sicht auf das Wirkungsgefüge des gesellschaftlichen Systems als Ganzes aus. Dabei gilt die begründete Annahme, dass allgemeine gesellschaftliche Machtstrukturen auf lokale Planungsebenen durchschlagen und dort gleichermassen repräsentiert sind [12].

Einige Hauptpositionen sind identifizierbar [13]. Einem «polit-ökonomischen» Paradigma folgend ist das politische Entscheidungssystem abhängig von starken ökonomischen Kräften. Die staatlichen Institutionen bis hinunter zu den planenden Verwaltungen auf städtischer Ebene werden letztlich zu «Erfüllungsgehilfen» der Interessen der Eigner von grossen Kapitalansammlungen (in Form von Geld, Firmen, Land). Allenfalls können die staatlichen Agenturen noch Konflikte zwischen verschiedenen bornierten Einzelinteressenten ausregeln [14]. Planung ist Krisenmanagement.

In einer weiteren Differenzierung bauen die einen auf Reform von oben, andere auf den Druck von Gegenmacht ausserhalb des politisch-administrativen Apparats. Planung mit Hilfe lokal verteilter Gegenmachtstrategien wird jedoch – gemäss dieser marxistischen Position – nur «Erfolg haben können, wenn sie als Kampf geführt wird im Zusammenhang des organisierten Kampfes der Arbeiterklasse gegen die Bourgoisie.» [15] Rationalität wird gekoppelt an die Aufhebung des Grundwiderspruchs von Lohnarbeit und Kapital.

«Rationale Planung kann nur dann gesellschaftsverändernd eingesetzt werden, wenn der ihr unterlegte Begriff von Rationalität nicht reduziert auf Zweckrationalität verwendet wird, sondern verstanden wird als politisches Konzept zur Emanzipation der Beherrschten gegen die Herrschenden.» [16] Andernfalls dient Planung der Stabilisierung des zu ändernden Systems.

Eine Variante dieser Position sieht das Potential für soziale Konflikte und Gegenplanung in «disparitären Lebensbereichen», die nicht – wie z.B. Wirtschaft, Finanzen, Verteidigung, Verkehr – unmittelbar die Verwertungsbedingungen für überschüssig akkumuliertes Kapital verbessern: so z.B. Wohnen, Gesundheit, Umwelt, Bildung. [17]

Wenn auch die Terminologie nach über 30 Jahren und nach dem Zusammenbruch der real-sozialistischen Systeme befremdlich klingt, so bleibt das kapitalismuskritische Machtmodell dennoch ein starkes Instrument, um viele Phänomene in der Planungswelt erklären zu können.

Irrationalität im Planungsoutput sehen auch die Vertreter eines «handlungs- und entscheidungstheoretischen» Paradigmas, die ebenfalls ungleichmässige Durchsetzungschancen konstatieren. Ohne jedoch das existierende demokratische Modell, in dem gleichrangige Durchsetzungschancen plural facettierter Interessen ein wichtiges Element darstellen, aufzugeben, machen sie Apathie, Dummheit Einzelner oder Verfahrensmängel verantwortlich. Regeneration des Systems durch Reformen ist möglich, wenn man z.B. neue Informationsverarbeitungstechniken (wie Analyse-und-Prognose-Verfahren) einsetzt, aber auch neue Verfahren der Artikulation unterprivilegierter Interessen benutzt. Hier gewinnen Formen der Demokratisierung von unten wie die Bürgerbeteiligung, Advokatenplanung, Bürgerforen, Initiativen, auch institutionalisierte Gegenplanung, Bedeutung.

In beiden Modellen können die Machtverhältnisse geändert werden: im marxistischen (politökonomischen) durch Revolution, im handlungs- und entscheidungstheoretischen durch Reform. Im ersteren Fall sollte Planung helfen, eine revolutionäre Änderung des politischen Systems im Ganzen vorzubereiten. Im zweiten Fall ist Planung Bestandteil der Strategie selbst; Planung beseitigt ständig die Dysfunktionalitäten des an sich guten Systems. Auch die Machtverteilung ist – in vielen Schritten und vielen Stellen – steter Änderung unterworfen.

Mit der Assimilations- und Reaktionsfähigkeit des Systems auf ökonomischer, politischer und administrativer Ebene und mit dem Aufbruch der kapitalismuskritischen Opposition in den Marsch durch die Institutionen verliert die auf grundsätzliche Änderung von Machtverhältnissen ausgerichtete Theorie planerischen Vorgehens an Kraft. Es bleibt die jeweils partielle Erklärungskraft der verschiedenen Modelle für die durchaus nicht verschwindenden Dysfunktionalitäten und Irrationalitäten, sowohl im Status quo als auch im Verlauf von Planungsprozessen als auch in deren Ergebnis.

Dieser kurze Abriss ist nicht vollständig [18]. Mir geht es um die Herausarbeitung verschiedener, in sich einigermassen geschlossener planungstheoretischer Konzepte mit einem expliziten

DISP 141   **6**   2000

Bezug zum Phänomen der Macht. Wir richten den Blick nun auf ein Konzept, welches – in anderem Zusammenhang (aber zeitgleich, 1968–1981) entwickelt – ebenfalls von der Kritik einer instrumentell verkürzten Vernunft ausgeht. Es basiert ebenso auf einer Kritik von Machtansprüchen in Form von Imperativen verselbständigter Handlungssysteme wie Bürokratie und Kommerz über kommunikativ strukturierte Lebensbereiche, deren Folgen als «Sozialpathologie» der Moderne erscheinen. [19]

3. Der Anspruch auf Rationalität in einem kommunikativen Planungsmodell

Im Rahmen einer allgemeinen Theorie gesellschaftlicher Entwicklung stellt Habermas dem Modell des zweckrationalen Handelns das Modell des kommunikativen Handelns gegenüber, in dem die «Geltung gesellschaftlicher Normen allein in der Intersubjektivität der Verständigung über Intentionen begründet» ist. Anstelle einer Rationalität, die, kontextfrei, auf ein bestmögliches Zweck-Mittel-Verhältnis ausgerichtet, technische Verfügungsgewalt ausdehnt, setzt er eine Rationalität, die auf die Ausdehnung herrschaftsfreier Kommunikation baut [20] und deren Basis die Möglichkeit ist, Gründe für Normen des Handelns und Urteilens anzugeben.

Eine Schlüsselrolle spielt dabei die Erkenntnis, dass (planerisches) Wissen, statt objektiv, transzendental gegeben, empirisch ermittelt oder in individueller Gewissheit gesucht, vielmehr ein soziales Konstrukt ist. Infolgedessen ist der Mechanismus, über den Wissen erlangt wird, soziale Interaktion, das bedeutet Kommunikation über die Inhalte des Wissens.

Kommunikation koordiniert die Handlungspläne Einzelner auf der Basis von gegenseitiger Überzeugung. Nur dann gibt es ein gültiges Einverständnis, nur dann hat es eine rationale Grundlage. [21]

Einverständnis gründet sich auf die Anerkennung des Anspruchs auf Geltung von Aussagen. Sie sollen gelten, wenn sie verständlich, wahr, richtig und wahrhaftig sind. [22]

Werden Aussagen und ihre Geltungsansprüche bezweifelt, so entsteht ein Diskurs, in dem die Beteiligten den Versuch unternehmen, diese Geltungsansprüche einzulösen. Er vollzieht sich argumentativ und wird durch den «eigentümlich zwanglosen Zwang des besseren Arguments» entschieden. [23] Dann ist Konsensus erreicht. Für den Diskurs müssen allerdings gewisse ideale Bedingungen gelten, die gewährleisten, dass er in einem «vernünftigen», nicht in einem «trügerischen» Konsensus endet. [24]

In einer dergestalt «idealen Sprechsituation» herrschen keine Zwänge ausser dem des besseren Arguments, weder von aussen noch durch die Struktur der Kommunikation selbst. Auch müssen für alle Diskursteilnehmer die Chancen, an einem Diskurs teilzunehmen, einen Diskurs zu eröffnen und fortzuführen, ihre Beiträge zu wählen und auszuführen, gleichermassen gegeben und symmetrisch verteilt sein. [25]

«Der Diskurs lässt sich als diejenige erfahrungsfreie und handlungsentlastete Form der Kommunikation verstehen, deren Struktur sicherstellt, dass ausschliesslich virtualisierte Geltungsansprüche von Behauptungen bzw. Empfehlungen oder Warnungen Gegenstand der Diskussion sind, dass Teilnehmer, Themen und Beiträge nicht ... beschränkt werden; dass kein Zwang ausser dem des besseren Arguments ausgeübt wird: dass infolgedessen alle Motive ausser dem der kooperativen Wahrheitssuche ausgeschlossen sind.» [26]

Auf diese Weise sollen Pläne als Produkte von zwanglosen Diskursen entstehen. Nicht mehr aus einem «egozentrischen Erfolgskalkül» heraus handelnde Subjekte, sondern kommunikativ an Konsensus interessierte Akteure sollen ihre Handlungspläne mittels argumentativer Verständigung koordinieren. [27]

Etwa gleichzeitig [28] entwickelte Rittel für die kleine Disziplin der Planungstheorie seine Forderung, dass «Ansätze der «zweiten Generation» auf einem Modell von Planung als einem argumentativen Prozess beruhen (sollten), in dessen Verlauf allmählich bei den Beteiligten eine Vorstellung vom Problem und der Lösung entsteht, und zwar als Pro-

dukt ununterbrochenen Urteilens, das wiederum kritischer Argumentation unterworfen ist.» [29] Rittel legt den Akzent nicht so sehr auf Konsens, sondern auf die bessere und transparentere Basis für Planungsentscheidungen.

Der Diskurs – soweit der Stand – ist die ständige Vergewisserung von Individuen im Austausch mit anderen darüber, was unter den gegebenen Umständen für akzeptabel gehalten werden soll. Dies schliesst ein, dass ein Konsens auf Zeit, Ort und die jeweilige Gemeinschaft der kommunizierenden Teilnehmer begrenzt ist, d.h. auf eine historische Situation. (Dies erklärt und begründet auch die für Planer typische permanente konzeptuelle Neuorientierung.) Für Planer wichtig ist die mit dem Diskurs verbundene Hoffnung, Konsens über verallgemeinerbare Interessen herbeiführen zu können, d.h. nicht «vor einem undurchdringbaren Pluralismus scheinbar letzter Wertorientierungen resignieren» zu müssen, sondern «Kraft Argumentation die jeweils verallgemeinerungsfähigen Interessen von denen zu unterscheiden, die partikular sind und bleiben». [30] Dies bedeutet auch die Möglichkeit, zwischen rechtfertigbaren und solchen Normen zu unterscheiden, die ungerechtfertigte Machtverhältnisse etablieren.

Habermas bietet damit den Planerberufen die Grundlagen eines Modells, nach dem durch Diskussion und Argumentation Lösungen für ihre Probleme erreichbar seien.

Hier ist wichtig festzustellen, dass konstitutiver Bestandteil des Modells sein idealer Charakter ist. Es ist «kontrafaktisch». [31] Es wird beim Eintritt in einen Diskurs unterstellt, ist faktisch nicht oder schwer realisierbar, jedoch immer angestrebt.

Dieser Aspekt Habermas'scher Kommunikation erklärt die Verwerfungen, die bei der Übertragung einer dergestalt normativen Theorie als dann handlungsleitendes Modell in die Praxis der Planer auftraten.

In den Verrichtungen der Praxis schien der Anspruch des Modells uneinlösbar. Gerade diejenigen, die sich der Kommunikation als des treibenden Fermentes planerischen Vorgehens annehmen

2

wie z.B. Fassbinder oder Selle, geraten in Konflikt mit ihrem eigenen Theorie- und Erfahrungshintergrund, der durch die Wahrnehmung einer fundamentalen Machtstruktur geprägt ist. Andererseits folgen sie der Intention des kommunikativen Modells, wenn sie die Funktion seiner Umsetzung in der Praxis gerade darin sehen, Machtgefälle und die Durchsetzung bornierter Einzelinteressen tendenziell abzubauen.

Im folgenden Abschnitt werden einige kritische Anmerkungen zum kommunikativen Modell referiert.

3.1 Einige Anmerkungen zum kommunikativen Modell
Der Logik folgend können faktische Aussagen (über die machtdurchtränkte Praxis) normative Sätze (über kommunikatives Handeln) nicht widerlegen (es sei denn, in Verbindung mit einer übergeordneten deontischen Prämisse).

Insofern können die folgenden Anmerkungen die Theorie nicht treffen, allenfalls die Fähigkeit des Modells, in denjenigen konkreten Situationen, in denen Planer operieren, deren Handeln ausreichend operational zu leiten.

A1 In Planungsprozessen werden Vor- und Nachteile auf Personen und Gruppen verteilt; daher geraten Akteure mit legitim partikularen Interessen am für sie günstigsten Plan oft unvermeidbar in Konflikt. Nicht Konsens, sondern Kompromisse stehen am Ende, deren Fairness von gleichen Machtpositionen der Verhandelnden abhängt. Diese Annahme trifft selten zu. [32]

A2 Vielmehr ist der Einfluss wohlorganisierter Interessenten auf den Planungsoutput typischerweise grösser als der von Betroffenengruppen mit zudem geringerer bargaining power. [33]

A3 Die ideale Sprechsituation kommt in der Planungspraxis nicht vor. Diskurse sind nicht frei von Erfahrung, von Handlungszwang, von Zwängen. Die Teilnahme ist nicht frei, das Recht Themen zu bestimmen und Beiträge zu geben, nicht gleich verteilt. [34]

A4 Die symmetrische Verteilung der Chancen zur Diskursbeteiligung setzt soziale Gleichberechtigung voraus, die jedoch erst argumentativ erreicht werden müsste.

A5 Fortschritte in Gleichberechtigung von Individuen, Gruppen oder Klassen gegenüber den jeweils Mächtigeren werden selten durch Argumente bewirkt, da der Mächtige gerade die Bedingungen möglicher Diskurse zu seinen Gunsten gestaltet und diese nicht zur Debatte stellt. Sie müssen anders erwirkt werden.

A6 Zur vorausgesetzten Diskursfähigkeit gehört Urteilskompetenz, deren Feststellung wiederum Kompetenz erfordert, ein infiniter Regress.

A7 Diskursbereitschaft erfordert eine rationale Grundeinstellung; doch der Wille zur Vernunft ist nicht durch Vernunft herstellbar. Würde nun aber Diskurs erzwungen, widerspräche es dem selbstgesetzten Ziel.

A8 Wer am Diskurs nicht teilnehmen will und/oder die unterstellte Moral des idealen Diskurses nicht teilt, begibt sich aus der Reichweite der Wirkung des Modells, insbesondere wenn es praktisch organisiert wird.

A9 Ideale Diskurse haben kein Zeitlimit, Planungsdiskurse haben es [35].

A10 Machttechnisches Kalkül infiltriert den Diskurs, wenn der Einsatz von Medien zur Verbreitung von Beiträgen, oder der Einsatz einer Autorität als Vortragendem, dessen persönliche Fähigkeit zu rhetorischer Brillanz oder intellektueller Mobilität, Bestandteil der taktischen Überlegungen eines Interessenträgers werden.

A11 Gerade organisierte zielbewusste Interessenten betreiben die Durchsetzung ihrer Interessen nicht nur mit Argumenten, sondern auch mit Machthandlungen, z.B. mit Drohungen (wie Wegzug aus der Stadt, damit Steuerverlust) oder mit der Schaffung von neuen Tatsachen, die planungsrelevant werden (wie Grundstücksaufkäufen, Preismanipulationen).

Alle diese «Störungen» rationaler Kommunikation sind Habermas wohlbekannt. Angesichts des idealen Charakters des Diskurses entfällt zumindest die vereinfachende Vorstellung, in realen Handlungssituationen auf das Verfahren dieses Diskurses als einer gleichsam mechanischen Prozedur zurückgreifen zu können. Er bleibt gleichwohl das einzige Instrument zur Entlarvung eben dieser Störungen. [36]

4. Komplementarität von Diskurs und Macht
Offensichtlich sind zwei Konzepte an einer Theorie von Planung beteiligt, das Konzept des Diskurses mit einem normativen Akzent und das Konzept des machtorientierten Handelns mit seiner Fähigkeit, reale Vorgänge abzubilden.

Bevor der Versuch unternommen wird, die beiden Konzepte ins Verhältnis zu setzen, sei ein kurzer Blick auf die Praxis städtischer Planung eingeschoben, um neben den theoretischen Vergewisserungen auf der Basis einer Fallbeobachtung auch ein empirisches Standbein zu haben.

4.1 Die Praxis – ein Gemisch von Beiträgen
Eines der derzeit grössten städtebaulichen Projekte (in Deutschland) begann 1994 mit der Entscheidung der privatisierten Deutschen Bahn, in Stuttgart den bestehenden Kopfbahnhof durch einen Durchgangsbahnhof zu ersetzen. Die Finanzierung des ca. 5,4 Milliarden DM teuren Vorhabens sollte zu einem grossen Teil durch den Verkauf des brachliegenden Gleisgeländes erfolgen. Interesse der Bahn als mächtigem Haupt- und Initial-Akteur war, Stuttgart an das europäische Schnellbahnsystem anzuschliessen und – auch im Image – in Konkurrenz zum Luftverkehr zu treten.

Es gibt starke Argumente: Das Projekt schafft Vorteile in der Städtekonkurrenz, Platz für 24 000 Arbeitende und 11 000 Bewohner kann entstehen, neue Steuerzahler kommen in die Stadt; über acht Jahre werden 4200 Arbeitsplätze, über 25 Jahre 1600 Arbeitsplätze geschaffen. Das Projekt wirkt mit einem Gesamtinvestitionsvolumen von bis zu 15 Milliarden DM wie ein Konjunkturprogramm.

Wirtschaftsminister und Bürgermeister werden starke Koalitionäre und Partner in einer Public Private Partnership, durchaus mit Eigeninteresse. Die Längsteilung des Tals durch die Barriere der Gleise verschwindet. Peripheres Wachstum mit entsprechendem Flächenverbrauch wird gemindert durch die stadtinterne Nutzung ohnehin versiegelten Geländes.

Auch die Gegenargumentation wird offen geführt: Die Innenstadt erhält Kon-

DISP 141   **8**   2000

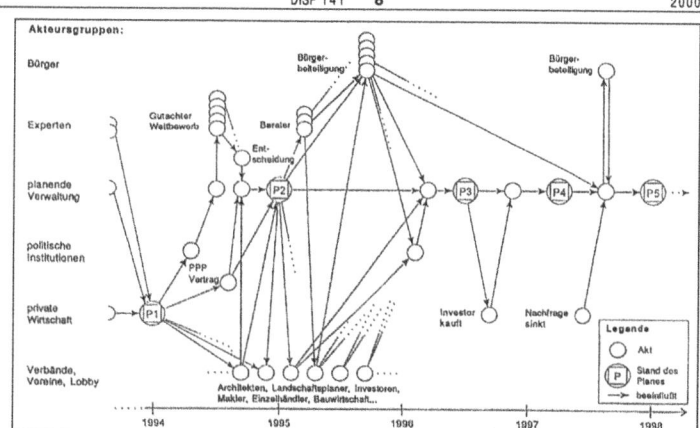

Abb. 1 Planungsprozess als Netzwerk von Handlungen verschiedener Akteursgruppen (Fall: «Stuttgart 21»)

kurrenz, der dortige Einzelhandel kann ausbluten; Büronutzungen im neuen Gebiet erzeugen nichturbane «Löcher» im urbanen Raum; hohe Bebauungsdichte kann das empfindliche Kesselklima verschlechtern; Tunnelbauten für den unterirdischen Bahnhof gefährden die Mineralquellen. Der verkehrliche Mehrwert ist gering. Der Bonatz-Bahnhof wird partiell demontiert (Flügelbauten, Hallenboden), Argumente werden zuhauf geäussert, keines unterdrückt und sie erreichen über verschiedene Plattformen die Öffentlichkeit.

Nicht nur Argumente bestimmen den Plan. So hat die Bahn Interesse an hohen Grundstückserlösen zur Finanzierung der Tunnelbauten. Dies führt zur Bevorzugung teurer Nutzungen und hoher Dichte, die indirekt schon in einer frühen Rahmenvereinbarung festgeschrieben wird. (Diese Rahmenvereinbarung wurde zwischen dem privaten Partner Bahn und der öffentlichen Hand ausgehandelt.) Gemäss dieser Wünsche des starken Partners, ohne den das Projekt undurchführbar wäre, entsteht so seitens der Stadt ein entsprechender Plan, wider das Gesetz alternativlos, dessen ebenfalls gesetzlich vorgeschriebene Abwägung durch bereits eingegangene vertragliche Verpflichtungen nicht mehr unvoreingenommen möglich ist.

Oder: Die Forderungen beteiligter Bürger nach mehr Wohnen, weniger Bürofläche, stärkerer Mischung verpuffen. Ihr Einfluss ist gering, entsprechend wiegen ihre guten Argumente weniger als die der Bahn. Letztlich erscheint Bürgerbeteiligung als rituelles Surrogat. Die manipulative Öffentlichkeitsarbeit der privaten Bahn, ihre Medienpräsenz und ihr Technologieniveau verschafft ihren Argumenten Vorteile gegenüber denen anderer Gruppen.

Der Einsatz von Experten soll die Position beider Gruppen mit der Autorität der Wissenschaft stärken. Ein mühsam gewonnener Grossinvestor überschreitet die Blockgrösse des Plans. Der Plan, auch der Flächennutzungsplan, wird geändert. Dies und die Privatisierung eines Teils des öffentlichen Raums wird in Kauf genommen angesichts der Drohung des Investors, sich aus dem Engagement zurückzuziehen.

Auch die koordinierten Appelle der ranghöchsten Interessenten in Süddeutschland einschliesslich Ministerpräsidenten an die höchsten Stellen im Staat, auf die Bahn, die den Ausstieg erwägt, einzuwirken, gehören zur Machtausübung. Das geäusserte Argument allein genügt nicht; Vortragender, Adressat und Öffentlichkeit spielen ebenso eine Rolle für die Durchsetzung. Es gibt zahlreiche Vorgänge in diesem Planungsfall, die entweder der Kategorie der Argumentation oder der des Machthandels zugerechnet werden können. Akteure sind u.a. Einzelhändler, Banken, Investoren, Managementfirmen, einzelne Architekten, die Architektenkammer, Landschaftsplaner, die Betonindustrie, Bürgerinitiativen, Gemeinderat, Städtebauausschuss, BDA, Universitätsinstitute und dort lehrende Professoren, der Deutsche Werkbund, die Industrie- und Handelskammer etc.

1999: fünf Jahre nach Planungsbeginn hat sich der Plan mehrfach geändert. Weiterhin agieren die verschiedenen Akteure und versuchen auf die Planung Einfluss zu nehmen.

Der Planungsprozess erscheint so als eine Mixtur von Beiträgen der verschiedenen Akteure (vgl. auch Abb. 1), seien es Argumente als Diskursbeiträge, Drohungen, tatsächliche Änderungen der realen Bedingungen, Zwischenentscheidungen. Jeder dieser Beiträge ist eine Intervention, und ein anderer Akteur ist aufgefordert zu reagieren, zuzustimmen, zu bezweifeln, zu ignorieren, abzulehnen, mit einer Gegendrohung zu antworten, nachzugeben, eine Planänderung vorzunehmen, einen Kompromiss vorzuschlagen, etc.

4.1.1 Ist der institutionelle Rahmen dieser Praxis noch angemessen?

Rechtlich ist die Stadt, in obigem Beispiel Stuttgart, Träger der Planungshoheit. Dies bleibt ihre wirkungsvollste Machtbasis. Rechtlich ist die Beteiligung der Bürger durch § 3 des Bundesbaugesetzes vorgeschrieben.

Doch bleibt die städtische Planungshoheit gewahrt, wenn das Vorhaben durch ein privates Unternehmen auf die Agenda gesetzt und erste Pläne von ihnen vorgelegt werden? Wenn das partikulare Interesse an hoher Grundstücksrendite formende Kraft für den Rahmenplan und den Bebauungsplan gewinnt? Wenn des weiteren andere private Interessenten, Investoren, mit dem Entzug ihrer Kapitalplazierung drohen und damit ihre Nutzungs- und Bauvorstellungen in einer labilen Wirtschaftslage gegenüber einer Stadt durchsetzen können, die in ihrer Konkurrenz mit anderen Städten auf Zugewinn, Arbeitsplätze, Steuerzahler angewiesen zu sein meint?

Das Modell der autark planenden Verwaltung und der punktuell zu beteiligenden, als einflussschwach und unterprivilegiert angenommene Bürger scheint obsolet. [37] Vielmehr agieren mächtige Interessenten, ausgestattet mit planerischer Kapazität und Kompetenz sowie mit wissenschaftlicher Expertise, und bemühen sich teils formal, teil informell um die Durchsetzung ihrer je partikularen Vorteile mit allen verfügbaren, der Situation angemessenen Mitteln.

So ist eine Planungspraxis entstanden, in der aus Anlass eines Vorhabens verschiedene Akteure unterschiedlicher Einflussfähigkeit aus Politik, Verwaltung, Wirtschaft, Industrie, Bürgerschaft, Ver-

2

bänden ... und Koalitionen aus diesen, wie Stierand es nennt, «Beziehungsgeflecht» bilden [38]. Stierand versucht, diese Erweiterung des Planungsvorganges um überwiegend informelle Prozesse der Einflussnahmen, Abklärungen, Abstimmungen, Absprachen, Regelungen, als eine Art Vorphase zeitlich im Planungsverlauf zu fixieren. [39] Jedoch gibt es keine Phase im Planungsprozess, in der diese Praxis der formalen und informellen Einflussnahme nicht charakteristischer Bestandteil ist. Gleichzeitig verflüchtigt sich angesichts dieser Praxis das Bild, in dem die Herstellung eines Plans als Ziel und Ende der Aktivität aller Planungsbeteiligten gilt. Gerade in diesem Punkt sieht Selle einen wesentlichen Wechsel. [40]

Der Prozess der Umsetzung, ob in Realisierungsstufen, Projekten, Festivals oder anderen Formen, wird Teil einer Planungsstrategie. Explizit als Strategiebestandteile formuliert tauchen «projektzentrierte Planung» und die bewusst «informelle Planung» erstmalig bei der IBA Emscher Park auf. [41] Implizit verweist diese Bezeichnung auf die Aushöhlung des institutionellen Rahmens durch eine Verschiebung planerischer Aktivität von einem ehemals singulären Planer auf ein rechtlich kaum geregeltes Konglomerat von mehr oder minder effektiv Einfluss nehmenden Akteuren. Die Grössenordnung des Einflusses, wie er sich in informell ausgehandelten Abstimmungen niederschlägt, verschwindet unkontrolliert im sogenannten «Ermessensspielraum» der Verwaltung. Es ist kein Verfahren in Sicht, welches es leistet, den von partikularen Interessen bestimmten Anteil am Planungsergebnis demokratisch zu legitimieren.

Wenn der «Abschied vom Plänemachen» vollzogen ist, entstehen, so Weick, «kontinuierlich-kooperative Verhandlungssysteme» [42], ein gänzlich neues institutionelles Konstrukt. «Planung lernt das Handeln», konstatiert Selle und charakterisiert die neue Praxis als «Kooperatives Handeln». [43] Die Bezeichnung «kooperativ», mit der Konnotation eines unterstellten gemeinsamen Wollens und Handelns, erscheint angesichts der in politischen Prozessen notorischen Unvereinbarkeit von Interessen, auch Zielen und Werten, euphemisch, zumal gerade die de facto Kooperierenden bereits eine machtbedingte Auswahl darstellen. Diese bleibenden Machtungleichgewichte sind den Vertretern kooperativer Planungsinstrumente wohl bewusst.

4.2 Kooperation – eine Form der Planung zwischen Diskursversuch und Machttechnik

Verschiedene neuere Planungsexperimente bauen auf das Potential des Diskurses, d.h. die Einflusskraft, «den merkwürdig zwanglosen Zwang des besseren Arguments». Bei ausreichender Reflexion geraten jedoch alle ihre Protagonisten an jene Grenze, an der Diskurs mit Machthandeln interferiert.

Renn unternimmt den weitestgehenden Versuch, eine ideale Diskurssituation – den Habermas'sche Anforderungen genügend – explizit zu praktizieren, im «kooperativen Diskurs». [44] Er erkennt – ohne daraus Konsequenzen ziehen zu können – die Stellen, an denen Macht wirksam wird: Bei der mangelnden Chancengleichheit, Planungsmaterie zu verstehen, der Auswahl der Beteiligten, der relativen Abschottung des Gesamtverfahrens gegenüber einer breiten Öffentlichkeit [45], der potentiellen Wirkungslosigkeit des Ergebnisses eines derart kooperativen Diskurses. [46]

«Es geht um einen offenen Planungsprozess, in dem die Abwägung aller Gesichtspunkte und der Interessen durch Fachleute und Vertreter der verschiedenen Gruppierungen in öffentlicher Debatte vorgenommen wird» [47], so umschreibt Helga Fassbinder das Vorhaben, das sie mit dem Modell des Stadtforums in Berlin verfolgt. Sie baut, in bester Tradition des Habermas'schen Modells, auf die Kraft des Verfahrens selbst, das den Beteiligten «eine gemeinsame Perspektive introduziert»; das bedeutet, dass durch die Struktur des Verfahrens die partikularen Interessen auf ein gemeinschaftliches Gesamtziel hin orientierbar seien, dass sie «eingebettet werden in ein breit getragenes Verantwortungsgefühl» [48], dass das erhoffte Ergebnis ein Konsens sei [49].

Aber sie weiss auch, dass die Verankerung des Forums bei nur einer Trägerschaft ein begrenzendes Manko darstellt [50], und sie weiss auch, dass der output des Forums den Entscheidungsträgern bestenfalls als Orientierung oder Handlungsempfehlung dient, nicht jedoch Garant für Berücksichtigung ist. Und nichts hindert die am Forum Beteiligten und die dort nicht vertretenen Akteure, ihr Interesse auch parallel und ausserhalb des Forums, d.h. hinter den Kulissen des öffentlichen Diskurses, mit anderen Mitteln zu verfolgen.

Klaus Selle stellt ein breites Spektrum von Methoden kommunikativer Planung vor und belegt sie mit praktischen Anwendungsfällen. [51] Einerseits habe sie Tradition [52], andererseits wieder Aktualität aus den verschiedensten Gründen: wenn Orientierungen verschärft divergieren, wird ein Diskurs über Werte unverzichtbar; wenn Technologien Risiken bedeuten, ist die Unsicherheit, welche tragbar seien, nur im Diskurs zu beseitigen; wenn politische Steuerung versagt, hilft nur Verhandlung und Verständigung; nur Kommunikation kann die bei grossen Planungsprojekten schwindende Zustimmung der Bürger wieder einholen. [53]

Selle kommentiert allerdings kritisch die Auffassung, dass «wenn alle an einem Tisch sässen», wenn nur kooperiert würde, die Grenzen früherer Beteiligung überwunden seien. [54] Er sieht in den neuen Kooperationen neue alte Probleme. Treffsicher spricht er die so euphorisch ausgeklammerten Machtprobleme an: Wer von den vielen kooperierenden Akteuren ist eigentlich verantwortlich? «Kooperationen leben von Ausgrenzungen», die Einbezogenen gewinnen an «Gestaltungsmacht». Wenn in Kooperationen bereits die wichtigen Planbestandteile ausgehandelt wurden, kommt die formale Bürgerbeteiligung zu spät. «Wer verhindert, dass schwache Interessen überrollt werden?» [55] Unklare Rollenverflechtungen verdecken die Anteile der öffentlichen Akteure am Entscheidungsergebnis. Widerstände von ausserhalb des Kooperandenkreises signalisieren unberücksichtigte Positionen. Der Zeitpunkt der Beteiligung ermöglicht es, die Beteiligten mit eingerüttelten Vor-

DISP 141 **10** 2000

einscheidungen zu konfrontieren, für die allenfalls Akzeptanz, nicht aber Mitsprache gewünscht ist. [56]

Kommunikation und Kooperation reduzieren nicht selbsttätig die Machtunterschiede zwischen Kommunizierenden bzw. Kooperierenden. Selle schliesst daraus, dass alte Forderungen der Beteiligung, die auf die Vergrösserung der Macht der Machtlosen zielten, aufrechtzuerhalten seien.

Das Konzept der kooperativen Planung kann offensichtlich die klassischen Defizite ungleicher Einflusschancen in Planungsprozessen nicht bewältigen. Sie läuft vielmehr Gefahr, durch die Vielzahl und Diversifikation der am runden Tisch Beteiligten, und obgleich dort allenfalls eine ausgewählte Elite versammelt ist, den Anschein ausgewogener und umfassender Einflussnahme und fairer Interessenberücksichtigung zu erzeugen und damit die Defizite asymmetrischer Machtverteilung zu verschleiern.

Im übrigen sind diese institutionalisierten Formen der Kooperation selbst Machttechniken. So geben das «Forum» oder der «kooperative Diskurs» dem Berliner Senator bzw. dem Baden-Württembergischen Minister die Möglichkeit, projektgefährliche Konfliktpunkte frühzeitig zu erkennen, die Zahl der Akteure zu begrenzen, sie zur Offenlegung ihrer Absichten zu veranlassen, sie an der Umgehung öffentlicher Wege zu hindern, gleichsam Gegenenergie zu absorbieren und zu kanalisieren. Das Ergebnis kann der Entscheidungsträger dann als durch Diskurs legitimiertes Produkt oder durch seine Abwägung zu einem Kompromiss geformt zur Grundlage eigener durchsetzungssicherer Massnahmen machen.

Das Wissen um die andauernde Präsenz von Machtungleichgewichten dokumentiert sich bei den Konstrukteuren kommunikativer bzw. kooperativer Planungsinstrumente in den Postulaten, in die sie ihre Verfahren einbetten und die erst unter der Bedingung, dass sie erfüllt würden, den Erfolg der Verfahren sichern können. Dies sind z.B. die Forderungen nach Fairness bei Renn, nach Offenheit und Transparenz bei Fassbinder, nach Stärkung der Öffentlichkeit und Aufstellen von Spielregeln, durch die

«die unterschiedlich langen Spiesse ... ein Stück weit egalisiert» werden können, bei Keller [57]. Die Erfüllung dieser Forderungen jedoch wird gerade durch die Machtungleichgewichte gehindert.

4.3 Zwei Arten von Planungsakten
Bei der Betrachtung derartiger Planungspraxis sind zwei Arten von «kleinsten Einheiten» identifizierbar, die für eine Theoriebildung relevant werden, diskursive Akte und Akte der Macht. Diese Unterscheidung ist sinnvoll, weil die zugrundeliegenden Konzepte entscheidend für die zu postulierende Rationalität sind.

Beide Arten von Vorgängen haben ein für Planung charakteristisches Grundprofil, zu dem mindestens ein Akteur, ein Kontext (von Ort, Zeit, Personen) und ihre Intentionalität gehören, sowohl als Intervention einen Zustand zu ändern als auch jemandes Vorstellung eines zukünftigen und besseren Zustandes der Welt zu verwirklichen oder mindestens zu beeinflussen. [58]

4.3.1 Diskursive Akte
Alle Äusserungen, die zu den im Verlauf des Planungsprozesses auftretenden Fragen gemacht werden, einschliesslich des Aufwerfens dieser Fragen selbst, werden als diskursive Akte bezeichnet. Habermas legt das Gewicht auf solche «Sprechakte», die Gründe anführen, die zu einer rational motivierten Anerkennung der geäusserten Sätze führen. Deren Geltungsanspruch kann jederzeit problematisiert werden. Diskursive Akte sind jeweils Äusserungen zur argumentativen Rechtfertigung problematisierter Geltungsansprüche. Die Begründung des Geltungsanspruchs erfolgt durch faktische Argumente, Schlussregeln, oder stützende Argumente, die alle ihrerseits je angreifbar sind. [59] Alle Äusserungen solcher Argumente und Gegenargumente sind diskursive Akte.

Rittel strukturiert den Diskurs in folgende Akte: Aufwerfen einer planungsrelevanten Frage (issue), Einnehmen einer Position oder Geben einer Antwort, Formulierung eines Arguments, das eine solche Position stützt oder angreift, Formulieren von Folge-Issues aus Positionen oder Argumenten heraus etc. Ferner dif-

ferenziert er in faktische, deontische, instrumentelle, explanatorische und konzeptuelle issues. Alle diese Diskurselemente sind durch Verweisungen aufeinander beziehbar. So entsteht ein Netzwerk von Issues, Positionen und Argumenten [60], das mit dem Fortschritt des Planungsprozesses wächst.

4.3.2 Akte der Macht
Macht baut nicht auf die Überzeugungskraft des Arguments, sondern nutzt alle Möglichkeiten, auf denen die Chance zur Durchsetzung eigenen Interesses beruht. [61] Davon mag Argumentation eine sein. Doch wäre sie dann nicht mehr an Wahrheit, sondern – strategisch – an Durchsetzung interessiert, und damit kein Diskurs im Habermas'schen Sinn. Schon die Begrenzung der Teilnahme am Diskurs, der Chance zum Aufbringen eines Themas, die Einschränkung seiner Behandlung, sind Akte der Macht. Macht gerät explizit in den Vordergrund, wenn ein Diskurs wegen zu Ende gehender Zeit unterbrochen wird. Dann wird nach Regeln entschieden wie der, dass der Höchste in der Hierarchie entscheidet, oder nach der besten aller schlechten Regeln, der Mehrheitsregel, oder in Form eines Kompromisses. Insbesondere in demokratischen Gesellschaften gehen Entscheidungen, auch dem Aushandeln von Kompromissen, extensive Machtauseinandersetzungen voraus. Oft ist die Entscheidung – nach vollzogenem Machtkampf – nur noch der symbolische Gebrauch eines demokratischen Rituals [62]. Da der Kompromiss die dann aktuelle Machtverteilung spiegeln wird, versucht jede Partei schon vorher ihre Macht zu vergrössern. Das Repertoire an Machthandlungen ist reichhaltig und unterscheidet sich von dem, das Macchiavelli 1513 im «Il Principe» entwickelte, nur durch Anpassung an aktuelle Gepflogenheiten. Macchiavelli hat das Instrumentarium des Machthandelns zwar in Kenntnis, aber unabhängig von Moral dargestellt und das unter der Prämisse des Überlebens stehende faktische Tun vor ein von Normen geleitetes Handeln gestellt. [63] Tugendhaftes Handeln trägt man allenfalls zum Schein, wenn es opportun ist. [64] Das Kalkül der

2

Macht hat keine Bindung ausser der Macht selbst. Sein Kompendium von «Beobachtungen» und «Kenntnissen» [65] enthält Verhaltensregeln zum Erwerb, Erhalt und zur Vergrösserung von Macht. Es kann ohne Schwierigkeiten für Planer aktualisiert werden, wie nachfolgende unvollständige Aufzählung zeigt:

Nutze Personen mit Charisma oder Charme, mit rhetorischem Vermögen, um ein Interesse, eine Position vorzutragen. Nutze Massenmedien wie Zeitung, Fernsehen, Internet, um eine Meinung zu vervielfachen. Nutze Geld, um Entscheidungen zu beeinflussen. Nutze die Expertise von (bezahlten) Wissenschaftlern mit der ihnen zugehörigen Autorität der Wissenschaft. Sei bestens informiert, nutze Wissensvorsprünge und gib nicht alles Wissen freizügig weiter. Gehe in offizielle Funktionsstellen, um Gewicht zu erlangen. Nutze die Macht grosser einflussreicher Institutionen, nutze Beziehungen, sowohl in formalen wie informellen Netzwerken.

Weitere Machtakte sind: Dosierung von Informationen, Schaffung unrevidierbarer Fakten, Teilung grosser Projekte in zumutbare Stücke, Befriedigung des Bedarfs nach Mitbestimmung durch symbolischen Demokratie-Gebrauch, Vorgabe von «Sachzwängen», Erzeugung von Zeitdruck (unaufschiebbare Termine), Nutzung von Experten, Lancieren von Argumenten über Personen öffentlicher Autorität, Personen mit besonderem Geschick im Argumentieren ins Spiel bringen, Zersplitterung oppositioneller Gruppen, Einschüchterung, Verbreiten kalkulierter Gerüchte, Diffamierung, falsch informieren, falsch zitieren, Unterstellung, Geheimhaltung, Irreführung, Kriminialisierung, Provokation, Infiltration.

Weitere Machtakte, besonders derer «auf der anderen Seite», sind: Mobilisierung Betroffener, Solidarität, alle Formen der Partizipation, die auf realen Einfluss auf Entscheidungsprozesse zielen, Gegenplanung, Rückruf (z.B. Abwahl eines Bürgermeisters), Initiative, Referendum, Protest, ziviler Ungehorsam, Mobilisierung von öffentlicher Meinung, insbesondere der Presse und des Fernsehens. Es gibt noch mehr dergleichen.

4.4 Was ist das zugrunde liegende Modell?

Wir haben nun mehr Evidenz für die Feststellung (zu Beginn des Abschnittes 4), dass zwei Konzepte in eine Modellierung des Planungsprozesses eingehen, das normativ orientierte des Diskurses und das des realitätsabbildenden machtorientierten Handelns. Sie gehen ein in ein Modell von Planung als eine Art des Handelns im sozialen Kontext. Insofern Planung als Ausgangsproblem «die Möglichkeit kollektiven Handelns bei nicht vorauszusetzendem Konsens» [66] hat, gleicht sie der Disziplin der Politik. Das technokratische Modell und in idealer Vorstellung auch das Diskursmodell baut auf die Erreichbarkeit von Konsens (in einer betrachteten Handlungseinheit von Zeit, Raum, Personen), einmal als Produkt instrumentellen oder wissenschaftlichen Schliessens, einmal als Produkt von Argumentenaustausch. Da wir, wie gezeigt, von beidem nicht ausgehen können, folgen wir für die Konzipierung eines Planungsmodells einem Modell der Politik, in dem sich die Vorgehensweisen von Überzeugungsversuchen, Aushandeln, Einfluss, Macht mischen. In diesem Modell versuchen alle Betroffenen oder Interessenten, direkt oder indirekt, Einfluss auf die Entscheidung so zu nehmen, dass für sie geringer Nachteil und grosser Vorteil entsteht. Die Umverteilung von Gegebenheiten und die durch Umverteilung entstehenden Vor- und Nachteile für Betroffene und Interessenten zu beeinflussen, zu bestimmen oder zu konzipieren ist Gegenstand der Aktivität aller Akteure am Planungsprozess. Die Akteure sind im Normalfall keine selbstlosen Vertreter eines allgemeinen Interesses. Dieses haben sie nur insoweit im Auge, als sie im Sinne einer strategischen Rationalität einen Handlungsrahmen anerkennen müssen und mit den Gegenzügen anderer Akteure zu rechnen haben. Die Akteure nutzen alle ihre Chancen, ihr Interesse auch gegen den Widerstand anderer Beteiligter durchzusetzen, sowohl die Chance der überzeugenden, auf Einverständnis zählenden Kommunikation im Diskurs als auch machtorientierten Verhaltens. Beide beanspruchen Rationalität, die je verschieden ist.

Die Rationalität, die machtorientiertes Verhalten leitet, liegt in den Kalkülen über bestmögliche Strategien der Durchsetzung des Interesses eines einzelnen Akteurs und ist insofern instrumentalisiert.

Die Rationalität des kommunikativen Modells beruht auf der Möglichkeit, durch Verständigung im Diskurs gerade partikulare Interessen von verallgemeinerungsfähigen zu unterscheiden; insofern ist sie gesellschaftlich.

Wenn im folgenden Fragmente eines Modells entwickelt werden, in dem sowohl Diskurs als auch Machthandeln eine Rolle spielen, so geschieht dies auf der abstrahierenden Ebene konzeptueller Konstrukte. Ihr Gegensatz ist das operative Vorgehen, also ein Teilbereich der Methode des Planens, beginnend vom Aufbringen eines Problems bis zur Implementierung einer «Lösung».

Während für das kommunikative Modell auf die Habermas'sche Theorie und auf Rittels instrumentelle Vorschläge verwiesen werden kann, wird das Konzept der Macht etwas ausführlicher dargelegt, insbesondere durch Beiträge zu seiner Logik und seinen Kalkülen. Gerade auf der operativen Ebene scheint mir die Konstatierung einer festen Machtstruktur als fixierter Verteilung von Macht und die Tabuisierung der Macht als negatives Konzept für den eigenen Handlungsbereich die Scharfstellung auf machtorientiertes Handeln gehindert zu haben.

Mittlerweile, d.h. seit jenen Konzepten, die um 1968 als kapitalismuskritische Planungstheorien entstanden (siehe Abschnitt 2), gibt es einige wenige neuere Versuche, Macht in planerisches Verhalten theoretisch miteinzubeziehen.

Einer stammt von John Forester. Er weiss um die Rückwirkungen, wenn Planer die Macht anderer ignorieren: Planer werden selbst machtlos. Er sieht die Macht der Planer im Gebrauch von Information. Die Möglichkeit des Planers, gegen Missinformation zu agieren, spielt eine herausragende Rolle [67] in einer Art konspirativer planerischer Praxis. Damit bewegt er sich innerhalb des Modells der kommunikativen Rationalität, wie Habermas sie einfordert. Allerdings richtet er darüber hinaus die Aufmerksamkeit auf die macht-

DISP 141   **12**   2000

bedingten Störungen, denen, aus der Position eines kritischen Pragmatismus heraus, durch kritische Theorie und Praxis zu begegnen sei. [68]

Von einer anderen Position aus argumentiert Bent Flyvbjerg. Er lässt die Bindung an eine wissenschaftlich kontextfreie Rationalität und an die Habermas'sche kommunikative Rationalität nach einer genauen Beobachtung und enttäuschenden Erfahrung in den Niederungen der Praxis (der Stadtplanung von Aalborg) auf sich beruhen. Theoretische Unterstützung sucht er in Macchiavellis Instrumentalismus, Nietzsches Biologismus und Foucaults Strukturalismus. Er bemerkt richtig, dass Macht Realitäten definiert und schafft. [69] (Allerdings endet die Fähigkeit, dies auf Dauer zu tun, am Mangel an Legitimierbarkeit, selbst wenn in der Zwischenzeit nur schwer revidierbare Fakten geschaffen wurden.)

Auch sieht er die Rationalität von Macht, z.B. in der Fähigkeit des Mächtigen, seine Handlungen im jeweiligen Kontext zu rechtfertigen. Dies ist Rationalisierung. (Doch diese kann als solche entlarvt werden.) Es ist eine zutreffende Beobachtung, dass immer dann, wenn in Projektverläufen die offenen Konfrontationen zunehmen, Wissen und Rationalität eine geringere Rolle spielen, während die Relationen, die durch die Gewinnversuche der Konfliktpartner mit den Mitteln der Macht gekennzeichnet sind, in den Vordergrund treten. In stabilen Machtsituationen hingegen gewinnen Wissen und Rationalität grösseren Spielraum.

Flyvbjerg ist – wie Forester – auf dem Weg, das Phänomen der Macht in der Planung für den planungstheoretischen Diskurs zu enttabuisieren.

Doch sein Schluss, dass wir uns nicht allein auf eine Demokratie, die auf Rationalität basiert, verlassen können, um unsere Probleme zu lösen [70], ist sehr allgemein, lässt offen, worauf sonst wie zu bauen sei, und vernachlässigt die verschiedenen Arten von Rationalität und ihr differenziertes Verhältnis zueinander. Er plädiert in einer Art fatalistisch-pragmatischem Sprung, der normativen Macht des Faktischen folgend, für eine «RealRationalität», die er mit Macht

gleichzusetzen scheint. Welche Arten von Rationalität im Wechselspiel mit Macht und im Machthandeln selbst welche Rolle spielen, bleibt offen. Er verschleiert den notwendigen und aufrechtzuerhaltenden Unterschied zwischen normativen und faktischen Aspekten und ignoriert, dass erstere durch letztere erschwert, jedoch nicht widerlegt werden können.

Dagegen betont der hier unternommene Versuch den Unterschied zwischen beiden Konzepten und richtet die Aufmerksamkeit auf ihr wechselseitiges Verhältnis. Zunächst folgen, wie angekündigt, einige Ausführungen zum Konzept der Macht.

4.4.1 Zur Logik der Macht

Max Weber definiert: «Macht bedeutet jede Chance, innerhalb einer sozialen Beziehung den eigenen Willen auch gegen Widerstände durchzusetzen, gleichviel worauf diese Chance beruht». [71] Indem er explizit gegen eine fixierte Dualität von Herrschenden und Beherrschten argumentiert, entwickelt Foucault ein Modell von Macht, in dem ihre jeweilige Verteilung ein Ergebnis andauernder Auseinandersetzung zwischen Individuen, Gruppen und Institutionen ist [72]. Macht in planenden Organisationen ist demnach instabil, nicht determiniert, nicht fixierbar, in vielen Situationen neu zu gewinnen, durchlässig, nicht eindeutig verteilt, verstreut auf viele Akteure. [73] Ein Blick in die logische Struktur von Machtbeziehungen [74] zeigt die Tragfähigkeit dieses Modells und darüber hinaus die Art der eingelagerten Rationalität.

Die Relation zwischen einem Träger von Macht (A) und einem Subjekt (B), dem gegenüber sie ausgeübt wird, ist wesentlich bestimmt von der Fähigkeit von A, durch eine Drohung B dazu zu bringen, etwas zu tun, was A will, B aber nicht will. Dazu gehört, dass beide die Differenz ihrer Ziele festgestellt haben (Voraussetzung ist Kommunikation darüber). Auch rechnet der Mächtige mit der Empfindlichkeit des Bedrohten für seine Drohung. Angesichts der Drohung kann der Bedrohte einerseits nachgeben – dann ist die Machtsituation gegeben. Er kann sich aber auch wei-

gern. Es ist eine Entscheidung auf der Basis eines Schadens-Nutzen-Kalküls, also einer argumentativ vollzogenen Abwägung. Gibt B nach, so rechnet er im übrigen auch mit der Fähigkeit von A, die Drohung wahrzumachen. Hier wird konsequentielles Verhalten wechselseitig unterstellt, eine Bedingung von Rationalität.

Da Änderungen von Machtkonstellationen empirisch häufig feststellbar sind, fragen wir nach den Möglichkeiten eines offenen Ausgangs einer Machtauseinandersetzung. Sie liegen in der Möglichkeit von A sich zu entscheiden, keine Forderungen zu stellen, von B, sich trotz einer Drohung gegen eine Forderung zu entscheiden. Die Abwägung von B kann beide Resultate haben, zu folgen und sich zu weigern. Im Fall der Weigerung riskiert er die angedrohte Massnahme, es sei denn, er hat eine Gegenstrategie in der Hinterhand. Diese Strategie kann ihren Erfolg z.B. auf einer geänderten Machtbasis kalkulieren. Eine dynamische Situation entsteht. Die Logik zeigt, dass es keine fixierbare Machtverteilung gibt.

Wir nehmen ein Netzwerk von Machtbeziehungen an, in dem jeder Akteur in irgendeiner Hinsicht und in irgendeinem Ausmass auf jeden anderen Akteur Macht ausübt.

4.4.2 Kalküle der Macht

Normalerweise versuchen die beteiligten Akteure ihr Risiko, im Machtkampf zu unterliegen, möglichst niedrig zu halten. Ihre Abwägungen von Machtakten folgen Kalkülen, die wir darstellen können. Es ist die strategische Rationalität eines einzelnen Akteurs, der die Durchsetzbarkeit seines Interesses gegen die Interessen anderer rationaler Gegenspieler kalkuliert. Es sind Kalküle wechselseitigen «Images»: B denkt darüber nach, wie er auf die Drohung von A reagieren könnte. A entwickelt ein Bild der Erwägungen von B und denkt über mögliche Reaktionen nach etc.

In einer Analyse wurden verschiedene derartige Kalküle durchgespielt. [75] Typische Bestandteile solcher Kalküle sind: Kann A seine Drohung auch ausführen? Wenn ja, würde er es im Ernstfall tun? Wenn ja, was verursacht den

DISP 141   **13**   2000

2

grösseren Schaden für B: die Massnahme in Kauf zu nehmen oder zu vermeiden? Kann er, B, die Massnahme von A verhindern? Z.B. mit einer Gegendrohung, durch Suche nach einem Verbündeten, durch Suche nach einem Kompromiss über Verhandlungen, oder durch Unterminierung der Macht von A? Ist es möglich, scheinbar nachzugeben und gleichzeitig anders zu handeln? Wie würde A in der Verhandlung argumentieren? Mit welchem Kompromiss könnte A zufrieden sein? Wäre dies auch für B befriedigend?

Eines der Ergebnisse dieser Analyse war, dass sich eine begrenzte Zahl möglicher Verhalten herausschält, die immer wieder auftreten. [76] Einige davon sind:

• Eine Drohung der anderen Partei wird mit einer eigenen Drohung beantwortet,

• eine Drohung wird ignoriert, weil nicht mit ihrer Durchführbarkeit oder mit dem tatsächlichen Willen zur Durchführung gerechnet wird,

• eine Drohung wird mit einer unangedrohten Massnahme beantwortet,

• einer Drohung der anderen Partei wird der Boden entzogen, indem die Drohgrundlage vermindert wird (Verkleinerung von Machtbasis, Machtmittel, Machtbereich, Machtausdehnung des anderen),

• die eine Partei mindert die Macht der jeweils anderen Partei (s.o.),

• die Parteien verhandeln mit dem Ergebnis, dass beider Intentionen vollständig erfüllt werden oder die Intentionen beider je teilweise erfüllt werden; oder dass die Intentionen nur einer Partei vollständig oder teilweise erfüllt werden; oder dass beide sich auf etwas Drittes einigen, das beide nicht intendierten,

• die bedrohte Partei gibt nach,

• die drohende Partei macht von sich aus Zugeständnisse,

• der Bedrohte reagiert nicht und die drohende Partei macht ihre Drohung wahr.

Es ist festzustellen, dass nur wenige mögliche Verhalten zu einem Ende der Machtauseinandersetzung führen. Eine davon ist, dass die drohende Partei Konzessionen gegenüber der bedrohten

aus eigener Initiative macht. Eine andere ist, dass die Parteien so verhandeln, dass der gefundene Kompromiss beide Parteien nachhaltig befriedigt. So scheint Machthandeln in und durch Diskurs und Argumentation zu enden.

Befriedigende Kompromisse werden jedoch erfahrungsgemäss nur bei Machtäquivalenz ausgehandelt. Diese wiederum kann hergestellt werden durch Akte der Gegenmacht mit Techniken wie in 4.3.2 angeführt oder durch institutionalisierte Verfahren, die missliebigen Machtgebrauch gleichsam neutralisieren. Solche Verfahren sind z.B. wechselseitige Kontrolle, Selbstbestimmung, Selbstorganisation, Selbsthilfe, Partizipation, Minimalplanung, Prinzip der kleinen Schritte, spezielle Rechte für Minderheiten, proportionale Berücksichtigung von Interessen, Entanonymisierung von Verantwortlichkeit. [77]

Doch auch solche Verfahren kamen diskursiv zustande oder wurden mit den Mitteln der Macht erzwungen, und die Beteiligung an ihnen erfolgt auf Grund von Überzeugung oder unter Druck. Wir sehen hier die wechselseitige Verflechtung von Macht und Diskurs und kommen darauf im folgenden Abschnitt zurück.

4.5 Die Beziehung der Komplementarität zwischen Diskurs und Macht

Wir schliessen den Gebrauch von Macht in den Planungsprozess ebenso mit ein wie wir es mit dem Diskurs getan haben. Wir behandeln sowohl die Machtakte als auch die diskursiven Akte als gleiche Einheiten des Prozesses. Jedoch sind die beiden Konzepte, das Konzept der Macht und das des Diskurses, in komplizierter Weise aufeinander bezogen.

• In den Ausführungen zur Logik der Macht wie auch zu den Kalkülen der Macht wird ersichtlich, dass Argumentation und Diskurs Akten der Macht vorausgehen.

• Ersichtlich wurde auch, dass diskursive Sprechakte (Aufwerfen von Fragen, Äusserungen von Positionen und Argumenten) Einfluss auf die Verteilung von Vor- und Nachteilen haben, d.h. ihrerseits Macht entwickeln.

• Macht kann die Ausübung von Argumentation und ihre Auswirkung verhindern.

• Aber nur Argumentation kann Macht und ihren Missbrauch zum Gegenstand haben und dadurch den Gebrauch von Macht überhaupt erst konstatieren.

• In Abwägung gegen andere Mittel taktisch eingesetzt ist Argumentation ein Machtmittel. Bewirkt es jedoch beim Gegenüber gleiche Überzeugung, so kann man nicht mehr von Machtrelation sprechen, sondern von solidarischem auf Konsens beruhendem Handeln.

• Macht, die sich nicht rechtfertigen kann, ist irrational. Rechtfertigung von Macht aber kann nur durch Argumentation erfolgen. [78]

Wir sehen die wechselseitige Bezogenheit der beiden Konzepte. (vgl. Abb. 2)

Wir sind am Ende des vorangegangenen Abschnitts auf Verfahren gekommen, die durch die ihnen innewohnende Konstruktion den Missbrauch von Macht hindern. Gewichtiger Grund war die realistische Befürchtung, dass gerade in Machtsituationen eine diskursive (ethische) Kontrolle versagt, weil der jeweils Mächtige das (ethische) Argument ignoriert. Die Intention war, «Rationalität» nicht an das zeitlich ungewisse Ende eines Diskurses zu binden, sondern sie gleichsam in Verfahren hineinzuverlagern. Die prozeduralen Regeln eines solchen Verfahrens wären dann die Rationalitätsgarantoren. Ein erster zeitlicher und logischer Regressschritt jedoch führt dahin, dass auch derartige Prozeduren auf einem argumentativ erzeugten Konsens beruhen, zu Konventionen geronnene Diskursergebnisse sind.

Der nächste Regressschritt besagt, dass dieser Diskurs dem gleichen Dilemma unterliegt, bei Machtpräsenz nicht durchführbar oder in seinem Ergebnis nicht durchsetzbar zu sein. Auch das bessere Argument für eine prozedurale Regel muss sich mit Macht gegen Machthaber nach Logik und Kalkül der Macht durchsetzen. Wir geraten in einen infinitiven Regress, ohne Chance, die permanente wechselseitige Bezogenheit von Diskurs und Macht beim Planen aufzulösen.

DISP 141   **14**   2000

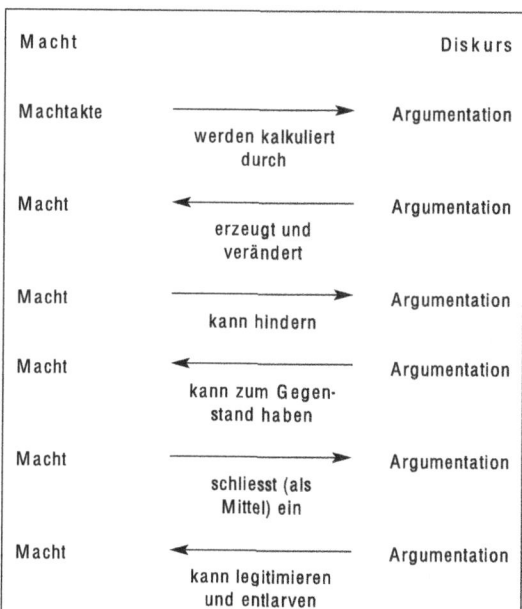

Abb. 2: Wechselseitige Beziehung zwischen Macht und Diskurs

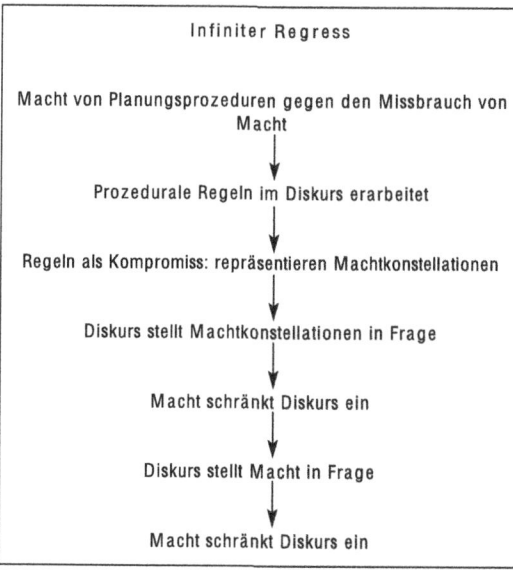

Abb. 3: Unendlicher Regress beim Zustandekommen von prozeduralen Regeln für Planungsprozesse

Die untrennbare Verkoppelung der beiden Konzepte legt nahe, den Planungsprozess als einen ständig wiederholten Bezug der einen Handlungsart auf die andere zu theoretisieren, d.h. als die Komplementarität des Konzeptes des Diskurses und des Konzeptes der Macht. Wenn wir nach «Rationalität» in der Planung suchen, so liegt sie in der Komplementarität der beiden Konzepte. Basis ist die Unterscheidung der beiden Handlungsarten. Ihre unlösbare Bezogenheit wird evident in der Logik der Macht (vgl. Abschnitt 4.4.1) und in den Kalkülen der Macht (vgl. Abschnitt 4.4.2) sowie in ihrer wechselseitigen Begrenzung in einem infinitiven Regress, der sich bei der Konstituierung von regelgebundenen Planungsprozeduren auftut, die gegen den Missbrauch von Macht gerichtet sind.

Wenn wir den wissenschaftlich-instrumentellen Rationalitätsbegriff für Planung aufgeben und den der diskursiven Rationalität, dem Vorschlag von Habermas folgend, als «ideales» Konstrukt aufrechterhalten, dann sollten wir – nach Einbeziehung der Macht – eher von komplementären Rationalitäten während des Planungsprozesses sprechen. In dieser Beziehung steht das strategische Machtkalkül von Einzelinteressenten und die Suche nach verallgemeinerbaren Interessen mittels einer kommunikativen Rationalität in einem instabilen Verhältnis.

Mit einem Konzept der Komplementarität von Argumentation und dem Gebrauch von Macht in Planungssituationen, in denen die Abhängigkeit von normativer Willensbildung dominant und die Entwicklung und Aufrechterhaltung von Interessen legitim ist, sind wir nicht gezwungen, Pläne als willkürliche Produkte einer zufälligen, schicksalhaften Konstellation von Macht in Kauf nehmen, sondern können sie als Ergebnis einer Auseinandersetzung unter durchschaubaren und wechselseitig überprüfbaren Bedingungen werten, in die Planer eingreifen können und sollen.

Letzteres ist eine entscheidende Konsequenz. Ein derartiges Komplementaritätsmodell von Planung betont die aktive politische Rolle des Planers im Unterschied zu dem Bild eines Planers, der durch seine selbstgewählte Isolierung in

2

der Kapsel sauberer Wissenschaft, sicherer Methodik oder idealen Diskurses den Erfolg verfehlt.

Anmerkungen

[1] Healey, Patsy: Planning Through Debate: The Communicative Turn in Planning Theory, in: Town Planning Review, Vol. 63, No. 2, 1992, pp 143–162

[2] Forester, J.: Planning in the Face of Power, p. 132

[3] Fischer, F., Forester, J. (Hrsg): The Argumentative Turn in Policy Analysis and Planning, London 1993

[4] Sager, T.: Communicative Planning Theory, Aldershot 1994

[5] Fassbinder, Helga, Stadtforum Berlin, Hamburg 1997, S. 117 ff.

[6] Selle, Klaus: Was ist bloss mit der Planung los? Dortmunder Beiträge zur Raumplanung 69, Dortmund 1994, und Selle, Klaus (Hrsg.): Planung und Kommunikation, Wiesbaden 1996

[7] Renn, Ortwin, Kooperativer Diskurs, in Selle, K. (Hrsg.) Planung und Kommunikation, Wiesbaden 1996, S. 101 ff.

[8] Habermas, J. Theorie des Kommunikativen Handelns, Frankfurt 1981, S. 8

[9] Ackoff, Russel L., Scientific Method: Applied Research Decisions, New York, John Wiley & Sons 1957, S. 111

[10] vgl. dazu: Rittels Kritik in Rittel, Horst, Zur Planungskrise: Systemanalyse der «1. und 2. Generation», in: ders.: Planen Entwerfen Design, Stuttgart 1992, S. 37 ff. und seine Charakterisierung «bösartiger» Planungsprobleme in Rittel, Horst; Webber, Melvin, Dilemmas in einer allgemeinen Theorie der Planung, in: ders., Planen Entwerfen Design, Stuttgart 1992, S. 13 ff.

[11] vgl. z.B. Altshuler, Alan, The Goals of Comprehensive Planning, in: Journal of the American Institute of Planners, 31. Jg, Aug. 1965, S. 186 ff; oder Wagner, Frido, Von der Raumplanung zur Entwicklungsplanung, in: «Deutsches Verwaltungsblatt, 85. Jg, Heft 3, Febr. 1970, S. 93 ff. oder Faludi, Andreas, Planungstheorie, in: Stadtbauwelt 1970, Heft 26, S. 130 ff.

[12] dazu s. insbesondere R.R. Grauhan (Hrsg.): Grossstadt-Politik, Texte zur Analyse und Kritik lokaler Demokratie, Gütersloh, 1972 und ders. (Hrsg.): Lokale Politikforschung, Frankfurt 1979 und H.G. Wehling (Hrsg.): Kommunalpolitik, Hamburg 1975

[13] Zu der folgenden Systematik vergl. Naschold, F.: Zur Politik und Ökonomie von Planungssystemen, in: PVS, Sonderheft 4, 1972, S. 18

[14] Altvater, v. Flatow, Huisken ...

[15] Fassbinder, Helga: Kapitalistische Stadtplanung und die Illusion demokratischer Bürgerinitiative, in: Probleme des Klassenkampfes, Sonderheft 1, Juni 1971, S. 94

[16] Arbeitsgruppe der Planer an der TU Berlin: «Planerflugschrift 2» in: Stadtbauwelt 1970, Heft 25,

[17] Offe formuliert diese «Disparitätenthese» in Offe, C.: Politische Herrschaft und Klassenstrukturen – Zur Analyse spätkapitalistischer Gesellschaftssysteme, in Kress, G., Senghaas, D. (Hrsg.): Politikwissenschaft, Frankfurt 1972, S. 160

[18] Zu einer ausführlichen Darstellung gerade der Machtverteilung und ihrer theoretischen Spiegelung in der Stadtplanung aus sozialwissenschaftlicher Sicht: Bodenschatz, H., Harlander,: Macht, in: Häussermann, H. (Hrsg.): Grossstadt – soziologische Stichworte, Opladen 1998, S. 142 ff.

[19] Habermas, Jürgen, Theorie des kommunikativen Handelns, Frankfurt 1981, S. 8

[20] Habermas, Jürgen, Technik und Herrschaft als Ideologie, Frankfurt 1968, S. 64

[21] Habermas, Jürgen, Theorie des kommunikativen Handelns, Frankfurt 1981, Bd. 1, S. 386 ff, S. 410, S. 525 ff.

[22] Habermas, Jürgen, 1984, Wahrheitstheorien, in: Habermas, J. Vorstudien und Ergänzungen zur Theorie des Kommunikativen Handelns, Frankfurt 1984, S. 137

[23] ebd., S. 161

[24] ebd., S. 180

[25] ebd., S. 177

[26] Habermas, Jürgen, Legitimationsprobleme im Spätkapitalismus, Ffm 1973, S. 148

[27] Habermas, Jürgen, 1981, a.a.b., Bd. 1, S. 385

[28] Horst Rittel, Melvin Webber, Dilemmas in General Theory of Planning, in: Policy Sciences 4, 1973, S. 155–169, paper vorgelegt beim Panel of Policy Sciences, American Association for the Advancement of Science, Boston, Dec. 1969

[29] ebd., S. 162

[30] Habermas, Jürgen, 1973, S. 149

[31] Habermas, Jürgen, 1984, Bd. 1, S. 71

[32] Habermas, J., Die Neue Unübersichtlichkeit, Frankfurt 1985, S. 243

[33] Offe, Klaus: Demokratische Legitimation der Planung, in: ders: Strukturprobleme des kapitalistischen Staats, Frankfurt 1972, S. 137

[34] Die Diskrepanz zwischen faktischen Defiziten und den geforderten Bedingungen einer Diskurssituation war Habermas geläufig. Doch unterstellt jeder, der in einen Diskurs eintritt, unvermeidlich gleichsam vorgreifend, die idealen Bedingungen, unter denen ein Diskurs ablaufen solle. Habermas bemerkt zudem, dass selbst wenn die Unterstellung der Realität widerspricht, «sie eine im Kommunikationsvorgang operativ wirksame Fiktion» ist. Er gesteht zu, dass dann, wenn «besondere Interessen im Spiel sind, Handlungskonflikte auch nicht in idealen Fällen durch Argumentation beigelegt werden, sondern nur durch Verhandlung und Kompromiss». Allerdings sei dieser nur fair, wenn die beteiligten Parteien «über gleiche Machtpositionen verfügen». Bei Interessenpluralismus seien Kompromisse akzeptabel, so in: Die Neue Unübersichtlichkeit, Frankfurt, 1985, S. 243.

[35] Habermas kennt das Argument: rational motiviertes Einverständnis könnte grundsätzlich erzielt werden, «wenn die Argumentation nur offen genug und lange genug fortgesetzt werden könnte». (Habermas, J., 1981, Bd. 1, S. 71). Geht das nicht, so greift z.B. die Mehrheitsregel. Die Mehrheitsentscheidung ist das «fehlbare Ergebnis einer unter Entscheidungsdruck vorläufig beendeten Diskussion». (Habermas, J., Strukturwandel der Öffentlichkeit, Frankfurt 1990 (1962 1. Auflage), S. 42

[36] Reuter, Wolf, Die Macht der Planer und Architekten, Stuttgart 1989, S. 159 und 179

[37] vgl. auch Selle, K., Planung und Kommunikation, in: DISP 120, S. 46

[38] Stierand, Rainer: Neuorientierung in der Planung, in Raum Planung 61, 1993, S. 143

[39] ebd., S. 145

[40] Selle, Klaus, Planung und Kommunikation, in DISP 129, 1997, S. 41 und: ders., Was ist bloss mit der Planung los?, Dortmund 1994, S. 83

[41] Ganser, Carl, Siebel, Walter, Sieverts, Thomas, Die Planungsstrategie der IBA Emscher Park, in: Raum Planung 61, 1993, S. 115

[42] Weick, Theophil, Abschied vom Plänemachen, in: Raum Planung 66, 1994, S. 176

[43] Selle, K., Phasen oder Stufen?, in: Raumplanung 71, 1995, S. 241 und ders. 1994, a.a.O., S. 61 ff

[44] Renn, O., Kooperativer Diskurs, in Selle, Klaus (Hrsg): Planung und Kommunikation, Wiesbaden 1996, S. 101

[45] ebd., S. 110

[46] ebd., S. 112

[47] Fassbinder, Helga, Stadtform Berlin, Einübung in Kooperative Planung, Hamburg 1997, S. 94

[48] ebd., S. 84

[49] ebd., S. 94

[50] ebd., S. 108

[51] Selle, Klaus (Hrsg.), Planung und Kommunikation, Wiesbaden 1996

[52] ebd., S. 12

DISP 141 **16** 2000

[53] ebd., S. 13

[54] Selle, K.: Von der Bürgerbeteiligung zur Kooperation und zurück in Selle, K. (Hrsg): Planung und Kommunikation, Wiesbaden 1996, S. 72

[55] ebd., S. 72

[56] ebd., S. 73

[57] Keller A., Koch M., Selle K.: Planung und Projekte, in: DISP Nr. 126, 1996, S. 45

[58] Mit einem allgemeinen Ausdruck habe ich sie in einem englischsprachigen paper «pragmatistische Akte» genannt, zum einen mit Bezug auf Habermas, der sein favorisiertes Modell mit diesem Namen bezeichnet und von dem «technokratischen» und dem «dezisionistischen» unterscheidet; zum anderen mit Bezug auf Hilda Blanco, die ausführt, dass das zutreffende Hintergrundsdenken von Planung der philosophische Pragmatismus sei, wie er von Pierce, Dewey u.a. formuliert wurde. «Pragmatistisch» ist dem Begriff «pragmatisch» vorzuziehen, um ihn von dessen Bedeutung als einem opportunistischen und normativ unkontrollierten Handeln abzusetzen.

[59] Habermas, J.: Wahrheitstheorien, a.a.O., S. 137; siehe auch Abschnitt 2 «Diskursmodell»

[60] Kunz, W.; Rittel, H.: Issues as Elements of Information Systems, Working Papier no. 131 am Center for Planning and Development Research, Berkeley, California, University of California, 1976

[61] Eine der faszinierenden Ideen daran ist die systemtheoretisch grenzenlose oder grenzüberschreitende Potenz dieses Netzwerks, welches durch diese Eigenschaft den Umgang mit der vielbeschworenen «Komplexität» operationalisiert. Vgl. Weber, M., Wirtschaft und Gesellschaft, Tübingen 1980, S. 28

[62] Edelmann: The Symbolic Uses of Politics, Chicago, University of Illinois Press, 1974.

[63] Macchiavelli, Nicolo, Der Fürst, Stuttgart 1961, S. 95

[64] ebd. S. 105

[65] ebd. S. 23

[66] Scharpf, Fritz, Planung als politischer Prozess, in Schäfers, B. (Hrsg.): Gesellschaftliche Planung, Stuttgart 1973, S. 169

[67] Forester, John, Planning in the Face of Power, University of California Press, Berkeley and Los Angeles 1989, S. 36 ff.

[68] Zu einer ähnlichen Position kommt Tore Sager in: Communicative Planning Theory, Aldershot 1994

[69] Flyvbjerg, Bent, Rationality and Power, University of Chicago Press, 1998, S. 227

[70] ebd., S. 234

[71] Weber, Max, Wirtschaft und Gesellschaft, Tübingen 1980, S. 28

[72] Foucault, M., Wille zum Wissen, Frankfurt 1983, S. 113, 115

[73] Foucault, M., Mikrophysik der Macht, Berlin 1976, S. 115

[74] Reuter, Wolf, 1989, Die Macht der Planer und Architekten, Stuttgart 1989, S. ....

[75] ebd., S. 51 ff.

[76] ebd., S. 48

[77] Reuter, W., op cit., S. 199 ff.

[78] Damit ist auch gesagt, dass die strategische Rationalität, die die Handlungen einzelner Machtakteure leitet, immer jener «gesellschaftlichen» Rationalität ausgesetzt ist, die sich über Verständigung durch Kommunikation und Diskurs realisiert.

Neoinstitutionalismus und Governance

Ludger Gailing und Alexander Hamedinger

3.1   Einführung – 168

3.2   Neoinstitutionalismus und Planung – 169
3.2.1   Rational-Choice-Institutionalismus – 169
3.2.2   Soziologischer Institutionalismus – 170
3.2.3   Akteurzentrierter Institutionalismus – 171

3.3   Governance und Planung[1] – 172
3.3.1   Das weite Governance-Verständnis – 173
3.3.2   Das enge Governance-Verständnis – 174
3.3.3   Kritische Governance-Verständnisse – 176

3.4   Lücken und Weiterentwicklungen von Neoinstitutionalismus und Governance-Forschung – 176

Literatur – 177

Originaltexte – 179
Originaltext Alexander 2005 – 179
Originaltext Healey 2007 – 194
Originaltext Mayntz/Scharpf 1995 – 221
Originaltext Kooiman 1999 – 255
Originaltext Blatter 2005 – 281
Originaltext Fürst 2001 – 318
Originaltext Jessop 2002 – 329

© Springer-Verlag GmbH Deutschland, ein Teil von Springer Nature 2019
T. Wiechmann (Hrsg.), *ARL Reader Planungstheorie Band 1*, https://doi.org/10.1007/978-3-662-57630-4_3

3

3.1 Einführung

Theorien, Konzepte und analytische Frameworks des Neoinstitutionalismus und der Governance-Forschung wurzeln nicht in den Planungswissenschaften. Ihre planungstheoretische Relevanz erhielten diese beiden Forschungsrichtungen folglich erst, nachdem sie von Planungswissenschaftlern für ihre Zwecke entdeckt und weiterentwickelt sowie auf planungspraktische empirische Kontexte bezogen wurden. Planungstheoretische Texte sowohl des Neoinstitutionalismus als auch der Governance-Forschung sind jeweils stets eingebettet in ein weites Feld sozial- und vor allem politikwissenschaftlicher Forschungsansätze, die selbst oftmals nur marginale planungstheoretische Bezüge aufweisen.

Dass Neoinstitutionalismus und Governance-Forschung originär nicht Teile des planungstheoretischen Theorienkanons waren, es aber seit den 1990er Jahren durch theoretische Transfer- und Übersetzungsleistungen geworden sind, ist mit spezifischen Charakteristika der beiden Forschungsrichtungen zu begründen. Ihre Attraktivität für die Planungstheorie lässt sich an ihrem Gegenstandsbezug festmachen: Der Neoinstitutionalismus interessiert sich für formelle und informelle Regeln und andere soziale Strukturmomente sowie für ihre prozesshafte Veränderung durch bzw. Einbettung in kollektives Handeln (vgl. Gualini 2001). Dies macht ihn attraktiv für Forschung zum Institutionensystem der räumlichen Planung, das geprägt ist von einer Vielzahl formeller Verfahrensvorschriften und Pläne, aber auch von vielfältigen grundlegenden Werten, Weltbildern, Traditionen und Routinen. Während institutionalistische Ansätze auf Strukturen verweisen, die gesellschaftliches Handeln rahmen, ermöglichen und restringieren, trägt eine Governance-Perspektive komplementär dazu der Bedeutung kollektiven Handelns Rechnung (Gailing 2014). Governance-Forschung ist für solche empirischen Handlungsfelder relevant, die – wie die räumliche Planung – von komplexen Interdependenzen und der Aufgabe ihres Managements (Benz 2004) charakterisiert sind. Raumbezogene Planung ist stets von komplexen kollektiven Handlungskonstellationen gekennzeichnet mit verschiedenen Akteuren und einer Vielzahl von Modi der Handlungskoordination, die von hierarchischen bis zu verhandlungsorientierten Formen reichen; dies vermag die Attraktivität der Governance-Forschung für die Planungswissenschaften zu verdeutlichen.

Neoinstitutionalismus und Governance-Forschung sind weite sozialwissenschaftliche Forschungsfelder, keine kohärenten Theoriegebäude. Sie sind heterogen und erscheinen oftmals diffus. Planungstheorie, die sich aus diesen beiden Forschungsrichtungen speist, verortet sich oftmals in ganz unterschiedlicher Weise in diesen weiten Feldern und greift aus ihnen jene Aspekte heraus, die dem jeweiligen Gegenstand angemessen sind. Daraus ergibt sich jeweils ein spezifischer heuristischer Wert, der schwerlich für das gesamte Feld zu verallgemeinern wäre. Daher ist auch die Abgrenzung dieses planungstheoretischen Feldes nicht einfach: Wer sich für die soziale Konstruktion von planerischen Institutionen durch und in kommunikativen Situationen interessiert wird sich ebenso institutionalistisch wie auch kommunikationstheoretisch positionieren; wer sich mit strategischer Planung befasst (Kap. 2, Bd. 2), wird auch Gemeinsamkeiten mit Governance-Debatten herstellen können; usw.

Institutionen- und Governance-Forschung können helfen, Planungsstrukturen und -handeln zu reflektieren und zu verstehen. Als Forschungsfelder bzw. als Theorien mittlerer Reichweite von heuristischem Wert ergeben sich jeweils Schnittmengen aus den planungspraktischen Gegenstandsbereichen und den jeweiligen theoretischen Bezugspunkten. Die spezifische gemeinsame Rationale der Diskussion von Governance und Neoinstitutionalismus in der Planungstheorie ist – trotz einer schwer überschaubaren Vielzahl nebeneinanderstehender Denkschulen und Konzeptentwicklungen – das Interesse an der Auseinandersetzung mit im gesellschaftlichen Handeln eingebetteten Strukturen der Planung und dem kollektiven Handeln in der Planung.

Begründungen für eine solche dualistische Forschungsperspektive lassen sich in der Theorie der Strukturierung von Anthony Giddens (1997) finden, die davon ausgeht, dass keine Struktur existiert, die nicht auf Handlungen zurückginge, und keine Handlungen ohne die Prägung durch Strukturen existierten. Die traditionelle Gegenüberstellung von Struktur und Handlung wird in dieser Tradition sowohl im Neoinstitutionalismus als auch in der Governance-Forschung überwunden. Wer dieses Konzept der Dualität ernst nimmt, wird zwar Institutionenanalysen und Analysen kollektiven Handelns durchaus hinsichtlich ihrer jeweiligen Schwerpunktsetzung voneinander unterscheiden können. Methodologisch verweist die „Theorie der Strukturierung" aber darauf, dass eine klare Trennung zwischen beiden im Sinne einer Ausblendung des jeweils anderen Sachverhalts nicht sinnvoll erscheint, da Struktur- und Handlungsaspekte zu eng miteinander verwoben seien. Institutionen als Strukturmomente sind nie einfach gegeben, ebenso wenig wie Handelnde einfach von gesellschaftlichen Strukturen abstrahieren können. Der zentrale Gedanke von Giddens ist damit die Dualität der Struktur, d. h. des doppelten Charakters von „structure" und „agency" als Ermöglichung und als Restriktion des Handelns, als Medium und Resultat der Praxis. Dieser Gedanke war für wesentliche Vertreter sowohl des Neoinstitutionalismus als auch der Governance-Forschung grundlegend. Weder erscheint eine Institutionenforschung sinnvoll, die Aspekte des Handelns missachtet, noch eine Governance-Forschung, die strukturelle Aspekte vernachlässigt. Sehr vereinfacht ausgedrückt: Wer aus der Perspektive von Neoinstitutionalismus und Governance-Forschung zu Plänen forscht, sollte die Planung beachten – und wer zur Planung forscht, sollte Pläne einbeziehen.

Bei der nun dennoch getrennt erfolgenden Erörterung von Neoinstitutionalismus und Governance-Forschung in der Planungstheorie ist diese Komplementarität der beiden Perspektiven stets mitzudenken.

3.2 Neoinstitutionalismus und Planung

Anders als im allgemeinen Sprachgebrauch werden unter „Institutionen" in der Institutionenforschung nicht Organisationen verstanden, sondern alles, was verbindlich regelhafte Handlungen hervorbringt bzw. woraus sich relativ dauerhafte Handlungen ableiten lassen (Scott 2001). Das übliche Sprachbild zur Erläuterung des Verhältnisses zwischen Institutionen und Organisationen kennzeichnet Organisationen als „Spieler", die auf der Grundlage von „Spielregeln" – den Institutionen – agieren und interagieren. Diese Spielregeln können – wie schon im „alten" Institutionalismus – formeller Natur sein, z. B. Raumordnungsgesetze oder Bauleitpläne. Eine der Erweiterungen des Neoinstitutionalismus besteht aber gerade darin, dass formale Vorgaben nicht als einzige Handlungsregulative zu gelten haben (Hasse und Krücken 1999, S. 10). Informelle Institutionen wie Gebräuche, Routinen, Verhaltenskodizes, Regeln der Moral oder Wahrnehmungsmuster gelten als wirksamer als formelle Institutionen, weil sie nicht auf der Grundlage politischer oder administrativer Entscheidungen entstanden sind, sondern durch Gewöhnung und erwartungsgenerierenden Gebrauch. Fundamentale informelle Institutionen in diesem Sinne wären in der Planung etwa der Glaube an die Planbarkeit von räumlichen Aspekten der physisch-materiellen Welt oder etablierte Handlungsmuster etwa des spezifischen Einbezugs von Experten, Bürgern, Investoren oder Politikern in den Planungsprozess. Durch den Neoinstitutionalismus werden in der Planungstheorie symbolisch-kognitive und prozessual-iterative Dimensionen von Institutionen stärker in den Fokus genommen als klassische formell-juristische Dimensionen von Institutionen (Gualini 2004, S. 62).

Lowndes (2001, S. 1953) verdeutlichte, warum sich die Forschung zu städtischer Politik noch bis in die 1990er Jahren hinein geradezu in Abgrenzung zum „old institutionalism" entwickelt habe: Er sei deskriptiv und unterkomplex gewesen und habe sich zu sehr auf formelle Regeln und Organisationen des Staates bezogen, dabei aber Aspekte des politischen Handelns sowie informelle Institutionen ausgeblendet. Die Vorteile „neuer" Institutionenforschung liegen der Autorin (2001, S. 1958 ff.) zufolge dagegen darin,

1. zwischen Organisationen und Institutionen differenzieren zu können,
2. informelle Institutionen als fundamentale Ausgangspunkte für formelle Institutionen zu begreifen,
3. Dynamik und Prozesshaftigkeit von Institutionen in den Vordergrund zu rücken,
4. die Vielzahl von Werten, die Institutionen zugrunde liegen können, ernst zu nehmen,
5. eine differenzierte Sicht auf das Zusammenwirken von Institutionen zu vertreten und schließlich
6. Institutionen als eingebettet in soziale – räumliche und zeitliche – Kontexte zu sehen.

Lowndes verweist bereits darauf, dass der Neoinstitutionalismus ein heterogenes Feld sei. Faktisch konkurrieren verschiedene Institutionalismen miteinander, die von unterschiedlichen Weltbildern und disziplinären Sichtweisen geprägt sind. Systematisierungen der Varianten des Neoinstitutionalismus kontrastieren in der Regel den ökonomischen Rational-Choice-Institutionalismus mit soziologischen Institutionalismen und formulieren den historischen Institutionalismus als realistischen Kompromiss (vgl. Hall und Taylor 1996). Den Institutionalismen liegen unterschiedliche Ontologien und Epistemologien zugrunde, die sich in idealtypischen Kategorien niederschlagen. In der Konsequenz können Institutionen – vereinfacht dargestellt – Handlungsoptionen beschränken (Rational-Choice-Institutionalismus), normativ „sagen", was ein Akteur in einer bestimmten Situation tun soll (soziologisch-normativer Institutionalismus) oder das Leben erleichtern, indem bestimmte Handlungsoptionen traditionell bevorzugt werden (historischer Institutionalismus). Planungsrelevante Arbeiten des historischen Institutionalismus, die hier nicht weiter erörtert werden sollen (vgl. hierzu Teitz 2007, Kap. 3, Bd. 2), sind etwa die Forschungen zu Pfadabhängigkeiten und zu Institutionenproblemen in der Kulturlandschaftsgestaltung (Gailing und Röhring 2008).

3.2.1 Rational-Choice-Institutionalismus

In der Logik des Rational-Choice-Institutionalismus werden Institutionen als Antworten rationaler Akteure auf Koordinationsprobleme verstanden. Ausgehend von dem Menschenbild des *Homo oeconomicus*, gelten Institutionen als aggregierte Resultate individuell-rationaler Wahlentscheidungen bzw. -handlungen. Sie sind Produkte von Übereinkünften zwischen Individuen, die das Ziel der Nutzenmaximierung verfolgen, und orientieren sich an individuellen Bedarfen. Einmal etabliert, beschränken diese Regeln das opportunistische Verhalten der Akteure und ermöglichen die Überwindung kollektiver Handlungsprobleme. Ob der Rational-Choice-Institutionalismus überhaupt dem Neoinstitutionalismus zuzurechnen ist, ist durchaus umstritten, stellt er doch zweckrationales Handeln in seinen Mittelpunkt, was insbesondere von sozialkonstruktivistischen Institutionalisten abgelehnt wird. Dennoch ist nicht zu übersehen, dass er wirkmächtig ist, insbesondere in Forschungsrichtungen der Transaktionskostenökonomik, der Public-Choice-Forschung sowie der Neuen Institutionenökonomik. In diesem Feld sind auf Seiten der Planungstheorie unter anderem Ernest R. Alexander und Chris Webster als einflussreiche Vertreter zu nennen. Mit Verweis auf effiziente Zuweisung von „property rights" und die Reduktion von Transaktionskosten argumentiert Webster (2005) für eine marktorientierte Allokation von Wohn- und Gewerbegebieten. Die klassische

3

Planungsbegründung („Marktversagen") wird hier verneint zugunsten einer Begründung für eine stärkere Marktorientierung („Planungsversagen"). Bei einer richtigen Vergabe von „property rights" würde der Markt spontan für eine effiziente und richtige Landnutzungsplanung sorgen (Webster und Lai 2003). Dies steht in einer ökonomistischen Tradition nach Ronald Coase, die auch als Angriff auf staatlich organisierte Steuerungsweisen gedeutet werden kann (Toke und Lauber 2007).

Ernest R. Alexander: Institutional Transformation and Planning: From Institutionalization Theory to Institutional Design (Alexander 2005)
Der renommierte US-amerikanische Planungswissenschaftler Ernest R. Alexander, der sich in anderen Werken mit einer transaktionskostenorientierten Planungstheorie befasst hat, wendet sich in diesem Text der normativen Frage zu, wie dieses Wissen für ein institutionelles Design herangezogen werden könne. Institutionelles Design sieht er als wesentliche Grundlage für jegliche Planung. Er schlägt vor, die Erkenntnisse des Rational-Choice-Institutionalismus zu nutzen, da er geeignete „objektive" und reproduzierbare Modelle und genaue Methoden bereitstelle. Zugleich verneint er aber nicht die Relevanz soziologisch-institutionalistischen Denkens, das etwa für die Analyse individueller Präferenzen relevant sei. Letztlich beharrt er aber mit Scharpf – und im Widerstreit mit Gualini (Alexander 2006) – darauf, dass institutionelles Design machbar sei und auf der Basis intentionaler Entscheidungen ablaufe. Alexander differenziert in seinem Modell zwischen den Skalenebenen institutionellen Designs und weist dem Planer eine besondere Rolle für die institutionelle Gestaltung der Mesoebene zu (Implementation von politischen Programmen, Projekten und Plänen). Er stellt drei verschiedene Wissensbereiche heraus, die besonders relevant für institutionelles Design seien: Governance (auf der Basis der Transaktionskostentheorie), interorganisationelle Koordination sowie Handeln (im Sinne des Verhinderns des „principal agent problem"). Mit vielfältigen Verweisen auf relevante Denktraditionen des Rational-Choice-Institutionalismus gibt dieser Text einen guten Überblick und planungsrelevanten Einstieg in diesen Debattenkontext.

Aus dieser spezifischen Variante des Neoinstitutionalismus können u. a. folgende planungsrelevante Fragen bearbeitet und diskutiert werden:

- Welche Planungsentscheidungen sind effizient?
- Wie sollte das Verhältnis zwischen marktlichem und staatlichem Handeln in der Raumentwicklung austariert werden?
- Wie können Institutionen der Planung gestaltet werden, die Transaktionskosten reduzieren und individuellen Nutzenerfordernissen entsprechen?

3.2.2 Soziologischer Institutionalismus

Der von Alexander vereinnahmte soziologische Institutionalismus stellt eigentlich den Gegenpart der Grundannahmen des Rational-Choice-Institutionalismus dar, geht er doch von einem *Homo sociologicus* aus, dessen Handlungen und Entscheidungen Resultate des vorherrschenden institutionellen Rahmens sind. Nicht Präferenzen, sondern Werte und gegenseitige Erwartungshaltungen sind mithin die entscheidenden Kategorien, die menschliches Handeln steuern. Hay (2006, S. 58 f.) schlug vor, den soziologischen Institutionalismus in einen normativen und einen konstruktivistischen Institutionalismus zu differenzieren. Während der erste von einem kulturalistischen Ansatz ausgeht, wonach Akteure Normen und Konventionen über Internalisierungen befolgen, betont der zweite in der Tradition von Berger und Luckmann (1969) die Frage nach der Entstehung von Institutionen. In beiden Fällen sind Institutionen nicht als rationale Problemlösungsmechanismen zu verstehen, sondern als Ergebnisse und Bedingungen individuellen und sozialen Handelns.

In diesem Sinne lassen sich Patsy Healeys institutionalistische Beiträge für die Planungstheorie im soziologischen Institutionalismus verorten. Healey (1997) entwickelte einen eigenen institutionalistischen Ansatz zur Erforschung von räumlichem Wandel und umweltbezogener Planung. Da Planung die institutionelle Fähigkeit, zu kooperieren und zu koordinieren, erhöhen sollte, kombinierte sie neoinstitutionalistische Denkweisen – insbesondere mit Bezug auf Giddens' Theorie der Strukturierung (s. oben) – mit Habermas'scher Kommunikationstheorie (Kap. 2, Bd. 1). Die klare Opposition zum älteren, damals noch dominanten Rational-Choice-Institutionalismus wird deutlich, wenn sie über ihren Ansatz schreibt:

> » It rejects the notion that the social world is constituted of autonomous individuals, each pursuing their own preferences in order to obtain material satisfaction – the utilities of neoclassical economic theory. [...] Ways of seeing and knowing the world, and ways of acting in it, are understood as constituted in social relations with others, and, through these relations, as embedded in particular social contexts. (Healey 1997, S. 55 f.)

Geographien der Planung können solche relationalen Kontexte darstellen. Sie sind durch relationale Netzwerke charakterisiert, in denen sich Konflikte zwischen kulturellen Gemeinschaften abspielen und Ideen in politischen Diskursen konkurrieren. Planung habe die Aufgabe, hier immer wieder Verbindungen aufzunehmen und herzustellen.

Patsy Healey: The New Institutionalism and the Transformative Goals of Planning (Healey 2007)
Die Britin Patsy Healey hat sich in ihren vielfältigen Arbeiten maßgeblich in den 1990er und 2000er

Jahren u. a. mit Fragen der Governance auf verschiedenen räumlichen Maßstabsebenen, mit Fragen der strategischen Planung sowie der Rolle von Kommunikation und Kooperation in Planungsprozessen beschäftigt. Zehn Jahre nach ihrem institutionalistischen Hauptwerk reflektiert Healey in dem hier dokumentierten Text ihre Position und verortet sich deutlich innerhalb sozialkonstruktivistischer Varianten des Neoinstitutionalismus, dessen Grundaussagen sie präzise zusammenfasst. Sie befasst sich in diesem Text mit der institutionellen Einbettung der Planung, mithin mit der Beziehung zwischen planerischem Handeln und ihrem spezifischen institutionellen (auch räumlichen) Kontext. Planung gestalte und schaffe diese Institutionen nicht (erst recht nicht auf der Basis objektiver Kriterien); vielmehr sei die planerische Aktivität immer „nur" als ko-konstitutiv im Verhältnis zu ihrem Kontext zu verstehen. Sie argumentiert gegen rationalistische Verständnisse des Akteurshandelns und streicht die Parallelitäten von sozialkonstruktivistischer Interpretationen des Neoinstitutionalismus zu parallelen Entwicklungen in der „Interpretative Policy Analysis" nach Hajer (1995) heraus. Healey leistet hier einen Beitrag zur Planungstheorie, indem sie einen analytischen Ansatz zur Erforschung von Institutionalisierungsprozessen vorstellt und in normativer Absicht auf die Planung bezieht: Er umfasst u. a. die Vielfalt der planungsrelevanten Schlüsselakteure, offene Arenen als institutionelle Orte, transparente Praktiken und integrative Diskurse. Diese Agenda steht auch in der Tradition ihrer einflussreichen Arbeiten zur kooperativen und kommunikativen Planung. Sie illustriert ihren Ansatz durch eine Fallstudie zur Reform des Newcastle City Council.

Healeys Arbeiten zur institutionalistischen Planungstheorie fokussieren auf die Rolle von formellen und informellen Institutionen der Planung bei der Strukturierung sozialer Kontexte. Sie – und ihre zahlreichen Nachfolger – zeigen, wie räumliche Planung nicht nur in einem sich verändernden Institutionensystem operiert, sondern wie zugleich ihre Praxen, Ziele, Diskurse und Entscheidungen institutionellen Wandel beeinflussen (Servillo und Van den Broeck 2012, S. 44).

Der soziologische Neoinstitutionalismus kann z. B. für folgende planungsrelevante Fragen herangezogen werden:

– Wie entwickeln sich planerische Institutionen gemeinsam mit ihrem sozialen Kontext?
– Wie sind planerische Institutionen in soziale, auch spezifisch räumliche Kontexte eingebunden?
– Wie kann es gelingen, soziale Kontexte mit planerischen (formellen und informellen) Institutionen zu beeinflussen?

3.2.3 Akteurzentrierter Institutionalismus

Die bisherige Textauswahl verdeutlicht, dass wesentliche Impulse für neoinstitutionalistische planungstheoretische Forschung nicht vom deutschen Sprachraum ausgingen. Eine wesentliche Ausnahme – und nicht zuletzt eine konzeptionelle Brücke zur Governance-Forschung – stellt das Framework des akteurzentrierten Institutionalismus (AZI) dar. Dieser Analyseansatz dient der Erklärung von politischem Handeln, das als Resultat von Interaktionen zwischen intentional handelnden Akteuren gedeutet wird. Die Interaktionen werden durch den institutionellen Kontext, in dem sie stattfinden, strukturiert und ihre Ergebnisse dadurch beeinflusst (Scharpf 2000, S. 17). Institutionen gelten nicht nur als gegebene Resultate evolutionärer Entwicklung, sie können vielmehr absichtsvoll gestaltet und verändert werden. Institutionen werden damit im Rahmen des AZI ebenso als abhängige wie als unabhängige Variable behandelt. Sie ermöglichen und restringieren das Handeln, determinieren es aber keineswegs.

Renate Mayntz und Fritz W. Scharpf: Der Ansatz des akteurzentrierten Institutionalismus (Mayntz und Scharpf 1995)

Renate Mayntz, Soziologin mit Schwerpunkten u. a. in der politischen Soziologie, Organisationssoziologie sowie Regierungs- und Verwaltungsreform, und Fritz W. Scharpf, der sich als Rechts- und Politikwissenschaftler u. a. mit der politischen Ökonomie von Wohlfahrtsstaaten, der Regierungs- und Verwaltungsreform und der europäischen Integration auseinandersetzte, waren beide Direktoren des Kölner Max-Planck-Instituts für Gesellschaftsforschung. Das Buch *Gesellschaftliche Selbstregelung und politische Steuerung* ist das Ergebnis ihrer Auseinandersetzung mit Steuerungs- und Koordinationsfragen in staatsnahen Sektoren. In Anknüpfung an Giddens haben Mayntz und Scharpf mit dem AZI eine Forschungsheuristik vorgelegt, welche helfen soll, das Verhältnis von „structure" und „agency" zu präzisieren. Aus der Sicht des AZI erscheint die Analyse von Strukturen ohne Bezug auf Akteure ebenso defizitär wie die Analyse von Akteurshandeln ohne Bezug auf Strukturen. Damit soll – wie bei Giddens – die Dichotomie zwischen Akteuren und Institutionen überwunden werden. Beim AZI handelt es sich nicht um eine gegenstandsbezogene Theorie, sondern um einen analytischen Ansatz, der auf sehr verschiedene Forschungsgegenstände angewandt werden kann; er ist kein originär planungstheoretischer Ansatz. Wie alle analytischen Ansätze nimmt er allgemeine Annahmen über die wesentlichen Triebkräfte des sozialen Geschehens vor, indem einige erklärungskräftige Faktoren voneinander abstrahiert

3

werden: Akteure bewegen sich in Akteurskonstellationen und in Situationen, welche im Zusammenspiel
mit dem institutionellen Kontext und weiteren
nichtinstitutionellen Faktoren jeweils zu einer
bestimmten Art der Interaktion führen. Der AZI dient
dazu, das Wechselverhältnis zwischen Institutionen und
Akteuren mit den angeführten analytischen Kategorien
zu systematisieren und vereinfachende Aussagen
zu treffen. Die Relevanz des AZI für die Governance-Forschung zeigt sich in einer Systematisierung von
Interaktionsformen: einseitige oder wechselseitige
Anpassung, Verhandlung, Abstimmung und
hierarchische Entscheidung.

Aus der Sicht der raumbezogenen Forschung und Planung hat sich der AZI als nützliches Forschungswerkzeug
erwiesen. Diller (2013, S. 10) hat in seiner Untersuchung
zur Anwendung des AZI in der Raumplanungsforschung
(z. B. Analyse von Prozessen der Stadtgestaltung, Untersuchung zur Erfolgsfaktoren für städtebauliche Großprojekte, Analyse von regionalplanerischen Prozessen)
festgestellt, dass er den spezifischen Bedarfen der Planungswissenschaften nach praxisorientierter Theoriebildung
sehr nahe komme. Insbesondere die analytische Unterscheidung zwischen Akteuren und deren Handlungs- und
Interaktionsorientierungen, dem institutionellen Kontext,
Akteurskonstellationen sowie dem dahinterliegenden
Zusammenspiel von Akteuren und Institutionen dürfte ihn
für die Planungsforschung attraktiv machen. Der AZI biete
sich insbesondere als Forschungsheuristik an, wenn erklärt
werden soll, wie es zu bestimmten planungspolitischen
Entscheidungen kommt. Bei seiner Anwendung gilt es
allerdings zu beachten, dass das Institutionenverständ-
nis hier kaum von informellen Institutionen ausgeht, sondern eher von politisch beeinflussbaren Regeln, und dass
die akteursbezogene Seite des Analysemodells auf einer
Übertragung des Konzepts des *Homo oeconomicus* auf korporative Akteure beruht, was sich insbesondere in der spiel-
theoretischen Operationalisierung des AZI durch Scharpf
(2000) manifestiert. Zugleich erfüllt er – wie oben bereits
angedeutet – mit seiner Fokussierung auf korporative
Akteure und deren Akteurskonstellationen sowie auf Formen der Interaktion eine Brückenfunktion zur Governance-Forschung.

Mit dem AZI können beispielsweise folgende Fragen der
Planungsforschung beantwortet oder diskutiert werden:

- Wie kann man das Zusammenspiel zwischen institutionellen Vorgaben und Handeln bei konkreten planerischen bzw. raumpolitischen Entscheidungen erklären
oder beschreiben?
- Welche Koordinationsformen spielen in der Planung
eine Rolle – in Wechselwirkung mit Akteuren und institutionellen Kontexten?

3.3 Governance und Planung[1]

Governance wird in der Stadtforschungs-, politik- und wirtschaftswissenschaftlichen (vgl. u. a. Brenner 2004; Kilper
2010; Le Galès 2011; Williamson 1985) sowie in der stadt-
und regionalplanerischen Literatur (vgl. u. a. Fürst 2003;
Gualini 2010; Hamedinger et al. 2008) seit den 1990er Jahren breit diskutiert. Dem Begriff „Governance" haftet allerdings eine gewisse Unschärfe hinsichtlich seiner Definition
nicht nur in der wissenschaftlichen Literatur, sondern auch
in der politischen und planungspraktischen Diskussion
an. Grundsätzlich kann zwischen „engen" und „weiten"
Verständnissen von Governance unterschieden werden
(Schuppert 2008, S. 24). Während im Rahmen eines engen
Governance-Verständnisses über die Rekonfiguration
des Verhältnisses von Markt, Staat und Zivilgesellschaft
sowie, damit zusammenhängend, über neue Formen der
Koordination und Steuerung sozialräumlichen Verhaltens
diskutiert wird (z. B. regionale Netzwerke oder Selbst-
steuerung), umfasst das weite Governance-Verständnis im
Sinne eines generischen Grundlagenbegriffs (Blatter 2005,
S. 121; Hamedinger 2013) alle Formen der Steuerung und
Koordination sozialräumlichen Handelns.

Vor allem im Kontext von Planung muss der Zusammenhang zur älteren Steuerungsdebatte hervorgehoben werden.
In ihr wurde argumentiert, dass das bis in die 1980er Jahre
dominante Verständnis von Steuerung als Top-down-Ein-
griff des Staates zum allgemeinen Wohl der Gesellschaft,
welches ganz wesentlich den Ansatz der politischen Planung in der Phase der „Planungseuphorie" der 1960/1970er
Jahre kennzeichnete, erweitert werden müsse: um die
Betrachtung der Handlungsweisen der Steuerungsadressaten
und der Spezifika unterschiedlicher politikfeldbezogener
Regelungsstrukturen sowie um die Öffnung des politisch-administrativen Systems etwa im Sinne der Vorstellung des
„kooperativen Staates" (Mayntz 2001, S. 18). Zudem wurde
zur Kenntnis genommen, dass soziale Systeme eine gewisse
Eigendynamik aufweisen bzw. dass soziale Vorgänge, falls sie
der Steuerungsgegenstand sein sollen, oft auch „richtungs-
offen" sind (Schimank und Wasem 1995, S. 200).

Mit Blick auf die Planung ist zu konstatieren, dass
der soziale und ökonomische Wandel, der Wandel in den
Steuerungsformen sowie der institutionelle Wandel nicht
nur Auswirkungen auf das Selbstverständnis der Planungs-
akteure, sondern auch auf Planungstheorien haben. So verweist Altrock (2008, S. 63) auf einen „Epochenbruch am
Ende des dritten Viertels des 20. Jahrhunderts" hin. Ähnlich wie in der regulationstheoretischen Argumentation
des Übergangs vom Fordismus zum Postfordismus und des
Übergangs in die Postmoderne in Philosophie, Architektur
und Städtebau ist für ihn der Wandel im Planungsverständ-

---

1 Einige der folgenden Argumentationen und Textteile entstammen
Hamedinger (2013).

nis im Zusammenhang mit dem Übergang von einer fordistischen „Versorgungslogik" zu einer postfordistischen „Attraktivitätslogik" zu sehen. Nicht mehr die wissenschaftlich-rationale Entwicklung von Plänen basierend auf einer umfassenden Analyse von Daten steht im Vordergrund, sondern die gleichsam kommunikative Ermittlung von Bedürfnissen, die gemeinsame Entwicklung von Plänen in Partizipationsprozessen sowie die Aktivierung der Bürger zur Mitwirkung an der räumlichen Planung (Altrock 2008, S. 66). Somit wäre das Aufkommen der Governance-Debatte im Kontext eines postfordistischen Wandels der Staatlichkeit und postfordistischer ökonomischer Umstrukturierungsprozesse zu sehen, welche insgesamt wiederum Einfluss auf die Planungsdebatte hatten.

3.3.1 Das weite Governance-Verständnis

Governance kann in dieser Sichtweise als theoretisch begründeter Ansatz zur Analyse von allen Formen der Regelung kollektiver Sachverhalte aufgefasst werden (Benz 2004; Hamedinger 2013). Dies entspricht auch den Überlegungen von Gualini (2010), der davon ausgeht, dass sich Unklarheiten in Bezug auf den Begriff „Governance" aus seiner oft gleichzeitigen Verwendung als soziale Praxis und epistemisches und diskursives Konstrukt ergeben. Darum ist es für ihn wichtig, eine Unterscheidung zwischen Governance als analytisch-theoretischem Konzept zur kritischen Analyse der Veränderung von Staatlichkeit und Governance als normativem Politikkonzept im Sinne der Entwicklung einer ideologisch aufgeladenen antistaatlichen Agenda zu treffen.

Zentrale Vertreter eines weiten Governance-Verständnisses, welche mit ihren Konzeptualisierungen quasi als „Väter" die nachfolgende Governance-Debatte geprägt haben, sind Arthur Benz (2004) und Jan Kooiman (2003). Benz (2004) hat einen Begriffskern von Governance herausgearbeitet: Aufgrund der Tatsache, dass Steuern und Koordinieren schon seit den 1980er Jahren durch den Staat im Zusammenwirken mit anderen Akteuren erfolge, gehe es um das Management von Interdependenzen, wobei eben Steuern und Koordinieren vor allem als Prozesse der Interaktion zwischen kollektiven Akteuren betrachtet werden sollen.

Prägend für ein Verständnis von Governance, welches alle Formen der Steuerung und Koordination und gleichzeitig Überlegungen zum Wandel von Staatlichkeit umfasst, war auch Kooiman (1999, 2003) mit seinem Ansatz der „socio-political governance". Ursache für neue Formen von Steuerung seien die zunehmende gesellschaftliche Differenzierung, die zunehmenden Interdependenzen, die Dynamiken gesellschaftlicher Entwicklungen sowie die zunehmende Komplexität gesellschaftlicher Probleme. Er meint:

> » [...] that governance of and in modern societies is a mix of all kinds of governing efforts by all manners of social-political actors, public as well as private; occurring between them at different levels, in different governance modes and orders. (Kooiman 2003, S. 3)

Jan Kooiman: Social-political governance: Overview, reflections and design (Kooiman 1999)

Jan Kooiman war Professor für Public Management in Delft sowie an der Erasmus Universität Rotterdam. Er hat sich u. a. mit Prozessen der politischen Entscheidungsfindung in unterschiedlichen politischen Systemen sowie mit der Anwendung seines Ansatzes der „socio-political governance" beschäftigt. Sein Aufsatz entstand im zeitlichen Kontext des immensen Erfolgs des Begriffs „Governance" in den Wissenschaften und vielen politischen Feldern. Er hat den Anspruch, neue Wege der gesellschaftlichen Problemlösung aufzuzeigen, welche auf neuen Interaktionen zwischen Staat, Markt und Zivilgesellschaft beruhen. Kooiman legt damit die Basis für die Entwicklung einer „interaktionistischen" Fundierung verschiedener Governance-Modi. Ähnlich wie Benz geht er von unterschiedlichen Begriffsverwendungen und theoretischen Konzeptualisierungen aus (u. a. bezieht er sich auch auf die deutschsprachige Steuerungsdebatte) und verweist auf das Verschwimmen der Grenzen zwischen privaten und öffentlichen Akteuren sowie auf deren Interdependenz, wobei den öffentlichen Akteuren immer mehr die Rolle von Vermittlern oder Moderatoren zukomme. Stärker als Benz versucht Kooiman das Zusammenspiel zwischen den strukturellen und handlungsbezogenen Ebenen von Interaktionen im Rahmen von Steuerungsprozessen zu betrachten. Weiterhin unterscheidet er zwischen Formen und Ordnungen des „governing". Vor allem seine Überlegungen zu den „governing orders" sind wesentlich für die raumbezogene Governance- und Planungsforschung. Er unterscheidet zwischen „first", „second" und „meta governing". Während das „second order governing" die Entwicklung institutioneller Settings für das Problemlösen meint (der strukturelle Aspekt des „governing"; mögliche Formen sind „self governing", „co-governing", „hierarchical governing" bzw. ein Mix aus diesen institutionellen Formen), geht es beim „meta governing" um die Entwicklung normativer Rahmenbedingungen bzw. grundlegender Prinzipien des „second" und „first order governing".

Auch Joachim Blatter verfolgt den Anspruch, die bisherige Governance-Debatte mit einer stärkeren theoretischen Fundierung des Begriffs „Governance" anzureichern. Dies gelte vor allem deshalb, weil es in diesem Forschungsfeld „normative Vorannahmen" (Blatter 2005, S. 120) gebe, welche einer analytischen Herangehensweise im Wege stehen würden. Zudem kritisiert Blatter die bisherigen Typisierungen von Governance, die zumeist auf Dichotomien hinausliefen (z. B. Government vs. Governance), welcher der Vielfältigkeit der Institutionen auf metropolitaner Ebene nicht gerecht werden.

3

Joachim Blatter: Metropolitan Governance in Deutschland: Normative, utilitaristische, kommunikative und dramaturgische Ansätze (Blatter 2005)

Joachim Blatter ist Politik- und Verwaltungswissenschaftler mit einer Professur für Politikwissenschaft mit Schwerpunkt politische Theorie an der Universität Luzern. Er beschäftigt sich mit Fragen der politischen Institutionenbildung in unterschiedlichen räumlichen Kontexten sowie (insbesondere in den 2000er Jahren) mit Fragen der Governance. In dem hier ausgewählten, für die Metropolenforschung, aber auch für die metropolitane bzw. stadtregionale Planung wichtigen Aufsatz unternimmt Blatter aus der Kritik am akteurzentrierten Institutionalismus mit seiner stark „rationalistischen Handlungsorientierung" heraus die Entwicklung einer Typologie von Formen metropolitaner Governance, reichend von der „Regionalstadt" bis zu „regionalen Leuchtturmprojekten". Diese ergibt sich aus der Kombination von Strukturmustern von Interaktionen mit unterschiedlichen idealtypischen Handlungsformen wie normorientiertes, nutzenorientiertes, kommunikatives und dramaturgisches Handeln, welche er u. a. von Jürgen Habermas und Max Weber ableitet. Für die raumbezogene Planung besonders relevant sind die „prozessualen Kooperationslogiken", welche die vier Handlungstypen aufweisen. Eine zentrale Erkenntnis der empirischen Anwendung seiner Typisierung ist, dass seit den 1990er Jahren vermehrt dramaturgische und kommunikative metropolitane Governance-Formen in Deutschland entwickelt worden seien (z. B. Regionalkonferenzen oder Marketinggesellschaften). Für die raumbezogene Forschung und Planung ist herauszuheben, dass durch die Entwicklung einer Typologie von Governance-Formen für einen spezifischen Raumtyp, nämlich Metropolregionen, implizit Fragen nach der Rolle der Wirkung von räumlichen Strukturen auf die Produktion von Governance aufgeworfen werden, die in späteren Arbeiten zu metropolitaner Governance weiter diskutiert werden (vgl. Blatter und Knieling 2009). Schließlich geht es Blatter auch darum, durch eine bessere theoretische Fundierung der empirischen Analyse die Governance-Forschung für sozialwissenschaftliche Diskurse anschlussfähiger zu machen.

Diese Governance-Forschung strebt – anders als die o. g. Arbeiten von Benz und Kooiman – keine über alle Politikfelder hinweg verallgemeinerbaren Aussagen an, sondern konkretisiert sich in empirisch voneinander unterscheidbaren Feldern. Einen ähnlichen Versuch mit planungstheoretischer Relevanz hat beispielsweise Gailing (2014) für die Kulturlandschaftspolitik unternommen und verweist dabei auf spezifische planerische Praxisfelder.

Die Relevanz des weiten Governance-Verständnisses für die Planung besteht vor allem darin, Anknüpfungspunkte für das bessere Verstehen von kollektiven Handlungsprozessen in Planungskontexten aufzuzeigen. Die Kooiman'sche Unterscheidung zwischen „first", „second" und „meta governing" kann etwa auf verschiedene Aufgabenfelder und Instrumente der Planung bezogen werden. Das „meta governing" würde dann etwa Leitbilder der räumlichen Entwicklung, Fragen des ethischen Handelns in der Planung oder Prozesse der Problemdefinition umfassen, welche vor allem auf dem Modus des „arguing" (des Argumentierens) basieren. Fragen des „second order governing" stellen sich etwa auf der Ebene der Entwicklung institutioneller Designs. Das „first order governing" meint das „operative Handeln" (Heinelt 2006, S. 241), das auf Hierarchie, aber auch auf „bargaining" – mithin auf Geben und Nehmen in politischen Verhandlungen – und Partizipation beruhen kann. Mit dem weiten Governance-Verständnis wird die Staatszentrierung der Steuerungsforschung zugunsten einer Perspektive aufgegeben, die staatliche Akteure und Prozesse nicht mehr per se in den Fokus ihrer Betrachtung rückt. Während die Steuerungstheorie ihren Blick vorwiegend auf das politisch-administrative System richtete und eine klare Trennung zwischen Steuerungssubjekt und -objekt kannte, verschwinden mit der Governance-Forschung diese Einschränkung sowie diese Differenzierung (Mayntz 2005, S. 16 f.).

Zur Governance-Forschung zählt auch die Auseinandersetzung mit Mehrebenenkonstellationen („multi-level governance"); auch dieser Forschungsstrang (vgl. Bache und Flinders 2004) ist für die Planungswissenschaft relevant, weil sich ihre empirischen Gegenstände nur noch in Policy-Netzwerken und organisationalen Feldern verstehen lassen, die über mehrere Ebenen hinweg skaliert sind.

Mit dem weiten Governance-Verständnis können u. a. folgende Fragen aus der Planungspraxis und Planungstheorie bearbeitet werden:

- Welche spezifischen Governance-Modi zeigen sich bei der Bearbeitung planerischer Probleme bzw. in planungsrelevanten Themenfeldern?
- Welche Rolle hat der Governance-Diskurs für die planerische Praxis gespielt?
- Welche Wirkungen hat der rechtlich-institutionelle Rahmen von Planung auf die Bildung von Akteurskonstellationen sowie auf die Handlungs- und Interaktionsorientierungen von Akteuren?

3.3.2 Das enge Governance-Verständnis

In diesem Strang der Governance-Diskussion wird von einem Wandel von „Government" zu „Governance" gesprochen (Grande 2012). Ausgangspunkt der Begründungen für Governance ist zumeist die Behauptung eines „Staatsversagens" sowie eines „Marktversagens" hinsichtlich der Lösung gesellschaftlicher Probleme.

Governance als „dritter Weg" meint dann vor allem die Einbindung von Akteuren aus Wirtschaft und Zivilgesellschaft bei der Produktion von Lösungen für gesellschaftliche Probleme, aber auch bei der Bereitstellung öffentlicher Güter („Ko-Produktion"). Governance umfasst hier Aspekte des Wandels von Staatlichkeit hin zu einem kooperativen Staat (Hamedinger et al. 2008).

Dies umfasst die Öffnung der politisch-administrativen Systeme für die Mitwirkung und Mitsprache von Akteuren aus Wirtschaft und Zivilgesellschaft, etwa im Kontext der Bildung von Public Private Partnerships, die in den letzten Jahren etwa in der Stadtentwicklungspolitik an Bedeutung gewonnen haben. Beispiele sind die Steuerung der Stadtentwicklung durch Großprojekte oder die Öffentlichkeitsbeteiligung in der räumlichen Entwicklung. Hinzu kommen Grenzüberschreitungen zwischen Staat, Markt und Gesellschaft, zwischen räumlichen Ebenen sowie zwischen politischen Sektoren. Treibende Kräfte sind dabei Globalisierung und Europäisierung. In der räumlichen Entwicklung meinen etwa Grenzüberschreitungen funktionale Verflechtungen zwischen Stadt und Umland bzw. Prozesse der Suburbanisierung und Regionalisierung) (Hamedinger 2013). Die Grenzüberschreitung zwischen „privat" und „öffentlich" ergibt sich nicht nur aus dem Entstehen neuer horizontaler Verhandlungssysteme wie etwa „policy networks", sondern auch aus der Zunahme der Anzahl und Unterschiedlichkeit der Akteure, welche in Steuerungsprozesse inkludiert werden.

Unter dem Wandel von Staatlichkeit werden auch Möglichkeiten der Flexibilisierung und Modernisierung der kommunalen Verwaltungen im Sinne der Verbesserung der Effizienz und Effektivität des öffentlichen Handelns diskutiert (in Deutschland unter dem Begriff „Neues Steuerungsmodell", im UK unter dem Stichwort „New Public Management") (Hamedinger 2013). Managementansätze sollen dabei sowohl in der Regionalentwicklung als auch in der Stadt(teil)entwicklung eine prozesshafte Gestaltung der Interaktionen zwischen verschiedenen Akteuren ermöglichen und die Effizienz, Effektivität sowie die Legitimität staatlichen Handelns verbessern. Auch der Regional-Governance-Diskurs in Regionalplanung und -forschung, für den Fürst (2001) wegweisend war, ist in diesem Strang der Governance-Debatte zu verorten.

Dietrich Fürst: Regional Governance – ein neues Paradigma der Regionalwissenschaften? (Fürst 2001)
Dietrich Fürst ist Volkswirt und war Professor für Landesplanung und Raumforschung an der Leibniz Universität Hannover. Er setzte sich in seiner Forschungsarbeit u. a. mit Fragen der Steuerung räumlicher Entwicklungen, kommunalen Entscheidungsprozessen und Problemen der Steuerung der Raumplanung auseinander. Dieser Text steht im Kontext des Aufflammens der Debatte über neue Formen der Steuerung auf regionaler Ebene in Europa, insbesondere in Deutschland seit den 1990er Jahren. Fürst umschreibt hier Regional Governance als „schwach institutionalisierte, eher netzwerkartige Kooperationsform regionaler Akteure" (Fürst 2001, S. 370), auch wenn er in seinen Ausgangsüberlegungen mit einem weiten Governance-Verständnis arbeitet. Fürst meint, dass mit Governance vor allem die „Prozesssteuerung für kollektives Handeln" gemeint sei und dass Kennzeichen von Governance Selbstorganisation und Interdependenz bei gleichzeitiger Unterstützung durch institutionelle Settings sind. Regional Governance sind für ihn vor allem regionale Selbststeuerungsformen, welche vor allem in „Steuerungslücken" sowie im Kontext des Wandels des Staatshandelns in Richtung mehr Kooperation und Kommunikation und der europaweit feststellbaren Stärkung subnationaler Steuerungsebenen entstehen. Dieses Fürst'sche Governance-Verständnis war in Diskursen um Regionalentwicklung und Regionalplanung im deutschsprachigen Raum wirkungsmächtig. Am Ende seines Aufsatzes erwähnt er offene Forschungsfragen, etwa die Frage nach der Selektivität von Governance in Bezug auf zu behandelnde Themen und Akteure in der Regionalentwicklung und damit die Frage nach der Legitimation von regionaler Governance oder die Frage nach der Rolle des Staates in neuen Steuerungsformen.

In der deutschsprachigen Planungsliteratur (vgl. z. B. Benz und Fürst 2002; Pütz 2004) wird mit dem engen Verständnis von Governance gearbeitet, wenn die Bedeutung von Kooperation und Kommunikation in der räumlichen Planung hervorgehoben werden soll. Damit ist dieses planungsbezogene Governance-Verständnis oft nahe der Vorstellung von Governance als normativem Politikkonzept (im Sinne Gualinis; s. oben). „Regional Governance" dient als Leitmodell für die politische Praxis auf regionaler Handlungsebene und häufig als Synonym für „gute" regionale Handlungskoordination. Die als „Governance" beobachteten Handlungsphänomene zur Erfüllung regionaler Gemeinschaftsaufgaben entsprechen in der Regel jenen, die bereits durch planungswissenschaftliche Forschungen zur kooperativen oder projektorientierten Planung dargestellt worden sind (vgl. z. B. Selle 1994; Siebel et al. 1999).

Zusammenfassend können mit diesem Governance-Verständnis folgende Fragen wiederum aus der Planungspraxis und Planungstheorie diskutiert werden:

- Wie werden nichtstaatliche Akteure in planerische Entscheidungsfindungsprozesse eingebunden?
- Welche neue Rolle spielen staatliche Akteure in der räumlichen Planung?
- Welches ist der Mehrwert von öffentlich-privaten Partnerschaften in der räumlichen Planung?

3.3.3 Kritische Governance-Verständnisse

Schließlich gibt es noch einige, den Governance-Diskurs vor allem auf internationaler und europäischer Ebene prägende Ansätze, die zwar ebenso eine normative Orientierung aufweisen, allerdings stärker sozialtheoretisch begründet sind. Es handelt sich dabei z. B. um kritische Einordnungen von Governance durch eine (neo)marxistische politische Ökonomie; prominente Vertreter dieses Zugangs zum Begriff „Governance" sind David Harvey und Bob Jessop.

Harvey (1989) geht davon aus, dass im Spätkapitalismus in den 1970er und 1980er Jahren ein Wandel vom „managerialism" zum „entrepreneurialism" in städtischen Governance-Regimen stattgefunden hat. Während der „managerialism" das typische Top-down- und Input-orientierte Agieren der Verwaltungen in lokalen politisch-administrativen Systemen bis in die 1960er Jahre bezeichnet, zielt der Terminus „entrepreneurialism" auf einen grundlegenden organisatorischen, aber auch Wertewandel in den lokalen Systemen, der sich in einem stärker „unternehmerisch" ausgerichteten Verhalten und einer größeren Wettbewerbsorientierung der Akteure aus den politisch-administrativen Systemen zeigt. Laut Harvey sind dabei „public-private-partnerships" sowie Maßnahmen, die ein gutes „business climate" erzeugen sollen, das Herzstück dieses Wandels. „Urban governance" ist laut Harvey auch deswegen mehr als „urban government", weil die Macht zur Organisation des städtischen Raumes und der städtischen Gesellschaft nicht nur in den Händen der Akteure aus den politisch-administrativen Systemen liegt, sondern auch bei starken Akteuren aus der Wirtschaft, die Wachstumskoalitionen mit den Akteuren aus Politik und Verwaltung bilden (Hamedinger 2013).

Ausgehend von regulationstheoretischen Überlegungen hat sich Jessop mit Governance als Form der Veränderung von Staatlichkeit befasst. Er definiert Tausch, Befehl und Dialog als Modi von Governance, die auch je spezifische „failures" (Jessop 2000) aufweisen können. Mit dem Begriff „Meta-Governance" (2002) meint er Strategien zur Mischung unterschiedlicher Governance-Modi, d. h. im Grunde Strategien zur Regelung der Regelungsstrukturen, um zu optimalen Problemlösungen zu kommen.

> **Bob Jessop: Governance and Meta-Governance in the Face of Complexity: On the Roles of Requisite Variety, Reflexive Observation and Romantic Irony in Participatory Governance (Jessop 2002)**
> Bob Jessop ist Ökonom, Soziologe und Politikwissenschaftler mit einer Professur an der Lancaster University (UK). Er beschäftigt sich u. a. mit Fragen des Wandels des kapitalistischen Staates. Seine grundlegenden Texte zu Governance erschienen in den 2000er und 2010er Jahren. Dieser Text entstand als Teil eines Bandes, mit dem herausgearbeitet werden sollte, unter welchen Bedingungen eine partizipatorische

> Entscheidungsfindung zu nachhaltigen und innovativen Wirkungen führen kann. Jessop konzipiert hier Governance als Form der Koordination sozialer Praktiken in Kontexten, welche durch Komplexität und reziprok interdependente Aktivitäten gekennzeichnet sind. Seine Formen oder „modalities" von Governance wie eben Tausch, Befehl und Dialog beschreibt er nicht nur in Bezug auf ihre möglichen „failures", sondern auch hinsichtlich ihrer räumlich-zeitlichen Horizonte. Beides, die Betrachtung von Governance-Versagen als auch die Verräumlichung von Governance-Formen, sind wesentliche Neuerungen im Governance-Diskurs. Governance-Versagen wird durch die Modifikation von Governance-Modi bekämpft, sodass Zyklen von Governance entstehen. Die Suche nach neuen Governance-Modi oder der Versuch der Veränderung bestehender Governance-Modi, mit anderen Worten die Koordination der Rahmenbedingungen von Governance, macht für Jessop die Meta-Governance aus, die wiederum selbst durch ihre „strategische Selektivität" gekennzeichnet sei. Am Ende seines Beitrages formuliert Jessop drei alternative Antworten auf die Zyklen des Governance-Versagens, welche letztendlich die demokratische Qualität der Entscheidungsfindung verbessern sollen. Das Festhalten an Formen von partizipativer Governance bezeichnet er schließlich als „romantic irony" – eine Interpretation, die seinem kritischen, politisch-ökonomischen Blick auf Governance geschuldet ist.

Dieses Verständnis von Governance ist vor allem für die Entwicklung „kritischer Planungstheorien" weiterführend. Folgende Fragen stehen aus der Sicht von Planungspraxis und Planungstheorie hier im Mittelpunkt:

- Welche Akteure werden von Planungsprozessen exkludiert? Durch den Einsatz welcher Machtmittel?
- Wie werden durch neue Governance-Arrangements neue Räume der Entscheidungsfindung konstituiert? Wie kann deren Legitimität hergestellt werden?
- Welchen Formen des Versagens unterliegen kommunikative und kooperative Planungsansätze?

3.4 Lücken und Weiterentwicklungen von Neoinstitutionalismus und Governance-Forschung

Neoinstitutionalismus und Governance-Forschung sind in den vergangenen Jahren – wie oben bereits vielfach ausgeführt – in unterschiedlicher Weise kritisch gewürdigt worden. Oftmals bezieht sich dies auf Probleme, die mit einem engen normativen Governance-Verständnis oder mit Vorschlägen für ein effizientes institutionelles Design verbunden sind. Dies bezieht sich etwa auf die fehlende demokratische Legitimation, Zurechenbarkeit sowie

Kontrollmöglichkeiten neuer Governance-Formen (Heinelt 2004) oder auf den ideologischen Hintergrund von „good governance" als „Werkzeug" neoliberaler Wachstumspolitik. Gefordert wird hierbei oftmals eine deutlich kritischere Reflexion der Rolle von Planung hinsichtlich der In-Wert-Setzung von Räumen, wobei unterstellt wird, dass vor allem das technisch-rationale Planungsmodell einen Beitrag zur „Depolitisierung" der Frage nach der Entwicklung von Räumen geleistet habe (vgl. Harvey 1989); von den Planern wird eine kritische Selbstreflexion im Sinne des Postulats der Reflexivität der Kritischen Theorie gefordert. Yiftachel (1998) spricht von der „dunklen Seite" der Planung, wenn sie Kraft staatlicher Autorität zur Unterdrückung bestimmter gesellschaftlicher Gruppen und zur sozialen Kontrolle beitrage (Hamedinger 2013).

In diesem Zusammenhang sind auch Versuche zu sehen, sich in anderer normativer Weise als der eng verstandene Governance-Diskurs auf Ziele und Werte von räumlicher Planung zu fokussieren und deren „Re-Politisierung" zu fordern. Diese Re-Politisierungsbemühungen münden oft in normativen Konzeptualisierungen der Entwicklung von Räumen, die emanzipatorischen und gegenhegemonialen Charakter besitzen (vgl. Fainstein 2010).

Aber auch das weite Governance-Verständnis und der AZI stehen unter Kritik, hier mit Renate Mayntz (2005, S. 17) sogar durch eine Schlüsselautorin selbst: Im Glauben, dass der Staat stets eine vernünftige Allgemeinheit repräsentiere, wohne der Governance-Forschung – ebenso wie zuvor schon der Steuerungstheorie – ein „Problemlösungsbias" inne. Ein Erkenntnisinteresse an Problemlösung führe zu der (impliziten) Unterstellung, dass es in der politischen Wirklichkeit immer um die Lösung kollektiver Probleme gehe, und zu dem funktionalistischen Fehlschluss, dass existierende Organisationen im Interesse der Lösung kollektiver Probleme entstanden seien. Eine auf Problemlösung fokussierte Sichtweise blende Fragen nach der Problemdefinition, nach gesellschaftlichen Konflikten sowie nach Machtgewinn und -erhalt tendenziell aus (Hamedinger 2013).

Hiermit ist ein weiterer Kritikpunkt an Neoinstitutionalismus und Governance-Forschung angesprochen, nämlich eine „tendenziöse Blindheit für Macht- und Verteilungsfragen" (Offe 2008, S. 72). Macht wird allenfalls instrumentell gedeutet, z. B. wenn sie durch hierarchische Formen des Regierens ausgeübt oder zumindest durch den „Schatten der Hierarchie" abgesichert wird (sog. instrumentelles Machtverständnis). Demgegenüber wird in der Gouvernementalitätsforschung in der Nachfolge Michel Foucaults der Aspekt der Macht als produktive Fähigkeit interpretiert, andere zum Handeln zu bringen und Einfluss auf Subjektivierungen zu nehmen. Bezüge zwischen Governance- und Gouvernementalitätsforschung bezogen auf planungsrelevante Fragen herzustellen, wäre eine wesentliche Aufgabe aktueller Planungstheorie. Sie würde helfen, Verbindungen zwischen Techniken des Regierens und Selbsttechniken (Subjektivierungen) sowie Verbindungen

zwischen Wissen und Macht im Neoliberalismus in die Analysen einzubeziehen.

Generell wird der Blick auf die ungleichen Machtverhältnisse und die konflikthaften Prozesse in der Produktion und Reproduktion von Räumen (Flyvbjerg 2002), welche ganz wesentlich die Planungspraxis prägen, zu einem Thema von Planungstheorie. Den „communicative turn" in der Planung kritisch einzuordnen (Sager 2013), wird damit zu einer planungstheoretischen Aufgabe. Ansatzpunkte für derartige Weiterentwicklungen von Neoinstitutionalismus und Governance-Forschung bieten die o. g. kritischen Governance-Verständnisse ebenso wie der „strategic-relational approach" nach Jessop (Servillo und Van den Broeck 2012) sowie der „discursive institutionalism" (Schmidt 2010).

Literatur

Alexander, E. R. (2005). Institutional transformation and planning: From institutionalization theory to institutional design. *Planning Theory, 4*(3), 209–223.

Alexander, E. R. (2006). Institutional design for sustainable development. *The Town Planning Review, 77*(1), 1–27.

Altrock, U. (2008). Strategieorientierte Planung in Zeiten des Attraktivitätsparadigmas. In A. Hamedinger, O. Frey, J. S. Dangschat, & A. Breitfuss (Hrsg.), *Strategieorientierte Planung im kooperativen Staat* (S. 61–86). Wiesbaden: VS Verlag.

Bache, I., & Flinders, M. (2004). Themes and issues in multi-level governance. In I. Bache & M. Flinders (Hrsg.), *Multi-level governance* (S. 1–14). Oxford: Oxford University Press.

Benz, A. (2004). Einleitung: Governance – Modebegriff oder nützliches sozialwissenschaftliches Konzept? In A. Benz (Hrsg.), *Governance – Regieren in komplexen Regelsystemen. Eine Einführung*: Bd. 1. *Reihe Governance* (S. 11–28). Wiesbaden: VS Verlag.

Benz, A., & Fürst, D. (2002). Policy learning in regional networks. *European Urban and Regional Studies, 9*(1), 21–35.

Berger, P. L., & Luckmann, T. (1969). *Die gesellschaftliche Konstruktion der Wirklichkeit: Eine Theorie der Wissenssoziologie*. Frankfurt a. M.: Fischer.

Blatter, J. (2005). Metropolitan Governance in Deutschland: Normative, utilitaristische, kommunikative und dramaturgische Steuerungsansätze. *Swiss Political Science Review, 11*(1), 121–157.

Blatter, J., & Knieling, J. (2009). Metropolitan Governance – Institutionelle Strategien, Dilemmas und Variationsmöglichkeiten für die Steuerung von Metropolregionen. In J. Knieling (Hrsg.), *Metropolregionen – Innovation, Wettbewerb, Handlungsfähigkeit*: Bd. 231. Forschungs- und Sitzungsberichte der ARL (S. 224–269). Hannover: ARL.

Brenner, N. (2004). Urban governance and the production of new state spaces in Western Europe, 1960–2000. *Review of International Political Economy, 11*(3), 447–488.

Diller, C. (2013). Ein nützliches Forschungswerkzeug! Zur Anwendung des Akteurzentrierten Institutionalismus in der Raumplanungsforschung und den Politikwissenschaften. pnd online, No. 1/2013.

Fainstein, S. (2010). *The just city*. Ithaca: Cornell University Press.

Flyvbjerg, B. (2002). Bringing power to planning research: One researcher's praxis story. *Journal of Planning Education and Research, 21*(4), 353–366.

Fürst, D. (2001). Regional governance – Ein neues Paradigma der Regionalwissenschaften? *Raumforschung und Raumordnung, 59*(5–6), 370–380.

Fürst, D. (2003). Steuerung auf regionaler Ebene vs. Regional Governance. *Informationen zur Raumentwicklung, 8/9,* 441–450.

Gailing, L. (2014). *Kulturlandschaftspolitik. Die gesellschaftliche Konstituierung von Kulturlandschaft durch Institutionen und Governance:* Bd. 4. *Planungswissenschaftliche Studien zu Raumordnung und Regionalentwicklung.* Detmold: Rohn.

Gailing, L., & Röhring, A. (2008). Institutionelle Aspekte der Kulturlandschaftsentwicklung. In D. Fürst, L. Gailing, K. Pollermann, & A. Röhring (Hrsg.), *Kulturlandschaft als Handlungsraum. Institutionen und Governance im Umgang mit dem regionalen Gemeinschaftsgut Kulturlandschaft* (S. 49–69). Dortmund: Rohn.

Giddens, A. (1997). *Die Konstitution der Gesellschaft: Grundzüge einer Theorie der Strukturierung:* Bd. 1. Theorie und Gesellschaft (3. Aufl.). Frankfurt a. M.: Campus.

Grande, E. (2012). Governance-Forschung in der Governance-Falle? – Eine kritische Bestandsaufnahme. *Politische Vierteljahresschrift, 53*(4), 565–592.

Gualini, E. (2001). *Planning and the intelligence of institutions. Interactive approaches to territorial policy-making between institutional design and institution-building.* Aldershot: Ashgate.

Gualini, E. (2004). Regionalization as 'Experimental Regionalism': The rescaling of territorial policy-making in Germany. *International Journal of Urban and Regional Research, 28*(2), 329–353.

Gualini, E. (2010). Governance, space and politics: Exploring the governmentality of planning. In J. Hillier & P. Healey (Hrsg.), *The Ashgate Research companion to planning theory* (S. 57–86). Farnham: Ashgate.

Hajer, M. (1995). *The politics of environmental discourse.* Oxford: Oxford University Press.

Hall, P. A., & Taylor, R. C. R. (1996). Political science and the three new institutionalisms. *Political Studies, 44*(5), 936–957.

Hamedinger, A. (2013). *Governance, Raum und soziale Kohäsion.* Unveröffentlichte Habilitationsschrift, TU, Wien.

Hamedinger, A., Frey, O., Dangschat, J., & Breitfuss, A. (Hrsg.). (2008). *Strategieorientierte Planung im kooperativen Staat.* Wiesbaden: VS Verlag.

Harvey, D. (1989). From managerialism to entrepreneurialism: Formation of urban governance in late capitalism. *Geografisker Annaler. Series B, Human Geography, 71*(1), 3–17.

Hasse, R., & Krücken, G. (1999). *Neo-institutionalismus.* Bielefeld: transcript.

Hay, C. (2006). Constructivist institutionalism. In R. A. W. Rhodes, S. A. Binder, & B. A. Rockman (Hrsg.), *The Oxford handbook of political institutions* (S. 56–74). Oxford: Oxford University Press.

Healey, P. (1997). *Collaborative planning. Shaping places in fragmented societies.* Houndmills: Macmillan.

Healey, P. (2007). The new institutionalism and the transformative goals of planning. In N. Verma (Hrsg.), *Institutions and planning* (S. 70–87). Amsterdam: Elsevier.

Heinelt, H. (2004). Governance auf lokaler Ebene. In A. Benz (Hrsg.), *Governance – Regieren in komplexen Regelsystemen. Eine Einführung:* Bd. 1. Reihe Governance (S. 29–44). Wiesbaden: VS Verlag.

Heinelt, H. (2006). Planung und Governance. Der Beitrag der Governance-Debatte zum Planungsverständnis. In K. Selle (Hrsg.), *Zur räumlichen Entwicklung beitragen. Konzepte. Theorien. Impulse:* Bd. 1. Planung neu denken (S. 235–247). Dortmund: Rohn.

Jessop, B. (2000). Governance failure. In G. Stoker (Hrsg.), *The new politics of british local governance* (S. 11–32). Basingstoke: Macmillan.

Jessop, B. (2002). Governance and meta-governance in the face of complexity: On the roles of requisite variety, reflexive observation and romantic irony in participatory governance. In H. Heinelt, et al. (Hrsg.), *Participatory governance in multi-level context: Concepts and experience* (S. 33–58). Opladen: Leske+Budrich.

Kilper, H. (Hrsg.). (2010). *Governance und Raum.* Baden-Baden: Nomos.

Kooiman, J. (1999). Social-political governance. Overview, reflections and design. *Public Management, 1*(1), 67–92.

Kooiman, J. (2003). *Governing as governance.* London: Sage.

Le Galès, P. (2011). Urban governance in Europe: What is governed? In G. Bridge & S. Watson (Hrsg.), *The new blackwell companion to the city* (S. 747–758). Oxford: Wiley-Blackwell.

Lowndes, V. (2001). Rescuing aunt Sally: Taking institutional theory seriously in urban politics. *Urban Studies, 38*(11), 1953–1971.

Mayntz, R. (2001). Zur Selektivität der steuerungstheoretischen Perspektive. In H.-P. Burth & A. Görlitz (Hrsg.), *Politische Steuerung in Theorie und Praxis* (S. 17–28). Baden-Baden: Nomos.

Mayntz, R. (2005). Governance Theory als fortentwickelte Steuerungstheorie? In G. F. Schuppert (Hrsg.), *Governance-Forschung. Vergewisserung über Stand und Entwicklungslinien:* Bd. 1. Schriften zur Governance-Forschung (S. 11–20). Baden-Baden: Nomos.

Mayntz, R., & Scharpf, F. W. (1995). Der Ansatz des akteurzentrierten Institutionalismus. In R. Mayntz & F. W. Scharpf (Hrsg.), *Gesellschaftliche Selbstregelung und politische Steuerung* (S. 39–73). Frankfurt a. M.: Campus.

Offe, C. (2008). Governance – ‚Empty signifier' oder sozialwissenschaftliches Forschungsprogramm? In G. F. Schuppert & M. Zürn (Hrsg.), *Governance in einer sich wandelnden Welt (PVS – Politische Vierteljahresschrift, Sonderheft 41/2008)* (S. 61–76). Wiesbaden: VS Verlag.

Pütz, M. (2004). *Regional Governance. Theoretisch-konzeptionelle Grundlagen und eine Analyse nachhaltiger Siedlungsentwicklung in der Metropolregion München.* München: oekom.

Sager, T. (2013). *Reviving critical planning theory.* London: Routledge.

Scott, W. R. (2001). *Institutions and organizations* (2. Aufl.). Thousand Oaks: Sage.

Scharpf, F. W. (2000). *Interaktionsformen. Akteurzentrierter Institutionalismus in der Politikforschung.* Opladen: Leske+Budrich.

Schimank, U., & Wasem, J. (1995). Die staatliche Steuerbarkeit unkoordinierten kollektiven Handelns. In R. Mayntz & F. W. Scharpf (Hrsg.), *Gesellschaftliche Selbstregelung und Politische Steuerung* (S. 197–232). Frankfurt a. M.: Campus.

Schmidt, V. A. (2010). Taking ideas and discourse seriously: Explaining change through discursive institutionalism as the fourth ‚new institutionalism'. *European Political Science Review, 2*(1), 1–25.

Selle, K. (1994). *Was ist bloß mit der Planung los? Erkundungen auf dem Weg zum kooperativen Handeln. Ein Werkbuch:* Bd. 69. *Dortmunder Beiträge zur Raumplanung.* Dortmund: IRPUD.

Schuppert, G. F. (2008). Governance – auf der Suche nach Konturen eines „anerkannt uneindeutigen Begriffs". In G. F. Schuppert & M. Zürn (Hrsg.), *Governance in einer sich wandelnden Welt (PVS – Politische Vierteljahresschrift, Sonderheft 41/2008)* (S. 13–40). Wiesbaden: VS Verlag.

Servillo, L. A., & Van den Broeck, P. (2012). The social construction of planning systems: A strategic-relational institutionalist approach. *Planning Practice and Research, 27*(1), 41–61.

Siebel, W., Ibert, O., & Mayer, H.-N. (1999). Projektorientierte Planung – Ein neues Paradigma? *Informationen zur Raumentwicklung, 26*(3/4), 163–172.

Teitz, M. B. (2007). Planning and the New Institutionalisms. In N. Verma (Hrsg.), *Institutions and planning* (S. 17–35). Amsterdam: Elsevier.

Toke, D., & Lauber, V. (2007). Anglo-Saxon and German approaches to neoliberalism and environmental policy: The case of financing renewable energy. *Geoforum, 38,* 677–687.

Webster, Chris. (2005). Editorial: Diversifying the institutions of local planning. *Economic Affairs, 25*(4), 4–10.

Webster, C., & Lai, L. W. C. (2003). *Property rights, planning and markets: Managing spontaneous cities.* Cheltenham: Edward Elgar.

Williamson, O. E. (1985). *The economic institutions of capitalism. Firms, markets and relational contracts.* New York: Free Press.

Yiftachel, O. (1998). Planning and social control: Exploring the dark side. *Journal of Planning Literature, 12*(4), 395–406.

Originaltexte

Originaltext Alexander 2005

Article

Copyright © 2005 SAGE Publications
(London, Thousand Oaks, CA and New Delhi)
Vol 4(3): 209–223
DOI: 10.1177/1473095205058494
www.sagepublications.com

INSTITUTIONAL TRANSFORMATION AND PLANNING: FROM INSTITUTIONALIZATION THEORY TO INSTITUTIONAL DESIGN

E.R. Alexander

University of Wisconsin-Milwaukee, USA/APD-Alexander planning & design, Tel-Aviv, Israel

Abstract For planners, institutional transformation is important in two ways. From the positive aspect they need to know their institutional environment: institutionalization theory can help. Three 'schools' of institutionalization theory are presented: 'Historical', 'Rational Choice' and 'Sociological Institutionalism'. The normative aspect of institutional transformation is institutional design: planning often demands this. Institutional design is defined and described: what is it, where is it done, and who does it. The article identifies the institutional-agent interactions that are the media and tools of institutional design, and reviews some of the knowledge base for institutional design practice under the headings of governance, coordination, and agency.

Keywords agency theory, coordination, governance, institutional design, institutional transformation, institutionalization, institutions

3

Introduction: institutional transformation and planning

If planning is the translation of ideas into action, and the planner's goal is the transformation of society (Friedmann, 1987), then institutional transformation must be a critical aspect of planning. That is because there is only one way to effect significant and lasting social change: changing the people who make up society. And there are only two ways of changing people: changing individuals, and changing institutions.

Understanding institutional transformation is important for planners because institutions are a critical aspect of everything planners do. 'A living institution . . . is a collection of practices and rules . . . (of) appropriate behavior for actors in specific situations . . . embedded in structures of . . . explanatory (and) legitimating . . . meaning' (North et al., in Raad-schnelders, 1998: 568). All planning, then, takes place within a specific institutional context, or often in sets of different and varying 'nested' institutional contexts as indeed do all societal activities.

To be effective actors, planners must understand something about institutions in general, and know their specific institutional contexts in particular. Until recently, planning theory and education have contributed little to this end, but successful planners (in the widest sense: both professional practitioners and all those others actively involved in planning processes and decisions) are well endowed with intuitive and experiential appreciation of their institutional contexts. Here we are talking in the positive sense: understanding how and why 'living' institutions are born, grow, change, and die.

But there is a more compelling link between planning and institutions: a great deal of planning involves institutional transformation. Institutional transformation as an intentional objective of deliberate intervention means institutional design: some have even suggested that 'planning is institutional design' (Innes, 1995: 140). Though I would not go so far, planning often demands institutional design.

First, there is the institutional design of the planning process itself, a problem that often presents itself when existing planning systems and institutions are flawed or perceived as inadequate for their purposes. Next, if a policy or plan includes new programs or projects, institutional design is needed to answer the question: how will these be organized and implemented?

When plan or policy implementation demands new organizations or the reorganization of existing ones, planners again confront a task of institutional design. This is also the case for most complex undertakings that require the creation of new interorganizational linkages or transformation of existing networks, to concert the necessary decisions and actions among the involved organizations. Finally, if a policy or plan involves new or amended legislation or regulations, it needs institutional design.

All these examples also suggest that there are different approaches to institutional design, which varies significantly according to context: I call them 'objective' and 'subjective-dialogic' institutional design.[1] The first appears in situations where the object of the undertaking – the institutional structures and/or practices that are to be changed – is outside the institutional design agents' own institutional context, or at least that is how they perceive it. In the second the institutional design effort is aimed at the agents' own institutional context. The institutional change agents' awareness that they are an integral part of the institutional design object demands a reflexive-dialogic approach that differs significantly from the first.

This account of the relevance of institutional transformation for planning reveals two different ways of looking at institutional transformation, which are important for planners: positive and normative. As we shall see later, they are both essential because they are complementary and interdependent. The one: positive understanding of institutional transformation, enabling more effective action in institutional contexts, means descriptive-explanatory knowledge based on reflexive experience, empirical observation and analysis. The other: normative understanding of institutional transformation, means knowing how to effect intentional change. Deliberately creating and changing institutions, and affecting institutions, institutional structures and practices is institutional design.

This article addresses both of these two aspects of institutional transformation. A brief review of positive knowledge from institutional analysis focuses on institutionalization theory. There follows a discussion of institutional design, which, while a bit more extended, is also very condensed. It defines and explains institutional design and reviews the limited knowledge that exists, with the aim of raising awareness in the planning community and ultimately to enable planners' reflexive practice of institutional design.[2]

Institutional analysis and institutionalization theory

Obviously, there is a close link between models or processes of institutional analysis, theories of institutionalization, and institutional design. It is useful to trace their relationship, so as to understand the interaction between them and avoid confusing them.

Theories of institutionalization drive our approach to institutional analysis and institutional design, and there is an intimate reciprocal interaction between (normative) institutional design and (descriptive-explanatory) institutional analysis, just as there is between the prescriptive and analytical aspects of any applied field (such as, say, psychology or economics). Hall and Taylor (1998) identified three 'schools of thought' about institutionalization: the historical approach, the 'rational choice' approach, and the sociological approach.

'Historical institutionalism' defines institutions as systems of formal and informal rules, norms and practices in polities or political economies. This is the traditional approach to institutions, tending to see institutions associated with formal organizations. It offers a broad long-range perspective, focused on path-dependency and a heightened awareness of unintended consequences. Empirically based in history and political science, and oriented primarily to institutional analysis, this approach is hardly relevant for normative institutional design.

'Rational choice institutionalism' is associated with institutional economics (e.g. North and Williamson),[3] its behavioral assumptions premise rational actors with fixed preferences and values. Emphasizing the role of strategic information and behavior in institutional emergence and change, this school of thought attributes the origin of institutions to deliberate design and voluntary agreement among actors (Hall and Taylor, 1998). Clearly this approach is highly compatible with normative institutional analysis[4] based on a 'logic of efficiency' that leads directly to 'objective' institutional design. Nevertheless, its theoretical models and analytical tools can also be deployed in a dialogical-recursive process of institutional analysis and design.

'Sociological institutionalism' began as a subfield of organization theory, focused on institutional forms and procedures in organizations (perhaps in reaction to prior preoccupation with structure). In contrast to the 'rational choicers', 'sociological institutionalism' concluded that institutionalization in organizations was not a result of a strategic search for maximum efficiency. Instead, institutional forms and practices are adopted for legitimacy, in a 'logic of social appropriateness' rather than 'a logic of instrumentality'. Institutionalization is a historic accretion of culturally specific forms and practices (even including organizational myths and ceremonies), with their origins and diffusion related to their specific contexts: sectors, societies and subcultures.

This approach defines institutions broadly, seeing them as including symbolic systems, moral values and societal norms. Blurring the distinction between institutions and culture, 'sociological institutionalism' sees culture itself as a form of institution, where institutions give social life its meaning in an interactive and mutually constituitive relationship between institutions and action (Hall and Taylor, 1998). For institutional analysis and design, 'sociological institutionalism' has several implications: it prescribes recursive-dialogic rather than objective-rational institutional design, and its 'logic of social appropriateness' suggests the use of 'goodness-of-fit' assessment rather than rigorous criteria in designing and evaluating institutions.

Hall and Taylor (1998) itemize the strengths and limits of each of their 'institutionalisms', finding enough common ground to warrant a synthesis.

A blend of 'rational choice' and 'sociological institutionalism' offers a useful basis for institutional analysis and design, where the former provides useful models and rigorous analytical methods and tools, while the latter can complement these with a theoretical foundation for analyzing and inferring individual and collective preferences and values. This proposal is consistent with my own approach to institutional design.

Institutional design: what is it?

The concept and term of institutional design are relatively new,[5] linked to a renewed interest in institutions (Powell and DiMaggio, 1991) and the emergence of the institutionalist approach in planning theory (Healey, 1998, 1999; Verma, 2005). Interest in institutional design has spread to fields ranging from economics to organization theory, but much about it is still unclear. What exactly is institutional design? When and why is it needed? Who does it, when, why, and how?

Institutional design means designing institutions: the devising and realization of rules, procedures, and organizational structures that will enable and constrain behavior and action so as to accord with held values, achieve desired objectives, or execute given tasks.[6] By this definition institutional design is pervasive at all levels of social deliberation and action, including legislation, policymaking, planning and program design and implementation.

Acknowledged sociological definitions reflect this view, which recognizes institutions as ranging from the US Constitution to the Thursday night card game at O'Brady's bar.[7] It is also implied in (the rare) work on institutional design, from devising common resource pool associations (Ostrom, 1990) to designing principal-agent relationships (Weimer, 1995). In retrospect we can recognize that institutional design was invoked (whether consciously or not) in the creation and implementation of all formal institutions (constitutions, laws, organizations, regulations, plans and programs of action) that did not evolve (as many did) spontaneously or informally.

The evolutionary transformation of institutions, informal though it may be and however spontaneous it may seem, also involves institutional design. This follows if we recognize that the evolution of human institutions (unlike involuntary biological evolution) is the product of intentional decisions – even when agents did not anticipate the consequences. Institutional design, then, occurs whenever institutions 'are created and changed through human action either through evolutionary processes of mutual adaptation or through purposive design' (Scharpf, in Gualini, 2001: 49).[8]

Where is institutional design, and who does it?

3

In discussing institutional design, it is helpful to distinguish between three different 'levels' of institutional design, though it is important to remember that these are rather analytical distinctions on what is really a multidimensional continuum. In a sense, each 'level' may be found 'nested' in its adjacent levels.

At the highest 'level' institutional design is applied to whole societies or addresses significant macro-societal processes and institutions, what is sometimes called 'constitution writing' (Putnam, 1998; Flyvberg, 1998). Though institutional design is often (mistakenly) limited to this level, the drafting and adoption of national and supra-national constitutions (e.g. the EU) are classic cases of this kind of institutional design.

But this 'level' is not limited to constitutions. New legal codes and processes are another instance, from the Code of Hammurabi to the Code Napoleon. Innovative and wide-ranging strategic political-administrative programs are also institutional design at this level; examples range from the Emperor Augustus' reorganization of the Roman Republic, to the post-Second World War Marshall Plan for Europe. These often occur after major societal discontinuities: social upheavals and revolutions; historical examples are too numerous to cite.

Statesmen (if they have been successful) or politicians (if not) are heavily involved with this level of institutional design, usually supported and advised by lawyers and administrators. Planning practitioners have not been included among the salient actors, historically because they did not exist, and contemporaneously because this level of strategic policy is somewhat divorced from the topic areas in which they are qualified. By contrast, more recently economists have come to play a more important advisory role.[9]

Of most interest to planners is the meso-level, which involves the institutional design of planning and implementation structures and processes. This includes establishing and operating interorganizational networks, creating new organizations and transforming existing ones, and devising and deploying incentives and constraints in the form of laws, regulations, and resources to develop and implement policies, programs, projects and plans. This level of institutional design is associated with professional planners' fields of practice: physical planning and land development, local economic development, housing, transportation and infrastructure, environmental policy, and (more peripherally) social and human services.

Planning-related examples of this 'level' of institutional design are too numerous to survey. To give just a few illustrations: public-private partnerships for central city development; public (in-kind and/or subsidized) housing programs; local economic development programs and organizations; neighborhood development processes, including special purpose organizations such as CDCs; urban revitalization programs and organizations, for example, the US Model Cities and NDP programs, the British GIA program; planning, implementing and managing new communities (Britain's New Towns program, the US 'Greenfield' new towns and its New Community Development program) and planned community development projects and programs in many other countries; environmental management programs and organizations, for example, river basin management authorities, natural hazard reduction programs; and planning and implementing major strategic infrastructure and development projects.[10]

At this 'level' of institutional design, while elected decision-makers and appointed officials still have leading roles, administrators and experts in the respective fields and policy areas are significant actors. As the above examples suggest, these may and often do include planners who are active in the relevant arena in their positional (public bureaucratic or organizational) or practitioner (expert consultant) capacities. Still, here too lawyers and economists are heavily involved as advisors.

The lowest 'level' of institutional design involves intra-organizational design, addressing organizational sub-units and small semi-formal or informal social units, processes and interactions, such as committees, teams, task forces, work groups etc. This occurs in every field of endeavor, from the global corporation implementing its 'matrix' form of organization through task-related work groups, to the players of the O'Brady's Bar weekly poker game setting rules for who pays for drinks and when.

Intended to ensure effective and timely task performance, this kind of institutional design is involved in establishing and managing planning processes and policy, plan, or project implementation. A regional transportation planning agency's participatory structure of citizen and technical advisory committees for developing its metropolitan mass transit plan is this kind of institutional design. Formal mediation and conflict resolution processes, for example, in environmental planning controversies (Susskind and Field, 1996) involve such institutional design. The problem of split loyalties of city agency neighborhood planners (to their public employer or to their neighborhood community 'clients') (Needleman and Needleman, 1974) is a typical institutional design problem at this level.

As these examples show, planners continually confront this kind of institutional design challenge in their practice, as, indeed, do other professionals, managers and administrators in responsible positions. This 'level' of institutional design involves almost everyone who is charged with structuring and managing an organization or organizational processes to ensure effective performance.

'Doing' institutional design: media and knowledge

Despite increasing interest in institutional design, prior discussion has been rather vague about what the institutional designer actually does. What is the

3

'material' on which institutional design works? What are the 'tools' institutional design can apply? How can we 'do' institutional design and what information base can offer a source of knowledge for application?

Elements and tools

A physician works with medical science on the human body; an architect works with space, form, and materials on the physical-built environment, an economist works with economic theory and analysis on economic transactions and socio-economies. What is the 'material' of institutional design? We can call institutional-agent interactions (see Table 1) the 'material' of institutional design.

These interactions can have two (not always mutually exclusive) roles. One role is as a subject or product of institutional design: these are the 'elements' of institutional design. Examples of structural 'elements' are laws (affecting behavior through agency and social processes) and organizations

TABLE 1　*Institutional-agent interactions – elements of institutional design*

Type[a]	*Public/formal*	*Tacit/informal*
Performative	Transactions[1]	Episodes
		Events
		Customary behaviors
Structural	'Cultural' institutions	'Ontological' institutions
	Laws	Norms
[Agency, process]	*Rules/regulations*	Habits
	Standards	Practices
[Structure]	*Governments*	Knowledge/world-views
	Markets:	Languages
	'hybrid' markets[2]	'Games'
	artificial/quasi-	Informal social networks
	markets[3]	Associational/kinship
	Interorganizational	networks
	networks[4]	
	Organizations	

Notes: [a] Elements of institutional design in the table (e.g. *Laws, Governments*) are shown in italics. Impacts, or interactions intended to be affected by ID, in the table (e.g. Transactions, Practices) are underlined.
1. As defined in Alexander (2001a: 50–1).
2. See Alexander (2001a: 55) and Williamson (1985).
3. See Alexander (1995: 227–35).
4. See Alexander (1995: 199–266).
Source: After Table 2 (A map of institutional/agent interaction) (Bolan, 2000: 29, after Low, 1997).

(structuring individual and collective interactions). Both of these are also public and formal – that is why they can be the subjects, tools, and products of institutional design.

The other role of institutional-agent interactions is to be the 'objects' of institutional design. They are the interactions institutional design is intended to affect, and through which institutional design's impacts are experienced in the course of significant institutional or social change. The only public-formal interaction in this role is formal transactions, for example when an institutional design modification of a law (e.g. residency requirements) changes a formal transaction (e.g. voting as a political trans-action), or a regulation (e.g. setting currency exchange rates) affects contracts (in economic transactions).

All the other 'objects' of institutional design – the institutional-agent interactions through which institutional design aspires to affect action and behavior – are tacit-informal; that is also why they cannot be positive insti-tutional design elements, that is, institutional design tools or the subjects of active design manipulation. Performative interactions in this role include events and customary behaviors. A case of the first is when legislation or another form of institutionalization 'creates' a social event that later becomes enshrined in tradition: classic examples are Thanksgiving in the US and Bastille Day in France. The second is rife in every societal domain: institutional design affecting individual[11] customary behaviors; topical examples range from smoking (changed by legislation) to carpooling (encouraged by differential road pricing).

Other 'objects' of institutional design are structural: norms, habits and practices – which Low (1997) called 'ontological institutions' – and tacit systems of knowledge and world-views. There are some institutional-agent interactions that do not seem to be the objects of deliberate institutional design intervention, though they could be the unintended arenas of its effects. These include episodes, languages,[12] tacit-informal 'games' – like practices, and informal social (including associational and kinship) networks.

Knowledge and practice

What knowledge is there, based on theory and experience, that can be useful[13] for institutional design in real-life contexts? The answer is: not much. There are three reasons for this: 1) ignorance, primarily because insti-tutional design is such a new concept that applicable knowledge can only be eclectic; 2) the nature of design (in any field, not just institutional design) which makes much scientific-systematic knowledge less than relevant for practice; and 3) complexity: the risk of the 'ecological fallacy' limits practi-cal application of generalized theories or principles to specific cases. The multi-party nature of institutional design, too, leaves an unavoidable residue of irreducible uncertainty and ignorance: institutional design problems are 'wicked' problems.

3

Nevertheless, there are three general areas of knowledge that may offer some support to the would-be institutional design 'practitioner';[14] they correspond more or less with the 'levels' of institutional design mentioned above. The first is governance, most relevant at the higher levels; the second is coordination, applicable mainly at the meso-level; the third is agency, useful at the micro-level but also upwards.

Governance

Not to be confused with government, governance addresses not only the state, but all the sectors and actors involved in 'the processes of regulation, coordination and control' (Pierre, 1999: 376) that enable or constrain the actions of members of a society. Knowledge about governance is spread across many disciplines including philosophy, jurisprudence, political science, sociology, and economics. There is one body of knowledge focusing on governance, which is especially relevant for institutional design: transaction cost theory (TCT).

Originating as a branch of institutional economics, TCT offers plausible explanations for the emergence of various forms of governance, and also provides a kit of (conceptual) tools for institutional analysis and design. A repertoire of forms of governance emerges from transaction-related adaptations of the 'perfect' market (for completely independent transactions) through 'hybrid' forms of governance for 'mixed' transactions, to integrated organization (the public bureau or the corporate firm) for recurring or extended transactions with high interdependence and uncertainty.

Institutional design can draw on knowledge aggregated in integrated TCT. The first stage must be institutional analysis of the design setting, viewing it as a sequence of transactions involving all the relevant actors. Detailed analysis of the critical transactions can match the subject process with appropriate forms of governance. This was done, for example, for land use planning and development control systems, where the relevant setting was the land development process and property market (Alexander, 2001a, 2001b).

Coordination

Just as governance is a major concern at the highest levels of institutional design, coordination is important at the next levels. At the meso-level coordination involves interorganizational networks and complex organizations, extending into the micro-level as simple organizations, intra-organizational units and informal societal units. At these levels, the concept of interorganizational coordination (IOC) structures (Alexander, 1995) provides the elements of an architecture of institutional design.

The first step in the institutional design process must be a systematic institutional analysis. The next step is to draw on a generic repertoire of IOC structures to specify a set of alternative feasible IOC structures or more complex IOC systems specific to the relevant setting, which might respond to the institutional design problem. Evaluation of their appropriateness and prospective effectiveness will be based more on 'goodness of fit' than on tentative models of poorly understood relationships (Alexander, 2000).

Agency

For the lowest level of institutional design, agency theory offers an important conceptual tool. In agency theory the individual is the unit of analysis, and agency addresses interactions in principal-agent roles. Agency theory tries to account for (and avoid) conflicts between principals and agents, identify (and minimize) agency costs, and explore alternative governance mechanisms, incentives and monitoring devices to reduce agency costs, and ensure maximal alignment of principals' and agents' interests.

Agency theory research reveals the sources of task-implementation problems confronting simple hierarchical organization. These include employment supervision and incentives, complex supervisor-agent interdependencies, horizontal and vertical coordination and team-related problems such as hidden action, moral hazard, concealed information, opportunism, and ineffective incentives for managers and executives (Miller, 1992). For institutional design, agency theory is particularly relevant for public or mixed public-private institutions, because it offers a plausible account for some typical public sector inefficiencies, attributing them to inadequate responses to multi-task and multi-principal-agent problems.

Conclusion

In this article I explored the links between institutional transformation and planning with two purposes in mind. One is consciousness-raising: to make planning theorists, educators and reflective practitioners more aware of the importance of institutions, and to direct them to the domains of relevant knowledge.[15] These offer positive knowledge about institutions and institutionalization to help them to understand the institutional contexts that frame almost everything they do.

The second purpose is to give the planning community a better awareness of institutional design. As the normative aspect of institutional transformation, institutional design is in fact an integral and essential part of many planning and planning-related practices. To be effective in many of their roles, planners need a reflexive consciousness of institutional design, and an intuitive or acquired skill at institutional design is the hallmark of the successful practitioner. Institutional design is not a craft that will ever have a usable 'handbook', and this article does not come close to being a comprehensive account.

3

Here I have presented a condensed definition and review of institutional design: its actors, contexts, and the 'institutional-agent interactions' that are its tools. Some possible sources of knowledge for institutional design are identified under the headings of governance, coordination, and agency. Planners' exposure to these could enable more reflexive and systematic institutional design, toward better planning practice.

Notes

1. This deliberately differs from Gualini's (2001) terminology, as discussed under Institutional Design below.

2. Parts of this article are based on and elaborated in Alexander (2002, 2004).

3. This is Hall and Taylor's description; I would extend this 'school of thought' to include game-theory based theories of institutionalization and institutional analysis (e.g. Aoki, 2001) and institutional design (e.g. Calvert, 1995).

4. A typical exponent is Aoki (2001).

5. To the best of my knowledge, the term seems to have been used first in a political science paper by John Brandl (1988).

6. I could not find any clear definition of institutional design in any of the previous discussions of or references to institutional design (e.g. Brandl, 1988; Innes, 1995; Weimer, 1995; Tewdr-Jones and Allmendinger, 1998; Bolan, 2000) though some definitions are implied. Gualini (2001) is an exception: he devotes considerable attention to defining institutional design, but his final definition is incorrect as argued below.

7. Some of the discussion is at odds with this definition, limiting its concern primarily to the higher levels of governance (e.g. Bolan, 1991) or asserting the failures of 'constitution writing' (Flyvberg, 1998: 234–6). This is consistent with a multi-layered sociological model that identifies institutions only with the highest societal level (Scott, 1994).

8. This definition erases Gualini's distinction between institutional design, which he associates exclusively with 'the expression of an innovative intentionality, of a design rationality', and 'institution building': the 'unintentional, emergent, path-dependent dimension' of institutional change (2001: 25, 49); for the fallacy in Gualini's argument, see Alexander (2006).

9. In some people's view, in this role economists are usurping a function that planners should aspire to have (Markusen, 2000; Sanyal, 2000).

10. For more detail on institutional design cases, see Alexander (2006).

11. That is what distinguishes them from practices (below), which have a collective and structural dimension that customary behaviors do not.

12. This is probably true for the most part, though languages are not immune from institutional design. Contrary examples include the deliberate creation or revival of languages (e.g. Balasa-Indonesian and Hebrew), the 'regulation' of language (e.g. the Académie Française) and the institutionalized oversight of IT 'languages' and protocols.

13. This term is used here deliberately, to distinguish between applicable

Alexander   Institutional transformation and planning   **221**

knowledge with normative institutional design implications, and other knowledge – theoretical and positive-empirical – about institutions and institutionalization (e.g. regime theory, post-Marxist regulation theory, neo-Gramscian institutionalization theory, Bourdieu's 'field' and 'habitus', Giddensian institutional analysis, Foucault's genealogies and governmentality) that is undoubtedly highly relevant to understanding institutions, but from which I believe it is difficult or impossible to extract design-relevant prescriptions. I encourage any who disagree with this assessment to share with us the institutional design implications they can draw from these or other authorities.

14. This does not pretend to be an exhaustive review of the possible knowledge-base for institutional design. For example, besides the general areas reviewed below, there are other useful sources for knowledge and skills, for example, games theory (see Calvert, 1995 and Aoki, 2001) and the design of common pool resource associations (Ostrom, 1990; Ostrom et al., 1994).

15. I am referring here to the overview of institutionalization theories; in reviewing the literature the focus was not institutionalization (which is beyond the scope of this article) but institutional design.

References

Alexander, E.R. (1995) *How Organizations Act Together: Interorganizational Coordination in Theory and Practice*. Amsterdam: Gordon & Breach.

Alexander, E.R. (2000) 'Inter-organizational Coordination and Strategic Planning: The Architecture of Institutional Design', in W. Salet and A. Faludi (eds) *The Revival of Strategic Spatial Planning*, pp. 159–74. Amsterdam: Royal Netherlands Academy of Arts & Sciences.

Alexander, E.R. (2001a) 'A Transaction-cost Theory of Land Use Planning and Development Control', *Town Planning Review* 72(1): 45–75.

Alexander, E.R. (2001b) 'Governance and Transaction Costs in Planning Systems: A Conceptual Framework for Institutional Analysis of Land-use Planning and Development Control – The Case of Israel', *Environment and Planning B: Planning & Design* 28(5): 755–76.

Alexander, E.R. (2002) 'Acting Together: From Planning to Institutional Design', paper presented at XIV AESOP Congress, Volos, Greece, 10–15 July.

Alexander, E.R. (2004) 'Planning and Institutional Transformation: Cases and Problems in Institutional Design', paper presented at XVI AESOP Congress, Grenoble, France, 1–4 July.

Alexander, E.R. (2006, forthcoming) 'Institutional Design for Sustainable Development', *Town Planning Review* 77(1).

Aoki, M. (2001) *Toward a Comparative Institutional Analysis*. Cambridge, MA: MIT Press.

Bolan, R.J. (1991) 'Planning and Institutional Design', *Planning Theory* 5/6: 7–34.

Bolan, R.J. (2000) 'Social Interaction and Institutional Design: The Case of Housing in the U.S.', in W. Salet and A. Faludi (eds) *The Revival of Strategic Spatial Planning*, pp. 25–38. Amsterdam: Royal Netherlands Academy of Arts & Sciences.

Brandl, J. (1988) 'On Politics and Policy Analysis as the Design and Assessment of Institutions', *Journal of Policy Analysis and Management* 7(3): 419–24.

222   Planning *Theory 4(3)*

Calvert, R.L. (1995) 'The Rational Choice Theory of Institutions: Implications for Design', in D.L. Weimer (ed.) *Institutional Design,* pp. 63–94. Boston, MA: Kluwer.

Flyvberg, B. (1998) *Rationality and Power.* Chicago, IL: University of Chicago Press.

Friedmann, J. (1987) *Planning in the Public Domain.* Princeton, NJ: Princeton University Press.

Gualini, E. (2001) *Planning and the Intelligence of Institutions.* Aldershot: Ashgate.

Hall, P.A. and Taylor, R. (1998) 'Political Science and the Three New Institutionalisms', in K. Soltan, E.M. Uslaner and V.I. Haufler (eds) *Institutions and Social Order,* pp. 15–43. Ann Arbor: University of Michigan Press.

Healey, P. (1998) *Collaborative Planning: Shaping Places in Fragmented Societies.* Basingstoke: Macmillan.

Healey, P. (1999) 'Institutionalist Analysis, Communicative Planning and Shaping Places', *Journal of Planning Education and Research* 19(2): 211–22.

Innes, J.E. (1995) 'Planning is Institutional Design', *Journal of Planning Education and Research* 14(2): 140–3.

Low, N. (1997) 'What Made it Happen? Mapping the Terrain of Power in Urban Development', *Planning Theory* 17: 88–112.

Markusen, A. (2000) 'Planning as Craft and as Philosophy', in L. Rodwin and B. Sanyal (eds) *The Profession of City Planning,* pp. 261–74. New Brunswick: CUPR-Rutgers, The State University of New Jersey.

Miller, G.J. (1992) *Managerial Dilemmas: The Political Economy of Hierarchy.* New York: Cambridge University Press.

Needleman, M.L. and Needleman, C.E. (1974) *Guerillas in the Bureaucracy: The Community Planning Experiment in the U.S.* New York: Wiley.

Ostrom, E. (1990) *Governing the Commons: The Evolution of Institutions for Collective Action.* New York: Cambridge University Press.

Ostrom, E., Gardner, R. and Walker, J. (1994) *Rules, Games and Common Pool Resources.* Ann Arbor: University of Michigan Press.

Pierre, J. (1999) 'Models of Urban Governance: The Institutional Dimension of Urban Politics', *Urban Affairs Review* 34(3): 372–96.

Powell, W. and DiMaggio, P. (eds) (1991) *The New Institutionalism in Organizational Analysis.* Chicago, IL: University of Chicago Press.

Putnam, R.D. with Leonardi, R. and Nanetti, R. (1998) *Making Democracy Work: Civic Traditions in Modern Italy.* Princeton, NJ: Princeton University Press.

Raadschnelders, J.C.N. (1998) 'Evolution, Institutional Analysis and Path Dependency: An Administrative-History Perspective on Fashionable Approaches and Concepts', *International Review of Administrative Sciences* 64(4): 565–82.

Sanyal, B. (2000) 'Planning's Three Challenges', in L. Rodwin and B. Sanyal (eds) *The Profession of City Planning,* pp. 312–33. New Brunswick: Center for Urban Policy Research, Rutgers, The State University of New Jersey.

Scott, W.R. (1994) *Institutions and Organizations.* Thousand Oaks, CA: Sage.

Susskind, L. and Field, P. (1996) *Dealing with an Angry Public: The Mutual Gains Approach to Resolving Disputes.* New York: The Free Press.

Tewdr-Jones, M. and Allmendinger, P. (1998) 'Deconstructing Communicative Rationality: A Critique of Habermasian Collaborative Planning', *Environment & Planning A* 30(11): 1975–99.

Verma, N. (ed.) (2005, forthcoming) *Institutions and Planning*. New Brunswick: CUPR-Rutgers, The State University of New Jersey.

Weimer, D.L. (1995) 'Institutional Design: Overview', in D.L. Weimer (ed.) *Institutional Design*, pp. 1–16. Boston, MA: Kluwer.

Williamson, O.E. (1985) *The Economic Institutions of Capitalism*. New York: Free Press.

Ernest Alexander, Emeritus Professor of Urban Planning at the University of Wisconsin-Milwaukee (USA), teaches and practices in Israel. He is the author of *Approaches to Planning: Introducing Current Planning Theories, Concepts and Issues* (2nd edn, 1992) and *How Organizations Act Together: Interorganizational Coordination in Theory and Practice* (1995). His research interests range from planning theories and rationalities through institutions and organizations, and his interest in evaluation has led to research on substantive plan evaluation and planning rights.

Address: APD-Alexander planning & design, 41 Tagore St. #11, Tel-Aviv 69203, Israel. [email: eralex@inter.net.il]

Originaltext Healey 2007

Chapter 3

The New Institutionalism and the Transformative Goals of Planning[1]

Patsy Healey

Planning Ahead or Planning Within

The planning enterprise has always been focused on the future, on encouraging the new to replace or emerge from the old. As Friedmann (1987) argues so persuasively in *Planning in the Public Domain*, it reaches towards transformations in the socio-spatial and institutional dimensions of how we live. For Fainstein (2000), the transformative dynamic is the search for ways of attaining a better quality of life. Such an enterprise presumes some institutional position from which to articulate and prosecute a transformative agenda. The conception of this position has long been a contested territory in planning thought. In this paper, I seek to show how what is often referred to as the 'new institutionalism', and particularly the more social-constructivist variants of this broad wave of ideas, addresses the issue of the context and positioning of efforts to plan strategically for socio-spatial transformations. I first position this wave in relation to the previous approaches in the planning field. I then review the conceptual landscape of the 'new institutionalism', to identify the social-constructivist position within it. From this, I develop a framework for analysing particular instances of strategic planning effort. I use this to describe and evaluate a strategic planning exercise with transformative potential in my own city of Newcastle. I conclude with general comments on the analytical and practical implications of this variant of the 'new institutionalism' for the planning enterprise and its transformative goals.

In the mid-20th century, planners were confident of their position. Whether they were engaged in producing master plans for cities and towns, or promoting rational process models for policy making, they presented themselves as out in front of contemporary governance practices.[1] Grounded in professional expertise (the master planners) or scientific

[1]For this attitude in the UK, see Keeble (1952) and Gower Davies (1972).

62   Patsy Healey

management principles (the rational process planners), they sought to create new products and processes which, by their quality and relevance to new social forces, would displace the old. With this forward-looking perspective and confident belief, little attention was given to political and institutional dynamics and to what their transformation might actually involve.

From the late 1960s, a number of planning theorists sought to pull the vanguard of innovating planners back to an understanding of institutional context,[2] not least because of the evident failure of some planning efforts. Some sought to classify contexts. Others conceived of organisations as located in some kind of 'action space' in which they had certain autonomy. These contributions positioned the 'planning agency' in an institutional landscape of multiple agencies, continually adjusting to each other, as in a market (Faludi, 1973; Friend et al., 1974). Lindblom (1965) crystallised this conception through his notion of organisations involved in 'partisan mutual adjustment'. Rather than in the vanguard, the planning agency in this conception of context was engaged in a struggle for the survival of the fittest. The 'planning agency' itself was seen as a formal organisation, a coherent entity, with clear boundaries between itself and its 'environment'. By skilled and committed effort, such agencies could succeed in achieving substantive material changes in socio-spatial conditions and could devise new governance processes.

The urban political economists of the 1970s upset this conception. They analysed the role of planning agencies and planning ideas from the perspective of class struggle for control over the means of production and exchange (Fainstein & Fainstein, 1979; Castells, 1977; Paris, 1982; Harvey, 1985, Chapter 7). This introduced a strong distributive consciousness into planning theory, while emphasising the significance of the politics of conflict and struggle. For these analysts, the primary forces of transformation lay in struggles between labour and capital, and between community and state. In this context, the state was commonly portrayed as the creature of the forces of capital, or of governing elites. Planning agencies were associated with the state. The future-oriented transformative rhetoric of planners, it was claimed, served as a mystifying masque, legitimating agendas and practices which served dominant class interests. The planning enterprise was in effect highjacked and attached to system-maintaining purposes rather than to transformative orientations.

These ideas linked planning theory to richer and broader debates on how to view society, social order and social change. Whether or not the various models of class struggle and the role of the state promoted by urban political economists are accepted, the contribution of this body of thought was to force awareness of the significance of wider 'structural' driving forces and conflicts shaping the opportunities and constraints on planning efforts in promoting transformations. This awareness firmly positions the planning enterprise within the dynamics of political-institutional landscapes and confirms its nature as deeply political. The challenge, developed during the 1980s and 1990s, has been to explore how transformation can be encouraged from this 'inside' position. This forces the analyst of planning activity and the shaper of normative planning ideas to explore the complex and

---

[2]See for example, Bolan (1969), Dyckman (1966) and Etzioni (1973).

contradictory interaction of the driving forces of governance change and the power of agency to innovate and change the trajectories of these forces.

This challenge has been taken up from many directions in the planning field. From political science and urban sociology, there has been an explosion of analyses of urban governance and planning activity, which has highlighted the role of elite actors and their networks in promoting and resisting change. Regulation theorists have gone in search of the transformations in local 'modes of regulation' expected to parallel shifts in economic modes of production. In the UK, at least, they have found a whole array of different modes in different parts of a local government landscape (see Jessop, 2000, 2001; Painter & Goodwin, 2000). Urban political scientists, inspired by Clarence Stone,[3] have sought to discover if there is any coherence in local governance sufficient to identify a 'local governing regime'. Others have emphasised the role of discourses and practices, materialities and mentalities and the social processes through which both are constructed. In the planning field, this micro-politics of institutional practice was initially uncovered by those studying the implementation of planning policies from the 1970s (Pressman & Wildavsky, 1973; Barrett & Fudge, 1981; Sabatier, 1986), and developed further by the empirical work of those associated with communicative planning theory.[4] Such analysis has been given a major thrust forward by the intellectual inspiration of Foucauldian power dynamics, with its focus on embedded disciplining routines and practices,[5] by social constructivist analysis with its emphasis on the power relations embodied in policy discourse,[6] and by the analysis of how organising ideas and technologies are produced and 'translated' as developed in actor-network theory.[7]

The result of this infusion of ideas is that there is now the foundation for a much richer understanding of how planning activities might relate to the wider governance context within which they are inherently located. The argument over whether the planning enterprise is system-maintaining or system-transforming has been dissolved into a more specific inquiry into the circumstances in which a particular initiative in a specific situation has or might release transformative potential, and in what direction, and when, in contrast, it may merely act to reinforce and maintain established practices. This richer understanding also shifts the attention of the planning imagination from a focus on specific material projects and material outcomes to a focus on interventions in the design of the institutional infrastructure which frame what project ideas come forward, how they get evaluated and who gets involved in governance processes and through what modes or styles of governance. The relation between planning activity and its context thus moves beyond notions of planning as a vanguard of social change, or a bastion of a separate scientific objectivity, or an 'action space', or a cog in someone else's machine, to an activity in which context and activity are co-constitutive and co-generative (Gualini, 2001). Governance activity, and hence planning activity, comes to be understood as variable and contingent in its focus and modalities. Such activity is inherently situated in a specific

---

[3]See Stone (1989), Harding (1997, 2000), Stoker (1995).

[4]See Forester (1989, 1999), Innes (1992, 1995), Innes and Booher (2000), Innes and Gruber (2001), Healey (1997a, 1997b, 1998), Healey et al. (2003), Hillier (2000) and Gualini 2001.

[5]See Fischler (2000), Richardson (1996, 2002) Jensen and Richardson (2000) and Huxley (1994, 2002).

[6]See Hajer (1995), Vigar et al. (2000), Vigar (2001) and Gomart and Hajer (2002).

[7]See Latour (1987), Callon (1986), Murdoch (1995), Murdoch et al. (1999) and Tait (2002).

64   Patsy Healey

institutional space, with concrete manifestations of power and possibility, and with a particular pattern of 'moments', which could allow transformational trajectories to get established. This has major implications for the evaluation of the likely impacts of planning interventions and for the transfer of experience from one situation to another. It means that analysts of planning activity and those designing planning interventions need to develop the capacity to grasp and describe the 'situatedness' of planning activity.

One route to developing this capacity has been through exploring how individual planners accomplish the work of situating themselves in dynamic situations, in which they make particular contributions but in continually constrained situations.[8] Another route has been to focus on the co-constitutive process itself, examining the interaction between specific instances of practice and the ongoing evolution of the institutional infrastructure of governance in particular places. This emphasis on the constitution of the specific relation between activity and institutional context provides the focus of attention of the wave of ideas which has become known as the 'new institutionalism'. In the next section, I briefly introduce these ideas, focusing in particular on the social constructivist contributions.

Understanding Institutional Embeddedness

The 'new institutionalism' can be found in the disciplines of economics, political science and sociology, and especially in work related to issues of governance and organisation. The evolution of institutionalist theories parallels in several ways the development within planning theory of analyses of implementation processes, of the political economy of planning and of communicative planning theory. Each stream of thought has produced its own 'maps' of the terrain and its evolution, although these maps do not necessarily coincide. Economists tend to trace the evolution of 'institutionalism' from the work of Coase (1960) and Williamson (1975) focusing on 'transaction costs'.[9] Political scientists and organisational sociologists make a contrast between an 'old institutionalism' characterised by Selznick's (1949) work on the Tennessee Valley Authority with a re-discovery of the significance of institutionalisation in the work of March and Olsen.[10] This represented a deliberate challenge to the rationalism and behaviouralism dominant in these fields at the time. In recent years, there has been some crossover between these strands, particularly through March and Olsen's work and North's theories of path dependency (North, 1990).

There are a number of common concepts and debates among all these strands. Firstly, institutions are typically (though not universally) distinguished from organisations. Institutions are the frameworks of norms, rules and practices which structure action in social contexts (Giddens, 1984; DiMaggio & Powell, 1991). They are expressed in formal rules and structures, but also in informal norms and practices, in the rhythms and routines of daily collective life. They structure the interactional processes through which preferences

---

[8] See the work of Forester (1989, 1993, 1999) and Hoch (1994).
[9] Within Europe, there is also a rich stream of 'evolutionary economics', which has much closer links to urban political economy and social constructivist analysis, see Hodgson (1998), Amin and Thrift (1994) and Moulaert (2000).
[10] See March and Olsen (1984), March (1996), Peters (1999) and Lowndes (2001).

and interests are articulated and decisions made. They are a kind of 'soft infrastructure' of the governance of social life.

Secondly, and consequentially on the first point, the focus of institutionalist analysis is upon interactions, not decisions *per se*.[11] This underpins not only the institutionalist economists' interest in transactions, but makes a link to the interest in communicative practices in planning theory (see above). Further, these interactions do not occur in a vacuum, or a clearly bounded 'action space'. Organisational environments, argue DiMaggio and Powell (1991, p. 13), 'penetrate the organization, creating the lenses through which actors view the world and the very categories of structure, action and thought'. This is not a one-way relation. Interactive processes are both shaped by their institutional inheritance and help to shape it, in mutually constitutive and generative processes (Gualini, 2001).

Thirdly, although some 'institutionalist' analysts have focused on the nature of variation in the historical inheritance of institutional discourses and practices, and in particular how the resultant 'social capital' may structure opportunities and constraints on economic and political innovation (see North, 1990; Putnam, 1993), many institutionalists are concerned with how institutions change and the role of intentionality in promoting such change (DiMaggio & Powell, 1991). This links the visible world of actors, performing in formal and informal social arenas where collective action is mobilised and realised, to the deeper structuring of their social relations, i.e., to the relation between structure and agency, between macro and micro levels of analysis.

Fourthly, while some institutionalists focus on the micro-politics of interactions between specific actors in particular arenas, the 'new institutionalism' also has an important research focus on the governance capability to address particular kinds of social action problem. This links to the agenda of planning and policy analysis through the concern with the ability to realise substantive programmes and projects, such as water management innovations (Challen, 2000), changes in transport policy (Vigar, 2001), local economic development (Raco, 1999; Wood et al., 1998), and sustainable development (Wood et al., 1999; de Roo, 2000). In this work, the term 'governance' is used to convey the array of mechanisms for structuring collective action, whether by government, by business associations or by associations arising from within civil society (Cars et al., 2002).[12] Transformation in governance, the re-configuring of 'institutional capacities' and designs, is understood not merely as a task for actors with interests and leadership qualities, or the mobilisation of coalitions to achieve formal changes in law and organisational structure. It is also about transforming the deeper frames of reference and cultural practices which structure how people make sense of their collective worlds and engage cognitively and bodily in their day-to-day routines (Hajer, 1995; Healey et al., 2003; Innes & Booher, 2000).

---

[11] This contrasts with the emphasis in the rational planning paradigm, and see also Faludi's enterprise in the 1980s (Faludi, 1987).

[12] The term 'governance' is used with various meanings in European policy debate. For some, it means a shift of governing action 'outside' the formal organisation of democratic states, and its desirability is hotly contested (see Jessop, 2000 and our discussion in Cars et al., 2002). The meaning used here is as a broad descriptive term.

As most of those mapping the 'new institutionalism' emphasize, none of these points is in itself new. But they have been reinforced by broader developments in the social sciences, which provide analytical and interpretative muscle to 'institutionalist' research programmes. These resources also lead to different trajectories in institutional analysis.[13] The simple classification used by political scientists Hall and Taylor captures the range relevant to policy analysis and planning particularly well. They distinguish between those who emphasise historical evolution and 'path dependency', whose work focuses especially on comparisons between national institutional forms and who draw on North (1990); those who focus on the reduction of uncertainties about transaction costs for rational actors with interests and preferences, who draw on Coase and Williamson; and those who focus on the role of institutions in sustaining identities and cultural practices as well as in performing specific functions, and who emphasise the significance of paradigms, systems of belief, frames of reference and the logics of power (Muller & Surel, 1998, p. 48). These last, sometimes referred to as 'sociological institutionalists', draw on the consolidating work in organisational studies of Powell and DiMaggio (1991), who in turn build on the insights of sociologists Giddens (1984) and Bourdieu (1977).[14] The distinction between the analysts of 'path dependency' and 'sociological institutionalists' lies in the significance given by the latter to cognitive processes and cultural identity, not as 'givens' — assets or attributes, but as forces and outcomes in continual social production.

A major epistemological difference divides the 'new institutionalists', whether in economics, political science or organisational studies. On one side are those who work with rationalist notions of individual actors, with interests and preferences, who operate in institutional contexts which provide opportunities for, or inhibit, their projects, and who engage in a variety of transactions with different kinds of costs to prosecute their interests. Such conceptions allow the use of the tools of economics and of game theory to analyse and predict outcomes of different choice situations (see, e.g., Scharpf, 1997). In the planning field, work along these lines is associated with Alexander (1995), Sager (1994, 2001a, 2001b) and Pennington (2000). On the other side, are those who, like DiMaggio and Powell, see interests and preferences, transaction processes and costs as multi-facetted and socially constructed, as part of the processes through which rules, norms and routines, discourses and practices are created, become embedded as 'taken for granted' and then again maybe questioned and changed. Such processes are about the production and embedding of symbolic resources as well as material welfare (Zucker, 1991), about culture and identity as well as functional performance. In the planning field, this work is represented by Gualini, Healey, Hillier, Innes, Jensen and Richardson and Reuter,[15] and is linked to the parallel studies in interpretive policy analysis (Hajer, 1995; Hajer & Wagenaar, 2002; Yanow, 1996). There are also close links between this social-constructivist 'institutionalist' work and other research in urban politics and sociology on power and governance, the social

---

[13] See DiMaggio and Powell (1991), Hall and Taylor (1996), Muller and Surel (1998) and Peters (1999).

[14] The connections between this stream of work and that developing in regulation theory (see Jessop, 2001; MacLeod, 2001), and in actor-network theory (Murdoch, 1995; Murdoch et al., 1999) are increasingly close and acknowledged as part of an 'institutional turn'.

[15] In addition to the works already cited in the text, see Jensen and Richardson (2000), Richardson (1996, 2002), Healey (1999), Hillier (2000, 2002) and Reuter (2000).

dimensions of technology and policy analysis. These focus on how new ideas and practices may be shaped and resisted not merely by individuals but by discourses and practices embedded in social contexts.[16]

Towards an Institutionalist Account of Governance Transformation Processes

It is this social-constructivist family of ideas which, in my view, is particularly productive for examining how planning practices are institutionally situated and what their contribution to transformative agendas might be. Some of the 'new institutionalist' literature suggests that the diffuseness of the intellectual discourse has limited its leverage in developing research agendas. Yet the elements of such a research agenda, and its practical relevance, are not hard to isolate. A critical element for the analysis of transformation processes is some conception of the interplay between deeper, embedded cultural practices and the conscious and visible world of routine and strategic interactions. There are many ways in which this has been expressed. I draw on Schon and Rein's conception of levels of cognitive framing (Schon & Rein, 1994), on Giddens' conception of the interaction of structure and agency (Giddens, 1984), and on Dyrberg's Foucauldian re-formulation of Lukes' three levels of power (Dyrberg, 1997). These all suggest the value of a three-tiered analytical conception of institutionalisation processes.[17] I develop this insight through three levels: specific episodes; the 'mobilisation of bias' in governance processes, and culturally embedded assumptions and habits in governance cultures. These are not to be understood as empirically separate phenomenon. Actual experiences of governance interaction are constituted by the way these levels intertwine. Yet each level moves with a different dynamic, the first level in the day-to-day time of immediate human interaction; the second level at the timescale of 'strategic actors', seeking to fix and change the parameters of the first level. The third level operates at a slower pace, reflecting social norms and customs, often understood as 'natural behaviour' in the consciousness of actors. To this concept of levels, I add the interplay of exogenous and endogenous forces in driving changes at all levels. Some of the dynamics of governance episodes, processes and cultures arise from tensions, contradictions, inventions and struggles generated within and between the levels. These may be inhibited or reinforced by external forces, arising from economic dynamics, political changes or environmental pressures, which may affect different levels along different timescales. I now elaborate each level in more detail.

At the level of *specific episodes*, the visible world of people and positions, is the interaction of actors in specific institutional 'sites' or arenas where ideas are expressed, strategies played out, 'decisions' made and power games fought out. Key actors here may be champions of change or bastions of resistance; strategically skilled or passive rule-followers.

---

[16]For contributions particularly relevant to the planning field, see Lè Gales (1998), Painter and Goodwin (2000), Pierre (1998), Murdoch (1995), Jessop (2000, 2001), MacLeod (2001), Jones (2001), Raco (2002) and Cars et al. (2002).

[17]A similar three-level conception is used by Bryson and Crosby (1992, p. 91), drawing on Giddens (1984).

68   *Patsy Healey*

Many planning and urban governance studies tell stories of these interactions.[18] Game theorists may also seek to analyse them mathematically (Scharpf, 1997). Through involvement in such episodes, people learn the discourses, practices and values embedded in governance processes. They may also seek to challenge and change them, through participation in arenas generated by social movements, or innovative governance forms, such as new partnerships or community-based initiatives.

All institutionalists stress the importance of penetrating below the level of specific episodes to the underpinning structures which give arenas their particular 'practices', and which provide actors with more or less resources. Analysis at this level seeks to peel away the surface of interactions to reveal the way *'bias' is deliberately mobilised*[19] in governance processes. Such analysis emphasises 'strategic projects' for mobilising actors, developing discourses and changing practices. It focuses attention on the networks which actors have access to; the extent to which those actively involved and clearly represented in the arenas relate to the array of those with some kind of stake in an issue, — the stakeholders; the policy agendas and discourses which frame debates, conflicts, interests and strategies; and the policy relations and routines — the practices which structure the day-to-day interactions and choices of strategic behaviour and which shape how discourses and practices themselves are changed and diffused. Studies of transformation processes which focus at this level emphasise the significance of conflict between policy communities, between policy discourses and over practice modes (see Hajer, 1995; Vigar et al., 2000; Healey et al., 2003; Coaffee & Healey, 2003). They also emphasise deliberate projects to mobilise new 'movements' for change, whether initiated from within established governance arenas or by social movements of one kind or another. This work informs the design of policy systems, of community planning or land use regulation, for example.

For those institutionalists who recognise the significance of *cultural determinants* of discourses and practices, however, it is important to delve deeper still into how and why particular modes of governance persist. For many such analysts, as noted above, the focus of attention was on national cultures, as in the path-dependency analyses, which drew on North (1990). More recently, those interested in the nature of localised inheritances of 'social capital' and their impact on economic activity have identified the complexity of the cultural embedding of institutional practices in specific places (Belussi, 1996; Amin & Hausner, 1997; Malmberg & Maskell, 1997). This work focuses on culturally favoured 'modes of governance', which underpin practices; on the cultural conceptions which foster some discourses more than others; and on the norms and traditions which sustain formal structures as these play out in specific, spatially situated institutional 'locales'. The analysis of these deeper structures has informed the attempts to apply Foucauldian genealogical analysis to how power relations are maintained 'beyond' that of any individual actor or particular discursive struggle, and neo-Gramscian analyses of what it takes for a new policy discourse, such as the neo-liberal agenda, to become hegemonic.[20] In his analysis of discourse transformation in environmental policy, Hajer (1995) emphasises the importance not merely of

---

[18]See, for example, Meyerson and Banfield (1955), Altshuler (1965), Grant (1994) and Flyvberg (1998). All these case studies also seek to get below the surface of their accounts.

[19]This refers to Schattschneider's (1960) analysis of 'the mobilisation of bias'

[20]See Fischler (2000), Huxley (1994), Imrie (2002) and Jensen and Richardson (2000)

discourse structuration but its institutionalisation into discourses and practices across a wide institutional landscape which a policy effort has to reach to have transformative effects. Tolbert and Zucker (1996), discussing organisational transformation, refer to the way innovations at the level of specific episodes and that of the mobilisation of bias 'sediment' down into these deeper structures. Episodes which transform and efforts to mobilise new kinds of bias, this suggests, need to draw on the resources in this deeper level and at the same time generate 'sediments' which endure within the dynamics of deeper structures.

This conception of levels gives a fluid and dynamic meaning to concepts of 'path dependency', emphasising the importance of situated empirical analysis of the relations between historical legacy and transformative energy. Underpinning forces may hold some positions, discourses and practices in place well beyond any immediate functional purpose. Or the ongoing interaction between actors and the strategic manoeuvres to mobilise bias generate 'sediments' which may wash away, leaving little trace in discourses and practices. Yet they may remain to exert a significant structuring effect. The conception provides a rich way to analyse the dynamics of the interaction of context and innovative action. What it lacks is an explicit connection to the *wider social dynamics* in which governance processes play out. This involves a theorisation of social dynamics. Some institutionalists provide this through a link to political economy models, with their grounding in struggles over the prevailing economic order. Others view social dynamics as constituted through multiple forces, the specific empirical combination of which is contingent and inherently unpredictable. In this context, people are skilled innovators and adapters to changing contexts over which they have limited control but which yet they shape. This underpins the contributions of those drawing on complexity theory to drive their institutional analyses (Innes & Booher, 1999; de Roo, 2000).

My own position draws on urban political economy to the extent of recognising that there are powerful driving forces which generate struggles over governance form, and that these play out over time through and across all the levels outlined above. These may arise from the dynamics of economic activity, for example, in the shift to post-Fordist production processes and the globalisation of economic relations. Or it may arise from political changes, such as the new opportunities and challenges generated by the creation of a supra-national politics in the European Union. Or it may arise from shifts in socio-cultural attitudes and aspirations, which underpin the spread of a re-valuing of environmental qualities and the pressure for more richly democratic governance processes. The tensions and contradictions within and between these driving forces generate multiple dialectical processes in which stability is hard to achieve. This suggests the interesting hypothesis that stable 'regimes' of governance are the exception rather than the norm. Offe's conception of governance activity in continual 'restless' dialectical search for a resolution to inherent conflicts may be a more appropriate metaphor (Offe, 1977; Jessop, 2000). Such a perspective also focuses attention on analyses of institutional change as a continuous process, sometimes proceeding faster, sometimes more slowly, with different levels potentially changing at different speeds.[21] In this context, there is always a chance that an institutional innovation will 'make a difference'. But exactly when, where and with benefit to whom is a matter of risk assessment for policy-makers and empirical inquiry for analysts. The practical implication is

---

[21] We have tried to analyse this in our work on a partnership in Newcastle (Healey et al., 2003; Coaffee & Healey, 2003).

70   Patsy Healey

that those who seek to pursue institutional transformations need to develop the capacity for continuous monitoring of their institutional context in all its levels and interactions.

Table 1 summarises the above framework. It also adds a normative dimension. What is there for the planning enterprise to contribute to all of this? As I have argued elsewhere (Healey, 1997a), I believe the planning contribution to be in part a consequence of 'position', a vantage point from which relations transect and intersect in specific spaces and, in so doing, accumulate a recognition of 'places' and their qualities. But it is also a consequence of a value stance. The planning tradition has repeatedly asserted the substantive values of social justice, material well-being, environmental sustainability and protection, and the importance of democratic voice to citizenship and identity. These interlink with the procedural values of inclusivity, innovation and creativity, fairness and reasonableness and of developing a grounding in a rich and well-argued knowledge base. The planning enterprise is therefore involved in ongoing struggles in all kinds of places over appropriate modes and cultures of governance as well as over specific socio-spatial outcomes, expressed in concepts of the 'good city' and 'good governance' (see (Sandercock, 1998; Friedmann, 2000; Fainstein, 2000). The third column in Table 1 represents an attempt to provide a framework to evaluate the extent to which emerging governance forms may express any of these 'planning' values.

Dissolving a Governance Culture: A Report on a Work in Progress[22]

I now illustrate this approach with a case study of a deliberate effort to transform the discourses and practices of a local authority, Newcastle City Council, in the North East of England. This is in itself a challenge, as it requires an introduction to the 'story' of the case.[23]

The case concerns not just any local authority, but one in which professionalised departmentalism, 'command and control' delivery practices and a tradition of paternalist, clientelistic relations between voters in some wards and their councillors had woven a complex fabric of networks, bureaucratic and political practices. This governance culture was forged in the struggles in the early 20th century between capital and labour, which, in mid-century, produced the national level machinery of the British welfare state. Locally, the Council could consider itself as representing the people's welfare agenda — delivering homes, jobs and education services for their citizens, and particularly those in poverty. The heartlands of council support lay in neighbourhoods with a long experience of being in and out of heavy manufacturing work, subject to the fluctuations of the national and international economy. Sustained by a strong community identity, forged in the Labour movement and in the neighbourhood experience of collective survival, residents looked to the Council to address many dimensions of their daily lives.

---

[22]This brief account draws on a number of studies of Newcastle governance undertaken over the past 10 years. See especially O'Toole (1996), Davoudi and Healey (1995), Healey (1997b), Lanigan (2001), Healey (2002), Healey et al. (2003) and Coaffee and Healey (2003).

[23]Situating and constructing the narrative of empirical accounts is a major challenge for institutionalist research. See Flybjerg (2001) on case study narrative, and Eckstein and Throgmorton (2002) for methodology and several examples.

Table 1: Planning and dimensions of governance interactions: an institutionalist perspective.

Levels	Dimensions	Valued in a planning perspective
Specific episodes		
	Actors — the key players — positions, roles, strategies, interests	A wide range involved Strong voice for locale and place Strong voice for citizens/consumers
	Arenas — the institutional 'sites'	Accessible for many Openness
	Interactive practices — communicative[a] repertoires	Transparent Foster innovation and creativity Fair and reasonable
Mobilisation of bias in governance processes		
	Networks and coalitions	Broadly based, open and accessible
	Stakeholder selection processes	Inclusionary, in terms of acknowledgement and voice
	Discourses — framing issues, problems, solutions, interests etc.	Integrative from the perspective of daily life in specific places Openly contested Knowledgeable, accepting multiple forms of knowledge
	Practices — routines and repertoires for acting	Accessible, facilitative, valuing local and external knowledge, transparent, honest, fair, sincere, capable of decisiveness
Culturally embedded assumptions and habits		
	Range of accepted 'modes' of governance	Openness, responsiveness, goal-achieving, respectful of multiple identities, reasonable, just, fair
	Range of embedded cultural values	Social justice, environmental sustainability, material well-being, democratic multi-vocal citizenship

3

72   *Patsy Healey*

Table 1: (Continued)

Levels	Dimensions	Valued in a planning perspective
	Formal and informal structures for policing discourses and practices	Fair, just, reasonable, balancing local voice with measures to avoid exclusionary practices
Wider social forces	Reinforcing or calling into question any/all of the above	Resisting oppressions Promoting a focus on the long term and on socio-spatial justice and sustainability

"Communicative is here taken to mean conveyed in language and in other bodily expressions.

They were often tenants of council housing. They relied on the local authority for the quality of schools and for a range of social welfare services. They expected their local authority to look after the public realm in their area — the streets, parks and common services. They looked to the Council to help to bring back new jobs to replace those lost by international economic competition and re-structuring. They voted for the Labour Party and expected their ward councillors to act as their representative 'within' the council, to sort out the problems they had with all or any of the above. The result was a co-existence of clientelistic ward politics and a professionalised, departmentalised service delivery machine.

But in the late 20th century, the Council found itself caught in a pincer movement. The manufacturing economic base in the region, and particularly the numbers of jobs, as with many old industrial cities in Europe and America, was seriously undermined by global shifts in the region's core industries. As a result, job prospects became even more limited for those with few qualifications, with expansion instead in the service sector and in what was understood as 'women's work'. Unemployment escalated, especially for men, undermining the Labourist social fabric and creating a fertile ground for alternative economic activities, some informal and some threateningly illegal. In many neighbourhoods, struggles over whose law and whose order should prevail divided streets and families. In this context, many looked to the Council to provide more support and protection. But national policy in the late 20th century cut both the powers and resources available to the Council, while shifting a substantial slice of what resources there were into a whole array of special projects, meant to pioneer new ways of doing governance and distributing resources. Instead of the benign and secure provider of resources to neighbourhoods in difficulty, and despite the best efforts of many individual council officers and councillors, residents found themselves with a reduced quality of service, and in competition with each other over access to the resources that flowed through the projects. They also came to learn a great deal more about the Council's complex organisational tapestry. Fuelled by national politics and the media, the image of a benign local authority working in voters' interests was replaced by a myth of the Council as self-serving, inward-looking and arrogant, unable to listen to the issues raised by residents in the partnership arenas generated by the various projects. Councillors still got elected, but the numbers bothering to vote plummeted.

But residents were not the only groups who became critical of the Council. Business interests, articulated primarily by representatives of the traditional major firms, complained that the Council was a Byzantine bureaucracy and unable to act strategically to support the re-positioning of the local economy in a new global capitalist landscape. National government, a powerful force in Britain, tended to support these business interests, providing encouragement to the creation of arenas for local authority-business partnerships. The national level promoted all kinds of initiatives to transform local authority practices, to make them more business-friendly and 'customer' responsive, culminating in the 'modernising' agenda of the new national Labour government, which came to power nationally in 1997. This advocated more integrated local authority working, more strategic policy-making and more consultative policy practices (DETR, 1998). In terms of the governance dimensions outlined in Table 1, the Newcastle situation had become extremely unstable by the late 1990s. At the first level, there were new actors and new arenas generated by the various partnerships and special projects. These had in turn introduced new repertoires of interaction, replacing the 'council knows best' practice with more open, discursive consultative processes. At the third level, and linked to the wider changes in economic opportunity, social organisation and expectations of governance, the departmentalised service delivery practices and clientelistic ward politics came under sustained challenge, from national government, business groups, some Labour councillors themselves and from residents of the poorer neighbourhoods who could no longer rely on service delivery and problem-solving capacity.

It is in this context, and as a result of some internal political changes in the Labour-dominated council that the council embarked in the late 1990s on a strategic project of self-transformation. There were conflicting expectations of this effort. Some sought to re-establish the strong position of the Council. Others sought to create new modes of democratic practice and re-construct the Council's support base in the neighbourhoods. Some emphasised the need to transform the Council's policy agendas and to make its delivery mechanisms more effective and efficient. Another motive was to make the most of national resources targeted to 'innovation' in urban policy and modernising local government. A few also wanted to capture the political limelight, with a view to a future career in national government. All these various motives swirled around a double initiative, which in 1998 produced a structural re-organisation of the council into fewer, larger, apparently more integrated, directorates, with new senior officers recruited from outside the area, and an effort to create a strategic plan for the city, to provide an orientation for the overall work of the council and to re-position the Council in the mental imagery of the business sector, national government and residents. The Council aimed to show itself as forward-looking and pro-active, demonstrating hard-headed strategic leadership to address the area's serious economic and social problems. In terms of the levels in Table 1, it set about a deliberate effort to re-mould the 'biases' within its own governance processes and disseminate the impact into the wider governance landscape. In this effort, the emphasis focused on the re-moulding of discourses.

74   Patsy Healey

It is only possible to provide a sketch of the evolution of this initiative, which remains a 'work in progress'.[24] It initially involved the creation of a strategic team within the local authority, close to the new Chief Executive and including the new senior directors, a largely 'outside force' brought inside the Council. It included episodes of consultation with an array of stakeholders before the first statement of the strategy was produced in early 2000, entitled in confident boosterist tone, *Going for Growth* (Newcastle, 2000a). The aim of this statement was to be clear and selective, focusing on the key issues the area faced and the key actions the Council proposed to undertake. These were primarily to do with re-focusing the city's development agenda. For many years, the emphasis had been on making land available within the city for industrial development, in the hope of replacing the jobs lost with ones suitable for the workforce, supplemented by initiatives to improve the housing stock and local environments in the poor neighbourhoods which were becoming increasingly dilapidated. In addition, the city sought to develop 'greenfield' land near the region's very successful airport for suburban housing and business development. This strategy had been expressed, if rather weakly, in the city's 'unitary development plan', which guided its land use planning function and had been approved by central government. But national planning policy had changed to put much more emphasis on 'brownfield' development.

Meanwhile, the city was losing population, especially from the inner neighbourhoods. Those who had the resources were leaving for areas beyond the city and those who took the jobs in the new industries were typically commuting in from outside. So the city faced a future with a declining population, which meant a declining resource allocation from national government and increasing demands on services as those who did not move were proportionately those in most need of services. One consequence was increasing vacancy in the housing stock in some neighbourhoods, a stock owned by the council, by housing associations, by individual home owners and by some landlords who were deliberately buying stock cheap, deteriorating street environments and buying up properties as people left. Demolishing 'voids' (vacant property), developing 'brownfield' land and 'Going for Growth' became metaphors for a brave project of social and economic transformation of a city facing an alarming decline scenario. The objective was to create new development opportunities in the locales of the poorer neighbourhoods, which would generate more socially mixed communities, with more spending power to sustain better quality schools, shops and services. Through this strategy, it was hoped to retain more people in their neighbourhoods and attract those currently moving out to better suburbs and small towns to stay in the city. A key concept in 'Going for Growth' was a classification of neighbourhoods in terms of traffic lights — red for 'weak areas', yellow for 'intermediate areas' and green for 'strong areas'.

The challenge for the Council was not only to structure a new discourse of hope and opportunity. They had to persuade funders and investors to believe in it. They needed the support of residents for the changes in the neighbourhoods. The initial response in the local media was positive, as was that of business representatives and national government officials in the region. It is unclear how far these strategies penetrated resident consciousness. The next steps involved providing more detailed strategies for the two areas where the poorer neighbourhoods clustered and where problems of vacancy were highest. Inspired

---

[24] This was written in 2003. Since then, there have been changes at both local and national levels.

by the opportunity provided by a national review of urban policy (UTF, 1999), the Council hired a consultancy with a national profile (it had been involved in the national study) to undertake a 'master plan' for one of these areas. This used the vocabulary of 'urban villages' and a hierarchy of districts to suggest development opportunities and priorities, expressed in a well-established professional design vocabulary. The Council put the strategy, along with one prepared internally for the other area, into consultation documents which emphasised the need to demolish some property in order to create opportunities for new investment (Newcastle, 2000b). Produced for consultation in mid-2000, the result was an explosion of protest in the neighbourhoods concerned (Healey, 2002).

There were many reasons behind this explosion. Partly, there was an element of deliberate strategy. Several council officials and councillors believed 'there was no alternative' to providing large development sites within the neighbourhoods, creating thereby the physical spaces for the social engineering project. They anticipated opposition and believed a tough but clear policy would help to ride it out. Many outside the Council interpreted this as yet another manifestation of the Council's arrogance and failure to listen (business as usual in a new suit). Local political activists saw the chance to mobilise opposition to the council and promote the Liberal Democrat cause.[25] Some residents read the plans to imply that their houses, on which some had expended a great deal of care and effort despite the surrounding decline, would be demolished. But many residents in the neighbourhoods, especially those who had been drawn into one or more of the many 'urban regeneration' initiatives in the past, felt a sense of betrayal. Instead of being listened to, these master plans and the demolition involved were being imposed upon them. This is expressed in one telling exchange in the media in summer 2000:

> <u>Councillor:</u> *'There's no point in saying 'No' to demolitions. We have to go ahead with the radical strategy'*
> <u>Local community spokesperson:</u> *'We know there have to be demolitions. We're not completely opposed to what the Council is trying to do. We just want to be included'*
> Extract from Radio Newcastle: 3.8.00

To return to the analysis, the Council, in its strategic intervention, had focused too much on discourses of development and change, and too little on the historical legacy of the practices of its complex relation with its citizens. It had given too much attention to keeping the big players on board, and too little attention and respect to the multiple stakeholders represented among its citizens. The overall strategy was too narrow and crudely articulated, while the master plans were too alien in tone and style to relate to those most affected. Neighbourhood residents felt abused and taken-for-granted, their faith in the Council yet further undermined. Many also felt deeply unsettled in the fundamentals of their existence (their homes) and their daily lives (their local environments).

---

[25]The Liberal Democrat's are the third party at national government level, but have been making inroads into the Labour party's local base in a number of Northern industrial cities. In 2004, they won control of the City Council.

76   Patsy Healey

But conflict and struggle are not necessarily negative features of transformative processes. The scale of the protest, and the media attention it attracted, both locally and nationally, threatened the support of the 'big players' as well as the Council's own political base. It forced the Council to review not just its 'discourses' as developed in the master plans, but to re-consider its practices, and particularly its relations with neighbourhood residents. This reconsideration, which involved some difficult politics with risks taken by officers and shifts in positions by councillors, has been unfolding in a range of new and old arenas since autumn 2000. A new and more junior group of officers from across the Council were brought together to lead a process of intense discussion with a whole array of stakeholder groups, from small groups of residents discussing conditions in particular streets or the prospects for particular groups of shops and open spaces, to discussions in newly established Area Committees,[26] and the involvement of all kinds of groups, from ethnic minorities to young people with police records. It included discussions with officers involved in the detail of service delivery in different departments, to help them understand where their actions make a difference. There is also an informal group of stakeholders who represent 'key influentials', whose public opinion of what the Council was doing could affect the way these efforts are perceived by others.[27] There was a very visible impression of a bubbling up of transformative energy into the surface level of actors and arenas, with the aim of shifting governance practices, as experienced and as perceived.

Inevitably, there are many who feel that these efforts are merely yet another strategy by the Council to regain its position and carry on with 'business as usual'. This fuels a continuing critical chorus in the media, among activists, and in encounters between residents and Council staff and politicians. For many officers within the Council, the whole 'Going for Growth' exercise seems remote from their activities, which carry on in under-funded and unappreciated pathways full of 'hoops' they are required to jump through created by national government requirements. Despite this scepticism, however, the transformative energy released by the 'Going for Growth' exercise and its ramifications has the potential to re-mould much of the 'bias' in the culture of the Council's own organisation. The pincer movement, affecting the rhetoric of urban policy and the actors involved at the level of 'specific episodes', and the deeper movements in underlying perceptions and expectations, creates an institutional 'moment', which generates a relentless pressure for change. How much of this activity will 'sediment down' into deeper levels, become institutionalised, into the future 'mainstream' governance culture of the city will only be known many years hence. An institutional analysis of the governance dynamics of the locality would suggest that 'business as usual' inherited from the 1980s and 1990s is an unlikely future pathway. Yet some surprising elements from the past may provide resources for the future. For example, the traditions of community solidarity and clientelism have not disappeared and provide an expectation of an easy face-to-face interaction between residents, their councillors and officers. They may shout at each other, but they still expect to communicate.

---

[26]The idea for these had been promoted by the national government's strategy for 'modernising' local government, see Coaffee and Healey (2003).
[27]I was a member of this group until mid-2002.

The New Institutionalism and the Transformative Goals of Planning   **77**

Perhaps this provides a social capital inheritance, built up in a very different political economy, on which new and richer democratic practices may build.

Using the institutionalist framework devised in Table 1, Table 2 attempts to express the transformative project underway in Newcastle governance, as sought by the pro-active transformers. It reflects much of the contemporary analysis in the UK about the development of UK government institutions and local government in particular.[28] It also seeks to realise much of the normative planning agenda indicated in Table 1. But this pathway into the future was not deliberately chosen. It has evolved as a result of the pressure of multiple forces acting on different levels. Initially, issues of the process of transformation were given little attention. The focus was on substantive objectives. These were crudely articulated and focused on the Council's own financial and management dilemmas, faced with declining population and income. The 'traffic light' vocabulary was linked to the future of the Council's own housing stock (Healey, 2002). Under mobilisation pressure from citizens and activists, a rich and multi-dimensional re-configuration of interaction processes is now underway. But this is slow work, as those involved learn new practices. Experiences and images built from past practices and sustained by national media myths will live on for a long time. Meanwhile, the parameters of the substantive agenda remain very much as established in the *Going for Growth* strategy. The new processes are shaping the detail, providing a finer grain to the 'traffic light' map. The concept of the 'red, yellow and green' areas is becoming embedded as a framing idea in the way officials and residents think about their areas. Alternative concepts for understanding the socio-spatial dynamics of neighbourhood change and the development of the city are unable to get much leverage in this context. It may take another strategic episode before a richly dimensioned strategy about the city and its many places can emerge from the process innovations currently underway. This serves to emphasise that the relation between discourses and practices is not linear. Unless appropriate practices to 'carry' a new discourse are in place, it will be difficult for it to disseminate. If they are in place, then a different kind of discourse may emerge. But these processes of converting practice innovation into mainstream practice routines take place over long time spans and in complex ways. They are also continually affected by wider exogenous forces. These add to the conflicts over transformation processes, reflecting in particular the contradictory impulses for change generated at national government level.[29]

How then does institutionalist analysis assist in understanding cases such as this, and in particular the transformative potential of the various initiatives? The master planning tradition, revised in the US recently under the banner of a 'new urbanism' (see Fainstein, 2000), would have concentrated upon the logic of the spatial structures proposed in the *Going for Growth* document and the master plans for neighbourhood change. Analysts in this tradition would not have looked for the policy struggles and perspectives underlying this content. The rational decision-making tradition would have focused on analytical robustness and the relation of solutions to aims. Both traditions would have highlighted the 'thinness' of the strategy statement, in terms of spatial organising concepts and in terms of

[28] See Stewart (2000), Stoker (1999) and Wilson and Game (1998).
[29] See Jones (2001), MacLeod (2001), Stewart (2000) and Stoker (1999).

78   *Patsy Healey*

Table 2: Transformation in governance: Newcastle City Council at the millennium.

Levels and dimensions	From ...	To ... (as expressed by the transformers)
Specific episodes		
Actors — the key players — positions, roles, strategies, interests	Key Councillors and Officers 'in charge'	Councillors, Officers, Representatives of Residents' Groups, Special Social Groups, Business Interests, Special Interest Groups, etc.
Arenas — the institutional 'sites'	Council committees; Officer meetings	Local Strategic Partnership, Area Committees, resident neighbourhood meetings, etc., linked back into formal committees, etc.
Interactive practices — communicative repertoires	Traditional council style (meetings structured by agendas and papers produced by officers, circulated beforehand; party caucus meetings)	Listening and learning practices in many contexts Different repertoires used in different situations
Mobilisation of bias		
Networks and coalitions	Party networks;– key politician officer–business networks; officer professional communities	Residents' networks drawn into governance processes Professional communities more open and able to exchange concepts and practices
Stakeholder selection processes	Established local and national governance elites	Broader range acknowledged, able to have voice, listened to Dominant voices have to learn to tolerate a wider range of voices
Discourses – framing issues, problems, solutions, interests, etc.	Housing, jobs, education, social services — service delivery	More attention to quality of place; to everyday life experience of places More attention to social cohesion and environmental quality as well as economic competitiveness
Practices — routines and repertoires for acting	Top-down; individual relation between council and resident with-problem; fixing problems;winning resources	Policy-driven decision processes Respectful consultation in all initiatives Facilitative attitude from council officers and members

The New Institutionalism and the Transformative Goals of Planning   **79**

Table 2: (Continued)

Levels and dimensions	From ...	To ... (as expressed by the transformers)
Culturally embedded assumptions and habits		
Range of accepted 'modes' of governance	The council as provider Professionals as the service providers Pork-barrel/clientelistic politics	The council as service deliverer and facilitator Policy-driven modes of decision Strong place-focus
Range of embedded and cultural values	Solidarity between workers and political representatives Community support for individuals	Recognition of diverse values lifestyle ambitions Awareness of shared experience of urban life
Formal and informal structures for policing discourses and practices	National government requirements Media	More legal, financial and intellectual authority for local authorities
Wider social forces		
Reinforcing or calling into question any/all of the above	Industrial economy, large firms, working class culture	Varied service economy Varied lifestyles and socio-spatial expression Weak interest in formal politics but stronger involvement in local governance initiatives Ability to define National Government initiatives

precise knowledge of local conditions. The IOR School would have given more attention to positioning the strategy in relation to contestation over values and over what other agencies might be doing. The urban political economists, standing 'outside' the position of those producing a strategy to get critical distance, would evaluate the strategy in terms of how far it changed the distribution of material resources and life chances.[30]

Sociological institutionalists would not neglect any of these issues. What the analysis highlights is the complexity of the multiple dynamics affecting governance episodes, processes and cultures in a locality and the necessity to penetrate the fine-grain of interactions to understand the effects which transformative forces and transformation initiatives actually have in specific instances. There are potentially many different actor-networks, arenas, discourses and practices, each with their own time spans and spatial scales. A

---

[30]The *Going for Growth* strategy has in fact been criticised from this direction, as pursuing the needs of capital more than community, and promoting 'gentrification' processes (Byrne, 2000).

80   Patsy Healey

strategic planning activity represents an attempt to draw some of these together, to merge (integrate) their discourses and practices into some shared collective exercise with the power to frame both discourses and practices. Its ambition is to shape social worlds and identities, and through this process, accumulate the power to endure. A strategic approach to such a 'transformative' enterprise would focus on a careful prior assessment of the array of actors, networks and stakeholders, the evolution of the discourses and practices through which issues are identified and solutions proposed and the knowledge resources, relational resources and mobilisation capacity (Healey, 1998; Healey et al., 2002) embodied in these discourses and practices. It would focus, in other words, on a critical assessment of the dynamics of the 'soft infrastructure' of urban governance and the potential for shifts in modes of governance and governance cultures.

Conclusions

There is now an increasing appreciation of the significance of the 'soft infrastructure' of governance in shaping material development, attitudes and identities and the experience of 'place'. This appreciation underpins major research programmes in Europe on the reasons for variation in local economic performance (Cooke & Morgan, 1998; Crouch et al., 2001; Moulaert, 2000). For the planning enterprise, it enriches Friedmann's interest in the transformative role of planning and Fainstein's call for a return to planning's concern with the quality of human life in places (Fainstein, 2000). Fainstein concludes that the expressions of 'hope' contained in images of the 'good city' need to be translated into practical possibilities. The 'new institutionalism', and especially its sociological variant, provides fine-grained analytical resources for those innovating and evaluating such initiatives. In this paper, I have sought to develop these through analysing the dynamics of governance activity, and planning initiatives within these dynamics, in terms of different levels of interaction, each affected by endogenous and exogenous forces, but moving to different mixtures of forces on different timescales. Substantial transformations occur when all three levels shift in a similar direction. In the Newcastle case, while all the levels were actively changing significantly, the timescale and directions of change were conflicting and uneven. The energy poured into 'change initiatives' was as a result consumed in complex eddies and whirlpools rather than generating a transformative torrent.

In conclusion, how does the 'new institutionalism' and in particular the strand which I have emphasised in this paper, advance our understanding of the transformative dimensions of planning activity?

Firstly, it warns against any simple idea that a trajectory for the future of an area can be designed and predicted. There are just too many dynamic forces involved, intersecting and conflicting with each other in complex ways. Yet actions informed by ideas about future possibilities can have effects in shaping the future. The 'soft infrastructure' of governance clearly influences future possibilities. This suggests that those seeking to transform trajectories should look at the way these infrastructures currently shape policy and action and where opportunities for change are situated. Rather than designing trajectories too precisely, planning attention would do better to identify 'moments' and 'arenas' where stakeholders encounter each other to exchange and develop ideas about trajectories.

Secondly, planning could usefully give more attention to the interaction of the inheritance of actors, arenas and networks, discourses and practices and modes and cultures of governance in a locality with all kinds of exogenous forces, since these mould the power of agency. This power may be encapsulated in the person of a charismatic strategic actor. But it may also be embodied in qualities of local governance capacity, the institutional capacity and social capacity of a place (Cars et al., 2002). New strategic ideas rarely come from nowhere. They are borrowed, refurbished, carried forward in all kinds of ways. Ideas developed to serve one set of purposes and interests may shift through time to serve other purposes, other interests and in doing so take on new meanings. This emphasises the importance of discourse analysis in planning, as both a critical activity and a practical tool to scope the institutional landscape and its opportunities for change (Richardson, 2002).

Thirdly, the approach focuses on more than the formal arenas of government or formal procedures for undertaking planning work. It can examine any set of actors, arenas, discourses, practices and cultures of governance. It can explore mobilisation processes within public office as well as activist mobilisation of forces antagonistic to formal government. It has the capacity to span traditional divisions between sectors — public/private; state–economy–civil society. It can therefore explore how boundaries such as these are constituted and transformed.

Fourthly, for those engaged in planning work, sociological institutionalism stresses that the planning task is not merely a technical exercise. The giving of advice — about institutional redesign, about the process and content of a strategy, about the design and evaluation of a specific project, involves setting an idea loose into an institutional context, where it may have all kinds of impacts in the array of arenas and practices which it reaches. Many planners know only too well how their advice comes back to hit them or haunt them in unexpected ways. But their impact, as with all actors, is not merely confined to their substantive advice. The manner of its giving is also important, both to how the advice is received in different arenas and what is conveyed about the role of professionals, experts and government officials. The challenge for planners, as for all those professionally involved in 'shaping' governance processes in some way, is that the language of advice and the practice of giving advice will be received differently among different groups and in different arenas. What planners say and how they act is therefore critically important to their opportunity to 'make a difference', but they have to learn how to speak and act in diverse institutional arenas.

Fifthly, in the complex and dynamic governance landscapes of localities, there are always struggles of some kind going on between modes of governance and governance cultures, at all levels of power dynamics. The planning enterprise cannot avoid being positioned within these struggles and is typically associated with the promotion of particular modes and agendas. This demands a reflective capacity to identify the dimensions of these struggles, and the various levels at which they are conducted. It requires an ethical and political capacity to take a position within these struggles. If the normative agenda identified earlier has any merit, this means that planners cannot just accept the definitions provided by those around them. They have to adopt a critical position, on the watch for hidden discriminations and illegitimate, unfair and oppressive practices and actions likely to undermine the quality of life and environment as experienced in specific places.

82   *Patsy Healey*

The planning enterprise is thus, in the social-constructivist version of the 'new institutionalist' perspective, positioned as part of a continuous process of governance capacity formation in specific places or 'milieus' (Crouch et al., 2001; Cars et al., 2002). Its ability to 'make a difference', through its intellectual and practical contributions, lies in the critical skill of identifying emerging material and mental realities, the way these may sustain or change existing discourses and practices, and where, in a complex institutional landscape, an intervention may open up progressive opportunities and close off negative ones. It involves a recognition of the interplay between discourses and practices, policy agendas and policy processes, and a search for opportunities and arenas where disparate actors come together to review collectively the emerging qualities of their places of existence and the governance processes which help to shape these. The contribution of the planning enterprise to creating the future should be in helping to open up institutional spaces within which transformative energy gets released, in feeding transformative initiatives with knowledge resources, technical capacity and repertoires of practicing, in highlighting value issues at stake and in shaping emergent possibilities. Neither 'in front' of governance practices, nor apart from them (Mazza, 2002), but acting 'inside' them, the planning enterprise need not decay into a mere cog in someone else's machine. Governance processes are not a machine, but complex continually emergent dynamics in which small contributions matter and large-scale projects may easily fail. The 'new institutionalism' provides a key resource for understanding these dynamics and recognising the transformative potential of all kinds of contributions in all kinds of governance arenas.

Acknowledgements

My thanks to Goran Cars, Susan Fainstein, Sara Gonzalez, Jean Hillier, Asa von Sydow and Niraj Verma for helpful comments on an earlier draft. Note that this paper was written in 2002. Since then, I have developed some of the ideas in other papers.

References

Alexander, E. R. (1995). *How organisations act together — interorganizational co-ordination in theory and practice*. Luxembourg: Gordon and Breach.
Altshuler, A. (1965). *The city planning process: A political analysis*. Ithaca, NY: Cornell University Press.
Amin, A., & Hausner, J. (Eds). (1997). *Beyond market and hierarchy: Inter-active governance and social complexity*. Cheltenham: Edward Elgar.
Amin A., & Thrift, N. (Eds). (1994). *Globalisation, institutions and regional development in Europe*. Oxford, England: Oxford University Press.
Barrett, S., & Fudge, C. (1981). *Policy and action*. London: Methuen.
Belussi, F. (1996). Local systems, industrial districts and institutional networks: Towards an evolutionary paradigm of industrial economics? *European Planning Studies*, 4(3), 5–26.
Bolan, R. (1969). Community decision behaviour. *Journal of the American Institute of Planners*, XXXV, 301–310.
Bourdieu, P. (1977). *Outline of a theory of practice*. Cambridge: Cambridge University Press.

The New Institutionalism and the Transformative Goals of Planning   **83**

Bryson, J., & Crosby, B. (1992). *Leadership in the common Good: Tackling public problems in a shared power world.* San Francisco, CA: Jossey-Bass.

Byrne, D. (2000). Newcastle's going for growth: Governance and planning in a post-industrial metropolis. *Northern Economic Review, Spring/Summer* (30), 3–16.

Callon, M. (1986). Elements pour une sociologie de la traduction. *L'Annee sociologique, 36,* 169–208.

Cars, G., Healey, P., Madanipour, A., & de Magalhaes, C. (Eds). (2002). *Urban governance, institutional capacity and social milieus. Aldershot,* Hants: Ashgate.

Castells, M. (1977) *The urban question.* London: Edward Arnold.

Challen, R. (2000). *Institutions, transaction costs and environmental policy*: Institutional reform for water resources. Cheltenham, UK: Edward Elgar.

Coaffee, J., & Healey, P. (2003). My voice my place: Tracking transformations in urban governance. *Urban Studies, 40,* 1979–1999.

Coase, R. (1960). The problem of social cost. *Journal of Law and Economics, 3,* 1–44.

Cooke, P., & Morgan, K. (1998). *The Associational economy: Firms, regions and innovation.* Oxford: Oxford University Press.

Crouch, C., Le Gales, P., Trigilia, C. and Voelzkow, H. (2001). *Local production systems: rise or demise.* Oxford: Oxford University Press.

Davoudi, S., & Healey, P. (1995). City challenge: Sustainable process or temporary gesture? *Environment and Planning C; Government and Society, 3*(1), 79–95.

de Roo, G. (2000). Environmental conflicts in compact cities: Complexity, decision-making and policy approaches. *Environment and Planning B: Planning and Design, 27,* 151–162.

Department of the Environment, Transport and the Regions. (DETR). (1998). *Modern local government: In touch with people.* London: DETR.

DiMaggio, P. J., & Powell, W. W. (1991). Introduction. In: W. W. Powell, & P. J. DiMaggio. *The new institutionalism in organizational analysis* (pp. 1–38). London: University of Chicago Press.

Dyckman, J. (1966). Social planning, social planners and planned society. *Journal of the American Planning Institute, 32,* 66–76.

Dyrberg, T. B. (1997). *The circular structure of power.* London: Verso.

Eckstein, B., & Throgmorton, J. (Eds). (2002). *Story and sustainability: Planning, practice, and possibility for American cities.* Cambridge, MA: MIT Press, forthcoming.

Etzioni, A. (1973). Mixed-Scanning: A 'third' approach to decision-making. In: A. Faludi (Ed.), *A reader in planning theory* (pp. 217–229). Oxford: Pergamon.

Fainstein, S. (2000). New directions in planning theory. *Urban Affairs Review, 34*(4), 451–476.

Fainstein, S. S., & Fainstein, N. (1979). New debates in urban planning: The impact of Marxist theory in the United States. *International Journal of Urban and Regional Research, 3,* 381–403.

Faludi, A. (1973). *Planning theory.* Oxford: Pergamon.

Faludi, A. (1987). *A decision-centred view of environmental planning.* Oxford: Pergamon.

Fischler, R. (2000). Communicative planning theory: A Foucauldian assessment. *Journal of Planning Education and Research, 19*(4), 358–368.

Flybjerg, B. (1998). *Rationality and power.* Chicago, IL: University of Chicago Press.

Flybjerg, B. (2001). *Making social science matter: Why social inquiry fails and how it can succeed again.* Cambridge: Cambridge University Press.

Forester, J. (1989). *Planning in the face of power.* Berkeley, CA: University of California Press.

Forester, J. (1993). *Critical theory, public policy and planning practice.* Albany, NY: State University of New York Press.

Forester, J. (1999). *The deliberative practitioner: Encouraging participatory planning processes.* London: MIT Press.

Friedmann, J. (1987). *Planning in the public domain.* Princeton: Princeton University Press.

84   *Patsy Healey*

Friedmann, J. (2000). The good city: In defence of utopian thinking. *International Journal of Urban and Regional Research, 24*(2), 473–489.

Friend, J., Power, J. & Yewlett, C.J. (1974). *Public planning: The inter-corporate dimension.* London: Tavistock Institute.

Giddens, A. (1984). *The constitution of society.* Cambridge: Policy Press.

Gomart, E., & Hajer, M. (2002). Is that politics? For an inquiry into forms of contemporary politics. In: B. Joerges, & H. Nowotny (Eds), *Looking back, ahead — the 2002 yearbook of the sociology of the sciences.* Dordrecht: Kluwer Publishers, pp. 33–61.

Gower Davies, J. (1972). *The evangelistic bureaucrat.* London: Tavistock.

Grant, J. (1994). *The drama of democracy.* Toronto: University of Toronto Press.

Gualini, E. (2001). *Planning and the intelligence of institutions.* Aldershot: Ashgate.

Hajer, M. (1995). *The politics of environmental discourse.* Oxford: Oxford University Press.

Hajer, M., & Wagenaar, H. (2002). *Deliberative policy analysis: Understanding governance in the network society.* Cambridge: Cambridge University Press.

Hall, P., & Taylor, R. (1996). Political science and the three institutionalisms. *Political Studies, XLIV,* 936–957.

Harding, A. (1997). Urban regimes in European cities. *European Urban and Regional Studies, 4*(4), 291–314.

Harding, A. (2000). Regime formation in Manchester and Edinburgh. In: G. Stoker (Ed.), *The new politics of British local governance* (pp. 54–71). Houndmills, Basingstoke: Macmillan.

Harvey, D. (1985). *The urbanisation of capital.* Oxford: Blackwell.

Healey, P. (1997a). *Collaborative planning: Shaping places in fragmented societies.* London: Macmillan.

Healey, P. (1997b). Mandarins, city fathers and neighbours: Crossing old divides in new partnerships. In: O. Kalltorp, I. Elander, O. Ericsson, & M. Franzen (Eds), *Cities in transformation: Transformation in cities* (pp. 266–288). Aldershot, Hants: Avebury.

Healey, P. (1998). Building institutional capacity through collaborative approaches to urban planning. *Environment and Planning A, 30,* 1531–1456.

Healey, P. (1999). Institutionalist analysis, communicative planning and shaping places. *Journal of Planning and Environment Research, 19*(2), 111–122.

Healey, P. (2002). Place, identity and governance: Transforming discourses and practices. In: J. Hillier, & E. Rooksby (Eds), *Habitus: A sense of place* (pp. 173–202). Aldershot, Hants: Avebury.

Healey, P., de Magalhaes, C., Madanipour, A., & Pendlebury, J. (2003). Place, identity and local politics: Analysing partnership initiatives. In: M. Hajer, & H. Wagenaar (Eds), *Deliberative policy analysis: Understanding governance in the network society.* Cambridge: Cambridge University Press, pp. 60–87.

Hillier, J. (2000). Going round the back: Complex networks and informal action in local planning processes. *Environment and Planning A, 32*(1), 33–54.

Hillier, J. (2002). *Shadows of power: An allegory of prudence in land-use planning.* London: Routledge.

Hoch, C. (1994). *What planners do.* Chicago, IL: Planners Press.

Hodgson, G. (1998). The approach of institutional economics. *Journal of Economic Literature, 36,* 166–192.

Huxley, M. (1994). Planning as a framework of power: Utilitarian reform, Enlightenment logic and the control of urban space. In: S. Ferber, C. Healy, & C. McAuliffe (Eds), *Beasts of suburbia: Reinterpreting cultures in Australian suburbs* (pp. 94–110). Melbourne: Melbourne University Press.

Huxley, M. (2002). Governmentality, gender, planning: A Foucauldian perspective. In: P. Allmendinger, & M. Tewdwr-Jones (Eds), *Planning futures: New directions for planning theory* (pp. 136–153). London: Routledge.

Imrie, R. (2002). *Governing the cities and urban renaissance.* RGS-IBG Annual Conference, Belfast.

Innes, J. (1992). Group processes and the social construction of growth management. *Journal of the American Planning Association, 58*(4), 440–454.

Innes, J. (1995). Planning theory's emerging paradigm: Communicative action and interactive practice. *Journal of Planning Education and Research, 14*(4), 183–189.

Innes, J., & Booher, D. (1999). Consensus-building and complex adaptive systems: A framework for evaluating collaborative planning. *Journal of the American Planning Association, 65*(4), 412–423.

Innes, J., & Gruber, J. (2001). *Bay area transportation decision-making in the wake of Istea: Planning styles in conflict at the Metropolitan Transportation Commission.* Berkeley, CA: University of California Transportation Centre.

Jensen, O., & Richardson, T. (2000). Discourses of mobility and polycentric development: A contested view of European spatial planning. *European Planning Studies, 8*(4), 503–520.

Jessop, B. (2000). Governance failure. In: G. Stoker (Ed.), *The new politics of local governance* (pp. 11–32). London: Macmillan.

Jessop, B. (2001). The institutional re(turns) and the strategic-relational approach. *Environment and Planning A, 33*(7), 1213–1235.

Jones, M. (2001). The rise of the regional state in economic governance: 'Partnerships for prosperity' or new scales of power. *Environment and Planning A, 33*(7), 1185–1211.

Keeble, L. (1952). *Principles and practice of town and country planning.* London: Estates Gazette.

Lanigan, C. (2001). Region-building in the North East: Regional identity and regionalist politics. In: J. Tomaney, & N. Ward (Eds), *A region in transition: North East England at the millennium* (pp. 104–119). Aldershot, Hants: Ashgate.

Latour, B. (1987). *Science in action.* Cambridge, MA: Harvard University Press.

Lè Gales, P. (1998). Regulation and governance in European cities. *International Journal of Urban and Regional Research, 22*(3), 482–506.

Lindblom, C. (1965). *The intelligence of democracy.* New York, NY: Free Press.

Lowndes, V. (2001). Rescuing aunt Sally: Taking institutional theory seriously in urban politics. *Urban Studies, 38*(11), 1953–1972.

MacLeod, G. (2001). Beyond soft institutionalism: Accumulation, regulation, and their geographical fixes. *Environment and Planning A, 33*(7), 1145–1167.

Malmberg, A., & Maskell, P. (1997). Towards an explanation of regional specialisation and industry agglomeration. *European Planning Studies, 5*(1), 24–41.

March J., & Olsen, J. (1984). The new institutionalism: Organizational factors in political life. *American Political Science Review, 78,* 734–749.

March, J. G. (1996). Institutional perspectives on political institutions. *Governance, 9,* 247–264.

Mazza, L. (2002). Technical knowledge and planning actions. *Planning Theory, 1*(1), 11–26.

Meyerson, M., & Banfield, E. (1955). *Politics, planning and the public interest.* New York, NY: Free Press.

Moulaert, F. (2000). *Globalisation and integrated area development in European cities.* Oxford: Oxford University Press.

Muller, P., & Surel, Y. (1998). *L'analyse des politiques publiques.* Paris: Montchrestien.

Murdoch, J. (1995). Actor-networks and the evolution of economic forms: Combining description and explanation in theories of regulation, flexible specialisation and networks. *Environment and Planning A, 27,* 731–757.

Murdoch, J., Abrams, S. & Marsden, T. (1999). Modalities of planning: A reflection on the persuasive powers of the development plan. *Town Planning Review, 70*(2), 191–212.

Newcastle City Council. (2000a). *Draft masterplans for the East End and West End of Newcastle: Consultation and participation.* Newcastle: Newcastle City Council.

Newcastle City Council. (2000b). Going for growth: A citywide vision for Newcastle 2020. Newcastle upon Tyne: Newcastle City Council.

86   *Patsy Healey*

North, D. (1990). *Institutions, institutional change and economic performance*. Cambridge: Cambridge University Press.

Offe, C. (1977). The theory of the Capitalist state and the problem of policy formation. In: L.N. Lindberg, & A. Alford (Eds), *Stress and contradiction in modern capitalism* (pp. 125–144). Lexington, MA: D.C. Heath.

O'Toole, M. (1996). *Regulation theory and the British state*. Aldershot, Hants: Avebury.

Painter, J., & Goodwin, M. (2000). Local government after Fordism. In: G. Stoker (Ed.), *The new politics of British local governance* (pp. 33–53). Houndmills, Basingstoke: Macmillan.

Paris, C. (Ed.). (1982). *Critical readings in planning theory*. Oxford: Pergamon.

Pennington, M. (2000). *Planning and the political market: Public choice and the politics of government failure*. London: Athlone Press.

Peters, G. (1999). *Institutional theory in political science*: The 'new institutionalism'. London: Continuum.

Pierre, J. (Ed). (1998). *Partnerships in urban governance: European and American experience*. London: Macmillan.

Pressman, J., & Wildavsky, A. (1973). *Implementation: How great expectations in Washington are dashed in Oakland*. Berkeley, CA: University of California Press.

Putnam, R. (1993). *Making democracy work: Civil traditions in modern Italy*. New Jersey: University of Princeton Press.

Raco, M. (1999). Competition, collaboration and the new industrial districts: Examining the institutional turn in local economic development. *Urban Studies, 36*(5/6), 951–968.

Raco, M. (2002). *Assessing the discourses and practices of urban regeneration in a growing region*. RGS-IBG Conference, Belfast.

Reuter, W. (2000). Zur Komplementaritat von Diskurs und Macht in der Planing (The complementarity of discourse and power in planning). Dokumente und Informationen zur Schweizerischen Orts, Regional und Landsplanung (DISP) (Translated into English in AESOP Prize papers 2000 collection), 4, 4ff.

Richardson, T. (1996). Foucauldian discourse: Power and truth in urban and regional policy. *European Planning Studies, 4*(3), 279–292.

Richardson, T. (2002). Freedom and control in planning: Using discourse in the pursuit of reflexive practice. *Planning Theory and Practice, 3*(3), 353–361.

Sabatier, P. (1986). 'Top-down' and 'Bottom-Up' approaches to implementation research. *Journal of Public Policy, 6*, 21–48.

Sager, T. (1994). *Communicative planning theory*. Aldershot, Hants: Avebury.

Sager, T. (2001a). Planning style and agency properties. *Environment and Planning A, 33*(3), 509–532.

Sager, T. (2001b). Positive theory of planning: The social choice approach. *Environment and Planning A, 33*(4), 629–647.

Sandercock, L. (1998). *Towards cosmopolis*. London: Wiley.

Scharpf, F. W. (1997). *Games real actors play: Actor-centered institutionalism in policy research*. Boulder, CO: Westview Press.

Schattschneider, E. E. (1960). *The semi-sovereign people*. New York, NY: Holt, Reinhart and Wilson.

Schon, D., & Rein, M. (1994). *Frame reflection: Towards the resolution of intractable policy controversies*. New York, NY: Basic Books.

Selznick, P. (1949). *TVA and the grass roots*. Berkeley, CA: University of California Press.

Stewart, J. (2000). *The nature of British local government*. London: Macmillan.

Stoker, G. (1995). Regime theory and urban politics. In: D. Judge, G. Stoker, & H. Wolman (Eds), *Theories of urban politics* (pp. 54–71). London: Sage.

Stoker, G. (Ed.). (1999). *The new management of British local governance*. London: Macmillan.

Stone, C. (1989). *Regime politics: Governing Atlanta 1946–1988.* Lawrence: University of Kansas Press.

Tait, M. (2002). Room for manoeuvre? An actor-network study of central–local relations in development plan-making. *Planning Theory and Practice, 3*(1), 69–85.

Tolbert, P. S., & Zucker, L. G. (1996). The institutionalisation of institutional theory. In: S. Clegg, C. Hardy, & W. R. Nord (Eds), *Handbook of organisation studies.* Thousands Oaks, CA: Sage.

Urban Task Force. (UTF). (1999). *Towards an urban renaissance.* London: E&FN Spon.

Vigar, G. (2001). *The politics of mobility.* London: Routledge.

Vigar, G., Healey, P., Hull, A. & Davoudi, S. (2000). *Planning, governance and spatial strategy in Britain.* London: Macmillan.

Williamson, O. (1975). *Markets and hierarchies.* New York, NY: Free Press.

Wilson D., & Game C. (1998). *Local government in the United Kingdom* (2nd ed.). London: Macmillan.

Wood, A., Valler, D., & North, P.J. (1998). Local business representation and the private sector role in local economic policy in Britain. *Local Economy, 13,* 1.

Wood, R., Handley, J. & Kidd, S. (1999). Sustainable development and institutional design: The example of the Mersey Basin Campaign. *Journal of Environmental Planning and Management, 42*(3), 341–354.

Yanow, D. (1996). *How does a policy mean?* Washington, DC: Georgetown University Press.

Zucker, L. (1991). The role of institutionalisation in cultural persistence. In: W. Powell, & P. DiMaggio (Eds), *The new institutionalism in organizational analysis* (pp. 83–107). Chicago, IL: University of Chicago Press.

Originaltext Mayntz/Scharpf 1995

In: Renate Mayntz, Fritz W. Scharpf (Hg.) (1995): Gesellschaftliche
Selbstregelung und Steuerung. Frankfurt a. M.: Campus.

Kapitel 2

Der Ansatz des akteurzentrierten Institutionalismus

Renate Mayntz und Fritz W. Scharpf

Ein analytischer Ansatz ist ein der Erfassung und Ordnung empirischer Tatbestände dienendes Gerüst relativ allgemeiner Kategorien, die in der Regel auf einen bestimmten Typ von Erklärungsgegenständen zugeschnitten sind. Für die Bearbeitung der in Kapitel 1 skizzierten Thematik stand eine Reihe derartiger, in der Regel mit einer spezifischen Theorie (zum Beispiel Differenzierungstheorie, Steuerungstheorie, Spieltheorie) verknüpften Ansätze zur Verfügung, von denen jedoch keiner für sich den Besonderheiten des Erklärungsgegenstandes genügte. Um der Fragestellung gerecht werden zu können, war es daher nötig, auf Elemente mehrerer Theorien zurückzugreifen, die verschiedene Aspekte des komplexen Bedingungszusammenhangs erhellen können. Dabei schälten sich im Laufe der Zeit bestimmte Leitfragen und analytische Kategorien als besonders brauchbar heraus. Sie miteinander paßfähig zu machen, hat viel Mühe und lange Diskussionen gekostet; das vorläufige Ergebnis dieses Bemühens, einen ›maßgeschneiderten‹ Ansatz für die Untersuchung der Problematik von Steuerung und Selbstorganisation auf der Ebene ganzer gesellschaftlicher Teilbereiche zu entwickeln, soll in diesem Kapitel unter der Bezeichnung ›akteurzentrierter Institutionalismus‹ beschrieben werden. Dabei ist zu bedenken, daß Ansätze zwar orientieren und auch theoretische Prämissen enthalten, aber selber keine gegenstandsbezogene inhaltliche Theorie darstellen. So bietet auch der akteurzentrierte Institutionalismus kein Erklärungsmodell, sondern bestenfalls eine Forschungsheuristik, indem er die wissenschaftliche Aufmerksamkeit auf bestimmte Aspekte der Wirklichkeit lenkt.

40   *Renate Mayntz und Fritz W. Scharpf*

2.1   Die Renaissance des Institutionalismus

Der Institutionenbegriff findet seit einiger Zeit erneut Aufmerksamkeit. Von Anfang an haben Institutionen in den Sozialwissenschaften eine wichtige Rolle gespielt, ohne daß der Begriff einheitlich gebraucht wurde. In der Soziologie hat Herbert Spencer damit eine Reihe von »basic institutions« beschrieben, die grundlegenden Bedürfnissen zugeordnet wurden. In Verfolgung dieses Ansatzes wurde der Begriff für den kulturanthropologischen wie für den soziologischen Funktionalismus zentral, sei es, daß Institutionen auf menschliche Grundbedürfnisse oder aber auf systemische Imperative bezogen wurden. Auch für Durkheim war Institution ein Schlüsselkonzept, wobei der Akzent jedoch weniger stark auf Funktionalität als auf dem Element externen sozialen Zwangs liegt, der menschliches Verhalten prägt. In der politischen Theorie haben Institutionen ebenfalls seit der Antike eine große, ja die zentrale Rolle gespielt (vgl. die Beiträge in Göhler et al. 1990b). Auch nachdem die Politikwissenschaft sich von der vergleichenden Beschreibung rechtlich verfaßter Institutionen wie Regierung, Parlament, Verwaltung und Parteien abwandte und zu einer Verhaltenswissenschaft wurde, konzentrierte sie sich auf die Analyse des Handelns in empirisch vorfindbaren politischen Institutionen (von Beyme in Göhler et al. 1990a: 50).

Der Begriff Institution wird also auf soziale Gebilde wie auf sozial normierte Verhaltensmuster angewandt (vgl. auch Vanberg 1982: 32). Versuche, den Institutionenbegriff auf abstrahierte (aber geltende, das heißt im Bedarfsfall sozial sanktionierte) Regeln zu beschränken[1] und für soziale Gebilde statt dessen den Begriff der Organisation zu verwenden (so auch North 1990), haben sich zwar bisher nicht durchgesetzt, doch werden mit dem Institutionenbegriff übereinstimmend Regelungsaspekte betont, die sich vor allem auf die Verteilung und Ausübung von Macht, die Definition von Zuständigkeiten, die Verfügung über Ressourcen sowie Autoritäts- und Abhängigkeitsverhältnisse beziehen.

Neuerdings haben Institutionen insbesondere im ökonomischen Institutionalismus, in der institutionalistischen Organisationssoziologie und im politikwissenschaftlichen Neo-Institutionalismus wieder zentrale Bedeutung gewonnen. Diesen theoretischen Ansätzen ist gemeinsam, daß sie sich kritisch von bestimmten bisherigen Herangehensweisen absetzen – nur daß die Kritik sich

---

1   Für Jepperson (1991: 145) ist der Kern des Institutionenbegriffs die Vorstellung eines »stable design for chronically repeated activity sequences«.

2 · Der Ansatz des akteurzentrierten Institutionalismus   41

jeweils auf etwas anderes richtet und auch der verwendete Institutionenbegriff nicht derselbe ist.

Im wirtschaftswissenschaftlichen Bereich läßt sich, ohne daß dies begrifflich immer so getrennt würde, eine institutionelle Ökonomie, der es um institutionelle Erklärungen für ökonomische Sachverhalte geht, von einem ökonomischen Institutionalismus unterscheiden, der Institutionen ökonomisch (beziehungsweise als Ergebnis rationalen, nutzenkalkulierenden Handelns von Individuen) erklären will (Göhler et al. 1990a: 12 und passim).

Die erste Richtung reagiert kritisch auf eine ökonomische Theorie, die auf der Mikroebene mit individuellem Rationalverhalten und auf der Makroebene mit Aggregatvariablen von Angebot und Nachfrage auskommen will, ohne den Besonderheiten von Produktions- und Marktstrukturen und der sozialen Einbettung ökonomischen Handelns Beachtung zu schenken. Nicht zufällig haben gerade Soziologen wie Granovetter (1985) und Streeck (1992) sich gegen diese Vernachlässigung gewandt, wobei Streeck mit eigenen empirischen Arbeiten zur Entwicklung einer »institutional theory of the supply side of advanced capitalist economies« (1992: VII) beigetragen hat.

Die genetisch argumentierende ökonomische Institutionentheorie bleibt zwar im Rahmen des neoklassischen Ansatzes, kritisiert aber die Unterstellung eines einerseits hyperrationalen, andererseits aber normativ schon domestizierten Homo oeconomicus. Sie rechnet sowohl mit beschränkt-rationalen Akteuren als auch mit der immer präsenten Möglichkeit ›opportunistischer‹ Schädigung. Beides schlägt sich in ›Transaktionskosten‹ nieder, welche andernfalls wohlfahrtssteigernde Tauschakte und Kooperationen vereiteln können. Die Existenz von geeigneten Institutionen kann die Verläßlichkeit wechselseitiger Erwartungen erhöhen und so die Transaktionskosten senken. Die so zu gewinnenden Effizienzvorteile sollen, so das im Prinzip evolutionstheoretische Argument, nicht nur die Wahl zwischen »Markt und Hierarchie«, sondern auch die Wahl zwischen unterschiedlichen Formen der Unternehmensorganisation erklären (Williamson 1975, 1985; North 1981).

Der organisationssoziologische Institutionalismus reagiert kritisch auf eine Auffassung, derzufolge »organizations were viewed primarily as production and/or exchange systems, and their structures were viewed as being shaped largely by their technologies, their transactions, or the power-dependence relations growing out of such interdependencies« (Scott 1987: 507). Zucker (1988: 4) setzt die neue »institutional theory« von allen Ansätzen ab, die auf der »assumption that behavior is driven by and understandable in terms of the interests of human actors« beruhen. Dabei wird weniger auf Selznick zurückgegriffen, der bereits in seiner Studie der Tennessee Valley Authority

(Selznick 1966) betont hatte, daß Organisationen zwar als Instrumente geschaffen werden mögen, dann jedoch in der Regel für ihre Mitglieder und für Akteure in ihrer Umwelt einen Eigenwert gewinnen, als auf den soziologischen Konstruktivismus beziehungsweise den symbolischen Interaktionismus. In der hierfür zentralen Arbeit von Berger und Luckmann (1972) ist Institutionalisierung der Prozeß, durch den Individuen eine gemeinsame Definition der sozialen Wirklichkeit aufbauen; im Vordergrund steht dabei die ›Taken-for-grantedness‹ gelebter Regeln und geglaubter Vorstellungen. Im organisationssoziologischen Institutionalismus gilt das Interesse dementsprechend vornehmlich symbolischen und kognitiven Elementen in der Organisationsumwelt – Mythen, tradierten Meinungen, legitimatorischen Ideologien usw. –, welche die Organisation prägen (vgl. die Beiträge in Powell/DiMaggio 1991). Damit wird der Begriff der Institution in einem überaus weiten, faktisch mit ›Kultur‹ gleichbedeutenden Sinne gebraucht.[2]

Auch der politikwissenschaftliche Neo-Institutionalismus basiert in einer seiner Varianten auf der kritischen Reaktion auf reduktionistische und utilitaristische Ansätze, die politische Phänomene als Aggregateffekte nutzenorientierten Handelns von Individuen erklären wollen und weder Organisationsstrukturen noch normativ orientiertem beziehungsweise symbolischem Handeln Bedeutung zumessen. Eine prägnante Formulierung dieser Kritik und der dazu entwickelten Gegenposition findet sich bei March und Olsen (1984), denen es um »the place of institutions in politics« geht (ebd.: 735) und die dabei vor allem auf die Bedeutung eines normativ orientierten »appropriate behavior« sowie von Ritual, Zeremonie und Mythen abstellen. Damit berührt sich diese Variante des politikwissenschaftlichen Neo-Institutionalismus mit dem organisationssoziologischen Institutionalismus.

Eine zweite Variante des politikwissenschaftlichen Neo-Institutionalismus knüpft stärker an das ältere Verständnis an, das mit dem Begriff der politischen Institutionen die zentralen politischen Einrichtungen, also – ganz im Gegensatz zu der zuvor skizzierten organisationssoziologischen Richtung – bestimmte soziale Gebilde meinte. Mehr ist jedoch im Spiel als die einfache Rückkehr zu klassischem Denken, obwohl der neuere Institutionalismus in den USA unter dem Motto »bringing the state back in« antrat (Evans et al. 1985). Mit dieser staatstheoretischen Variante des politikwissenschaftlichen

---

2   Vgl. auch die zusammenfassende Charakterisierung von Jepperson (1991: 150): »In organizational analysis, especially, many commentators associate institutions in one way or another with ›culture‹, that is, with normative effects, ideas, conceptions, ›preconscious understandings‹, myths, ritual, ideology, theories, or accounts.«

2 · Der Ansatz des akteurzentrierten Institutionalismus   43

Neo-Institutionalismus wurde kritisch auf behavioristische[3] wie auf strukturalistische beziehungsweise systemtheoretische Ansätze reagiert, die alle kein Interesse für die Besonderheiten politischer Organisation (Gebilde *und* Regelsysteme) hatten und sich entweder auf politisch relevantes Verhalten von Individuen oder auf die Wirkung von Macht- und Interessenstrukturen auf politische Entscheidungen konzentrierten. Keck identifiziert dementsprechend die ›Renaissance der institutionellen Sichtweise‹ mit verstärkter Aufmerksamkeit für die Organisationsstrukturen des politischen Systems; diese bilden nicht eine neutrale Bühne, sondern setzen Handlungsrestriktionen und eröffnen Handlungsoptionen. »Entgegen früheren einflußtheoretischen Sichtweisen schlagen die dominierenden gesellschaftlichen Interessen ... nicht direkt auf die Resultate des politischen Prozesses durch, sondern sie werden durch die Maschinerie des politischen Systems modifiziert oder gefiltert« (Keck 1991: 637). Ein charakteristisches Beispiel dieser neueren Bemühungen bietet der Band »Do Institutions Matter?«, dessen Herausgeber fragen, wie verschiedene »institutional arrangements« die »governmental stability and effectiveness« beeinflussen (Weaver/Rockman 1993: 4).

2.2   Akteurzentrierter Institutionalismus

Der für einen speziellen Untersuchungsgegenstand entwickelte Ansatz des akteurzentrierten Institutionalismus knüpft an die zuletzt skizzierte Variante des politikwissenschaftlichen Neo-Institutionalismus an, setzt sich jedoch in mehrfacher Hinsicht von ihm ab: Er beschränkt sich nicht auf *politische* Institutionen, er arbeitet mit einem engen Institutionenbegriff, er betrachtet Institutionen sowohl als abhängige wie als unabhängige Variablen, und er schreibt ihnen keine *determinierende* Wirkung zu. Institutionelle Faktoren bilden vielmehr einen – stimulierenden, ermöglichenden oder auch restringierenden – Handlungs*kontext*. Abbildung 1 versucht das Gesagte zu veranschaulichen.

Ein auf sektorale Steuerung und Selbstregelung in staatsnahen Sektoren und ihre Ergebnisse gerichtetes Erkenntnisinteresse verlangt, sich vor allem mit *Interaktionen zwischen korporativen Akteuren* zu beschäftigen. Korporative Akteure können dabei vorläufig als handlungsfähige Organisationen defi-

---

3   Hierauf stellt von Beyme (in Göhler 1987: 50) besonders ab.

niert werden. Der vorzugsweise Bezug auf korporative Akteure ist Folge sowohl der gewählten Untersuchungsebene (gesellschaftliche Teilsysteme) als auch der Tatsache, daß gerade die sogenannten staatsnahen Sektoren hochgradig organisiert sind; ohne dies ließe sich auf der gesellschaftlichen Makroebene auch kaum von Selbstorganisation reden. Obwohl das Handeln korporativer Akteure in unseren Forschungsfeldern und für unsere Fragestellungen faktisch im Vordergrund steht, bedeutet das nicht, daß zu Erklärungszwecken ausschließlich beim Handeln korporativer Akteure angesetzt werden könnte. Auch in hochorganisierten Sektoren gibt es Fälle, in denen gerade das Handeln von Individuen auf der ›Mikroebene‹ den zu erklärenden Sachverhalt wesentlich mitbestimmt (vgl. hierzu den Beitrag von Schimank/Wasem, Kapitel 7 in diesem Band) – ganz abgesehen davon, daß es auch für die Erklärung der Strategien korporativer Akteure im Einzelfall auf das institutionell nicht determinierte Handeln von Individuen in ihrer Rolle als Mitglieder, Funktionsträger oder Repräsentanten ankommen kann. Das wiederum impliziert grundsätzlich eine Mehrebenenperspektive, in welcher der institutionelle Rahmen das Handeln von Organisationen prägt, während diese ihrerseits für das Handeln ihrer Mitglieder den institutionellen Rahmen bilden.

In hochorganisierten gesellschaftlichen Sektoren ist der einzelne korporative Akteur in der Regel Teil einer mehr oder weniger komplexen *Akteurkonstellation*. Zwar beschäftigt man sich auch im politikwissenschaftlichen Neo-Institutionalismus weniger mit einzelnen politischen Institutionen als mit der Wirkung bestimmter institutioneller Arrangements, die man idealtypisierend stilisiert und dann in ihrer Funktionsweise zu spezifizieren sucht. Beispiele dafür sind etwa das ›Westminster-Modell parlamentarischer Demokratie‹ oder der ›deutsche Verbundföderalismus‹. Derart phänomenologisch-gestalthaft definierte Kategorien haben aber den Nachteil eines geringen Abstraktionsgrades und beziehen sich auch lediglich auf politische Entscheidungsstrukturen. Im akteurzentrierten Institutionalismus wird dagegen versucht, analytische Kategorien für die Erfassung theoretisch relevanter Aspekte der einen ganzen Sektor umfassenden Akteurkonstellationen zu entwickeln. Dabei können wir uns nicht auf politische Institutionen (oder Akteure) beschränken, sondern beziehen alle relevanten Akteure in den jeweiligen gesellschaftlichen Regelungsfeldern mit ein. Damit wird zugleich die ›Gesetzgeberperspektive‹ vieler politikwissenschaftlicher Untersuchungen vermieden, für die die gesellschaftlichen Regelungsfelder mehr oder weniger amorphe und passive Umwelt bleiben; statt dessen wird die Einbindung staatlicher *und* nichtstaatlicher Akteure in Strukturen betont, die ihr Handeln prägen.

2 · Der Ansatz des akteurzentrierten Institutionalismus   45

Abb. 1: Das analytische Modell im Überblick

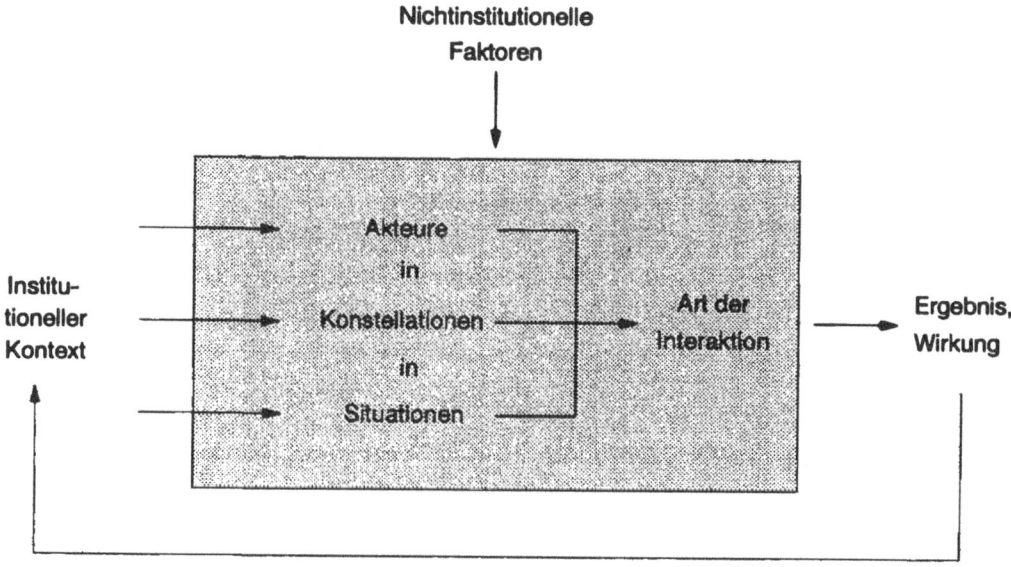

Im Gegensatz zu Versuchen einer ›kulturalistischen‹ Ausweitung wird der Institutionenbegriff beim akteurzentrierten Institutionalismus relativ eng gefaßt und auf Regelungsaspekte konzentriert. Diese für den ganzen Ansatz zentrale analytische Weichenstellung hat zwei wichtige Konsequenzen.

Zum einen werden auf diese Weise Institutionen nicht einfach als Ergebnis evolutionärer Entwicklung interpretiert und als gegeben genommen, sondern sie können ihrerseits absichtsvoll gestaltet und durch das Handeln angebbarer Akteure verändert werden. Institutionen werden damit im Rahmen des akteurzentrierten Ansatzes ebenso als abhängige wie als unabhängige Variablen behandelt. Zum anderen wird durch die Einschränkung des Institutionenbegriffs auf Regelungsaspekte die oft nur formelhaft wiederholte Prämisse ernstgenommen, daß der institutionelle Kontext Handeln zwar ermöglicht und restringiert, aber nicht determiniert. Institutionalistische Ansätze sind trotz gegenteiliger Lippenbekenntnisse oft krypto-deterministisch, was das Handeln der Akteure angeht – vor allem dann, wenn der Institutionenbegriff so weit gefaßt wird, daß nicht nur die Normen des angemessenen Verhaltens, sondern auch handlungsprägende kognitive und symbolische Elemente einbezogen werden. Wenn gar die nicht hinterfragten Praktiken des Alltagslebens auch noch unter dem Begriff der Institution gefaßt werden, dann gibt es überhaupt keine Handlungsspielräume der Akteure mehr, und auf der Subjektseite bleiben allenfalls noch ein paar idiosynkratische Impulse, die einer theoretisch-sozialwissenschaftlichen Analyse kaum zugänglich sind. Eine solche Konzeptualisierung mag für soziologische Theorien brauchbar sein, die am (durchschnittlichen) Individualverhalten interessiert sind. Für die Erklärung von Steuerungs- und Selbstorganisationsprozessen auf der Makroebene gesellschaftlicher Sektoren ist dagegen ein engerer Institutionenbegriff tauglicher, der es erlaubt, das Handeln von Akteuren als eigenständige Variable zu betrachten und damit auch Sachverhalte zu analysieren, in denen trotz eines grundsätzlich unveränderten institutionellen Rahmens folgenreiche Veränderungen im Bereich des Handelns zu beobachten sind.[4]

Die Analyse von Strukturen ohne Bezug auf Akteure bleibt genauso defizitär wie die Analyse von Akteurhandeln ohne Bezug auf Strukturen; dies hat erst jüngst Alexander (1992) wieder betont. Der akteurbezogene Institutionalismus will mit seiner Doppelperspektive auf Akteure und Institutionen diese analytische Dichotomie grundsätzlich überwinden. Dabei rückt die explizite Trennung zwischen Institutionen und beobachtbarem Handeln den akteurzentrierten Institutionalismus in die Nähe der seit längerer Zeit andauernden Diskussion über das Verhältnis von Akteur und System (zum Beispiel Crozier/Friedberg 1977; Weyer 1993) beziehungsweise Struktur und »Agency« (zum Beispiel Giddens 1984). Bei dieser Diskussion geht es jedoch vielfach um den *Primat* von Struktur oder Akteurhandeln, anstatt um eine *Integration* beider Perspektiven. Auch bleibt die zwischen »structure« und »agency« gezogene Trennlinie analytisch unscharf (Alexander 1993: 502): Mit ›agency‹ wird der freie Wille assoziiert, aber reale Akteure sind immer schon sozial geprägt. Diese Tatsache wirft kein Problem auf, wenn – wie im akteurzentrierten Institutionalismus – zwischen institutionellen Regeln und dem Handeln realer Akteure unterschieden wird.[5]

Für Erklärungen im Rahmen des akteurzentrierten Institutionalismus fungiert das beobachtbare Akteurhandeln stets als ›proximate cause‹, während der institutionelle Rahmen die für uns zentrale ›remote cause‹ darstellt. Zwi-

---

4   Als Beispiel können hier die in den letzten zwanzig Jahren vollzogenen wirtschafts-politischen Strategiewechsel dienen; auch der Erfolg der Seehofer-Reform im Gesundheitswesen nach der Blockade so vieler früherer Reformversuche läßt sich nicht durch veränderte institutionelle Voraussetzungen erklären.

· 5   Bei Giddens (1984: 282) handeln Akteure allerdings überwiegend habituell. Die Varianz, die ein im wesentlichen habituelles Handeln in im übrigen strukturbestimmte Erklärungen einzubringen vermag, ist jedoch so gering, daß die Handlungsergebnisse praktisch struktur*determiniert* erscheinen müssen.

schen beiden intervenieren zahlreiche Faktoren, von denen die Akteure und ihre Orientierungen, die sie verknüpfenden Beziehungen und die Situationen, in denen sie interagieren, mitbestimmt werden. So werden korporative Akteure zwar gesetzlich konstituiert oder zumindest sanktioniert, aber das bestimmt ihre Merkmale als soziale Organisation und ihre Handlungsorientierung in einer konkreten Situation nicht vollständig. Ähnliches gilt für die übergreifenden Strukturen, in die sie eingebettet sind: Auch hier ist zum Beispiel ein Teil der dauerhaften Beziehungen institutionell vorgegeben, andere dagegen sind informeller und vielleicht sogar ungesetzlicher Natur. Schließlich gibt es auch institutionell geregelte Anlässe für die Interaktion zwischen bestimmten Akteuren, doch enthalten reale Situationen darüber hinaus zahlreiche nichtinstitutionelle Aspekte. Im folgenden sollen diese Komponenten unseres Ansatzes näher betrachtet werden. Aus forschungspragmatischen Gründen und um der größeren Offenheit auf der Suche nach Erklärungen willen wird dabei aber kein Kategorienraster zur systematischen Erfassung auch der nichtinstitutionellen Einflußfaktoren entwickelt.

2.3   Der institutionelle Kontext

Eine differenzierende Klassifikation möglicher Regelungsinhalte wird schnell überkomplex (vgl. etwa Ostrom 1986a, 1986b) und müßte am Ende noch über die juristische Systematik verfassungsrechtlicher, verwaltungsrechtlicher, steuerrechtlicher, strafrechtlicher, zivilrechtlicher, gesellschaftsrechtlicher, vereinsrechtlicher, arbeitsrechtlicher oder prozeßrechtlicher Regeln hinausgehen. Wichtig ist die Tatsache, daß institutionelle – definierte, praktizierte und sanktionierte – Regelungen wechselseitige Erwartungssicherheit begründen und so soziales Handeln über die Grenzen persönlicher Beziehungen hinaus überhaupt erst möglich machen, wie von Institutionalisten mit Recht gegenüber einer institutionenfreien ökonomischen Theorie hervorgehoben wird (North 1990: 358, 1991). Eine Minimalklassifikation von Regelungsinhalten für die Analyse von sektoralen Strukturen und Entscheidungsprozessen muß zunächst, geläufigen Definitionen von Institutionen folgend, Regeln unterscheiden, die

– für bestimmte Situationen (materielle) Verhaltens- und (formale) Verfahrensnormen festlegen;

- spezifizierten Adressaten die Verfügung über finanzielle, rechtliche, perso-
  nelle, technische und natürliche Ressourcen gewähren oder untersagen;
- Relationen (insbesondere Dominanz- und Abhängigkeitsbeziehungen) zwischen bestimmten Akteuren festlegen.

Für unsere Zwecke ist weiter wichtig, daß korporative Akteure durch institutionelle Regelungen *konstituiert* werden; oft werden sie sogar durch staatliche
Entscheidung geschaffen, wobei ihnen uno actu Aufgaben und Kompetenzen
zugewiesen werden.[6] Hervorzuheben ist schließlich, daß im Rahmen institutioneller Verfahrensregelung auch *Anlässe* für die Interaktion bestimmter
Akteure definiert und *Arenen* geschaffen werden, in denen spezifizierte Akteure zur Beratung oder Entscheidung über spezifizierte Themen zusammenkom-
men, wobei sie bestimmten Entscheidungsregeln unterworfen sind.

Indem durch institutionelle Regelung Aufgaben zugewiesen und Akteure
zueinander in definierte Beziehung gesetzt werden, werden Strukturen der
Arbeitsteilung geschaffen, die sich auch mit den Begriffen der sozialen Differenzierung beschreiben lassen. Während eine von Akteuren absehende und
lediglich auf der Ebene von Kommunikationszusammenhängen argumentierende Systemtheorie sich in ihrer analytischen Perspektive stark vom akteurzentrierten Institutionalismus unterscheidet, gibt es zwischen ihm und einer reale
Sozialstrukturen betonenden Differenzierungstheorie (Mayntz 1988) enge
Berührungspunkte. So sind sowohl die besondere Leistungsstruktur des deutschen Gesundheitswesens mit seiner Trennung zwischen stationärer und ambu-
lanter Versorgung und seinem auf der Zwangsversicherung in Krankenkassen
beruhenden Finanzierungsmodus (Alber 1992) als auch das folgenreiche Ne-
beneinander von Lehre und Forschung an deutschen Universitäten (Schimank
1995) institutionell geprägte Formen sozialer Differenzierung. Die Differenzierungstheorie betont sowohl einen für die Beschreibung von Sektorstrukturen
und Akteurkonstellationen wichtigen Aspekt (die Arbeitsteilung) wie auch
eine wichtige Komponente (die funktionelle) der Handlungsorientierung.

---

6   Auch die Handlungsfähigkeit von Individuen beruht in vielen Situationen auf institutio-
     nellen Voraussetzungen, doch fällt dies bei natürlichen Personen weniger ins Auge
     und ist auch weniger verhaltensbestimmend.

2.4 Akteure und Handlungsorientierungen

Der institutionelle Rahmen, der die Regeln definiert, deren Einhaltung man von anderen erwarten kann und sich selbst zumuten lassen muß, konstituiert Akteure und Akteurkonstellationen, strukturiert ihre Verfügung über Handlungsressourcen, beeinflußt ihre Handlungsorientierungen und prägt wichtige Aspekte der jeweiligen Handlungssituation, mit der der einzelne Akteur sich konfrontiert sieht. Der institutionelle Rahmen umschließt jedoch nicht alle Arten von Handlungen und handlungsrelevanten Faktoren, und er bestimmt auch dort, wo er gilt, Handlungen nicht vollständig. Damit ist nicht nur darauf angespielt, daß man Normen verletzen, Macht illegitim anwenden oder auf informelle Interaktionen ausweichen kann. Ebenso deutlich ist, daß sich die Verfügung über Ressourcen institutionell nur begrenzt regeln läßt – am wenigsten bei den natürlichen und den technischen Handlungsressourcen. Alle diese Aspekte geraten in den Blick, wenn die Aufmerksamkeit nun vom institutionellen Rahmen weg und auf die darin handelnden Akteure hin gelenkt wird.

2.4.1 Akteure

Bei March und Olsen (1984: 738) findet sich der Hinweis, daß »bringing the state back in« auch heiße, politische Institutionen als »actors in their own right« zu behandeln. »It is appropriate to observe that political institutions can be treated as actors in much the same way we treat individuals as actors« (ebd.: 742). Das liest sich wie eine Selbstverständlichkeit, wenn man nicht nur Regelsysteme, sondern auch soziale Gebilde als Institutionen bezeichnet. Benutzt man dagegen einen engen, auf Regelungsaspekte konzentrierten Institutionenbegriff, dann sollte analytisch zwischen Institutionen und Akteuren unterschieden werden. Regelsysteme ›handeln‹ nicht, aber sie können Akteure konstituieren und in wichtigen Merkmalen prägen. Soziale Gebilde wie Organisationen lassen sich dann sowohl unter dem Aspekt der darin verkörperten Regelungen, das heißt institutionell, betrachten wie auch unter dem Aspekt der Handlungsfähigkeit, das heißt als korporative Akteure.

Korporative Akteure sind, der Definition von Coleman (1974) folgend, handlungsfähige, formal organisierte Personen-Mehrheiten, die über zentralisierte, also nicht mehr den Mitgliedern individuell zustehende Handlungsressourcen verfügen, über deren Einsatz hierarchisch (zum Beispiel in Unternehmen oder Behörden) oder majoritär (zum Beispiel in Parteien oder Ver-

3

bänden) entschieden werden kann. Wieweit und unter welchen Voraussetzungen Organisationen Handlungsfähigkeit zugeschrieben werden kann, ist ein in der Soziologie vielfach diskutiertes Thema (vgl. u.a. Mayntz 1986; Schneider/Werle 1989; Flam 1990; Wiesenthal 1990). Als wichtigste organisationsinterne Voraussetzungen können die Fähigkeit zur kollektiven Willensbildung und zur effektiven Steuerung des Handelns der eigenen Mitglieder gelten; hiervon hängt es ab, ob Handlungen der Organisation (statt einzelnen ihrer Mitglieder) zugeschrieben werden können. Freilich geht es dabei nicht um ein Entweder-Oder. Nicht jede Organisation ist zu jeder Zeit im gleichen Maße handlungsfähig, wie unter anderem bei der Rekonstruktion des Verhaltens der Akademie der Wissenschaften der DDR im Laufe des Einigungsprozesses deutlich wurde (Mayntz 1994b). Die Handlungsfähigkeit von Organisationen ist deshalb eine Variable.

Individuelle und korporative Akteure (Organisationen) stehen in einem Inklusionsverhältnis zueinander: alle korporativen Akteure haben individuelle Akteure als Mitglieder. Gewöhnlich werden jedoch bei der Erklärung des strategischen Handelns korporativer Akteure Vorgänge auf der Mikroebene ihrer Mitglieder vernachlässigt. Das ist vor allem pragmatisch motiviert: Nur durch die Konzentration auf das Tun und Lassen der korporativen Akteure läßt sich die Komplexität vieler Vorgänge auf ein noch zu bearbeitendes Maß reduzieren. Der Preis dafür ist ein Verlust an Tiefenschärfe; organisationsinterne Vorgänge sind wichtige Determinanten der Situationswahrnehmung und Strategiewahl von Organisationen. Sie müssen immer dann in die Analyse einbezogen werden, wenn institutionelle Faktoren und der situative Kontext das beobachtbare Tun und Lassen eines korporativen Akteurs nicht zureichend erklären können. Besonders wichtig kann eine individuelle Akteure einbeziehende Mehrebenenperspektive dann sein, wenn es um die Interaktion zwischen korporativen Akteuren geht. Wiederum aus Gründen der notwendigen Beschränkung werden die eine Organisation repräsentierenden individuellen Akteure in der Regel mit dem korporativen Akteur selbst gleichgesetzt. Dies wäre aber nur dann unproblematisch, wenn alle Repräsentanten vollständig durch ein imperatives Mandat der Organisation gesteuert wären beziehungsweise wenn ein Repräsentant seinerseits die Organisation perfekt steuern könnte. Weder das eine noch das andere ist jedoch gewöhnlich der Fall. Organisationen sind in der Regel Koalitionen von Gruppen mit unterschiedlichen Interessen, Perzeptionen und Einflußpotentialen (Cyert/March 1963), und die für eine Organisation agierenden Individuen haben fast immer gewisse, manchmal sogar ganz erhebliche Handlungsspielräume – insbesondere weil keine Organisation für alle Situationen, mit denen sie konfrontiert wird, eine

2 · Der Ansatz des akteurzentrierten Institutionalismus   **51**

bereits festgelegte Strategie besitzt. Deshalb kann es bei Verhandlungen einen Unterschied machen, wer eine Organisation repräsentiert: ein Leitungsmitglied mit großer Handlungsautonomie und Verpflichtungsfähigkeit der Organisation gegenüber oder zum Beispiel ein Spezialist mit niedrigerem Organisationsrang. Für die Forschungspraxis bedeutet dies, daß wir für die Erklärung des Handelns von korporativen Akteuren unter Umständen (aber keineswegs immer) auch die Handlungsorientierungen der in der und für die Organisation handelnden Individuen erheben müssen.

Für die strukturelle Beschreibung gesellschaftlicher Teilsysteme beziehungsweise ganzer Politiksektoren genügt es nicht, lediglich mit zwei Kategorien sozialer Elemente – individuellen und korporativen Akteuren – zu operieren. Individuen schließen sich nicht nur zu Organisationen zusammen, sondern bilden auch Familien, lockere Beziehungsnetzwerke, aktuelle Massen oder bloße Quasi-Gruppen, das heißt Kategorien von Personen, die ein bestimmtes, handlungsrelevantes Merkmal gemeinsam haben. Sie alle können in Steuerungs- und Selbstorganisationsprozessen und in der Erzeugung von Makroeffekten eine wichtige Rolle spielen, gleichgültig, ob man ihnen Handlungsfähigkeit zuschreiben will oder nicht. Quasi-Gruppen sind keine handlungsfähigen Akteure, jedoch oft Adressaten gezielter Steuerungsversuche. Die eine Quasi-Gruppe bildenden Personen können jedoch unter Umständen als Akteur *modelliert* werden, wenn nämlich die in ihnen zusammengefaßten Individuen je für sich auf einen externen Stimulus in gleicher Weise reagieren. Dasselbe gilt, wenn die Mitglieder einer Quasi-Gruppe wechselseitig aufeinander reagieren, so daß die kollektive Reaktion sich endogen verstärkt. Die zirkulär verstärkte Eigendynamik des gleichgerichteten Handelns solcher Quasi-Gruppen spielt selbst in hochorganisierten gesellschaftlichen Sektoren eine wichtige Rolle. Nur so ist beispielsweise in Ostdeutschland der verblüffend rasche Übergang von der ambulanten ärztlichen Versorgung in Polikliniken zur Versorgung durch niedergelassene Ärzte zu erklären (Wasem 1992; Schimank/ Wasem, Kapitel 7 in diesem Band). Wenn die Handlungsorientierungen der Mitglieder etwa einer sozialen Bewegung *bewußt* gleichgerichtet sind, das heißt, wenn ohne formale Organisation kollektives Handeln angestrebt wird, kann man von einem ›kollektiven Akteur‹ sprechen; in diesem Sinne wird zum Beispiel sozialen Klassen der Akteurstatus zugebilligt (Touraine 1977). Unabhängig von ihrem institutionell konstituierten, lediglich institutionell geregelten oder außer-institutionellen Charakter können alle diese sozialen Elemente entweder als Akteure oder als Bestandteil von deren Handlungssituation in Steuerungs- und Selbstorganisationsprozessen von Bedeutung sein.

2.4.2 Handlungsorientierungen

Die Reichweite institutioneller Regelungen ist nur selten allumfassend. Für die Nutzung der faktisch verbleibenden Handlungsspielräume sind die jeweiligen Handlungsorientierungen der Akteure von ausschlaggebender Bedeutung. Sie sind ihrerseits teilweise institutionell geprägt, so insbesondere durch vorgegebene Aufgaben oder Handlungszwecke, aber auch durch die Position innerhalb einer Akteurkonstellation. Zugleich werden sie jedoch durch kontextunabhängige (sozialisationsbedingte oder historisch bedingte) Eigenschaften der individuellen und korporativen Akteure bestimmt.

Diese Sichtweise des Verhältnisses von Institutionen und Handlungsorientierungen ist nicht identisch mit der des Rational-choice-Ansatzes, der Institutionen, wenn sie überhaupt thematisiert werden, als externe Restriktionen einer egoistisch-rationalen Nutzenmaximierung betrachtet. Sie unterscheidet sich auch von einem Filtermodell, bei dem Institutionen Handlungskorridore festlegen, innerhalb derer rational gewählt werden kann (Czada / Windhoff-Héritier 1991: 12–14). Die Gegenüberstellung von zwei Handlungsorientierungen, von denen die normative der Institution, die zweckrationale dem Akteur zugeschrieben wird, trifft die Realität nur unzureichend. Die von institutionellen Regelungen belassenen Handlungsspielräume werden von den Akteuren keineswegs nur zur Maximierung des eigenen Nutzens gebraucht, und umgekehrt kann vielfach gerade zweckrationales, ja selbst eigensüchtig nutzenmaximierendes Handeln als institutionell ›angemessen‹ von den Akteuren erwartet werden.

Bei der Beschreibung von Handlungsorientierungen ist es zunächst wichtig, die soziale Einheit zu identifizieren, aus deren Perspektive die jeweils wählbaren Handlungsoptionen von den handelnden Individuen (und letztlich handeln auch korporative Akteure nur durch Individuen) betrachtet werden. In Anlehnung an Parsons' Unterscheidung von »self-orientation« und »collectivity-orientation« (Parsons 1951: 60) kann man zwischen einem ichbezogenen und einem systembezogenen Handeln unterscheiden, jedoch ist bei letzterem weiter zu differenzieren. Individuen können je nachdem als Mitglied einer sozialen Klasse, einer ethnischen Gemeinschaft, einer Organisation oder eines Staates handeln. Da Individuen typischerweise mehreren übergeordneten Sozialeinheiten angehören, sind nicht nur Konflikte zwischen ichbezogenem und gruppenbezogenem Handeln möglich, sondern auch konkurrierende Bezüge auf verschiedene Gruppen; so können Minister im Bundesrat entweder aus der Perspektive ihres Landes oder ihrer Partei handeln.

2 · Der Ansatz des akteurzentrierten Institutionalismus   53

Die empirische Bestimmung des jeweils handlungsleitenden sozialen Bezugs ist deshalb alles andere als trivial.

Inhaltlich lassen sich sodann kognitive und motivationale Aspekte der Handlungsorientierung unterscheiden. Kognitive Orientierungen betreffen die Wahrnehmung der Handlungssituation und ihrer kausalen Struktur, der verfügbaren Handlungsoptionen und erwartbaren Ergebnisse. Ihre Bedeutung für den Handlungserfolg der Akteure liegt ebenso auf der Hand wie die Schwierigkeit ihrer empirischen Ermittlung (vgl. dazu Vowe 1993). Im Hinblick auf den Handlungserfolg ist von besonderer Bedeutung, ob und wie die Wahrnehmungen der Akteure von der Realität abweichen, auf welche Weise Situationsdeutungen und Ziel-Mittel-Hypothesen zu konsistenten strategischen Konzepten integriert werden, in welchem Maße diese in »epistemic communities« (Haas 1992) oder »advocacy coalitions« (Sabatier 1987) zwischen den beteiligten Akteuren geteilt werden und wie sie durch individuelle und kollektive Lernprozesse verändert werden können. Daß auf unzutreffende Perzeptionen nicht wirksame Problemlösungsstrategien gegründet werden können (und daß deshalb die empirische Ermittlung tatsächlich handlungsleitender Kognitionen zur notwendigen Voraussetzung einer zutreffenden Erklärung werden kann), läßt sich unter anderem am Geschick der Akademie der Wissenschaften der DDR im Prozeß der deutschen Vereinigung zeigen (Mayntz 1994b).

Für ein gemeinsames Handeln kann eine übereinstimmende Situationsdeutung Voraussetzung sein. Das ubiquitäre Phänomen der »selektiven Perzeption« (Dearborn/Simon 1958) macht es jedoch wahrscheinlich, daß selbständige Akteure mit unterschiedlichen Aufgaben oder Rollenpflichten und unterschiedlichen Interessen auch unterschiedliche Ausschnitte der Wirklichkeit mit unterschiedlicher Aufmerksamkeit wahrnehmen. In Konstellationen interdependenter staatlicher und nichtstaatlicher Akteure, die es mit einem gemeinsamen Problem zu tun haben, ist deshalb eine spontan übereinstimmende Wahrnehmung der Situation, der eigenen und fremden Handlungsoptionen und ihrer zu erwartenden Wirkungen eher unwahrscheinlich. Die »cognitive maps« (Axelrod 1976) der Akteure werden vielmehr divergieren. Im Idealfall kommt es im Problemlösungsprozeß zu einer Integration dieser Partialperspektiven (Cohen 1981; Quirk 1989). Wo dies nicht gelingt, da macht es immer noch einen großen Unterschied, ob die Beteiligten wenigstens ihre unterschiedlichen Situationsdeutungen wechselseitig zutreffend wahrnehmen und so auch die wahrscheinlichen Strategien der jeweils anderen Seite zutreffend antizipieren können.[7]

---

7   So war etwa der dramatische Anstieg der Massenarbeitslosigkeit in Deutschland

Bei den motivationalen Aspekten der Orientierung handelt es sich um Antriebsfaktoren für ein sinnhaftes Handeln (im Sinne Max Webers) beziehungsweise – enger auf das strategische Handeln korporativer Akteure zugeschnitten – um Auswahlgesichtspunkte bei der Wahl zwischen Handlungsoptionen. Während man bei der Erklärung des beobachtbaren Verhaltens von Individuen weder Emotionen noch blinde Gewohnheit vernachlässigen dürfte, genügt es bei Untersuchungen des Handelns korporativer Akteure zumeist, sich auf die handlungsleitenden Interessen, Normen und Identitäten zu konzentrieren.

Der Interessenbegriff mit seinen höchst unterschiedlichen Bedeutungsgehalten[8] verführt zur unscharfen Verwendung auch in sozialwissenschaftlichen Analysen. Dabei dominiert heute der Bedeutungsgehalt des engen, selbstbezogenen Nutzens. Dementsprechend wird interessenbestimmtes Handeln dem norm- oder wertorientierten Handeln gegenübergestellt und leicht als egoistisch abqualifiziert. Das übersieht den positiven Akzent, den es als selbstbestimmtes Handeln hat; zudem galten, wie Albert O. Hirschman (1977) uns erinnert hat, Interessen in den ideologischen Auseinandersetzungen des 17. und 18. Jahrhunderts als der ›vernünftige‹ Widerpart idiosynkratischer und zerstörerischer Leidenschaften. Ein solches Verständnis weist auch den Weg zu einer analytisch handhabbaren Interessendefinition: Da vernünftig, sind Interessen auf einer abstrakten Ebene als funktionelle Imperative sozusagen objektiv bestimmbar, wobei man (mit den soziologischen Funktionalisten) auf biologisch-evolutionäre Kategorien rekurrieren kann. Interessen sind dann im Kern auf ein langfristig erfolgreiches Bestehen gerichtet – es sind auf ein Subjekt bezogene Handlungsziele, die um des eigenen Überlebenserfolgs willen verfolgt werden sollten. Physisches Wohlergehen, Handlungsfreiheit und die Verfügung über wichtige Ressourcen, zu denen auch Macht, soziale Anerkennung und der Besitz einer gesicherten Domäne gehören mögen, können als gewissermaßen vorgegebene Standardinteressen bei Lebewesen allgemein unterstellt werden. Ähnlich haben auch korporative Akteure generell

---

1974/75 der Tatsache geschuldet, daß die deutschen Gewerkschaften, in ihrer eigenen keynesianischen Weltsicht befangen, die monetaristische Wende der Bundesbank nicht rechtzeitig wahrnahmen oder jedenfalls nicht für glaubwürdig hielten. In Österreich wurden damals wechselseitige Fehldeutungen durch die intensive Kommunikation zwischen der Nationalbank und den Sozialpartnern vermieden (Scharpf 1987).

8   Der ursprüngliche lateinische Infinitiv *interesse* (= von Wichtigkeit sein) dominiert im französischen *intérêt* und später in *interessant*, während das Substantiv *Interesse*, als juristisches Fachwort seit dem 13. Jahrhundert geläufig, den Begriff in die Nähe ökonomischen Nutzens gerückt hat.

2 · Der Ansatz des akteurzentrierten Institutionalismus   55

Abb. 2:   Stufen der Handlungsorientierung

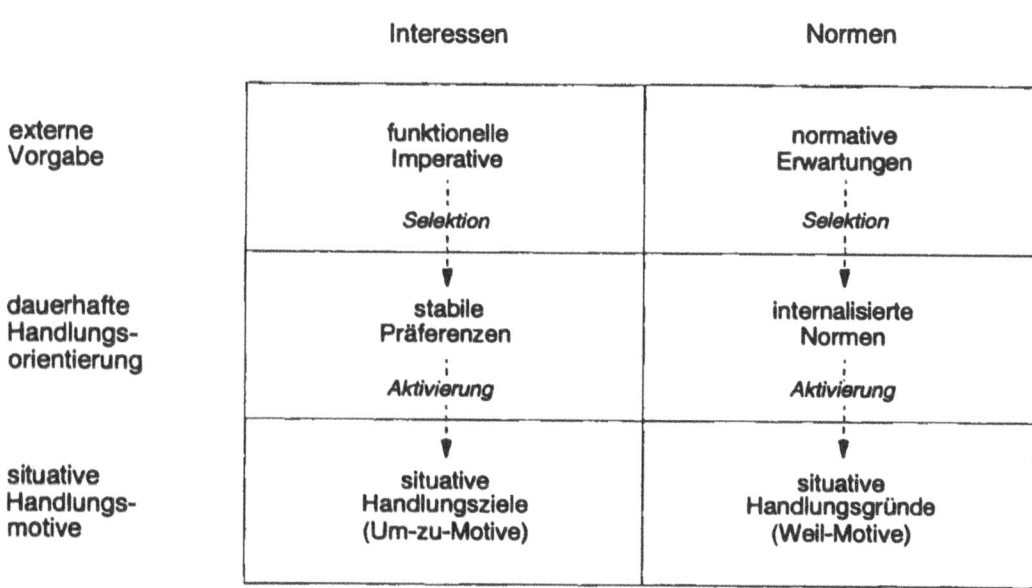

unterstellbare Interessen am eigenen Bestand, an Ressourcen und an Autonomie (Schimank 1991).

Die zuschreibbaren Standardinteressen sind konkretisierungsbedürftig, ehe sie handlungsleitend werden können. Was Autonomie im Einzelfall bedeutet und um was für eine Domäne es geht, wird dabei von den für einen Akteur konstitutiven institutionellen Regelungen mitbestimmt. So definiert zum Beispiel die soziale Rolle für den einzelnen und der Organisationszweck für den korporativen Akteur den Aufgabenbereich, in dem die eigene Domäne zu suchen ist. Die zuschreibbaren Standardinteressen sind auch nicht eindeutig hierarchisch geordnet; der einzelne Akteur kann sich mit ihnen selektiv identifizieren und sie für sich in eine Rangordnung bringen. In Form stabiler Präferenzen werden sie damit zu Elementen einer situationsübergreifenden akteurspezifischen Handlungsorientierung (vgl. Abbildung 2). Wenn zum Beispiel Wachstum für einen korporativen Akteur ein wichtigeres Handlungsziel ist als Domänensicherung, wird er diesem Interesse ceteris paribus ein größeres Gewicht beimessen als ein Akteur, bei dem es sich umgekehrt verhält. Welches Interesse im Einzelfall handlungsleitend ist, hängt schließlich auch von Besonderheiten der Situation ab; eine Situation knapper Mittel aktiviert ein

3

anderes Interesse als eine Bedrohung der eigenen Domäne oder gar der eigenen Existenz.

Der Einfluß normativer Erwartungen auf das Handeln läßt sich analog zu der Reihe funktionelle Imperative – generelle Akteurpräferenzen – situativ handlungsleitende Interessen in Form eines Stufenmodells fassen. Normative Erwartungen sind zum Teil als systemweit gültige Werte oder Tugenden formuliert, richten sich aber vielfach speziell an die Inhaber bestimmter sozialer Positionen und sind dem institutionellen Kontext zuzurechnen. Auf der ersten Stufe bleiben normative Erwartungen für den Akteur externe Vorgaben, können von ihm aber in Form stabiler normativer Orientierungen verinnerlicht werden.[9] Auch hier ist es dann wieder die konkrete Handlungssituation, die diese Orientierungen selektiv aktiviert. Das gilt für korporative ebenso wie für individuelle Akteure; auch die ersteren sind Adressaten normativer Erwartungen, die sich unter anderem auf die von ihnen zu erfüllenden Aufgaben (Organisationszweck) und die zulässigen Mittel der Aufgabenerfüllung erstrecken.

In March und Olsens Konzept des »appropriate behavior« (1989: 160–162) fallen normbestimmtes und identitätsbestimmtes Handeln zusammen. Wenn wir dafür plädieren, die Bewahrung und Bestätigung der eigenen Identität als eigenständigen Bezugspunkt für die Wahl zwischen Handlungsoptionen zu betrachten, dann deshalb, weil die Identität eines Akteurs mehr umfaßt als internalisierte Normen. Versteht man unter Identität ein (simplifiziertes) Selbstbild, das Seins- ebenso wie Verhaltensaspekte einschließt,[10] dann gehören auch besondere Eigenschaften (bei Individuen zum Beispiel das Geschlecht) und Tätigkeiten (bei einem Künstler zum Beispiel das Malen, bei einem Unternehmen zum Beispiel die Produktion von Elektrogeräten) zum Kern der eigenen Identität. Ein Blick auf Abbildung 2 kann das Gemeinte verdeutlichen. Zur (selbstbewußten) Identität eines Akteurs können Interessen (zum Beispiel ein bestimmter Domänenanspruch) und normative Orientierun-

---

9   Vor allem die Soziologie wurde nicht müde, gegenüber dem interessengeleiteten, zweckrationalen Handeln das normativ bestimmte Handeln zu betonen und den gesellschaftlich bestimmten Homo sociologicus dem selbstbestimmten rationalen Akteur oder Homo oeconomicus gegenüberzustellen. Es wäre jedoch falsch, daraus einen prinzipiellen Gegensatz zwischen Werten und Interessen zu konstruieren; Autonomie und Selbstbestimmung etwa sind beides zugleich. Die begriffliche Dichotomie von Normen (Werten) und Interessen verliert, da sie sich auch nicht umstandslos auf den Gegensatz von Sollen (exogen) und Wollen (endogen) reduzieren läßt, bei näherer Betrachtung die scharfen Konturen.

10 Auch diese Dimension findet sich schon bei Parsons (1951: 63–64).

gen (zum Beispiel die Festlegung auf ein umweltverträgliches Verhalten) gehören, die in den Mittelfeldern der beiden Spalten zu verorten sind, darüber hinaus jedoch weitere, dort nicht subsumierbare Wesensmerkmale (zum Beispiel der staatliche oder freigemeinnützige Charakter einer Organisation, Geschlecht oder ethnische Zugehörigkeit bei einem Individuum). Als Bezugspunkt des Handelns liegt die Identität insofern quer zu Normen und Interessen und reicht zugleich über sie hinaus. Wie sich zum Beispiel am Verhalten verschiedener forschungspolitischer Akteure in der Situation der deutschen Vereinigung zeigen ließ (Mayntz 1994a), kann die Bewahrung der eigenen Identität einem Akteur ein anderes Verhalten vorschreiben, als im Sinne seines situativ bestimmten (organisatorischen) Eigeninteresses läge oder den normativen Erwartungen seiner Partner entspräche. Die damit gegebene Möglichkeit von Orientierungskonflikten unterstreicht die Eigenständigkeit dieses dritten inhaltlichen Bezugspunkts für Handlungswahlen. Dabei prägt der institutionelle Rahmen über die Normen und Aufgaben, mit denen ein Akteur sich identifiziert, seine Identität mit. Identitäten haben aber auch andere, zusätzliche Wurzeln; bei Individuen sind sie lebensgeschichtlicher Art und vielfach sozialisationsbestimmt, bei korporativen Akteuren entsprechen dem gewachsene Organisationskulturen oder auch aktiv gestaltete ›corporate identities‹.

Neben kognitiven und motivationalen Komponenten der Handlungsorientierung ist speziell für die Analyse von Prozessen strategischer Interaktion ein weiterer, in geläufigen Handlungstheorien selten hervorgehobener *relationaler Aspekt* von Bedeutung, die ›Interaktionsorientierungen‹. Bei ihnen handelt es sich um (typisierte) Interpretationen der Beziehung zwischen mehreren Akteuren. Die wichtigsten dieser Interaktionsorientierungen definieren die Beziehung entweder als eine ›feindliche‹, in der der Verlust des anderen als eigener Gewinn erscheint, eine ›kompetitive‹, in der es um die Differenz zwischen eigenem und fremdem Gewinn geht, eine ›egoistisch-rationale‹, in der allein der eigene Gewinn zählt, und eine ›kooperative‹, in der das Streben nach gemeinsamem Nutzen dominiert (Scharpf 1989, 1994). In bestimmten Kontexten kann eine bestimmte Art der Interaktionsorientierung normativ erwartet werden; bei Individuen kann sie auch ein (zum Beispiel sozialisations- oder kulturbedingtes) Persönlichkeitsmerkmal (Liebrand/van Rung 1985) sein und als solches unter Umständen auch zum Bestandteil des Selbstbildes, der Identität werden.

Offensichtlich koexistieren in vielen Situationen mehrere handlungsleitende Gesichtspunkte, die je für sich genommen zu unterschiedlichem Handeln führen würden. Die Frage, auf welche Weise Akteure in der Lage sind, potentielle Orientierungskonflikte zu regeln, muß durch Rückgriff auf eine Hand-

3

lungstheorie beantwortet werden. Für die Erklärung von Makrophänomenen ist es nicht unbedingt notwendig, erklären zu können, wie es zu einer gegebenen Orientierung gekommen ist; die jeweils handlungsleitende Orientierung zentraler Akteure muß aber als Faktor in die Erklärung einbezogen werden. Von genereller Bedeutung ist dabei die handlungstheoretische These, daß Akteure nicht (wie von der ökonomischen Theorie unterstellt) dazu tendieren, ihre multiplen Kriterien dauerhaft hierarchisch zu ordnen oder sich gar an einer die relativen Gewichte der einzelnen Kriterien abbildenden aggregierten Nutzenfunktion zu orientieren. Hier spielt vielmehr die jeweilige Handlungssituation eine wichtige Rolle; ihr wenden wir uns im folgenden Abschnitt zu.

2.5   Handlungssituationen

Akteure handeln immer in konkreten Situationen. Wenn aus handlungstheoretischer Perspektive von Situationen die Rede ist, ist gewöhnlich die handlungsrelevante, soziale und nichtsoziale Gegebenheiten umfassende Umwelt eines einzelnen Akteurs gemeint. Für die Analyse der Vorgänge in sektoralen Interorganisationssystemen (oder Politiknetzwerken) sind jedoch oft Situationen wichtig, die, aus der Beobachterperspektive betrachtet, eine Vielzahl von Akteuren beziehungsweise einen ganzen Sektor betreffen. So spricht man zum Beispiel auch von der Situation der Bauwirtschaft oder der deutschen Landwirtschaft. Offen bleibt, wieweit sich die eher am Modell des einzelnen Akteurs und seiner Umwelt entwickelten Kategorien zur Beschreibung handlungsrelevanter Situationsmerkmale unverändert auf ganze Sektoren übertragen lassen.

Die Handlungsrelevanz von Situationen liegt zum einen in ihrem Stimuluscharakter und zum anderen in den Handlungschancen, die sie bieten. Eine Situation kann zum Handeln herausfordern, indem sie den oder die Akteure mit einem Problem konfrontiert oder ihnen umgekehrt besondere Chancen bietet. Dabei scheinen drohende Verluste nachdrücklicher zum Handeln zu motivieren als mögliche Gewinne (Kahneman / Tversky 1984); sehr starke Bedrohungen können die Handlungsfähigkeit aber auch wieder lähmen. In der Perspektive von Rational choice werden je nach der Größe des Verlustrisikos Hochkosten- und Niedrigkostensituationen unterschieden, auf die Akteure verschieden reagieren (Zintl 1989). Zum Handeln können Situationen aber auch durch einen institutionell geregelten Anlaß herausfordern; so ist etwa geregelt, unter welchen Umständen ein Polizeibeamter einschreiten, eine politische Partei Kandidaten aufstellen oder der Bundesrat eine Gesetzesvorlage beraten soll.

Situationen aktivieren, indem sie zum Handeln herausfordern, selektiv bestimmte Aspekte latent vorhandener Handlungsorientierungen. Eine bestandsbedrohende Situation aktiviert vor allem Überlebensinteressen; Werte und Normen werden vermutlich eher in Situationen handlungsleitend, die für den Akteur nicht akut bedrohlich sind. Ähnlich hängt es von der Situation ab, ob ein Akteur sich als Familienmitglied, in seiner beruflichen Funktion oder als Mitglied einer bestimmten Organisation angesprochen sieht. Ereignisse, die nicht nur einzelne Akteure, sondern größere strukturierte Sozialsysteme betreffen, erzeugen ein bestimmtes Profil von Betroffenheiten. Sie berühren die Eigeninteressen der beteiligten Akteure in unterschiedlicher Weise und definieren zugleich für bestimmte Akteure (aber nicht für alle) Aufgaben, mit denen sie sich zu befassen haben. Die deutsche Vereinigung ist ein besonders dramatisches Beispiel eines solchen Ereignisses, das in verschiedenen Politiksektoren je spezifische ›Betroffenheitsprofile‹ erzeugt hat. Das Betroffenheitsprofil erlaubt erste Rückschlüsse auf die vermutlich aktivierten Handlungsorientierungen. Ein Ereignis, das einen ganzen gesellschaftlichen Teilbereich betrifft, muß im übrigen nicht notwendig auch alle nachgeordneten Systemebenen gleich stark und vor allem nicht auf gleiche Weise betreffen, wie sich unter anderem am Beispiel der westdeutschen Großforschungseinrichtungen in der durch die Vereinigung geschaffenen Situation illustrieren ließe (Stucke 1994).

Situationen fordern nicht nur zum Handeln heraus, sie bieten auch Handlungsoptionen, die teilweise institutionell, darüber hinaus aber durch zahlreiche nicht dem institutionellen Kontext zurechenbare Faktoren bestimmt sind. Zur Situation gehören so die *faktisch* verfügbaren Ressourcen, die sich nicht mit den institutionell zugeschriebenen zu decken brauchen. Die situativ gegebenen Handlungsalternativen beschreiben gewissermaßen das Spiel, in dem ein Akteur sich aktuell befindet. Für die Wahl einer bestimmten Handlungsstrategie sind dabei auch solche Situationsmerkmale bedeutsam, wie sie speziell die Organisationstheorie herausgearbeitet hat, nämlich neben der ›Liberalität‹ der Organisationsumwelt (das heißt ihrem Reichtum an verfügbaren Ressourcen beziehungsweise Handlungsalternativen) ihre Stabilität, Variabilität oder gar Turbulenz sowie das Maß ihrer Komplexität (Child 1972).

Alle unmittelbar handlungsrelevanten Merkmale einer Situation sind *wahrgenommene* Umweltaspekte. So müssen Ressourcen auch als verfügbar erkannt werden, und je nach den kognitiven Fähigkeiten eines Akteurs mag ihm ein gegebener Zustand mehr oder weniger komplex erscheinen. Neben der vom Akteur selbst wahrgenommmenen und insofern direkt handlungs-prägenden Situation gibt es jedoch auch die von einem hypothetischen, über mehr Informationen verfügenden Beobachter gesehene ›reale‹ Situation. Die ›reale‹ Situation bestimmt mit über Erfolg oder Mißerfolg des Handelns; der Reiter, der den verschneiten See für eine Wiese hält, wird auf ihn lostraben; ob er dann einbricht oder das andere Ufer erreicht, hängt von der Dicke des Eises ab.

2.6   Handeln in Akteurkonstellationen

Die Bearbeitung von Problemen, die sich auf sektoraler oder gesamtgesell-schaftlicher Ebene stellen, ist fast nie nur die Sache eines einzelnen Akteurs, sondern typischerweise Gegenstand von Interaktionen in einer Konstellation mehrerer Akteure mit interdependenten Handlungsoptionen. Unter solchen Bedingungen kann das Gesamtergebnis nicht einem einzelnen Akteur zuge-schrieben werden; es ergibt sich aber auch nicht einfach als Aggregateffekt einer Mehrzahl unverbundener Einzelhandlungen, sondern es entsteht aus der komplexen Interdependenz aufeinander bezogener Handlungen.

Es gibt viele Möglichkeiten, die Struktur gesellschaftlicher Teilsysteme (oder Sektoren) zu beschreiben, etwa nach dem vorherrschenden Muster der Arbeitsteilung oder nach der Verteilung sozioökonomischer Chancen (Schicht-struktur). Im akteurzentrierten Institutionalismus stehen demgegenüber die verschiedenen Modi sozialer Handlungskoordination im Vordergrund, die heute zumeist unter dem von der Transaktionskosten-Ökonomie geprägten Stichwort ›Governance‹ erörtert werden. Die geläufige Typologie, die mit der einfachen Gegenüberstellung von Markt und Hierarchie begann und dann schrittweise (zum Beispiel um Solidarität, Netzwerk, Assoziation) erweitert wurde, leidet an der (meist implizit bleibenden) Mehrdimensionalität der diesen Typen zugrundeliegenden Klassifikation. Schwierigkeiten bereitet vor allem die Trennung zwischen Strukturmustern und Koordinationsverfahren; so ist ›Netzwerk‹ eher eine Struktur, ›Solidarität‹ dagegen eine Form der Koordination. Sobald wir jedoch über Strukturen reden, reden wir über die Relationierung von Einheiten; Strukturen und Interaktionsformen sind deshalb logisch nicht völlig unabhängig voneinander zu konzipieren. So schließt die Netzwerkstruktur einen hierarchischen Koordinationsmodus schon rein begriff-

2 Der Ansatz des akteurzentrierten Institutionalismus   61

lich aus, während einseitige Anpassung die einzig mögliche Form der Handlungskoordination in einer Population unverbundener und nicht interagierender Elemente ist. Wichtig ist im übrigen immer, sämtliche Begriffe auf dieselbe Systemebene zu beziehen, in unserem Fall den Sektor beziehungsweise das gesellschaftliche Teilsystem.

Will man den Anspruch auf ein analytisches (statt einem nur phänomenologischen) Vorgehen nicht aufgeben, ist man angesichts der übergroßen Komplexität vorfindbarer Realstrukturen zur vereinfachenden Reduktion gezwungen. Wir haben als abstrahierte Grundformen sozialer Handlungskoordination die einseitige oder wechselseitige Anpassung die Verhandlung die Abstimmung und die hierarchische Entscheidung gewählt Die diesen Governance-Formen zugrundeliegende analytische Dimension ist das Ausmaß der individuellen Autonomie – oder der kollektiven Handlungsfähigkeit – von Akteuren (Scharpf/Mohr 1994). Am einen Ende der Skala kommt eine Koordination nur in der Weise zustande, daß die einzelnen Akteure sich je für sich (und sogar ohne Kenntnis der Interdependenz ihrer Handlungen) an die von anderen beeinflußten Bedingungen ihrer Handlungssituation anpassen (»ökologische Koordination« oder »parametric adjustment« – Lindblom 1965). Bei wechselseitiger Anpassung ohne Absprache, der nächsten Stufe, handeln die Akteure zwar weiterhin je für sich, nun aber in Kenntnis ihrer Interdependenz und in rationaler Antizipation der Aktionen und Reaktionen ihrer Partner oder Gegner. Im Falle der ›negativen Koordination‹ kommt dazu noch die einseitige Rücksichtnahme auf faktisch oder rechtlich geschützte Interessenpositionen anderer Akteure. Auf der folgenden Stufe, die der Governance-Form des ›Marktes‹ entspricht, kommt es zu expliziten, aber sachlich und zeitlich begrenzten und typischerweise bilateralen Vereinbarungen zwischen den Akteuren. ›Netzwerke‹ können demgegenüber als auf größere Dauer angelegte Verhandlungssysteme charakterisiert werden. In der Unterform des ›Zwangsverhandlungssystems‹ ist den Beteiligten dabei die Exit-Option faktisch oder sogar rechtlich verschlossen; sie verlieren damit die Möglichkeit autonomen Handelns (Kliemt 1994), können aber immer noch sicher sein, daß eine Entscheidung nicht ohne ihre Zustimmung fallen kann. Auch diese Sicherheit wird den Beteiligten genommen, wenn – in demokratisch verfaßten ›Assoziationen‹ oder politischen Gemeinwesen – kollektiv verbindliche Entscheidungen durch Mehrheitsvotum in der Mitgliedschaft oder in Repräsentativversammlungen getroffen werden. Dabei kommt es für das Verhältnis von individueller Autonomie und kollektiver Handlungsfähigkeit weiter darauf an, ob auch die zur Implementation von Kollektiventscheidungen erforderlichen (personellen und finanziellen) Handlungsressourcen kollektiviert werden oder ob diese (wie etwa bei der Durchführung gewerkschaftlicher Streikbeschlüsse) weiterhin bei den Mitgliedern verbleiben. Die kollektive Handlungsfähigkeit erreicht schließlich ihr Maximum, wenn sowohl die Willensbildung als auch die Verfügung über kollektivierte Handlungsressourcen einer – allenfalls auf diffuse Unterstützung angewiesenen – hierarchischen Autorität übertragen wird.

Wie im vorigen Kapitel deutlich wurde, läßt sich kein gesellschaftlicher Sektor durch nur eine dieser Governance-Formen beschreiben. Weder ist die Wirtschaft in entwickelten Gesellschaften rein als ›Markt‹ organisiert, noch der Staat als durchgehende ›Hierarchie‹. In den staatsnahen Sektoren finden sich in der Regel Elemente aller Governance-Typen in komplexen Mischungsverhältnissen, besonders oft jedoch Formen der horizontalen Koordination (Netzwerke beziehungsweise Verhandlungssysteme). Dabei reicht die Unterscheidung zwischen verschiedenen Basistypen von Governance nicht, um etwa die für den Ablauf realer Entscheidungsprozesse relevanten Unterschiede zwischen der Selbstverwaltung im deutschen Gesundheitswesen, die auf dem Verhandlungssystem aus Krankenkassen und Kassenärztlichen Vereinigungen beruht, und dem ebenfalls durch ein hohes Maß an Selbstregelung gekennzeichneten deutschen Forschungssystem zu beschreiben. Im Zusammenspiel zwischen staatlichen und gesellschaftlichen Akteuren variieren hier sowohl Ausmaß wie Form sektoraler Selbststeuerung. Auch verflochtene Entscheidungsstrukturen wie die vertikale Politikverflechtung zwischen Bund und Ländern beziehungsweise der Europäischen Union und ihren Mitgliedsstaaten sind in den Kategorien der reinen Governance-Formen allein nicht adäquat zu beschreiben. Eine präzise Charakterisierung der Interaktionskonstellation ist jedoch eine kritische Voraussetzung für zutreffende Erklärungen der Strategiewahlen korporativer Akteure und des Ergebnisses ihrer Interaktion.

Komplizierte reale Interaktionsprozesse nachzuzeichnen war immer die besondere Stärke »historischer« Erklärungen (Lübbe 1975). Den theorieorientierten Sozialwissenschaften bietet sich mit der Netzwerkanalyse (für die strukturelle Beschreibung von komplexen Akteurkonstellationen) und der mathematischen ›Theorie der Spiele‹ (für die Analyse von Interaktionen und Interaktionsergebnissen bei strategischer Interdependenz) die Chance einer systematisch-vereinfachenden und damit potentiell theoriefähigen Rekonstruktion von Makroprozessen speziell in hochorganisierten und eher netzwerkartig verfaßten Sektoren.

Die Netzwerkanalyse erlaubt es, dauerhafte Beziehungen zwischen Akteuren als übergreifende Struktur sichtbar und im Hinblick auf eine Reihe analytischer Merkmale charakterisierbar zu machen (Scott 1991; Pappi et al. 1987). Nicht jeder interaktionsfähige Akteur in einem sozialen Feld kommuniziert,

2   Der Ansatz des akteurzentrierten Institutionalismus   63

kooperiert oder tauscht Ressourcen mit allen anderen, nicht jeder Akteur ist von jedem anderen gleich abhängig und nicht jeder hat auf jeden anderen gleichen Einfluß. Zu einem erheblichen Teil ist diese Strukturiertheit der Beziehungsmuster institutionell bestimmt: die Geschäftsordnung der Bundesregierung regelt die Mitzeichnungs-Beziehungen zwischen den Ministerien; die Abfolge von Krankenversichungsreformen hat das Verhandlungsgeflecht zwischen Krankenkassen, Ärzten, Krankenhäusern und ihren Verbänden immer wieder neu geregelt. Viele der wichtigen Beziehungen (und viele Aspekte aller Beziehungen) bleiben jedoch im Informellen – bestimmt von faktischen Abhängigkeiten, gleichgerichteten Interessen und Zielen oder auch nur von der Erfahrung wechselseitiger Verläßlichkeit. Mit ihren analytischen Verfahren (multidimensionale Skalierung, Blockmodelling und graphentheoretische Methoden) kann die Netzwerkanalyse latente Strukturmuster und – soweit das verfügbare Datenmaterial diese Interpretation erlaubt – Einflußpotentiale sichtbar machen. Fallbezogene Erklärungen können also durch die Darstellung der dauerhafteren Beziehungsmuster zwischen den Akteuren eine auf andere Weise nicht erreichbare strukturelle Fundierung gewinnen. Die Nützlichkeit der Netzwerkanalyse wird allerdings durch die begrenzte theoretische Aussagekraft und empirische Reliabilität ihrer Daten beschränkt; die aus offiziellen Listen erschließbare gemeinsame Mitgliedschaft in Gremien etwa kann viel oder wenig bedeuten, und das gleiche gilt für die in Interviews erfragbare Existenz von Informationsbeziehungen. Auch die Häufigkeit von Kontakten ist nicht notwendigerweise ein guter Indikator für die Intensität einer Beziehung oder deren Belastbarkeit unter kritischen Umständen.

Um netzwerkartige Akteurkonstellationen im Hinblick auf Merkmale, die speziell für die Untersuchung von Prozessen der Steuerung und kollektiven Entscheidungsfindung relevant sind, genauer analysieren zu können, bieten sich die Kategorien der Spieltheorie an. Wegen ihrer Konzentration auf relativ dauerhafte Strukturen kann die Netzwerkanalyse allenfalls zu Aussagen über die durchschnittliche Qualität von Beziehungen – und damit über die Gelegenheitsstruktur für je besondere Interaktionen – kommen, während die Stärke der Spieltheorie gerade in der Analyse einzelner Interaktionen liegt. Beide Methoden ergänzen sich also, auch wenn sie bisher fast völlig getrennt voneinander praktiziert worden sind (Scharpf 1993b).

Die Spieltheorie erlaubt es, die sich aus den Präferenzen der Akteure ergebende Konfliktstruktur typisierend zu beschreiben. Allerdings führt die theoretisch angemessene spieltheoretische Charakterisierung schon bei einfachen Zwei-mal-zwei-Spielen zu 78 unterschiedlichen Konstellationen (Rapoport et al. 1976), und jede vollständige Klassifikation von Konstellationen mit drei oder mehr Akteuren müßte an ihrer völligen Unübersichtlichkeit scheitern. Auch der Versuch, die Konflikthaftigkeit aller Arten von Präferenzstrukturen auf einem einheitlichen Maß eindimensional abzubilden (Axelrod 1970), stieß auf theoretische Schwierigkeiten, so daß vorderhand nur der Rückgriff auf spieltheoretische Grobklassifikationen bleibt, die zum Beispiel auch Zürn (1992) für die Analyse von Konstellationen in der internationalen Politik vorgeschlagen hat.[11] Dementsprechend unterscheiden wir je nach der Kongruenz oder Inkongruenz der Präferenzen zwischen reinen Koordinationsspielen, Koordinationsspielen mit Verteilungskonflikten, Dilemmaspielen und reinen Konfliktspielen. Im ersten Fall existiert eine kooperative Lösung, die alle Beteiligten gemeinsam dem Status quo vorziehen; im zweiten Fall gibt es zwei oder mehrere solcher Lösungen, durch die aber jeweils bestimmte Beteiligte in ungleicher Weise bevorzugt oder benachteiligt werden. Immerhin ist aber auch hier die Stabilität einer einmal erreichten kooperativen Lösung gesichert. Das ist anders in Dilemmakonstellationen, bei denen das gemeinsame Interesse an einer kooperativen Lösung durch die noch größere Versuchung zur Ausbeutung kooperationsbereiter Partner gefährdet wird. In reinen Konfliktsituationen schließlich ist für mindestens einen der Partner das erwartete Ergebnis einer Konfrontation günstiger als die beste erreichbare einvernehmliche Lösung.

Erklärungsversuche mit Hilfe spieltheoretischer Kategorien werden oft durch die Existenz von Mehrebeneninteraktionen (Benz 1992) oder verkoppelten Spielen (»two-level games« oder »nested games«: Putnam 1988; Tsebelis 1990) kompliziert. Die dafür prototypische Konstellation sind intergouvernementale Verhandlungen, deren Ergebnisse in den jeweiligen Parlamenten ratifiziert werden müssen – aber strukturell gleichartige Bedingungen können in allen verflochtenen Interaktionssystemen auftreten. Problematisch wird die Koppelung zwischen externer und interner Interaktion wegen der potentiellen Diskrepanz der Handlungsorientierungen und damit dem Risiko, daß entweder die Problemlösungsfähigkeit der externen Verhandlungen oder die Integrität der internen Willensbildung beeinträchtigt wird (Scharpf 1993a).

Interaktionskonstellationen (Spiele) zwischen korporativen Akteuren sind in wichtigen Aspekten institutionell geprägt, aber doch nicht soweit, daß sie

---

11   Greenhalgh und Kramer (1990: 184) entwickeln eine achtstufige Klassifikation – von »symbiosis« über »alliance«, »conditional cooperation«, »instrumental interdependence«, »peaceful coexistence«, »benign competition« und »rivalry« bis zu »enmity«. Sie verzichten jedoch auf eine explizite spieltheoretische Definition dieser intuitiv durchaus plausiblen Kategorien.

2 Der Ansatz des akteurzentrierten Institutionalismus   65

sich allein aus den institutionellen Vorgaben erschließen ließen. So sind zwar die ›Spieler‹ als korporative Akteure institutionell konstituiert, aber ihre Beteiligung an einem bestimmten Entscheidungsprozeß, ihre Wahrnehmungen, Handlungsziele und Beziehungen zu den anderen Akteuren sind auch durch nichtinstitutionelle Faktoren geprägt. Deshalb hängt es auch nicht allein von institutionellen Vorgaben ab, ob sich die Akteure in einem Koordinationsspiel, in einem Dilemmaspiel oder sogar in einem Konfliktspiel befinden, sondern unter anderem von subjektiven Deutungen der aktuellen Situation und den tatsächlich handlungsleitenden Orientierungen[12].

Wie die Netzwerkanalyse hat auch die spieltheoretische Modellierung ihre Grenzen. So macht die mathematische Spieltheorie unrealistische Unterstellungen im Hinblick auf den Informationsstand und die Informationsverarbeitungskapazität ihrer Modellspieler, was gerade Spieltheoretiker dazu veranlaßt, die Eignung ihrer Modelle für die Erklärung empirisch beobachtbarer Interaktionen zwischen realen Akteuren sehr skeptisch einzuschätzen (Binmore 1987). Trotzdem lassen sich spieltheoretische Modelle (und vertragstheoretische Modelle auf spieltheoretischer Grundlage) so ausbauen, daß sie sich auf unsere Art von Fragestellungen anwenden lassen (vgl. Benz/Scharpf/Zintl 1992; Ryll 1989; Scharpf/Mohr 1994; Werle 1995).[13]

---

12 Diese können unter Umständen rasch wechseln. So wird etwa der in einer Fallstudie analysierte Erfolg eines staatlich geförderten Projekts der industriellen Verbundforschung auf den Umschlag von kompetitiven zu kooperativen Interaktionsorientierungen zurückgeführt, der durch eine veränderte Interpretation der (objektiv unveränderten) Situation hervorgerufen wurde (Lütz 1993).

13 Das gilt insbesondere dann, wenn nicht nur die Theorie simultaner Spiele unter ›Common-knowledge‹-Bedingungen berücksichtigt wird, sondern auch die in ihren Anforderungen an die Informiertheit und die Informationsverarbeitungskapazität der Akteure drastisch reduzierten Modelle der evolutionären Spieltheorie und der Spiele unter unvollständiger Information einbezogen werden.

3

2.7 Akteurzentrierter Institutionalismus zwischen »Parsimony« und »Requisite variety«

Der akteurzentrierte Institutionalismus läuft, wie in den vorangehenden Abschnitten hinlänglich deutlich geworden sein dürfte, Gefahr, durch die Integration institutionalistischer und handlungstheoretischer Perspektiven überkomplex zu werden und praktisch zu einer Art historischer Rekonstruktion zu zwingen. Dieses Problem läßt sich nicht grundsätzlich lösen, aber durch die Beachtung einiger forschungspragmatischer Regeln doch vereinfachen.

Das zentrale Problem, ob beobachtbares Handeln dem institutionellen Kontext oder einem der zahlreichen nichtinstitutionellen Faktoren zuzurechnen ist, kann durch eine analytische Hierarchisierung entschärft werden. Auch wenn Sozialwissenschaftler historisch einmalige Entwicklungen rekonstruieren, geht es ihnen nicht um *vollständige* Erklärung, gewissermaßen eine Eins-zu-eins-Replikation der Wirklichkeit, sondern um zutreffende Vereinfachung – also um den Versuch, mit möglichst wenig ad hoc einzuführender empirischer Information möglichst viele der für die jeweilige Fragestellung relevanten ›Rätsel‹ zu lösen. Dabei hilft eine institutionalistische Variante der Regel der ›»abnehmenden Abstraktion« (Lindenberg 1991) in der Form der Maxime, daß man nicht akteurbezogen erklären muß, was institutionell erklärt werden kann, und daß man auch bei akteurbezogenen Erklärungen zunächst mit vereinfachenden Unterstellungen arbeiten und diese erst dann empirisch überprüfen soll, wenn anders die beobachtbaren Handlungen nicht erklärt werden können. Auf diese Weise reduziert der institutionelle Ansatz den Informationsbedarf für befriedigende Erklärungen erheblich. Da nämlich der institutionelle Kontext nicht nur Beziehungsstrukturen und Anlässe für Interaktionen, sondern auch Handlungsorientierungen mitbestimmt, weiß man bereits viel über Akteure, wenn man diesen Kontext kennt – nicht nur ihre Handlungs- und Unterlassungspflichten, zulässigen Handlungsoptionen und legitimen Ressourcen, sondern auch ihre organisatorischen Eigeninteressen und oft auch ihre charakteristischen Interaktionsorientierungen (so etwa die ›kompetitive‹ Beziehung zwischen Regierung und Opposition im Parlamentarismus) und Wahrnehmungstendenzen (die Bundesbank wird für Inflationsgefahren sensibler sein als der Arbeitsminister). Lediglich in Umbruchsituationen, wie sie etwa im Zuge der deutschen Vereinigung in Ostdeutschland auftraten, verlieren institutionelle Strukturen ihre Orientierungswirksamkeit, und dann gewinnen situative Faktoren und sogar individuelle Besonderheiten notwendigerweise ein wesentlich höheres Gewicht.

Bei sektoralen Prozessen von Steuerung und Selbstorganisation ist die empirische Ermittlung akteurspezifischer Handlungsorientierungen dann nicht nötig, wenn die institutionell zugeschriebenen Aufgaben und generell unterstellbaren organisatorischen Eigeninteressen ausreichen, um das beobachtbare Handeln zu erklären. Erst wenn dieses sich in einer gegebenen Situation offensichtlich nicht an den unterstellten Interessen orientiert, müssen die tatsächlichen motivationalen Orientierungen empirisch erhoben werden. Ähnlich wird man bei Erklärungsversuchen so weit wie möglich mit der Unterstellung ›realistischer‹ und konventioneller Kognitionen arbeiten und aufwendige Forschungsmethoden nur dort einsetzen, wo das beobachtbare Handeln auf die Existenz von Fehlwahrnehmungen hinweist. Dieses Vorgehen entspricht der Weberschen Verwendung von Modellen rationalen Handelns als Richtigkeitstypus, der bei empirischen Analysen als Hypothese fungiert und gegebenenfalls den Weg zu alternativen Erklärungen weist.

Ein Forschungsdesign, in dem ein mehrschichtiger institutioneller Kontext, individuelle wie korporative Akteure, ihre jeweiligen Handlungsorientierungen, Wahrnehmungen und interaktiven Beziehungen gleichermaßen systematisch einbezogen werden, läßt sich in *einer* empirischen Untersuchung kaum anwenden. Die aus dem Max-Planck-Institut für Gesellschaftsforschung hervorgegangenen Studien benutzen deshalb in aller Regel nur bestimmte Ausschnitte aus diesem komplexen analytischen Raster: Gelegentlich standen Handlungsorientierungen (Mayntz / Neidhardt 1989; Derlien / Mayntz 1989) im Vordergrund und wurden empirisch ermittelt, in anderen Fällen wurde hinsichtlich der Handlungsorientierungen mit Postulaten gearbeitet, die aus unterstellten organisatorischen Eigeninteressen abgeleitet wurden (zum Beispiel Hohn / Schimank 1990). In einigen Studien wurden Akteure auf verschiedenen Ebenen explizit einbezogen (Wasem 1992; Schimank 1995; Mayntz 1994a), in anderen wurden Organisationen als unitarische Akteure behandelt. Derartige Verkürzungen kennzeichnen auch die folgenden Kapitel dieses Bandes. Ihnen allen ist jedoch nicht nur der Bezug auf Aspekte der übergreifenden Thematik – Steuerung und Selbstorganisation in staatsnahen Sektoren – gemeinsam, sondern auch die Konzentration auf Interaktionen zwischen (korporativen und anderen) Akteuren in interdependenten Konstellationen. Es ist diese Bestimmung des Untersuchungsgegenstandes, die die verschiedenen Beiträge eint, und weniger die mehr oder minder vollständige Abarbeitung der für diesen Zweck entwickelten analytischen Kategorien. In jedem Fall aber profitieren die empirischen Untersuchungen von der im Hintergrund vorhandenen Kenntnis der vollen Komplexität eines zugleich institutionalistischen und akteurbezogenen Forschungsansatzes.

68   *Renate Mayntz und Fritz W. Scharpf*

Literatur

Alexander, Jeffrey C., 1992: Commentary: Structure, Value, Action. In: Peter Hamilton (Hrsg.), *Talcott Parsons: Critical Assessments*. Bd. II. London: Routledge, 52–61.

——, 1993: *Soziale Differenzierung und kultureller Wandel*. Frankfurt a.M.: Campus.

Alber, Jens, 1992: *Das Gesundheitswesen der Bundesrepublik Deutschland. Entwicklung, Struktur und Funktionsweise*. Frankfurt a.M.: Campus.

Axelrod, Robert (Hrsg.), 1970: *Conflict of Interest. A Theory of Divergent Goals with Applications to Politics*. Chicago: Markham.

—— (Hrsg.), 1976: *Structure of Decision. The Cognitive Maps of Political Elites*. Princeton: Princeton University Press.

Benz, Arthur, 1992: Mehrebenen-Verflechtung: Verhandlungsprozesse in verbundenen Entscheidungsarenen. In: Arthur Benz/Fritz W. Scharpf/Reinhard Zintl, *Horizontale Politikverflechtung. Zur Theorie von Verhandlungssystemen*. Frankfurt a.M.: Campus, 147–205.

Benz, Arthur/Fritz W. Scharpf/Reinhard Zintl, 1992: *Horizontale Politikverflechtung. Zur Theorie von Verhandlungssystemen*. Frankfurt a.M.: Campus.

Berger, Peter L./Thomas Luckmann, 1972: *Die gesellschaftliche Konstruktion der Wirklichkeit*. Frankfurt a.M.: Fischer.

Binmore, Ken G., 1987: Why Game Theory »Doesn't Work«. In: P.G. Bennett (Hrsg.), *Analysing Conflict and its Resolution*. Oxford: Clarendon Press, 23–42.

Child, John, 1972: Organization Structure, Environment, and Performance – The Role of Strategic Choice. In: *Sociology* 6, 1–22.

Cohen, Michael D., 1981: The Power of Parallel Thinking. In: *Journal of Economic Behavior and Organization* 2, 285–306.

Coleman, James S., 1974: *Power and the Structure of Society*. New York: Norton.

Crozier, Michel/Erhard Friedberg, 1977: *L'acteur et le système*. Paris: Editions du Seuil.

Cyert, Richard M./James G. March, 1963: *A Behavioral Theory of the Firm*. Englewood Cliffs, NJ: Prentice-Hall.

Czada, Roland/Adrienne Windhoff-Héritier (Hrsg.), 1991: *Political Choice: Institutions, Rules, and the Limits of Rationality*. Frankfurt a.M.: Campus.

Dearborn, DeWitt C./Herbert A. Simon, 1958: Selective Perception: A Note on the Departmental Identification of Executives. In: *Sociometry* 21, 140–144.

Derlien, Hans-Ulrich/Renate Mayntz, 1989: Party Patronage and Politicization of the West German Administrative Elite 1970–1987 – Toward Hybridization? In: *Governance* 2, 384–404.

Evans, Peter et al. (Hrsg.), 1985: *Bringing the State Back In*. Cambridge: Cambridge University Press.

Flam, Helena, 1990: *Corporate Actors*. MPIFG Discussion Paper 90/11. Köln: MPI für Gesellschaftsforschung.

Giddens, Anthony, 1984: *The Constitution of Society. Outline of a Theory of Structuration*. Cambridge: Polity Press.

2 · *Der Ansatz des akteurzentrierten Institutionalismus*   69

Göhler, Gerhard, 1987: Institutionenlehre und Institutionentheorie in der deutschen Politikwissenschaft nach 1945. In: Gerhard Göhler (Hrsg.), *Grundfragen der Theorie Politischer Institutionen. Forschungsstand – Probleme – Perspektiven.* Opladen: Westdeutscher Verlag, 15–47.

Göhler, Gerhard et al. (Hrsg.), 1990a: *Die Rationalität politischer Institutionen.* Baden-Baden: Nomos.

——— (Hrsg.), 1990b: *Politische Institutionen im gesellschaftlichen Umbruch: Ideengeschichtliche Beiträge zur Theorie Politischer Institutionen.* Opladen: Westdeutscher Verlag.

Granovetter, Mark, 1985: Economic Action and Social Structure: The Problem of Embeddedness. In: *American Journal of Sociology*, 91: 481–510.

Greenhalgh, Leonaard/Roderick M. Kramer, 1990: Strategic Choice in Conflicts. The Importance of Relationships. In: Robert L. Kahn/Meyer N. Zald (Hrsg.), *Organizations and Nation States. New Perspectives on Conflict and Cooperation.* San Francisco: Jossey-Bass, 181–220.

Haas, Peter M., 1992: Introduction: Epistemic Communities and International Policy Coordination. In: *International Organization* 46, 1–35.

Hirschman, Albert O., 1977: *The Passions and the Interests. Political Arguments for Capitalism Before Its Triumph.* Princeton: Princeton University Press.

Hohn, Hans-Willy/Uwe Schimank, 1990: *Konflikte und Gleichgewichte im Forschungssystem. Akteurkonstellationen und Entwicklungpfade in der außeruniversitären Forschung.* Frankfurt a.M.: Campus.

Jepperson, Ronald L., 1991: Institutions, Institutional Effects, and Institutionalism. In: Walter W. Powell/Paul DiMaggio (Hrsg.), *The New Institutionalism in Organizational Analysis.* Chicago: University of Chicago Press, 143–163.

Kahneman, Daniel/Amos Tversky, 1984: Choices, Values, and Frames. In: *American Psychologist* 39, 341–350.

Keck, Otto, 1991: Der neue Institutionalismus in der Theorie der Internationalen Politik. In: *Politische Vierteljahresschrift* 32, 635–653.

Kliemt, Hartmut, 1994: The Calculus of Consent after Thirty Years. In: *Public Choice* 79, 341–353.

Liebrand, Wim B.G./Godfried J. van Rung, 1985: The Effects of Social Motives on Behavior in Social Dilemmas in Two Cultures. In: *Journal of Experimental Social Psychology* 21, 86–102.

Lindblom, Charles E., 1965: *The Intelligence of Democracy. Decision-Making through Mutual Adjustment.* New York: Free Press.

Lindenberg, Siegwart, 1991: Die Methode der abnehmenden Abstraktion: Theoriegesteuerte Analyse und empirischer Gehalt. In Hartmut Esser/Klaus G. Troitzsch (Hrsg.), *Modellierung sozialer Prozesse.* Bonn: Informationszentrum Sozialwissenschaften, 29–78.

Lübbe, Hermann, 1975: Was heißt »Das kann man nur historisch erklären«? Zur Analyse der Struktur historischer Prozesse. In: Hermann Lübbe, *Fortschritt als Orientierungsproblem. Aufklärung in der Gegenwart.* Freiburg: Rombach, 154–168.

Lütz, Susanne, 1993: *Die Steuerung industrieller Forschungskooperation. Funktionsweise und Erfolgsbedingungen des staatlichen Förderinstrumentes Verbundforschung*. Frankfurt a.M.: Campus.

March, James G./Johan P. Olsen, 1984: The New Institutionalism: Organizational Factors in Political Life. In: *American Political Science Review* 78, 734–749.

——, 1989: *Rediscovering Institutions. The Organizational Basis of Politics*. New York: Free Press.

Mayntz, Renate, 1986: Corporate Actors in Public Policy: Changing Perspectives in Political Analysis. In: *Norsk Statsvitenskapelig Tidsskrift* 3, 7–25.

——, 1988: Funktionelle Teilsysteme in der Theorie sozialer Differenzierung. In: Renate Mayntz et al., *Differenzierung und Verselbständigung*. Frankfurt a.M.: Campus, 11–44.

——, 1994a: *Deutsche Forschung im Einigungsprozeß. Die Transformation der Akademie der Wissenschaften der DDR 1989 bis 1992*. Unter Mitarbeit von Hans-Georg Wolf. Frankfurt a.M.: Campus.

——, 1994b: Academy of Sciences in Crisis: A Case Study of a Fruitless Struggle for Survival. In: Uwe Schimank/Andreas Stucke (Hrsg.), *Coping With Trouble. How Science Reacts to Political Disturbances of Research Conditions*. Frankfurt a.M.: Campus, 163–188.

Mayntz, Renate/Friedhelm Neidhardt, 1989: Parlmentskultur – eine empirisch-explorative Studie. In: *Zeitschrift für Parlamentsfragen* 20, 370–379.

North, Douglass C., 1981: *Structure and Change in Economic History*. New York: W.W. Norton.

——, 1990: A Transaction Cost Theory of Politics. In: *Journal of Theoretical Politics* 2, 355–367.

——, 1991: Institutions. In: *Journal of Economic Perspectives* 5, 97–112.

Ostrom, Elinor, 1986a: A Method of Institutional Analysis. In: Franz-Xaver Kaufmann et al. (Hrsg.), *Guidance, Control, and Evaluation in the Public Sector. The Bielefeld Interdisciplinary Project*. Berlin: De Gruyter, 458–475.

——, 1986b: An Agenda for the Study of Institutions. In: *Public Choice* 48, 3–25.

Pappi, Franz U. et al. (Hrsg.), 1987: *Methoden der Netzwerkanalyse. Techniken der empirischen Sozialforschung 1*. München: Oldenbourg.

Parsons, Talcott, 1951: *The Social System*. Glencoe: Free Press.

Parsons, Talcott/Neil J. Smelser, 1956: *Economy and Society*. London: Routledge.

Powell, Walter W./Paul J. DiMaggio (Hrsg.), 1991: *The New Institutionalism in Organizational Analysis*. Chicago: Chicago University Press.

Putnam, Robert D., 1988: Diplomacy and Domestic Politics: The Logic of Two-level Games. In: *International Organization* 42, 429–460.

Quirk, Paul J., 1989: The Cooperative Resolution of Conflict. In: *American Political Science Review* 83, 905–921.

Rapoport, Anatol/Melvon J. Guyer/David G. Gordon, 1976: *The 2 x 2 Game*. Ann Arbor: University of Michigan Press.

Ryll, Andreas, 1989: *Die Spieltheorie als Instrument der Gesellschaftsforschung*. MPIFG Discussion Paper 89/10. Köln: MPI für Gesellschaftsforschung.

Sabatier, Paul A., 1987: Knowledge, Policy-Oriented Learning, and Policy Change. In: *Knowledge: Creation, Diffusion, Utilization* 8, 649–692.

Scharpf, Fritz W., 1987: *Sozialdemokratische Krisenpolitik in Europa.* Frankfurt a.M.: Campus.

——, 1989: Decision Rules, Decision Styles, and Policy Choices. In: *Journal of Theoretical Politics* 1, 149–176.

——, 1993a: Versuch über Demokratie im verhandelnden Staat. In: Roland Czada/ Manfred G. Schmidt (Hrsg.), *Verhandlungsdemokratie, Interessenvermittlung, Regierbarkeit. Festschrift für Gerhard Lehmbruch.* Opladen: Westdeutscher Verlag, 25–50.

—— (Hrsg.), 1993b: *Games in Hierarchies and Networks. Analytical and Empirical Approaches to the Study of Governance Institutions.* Franfurt a.M.: Campus.

——, 1994: Positive und negative Koordination in Verhandlungssystemen. In: Adrienne Héritier (Hrsg.), *Policy Analyse. Kritik und Neuorientierung.* Politische Vierteljahresschrift, Sonderheft 24. Opladen: Westdeutscher Verlag, 57–83.

Scharpf, Fritz W./Matthias Mohr, 1994: *Efficient Self-Coordination in Policy Networks. A Simulation Study.* MPIFG Discussion Paper 94/1. Köln: MPI für Gesellschaftsforschung.

Schimank, Uwe, 1991: Politische Steuerung in der Organisationsgesellschaft am Beispiel der Forschungspolitik. In: Wolfgang Zapf (Hrsg.), *Die Modernisierung moderner Gesellschaften. Verhandlungen des 25. Deutschen Soziologentages in Frankfurt am Main 1990.* Frankfurt a.M.: Campus, 505–516.

——, 1995: *Hochschulforschung im Schatten der Lehre.* Frankfurt a.M.: Campus.

Schneider, Volker/Raymund Werle, 1989: Vom Regime zum korporativen Akteur. Zur institutionellen Dynamik der Europäischen Gemeinschaft. In: Beate Kohler-Koch (Hrsg.), *Regime in den internationalen Beziehungen.* Baden-Baden: Nomos, 409–434.

Scott, John, 1991: *Social Network Analysis: A Handbook.* London: Sage.

Scott, W. Richard, 1987: The Adolescence of Institutional Theory. In: *Administration Science Quarterly* 32, 493–511.

Selznick, Philip, 1966: *TVA and the Grass Roots. A Study in the Sociology of Formal Organization.* New York: Harper & Row.

Streeck, Wolfgang, 1992: *Social Institutions and Economic Performance.* London: Sage.

Stucke, Andreas, 1994: German National Research Centers under Political Pressure: Interference between Different Levels of Actors. In: Uwe Schimank/Andreas Stucke (Hrsg.), *Coping with Trouble. How Science Reacts to Political Disturbances of Research Conditions.* Frankfurt a.M.: Campus, 233–252.

Touraine, Alain, 1977: *The Self-Production of Society.* Chicago: University of Chicago Press.

Tsebelis, George, 1990: *Nested Games. Rational Choice in Comparative Politics.* Berkeley: University of California Press.

Vanberg, Viktor, 1982: *Markt und Organisation.* Tübingen: Mohr.

Vowe, Gerhard, 1993: Qualitative Inhaltsanalyse – Cognitive Mapping – Policy Arguer. Demonstration der Vorgehensweise zur Analyse politischer Kognition. Forschungsbericht zum Projekt »Handlungsorientierungen«. Manuskript. Köln: MPI für Gesellschaftsforschung.

72   *Renate Mayntz und Fritz W. Scharpf*

Wasem, Jürgen, 1992: Niederlassung oder »Poliklinik« – zur Entscheidungssituation der ambulant tätigen Ärzte im Beitrittsgebiet. In: Peter Oberender (Hrsg.), *Steuerungsprobleme im Gesundheitswesen.* Baden-Baden: Nomos, 81–134.

Weaver, R. Kent/Bert A. Rockman (Hrsg.), 1993: *Do Institutions Matter? Government Capabilities in the United States and Abroad.* Washington, DC: Brookings Institution.

Werle, Raymund, 1995: Rational Choice und rationale Technikentwicklung. Einige Dilemmata der Technikkoordination. In: Jost Halfmann et al. (Hrsg.), *Technik und Gesellschaft.* Jahrbuch 8: *Theoriebausteine der Techniksoziologie.* Frankfurt a.M.: Campus, 49–76.

Weyer, Johannes, 1993: System und Akteur. Zum Nutzen zweier soziologischer Paradigmen bei der Erklärung erfolgreichen Scheiterns. In: *Kölner Zeitschrift für Soziologie und Sozialpsychologie* 45, 1–22.

Wiesenthal, Helmut, 1990: *Unsicherheit und Multiple-Self-Identität: Eine Spekulation über die Voraussetzungen strategischen Handelns.* MPIFG Discussion Paper 90/2. Köln: MPI für Gesellschaftsforschung.

Williamson, Oliver E., 1975: *Markets and Hierarchies. Analysis and Antitrust Implications.* New York: Free Press.

——, 1985: *The Economic Institutions of Capitalism. Firms, Markets, Relational Contracting.* New York: Free Press.

Zintl, Reinhard, 1989: Der Homo Oeconomicus: Ausnahmeerscheinung in jeder Situation oder Jedermann in Ausnahmesituationen? In: *Analyse & Kritik* 11, 52–69.

Zucker, Lynne G. (Hrsg.), 1988: *Institutional Patterns and Organizations.* Cambridge, MA: Ballinger.

Zürn, Michael, 1992: *Interessen und Institutionen in der internationalen Politik. Grundlegung und Anwendungen des situationsstrukturellen Ansatzes.* Opladen: Leske + Budrich.

Originaltext Kooiman 1999

Abstract

The concept of 'governance' is in use in many different sub-disciplines of the social sciences. Although there are many differences in the way it is defined and applied, common elements are the emphasis on rules and qualities of systems, co-operation to enhance legitimacy and effectiveness and the attention for new processes and public–private arrangements. The apparent success of the concept seems to be that it reflects the societal need for new initiatives based upon the realization of growing societal interdependencies. The article surveys different uses.

One form of governance is what may be called interactive or social-political governance. This perspective on governance takes different forms of social-political interactions as its central theme in which different kinds of distinctions are made, such as between self, 'co' and hierarchical governance and between orders of governance such as first-order governance, which means problem-solving and opportunity-creation, second-order governance, which looks at the institutional conditions and meta-governance which deals with the principles which 'govern' governance itself. In the article several governance issues are raised and some empirical examples given for the concepts used and the associated theoretical notions.

SOCIAL-POLITICAL GOVERNANCE

Overview, reflections and design

Jan Kooiman

Jan Kooiman
Faculty of Business
Administration
Erasmus University
Rotterdam, The Netherlands

Key words
Governance, institutionalization, interactions, political order, public management

Public Management: an international journal of research and theory
1461–667X Vol. 1 Issue 1 1999 067–092 Copyright © Routledge 1999

INTRODUCTION

3

For a few years now, governance as a concept has been a catchword in many corners of social science disciplines such as international relations, public administration and management, political science and economics. Apparently there is a need for such a concept, although a bandwagon effect cannot be denied either. This article contributes to the discussion on governance, and it will do two things. In the first place I will give a short overview of the literature in which governance is becoming an important theme, such as good governance, governance as networks, global governance, corporate governance, etc.; and I will reflect on the reasons why such a governance explosion may have come about. In the second part some ideas will be developed on a particular brand of governance conceptualization, which is called social-political governance.[1] This effort emphasizes (apparent) need for new ways of solving societal problems or creating societal opportunities, not as public activities in themselves but by way of co-operation between public and private actors in concrete problem or opportunity situations. In a more abstract way, it focuses on the interaction between the state, the market and civil society. By way of illustration, examples are given in which the concepts developed are used in empirical research.

THE GOVERNANCE SCENE

Uses and definitions

The many ways in which the term 'governance' is used in the literature do not necessarily have the same meaning. Rhodes (1997) classified them some time ago, listing six of those uses; I found at least double that amount, depending how seriously you take the use of the term. Adding a number of those candidates to Rhodes' list we may come to something like this:

(1) *Governance as the minimal state* where governance becomes a term for redefining the extent and form of public intervention (Gray 1994; Rhodes 1994).

(2) *Corporate governance*, which refers to the way big organizations are directed and controlled (Hilmer 1993; Charkham 1994; Tricker 1994).

(3) *Governance as new public management* making a difference between government and governance, as expressed in Osborne and Gaebler's often quoted phrase: 'less government and more governance' (Osborne and Gaebler 1992; Rhodes 1997).

(4) Governance as advocated by the World Bank under the heading of '*good governance*' (World Bank 1989; Hyden and Bratton 1992; Leftwich 1994; Williams and Young 1994).

(5) *Governance as socio-cybernetic governance*, an approach of which my work is given as

an example (Kooiman 1993; Kooiman and Associates 1997) – I will come back to this.

(6) *Governance as self-organizing networks*, which is more or less Rhodes' own governance interpretation (Kickert *et al.* 1997; Rhodes 1997).

(7) *Governance as 'Steuerung' (German) or 'Sturing' (Dutch)*. Here I refer to the discussion which mainly unfolds in Germany, but also in the Netherlands, on the role of governments in steering, controlling and guiding societal sectors (in't Veld *et al.* 1991; Kickert 1993; Mayntz 1993; Bekke *et al.* 1995).

(8) *Governance as (international) order*, where several authors in the field of international relations have taken up governance as a central concept such as in 'global governance' (Rosenau and Czempiel 1992; Commission on Global Governance 1995; Desai and Redfern 1995; Rosenau 1995).

(9) A use of the concept of *governing the economy or economic sectors*, see Wade (1990) or Hollingworth *et al.* (1994); also Campbell *et al.* (1991).

(10) Finally, a school of thought under the heading of *governance and governmentality* which draws very much on the legacy of Foucault (Hay and Jessop 1995; Hindess 1997; O'Malley *et al.* 1997).

With so many disparate uses, it is hardly surprising that various authors have defined governance in different ways. An anthology of phrases and terms includes:

(1) 'systems of rule at all levels of human activity from the family to the international organisation in which the pursuit of goals through the exercise of control has transnational repercussions' (Rosenau 1995: 13);

(2) 'a continuing process through which conflicting or diverse interests may be accommodated and co-operative action may be taken' (Commission on Global Governance 1995: 2);

(3) 'self-organizing, interorganizational networks characterized by interdependence, resource exchange, rules of the game and significant autonomy from the state' (Rhodes 1997: 15);

(4) 'conscious management of regime structures with a view of enhancing the legitimacy of the public realm (. . . public realm encompassed state and society . . .)' (Hyden and Bratton 1992: 6, 7);

(5) 'mechanisms with no presumption that these are anchored primarily in the sovereign state' (Hay and Jessop 1995: 303–6);

(6) 'solving problems and creating opportunities, and the structural and processual conditions aimed at doing so' (Kooiman, this article).

Some central concepts that quite often surface as building blocks in these definitions seem to be:

● rules and qualities of systems;

- co-operation to enhance legitimacy and effectiveness;
- new processes, arrangements and methods.

My own definition of 'social-political' (or 'interactive') governance — the elements of which will be clarified in the second part of the article — looks as follows:

> All those interactive arrangements in which public as well as private actors participate aimed at solving societal problems, or creating societal opportunities, and attending to the institutions within which these governing activities take place.

A choice of theoretical approaches to governance

The diversity of uses and the various definitions present a problem in understanding governance.[2] If governance can mean so many things, does it still make sense to speak of one conception of governance? Probably not, but one way of making sense of these various uses and definitions may be to make them applicable to different levels of society. One may presume that different definitions and applications of governance are more appropriate and useful under different circumstances. Corporate governance therefore appears to be more relevant at the organizational level, while network, economic and governmentality approaches seem to be appropriate for sectorial governing situations, and governance as good governance, is more relevant to national situations and, as the word already indicates global approaches speak more to international or world-wide situations.

Although it is impossible to do justice to the richness of the theoretical refinements already in place around governance, the following may highlight some of the key points emphasized. Out of those already mentioned I shall select three strands that I believe have already had a favourable impact, or may have this in the near future.

International relations

In international relations, dissatisfaction with theories such as regime theory marks the rise of the concept of governance. Regime theory emphasizes implicit and explicit rules, norms and decision-making procedures for interactions across national boundaries with a mutual benefit. It also includes non-state actors and the absence of a central authority as arrangements for co-operation, and thus can be looked upon as 'governance without government' (Rosenau and Czempiel 1992). But there are major differences which explains why governance became a central concept in an effort to broaden the scope of other international relations schools of thinking, which still accord a dominant place to the role of national states; regime theory in particular applies to certain areas or issues of international co-operation. Governance theory opens up these limitations to non-state actors, global issues and other levels of interactions besides the inter-state ones. As such 'the governance inherent in global order is the more encompassing concept' (Rosenau in Rosenau and Czempiel 1992: 9). In this usage of governance its also becomes clear that there are global developments and issues in which transnational public, but even more importantly: private actors (market actors and non-governmental organizations (NGOs)) play a much more important informal role than states nationally and internationally. Only by starting to understand the effectiveness of these governance orders 'without formalised centres of authority for systems persistence are we able to understand the ineffectiveness of much governmental action – on a national or international scale, or are not seen as preconditions of how events unfold' (Rosenau in Rosenau and Czempiel 1992: 4–5, 28–9).

Good governance

Good governance is a concept that is quite closely connected with the World Bank's involvement in the development of what is called Sub-Saharan Africa. In an influential report, published in 1989, the Bank shifted from primarily economic policies to an argumentation that a crisis of governance underlies the litany of Africa's development problems (World Bank 1989). What was needed, in the Bank's opinion was a political renewal in terms of increasing political legitimacy as a precondition for sustainable development. This emphasis on the notion of governance has since then become a major issue in developmental literature and practice. For our purposes here the most interesting aspect seems to be that in its limited sense, but certainly in its broader formulation the discussions around 'good governance' reflect many of the theoretical and practical issues which are raised by many of the other approaches to governance, applied to developmental problems. So Williams and Young discussing good governance make clear that it reflects the major ambiguities and tensions within modern liberal theory, such as the 'neutrality' of the state, the role of a liberal public sphere, and questions around the liberal self (1994: 99). I suspect that the major question one can ask of good governance approaches is if they take sufficiently into account that the governing model they have in mind does not seem to reflect the major inter-dependencies of the systems they are supposed to govern.

'Steuerung'

The recent German contribution to the development of governance thinking is best understood in terms of a debate – which German scholars are so good at. The debate has a theoretical but also a political component – and the two are connected. The style of the debate was (and somewhat still is) essentially theoretical, but the intensity of the debate can be explained by the political component. Roughly, a school including Luhmann and a number of colleagues and followers (Luhmann 1970, 1982; Willke 1990, 1992, 1993; Teubner 1993) is in fierce debate with people such as Mayntz,

72   Public Management: an international journal of research and theory

3

Scharpf, von Beyme; who also have their pupils and followers (Mayntz 1993, 1997; Scharpf 1993; Benz 1994; Mayntz and Scharpf 1995; von Beyme 1995).[3]

The issue at stake is the capacity of modern governments to govern, steer, guide developments in society, and in particular sectors of those societies. Central to this are elements of Luhmann's systems theoretical work and in particular his ideas on the self-referential or autopoietic character of social systems. Because of the fundamental self-organizing character of social systems this 'modernization' process takes its own course and such societal sub-systems cannot be governed from the outside (see Dunsire 1996; Brans and Rossbach 1997). This also applies to the public sector, which is just as differentiated, autopoietic and self-referential as other societal sectors. Luhmann himself is very 'strict' about this; autopoiesis is not a variable but a fundamental and universal quality. Some of his followers are somewhat less dogmatic on this issue and allow for at least indirect influence exertion, which they call 'contextual'.

Mayntz and others, although agreeing with some of the dynamical aspects of the modern differentiation processes, disagree with Luhmann and his school in particular on the aspect of the fundamental character of this autopoietic or self-referential nature of social systems. For them if present at all, it is no more than one variable among others. They also see the limited governing options for governance (in the sense of outside influence), but they argue and have empirically shown in all kinds of sectional studies that direct governance modes can have effect – if not as effectively as often thought and proclaimed. What I see as the important contribution of this *Steuerungs*-debate is that it lays a theoretical foundation for the apparent failure of many efforts of public influencing, steering or controlling major societal sectors and that in these discussions many of the governing blockades we all to some extent perceive around us have been conceptualized, operationalized and to some extent empirically worked out in different societal sectors. Which side has the best 'outcome' is of course a matter of taste and appreciation.

These three different theoretical orientations highlight different aspects of the richness of the debates and advances in governance theorizing. There is a greater need for, as well as more opportunities for, cross-fertilization among theoretical approaches. If we want to leave a mono-disciplinary stance, we still have to realize the importance of these differences, which all may contribute in one way or another to an optimal use and development of governance as a theoretical and practical concept.

The why of governance

Governance as a growth industry has its basis in societal developments, in particular with increasing interdependencies, and this at many levels and in many directions. Each of the theoretical or disciplinary uses of the governance concept highlights other aspects of this awareness: interdependence of economic and political aspects of Third-World developments; interdependence of strategy, political context and public opinion; interdependence of public efficiency and business incentive structures; interdependence of public and non-state actors. And so on.

From my own perspective, the emphasis on the usages of governance reflects analyses that consider these broad societal trends to be an expression of, a reaction to or even as an engine of long-term societal differentiation and integration processes. These processes result in lengthening chains of interactions (Kaufmann *et al.* 1986; and *Social-political governance* below). These chains become increasingly institutionalized, multi-level and multi-dimensional. These lengthening chains cause and require a proliferation of the number of actors in society, while the number of interactions among these parties also multiplies. The twin forces of differentiation and proliferation also require some form of reintegration. Hence, they engender a growing but different need for collective action, not in the form of public action as an expression of this collective need alone, but also of public–private modes of collective action as a response to those societal needs or to create new societal opportunities.

As a result, the dividing lines between public and private sectors are becoming blurred (see also Perrault *et al.* 1997). Interests generally are not just public or private, they are frequently shared. Public authority at all levels (from local to supra-national) is becoming diffused over various societal actors and their relationships have changed. Seen from the point of view of more traditional public governing activities, there has been an increase in the role of governments as facilitator and as co-operating partner, for example through public–private partnerships and covenants. Hence, it is generally more appropriate to speak of shifting roles of government than of shrinking roles of government. A reshuffling of government tasks and a greater awareness of the need to co-operate with other societal actors does not render traditional government interventions obsolete. It merely implies a growing awareness of the limitations of traditional government 'command-and-control' interventions. Responses to societal problems require broader sets of instruments, and other sets of partners to solve them not only in terms of looking at market parties to solve those societal problems or create new opportunities, as seems to have been an almost universal response in recent years; but also looking at instruments evolved and practices developed by 'civil society' actors. For example, in many parts of the world, but in particular in Third-World areas, the number of NGOs and their role in tackling social problems has grown tremendously (Willets 1996; *Yearbook of International Organisations* (annual)). So has the awareness of the need for local participation in addressing societal issues.

The above are just broad trends. The central point is that societal actors are dependent on each other in addressing important issues, as nicely expressed in the following statement:

> In today's shared-power, no-one-in-charge, interdependent world, public problems and issues spill over organisational and institutional boundaries. Many people are affected by problems like global warming, AIDS, homelessness, drug abuse, crime, growing poverty among children, and teen pregnancy, but no one person, group or organisation has the necessary power or authority to solve these problems. Instead, organisations and

3

institutions must share objectives, resources, activities, power, or some of their authority in order to achieve collective gains or minimize losses.

(Bryson and Crosby in Bozeman 1993: 323)

In summary, the 'why' of the growth of the governance approach can be best explained by:

- A growing awareness that governments are not the only crucial actor in addressing major societal issues.
- Traditional and new modes of government-society interactions are needed to tackle these issues.
- Governing arrangements and mechanisms will differ for levels of society and will vary sector by sector.
- Concomitantly, many governance issues are interdependent and/or become linked.

SOCIAL-POLITICAL GOVERNANCE

Societal characteristics

Taking the step now from these more general notions of governance to my own theorization on this I may recall the way Rod Rhodes has labelled my own approach (among others) as 'socio-cybernetic', which might be interpreted in terms of emphasizing processual or rather the dynamics of societal situations and their governance. This is certainly an important characteristic of those types of governance theorizing I relate to most. I certainly owe intellectually much from classical authors such as Deutsch (1963) and Etzioni (1968) whose work has made our discipline sensitive to the dynamical qualities of governing processes; and more recently to an author like Prigogine (Prigogine and Stengers 1984), who made insights such as irreversibility and non-linearity accessible for non-natural science scholars. Second, I have to mention another author whose name is closely related to a 'law' he formulated: Ashby (1958). Upon reading his observation that only variety can destroy variety this helped the notion that dawned on me that it takes a variety of governing instruments to tackle the diversity of governing situations. In this postmodern age with its great emphasis on the diversity of cultural expression and individuality, variety or diversity is also a prime candidate for characterizing modern societies. Third, another issue at play in many sciences nowadays concerns the question of how to cope with complexity. Here two other authors need to be mentioned who have put this issue central on the agenda of the social sciences, Simon (1962) and Luhmann (1982, 1985). So to cut a long story short: I choose dynamics, diversity and complexity as the three main concepts to characterize societal conditions, situations and developments, which can be considered as basic governing challenges or, to put it in analytical terms, the main 'independent' variables in governing analysis.

Present-day societies derive their strength from their diversity, complexity and dynamics. They continuously present these societies with problems, but also with opportunities. These opportunities and problems themselves are also complex, dynamic and diverse. After all, they reflect the strengths and weaknesses of these societies. This also applies to the institutional conditions under which opportunities are created and seized and problems formulated and solved. To be effective — that is to say, up to standards such as efficiency, legitimacy and fairness — social-political governing itself has to reflect the diverse, dynamic and complex character of the challenges it faces. Often problem definitions are too simple, policies too static and audiences too generalized: this might be one of the primary reasons why so much governing seems to be inefficient, governance unjust and governability weak.

Governance issue no. 1   How to develop governance in such ways that it 'fits' the main characteristics of the social-political system governed in terms of their diversity, dynamics and complexity.

Interactions

This is where the contribution of interactions as a central concept comes into sight. An interaction, then, can be considered to be a mutually influencing relation between two or more entities. In an interaction we distinguish an intentional and a structural level. Between and within these levels forces are at work, either with a tendency to maintain existing relations or to change them. In these tensions the dynamics of an interaction are implied. In the characteristics of the entities between which the interactions take place, the diversity of the social-political reality comes into being. In the mutual cohesion between the many interactions, the complexity of the governing world is realized. From a societal perspective, three kinds of interactions can be distinguished (Kooiman 1988). In the first place there are what can be called *interferences*. These are basically uncoordinated, spontaneous forms of interactions, such as in many social interactions, but also in economics such kinds of interactions can be found. Second, there are more co-ordinated forms of interactions, which can be called *interplays*. These modes of interactions are semi-formalized and can be found in many societal sectors such as in networks, modes of co-operation, collaboration and group formation. And third, there are formalized modes of societal interactions, which can be called *interventions*. These also abound, but in particular in interactions with a public or semi-public character. These interactions are usually based upon rules and regulations which have/carry some kind of juridical imprint. But codes of conduct or professional codes can also be seen as societal ways of interventionist interactions.

3

Actors and interactions mutually determine each other. We are used to considering interacting individuals and organizations as rather independent from the interactions they participate in. Seemingly, they get interactions going and can stop them at will. But basically actors are continuously formed by and in the interactions in which they relate to each other. They form, as it were, intersections in interaction processes. This means that insight in the *diversity* of those participating in social-political interactions can only be gained by involving them in the governing process, considering them necessary sources of information and in doing so, giving them the opportunity to play out their identities.

In the development of the interaction concept for the sake of governing, the tension between the structural and action level of each interaction can be considered the main source of *dynamics*. This tension is decisive for the nature and direction of the interactions involved, of the tensions within interactions and within the structural level. At the action or intentional level of interactions, the tension between change and conservation shapes the most central and contrary aspirations of actors in serving special and common interests; and satisfy the system-internal and system-external needs.

The *complexity* of social-political systems is primarily expressed in the fact that a multitude of interactions take place in many different forms and intensities. Such interactions can only be influenced if there is sufficient insight in these aspects of complexity. Governing approaches to socio-political problems and opportunities requires clarity about the kind of interactions which are involved in a problem to be tackled or an opportunity to be created, the way these interactions are interrelated and which characteristic patterns stand out.

To further develop the conceptualization of the intentional level of interactions, we can break down this level into three components: images, instruments and action; and the structural level into the components culture, resources and power (Kooiman and Associates 1997).

The distinction between the three elements, *images*, *instruments* and *action*, stems from earlier work in which these three elements were taken as conditions for – effective – governing (Kooiman 1988). To be able to govern, the governor needs ideas on where the system to be governed is, where it needs to be and how the actual situation may be turned into the desired situation. Because terms such as goals, intentions, purposes are too narrow and only applied to one of these three, 'mental images' are required, which we call the 'image condition of governing'. Second, we argued that to reach from an existing to a desired situation the governor needs a set of tools. Every governing situation (be it problem-solving or opportunity-creation) requires a particular combination of measures to be taken. This 'toolkit' containing existing tools or tools that have yet to be invented shall be labelled the 'instrumental condition'. Third, we have argued that a governor in a social-political setting needs support for taking certain measures, for applying his or her toolkit. In a social-political governing perspective it can be considered an important element to be able to marshal sufficient support: for social-political governing. This will be called the action condition for governing.

However, as explained earlier, there is a close relation between the intentional and the structural level of interactions. Against this background we propose that each of these three elements of governing should be positioned in the context of certain structural conditions. These we conceptualize under the three headings: culture, resources and power. In other words, images, instruments and actions in themselves and in their relations are embedded in cultural, resource and power relations at the structural level of interactions. The conditions under which resources become available (structural component) in actualization of an instrument (intentional component) in generalized or specific forms of interactions, is one of the major elements of theorizing on governing.

In the following example, it is made clear that an interactive governing tool such as a covenant can be developed in a society such as the Netherlands, which traditionally has emphasized on co-arrangements between the public sector and the business community, but also that there are conditions on the intentional as well as on the structural level which have to be met.

Covenants as an example of 'interactive' instruments

The covenant has become an important instrument in the 'target-group strategy' for implementing the Dutch national environmental policy plan. This strategy is designed to stimulate negotiation and deliberation between organized branches of trade and industry and government, and stresses that these groups share responsibility for environmental protection. Sustainable development combines a preventive and source-oriented approach to environmental problems. Such an approach cannot be implemented by governments making rules unilaterally, but depends on the co-operation of economic agents. The strategy thus represents a response to the serious enforcement problems and high administrative costs of the previous policy, which was implemented unilaterally by the government, and involved a costly loss of flexibility for the market sector.

Advantages of covenants include the speed with which they can be established, their inherent flexibility, and most importantly their morally binding character and capacity to stimulate responsibility through the endorsement by stakeholders of commonly agreed standards.

Covenants have been criticized by environmentalists for not being sufficiently binding on big business, which was thought to have excessive bargaining power over government. However, after a period of experimentation, covenants have become more formalized and institutionally embedded, and made more legally binding.

Recent covenants such as those related to the heavy metal industry and the oil and gas exploration and production sector include clear objectives, a timetable, monitoring and evaluation procedures. Although environmental organizations may not participate in the negotiations, the greater openness of the process provides greater opportunity for them to monitor it from the outside.

(Adapted from van Vliet 1993 and Kooiman and van Vliet 1995)

So, on the basis of these theoretical notions and with the experience of this case on covenants as practised quite widely now in Dutch national, regional and local

3

governing, co-operation and covenanting can be said to be most successful when there is:

- agreement that there is a pressing and concrete problem to be solved;
- shared understanding of mutual interdependencies;
- the willingness and the power to accept a degree of uncertainty in outcome;
- shared responsibility and leadership.

Governance issue no. 2   How to develop interaction patterns between public and private partners which enable them to cope with governing situations both on the intentional and the structural level.

Governing orders

Now that I have set the social-political governing stage by developing concepts with and around governing interactions as central concepts, the next step will be to say something about different ways governing interactions might be distinguished. This will be done by drawing a distinction between two different sets of governance activities in terms of interactions between governing actors: orders and modes of governing. Elsewhere I have conceptualized these different forms more extensively (Kooiman 1999 forthcoming), but here I present a summary of these governance notions as follows. Governing activities take place in what I call governing orders and governing modes. Governing *orders* aim at conceptualizing activities of societal or social-political governors in terms of their activities. Governing *modes* aim at particular forms of societal interactions in which these activities take place. These governing modes will be the subject of the next section. The present section will take a closer look at governing orders.

Three different sorts of governing orders can be distinguished. First, there is the day-to-day activity of public and private actors in concrete governing situations: these may be routine governing activities such as solving concrete social-political problems or more future-oriented social-political opportunities. These activities we shall call *first-order* governing. Governing the way handicapped people are taken care of is such a set of public and private governing activities. But it may be also necessary to influence the conditions of that first-order governing (its structural level) when these conditions are out-dated, dysfunctional or detrimental in governance terms. These governance activities will be called *second-order* governing. They are aimed at the institutional settings in which social-political problems are (attempted to be) solved or opportunities created. An example of this is the way in which the public and private roles and functions are institutionalized in the care of the handicapped. A third governance order concerns the governing activities aimed at the broad principles that concern the way governance itself, either first- or second-order, takes place. This order of governing will be called *meta-governance*, because its central theme concerns the way 'governing or governors are governed'. This usually is not a very concrete form of governing, where particular actors carry out particular activities, but they are more discussion themes which form in a way the (normative) framework in which first- and second-order governing activities evolve. A good example of this is the discussion on the broad principles within which or on which integration of handicapped people *should* take place in modern society. With the help of the distinction between first-order, second-order and meta-governing, different levels of aggregation can be linked up with different levels of analysis of governing interactions. First-order governing sets out to solve problems or create opportunities, in direct response to specific governing situations. Second-order governing aims to influence the conditions under which first-order problem-solving or opportunity-creation takes place. Phrased somewhat differently, second-order governing applies to the structural conditions of first-order governing. I also distinguish first-order governing from second-order governing. First-order governing is the balancing process between problems, opportunities, solutions and strategies. Second-order governing can be seen as the balancing process between governing *needs* on the one hand, and governing *capacities* on the other. This terminology expresses that second-order governing deals with somewhat less concrete and directly experienced governing situations than first-order governing. This somewhat more abstract character is expressed in terms of needs and capacities. The institutions as such are, of course, not abstract; they are crucially important for carrying out basic governing tasks. To look at the governing capacity of a particular social-political system is to take both first- *and* second-order governing into consideration. The third, 'meta' order basically addresses the question who or what 'ultimately' governs governors and their governing. The answer to this apparently simple question is far from simple. This discussion on this subject can be phrased in terms of the governability of a particular 'system-to-be-governed', as a quality of a particular social-political system, either on a micro, meso or macro level of societal interactions.

Problem-solving and opportunity-creation: First-order governing

First-order governing includes both problems and opportunities because the great challenges in present-day societies are not only about finding solutions to collective problems, but also about creating collective opportunities. The 'classical' distinction of turning to government for problem-solving, and to the private sector and the market for creating opportunities is proving an inappropriate and ineffective point of view in modern societies. Societal problem-solving and opportunity-creation is a public as well as a private, a governmental as well as a market and civil-society concern. At one time one sector takes the lead, in another situation it is another, and there seems to be a growing number of social-political challenges that call for shared responsibilities and 'co-arrangements'.

For solving social-political problems and creating social-political opportunities a keen (and combined public–private) insight in the diversity, dynamics and complexity of social-political questions and the conditions in which these questions arise, is indispensable. Problem-solving and opportunity-creation are cyclical processes. The problem identification cycle runs from identifying those who experience problems, through taking stock of the interactions taking part in terms of partial problems or problem aspects, to localize pockets of tensions which can be identified as sources of problems. This process only ends, basically, when no new discoveries are made. Then the solution space (this part of the total process can also start earlier and run parallel to the problem aspect) and the social-political problem–solution system can be defined.

Opportunity-creation runs just the other way around. There are no experiences to be taken stock of and identified yet. Here governors themselves experience an opportunity. An opportunity can be said to be a positively evaluated experience from a future-orientated perspective. What are the relevant tensions that bring on the opportunity experience? Which kinds of interactions are potentially involved in the opportunity? Then the entities participating in those interactions are identified. Opportunity-creating and opportunity-exploiting strategies can be developed from there. Once the opportunity space has been defined, the opportunity-strategy system can be defined and its boundaries drawn. The defining process as such is ended, and it is time for the instrumental and action phases to start. The diversity of participants, the dynamics of the tensions and the complexity of the aspects taken into account are central elements in the (first-order) governing processes of social-political problem-solving as well as opportunity-creation.

The advent of salmon-farming in mainland Scotland and the Shetlands

The rapid expansion of the salmon farming industry in mainland Scotland, and the predominance of multinational companies in operating the industry, can be described in terms of a 'colonialization of the coastal frontier'. In the words of the conservation bodies 'many communities feel hard done-by in the rapid uptake of available sites by large outside concerns which have the resources to keep well-informed and to place a large number of exploratory applications'. People may have experienced the arrival of the industry as an invasion, but they did not become totally inactive as a consequence. There was extensive media coverage, bringing many of the controversies quite effectively to public attention. Voluntary bodies concerned with wildlife and countryside conservation in Scotland formed an association to become more efficiently organized to counterbalance the rapid expansion of the industry. In a similar way, the local authorities in Scotland which were affected by the marine salmon farming industry, joined forces to evaluate and redesign development control arrangements. Although conservation societies, local authorities and other interest groups were perhaps not immediately effective in changing the planning system, they were quite successful in bringing forward their arguments, and informing the general public.

In the Shetlands the Shetland Islands Council took the opportunity to use its special powers to institute a restricted access policy to create an industry locally owned and, as much as possible, integrated in the local economy. Salmon farms are often owned in partnership by local people. A relatively large portion of people are only part-time employed in salmon farming and also work in the islands' other industries such as catch fishing.

People interviewed in Shetland, did refer to their 'islands' tradition' to explain the rather unproblematic societal integration of salmon farming. But such a general reference to culture can hardly serve as a satisfactory explanation for the solution of conflicting interests in particular situations, and if one speaks to a Shetland salmon farmer in a less official context, one finds that it is apparently part of the same 'islands' mentality' to be individualistic, to strive for being as little dependent on your neighbour as possible. Apart from that, there turn out to be as many issues of contention within the local community as there may be among people coming from different regions of the UK attracted to the high returns of establishing a salmon farm in west Scotland. It is not the absence of conflicting interpretations or interests but rather the way in which these conflicts are dealt with that constitutes the basis of legitimate decision-making. The system of formal rules operating in Shetland gave people the opportunity argumentatively to construct and reconstruct their understanding of the action situation with respect to governing the development of the salmon farming industry locally.

(Adapted from van der Schans 1999)

Some of the dynamics, diversity and complexity aspects of the introduction of salmon farming in mainland Scotland and the Shetlands can be analysed in terms of the first-order governing of an opportunity for those areas.

Dynamics play an important role in the creation and use of an opportunity. In Scotland the actors or actor groups involved seem not to have been able to create an 'opportunity space' out of the advent of salmon farming in their region. The advent of this important new economic activity was mainly a process of tensions without proper outlets, which meant that not even a proper opportunity space was defined. Especially at the start, it seemed a missed opportunity, which was only remedied at a later stage. The introduction of salmon farming in the Shetlands can be explained much better in terms of a properly defined opportunity, where the dynamics and the complexity (and with some hesitation also the diversity of interests) of the situation were understood, the proper instruments applied and sufficient action potential was available to reap many of its benefits. Other case studies in our project also provide examples of ways in which problems in European fisheries are defined, solutions tried or found, opportunities defined and used. This is attributable to the multi-faceted character of first-order governing such as in fisheries, but also to the fact that neither problems nor opportunities are social-political givens, but agreed or disagreed-on inter-subjective notions between the main actor groups involved. A large part of first-order governing consists of finding effective and legitimate inter-subjective agreements of what a problem or opportunity might be. In fisheries, there seems to be at least partial agreement among the major parties involved about the nature of the key problems; this seems less true of its opportunities. This could be attributable to a dominant focus on problems and the absence of a search for opportunities. More systematic attention to the different aspects of first-order governing could help to shift this balance.

3

Governance issue no. 3   How do you organize collective problem-solving and opportunity-creation, such that in each of these processes the main characteristics of the social-political situations are taken into account?

Second-order governing: Mixing modes of governing

Social-political problem-solving and opportunity-creation (first-order governing) does not take place in a void: not only theoretically but also in practice both are embedded in institutional settings, which can be looked upon as frameworks which have to cope with the diversity, dynamics and complexity of (parts of) modern societies – second-order governing. Noting/observing that in conceptual terms most coping with these characteristics in problem-solving and opportunity-creation was on the processual aspects of governing, in second-order governing the attention is more on the structural aspects of governing interactions. This is not only a question of analytical distinction and attention; I am inclined to think that taking care of these institutional settings for first-order governing is a governing order in itself, with its own character and 'favour'.

Fortunately recent scholarly interest in the role of institutions in influencing behaviour of actors (and therefore in their willingness or ability to enter into interactions) in different disciplines – under the heading of 'new' institutionalism – has given insight into many factors of importance in this context (March and Olsen 1989; DiMaggio and Powell 1991; Scott 1995; Goodin 1996; Hall and Taylor 1996; Lowndes 1996). These insights may serve as a first step into a more coherent theorizing of second-order governing.

The contribution to the development of this governance theorizing is summarized quite well as follows (adapted from Goodin 1996):

- actors interact in contexts that are collectively constrained;
- some of these interactional constraints take the form of institutions (organized patterns of socially constructed norms and roles);
- institutions shape interests of those interacting and are at the same time shaped by them.

Distinctions and observations about second-order governing such as these, are important, because they show that in second-order governing we indeed deal with phenomena of a different 'order', and with other governing dimensions which call for other types of governing activities. Somewhat analogous to social-political problem-solving and opportunity-creation as first-order governing actions, we deal with the 'maintenance' and 'design' and 'renewal' of social-political institutions as a second-order governing activity. And it is certainly conceivable to develop quite systematic ideas on such 'maintenance' or 'renewal' of the institutionalization of social-political governing such as in the way 'efficient' 'appropriate' institutions control or enable problem-solving or opportunity-creation in modern societies. I shall elaborate a little on this second-order governing in terms of a distinction between different forms of societal interactions, explicitly geared to modes of institutionalized governance: self-governing, co-governing and hierarchical governing. Of course there are many more ways to discuss institutional forms of second-order governing. However, in my way of theorizing much emphasis is placed on the governing needs and capacities of social-political systems on different levels of aggregation: from organizations as social-political systems on the micro level to national or inter- or supra-national systems at the macro level. Distinguishing between the three modes of governing and their actual mixes in concrete institutional settings plays an important role in understanding what those governing needs and capacities are.

Self-governing

There is a 'comical' element to what in recent years has come to be called the self-regulation of societal sectors. It tends to be presented as if this 'regulation' is 'handed down' or 'regiven' to these actors by public authorities. This is correct in the limited sense where regulation of certain aspects is currently not directly carried out by these authorities, but is more or less delegated to these sectors themselves. However, the mainstream of activities in many, if not all, societal sectors is of a self-governing nature: sometimes formalized as in contracts and rules of conduct, but even there the great majority of interactions taking place are of a self-governing nature. This capacity of modern societies is large in balance with existing or new governing needs. So self-governing is predominantly not a favour handed down by public authorities, but an inherent societal quality, which greatly contributes to the governability of modern societies. Certainly, many sectors in present-day societies largely govern themselves. It could not be otherwise (see also *Steuerung* above).

Co-governing

A second important mode of governing is what can be called co- or inter-governance. Different forms of partly 'horizontal' and partly 'vertical' relations are mixed, and can follow each other in the course of time; modes of horizontal structures however dominate. There is a certain degree of equality in the structure within which participating entities relate to each other. Autonomy of those entities remains an important characteristic of these modes of governance. Ceding autonomy is always only partial and contains mutual agreements, common rights and duties. Co-governing makes use of organized forms of societal interactions for governing purposes (Huxham 1996). In social-political governing, parties co-operate, co-ordinate, communicate 'sideways', without a central or dominating governing actor. It is in particular these forms of governing which seem better equipped than other modes in diverse, dynamic and complex governing situations. Networks (Kickert *et al.* 1997; Rhodes 1997); public–private partnerships (Kouwenhoven 1993) and co-management schemes such as in fisheries are prime examples of this mode of governance (see Kooiman *et al.* 1999).

3

Hierarchical governing
Interventions as most formalized forms of interactions are mainly characterized by hierarchical structural arrangements. Rights and duties are organized according to superordinate and subordinate responsibilities and tasks. In particular when sanctions are attached to social-political interventions these have a highly formalized character and are accompanied by all kinds of political and juridical guarantees. Public intervention systems are the most classical and characteristic mode of governing interaction between the state and its citizens or citizen groups. The most common and widely practised form of intervening is by means of policies (Parsons 1995). For almost any broader subject on almost every level of public involvement in social affairs, policy-making is standard practice. Often this involvement is closely linked with one or more forms of legal or administrative rules, which nonetheless can be identified as separate forms of interventionist governing.

Mixed-mode governing
Interdependencies between the main societal institutions may also be defined in terms of handling the growing diversity, dynamics and complexity of societal issues. In line with some other recent thinking it may be observed that each of these institutions contributes to societal issues in particular in what it is 'good' at: civil society is well placed to handle issues of diversity; the market to handle the dynamic aspects and the public sector (the state) to confront particular issues of complexity in modern societies (see Kooiman and Associates 1997). Major categories of modern societal issues require different mixes of the three contributions of societal actors from these three institutions. A basic governance task, then, is to design such 'mixes'. For example, many governments are nowadays limited in their macro-economic and monetary policies by the pressure of international financial markets and the opportunities for replacement of production facilities. Consequently, government reliance on traditional interventionist instruments, such as legal sanctions, bureaucratic rules, and financial subsidies has decreased. Simultaneously many parts of the world have seen an increase in the role of government as a facilitator and a co-operating partner, for example through public–private partnerships and as partner in semi-formalized arrangements in the Dutch experience known as covenants, semi-formal arrangements between public and private actors (see earlier example). Hence, it is generally more appropriate to speak of shifting roles of government than of shrinking roles of government – the need for governance does not shrink!

Likewise, a similar development takes place in civil society, taking over governance tasks left by the public sector. For example, the number of non-profit organizations, varying from special interest groups to local community initiatives, has grown. So has the awareness of the need for local participation in addressing societal issues. As a result, both governments and civil society organizations now need to recognize the need for negotiation and co-operation through forms of shared governance. Self-governance – without government interference – will meanwhile continue to be important.

In terms of second-order governing, this means that the most important governance task is to organize or institutionalize the mix of three modes of governance: self-governing, co-governing and interventionist governing. Each society has enormous reservoirs of self-governing capacity which, in its governance, it should protect and reinforce where necessary. Recently, it is particularly from civil society or the non-profit sector that such initiatives can be observed in many parts of the world. Where this is the case, governments can restrict their activities in this direction and take care that where necessary institutionalization of such private initiatives takes place. It should not be forgotten that self-governing forces may often implicate some degree of destabilization where things are stuck in a rut, or, to the contrary, self-organizing capacity may have stabilizing power in situations of rapid change. This requires a rather subtle balancing of societal needs and capacities.

At the other side of the spectrum of governing modes interventions remain important as a corollary to self- and co-governing. Experience has shown that often self- and 'co' modes of governance need something of a 'stick' in the background, if not for other reasons than the well-known 'free-rider' who may threaten co-operative efforts in interventionist governance. Measures may be necessary to define the realm and the scope for self- and co-governing.

So my plea is definitely not for withdrawal or non-interventionism of public authorities in the governance of present-day societies; it advocates well-designed mixes of the three modes. Again, a balance needs to be struck for the scale and time conditions for such mixes. In practice, sectors of societal governing may be the best scale for the institutionalization of certain mixes between the three modes in which the capacities of state, civil society and market actors and institutions are balanced. As far as time constraints are concerned, it seems that, again, a balance needs to be struck between short- and longer-term demands made on the institutionalization of certain mixes. Rules of thumb are hard to give; what is more important is a realization that these mixes take time to become effective, but should not outlive their need. This is shown quite clearly in the following example from Dutch social-security policies and the efforts of the Dutch government in alliance with (what the Dutch call) its 'social partners' (employers and employees) to develop a new 'mix' of responsibilities for the provision of old-age pensions and the predicaments connected with these efforts.

Old-age pension provision as mixed-mode governance

The discussion about old-age provisions in the Netherlands was inspired by the idea of increasing individual responsibility and its flipside, and the retreating state from a market in which it is both supplier and regulator of this public service. The degree to which those who govern can deal with the extraordinary complexity of the market is also an important element to be considered.

86   Public Management: an international journal of research and theory

3

The starting-points to arrive at a new mode of governing old-age pensions are manifold. On the one hand the aspect of cost control, which is related to the expected rise in expenses as a result of the proportional increase of the ageing population, plays a central role for the government. On the other hand macro-economic motives are involved: the reduction of the expenses of old-age provisions would contribute to a decrease in labour costs and therefore to the policy of stimulation. Third, also in the market of pension suppliers it is attempted to create maximum space for the operation of the market (equals the interplay of market forces). And finally, the changing ideas about the balance between individual responsibility and group solidarity create an important steering need: more individualism requires more flexibility regarding the contents of the pensions and a reduction of the expenses covered by the community.

In such a complex area, in which the state is both player and regulator, it is interesting to examine whether the proposed policies lead to a lasting and efficient system. The criteria used for this purpose are effectiveness (do the plans serve the set aims and starting-points?), coherence and minimal government intervention.

The Dutch government chooses to continue to act directly to a considerable degree via the public provisions, and then it regulates the height and the form of the additional pensions, that is it regulates the private market of pensions. This leads to overregulation and to a system that does not guarantee the controllability of old-age provisions in the long run. Besides, the plans appear to be inconsistent, especially with respect to the question of the changing view on the need for group solidarity. It appears that the proposals are blocked mainly by the complexity of the area and by the doubts regarding the shift in one of the basic rationalities (group solidarity). The interdependence of the public and the private sector as well as that of the various roles which the state fulfils in this policy area, the intertwinement of several policy areas, and the indirect implications of the policy appear to be a stumbling block for a consistent policy. Also with respect to old-age provisions, penetrating to the core of the steering needs by carefully analysing the interactions within the field appears to be an important condition for an efficient policy.

(Adapted from Merlin 1997)

An important conclusion of this study is that the solution for the lack of effect of government policies lies in the closure of public governing and of the market as sub-systems of the broader societal system, rather than in the degree to which the government acts or declines to act. This implies that the question whether self-governing in the form of self-regulation should or should not be part of a governing mix together with hierarchical governing is subordinate to the importance of governing of the market's self-steering capacity. The fact that the governing actor operates with a defective picture of the field, means that policy-making starts from a qualitatively weak point of departure. That is why policies and regulations linked with them are often not geared to the needs in a particular societal sector. An important factor is that authorities that only govern hierarchically miss opportunities that can be found in the area itself, such as market parties: they may have insufficient knowledge to reckon with inhibiting (governance problems) and beneficial (governance opportunities) societal movements. It often appears that policies rest insufficiently on the dynamics of the field applied and that its diversity and complexity are not given due attention. A proper mix of the three modes of governing as illustrated can often be an important step in the direction of a more satisfactory governance at the different societal levels as distinguished.

Governance issue no. 4   How to institutionalize mixes of modes of governance to optimize synergetic capacities in satisfying governing needs for societal (sub-) sectors as well as for the broader societal contexts.

Meta-governance: The question of governability as third-order governing

We have produced several building-blocks for social-political governing, but a building has not yet been fabricated. The 'mortar' to keep the construction together may consist of two elements: political and managerial standards and criteria: a norm-oriented framework to 'bind' what the analysis has 'taken apart'. First-order governing tackles day-to-day problems; second-order governing frames institutional conditions, but many differences, clashes, conflicts, risks and uncertainties remain unsolved. This is the kind of dilemma that, in our view, belongs to the domain of 'meta': how legitimately do we handle problems, what kinds of effectiveness conditions for governance do we find acceptable? The combination of the analytical with the more normative aspects of governing, and in particular, the governing of the 'whole', can be phrased in terms of *governance* (analytical) and *governability* (normative). Governance can be seen as the total effort of a system to govern itself; governability is the outcome of this process – not an 'end state', but a stock-taking at a particular moment in times of complex, diverse and especially dynamic processes. For such reflections, political and managerial criteria can be helpful standards (Kooiman and Associates 1997).

Some recent theorizing on public management provides a basis to structure the ideas on what should constitute these standards. To come to grips with this external orientation, the pluralism debate gives some clues as to what the world looks like 'on the outside', a world with which public institutions have to deal in order to cope with problems and opportunities in complex, dynamic and diverse governing situations. This debate calls special attention to uneven power distributions and unequal access to public institutions. As a consequence, there is a definite need for concepts to help overcome an uneven representation not only of interests but also of aspects of societal problems. For effective public management it is of the greatest importance to have a fair representation because otherwise problem-solving or seizing opportunities will be inefficient and ineffective, and quite probably also illegitimate and unjust.

This last point becomes especially clear if we add a third source of ideas: the consideration that substantive debates certainly have to be extended to the outside world. Only within the context of a continuous debate between 'insiders' and 'outsiders' will it be possible to develop a coherent, up-to-date and flexible set of values and norms that will enable public actors to cope with a constant stream of dilemmas with which they will be necessarily confronted. This also includes the

3

application of (new) ethical standards and rules of conduct at all levels of public sector governance and management.

Governing issue no. 5   How to express the 'social-political' of governance in terms of 'meta' debates.

Dilemmas

Finally we need to address the dilemmas with which public organizations and their actors will inevitably be confronted. Criteria such as effectiveness and efficiency mesh with the tradition of management; in the pluralist debate we find criteria such as representativeness and selectivity; and in the normative literature we find criteria such as justice and legitimacy. These can be applied to the way complexity, dynamics and diversity can be handled (see Figure 1, adapted from Kooiman and van Vliet 1993).

From a governance/governing perspective, to handle complex problems or opportunities is to care for a 'representative iteration' between interactions of wholes and parts of the problems and opportunities. The same can be said for selectivity of participating actors. Without passing judgement on the measure of such iterations, it can be observed that from an evaluative point of view, at least once a full cycle of the problem-solving or opportunity-creation process is visited.

Selectivity is to say that at least a fair representation of those directly and indirectly involved should be present or heard in the governing process. In the same manner, coping with dynamics can be evaluated in terms of learning and effectiveness. The emphasis on evaluating the way governance structures handle dynamics could be in terms of the willingness to learn, either from past mistakes or from new insights. Certainly this is not commonplace if we look at the inertia that is so characteristic of many public organizations or (public–private) inter-organizational networks. And stressing effectiveness as a criterion for coping with dynamics involves the well-known phenomenon of feedback processes failing to catch up with the facts, resulting in the opposite of what was meant. One could say that learning is a measure for the use of feedback mechanisms; effectiveness is a measure of how the insights from learning are applied in the next cycle.

For coping with or handling diversity we propose the usage of justice, with an emphasis on evaluating governance; and legitimacy with an emphasis in evaluating

	Management	**Political**
Complexity	wholes/parts	representativeness/selectivity
Dynamics	cybernetics	learning/effectiveness
Diversity	quality	fairness/justice/legitimacy

Figure 1: Normative criteria to evaluate governance performance

governing. These more substantive criteria (which should definitely be situationally specified), at the same time form the closing piece and the starting point for the other four criteria. They are not independent from the others, otherwise they risk becoming empty shells: interesting for discussion, but only too easily neglected in the practice of governance and governing. Justice (governance) and legitimacy (governing) taken in this sense also become complex but especially dynamic evaluative criteria and standards. Their normative power contributes to and underpins the normative quality of the other criteria. Public administration should be much more seriously integrated with disciplines such as normative political theory. This certainly applies to the field of publications on management as a scholarly discipline and the practical applications promoted by it.

In a society that is increasingly complex, dynamic and diverse, 'the' government is not capable of deciding on its own the direction in which society is to develop. Societal development is necessarily a result of interactive social forces. The fact that societal developments are dependent on the actions of a variety of social actors, however, is not to mean that public management does not have a special responsibility. At the normative level it has the responsibility to stimulate public debate about public values, governmental tasks and collective decision-making through which government's role in society is legitimized and a public 'purpose' is given to governmental action.

Governing issue no. 6   How to match political and managerial criteria in social-political governing.

CONCLUDING REMARK

This article has developed some ideas on governance in general and on social-political governance in particular. The purpose was to show that theoretical ideas on governance can be general as well as specific, and that it seems worthwhile to pursue the path towards a theory of modern governance systematically. These ideas can be seen as the first steps towards such a theoretical project (see also Kooiman 1999, forthcoming). If such a project will contribute anything new and be more than just a fashion in concept development and utilization, it has to be considered itself as a subject of social-political governing. In an earlier article I proposed to consider the development of public service management theory as a 'subject to be governed' in terms of its diversity, dynamics and complexity (Kooiman 1996). The same applies to the development of governance theory. This is a diverse, dynamic and complex subject as I have tried to show in the first part of the article. The concepts developed in the second part may help make it into a theory which is looked upon as an important tool for solving societal problems and creating opportunities with the new millennium approaching. May this new journal be a forum to facilitate the discussion needed to make it that.

90   Public Management: an international journal of research and theory

NOTES

1   This article is based upon a project 'Social-political governance and management' led by the author until 1997, as part of the work of the Section Public Management of the Graduate School of Management of the Erasmus University, Rotterdam. The case studies reported in the article are part of this project, either as PhD dissertations or as contract research for the EU.

2   This section draws on an unpublished paper by a former student in collaboration with some others, which was partly based upon my own work, and gave a good summary of some of my ideas (see Perrault *et al.* 1997).

3   Where possible I give references in the English language; where no relevant publications on a particular subject are available I give a reference in the original language of the author(s).

REFERENCES

Ashby, W. R. (1958) 'Requisite Variety and its Implications for the Control of Complex Systems'. *Cybernetica*, 1 pp83–99.

Bekke, H. J. G. M., Kickert, W. J. M. And Kooiman, J. (1995) 'Public Management and Governance' in Kickert, W. J. M. and van Vught, F. A. (eds) *Public Policy and Administration Sciences in the Netherlands.* London: Prentice Hall/Harvester Wheatsheaf.

Benz, A. ed. (1994) *Kooperative Verwaltung,* Baden-Baden: Nomos.

Brans, M. And Rossbach, S. (1997) 'The Autopoiesis of Administrative Systems: Niklas Luhmann on Public Administration and Public Policy'. *Public Administration,* 75 pp417–39.

Bryson, J. M. And Crosby, B. C. (1993) 'Policy Planning and the Design of Forums, Arenas and Courts' in B. Bozeman, (ed.) *Public Management.* San Francisco, CA: Jossey Bass.

Campbell, J. L., Hollingworth, J. R. And Lindberg, L. N. eds (1991) *Governance of the American Economy,* Cambridge: Cambridge University Press.

Charkham, J. (1994) *Keeping Good Company, a Study of Corporate Governance in Five Countries,* Oxford: Oxford University Press.

Commission on Global Governance (1995) *Our Global Neighborhood,* New York: Oxford University Press.

Desai, M. And Redfern, P. eds (1995) *Global Governance: Ethics and Economics of the World Order,* New York: Pinter.

Deutsch, K. W. (1963) *Nerves of Government,* New York: Free Press.

DiMaggio, P. J. And Powell, W. W. eds (1991) *The New Institutionalism in Organisational Analysis,* Chicago, IL: Chicago University Press.

Dunsire, A. (1996) 'Tipping the Balance: Autopoiesis and Governance'. *Administration and Society,* 28:3 pp299–334.

Etzioni, A. (1968) *The Active Society,* New York: Free Press.

Goodin, R. E. ed. (1996) *The Theory of Institutional Design,* Cambridge: Cambridge University Press.

Gray, J. (1994) 'Limited Government' in D. McKevitt and A. Lawton (eds) *Public Sector Management.* London: Sage.

Hall, P. A. And Taylor, R. C. R. (1996) 'Political Science and the Three New Institutionalisms'. *Political Studies,* 936–57.

Hay, C. And Jessop, B. (1995) 'Local Political Economy, Regulation and Governance' (Introduction to special issue). *Economy and Society,* 24, August pp303–6.

Hilmer, F. (1993) 'The Governance Research Agenda: A Practitioner's Perspective'. *Corporate Governance: An International Review,* 1 pp26–32.

Hindess, B. (1997) 'Politics and Governmentality'. *Economy and Society*, 26, May pp257–72.

Hollingworth, J. R., Schmitter, P. C. And Streeck, W. eds (1994) *Governing Capitalist Economies*. New York: Oxford University Press.

Huxham, C. ed. (1996) *Creating Collaborative Advantage*, London: Sage.

Hyden, G. And Bratton, M. eds (1992) *Governance and Politics in Africa*, Boulder, CO: Lynne Rieder.

in't Veld, R. J., Schaap, L., Termeer, C. J. A. M. And van Twist, M. J. W. eds (1991) *Autopoiesis and Configuration Theory*, Dordrecht: Kluwer.

Kaufmann, X. F., Majone, G. And Ostrom, V. eds (1986) *Guidance, Control and Evaluation in the Public Sector*, Berlin: De Gruyter.

Kickert, W.J. M. (1993) 'Complexity, Governance and Dynamics: Conceptual Explorations of Public Network Management'. in: J. Kooiman (ed.) *Modern Governance*, London: Sage.

Kickert, W. J. M., Klijn, E-H. And Koppenjan, J. F. M. eds (1997) *Managing Complex Networks*, London: Sage.

Kooiman, J. (1988) *Besturen: Overheid en Maatschappij in Wisselwerking*, Assen: van Gorcum.

—— ed. (1993) *Modern Governance*, London: Sage.

—— (1996) 'Research and Theory about New Public Services Management'. *International Journal of Public Sector Management*, 9: nr 5/6 pp7–22.

—— (1999), 'Societal Governance: Levels, Modes and Orders of Social-political Interaction' in: J. Pierre, (ed.) *The Governance Debate: Authority, Steering, and Democracy*. Oxford: Oxford University Press.

Kooiman, J. And van Vliet, M. (1993) 'Governance and Public Management' in K. A. Eliassen and J. Kooiman (eds) *Managing Public Organisations*. London: Sage.

—— (1995) 'Riding Tandem: The Case for Co-Governance'. *Demos*, 7 pp44–5.

Kooiman, J. And Associates (1997) *Social-Political Governance and Management* (3 vols), Rotterdam: Rotterdam School of Management (Erasmus University). Report Series, no. 33, 34 and 35.

Kooiman, J., van Vliet, M. And Jentoft, S. eds (1999) *Creative Governance: Opportunities for Fisheries in Europe*, Aldershot: Ashgate.

Kouwenhoven, V. (1993) 'Public-Private Partnertships' in J. Kooiman (ed.) *Modern Governance*. London: Sage.

Leftwich, A. (1994) 'Governance, the State and the Politics of Development'. *Development and Change*, 25 pp363–86.

Lowndes, V. (1996) 'Varieties of New Institutionalism: A Critical Appraisal'. *Public Administration*, 74 pp181–97.

Luhmann, N. (1970) *Soziologische Auklaerung*, Cologne/Opladen: Westdeutscher Verlag.

—— (1982) *The Differentiation of Society*, New York: Columbia University Press.

—— (1985) *Soziale Systeme*, Frankfurt a/M: Surkamp.

March, J. G. And Olsen, J. P. (1989) *Rediscovering Institutions: The Organisational Basis of Politics*, New York: The Free Press.

Mayntz, R. (1993) 'Govering Failures and the Problem of Governability: Some Comments on a Theortical Paradigm' in J. Kooiman (ed.) *Modern Governance*. London: Sage.

—— (1997) *Soziale Dynamik und Politische Steuerung*, Frankfurt & New York: Campus.

Mayntz, R. And Scharpf, F. (1995) *Gesellschaftliche Selbstregelung und Politische Steuerung*, Frankfurt & New York: Campus.

Merlin, P. (1997) *Overheid en Verzekeringsmarkt in Wisselwerking*, Delft: Eburon.

O'Malley, P., Weir, L. And Shearing, C. (1997) 'Governmentality, Criticism, Politics'. *Economy and Society*, 26:4 pp501–17.

Osborne, D. And Gaebler, T. (1992) *Reinventing Government*. Reading, MA: Addison-Wesley.

Parsons, W. (1995) *Public Policy: An Introduction to the Theory and Practice of Policy Analysis.* Aldershot: Edward Elgar.

Perrault, P. H., Hobbes, H. And Dijkzeul, D. (1997) *Governance: Responding to pluralist societies.* The Hague: ISNAR (internal paper).

Prigogine, I. And Stengers, I. (1984) *Order Out of Chaos,* New York: Bantam.

Rhodes, R. A. W. (1994) 'The Hollowing Out of the State'. *Political Quarterly,* 65 pp138–51.

—— (1997) *Understanding Governance,* Buckingham: Open University Press.

Rosenau, J. N. (1995) 'Governance in the Twenty-First Century'. *Global Governance,* 1 pp13–43.

Rosenau, J. N. And Czempiel, E-O. eds (1992) *Governance Without Government: Order and Change in International Relations,* Cambridge: Cambridge University Press.

Scharpf, F. ed. (1993) *Games and Hierarchies in Networks: Analytical and Empirical Approaches to the Study of Governance Institutions,* Frankfurt: Campus.

Scott, W. R. (1995) *Institutions and Organisations,* Thousands Oaks, CA: Sage.

Simon, H. A. (1962) 'The Architecture of Complexity'. *Proceedings of the American Philosophical Society,* 106 pp467–82.

Teubner, G. (1993) *Law as an Autopietic System,* Oxford: Blackwell.

Tricker, R. I. (1994) *International Corporate Governance, Text, Readings and Cases,* New York: Prentice Hall.

van der Schans, J. W. (1999) 'Governing Aquaculture: Dynamics and Diversity in Introducing Salmon Farming in Scotland' in J. Kooiman, M. van Vliet and S. Jentoft (eds) *Creative Governance: Opportunities for Fisheries in Europe.* Aldershot: Ashgate.

van Vliet, M. (1993) 'Environmental Regulation of Business: Options and Constraints for Communicative Governance' in J. Kooiman (ed.) *Modern Governance.* London: Sage.

von Beyme, K. (1995) 'Steuerung und Selbstregelung'. *Journal f. Sozialforschung,* 35 pp196–217.

Wade, R. (1990) *Governing the Market,* Princeton, NJ: Princeton University Press.

Willets, P. ed. (1996) *The Consciousness of the World: The Influence of Non-Governmental Organisations in the UN System,* Washington: Brookings Institution.

Willke, H. (1990) 'Disenchantment of the State: Outline of a Systems Theoretical Argumentation' in Th. Ellwein, R. Mayntz and F. Scharpf (hsq) (eds) *Yearbook on Government and Public Administration.* Baden-Baden: Nomos.

—— (1992) *Ironie des Staates,* Frankfurt: Surkamp.

—— (1993) *Systemtheorie,* Stuttgart: G. Fischer Verlag.

Williams, D. And Young, T. (1994) 'Governance, the World Bank and Liberal Theory'. *Political Studies* XLII pp84–100.

World Bank (1989) *A Framework for Capacity Building in Policy Analysis and Economic Management in Sub-Saharan Africa,* Washington, DC: World Bank.

Yearbook of International Organisations (various years) Munich: K. G. Saer Verlag.

Originaltext Blatter 2005

©(2005) Swiss Political Science Review 11 (1): 119-155

Metropolitan Governance in Deutschland: Normative, utilitaristische, kommunikative und dramaturgische Steuerungsansätze

Joachim BLATTER
Universität Konstanz

Zusammenfassung

Der Aufsatz beschreibt die historische Entwicklung und die jüngsten Formen politischer Steuerungsansätze in sechs westdeutschen Großstadtregionen. Es sind dies die Regionen Hamburg, Bremen, Hannover, Frankfurt, Stuttgart und München. Zu diesem Zweck wird im theoretischen Teil eine zweidimensionale Typologie von Formen der *Metropolitan Governance* entwickelt. In der ersten Dimension werden *Governance*-Formen nach dem Strukturmuster der Interaktion unterschieden, in der zweiten Dimension werden die *Governance*-Formen aufgrund der zugrundeliegenden Handlungstheorie (normatives, utilitaristisches, kommunikatives und dramaturgisches Handeln) differenziert. Mit Hilfe der dadurch gewonnenen acht Idealtypen wird im darauf folgenden empirischen Teil gezeigt, dass bis in die 1970er Jahre normative Steuerungsformen die Diskussion beherrschten und diese in den 1980er Jahren durch ein utilitaristisches Paradigma in Frage gestellt wurden. Seit Beginn der 1990er Jahre wurde verstärkt auf kommunikative und dramaturgische *Governance*-Formen gesetzt, auf deren Grundlage können sich aber ganz unterschiedliche *Governance*-Schwerpunkte und z.T. auch ausdifferenzierte "*Governance*-Landschaften" in den verschiedenen Stadtregionen etablieren.

Keywords: Governance theory, metropolitan governance, institutional change, comparative case studies

Einleitung und Überblick[1]

Wie in der Schweiz gibt es seit Beginn der 1990er Jahre auch in Deutschland ein deutlich wiedererstarktes Interesse an Agglomerationsregionen. Parallel

---

[1] Dieser Aufsatz stellt eine überarbeitete und gekürzte Fassung meines gleichlautenden Beitrags zum 8. Nassauer Gespräch der Freiherr-vom-Stein Gesellschaft, das vom 25.-27. März 2004 auf Schloss Neuhardenberg stattfand, dar. Der Tagungsband wird von Professor Janbernd Oebbecke in Kürze veröffentlicht. Ich bedanke mich für die hilfreichen Kommentare der Gutachter der SPSR.

zur Erkenntnis, dass Großstadtregionen besonders wichtige sozio-ökonomische Funktionen und besonders gravierende Probleme besitzen, hat auch die Einsicht zugenommen, dass die Regierungsstrukturen und -prozesse in diesen Regionen erneuert werden müssen, um den gewandelten Erfordernissen gerecht zu werden. Im folgenden Aufsatz soll gezeigt werden, dass es im Zeitablauf dominante Konzepte zur Steuerung von Großstadtregionen gegeben hat, sich aber trotzdem in den deutschen Agglomerationsregionen jeweils unterschiedliche institutionelle Antworten auf die sich verschärfenden und neuen Herausforderungen durchsetzen konnten.

Mit dem Aufsatz wird aber auch noch ein zweites theorieorientiertes Ziel verfolgt. Im ersten Teil wird ein Raster von Idealtypen der *Metropolitan Governance* entwickelt, mit dessen Hilfe im zweiten Teil des Aufsatzes sowohl die historische Entwicklung wie auch die jüngsten Unterschiede zwischen den Regionen analysiert und beschrieben werden. Im Gegensatz zu vielen im Forschungsfeld angewendeten Typisierungen basiert die entwickelte Typologie auf fundamentalen theoretischen Grundlagen und verspricht deswegen einen besseren Anschluss an grundlegende sozialwissenschaftliche Diskurse sowie eine präzisere deskriptive Analyse. Ein genaues Verständnis der Funktionslogiken von *Governance*-Konzepten ist für ein Forschungsfeld, bei dem fast immer normative Vorannahmen die nüchterne Beschreibung und das analytische Verständnis überlagert haben, von zentraler Bedeutung. Es wird deswegen im folgenden mit Hilfe von Idealtypen analysiert, was sich im zeitlichen Ablauf verändert hat und was heute die zentralen Unterschiede zwischen den verschiedenen Großstadtregionen darstellen, ohne dass damit eine eigene normative Bewertung verbunden wird.

Kritik der dichotomen Typisierung von Governance-Formen

In der Literatur zur Steuerung von (Großstadt-)Regionen findet sich eine Vielzahl von Indikatoren, anhand derer Formen der regionalen Steuerung unterschieden werden können: Die Form der Beziehungen (hierarchische versus horizontale, vgl. z.B. Savitch & Vogel 2000), der Institutionalisierungsgrad (formell versus informell, vgl. z.B. Fürst 1994), die Rechtsform (privatrechtliche versus öffentlich-rechtliche Form, vgl. z.B. Fürst, Müller & Schefold 1994), die Aufgabenbreite (sektoral-spezialisiert versus querschnittsorientiert-integrativ, vgl. z.B. Danielzyk 1999), die Aufgabenart (Planungsaufgaben versus Trägerschaftsaufgaben, vgl. z.B. Fürst et al. 1990; Regionalplanung versus Flächennutzungsplanung, vgl. Trümper 1982; *service provision* versus *service production*, vgl. z.B. Savitch & Vogel 2000), die Finanzierung (direkte versus indirekte, vgl. z.B. Heinz 2000) oder die Zusammensetzung der Entscheidungsorgane (vgl. z.B. Heinz 2000).

In induktiv gewonnenen Typisierungen werden diese Indikatoren dann oftmals ohne große Reflexion über das Verhältnis dieser Aspekte zueinander verwendet (z.B. Danielzyk 1999; Heinz 2000) und viele Aspekte sind nur auf eine einzige im Mittelpunkt stehende regionale Institution ausgerichtet. Bei theorieorientierteren Typisierungen wird dagegen das Gesamtsystem des regionalen Regierens betrachtet, allerdings erfolgt dabei dann oft eine Integration verschiedenster Aspekte in ein eindimensionales Kontinuum bzw. in Dichotomien, oft mit einer expliziten oder impliziten normativen Bewertung versehen. In den 1990er Jahren war dies die Gegenüberstellung von formalen Institutionen und informellen Netzwerken (z.B. Benz et al. 1999), in jüngerer Zeit wurde dies von der Gegenüberstellung von *Government* versus *Governance* überlagert und größtenteils abgelöst (z.B. Benz 2001).

Die Integration verschiedenster Unterscheidungskriterien in eine Dichotomie bzw. ein eindimensionales Kontinuum bringt nicht nur Probleme bei der Einordnung der vielfältigen Institutionenlandschaft mit sich, sondern auch eine theoretische Unschärfe, die Anschlüsse an grundlegendere sozialwissenschaftliche Theorie-Entwicklungen erschwert. Deswegen wird im folgenden eine zweidimensionale Typologie entwickelt, die auf grundlegenden sozialwissenschaftlichen Konzepten beruht und durch eine stärkere Differenzierung der Vielfalt der jüngeren *Governance*-Formen besser gerecht wird als dichotome oder eindimensionale Typisierungen. Folgerichtig wird der Begriff *"Governance"* in diesem Aufsatz – im Gegensatz zur oben erwähnten Literatur – als generischer Grundlagenbegriff verstanden, der alle möglichen Formen der politischen Steuerung umfasst.

Renate Mayntz (1993: 44) unterscheidet Formen der Steuerung anhand ihrer "strukturellen Koppelung". Danach sind Märkte durch das Nicht-Vorhandensein von struktureller Koppelung, Hierarchien durch feste Koppelung und Netzwerke durch lose Koppelung gekennzeichnet. Das Kriterium "strukturelle Koppelung" bleibt hier aber sehr unscharf, weil die strukturelle mit der prozessualen Dimension der Interaktion vermischt wird. Scharpf (1997: 47) löst diese Unschärfe auf, indem er die institutionellen Idealtypen interaktionstheoretisch mit Hilfe des Konzeptes "Modus der Interaktion" definiert (d.h. Strukturmuster auf Interaktionsmodi reduziert). Er unterscheidet vor allem die stärker gekoppelten institutionellen Idealtypen *organisation* und *association* und die weniger stark gekoppelten institutionellen Typen *network* und *anarchic field*. Scharpf bleibt bei seiner Typenbildung sehr stark einer rationalistischen Handlungstheorie verbunden und operationalisiert sein Differenzierungskriterium "Interaktionsmodus" vor allem als Regeln der Entscheidungsfindung. Erkenntnisse der sozialkonstruktivistischen Literatur zur Bedeutung von Wahrnehmungen und Motiven für die Beteiligungsbereitschaft und die Präferenzbildung werden dabei genauso randständig behandelt wie die

Differenzierung zwischen Verhandeln und Argumentieren. Die Einstellungen der Akteure zueinander werden von Scharpf (1997: 85/86) als "Interaktionsorientierungen" zwar konzeptionell wahrgenommen, spielen aber ebenfalls eine untergeordnete Rolle in seinem Ansatz. Es sind aber genau diese Aspekte, die bei den jüngeren Steuerungsformen – nicht nur in Großstadtregionen – eine zentrale Rolle spielen und deswegen wird im einem nachfolgenden Teil versucht, eine systematische handlungstheoretische Grundlegung für verschiedene Steuerungsformen zu entwickeln. Zuerst soll allerdings eine Alternative zur Reduktion von Strukturmustern auf Interaktionsmodi aufgezeigt werden.

Idealtypische Strukturmuster der Interaktion und der Inklusion/Exklusion

Im Gegensatz zu Scharpf möchte ich das Differenzierungskonzept der "strukturellen Koppelung" strukturalistisch füllen und mich dabei an Konzepten aus der Netzwerkanalyse orientieren (zum Unterschied zwischen der Verwendung des Netzwerk-Konzepts als analytisches Forschungskonzept und als Steuerungskonzept vgl. Pappi 1993). Aus der Perspektive der Netzwerkanalyse werden Hierarchien und Netzwerke durch das vorherrschende Strukturmuster der Interaktion und durch unterschiedliche Mitgliedschaftsregeln differenziert. Kenis & Schneider (1991: 25) verweisen in ihrer Abgrenzung von Netzwerken gegenüber Hierarchien auf die strukturelle Definition von Hierarchie wie sie von Herbert Simon (1962: 477) entwickelt wurde. Dieser stellte fest, "that hierarchies have the property of *near-decomposability*. Intra-component linkages are generally stronger than inter-component linkages." Netzwerke unterscheiden sich als Strukturmuster von Hierarchien genau dadurch, dass eine near decomposability nicht mehr gegeben ist: Die Verbindungen zu Elementen anderer Einheiten laufen nicht mehr nur über eine übergeordnete Instanz (wie in einer klassischen Bürokratie), sondern "Querverbindungen" treten so häufig auf, dass sie im Vergleich zu den internen Bindungen nicht mehr vernachlässigt werden können. In anderen Worten, lateral-horizontale Kontakte sind so ausgeprägt, dass kein Akteur mehr eine *gate-keeper*-Position einnimmt. Es bilden sich mehrere Knotenpunkte im Interaktionsnetz, so dass man Netzwerke auch als polyzentrale Strukturmuster der Interaktion bezeichnen kann, während Hierarchien monozentrale Strukturmuster darstellen.

Marin und Mayntz legen den definitorischen Schwerpunkt auf die unterschiedliche Abgrenzung nach außen und auf den Aspekt der Mitgliedschaft statt der Kontakte. Fest und lose gekoppelte Systeme bzw. Organisationen und Netzwerke unterscheiden sich dann primär darin, ob der Zugang/Austritt und die Mitgliedschaft eindeutig und eher rigide geregelt sind oder ob *entry/exit* bzw. Mitgliedschaft offener gestaltet sind (Marin & Mayntz 1991: 16). Auch dieses Unterscheidungskriterium kann man wieder auf das strukturalistische

METROPOLITAN GOVERNANCE IN DEUTSCHLAND   123

Merkmal der *near decomposability* zurückführen. Fest gekoppelte Systeme sind auch nach außen hin *nearly decomposable*, da Zugang und Austritt aufgrund der rigiden Grenzsetzungen relativ selten erfolgen – für lose gekoppelte Systeme gilt das Gegenteil.

Tabelle 1: *Die zentralen Unterschiede zwischen fester und loser struktureller Koppelung*

	Feste Koppelung	Lose Koppelung
Internes Strukturmuster der Interaktion	hierarchische Struktur; monozentrisch	Netzwerkstruktur; polyzentrisch
Grenzziehung nach außen; Inklusion/Exklusion	eindeutige Grenzziehung; relativ geschlossene Einheit	uneindeutige Grenzziehung; relativ offene Einheit
Abstrakte strukturalistische Systemeigenschaft	near decomposability	no decomposability

Ein Strukturmuster der Interaktion sagt noch nichts darüber aus, wie die Bindungen zwischen den Akteuren ausgestaltet sind. In der quantitativen Netzwerkanalyse konzeptionalisiert man diese Bindungen meist als "Informationsaustausch". Scharpf (1997) überwindet eine solche eindimensionale Konzeptionalisierung und konzentriert sich auf verschiede Regeln der Entscheidungsfindung (hierarchische Weisung, Abstimmungen mit Mehrheitsregeln, Verhandlungen und unilaterale Handlungen). Diese Typisierung ist zwar weiterführend als die funktionalistische Engführung der quantitativen Netzwerkanalytiker auf den Informationsaustausch. Sie eignet sich aber nicht, um die jüngsten Entwicklungen der *Governance*-Formen differenziert abbilden zu können, denn die Kategorie "Verhandlungen" ist zu rationalistisch verkürzt, um die verschiedenen Formen der freiwilligen regionalen Kooperation erfassen zu können. Deswegen wird im nächsten Abschnitt eine differenziertes handlungstheoretisches Repertoire vorgestellt, um mit Hilfe von vier handlungstheoretischen Idealtypen in Kombination mit den beiden strukturellen Formen der Interaktion acht idealtypische Logiken der regionalen Kooperation zu entwickeln.

Idealtyptische Handlungsformen und die entsprechenden Steuerungslogiken

Max Webers Unterscheidung von zweckrationalem, wertrationalem, affektuellem und traditionalem Handeln bildet nach wie vor einen wichtigen Ausgangspunkt für handlungstheoretische Überlegungen in der Politikwissenschaft (vgl. Braun 1997: 53). Dabei grenzt Weber die beiden Formen des rationalen Handelns gegenüber dem traditionalen und dem affektuellen bzw. emotionalen Handeln durch die "Sinnhaftigkeit" des Handelns ab (Weber [1922] 1985: 12). Die beiden rationalen Formen des Handeln lieferten dann im 20. Jahrhundert den

3

handlungstheoretischen Kern für die Stilisierung eines "Homo Sociologicus" und eines "Homo Ökonomicus" bzw. für die Unterscheidung einer *logic of appropriateness* and einer *logic of consequentiality* (March & Olson 1989), welche in den letzten Jahrzehnten die wirkmächtigste handlungstheoretische Differenzierung in der Politikwissenschaft darstellt. Allerdings gewinnen in jüngster Zeit modifizierte Formen des traditionalen (in der Form von *habits*) und emotionalen Handelns wieder verstärkt Bedeutung und werden nicht mehr als irrationale Absonderheiten bzw. vormoderne Überbleibsel behandelt, sondern als sinnvolle "Abkürzungen" bei der Informationsverarbeitung in einer komplexen Welt (Marcus 2000).

Eine zweite grundlegende Typisierung von Handeln ist die Habermas'sche Differenzierung von teleologischem, normreguliertem, dramaturgischem und kommunikativem Handeln (Habermas 1981: 126-151). Das teleologische Handeln entspricht Webers Zweckrationalität, das normregulierte Handeln dessen Wert-rationalität. Das Konzept des dramaturgischen Handelns basiert auf dem symbolischen Interaktionismus von Erving Goffman und betont die expressive Selbstrepräsentation vor Publikum mit dem Ziel der sozialen Anerkennung als zentrales Motiv sozialen Handelns. Beim für Habermas zentralen Konzept des kommunikativen Handelns steht die vor allem sprachbasierte Verständigung der Interaktionspartner auf konsensfähige Situationsdeutungen im Mittelpunkt. In der Folgezeit hat sich die theoretische Diskussion wiederum auf die Gegen-überstellung von nur zwei Handlungstypen konzentriert – aus dem teleologischen Handeln wurde das strategische Verhandeln/*bargaining* und aus dem kommunikativen Handeln das Argumentieren/*arguing*. Zwei zentrale technische und sozio-ökonomische Veränderungen führen allerdings dazu, dass in jüngster Zeit das dramaturgische Handeln wiederentdeckt wird. Dies ist zum einen die Bedeutung der Massenmedien und die daraus resultierende Notwendigkeit zur Aufmerksamkeitserzeugung und Inszenierung (Meyer, Ontrup & Schicha 2000). Zum anderen die mit den sozialen Bewegungen und der Entgrenzung der Nationalstaatenwelt wieder in den Vordergrund gerückte Bedeutung von kollektiven Identitäten. Beides spricht dafür, dass das dramaturgische (bzw. anerkennungsorientierte oder identifikatorische) Handeln mit seiner Betonung der bildlichen Kommunikation und seiner Fokussierung auf die Identitäten (statt der Interessen) der Akteure auch in der Steuerungstheorie stärkere Berücksichtigung finden muss. Im Gegensatz zu einem Großteil der Literatur zu territorial verankerten politischen Identitäten setze ich identifikatorisches Handeln ganz bewusst in die Nähe des dramaturgischen Handelns, denn ich gehe davon aus, dass Identitäten soziale Konstrukte sind, in dem Sinne wie Benedict Anderson Nationen als *imagined communities* bezeichnet hat. Es gibt keine objektive, natürliche Identität, die "entdeckt" werden kann, sondern ein Prozess von Selbstdarstellung und sozialer Anerkennung konstituiert eine soziale oder politische Identität – dabei können allerdings Dinge wie Geschichte, Ethnie, Landschaft und ähnliches das "Material" der dramaturgischen Inszenierungen sein, das benutzt wird, um kollektive Identitäten mit Inhalten zu füllen.

Die vorgestellten vier Handlungstypen sind mit divergierenden prozessualen Kooperationslogiken verbunden (vgl. Blatter 2003): Das normorientierte Handeln entspricht der prozessualen Logik der Deduktion, das nutzenbasierte Handeln der Logik der Evolution; das kommunikative Handeln ist verbunden mit einer Logik der Kreation bzw. Konstruktion, während schließlich das dramaturgische Handeln eine prozessuale Logik der Induktion impliziert. Dies soll im Folgenden kurz mit feldspezifischen Beispielen erläutert werden. Bei einer *deduktiven Logik der Kooperation* werden konkrete Handlungen bzw. Handlungsanweisungen aus einer übergeordneten Norm von Experten (Juristen/Techniker/Bürokraten) abgeleitet, so z.B. wenn konkrete Bebauungspläne auf der Basis eines vorhandenen regionalstädtischen Flächennutzungsplanes entwickelt werden oder wenn die kommunalen Flächennutzungspläne anhand eines Regionalplanes geprüft werden. Die *evolutionäre Logik der Kooperation* entspricht dagegen einem inkrementellen "bottom-up"-Ansatz, bei dem Kooperation nur dann zustände kommt, wenn eine "win-win"-Situation aus der Sicht der Beteiligten vorliegt. Das Vertrauen, das durch eine erfolgreiche Umsetzung eines Einzelprojektes zwischen den Partnern wächst, ermöglicht dann weitere Kooperationsprojekte, die auch komplexerer Natur sein können, d.h. bei denen die Kosten-Nutzen-Verteilung nicht ganz eindeutig ist, oder bei denen die "win-win"-Situation nur durch die Verknüpfung von sachlich oder zeitlich getrennten Projekten zu einem Paket ermöglicht wird. Eine *konstruktivistische Logik der Kooperation* basiert auf gegenseitiger Kommunikation, wobei durch Argumentieren oder Rhetorik von allen geteilte Problemdefinitionen und Lösungsmöglichkeiten entwickelt werden, auf deren Basis dann gemeinsam gehandelt werden kann. Der gemeinsame kognitiv-normative Rahmen, der sich dadurch entwickelt, wird nicht durch eine formales Verfahren legitimiert, sondern durch die freiwillige Akzeptanz aller Beteiligten. Er ist weniger verbindlich und zeitlich weniger stabil als die formalisierten Normen bei der normbasierten Logik. Die *Logik der Induktion* basiert auf der analytischen Differenzierung und dem faktischen Zusammenspiel zwischen der Beziehungsdimension und der Sachdimension einer sozialen/politischen Interaktion. Sachbezogene Kooperationen werden zum einen durch die Wahrnehmung der auf diese Sache bezogenen Interessen der Beteiligten bestimmt, aber auch – und dies wird in den meisten Analysen sehr randständig behandelt – durch die generelle soziale Beziehung der Beteiligten zueinander, denn diese beeinflusst die "Interaktionsorientierung" der einzelnen Akteure und damit die Größe des *"win-set"* bei konkreten Kooperationsprojekten. Die Logik der Induktion kann in zwei Richtungen erfolgen: Die Verbesserung der gegenseitigen Wahrnehmung/Wertschätzung kann die Basis dafür legen, dass man auch bei konkreten Projekten zum gemeinsamen Handeln findet, oder aber konkrete, gemeinsam durchgeführte Projekte können die gegenseitige Wahrnehmung positiv verändern und zum Aufbau einer gemeinsamen Identität beitragen.

Den angesprochenen vier Handlungsformen lassen sich neben verschiedenen prozessualen Logiken der Kooperation auch spezifische strukturelle Logiken der Kooperation zuordnen. Wenn wir zusätzlich die im vorangehenden Kapitel herausgearbeitete Unterscheidung zwischen fester und loser Koppelung berück-sichtigen, gibt es hinsichtlich der strukturellen Logiken jeweils zwei mögliche Ausformungen pro Handlungstyp, so dass wir insgesamt zu acht idealtypischen Kooperationsstrukturen kommen. In der folgenden Tabelle werden diese Ideal-typen sowohl mit einem generellen Label aus der theoretischen Literatur versehen als auch mit entsprechenden Ausprägungen im Bereich der stadtregionalen Politik illustriert.[2]

Tabelle 2: Handlungstypen und die entsprechenden Logiken der regionalen Kooperation

Handlungstyp	Strukturelle Logik der Kooperation		Prozessuale Logik der regionalen Kooperation
	Feste Koppelung	Lose Koppelung	
Norm-orientiertes Handeln	Hierarchische Organisation *Regionalstadt*	Mehrebenensystem *Stadt-Umland-Verband*	Deduktion
Nutzen-orientiertes Handeln	Club *Regionaler Zweckverband*	Verhandlungssystem *Rahmenvereinbarung*	Evolution
Kommunikatives Handeln	Konsensorient. Dialog *Regionalkonferenz*	Diskursives Feld *Regionale Allianzen*	Konstruktion
Dramaturgisches Handeln	Vereinigung *Marke(ting-Gesellschaft)*	Bewegungen *Reg. Leuchtturmprojekte*	Induktion

a. Eine erste, fest gekoppelte institutionelle Entsprechung des norm-orientierten Handelns stellt die formale Organisation mit hierarchischen Wei-sungsmöglichkeiten dar. Dem entspricht in den urbanen Agglomerationen die Eingemeindung und die Fusion von Kommunen zu einer Regionalstadt. Der Stadtrat ist hier das eindeutige Zentrum der politischen Interaktionsstruktur und es gibt eine eindeutige und zeitlich stabile territoriale Grenze, die festlegt, wer Mitglied in der politischen Gemeinde ist. Die Verbindung von normorientierter Steuerung und loser Koppelung entspricht einem Mehrebenensystem mit formal autonomen Einheiten auf verschiedenen Ebenen und wird im

---

[2] Die Tabelle vermittelt ein etwas reduziertes und damit problematisches Bild. Im strengen Sinne gilt die Differenzierung zwischen loser und fester Koppelung nur jeweils innerhalb eines Handlungstyps. In einem allgemeinen Kontinuum zwischen loser Koppelung und fester Koppelung liegen die entwickelten Idealtypen nicht alle auf "gleicher Höhe". Eigentlich hätte man die Tabelle als Raute darstellen müssen, in dem jede Zeile von oben nach unten etwas nach rechts versetzt ist.

Untersuchungsfeld durch einen Stadt-Umland-Verband repräsentiert. Diesen Verbänden sind idealtypisch Kompetenzen im Bereich der territorialen Planung übertragen. Damit entsteht ein regionaler Netzknotenpunkt in einem wichtigen, aber nur in einem Feld der lokalen Politik. Verbindlichkeit der Normen einerseits und Mitgliedschaft der Bürger andererseits erfolgen nur indirekt über die einzelnen kommunalen Gebietskörperschaften.

In prozessualer Hinsicht folgt die normorientierte Steuerungsform der Logik der Deduktion. Idealtypisch steht zu Beginn der Steuerung ein politisches Programm der gewählten Stadtregierung oder ein verabschiedeter Plan auf zentraler Ebene. Steuerungswirkung entfalten Programm und Plan erst nach der Wahlentscheidung bzw. nach der Planfeststellung. Konkrete Entscheidungen werden dann unter Bezugnahme auf diese Programme und Pläne deduktiv abgeleitet. In der Regionalstadt liegen alle wichtigen Normsetzungskompetenzen auf der gesamtstädtischen Ebene, den Bezirken bleiben nur Konkretisierungsspielräume bei der Umsetzung. Die territoriale Planung besteht aus einem formal hierarchischen System, bei dem die Vorgaben der Landesplanung bei der Regionalplanung und deren Vorgaben wiederum bei der kommunalen Flächennutzungsplanung Berücksichtigung finden müssen – allerdings gibt es hier erhebliche Mitsprachemöglichkeiten der jeweiligen untergeordneten Ebene (Gegenstromprinzip), so dass eine Hierarchie nur im Sinne eines Strukturmusters, aber nicht im Sinne eines Interaktionsmodus vorhanden ist.

b. Dem nutzenorientierten Handeln entspricht als fester Koppelungstyp der *Club*, wie er in der finanzwissenschaftlichen Theorie definiert wird. *Clubs* sind effiziente Einrichtungen für die freiwillige gemeinschaftliche Produktion von spezifischen öffentlichen Gütern, bei denen Ausschließbarkeit und teilweise Rivalität in der Nutzung bestehen. Während in der Clubtheorie von Individuen als Mitglieder ausgegangen wird, sind in der Realität üblicherweise *Clubs* in der Form der inter-kommunalen Zweckverbände vorzufinden. Zweckverbände bedeuten eine organisatorische Verselbständigung auf regionaler Ebene und damit im thematischen Zuständigkeitsbereich des Zweckverbandes eine monozentrische Interaktionsstruktur und klare Mitgliedschaftsregeln. Ein Zweckverband ist allerdings im Gegensatz zur Regionalstadt funktional beschränkt und rechtlich weniger stark verankert. Nutzenbasierte Kooperation ohne institutionelle Verselbständigung (und damit ohne Zentralisierung der Interaktionsstruktur und ohne formelle Mitgliedschaftsregeln) erfolgt durch interkommunale Rahmenvereinbarungen, in denen durch Verhandlungen Koppelgeschäfte oder Ausgleichszahlungen verbindlich festgelegt werden. Längerfristige Kooperation entsteht aus der nutzenorientierten Perspektive durch das Vertrauen, das bei erfolgreichen Koppelgeschäften erwächst, so dass der Nutzenausgleich auch über die Zeit erfolgen kann. Dies entspricht nach der bahnbrechenden Veröffentlichung von Axelrod (1984) der "evolutionären Logik der Kooperation".

c. Eine kommunikative Steuerung mit fester Koppelung stellt der verständigungsorientierte Dialog im Rahmen eines dauerhaft institutionalisierten Gesprächsforums dar. Im Untersuchungsfeld heißt das, dass bei regelmäßig stattfindenden Regionalkonferenzen versucht wird, eine gemeinsame Problemdefinition und gemeinsame Zielsetzungen festzulegen. Im Gegensatz zu formalen Planungsverfahren ist die Beteiligung freiwillig, die Beschlüsse werden im Konsens getroffen und sind nicht rechtlich verbindlich. Im Vordergrund steht der kommunikative Prozess der gemeinsamen Entwicklung von integrativen Regionalen Entwicklungskonzepten. Diskurstheoretisch ist von Bedeutung, dass die Kommunikation als direkte *face-to-face*-Kommunikation zwischen wenigen Vertretern von Ländern, Kommunen und (Dach-)Verbänden erfolgt und nicht über Massenmedien. Es wird davon ausgegangen, dass die beteiligten Vertreter die Vereinbarungen dann auch innerorganisatorisch durchsetzen können. Damit besitzt dieser *Governance*-Typ im Bezug auf das Strukturmuster der Interaktion eine hierarchische Ausformung wie dies auch für den Korporatismus festgestellt wurde. Aus der weniger konsensorientierten diskurstheoretischen Perspektive von Michel Foucault (1972) kann man den zweiten, lose gekoppelten Idealtyp des kommunikativen Handelns ableiten. Danach bilden sich auf regionaler Ebene diskursive Felder, die von Advokaten- oder Diskurskoalitionen "bevölkert" werden (Nullmeier 1997). Diese Koalitionen sind durch eine gemeinsame Problemdefinition oder ähnliche Entwicklungsvorstellung verbunden und versuchen, diese Sichtweise zum dominanten Paradigma für die Regionalentwicklung zu machen. Im Gegensatz zum Regionalen Entwicklungskonzept sind die Paradigmen der Diskurskoalitionen nicht holistisch umfassend, sondern durch eine ideologische Schwerpunktsetzung charakterisiert und es finden sich normalerweise auch mindestens zwei rivalisierende Diskurskoalitionen. Aufgrund der Mehrzahl der rivalisierenden Allianzen ist das Interaktionsmuster polyzentrisch und es gibt idealtypisch bei den Allianzen auch keine formale Mitgliedschaft.

Beide auf dem kommunikativen Handeln basierenden Kooperationsformen folgen prozessual der Logik der sozialen Konstruktion, denn die interterritoriale Zusammenarbeit basiert vor allem auf der diskursiven Konstruktion von geteilten Problemdefinitionen und von gemeinsamen Lösungsmöglichkeiten. Solche Konstruktionen werden primär durch die grenzübschreitende Diffusion von dominanten "Ideen" ausgelöst und sind idealtypisch weder an objektive/übergeordnete Gesetzmäßigkeiten noch an vergangene Erfahrungen (Vertrauen) gebunden.

d. Dem dramaturgischen bzw. identifikatorischen Handeln entspricht als stark gekoppelter institutioneller Idealtyp der Verein/die Vereinigung. Diese

Kooperationsform ermöglicht den Mitgliedern eine kreative Selbstentfaltung, bei der sie intern und extern (An-)Erkennung finden (kognitive und evaluative Komponente). Zugehörigkeitsgefühle sind dabei sowohl Voraussetzung als auch Ergebnis einer intrinsisch motivierten Beteiligung. Deswegen gibt es zwei induktive Wege, um eine auf regionaler Identität basierende Kooperation durch dramaturgische Instrumente zu stimulieren.[3] Die erste Möglichkeit besteht darin, das Regionalbewusstsein, oder besser ausgedrückt, die kognitive Wahrnehmung und die affektive Identifizierung mit der Region durch Imagekampagnen zu stärken. Idealtypisch sind solche Imagekampagnen primär nach innen gerichtet, die klare Abgrenzung nach außen und die Distinktion gegenüber anderen sind Indikatoren für eine feste Koppelung in dieser Handlungsform. In Bezug auf die Steuerungswirkung wird davon ausgegangen, dass kooperatives und kreatives Handeln durch das Gefühl einer gemeinsamen Identität erleichtert oder sogar vollständig induziert wird. Je mehr eine Imagekampagne nur nach außen gerichtet ist, desto mehr ist sie als Ausprägung des Strukturtypus der losen Koppelung zu werten, da dann nicht klar definiert werden, muss "wer dazu gehört". Die zweite induktive Kooperationsform nimmt das kreative Handeln zum Ausgangspunkt und erwartet, dass die Ausstrahlung, die von der sichtbaren Umsetzung von kreativen Leuchtturmprojekten ausgeht, die Identifikation mit der Region stärkt. Dazu müssen diese Projekte eine sinnlich wahrnehmbare Ausstrahlung besitzen und mit der Region verbunden sein – dagegen ist die inhaltliche Ausrichtung kaum von Bedeutung. Diese Form der dramaturgischen Mobilisierung entspricht deswegen einer losen Koppelung, weil man weder auf ein einzelnes, zentrales Projekt noch auf eine klare Abgrenzung der Region angewiesen ist. Beide induktiven Strategien sind auf massenmediale Kommunikation ausgerichtet. Sie richten sich nicht nur an die Spitzenvertreter von Gebietskörperschaften und Verbänden, sondern versuchen, Eliten aus allen Bereichen des gesellschaftlichen Lebens zum regionalen Engagement zu bewegen und bei der Masse der Bevölkerung zumindest die Akzeptanz für regionale Aktivitäten zu erhöhen.

---

[3] Der Begriff "Induktion" ist hier entsprechend der elektromagnetischen Bedeutung und nicht entsprechend der Erkenntnistheorie zu verstehen. Nur bei einem solchen Verständnis sind in dieser Begrifflichkeit die beiden grundsätzlichen Versionen von Induktion, wie sie nachfolgend beschrieben werden, enthalten. Die erste Möglichkeit (Induktion von Handeln) entspricht der Erzeugung von Strom durch den Aufbau eines Magnetfeldes, die zweite Möglichkeit (Induktion von Identität) entspricht der Erzeugung eines Magnetfeldes durch fließenden Strom.

130   JOACHIM BLATTER

Steuerungskonzepte in deutschen Großstadtregionen[4]

3   Im folgenden zweiten Teil sollen mit Hilfe dieser Idealtypen kurz die wichtigsten Veränderungen der Steuerungskonzepte in deutschen Großstadtregionen über die Zeit, vor allem aber die jüngsten Steuerungsformen in verschiedenen Stadtregionen vergleichend analysiert werden. Die empirischen Beispiele beschränken sich auf sechs relativ monozentrische Großstadtregionen in Westdeutschland (Hamburg, Bremen, Hannover, Frankfurt, Stuttgart und München).[5] Außerdem konzentriert sich die Beschreibung auf politikfeldübergreifende Reformanstrengungen, so dass z.B. die institutionelle Entwicklung des öffentlichen Nahverkehrs (ÖV) nicht berücksichtigt wird, solange dessen regionale Integration nicht in einen umfassenderen institutionellen Kontext eingebunden war.

Kurzer Überblick über die historische Entwicklung der Steuerungskonzepte

Seit der zweiten Hälfte des 19. Jahrhunderts war die Eingemeindung der umliegenden Dörfer und Kleinstädte eine verbreitete Antwort auf die Tatsache, dass die industrielle Revolution zu einer massiven Expansion der Siedlungsflächen jenseits der mittelalterlichen Städte führte. Allerdings sollte man sich bereits hier nicht von vorschnellen funktionalistischen Erklärungen verführen lassen. Die Tatsache einer starken funktionalen Interdependenz zwischen den industriellen und ländlichen Vorstadtgemeinden und den Kernstädten allein reichte meist nicht aus, um eine integrierte Steuerung durch Verschmelzung anzustreben, denn unterschiedliche Identitäten standen dem im Wege. Solange die Kernstädte vom traditionellen Handelsbürgertum dominiert waren, zeigten sie kaum Interesse an den ländlichen Dörfern und den Arbeitersiedlungen im Umland. Erst als industrielle Eliten in Stadt und Staat Einfluss gewannen, konnten Eingemeindungen durch Koppelgeschäfte (meist erkaufte sich die Zentralstadt das Siedlungsgebiet der Vorstadtgemeinde durch den Anschluss an städtische Infrastruktur wie z.B. Wasserversorgung oder Straßenbahn)

---

[4] Die folgenden empirischen Informationen basieren auf der angegebenen Literatur, auf der Auswertung von Zeitungsartikeln und auf knapp 20 Interviews, die der Autor im Jahr 2003 mit zentralen Akteuren in den untersuchten Regionen führte. Eine ausführlichere Dokumentation der empirischen Quellen findet sich in der in Fußnote 1 erwähnten Fassung dieses Aufsatzes.

[5] Die Regionen Stuttgart und v.a. Frankfurt sind siedlungsstrukturell sicherlich keine monozentralen Regionen. Im Vergleich zum Ruhrgebiet, dem Sachsendreieck oder dem Raum Köln-Bonn gibt es hier aber sehr wohl eine klar herausgehobene Stadt, die vor allem auch im politischen Prozess eine qualitativ andere Rolle spielt als die anderen Städte dieser Regionen.

bzw. Fusionen zu Regionalstädten durch zentralstaatliche Verfügungen (die Schaffung von Großberlin im Jahre 1920 durch Preußen und von Groß-Hamburg durch das Dritte Reich im Jahr 1937, wobei beides erst in einem zweiten Anlauf realisiert werden konnte) Verbreitung finden. Die in den 20er und 30er Jahren sich zuerst dezentral entwickelnden und dann ab 1936 von oben eingesetzten Planungsgemeinschaften blieben wenig erfolgreiche Zwischen-phänomene. Kein Zwischenphänomen, aber in der Öffentlichkeit wenig beachtet und in der Literatur wenig geachtet blieb dagegen die Form des Zweckverbandes, der sich seit den 1920er Jahren zuerst für die Wasserver- und -entsorgung, seit den 1970er Jahren für den Bereich des öffentlichen Nachverkehrs und der Abfallentsorgung als pragmatische Form von regionaler *Governance* in allen städtischen Agglomerationen entwickelte (vgl. z.B. Trümper 1982).

Die Dominanz normativ-zentralistischer Steuerungsstrategien und ihre schwache Umsetzung in Verbänden für die Territorialplanung

Nach dem zweiten Weltkrieg expandierten die städtischen Agglomerationen durch Zuwanderung und technischen sowie sozio-ökonomischen Wandel in dramatischer Weise. In der Reaktion darauf versuchten ab Mitte der 50er Jahre die zentralen Städte zuerst durch freiwillige kommunale Vereinigungen zur Koordinierung der stadtregionalen Infrastrukturplanung in den süd-deutschen Großstadtregionen Einfluss auf die Siedlungsentwicklung zu nehmen (z.B. Planungsverband Äußerer Wirtschaftsraum München 1952, Kommunale Arbeitsgemeinschaft für den Stuttgarter Raum 1956). Für die Stadt-Umland-Problematik im Bereich der Freien und Hansestadt Hamburg wurde von den Ländern im Jahre 1957 die Gemeinsame Landesplanung Hamburg/Niedersachsen eingerichtet. Während diese Ansätze Anfang der 1960er Nachahmer fanden (z.B. Gesellschaft für regionale Raumordnung im engeren Untermaingebiet 1962 und Gemeinsame Landesplanung Bremen/Niedersachsen im Jahr 1963) ging man in Hannover mit der Gründung des Verbandes Großraum Hannover (VGH) im Jahr 1963 bereits einen Schritt weiter, da dieser Verband durch Landesgesetz gegründet wurde und eine eigenständige Organisation mit formalem Entscheidungsgremium aufwies. Aber auch der VGH hatte zuerst ausschließliche Planungskompetenzen, dies wurde erst 1968 durch die Trägerschaftsaufgabe des ÖV durchbrochen und in den siebziger Jahren wurde die Eigenständigkeit des regionalen Verbandes durch die Direktwahl der Verbandsversammlung massiv gestärkt. Auch in den anderen Agglomerationsregionen Westdeutschlands gab es Ende der 60er und zu Beginn der 70er Jahre intensive Reformdiskussionen, bei denen stets eine starke regionsweite politisch-administrative Einheit gefordert wurde, um die Entwicklung der Region durch zentrale Normsetzung zu steuern. Insgesamt blieben aber die durchgeführten Reformen im Stadt-Umland-Bereich überall deutlich hinter den diskutierten Vorschlägen zurück, während durch Funktional- und Territorialreformen in allen Ländern die kommunale Ebene verwaltungstechnisch gestärkt wurde. Zwar wurden überall Stadt-Umland-Verbände eingerichtet – ihnen wurden aber fast ausschließlich Kompetenzen im Bereich der Raumplanung zugewiesen.

Die Stadt-Umland-Verbände unterschieden sich primär danach, ob durch eine Direktwahl des Beschlussgremiums der regionale Verband eine institutionelle Verselbständigung erfuhr oder nicht. Während dies z.B. in Hannover und Frankfurt der Fall war, blieben die Stadt-Umland-Verbände in den süddeutschen Agglomerationen durch die Entsendung von kommunalen Delegierten in die regionalen Entscheidungsgremien viel stärker an die kommunale Ebene gekoppelt. Außerdem wurde in den letzteren Regionen die stadtregionale Raumplanung in einer komplexen mehrstufigen Struktur durchgeführt. So wurde z.B. in der Stuttgarter Region ein Regionalverband Mittler Neckar für die Regionalplanung mit einem Einzugsgebiet von fünf Kreisen gegründet, auf einer räumlich sehr viel eingeschränkteren Basis zusätzlich der Nachbarschaftsverband Stuttgart, der die Flächennutzungsplanung durchführte. Der Nachbarschaftsverband war nun auch noch einmal föderal aufgebaut, da die konkrete Planung in verschieden, jeweils Stadt und Umland umfassenden Teilregionen durchgeführt wurde (Trümper 1982). Insgesamt ergibt sich damit für die 1970er Jahre das Bild, dass die Steuerung von Großstadtregionen vor allem durch räumliche Planung erfolgte. Dabei lassen sich zwei grundsätzliche Planungsphilosophien unterscheiden: Eine progressiv-zentralistische mit der Betonung des politischen Eigengewichts der gesamtregionalen Ebene und eine konservativ-föderale mit der Betonung des Gegenstromprinzips auf der Basis einer fein ausdifferenzierten Planungskaskade.

Die Wende zu nutzenorientierten Steuerungsformen durch Zweckverbände und Koppelgeschäfte

Das Ende der 1970er und der Beginn der 1980er Jahre war durch einen radikalen konservativen Paradigmenwechsel gekennzeichnet. Die in Deutschland fast durchgängig vorzufindende Machtübernahme der Konservativen in Kommunen und Ländern war stets sofort mit einer Zurückstutzung der Stadt-Umland-Verbände verbunden. Der Verband Großraum Hannover wurde auf einen Zweckverband für den ÖV reduziert und die Direktwahl der Verbandsversammlung abgeschafft. Das neuerdings CDU-regierte Frankfurt zeigte kein Interesse mehr am Umland Verband Frankfurt, so dass sich dieser in den 80er Jahren auf reine Planungsaufgaben beschränken musste und die Fokussierung auf Umweltaspekte ihn für viele zum funktional spezialisierten Advokaten werden ließ (Fürst 1990a: 33ff.). Auch die anderen Regionalplanungsverbände konzentrierten sich in den 1980er Jahren vorwiegend auf eine ökologisch ausgerichtete Schutzplanung. Fürst spricht dann auch von der Tendenz, unter einseitiger Betonung der freiraumsichernden Aspekte Regionalplanung auf eine "Fachplanung Raum" (Fürst 1990b: 77) zu reduzieren. In den beiden norddeutschen Stadt-Staaten-Regionen kam die gemeinsame Landesplanung mit Niedersachsen fast vollständig zum erliegen (Baumheier & Danielzyk 2002: 28). Statt dessen wurde 1984 zwischen Hamburg und Schleswig-Holstein eine Rahmenvereinbarung geschlossen, die als Paradebeispiel für ein Koppelgeschäft betrachtet werden kann. Dabei wurden in erster Linie die Hamburger Interessen an einer Ablagerung von Müll und Hafenschlick im Umland mit dem Umland-Interesse an einer Verbesserung der Straßeninfrastruktur und der Ausdehnung des ÖV verbunden (Mantell & Strauf 1997: 60). Umsetzungsprobleme aufgrund von räumlichen Inkongruenzen und Kompetenzdifferenzierung auf der schleswig-holsteinischen Seite haben aber – neben der Tatsache, dass Hamburg Ende der 80er Jahre gegen den Finanzausgleich klagte – dazu geführt, dass das Koppelgeschäft nicht zum Ausgangspunkt einer vertrauensvollen Zusammenarbeit werden konnte und sich keine weiteren Koppelgeschäfte entwickelten (Mayer 1994). Die Tatsache, dass eine ähnliche Rahmenvereinbarung von Hamburg mit Niedersachsen bereits kurz vor dem Vertragsabschluß gescheitert ist (Mayer 1994: 455), zeigt, dass eine solche Strategie in allen Phasen äußerst störanfällig ist. Nichtsdestotrotz wurden 1989 bei der Novellierung des bundesdeutschen Raumordnungsgesetzes Verträge als Instrumente der Raumordnung anerkannt (Wiechmann 1998: 65) – ein klares Indiz für die damalige Relevanz und Akzeptanz des nutzenorientierten Steuerungsparadigmas.

Neue Dynamik und steuerungskonzeptionelle Innovationen seit Beginn der 1990er Jahre

Zu Beginn der 1990er Jahre gab es eine deutliche Wiederbelebung der politischen Steuerung auf regionaler Ebene, die durch einen Paradigmenwandel vor allem hin zur kommunikativen, aber auch hin zur dramaturgischen Steuerung gekennzeichnet war. Zu dieser Zeit äußerte sich wieder verstärkt ein Unbehagen über die "Inflation von speziellen Lösungen für jeweils spezifische Einzelaufgaben" (Rautenstrauch 1991 nach Wiechmann 1998: 172) und stärker auf interfunktionale Integration ausgerichtete Ansätze standen wieder höher im Kurs. Als Antwort auf die deutsche Wiedervereinigung hat das Bundesbauministerium im Jahr 1993 einen Raumordnungspolitischen Orientierungsrahmen und im Jahr 1995 einen Raumordnungspolitischen Handlungsrahmen vorgelegt. Diese Planungswerke wurden konzeptionell stark beeinflusst durch die Regionalen Aktionsprogramme der Europäischen Union, sie repräsentieren und propagieren einen dialog- und projektorientierten

Steuerungsansatz. Dieser Ansatz wurde parallel dazu in den norddeutschen Stadtregionen aufgegriffen. Allerdings haben sich seitdem in den verschiedenen Großstadtregionen in Deutschland unterschiedliche Formen der *Metropolitan Governance* etabliert.

Hamburg und Bremen: Über den verständigungsorientierten Dialog zur Regionalmarke einerseits und zur Kommunalisierung andererseits

Angetrieben von der örtlichen Wirtschaft, die vor dem Hintergrund eines ökonomischen "Nord-Süd-Gefälles" in Westdeutschland, dem angekündigten europäischen Binnenmarkt und dem Fall der Mauer eine stärkere regionale Kooperation der Länder in Norddeutschland verlangte, wurden in der Region *Hamburg* bereits 1989 wieder verstärkte Anstrengungen zu einer regionalen Kooperation unternommen. Im Jahr 1990 wurde von Fritz Scharpf und Arthur Benz ein Gutachten zur organisatorischen Neuorientierung der Zusammenarbeit erarbeitet. Scharpf und Benz (1990) schlagen einen starken Regionalverband für regionale Zusammenarbeit und eine "Vertragsgemeinschaft" der beiden Länder Hamburg und Schleswig-Holstein vor. Im November 1991 schlossen die Regierungschefs von Hamburg, Niedersachsen und Schleswig-Holstein zwar eine solche Vertragsgemeinschaft – inhaltlich-konzeptionell wurde allerdings ein ganz anderer Weg eingeschlagen als das Scharpf/Benz-Gutachten impliziert. Man einigte sich nämlich darauf, trilateral ein Regionales Entwicklungskonzept (REK) zu erstellen. Die Logik des REK ist viel weniger auf die normativen und utilitaristischen Konzeptionen, auf denen das Scharpf/Benz-Gutachten basiert, ausgerichtet als vielmehr auf die Ideen der diskursiven Verständigung und der holistisch-integrativen Steuerung. In einem ersten Schritt wird ein Leitbild mit den zentralen Zielen sowie ein Orientierungsrahmen mit den zentralen Rahmenbedingungen entwickelt, um zu einem gemeinsamen normativ-kognitiven *"Frame"* zu kommen, in einem zweiten Schritt werden dann in einem "Handlungsrahmen" konkrete Projekte entwickelt (Knieling 2000).

Trotz massiver Einzelkonflikte zwischen Stadt und Umland während dieser Zeit gelang es in interministeriellen Arbeitsgruppen bis zum Jahr 1994 ein Leitbild und einen Orientierungsrahmen zu verfassen, im Dezember 1996 stand auch der Handlungsrahmen mit einer Liste von gemeinsamen Projekten (Mantell/Strauf 1997: 66). Diese Arbeit erfolgte ohne Veränderung der bestehenden Institutionen der beiden bilateralen Gemeinsamen Landesplanungen. Der REK wurde allein getragen durch ein massiv gewachsenes Netz informeller Beziehungen (Mantell/Strauf 1997: 71). Der "weitgehende Konsens aller Beteiligten" wird als "das eigentliche Fundament für die faktische Wirksamkeit des REK" bezeichnet (Mantell/Strauf 1997: 71). Im Jahr 1996 wurde dann aber schließlich die Gemeinsame Landesplanung auf trilateraler Basis formal neu gegründet und dabei der

METROPOLITAN GOVERNANCE IN DEUTSCHLAND   135

einbezogene Raum in zwei Stufen massiv vergrößert und mit der Bezeichnung "Metropolregion Hamburg" versehen. Der diskursive Prozess hat damit als wichtigstem Ergebnis zu einer neuen gemeinsamen Regionsdefinition und zur Fusionierung der Kooperationsstrukturen geführt. Die Regionsabgrenzung folgt in Niedersachsen aber einer anderen Logik als in Schleswig-Holstein: Während im Norden die Regionsabgrenzung eng entsprechend einer starken funktionalen Verflechtung erfolgt, ist die Regionsabgrenzung im Süden nicht mehr durch die funktionale Verflechtung zu rechtfertigen, sondern folgt einer Marketing-Logik, in der es für die Region darauf ankommt, möglichst groß zu sein, um wahrgenommen zu werden, und in der es für die Mitglieder darauf ankommt, zu der Einheit zu gehören, die *"in"* ist, bzw. über ein gutes Image verfügt. Damit hat sich vor allem in der Beziehung zwischen Hamburg und seinem niedersächsischen Umland ein radikaler Wandel vollzogen. Während die Beziehung bisher von Ignoranz und Distanz geprägt war, entwickeln die beiden Teilregionen nun im Hinblick auf den Wettbewerb der Regionen erste Anzeichen einer Zusammengehörigkeit.

In der Folgezeit entwickelte sich der Kooperations- und Steuerungsansatz in der Metropolregion in Richtung dramaturgischer Ansätze. Dies vor allem, weil die neu konstituierte zwischenstaatliche Zusammenarbeit durch Initiativen der Wirtschaft herausgefordert wurde. Im Mai 1997 lancierte der Hauptgeschäftsführer der Handelskammer Hamburg in Abstimmung mit anderen Kammern eine "Initiative Metropolregion Hamburg" mit dem Ziel eines gemeinsamen Regionalmarketings. Die Behörden reagierten auf die Forderung dieser Diskurskoalition mit der Einrichtung einer Gesprächsrunde Regionalmarketing und machten den HK-Geschäftsführer zum Leiter dieser Gesprächsrunde. Kammern und Landesplanung ließen dann ein dynamisches und innovatives Logo erstellen, das der "Marke Metropolregion Hamburg" ein visuelles Erscheinungsbild vermittelt (Baumheier & Danielzyk 2002: 13). Relativ bald wurde mit der Fortschreibung des REKs begonnen, wobei nun die Orientierung stärker auf den ökonomischen Wettbewerb der Metropolregionen gerichtet wurde. Bereits im Jahr 2000 wurde ein entsprechendes zweites REK vorgelegt. Die Projekte, die aus den REKs entwickelt wurden, verkörpern den auf Signalwirkung ausgerichtete Ansatz in der Metropolregion. Insgesamt zeigt sich in der Metropolregion Hamburg inzwischen eine deutliche Dominanz dramaturgischer Ansätze vor allem in der strukturellen Form der losen Koppelung: es gibt keine institutionelle Verselbständigung der Metropolregion und keine einheitliche Logik der Regionsabgrenzung im Süden und im Norden, statt dessen klare Leitprojekte und eine gemeinsame Olympia-Bewerbung. Die auch intern wirkende Marke "Metropolregion" und das stark verdichtete Interaktionsnetzwerk zwischen den Länderadministrationen stellen Elemente der festeren Koppelung dar.

Fast zeitgleich wurde in der Region *Bremen* ebenfalls ein Regionales Entwicklungskonzept produziert. Auch in dieser Region gab man ein Gutachten zur organisatorischen Weiterentwicklung der Gemeinsamen Landesplanung Bremen-Niedersachsen in Auftrag (Fürst, Müller & Schefold 1994) – parallel dazu wurde aber bereits die erste Stufe des REK erstellt. Im Herbst 1994 lagen Leitbild und Orientierungsrahmen vor und bis 1996 wurde dann der Handlungsrahmen mit der Liste der Projekte entwickelt (Auel 1997). In der zweiten Phase gab es auch in der Region Bremen durch die Eingliederung der Raumes um die Stadt Wilhelmshaven eine Ausweitung des Gebietes der Gemeinsamen Landesplanung – so zeigen das 1995 veröffentlichte Leitbild und der 1996 veröffentlichte Handlungsrahmen unterschiedliche Gebietsabgrenzungen. Bereits beim REK-Prozess gibt es Abweichungen von der Entwicklung in Hamburg, die auf die unterschiedliche Entwicklung hindeuteten, die in den beiden Regionen dann eingeschlagen wurde. Das REK wurde in der Region Bremen mit Hilfe eines externen Expertenbüros statt durch ein interministerielles Netzwerk erstellt und durch unterschiedliche Szenarien vorbereitet. Dies deutet auf eine stärkere inhaltlich-fachliche Ausrichtung des diskursiven Prozesses hin. Der Kommunikationsprozess ist im Vergleich zu Hamburg stärker sach- und weniger beziehungsorientiert. Er ist gleichzeitig mehr auf die funktionalen Verflechtungen in der Region und auf die Integration von ökologischen, ökonomischen und sozialen Zielen ausgerichtet, während in Hamburg das REK mehr die Rolle der Region in Europa und die Bündelung der Kräfte betont.

Ein entscheidender Faktor für die unterschiedliche Entwicklung liegt darin, dass in der Bremer Region die zwischenstaatliche Gemeinsame Landesplanung nicht durch ökonomische Diskursallianzen, sondern durch eine Allianz der Kommunen herausgefordert wurde. Im Jahr 1991, kurz nachdem die zwischenstaatliche Gemeinsame Landesplanung revitalisiert wurde, gründete sich der "Kommunalverbund Niedersachsen/Bremen" als privater Verein der Nachbarkommunen von Bremen. Im Gegensatz zu früher ließ sich der Stadt-Staat Bremen auf eine direkte Interaktion und formale Gleichstellung mit den Umlandkommunen ein und trat dem Kommunalverbund bei. Das führte dann auch dazu, dass der "Erzrivale" Oldenburg ebenfalls eine kooperativere Haltung einnahm (Huebner 1995). Diese regionale Allianz der Kommunen führte zu einer deutlich stärkeren kommunalen Beteiligung bei der Erarbeitung des REK in Bremen im Vergleich zu Hamburg, so dass Budde hier von einem *"bottom-up"*-Prozess und von einem *"top-down"*-Prozess in Hamburg spricht (Budde 1995). In den Handlungsrahmen wurde eine Vielzahl (über 200) von Projekten aufgenommen, so dass hier weniger von Projekten mit Signalwirkung denn von einem umfassenden *"package deal"* gesprochen werden kann, in dem strikt auf die räumliche Ausgeglichenheit geachtet wurde. Der erfolgreiche kommunikative Prozess der Erstellung eines REK mündete auch in der Region Bremen in eine institutionelle Erneuerung. Genauso wie in Hamburg griff man dabei auch in dieser Region auf die Vorschläge des wissenschaftlichen Gutachtens nur in sehr eingeschränktem Maße zurück. Weder wurde eine stärkere Bindungswirkung der Gemeinsamen Landesplanung durch eine staatsvertragliche Verankerung erreicht noch ein Verband gegründet, einzig die ebenfalls enthaltene Idee der Errichtung einer Geschäftsstelle wurde aufgegriffen und so wurde 1997 durch Verwaltungsabkommen für die Gemeinsame Landesplanung Bremen/ Niedersachsen eine Geschäftsstelle beim Landkreis Diepholz eingerichtet. Auch in dieser Region haben die auf normative Steuerung zielenden Ideen der Gutachter kaum Berücksichtigung gefunden. Statt dessen ist die weitere Entwicklung der regionalen Kooperation in dieser Region durch eine mehrfache Dezentralisierung gekennzeichnet. Durch Verwaltungsabkommen zwischen den Ländern einerseits und den Kreisen bzw. kreisfreien Städten andererseits wurde im Jahr 2002 die Gemeinsame Landesplanung in die "Regionale Arbeitsgemeinschaft Bremen/Niedersachsen (RAG)" umgewandelt. Die stärkere regionale Bezogenheit und kommunale Verantwortung kommen nicht nur im neuen Namen zum Ausdruck, sondern auch in der Tatsache, dass in der RAG nun nur noch die niedersächsischen Kreise und kreisfreien Städte mit den Stadtgemeinden Bremen und Bremerhaven als stimmberechtigte Mitglieder vertreten sind. Die niedersächsische Landesregierung ist nur noch in Form der Bezirksregierungen mit beratender Stimme eingebunden.

Eine weitere Dezentralisierung der Kooperation ergibt sich dadurch, dass unter dem Dach der RAG Bremen/Niedersachsen vier Regionalforen entstanden, in denen die jeweils spezifischen Stadt-Umland-Probleme der Städte Bremen, Oldenburg, Bremerhaven und Wilhelmshaven bearbeitet werden. Diese Regionalforen sind als Mischformen zwischen den Idealtypen der "Regionalkonferenz" und der "Regionalen Allianzen" zu verstehen. Denn sie sollen zum einen gemeinsame Planungsvorstellungen für die Steuerung der regionalen Entwicklung erarbeiten und zunehmend verbindlicher ausgestalten. Sie wurden aber nicht mit rechtlich verbindlichen Instrumenten ausgestattet. Deswegen beruht die Kohäsion auf zwei unterschiedlichen kommunikativen Logiken: Ein konsensorientierter Dialog wird durch die Kleinräumigkeit der Foren angestrebt, so dass die Überschaubarkeit der Problemlagen und die enge funktionale Verflechtung zu problemlösungsorientiertem Handeln führen können. Zum anderen muss man die Regionalforen als regionale Allianzen innerhalb der Gesamtregion betrachten, die zwar gemeinsam unter dem Dach der RAG firmieren, aber auch untereinander in Konkurrenz stehen, so dass hier das dialektische Zusammenspiel zwischen externer Konkurrenz und interner Kohäsion wirken kann.

Das regionale Kooperationsnetzwerk in der Region Bremen ist aber nicht nur intern durch eine Polyzentralität charakterisiert, auch nach außen gibt es sehr unscharfe Regionsabgrenzungen. So wird zum einen im REK betont, dass die Abgrenzung des Planungsraumes "keinesfalls starr ist" und dass einzelne Mitglieder auch in anderen Kooperationsräumen mitarbeiten, zum anderen wird auch bei der Aufgabenbeschreibung der RAG festgelegt, dass die "RAG mit benachbarten regionalen Kooperationen künftig noch enger zusammenarbeiten soll [...] um eine wirkungsvolle Interessenvertretung nach außen herzustellen" (gleichlautende Aussage in den Präambeln der Verwaltungsabkommen 2001).

Insgesamt dominieren in der Region Bremen die kommunikationsorientierten *Governance*-Formen. Die Erarbeitung des Regionalen Entwicklungskonzeptes entsprach sehr stark dem konsensorientierten Dialog und die im Rahmen der RAG einmal jährlich stattfindende Regionalkonferenz mit Beteiligung der Verbände und die Schaffung einer Geschäftsstelle sprechen dafür, dass sich Elemente der festen Koppelung etablieren konnten. Es ist aber eine leichte Verlagerung von einer festen Koppelung hin zur losen Koppelung zu konstatieren. Dafür spricht neben der minimalen Institutionalisierung die Dezentralisierung hin zu den vier Regionalforen und die wenig eindeutige Abgrenzung der Region nach außen. Die neue Akzeptanz ihrer kommunalen Identität durch den Stadt-Staat Bremen ermöglichte die Neuinstitutionalisierung der regionalen Zusammenarbeit auf dezentraler Ebene. Überlegungen zu einer am Beispiel Hannover angelehnten "Regionalkörperschaft Bremen-Unterweser" in der Bremer Senatskanzlei unterminieren aber die Entstehung einer gemeinschaftlichen regionalen Identität und die erfolgreiche Umsetzung der beschlossenen Projekte (vgl. Baumhaier & Danielzyk 2002: 57f.).

Hannover und Stuttgart: Feste Koppelung durch normative Institutionen einerseits und durch deliberative und identifikatorische Institutionen andererseits

Auch in der Region *Hannover* begann zu Beginn der 1990er Jahre ein Regionalisierungsprozess, der im Jahre 2000 in der Fusion von Kommunalverband Großraum Hannover und Kreis Hannover zur "Region Hannover" mündete. In den Jahren 1995 und 1996 wurde ein "Gesamträumliches Leitbild" entwickelt (Knieling 2000: 167ff.). Es diente als erste Stufe der Revision des landesrechtlich verankerten Regionalen Raumordnungsplanes, der in einer ersten Form in den 1980er Jahren erstellt worden war. Der erste RROP entsprach im Gegensatz zu seiner Intention einer rein nachträglichen Addition der vorher erstellten Pläne von Stadt und Landkreis (Häberle 1990). Das Instrumentarium der Leitbildentwicklung wurde im Vergleich zu Bremen weiterentwickelt – wieder wurde mit inhaltlich unterschiedlich ausgerichteten Szenarien im Rahmen von Workshops gearbeitet, aber darüber hinaus wurden diese in "szenarischen Karten" visualisiert und können deswegen als dramaturgische Marketinginstrumente betrachtet werden.

Knieling (2000: 179) merkt allerdings kritisch an, dass die Karten sehr fachlich-komplex ausgestaltet sind und ihnen die Klarheit und emotionale Qualität fehlt, um identifizierend und mobilisierend zu wirken. Bedeutender war deswegen, dass das endgültige Leitbild auf einer Tagung in der evangelischen Akademie Loccum vorgestellt wurde und der verständigungsorientierte Dialog mit allen wichtigen Akteuren in der Region eine geradezu idealtypische Ausprägung fand. Kurz darauf traten die politischen Führungspersönlichkeiten von Stadt, Kreis und Kommunalverband mit dem Vorschlag zur Fusion von Kreis und Kommunalverband an die Öffentlichkeit. Die Protagonisten der Fusion konnten auf den bestehenden Konsens aufbauen, ihr Vorgehen war auch im weiteren Prozess sehr integrativ und verständigungsorientiert. Das bedeutete vor allem, dass alles versucht wurde, die Reform nicht als Zentralisierung erscheinen zu lassen. Den Kommunen wurde eine Zustimmung dadurch ermöglicht, dass die stärkere Regionalisierung mit einer gleichzeitigen Dezentralisierung einherging und die Fusion als Möglichkeit zur Einsparung von Ressourcen propagiert wurde (Priebs 2002). Dadurch gelang es, die Ausgleichswirkung zwischen Stadt und Umland, die mit einer Verlagerung von sozialpolitischen Aufgaben auf die Region Hannover einhergeht, weitgehend aus der Diskussion heraus zu halten.

Nach der Verabschiedung eines entsprechenden Gesetzes im Landtag von Niedersachen hat die Region Hannover am 1.11.2001 ihre Arbeit aufgenommen. Sie ist gleichzeitig ein Gemeindeverband und eine regionale Gebietskörperschaft für die Landeshauptstadt Hannover und für 20 weitere Umlandkommunen. Durch die Direktwahl von Regionalversammlung und Regionspräsidenten sowie durch die sehr umfassenden Zuständigkeiten der Region Hannover wurde hier die formal eindeutig stärkste regionale Institution in Deutschland geschaffen (Priebs 2002). Sie entspricht der in den 70er Jahren diskutierten Form eines Regionalkreises und stellt damit eine für die heutige Zeit ungewöhnlich stark gekoppelte Verkörperung der normorientierten *Governance*-Form dar. Weil die Gemeinden eigenständig blieben und in bestimmten Bereichen sogar Kompetenzen dazugewannen, wird der Idealtyp der Regionalstadt nicht ganz erreicht, die Region Hannover liegt aber auf dem Kontinuum zwischen starker und loser Koppelung eindeutig näher am stark gekoppelten Ende. Dafür sprechen nicht nur die breiten Kompetenzen und die in diesen Feldern möglichen Interaktionsmodi der hierarchischen Weisung und der Mehrheitsentscheidung, sondern auch die eindeutige Abgrenzung der Region. Diese eindeutige und enge Abgrenzung der Region Hannover auf das Gebiet der Stadt und des früheren Kreises stellt aber gleichzeitig eines der zentralen Probleme dar, denn sowohl in Bezug auf die funktionalen Verflechtungen wie auch in Bezug auf die kritische Masse für den internationalen Wettbewerb ist die Region zu klein geschnitten. Die Region Hannover wurde aufgrund einer solch engen Regionsdefinition von der deutschen Ministerkonferenz für Raumordnung auch nicht als "europäische Metropolregion" anerkannt, obwohl die Region im Initiativkreis der Metropolregionen von Anfang an beteiligt war.

Die Region *Stuttgart* stellt den zweiten Fall dar, in dem es in jüngster Zeit zu einer starken regionalen Integration gekommen ist – allerdings gibt es zu Hannover erhebliche Unterschiede im Verlauf und in der dominanten Logik der Kooperation. Ähnlich wie in Hamburg stand am Beginn der jüngsten Regionalisierungsrunde eine ökonomisch ausgerichtete Diskurskoalition, in der seit Ende der 1980er Jahre Industrie und Handelskammer (IHK) und Industriegewerkschaft Metall den verschärften Standortwettbewerb durch den europäischen Binnenmarkt thematisierten. Im Gegensatz zu den meisten Großstadtregionen in Deutschland war der Beginn der 1990er Jahre in der Region Mittlerer Neckar durch eine deutliche Wirtschaftskrise gekennzeichnet. Die Problemdefinition dieser Diskurskoalition (notwendiger ökonomischer Strukturwandel) und die Lösungsvorschläge (regionale Kooperation zur Modernisierung zentraler Infrastruktureinrichtungen, v.a. Flughafen, Bahnhof und Messe) gewannen deswegen unumstrittene Dominanz (und verdrängten andere Problemdefinitionen wie die des Stuttgarter Oberbürgermeisters, der zur gleichen Zeit das Thema des Finanzausgleiches zwischen Stadt und Umland thematisierte) und wurden auch von der Landesregierung aufgegriffen. Im Frühjahr 1991 richtete die Landesregierung eine Regionalkonferenz mit Beteiligung der Kommunen und der Kammern ein. Die Arbeitsgruppen dieser dauerhaft institutionalisierten Konferenz entwickelten in der Folgezeit ein Konzept für einen gestärkten Regionalverband, der im Jahre 1994 per Landesgesetz als Verband Region Stuttgart (VRS) auch gegründet wurde (Frenzel 1995). Der VRS umfasst die Landeshauptstadt und fünf benachbarte Kreise und ist zum einen durch die Direktwahl der Regionalversammlung und zum anderen durch die Zuweisung von wenigen, aber strategisch wichtigen Kompetenzen gekennzeichnet. Der VRS ist Träger der Regionalplanung und erhält Kompetenzen in den Bereichen Siedlungsentwicklung, Regionalverkehr, Abfallentsorgung sowie Wirtschaftsförderung und Tourismus-Marketing.

Der Prozess der regionalen Integration, der zur Gründung des VRS führte, entspricht nicht wie in Hannover dem kommunikativen Handeln, obwohl die zentrale Vorbereitungsinstanz unter dem Namen "Regionalkonferenz" firmierte. Die ökonomische Krise legte die inhaltliche Ausrichtung fest, für die zentralen Akteure ging es deswegen primär um die geeignete Strategie zur Ermöglichung der als notwendig angesehenen, aber vor Ort umkämpften und teuren Infrastrukturprojekte. Hierfür bot sich die Regionalisierung an, weil man gleichzeitig an einen positiv besetzten Diskurs anknüpfen und hoffen konnte, damit lokale Perspektiven und Veto-Positionen überwinden zu können. Dies wurde mit zwei unterschiedlichen Steuerungsstrategien verbunden. Zum einen mit einer normorientierten Konzeption, bei der man dem VRS zentrale Kompetenzen bei der Raumplanung übertragen wollte. Aufgrund des Widerstandes der Kommunen wurde dies nicht durch die Übertragung der Flächennutzungsplanung auf den VRS, sondern durch ein neues planungsrechtliches Instrument umgesetzt. Dem VRS wurde durch eine Änderung des Landesplanungsgesetzes ein sog. "Planungsgebot" zugeteilt, d.h. er kann die Kommunen verpflichten, Bauleitpläne aufzustellen, die regionalbedeutsame Vorhaben ermöglichen. Dieses Instrument kam allerdings in der Folgezeit nie zum Einsatz. Statt dessen erwies sich die zweite, dramaturgische Steuerungsstrategie viel wirkungsmächtiger. Für den Ministerpräsidenten war die Einrichtung einer direkt gewählten Regionalversammlung das entscheidende Instrument zur Induktion eines Regionalbewusstseins und deswegen setzte er diese Direktwahl gegen massiven Widerstand in der CDU-Landtagsfraktion durch (Frenzel 1995: 115f.). Die Einrichtung eines direkt gewählten Parlaments führte in der Folge nicht nur dazu, dass sich die politischen Parteien auf einer regionalen Ebene konstituierten, sondern auch dass eine Vielzahl von regionalen Organisationen und Vereinigungen entstanden sind, die die Region mit Leben füllen. So gibt es interkommunale Gesellschaften im Bereich der Kultur, im Bereich Sport und im Bereich Marketing und Tourismus. Daneben hat sich eine Vielzahl gesellschaftlicher Initiativen auf regionaler Ebene etabliert, so z.B. das Forum Region Stuttgart e.V., das die Wirtschaftseliten der Region zusammen bringt und im Jahr 1996 ein Leitbild für die Region erstellte, aber auch Initiativen wie der Frauen-Ratschlag Region Stuttgart e.V., das Dialogforum der Kirchen, die JugendRegion Stuttgart und die MedienRegion Stuttgart (VRS 1999). Durch die Ausgliederung der Aufgabe Wirtschaftsförderung in eine GmbH, in der der VRS noch 51 % Gesellschafteranteile besitzt, wurde eine Agentur geschaffen, bei der neben den Kommunen auch Banken und Verbände beteiligt sind. Durch die direkte oder indirekte Beteiligung des VRS an einer Fülle weiterer privatrechtlicher Organisationen zur Infrastrukturentwicklung und Wirtschaftsförderung hat sich der VRS zu einem zentralen Knoten in einem stark ausdifferenzierten Kooperationsnetzwerk entwickelt (Benz 2003).

Welcher Logik der Kooperation entspricht nun diese Kooperationsstruktur in der Region Stuttgart? Die Vielzahl von zweckspezifischen Organisationen deutet auf eine nutzenbasierte Logik der Zusammenarbeit hin. Dem Idealtypus einer durch eine Vielzahl von spezialisierten Zweckverbänden charakterisierten Region widerspricht aber die wichtige Animations- und Koordinierungsfunktion, die der VRS bzw. dessen Wirtschaftsförderungsgesellschaft bei diesen Organisationen fast immer spielte. Außerdem kann man bei den Parteien und bei gesellschaftlichen Vereinigungen, wie dem wirtschaftsorientierten Forum oder dem Frauen-Ratschlag, kaum von einem zweckorientierten Handeln im engeren Sinne sprechen, statt dessen sind es gruppenspezifische Affinitäten/Identitäten, die den Stimulus der Zusammenarbeit ausmachen. Während man sich über die kommunalen Grenzen hinweg aufgrund gemeinsamer Gruppenidentitäten verständigt, ist vor allem der implizite Wettbewerb zwischen den Gruppen um die Ausgestaltung des sich neu entwickelnden politischen Raumes der Region Stuttgart als Kooperationsimpuls wirksam. Sie sind somit zum einen als Diskurskoalitionen zu begreifen. Aber auch hier muss man aufgrund der Tatsache, dass es wenig ausgeprägte Streitdiskurse um die Ausrichtung der regionalen Politik gibt, sowie aufgrund der wichtigen Rolle des VRS bei der Stabilisierung dieser regionalen Allianzen davon ausgehen, dass sie im Grunde "Vereinigungen" im idealtypischen Sinne, und damit funktionale Bestandteile einer dramaturgischen Strategie zur Stärkung der regionalen Identität darstellen. Wie die regionale Institutionalisierung gesellschaftlicher Gruppen folgt auch die Formierung der interkommunalen Gesellschaften vor allem der Logik der Induktion und weniger einer nutzen- bzw. verständigungsorientierten Logik. So wurde z.B. die "Regio Stuttgart Marketing- und Tourismusgesellschaft GmbH" von VRS und den Kommunen gemeinsam gegründet, "weil die Kommunen nach wie vor sichtbar sein wollten" (Interview-Aussage von Dr. Steinacher, VRS).

Die Zentralität, die der VRS im Netzwerk der regionalen Organisationen einnimmt, und die relativ klare räumliche Abgrenzung der Region nach außen führt dazu, dass die Region Stuttgart eine "fest gekoppelte" Strukturlogik aufweist, wobei die Koppelung im Gegensatz zu der Region Hannover nicht durch explizite Normen und eine hierarchische Organisation, sondern durch einen verständigungsorientierten Diskurs und durch eine erfolgreich induzierte und durch viele regionale Vereinigungen belebte regionale Identität erfolgt.[6] Diese Art der Koppelung erscheint besonders deswegen sehr produktiv, weil das verständigungsorientierte Handeln in einem ausgewogenen Verhältnis zum mobilisierenden, aber auch polarisierenden dramaturgischen Handeln steht. Neben dem aufgezeigten Zusammenspiel von regionalen Allianzen und VRS zeigt sich dies auch in der Regionalversammlung. Diese ist attraktiv genug, um wichtige und ehrgeizige Politiker anzuziehen; die politische Kultur ist aber wenig konfrontativ, da sich eine große Koalition von CDU und SPD zusammengefunden hat, und die wichtigsten Beschlüsse mit einer breiten

---

[6] Dabei ist allerdings nicht zu vergessen, dass auch Elemente der normorientierten und der nutzenbasierten Steuerung vorzufinden sind. Erstere vor allem durch die Kompetenz des VRS zur verbindlichen Regionalplanung, die letztere durch die verschiedensten zweckspezifischen Einrichtungen, die über die Wirtschaftsförderungsgesellschaft eingerichtet wurden. Diese Formen entsprechen strukturell dem Typus der losen Koppelung, weil nur in geringer Form hierarchische Weisungen gegenüber den Kommunen möglich sind und die zweckspezifischen Institutionen teilweise sowohl die geographischen Grenzen der Region wie auch die Grenze zwischen privaten und öffentlichen Akteuren überschreiten.

Mehrheit verabschiedet werden. Aber nicht nur nach innen, sondern auch nach außen ist das politische Marketing der Region Stuttgart stark ausgeprägt – sie ist im Gegensatz zu Hannover offiziell von der Ministerkonferenz für Raumordnung als Metropolregion anerkannt und hat als einzige deutsche Region unterhalb der Bundesländerebene eine eigenständige Vertretung in Brüssel.

München und Frankfurt: Paradoxe und paralysierte Steuerungsformen in globalisierten Stadtregionen

Im Vergleich zu den vorangegangenen Regionen kann man in den beiden wirtschaftsstärksten Regionen Deutschlands in den letzten 15 Jahren einen deutlich schwächeren Trend zur regionalen Integration und Kooperation feststellen. In der Region *München* gab es in den Jahren 1992/1993 zwar eine Reihe von Initiativen zur regionalen Zusammenarbeit (Weck 1996). Obwohl hier die Problemdefinition primär durch die problematischen Nebenwirkungen des hohen Wachstums geprägt wurde, hat sich aber nur die primär auf Außenmarketing (also auf Wachstumsstimulation) ausgerichtete Kooperation zwischen den Stadtregionen München, Augsburg und Ingolstadt etabliert und im Laufe der Jahre zu einer dynamischen neuen Kooperationsinstanz entwickelt. Mit Unterstützung des Freistaates wurde daraus 1995 der "Wirtschaftsraum Südbayern – München – Augsburg – Ingolstadt (MAI) e.V. ", in dem neben den drei Gründungsstädten auch sechs Landkreise, 21 weitere Kommunen, acht Sparkassen, 18 institutionelle Akteure wie die IHKs, Gewerkschaften, Universitäten, Regionalverbände und 80 private Unternehmen und Individuen Mitglieder geworden sind. Den Zulauf, den MAI auch von Kommunen, die sich zuerst in Gegenallianzen zusammen gefunden haben, im Laufe der Zeit erfahren hat, basiert nicht auf einem kommunikativen Prozess der Verständigung, sondern auf dem guten Image, das die Region München besitzt. Zwar besitzt auch MAI ein Leitbild, dies wurde durch ein externes Büro erstellt und ist außer einer eindeutig sektoralen Selbstdefinition ziemlich inhaltsleer. Unter der Überschrift "Das sind wir" findet sich folgende Formulierung: "Alle an der Wirtschaft beteiligten Akteure können Mitglied werden" (MAI 1998). Außer einer Mitgliederbefragung durch die externen Berater gab es keinen verständigungsorientierten Prozess. Es gibt wenig konkrete inhaltliche Festlegungen, eine vage geographische Abgrenzung des Kooperationsraumes (vgl. Steinberg 2003: 104), und auch keine Ableitung von Projekten. Dafür besticht die Titelseite des Leitbildes durch eine symbolisch geschickte Verortung von MAI als "Europas blühende Mitte". Im Gegensatz zu den norddeutschen Leitbildern, bei denen der bildliche Fokus auf die jeweilige Region gelegt wird, gibt es hier eine Europakarte, in der MAI den Mittelpunkt darstellt, von dem aus Fäden zu allen wichtigen Metropolen

Europas verlaufen. MAI ist wie die Metropolregion Hamburg nur schwach institutionalisiert. Allerdings gibt es hier eine klare Geschäftsstelle, die zwei Mitarbeiter sind bei der Landeshauptstadt angesiedelt und werden von dieser hauptsächlich bezahlt. Durch erhebliche finanzielle Spenden der Sparkassen und die Mitgliedsbeiträge besitzt MAI auch ein eigenständiges Budget. Es finden jährlich zwei Mitgliederversammlungen statt, die auf ein inhaltliches Thema ausgerichtet sind. Die kommunikativen Beziehungen, die daraus entstanden sind, haben nicht die Dichte wie z.B. in Hamburg und der "Wirtschaftsraum Südbayern" ist vor allem auf das Außenmarketing ausgerichtet, wobei dazu auch das politische Lobbying gehört. Zwar erhofft man sich auch eine "Stärkung des Gemeinschaftsgefühls und der Verantwortung der Akteure für den Raum" (Steinberg 2003: 105), aber die Bewohner des Raumes zählen nicht zu den Zielgruppen (Steinberg 2003: 105). Diese Marketing-Organisation ist im Moment die einzige funktionierende Institution für die regionale Kooperation, nachdem der in den 70er Jahren eingerichtete Regionale Planungsverband in eine Krise geraten ist, als die Firma Infineon ihren Standort aus der Stadt in eine Umlandgemeinde verlagerte. Die Mehrheit der Umlandgemeinden machte im Regionalen Planungsverband mit dem im Regionalplan verankerten regionalen Grünzug, der dem Ansiedlungswunsch entgegenstand, "kurzen Prozess". Während im Kontext des normorientierten Planungsverbandes die Stadt München sich extrem verärgert zeigte, ergibt sich offensichtlich im Kontext der Marketing-Vereinigung eine andere Interpretation. "Inzwischen hat sich die Einsicht durchgesetzt, dass eine Standortverlagerung eines Betriebes aus einer Kommune in eine andere innerhalb der Region weniger schmerzlich ist als eine Verlagerung an einen Standort außerhalb des Raumes" (Steinberg 2003: 105).[7]

Während es in der Region München beim Thema regionale Kooperation relativ wenige Diskussionen und Initiativen gab, war dieses Thema ein Dauerbrenner auf der politischen Agenda in der Region *Frankfurt/Rhein-Main*. Auch hier thematisierten zu Beginn der 1990er Jahre die IHKs den Wettbewerb der Regionen im Europäischen Binnenmarkt und alle Akteure reagierten mit regionalen Spitzentreffen und Proklamationen zur regionalen Zusammenarbeit. Mitte 1991 verstärkten die IHKs im Rhein-Main-Gebiet ihre Zusammenarbeit und etablierten das "IHK-Forum Rhein-Main" als ökonomisch ausgerichtete Regionalallianz. Dieser Allianz gelang es in der Folgezeit, eine auf den internationalen Standortwettbewerb ausgerichtete großräumliche Abgrenzung der Region im Diskurs zu etablieren, die die Landesgrenzen überschreitet und neben dem gesamten südlichen Hessen auch die Regionen

---

[7] Frau Dr. Steinberg ist im städtischen Referat für Arbeit und Wirtschaft beschäftigt und gleichzeitig die Geschäftsstellenleiterin von MAI.

METROPOLITAN GOVERNANCE IN DEUTSCHLAND   145

Mainz und Worms in Rheinland-Pfalz sowie die Region Aschaffenburg in Bayern umfasst. Es entwickelte sich allerdings keine eindeutig dominierende Problemdefinition, denn die sozialdemokratisch regierte Stadt Frankfurt und die Frankfurter Rundschau thematisierte das Problem der ungleichen Belastung von Zentralstadt und Umland, während Wirtschaftseliten und das Umland und die Frankfurter Allgemeine Zeitung den Standortwettbewerb zum zentralen Thema machen wollten. In den Jahren 1992-1997 wurde eine Unzahl von Vorschlägen für eine Regionalreform ausgearbeitet,[8] ohne dass es zu einer nennenswerten Strukturreform kam. Der politisch bedeutendste Reformvorschlag, der von den südhessischen Landräten und Bürgermeistern der SPD unter Führung des ehemaligen Landesentwicklungsministers Jordan entwickelt wurde, propagierte die Einführung eines Regionalkreises, der Regierungspräsidium, Landkreise und den Umlandverband Frankfurt ersetzen und neben Planungs- auch Umsetzungskompetenzen erhalten sollte. Dieses normorientierte hierarchische Konzept konnte sich allerdings nicht durchsetzen, da in der Landesregierung die nordhessischen Aversionen gegenüber einer institutionellen Stärkung der Region Frankfurt dominierten (Scheller 1998).

Die einzige institutionelle Weiterentwicklung in den 1990er Jahren war die Entstehung einer weiteren Vereinigung zur Wirtschaftsförderung. Um ein Gegengewicht zum konservativen IHK-Forum zu entwickeln, stimulierte der sozialdemokratisch dominierte Umlandverband im Jahr 1995 Kommunen zur Gründung der "Wirtschaftsförderung Region Frankfurt/Rhein-Main e.V.". Die ideologische Frontstellung löste sich aber schnell auf und so hat sich aus dieser regionalen Allianz in den Folgejahren eine dynamische Marketing-Vereinigung mit erheblicher Anziehungskraft entwickelt. Im Jahre 2003 hatten sich bereits 205 Kommunen, elf Landkreise, sieben IHKs, zwei Handwerkskammern, sechs Hochschulen, die Flughafengesellschaft und weitere große Infrastrukturunternehmen im gesamten, länderübergreifenden Rhein-Main-Gebiet zum Beitritt entschlossen. Durch einen professionellen Internet-Auftritt und eine umfassende Flächenbörse konnte damit das Außenmarketing gut etabliert werden, wobei dies für die regionsinterne Kohäsion nur beschränkte Wirkung entfaltet, da es immer wieder Konflikte zwischen kommunaler und regionaler Wirtschaftsförderung gibt. Es gibt auch keine klare räumliche Abgrenzung für diese Institution, so dass sich die räumliche Abbildung der Mitglieder in den Randbereichen als Fleckenteppich darstellt.

Als die rot-grüne Landesregierung 1999 durch eine schwarz-gelbe Regierung abgelöst wurde, bedeutete dies einen Paradigmenwechsel im Vergleich zu den normzentrierten Konzepten davor, denn die neue Koalition setzte nunmehr

---

[8] Jens Scheller (1998) hat in seiner Diplomarbeit 27 Vorschläge gezählt und skizziert.

146   JOACHIM BLATTER

auf eine nutzenzentrierte Form der regionalen Kooperation. Im Dezember 2000 wurde ein Gesetz zur Stärkung der kommunalen Zusammenarbeit und Planung in der Region Rhein-Main erlassen, in dem die Kommunen vor allem zu zweckspezifischer Zusammenarbeit aufgefordert wurden. Zusätzlich wurde ein "Rat der Region" eingerichtet, in dem Vertreter der Städte, Gemeinden und Kreise zusammentreffen sollten, um Grundsätze für die zweckspezifische interkommunale Kooperation zu erarbeiten, um eine "geordnete Entwicklung in der Region" zu gewährleisten, um in einem Jahresbericht den Stand der interkommunalen Kooperation zu dokumentieren und um eine gemeinsames Erscheinungsbild der Region zu erarbeiten. Durch das erwähnte Gesetz wurde der "Umlandverband Frankfurt" in den "Planungsverband Ballungsraum Frankfurt/Rhein-Main" umgewandelt. Der neue Verband erfuhr zwar eine geographisch Erweiterung im Vergleich zum Vorgänger, auf der anderen Seite aber eine funktionale Reduktion auf zwei Raumplanungsaufgaben (Regionaler Flächennutzungsplan und Landschaftsplan). Außerdem sollte der Planungsverband als Geschäftsstelle für den Rat der Region fungieren. Nachdem sich aber bei den Wahlen im Planungsverband und im Rat der Region unterschiedliche parteipolitische Mehrheiten ergeben hatten, ist der Rat der Region faktisch eine Totgeburt geblieben.

Teilweise wird dieser Ausfall des Rates der Region durch die von der Frankfurter Oberbürgermeisterin zeitgleich initiierte "Regionalkonferenz" aufgefangen. Seit Mai 2000 treffen sich regelmäßig die direkt gewählten Spitzen der größeren Städte und der Kreise im Rhein-Main-Gebiet, um Entschließungen zu verabschieden, die "die Willensbildung der Region formulieren und vorantreiben sollen". Die durch institutionelle Rivalität geprägte Entstehungsgeschichte und weitere Faktoren deuten aber klar darauf hin, dass die Regionalkonferenz keine "Regionalkonferenz" im idealtypischen Sinne, sondern vielmehr eine Advokaten-Koalition darstellt. Es gibt eine ökonomische, d.h. rein sektorale Regionsdefinition und betont werden die nicht verfassten, weichen Grenzen der Region. Im Gegensatz zum nur auf die hessische Teilregion ausgerichteten Rat der Region überschreitet die Regionalkonferenz die Ländergrenzen und greift nicht auf die administrativen Kapazitäten des Planungsverbandes zurück. Aber auch diese Institution der interkommunalen Kooperation musste herbe Rückschläge hinnehmen, als nicht nur die Olympia-Bewerbung scheiterte, sondern die Stadt Frankfurt auch noch ohne Rücksprache mit den anderen Kommunen aus der gemeinsamen Bewerbung für die Kulturhauptstadt Europas im Jahr 2010 ausstieg (FAZ 9.7.2003).

Die Situation in der Region Frankfurt ist somit geprägt durch politische Blockaden. Nicht zuletzt deswegen gibt seit Mitte der 1990er Jahre auch starke gesellschaftliche Initiativen für eine verbesserte regionale Zusammenarbeit. Im

Jahr 1996 wurde eine "Wirtschaftsinitiative Frankfurt Rhein-Main" initiiert, in der über 100 regional verankerte Unternehmen zusammen geschlossen sind. Die Wirtschaftsinitiative veranstaltete in der Folgezeit regelmäßige Podien zur regionalen Wirtschaftspolitik, finanzierte eine Marketingbroschüre und eine Studie zur Verwaltungsreform im Rhein-Main-Gebiet. Aus einem Besuch der Wirtschaftsinitiative bei der Internationale Bauausstellung Emscherpark resultierte eine von der Frankfurter Rundschau unterstützte zusätzliche Initiative zu einer Landschafts- und Strukturausstellung. Als Ende des Jahres 2000 in Umfragen die Region Frankfurt als zweitunbeliebteste Arbeitsplatzregion in Deutschland ermittelt wurde, wandten sich auch einzelne Wirtschaftsunternehmen dem Image-Problem der Region zu. Die "Metropolitana" genannte Initiative basierte auf der Unterstützung von fünf globalen Unternehmen sowie der Landeszentralbank und der regionalen Akteure Wirtschaftsinitiative, Verkehrsverbund und Messe Frankfurt. Die "Metropolitana" verkörpert konzeptionell in Reinform die Logik der Induktion regionaler Zusammenarbeit durch Leuchtturmprojekte, da in dieser Region eine Induktion von Projekten und institutionellem Wandel weder durch die nicht vorhandene regionale Identität noch durch die nicht vorhandene Anerkennung der Region als Problemlösungsraum für die Landesregierung gegeben war. Wolfgang Christ von der Bauhaus-Universität Weimar beschrieb die Grundüberlegungen der Metropolitana folgendermaßen (FR 2001): "Im Zeitalter von Internet, Globalisierung, Individualisierung und Hoch-geschwindigkeitsmobilität wird der sinnlich erfahrbare Raum an Bedeutung zurückgewinnen. Gefragt sind Charme, Gemeinschaftsgefühl, spektakuläre Kultur und eine Region, die eine Gestalt besitzt". Zitiert wird der amerikanische Stadtplaner Kevin Lynch mit folgender Beschreibung der Aufgabe: "Managing a Sense of a Region", wobei Sense sowohl Sinn als auch Sinnlichkeit bedeutet. Der Vorstandsprecher der Deutschen Bank, Breuer, erwartete "anfassbare, erlebbare und wahrnehmbare" Projekte. Beteiligte Politiker beschrieben die Aufgabe der Metropolitana profaner als die Beteiligung am "Kampf um Wahrnehmung" zwischen den führenden Regionen Europas. So wurde als erstes eine Ausstellung mit dem Titel "Mit allen Sinnen für die Region" entworfen und ein "Türme-Projekt" präsentiert. Dabei korrespondieren die Bankentürme Frankfurts mit alten und neuen Aussichtstürmen im Regionalpark Rhein-Main, die wie der Goetheturm in Frankfurt oder die Stangenpyramide in Dreieich für die Eigenart der Landschaft stehen sollen. Ein Lichtstrahl sollte diese Türme miteinander verbinden (FR 29.05.2002). Konflikte zwischen den Vertretern der Großunternehmen und der eher mittelständisch ausgerichteten IHK, bei der die Metropolitana in der Folgezeit angesiedelt wurde, sowie der Wechsel vom heimatverbundenen Breuer zum Schweizer Ackermann bei der Deutschen

Bank, führten dazu, dass die Unternehmen kaum finanzielle Beiträge lieferten und die anvisierten Projekte nicht verwirklicht wurden. Im Jahr 2003 ist die Metropolitana mit der Wirtschaftsinitiative verschmolzen und die Idee der Landschafts- und Strukturausstellung gestorben. Zu Beginn des Jahres 2004 gab es allerdings bereits eine neue Welle bürgerschaftlichen Engagements, als eine Regionalwerkstatt der Wirtschaftsinitiative Metropolitana und der IHK, die unter das Motto gestellt wurde "Wir bauen uns unsere Region selbst", 600 Teilnehmer anzog.

Insgesamt zeigt sich, dass die Region Frankfurt ein Hort vielfältiger Aktivitäten und innovativer Ideen ist. Normorientierte und nutzenbasierte Steuerungsformen sind in dieser Region breit diskutiert worden, erstere sind aber bereits bei der Entscheidungsfindung auf Landesebene, letztere bei der Implementation gescheitert. Die als Nebeneffekt dieser starken Politisierung des Themas auftretende massive Mobilisierung öffentlicher und privater Akteure hat zwar zu sehr innovativen Ansätzen geführt, aber auch diese konnten weder zu konkreten Projekten umgesetzt werden, noch haben sie genügend regionale Identität produziert, um anderen *Governance*-Formen zu einem Durchbruch bzw. zu einer arbeitsfähigen Institution zu verhelfen. Die stark polarisierte politische Kultur in der Region Frankfurt führt dazu, dass im Gegensatz zu Stuttgart nach der Mobilisierung der Akteure kein verständigungsorientierter Diskurs stattfindet und dass sich auch kein allgemein akzeptierter institutioneller Kern etabliert, der die kreativen Ideen auch in erfolgreiche Taten umsetzen kann. Es ist deswegen auch nicht mehr verwunderlich, dass das konzeptuelle Niveau der politischen Diskussion in den letzten Jahren wieder dort angekommen ist, wo es vor einem Jahrhundert war. Im August 2002 forderte der Kämmerer der Stadt Frankfurt die Eingemeindung der reichen Umlandgemeinden, was nichts außer empörten Reaktionen hervorgerufen hat (FAZ 27.8.2002).

Zusammenfassender Vergleich und Schlussfolgerungen

Insgesamt lässt sich feststellen, dass in den 1990er Jahren die Steuerung von deutschen Großstadtregionen neuen Schwung erhalten hat. Mit diesem neuen Schwung wurden auch neue *Governance*-Formen eingeführt, die primär auf kommunikativen und dramaturgischen Handlungslogiken beruhen. Diese Governance-Formen konnten sich aber in den einzelnen Regionen sehr unterschiedlich etablieren bzw. als Katalysator für rechtlich bindende institutionelle Reformen dienen, so dass sich insgesamt sehr unterschiedlichen Governance-Landschaften herausbildeten (vgl. Abbildung 1).

METROPOLITAN GOVERNANCE IN DEUTSCHLAND   149

Abbildung 1: Visualisierung und Vergleich

Hamburg	Feste Kopplung	Lose Kopplung
Normative Steuerung		⬭
Utilitaristische Steuerung		
Kommunikative Steuerung	⬤	
Dramaturgische Steuerung		⬤

Bremen	Feste Kopplung	Lose Kopplung
Normative Steuerung	⬭	
Utilitaristische Steuerung		
Kommunikative Steuerung	⬤	
Dramaturgische Steuerung		

Hannover	Feste Kopplung	Lose Kopplung
Normative Steuerung	⬤	
Utilitaristische Steuerung		
Kommunikative Steuerung	⬤	
Dramaturgische Steuerung		

Stuttgart	Feste Kopplung	Lose Kopplung
Normative Steuerung	⬭	⬤
Utilitaristische Steuerung	⬭	⬤
Kommunikative Steuerung	⬤	
Dramaturgische Steuerung	⬤	

München	Feste Kopplung	Lose Kopplung
Normative Steuerung		⬤
Utilitaristische Steuerung		
Kommunikative Steuerung		
Dramaturgische Steuerung		⬤

Frankfurt	Feste Kopplung	Lose Kopplung
Normative Steuerung	⬭	⬤
Utilitaristische Steuerung	⬭	
Kommunikative Steuerung	⬭	⬤
Dramaturgische Steuerung	⬭	⬭

Legende: Die Stärke der Kreislinien verdeutlicht die Stärke der institutionellen Verankerung der jeweiligen Governance-Form; die gestrichelten, nicht ausgefüllten Kreise bedeuten, dass diese Governance-Formen zwar stark propagiert wurden aber nicht umgesetzt werden konnten. Die Pfeile deuten Entwicklungen innerhalb der 1990er Jahre an (und nicht etwa die Veränderungen im Vergleich zu früheren Zeiten).

In den drei norddeutschen Regionen legten verständigungsorientierte Diskurse den Grundstein für jeweils deutliche Schritte zu einer stärkeren regionalen Zusammenarbeit und Integration. In der Metropolregion Hamburg entfaltet die internationale Strahlkraft der Freien und Hansestadt auch ihre Kohäsionswirkung auf regionaler Ebene und die seit langem bestehenden identitätsbasierten Aversionen in der Region etwas auflösen, so dass auf der Basis von gestärkten administrativen Interaktionsnetzwerken und Vertrauen leichter gemeinsame Projekte umgesetzt werden können und die Länder auch wieder bereit sind, dafür Geld in einen gemeinsamen Förderfonds einzubezahlen. In der Bremer Region ist es weniger die Strahlkraft der Hansestadt als vielmehr ihre neu akzeptierte Identität als Kommune, die zu einer problemlösungsorientierteren und dezentralen Zusammenarbeit in einer sich mehr und mehr polyzentral konstituierten Region führt.

In Hannover hat der konsensorientierte Dialog sogar die ideelle Grundlage für eine deutliche Strukturreform gelegt, so dass dort nun eine starke regionsweite Institution eine normbasierte Steuerung betreiben kann. Diese Region ist auch die einzige, die das Thema des Lastenausgleichs zwischen Stadt und Umland als Ziel der Reform formuliert und teilweise umgesetzt hat (Priebs 2002: 146). Während diese Lösung damit unter Gerechtigkeitsgesichtspunkten am fortschrittlichsten ist, hat die Konzentration auf die Fusion der beiden Verwaltungen Lücken bei der gesellschaftlichen Mobilisierung und bei der Zusammenarbeit mit dem weiteren Umland gelassen.

In den drei südlicheren Agglomerationsregionen standen in der ersten Hälfte der 1990er Jahre dramaturgische *Governance*-Konzepte am Beginn der Reformbemühungen. In der Region Stuttgarter eröffnete die Strukturkrise zu Beginn der 1990er Jahre ein *window of opportunity* für die Etablierung einer direkt gewählten Regionalversammlung durch eine entschlossene Landesregierung und für die Konstitution einer Vielzahl interkommunaler und gesellschaftlicher Vereinigungen auf regionaler Ebene. Der Verband Region Stuttgart besitzt im Vergleich zu Region Hannover deutlich weniger Regelungs- und Entscheidungskompetenzen. Entscheidend für die trotzdem starke und dynamische regionale Integration ist die Vielfalt der regionalen Institutionenlandschaft mit unterschiedlich ausgeprägten Elementen aller *Governance*-Formen.

In den beiden Regionen, die am stärksten durch die Internationalisierung der Ökonomie gekennzeichnet sind, haben sich dagegen nur sehr viel beschränktere *Governance*-Formen etablieren können. In der Boom-Region München haben wir die paradoxe Situation, dass die ohnehin gering institutionalisierte regulierende Steuerung noch weiter unter Druck gerät und dafür eine auf Außenmarketing ausgerichtete Vereinigung zum dynamischsten Element der regionalen *Governance* wird. In der Region Frankfurt/Rhein-Main erlebten wir dagegen eine Fülle von Reformvorschlägen und –bemühungen, die allerdings immer wieder

METROPOLITAN GOVERNANCE IN DEUTSCHLAND   151

an der polarisierten politischen Kultur gescheitert sind, so dass nur sehr lose ge-koppelte kommunikative und dramaturgische *Governance*-Formen die regionale Zusammenarbeit beleben, während der Gesetzgeber die zentrale regionale Institution mit normativen Steuerungsmöglichkeiten geschwächt hat.

Die Beispiele Hannover und Stuttgart zeigen, dass kommunikative und dramaturgische *Governance*-Konzepte unter jeweils günstigen Rahmenbedingungen zu einem erheblichen Schub an regionaler Integration führen können. Diese neuen Steuerungsstrategien haben auch das Verhältnis zwischen den Stadtstaaten Hamburg und Bremen und ihrem regionalen Umland massiv verändert, auch wenn in diesen Agglomerationsregionen aufgrund der Ländergrenzen keine starke formale Institutionen für die regionale Zusammenarbeit etabliert werden konnte. Die Entwicklungen in den beiden Regionen Frankfurt und München, die besonders starke regionale und internationale sozio-ökonomische Verflechtungen aufweisen, deuten darauf hin, dass "funktionale Notwendigkeit" keineswegs ein guter Prediktor für regionale politische Integration darstellt, sondern dass für die politische Etablierung einer Agglomerationsregion die problemspezifische Einsicht und die machtpolitische Toleranz der jeweiligen Landesregierung von erheblicher Bedeutung ist. In diesem Aufsatz stand allerdings die deskriptive Analyse im Vordergrund, kausale Analysen in Bezug auf die Faktoren, die eine starke politische Integration einer Agglomerationsregionen begünstigen und in Bezug auf die konkreten Wirkungen der einzelnen *Governance*-Formen stehen noch aus.

Bibliographie

Auel, Katrin (1997). *Die Region Bremen/Niedersachsen – auf dem Weg zu einer kooperativen Regionalentwicklung? Der Beitrag eines Regionalen Entwicklungskonzepts.* Diplomarbeit am Fachbereich Politik- und Verwaltungswissenschaften an der Universität Konstanz.

Axelrod, Robert (1984). *The Evolution of Cooperation.* New York, NY: Basic Books.

Baumheier, Ralph und Rainer Danielzyk (2002). "Stadt – Staat – Region: Regionale Zusammenarbeit im Bereich norddeutscher Stadtstaaten Bremen und Hamburg", in Akademie für Raumforschung und Landesplanung (Hrsg.). ARL Arbeitsmaterial. Hannover: ARL.

Benz, Arthur (2001). "Vom Stadt-Umland-Verband zu 'regional governance' in Stadtregionen", *Deutsche Zeitschrift für Kommunalwissenschaften* 40(2): 55-71.

Benz, Arthur (2003). "Regional Governance mit organisatorischem Kern. Das Beispiel der Region Stuttgart", *Informationen zur Raumentwicklung* 8/9: 505-512.

Benz, Arthur und Fritz W. Scharpf (1990). *Zusammenarbeit zwischen den norddeutschen Ländern. Gutachten im Auftrag der Senatskanzlei Hamburg und der Staatskanzlei Schleswig-Holstein.* Köln: Max-Planck-Institut für Gesellschaftsforschung.

152 JOACHIM BLATTER

Benz, Arthur, Dietrich Fürst, Heiderose Kilper und Dieter Rehfeld (1999). *Regionalisierung: Theorie – Praxis – Perspektiven*. Opladen: Leske & Budrich.

Blatter, Joachim (2003). "Beyond Hierarchies and Networks: Institutional Logics and Change in Trans-boundary Political Spaces during the 20th Century", *Governance: An International Journal of Policy and Administration* 16(4): 503-526.

Braun, Dietmar (1997). "Handlungstheoretische Grundlagen in der empirisch-analytischen Politikwissenschaft: Eine kritische Übersicht", in Arthur Benz und Wolfgang Seibel (Hrsg.). *Beiträge zur Theorieentwicklung in der Politik- und Verwaltungswissenschaft*. Baden-Baden: Nomos, S. 45-74.

Budde, Friedhelm (1995). "Zusammenarbeit in der Region Hamburg", *RaumPlanung* 69: 115-121.

Danielzyk, Rainer (1999). "Regionale Kooperationsformen", *Informationen zur Raumentwicklung* 9/10: 577-586.

Foucault, Michel (1972). *The Archeology of Knowledge*. New York, NY: Harper Colophon.

FR – Frankfurter Rundschau (Hrsg.) (2001). *Die Metropolitana Frankfurt RheinMain*. Frankfurt a.M.: Druck- und Verlagshaus GmbH.

Frenzel, Albrecht (1995). *Die Eigendynamik ostdeutscher Kreisgebietsreformen: eine Untersuchung landesspezifischer Verlaufsmuster in Brandenburg und Sachsen*. Baden-Baden: Nomos.

Fürst, Dietrich (1990a). *Regionalverbände im Vergleich: Entwicklungssteuerung in Verdichtungsräumen*. Baden-Baden: Nomos.

Fürst, Dietrich (1990b). "Einführung", in ARL (Hrsg.): *Regional- und Landesplanung für die 90er Jahre,. Wissenschaftliche Plenarsitzung 1990*. Hannover: Forschungs- und Sitzungsberichte der ARL, S. 72-78.

Fürst, Dietrich (1994). "Regionalkonferenzen zwischen offenen Netzwerken und fester Institutionalisierung", *Raumforschung und Raumordnung* 52(3): 184-192.

Fürst, Dietrich, und Müller, Bernhard, und Dian Schefold (1994). *Weiterentwicklung der Gemeinsamen Landesplanung Bremen/Niedersachsen*. Baden-Baden: Nomos.

Häberle, Tanja (1990). "Die Region Hannover", in Manfred E. Streit und Hans A. Haasis (Hrsg.). *Verdichtungsregionen im Umbruch: Erfahrungen und Perspektiven stadtregionaler Politik*. Baden-Baden: Nomos, S. 299-326.

Habermas, Jürgen (1981). *Theorie des kommunikativen Handelns. Band 1: Handlungsrationalität und gesellschaftliche Rationalisierung*. Frankfurt a.M.: Suhrkamp.

Heinz, Werner (2000). *Stadt & Region - Kooperation oder Koordination?* Stuttgart: Kohlhammer.

Huebner, Michael (1995). "'Regionalisierung' von unten: der Kommunalverbund Niedersachsen/Bremen", *Raumordnung und Raumforschung* 53(3): 216-224.

Kenis, Patrick und Volker Schneider (1991). "Policy Networks and Policy Analysis: Scrutinizing a New Analytical Toolbox", in Bernd Marin und Renate Mayntz (eds.). *Policy Networks*. Frankfurt a. M.: Campus, pp. 25-59.

Knieling, Jörg (2000). *Leitbildprozesse und Regionalmanagement: Ein Beitrag zur Weiterentwicklung des Instrumentariums der Raumordnungspolitik*. Frankfurt a.M.: Peter Lang.

Mai e.V. (Hrsg.) (1998). *Leitbild für den Wirtschaftsraum Südbayern*. Broschüre. München.

Mantell, Jürgen und Hans-Georg Strauf (1997). "REK – Regionales Entwicklungskonzept für die Metropolregion Hamburg", in Klaus Mensing und Andreas Thaler (Hrsg.). *Stadt, Umland, Region: Entwicklungsdynamik und Handlungsstrategien: Hamburg, Bremen, Hannover*. Berlin: Rainer Bohn, S. 57-74.

March, James G. und Johan P. Olsen (1989). *Rediscovering Institutions: The Organizational Basis of Politics*. New York, NY & London: Free Press.

Marcus, George E. (2000). "Emotions in Politics", *Annual Review of Political Science* 2000(3): 221-250.

Marin, Bernd and Renate Mayntz (Hrsg.) (1991). *Policy Networks: Empirical Evidence and Theoretical Considerations*. Frankfurt a.M.: Campus-Verlag.

Mayer, Jörg M. (1994). "Wann sind Paketlösungen machbar? Eine konstruktive Kritik an F.W. Scharpfs Konzept", *Politische Vierteljahresschrift* 35(3): 448-471.

Mayntz, Renate (1993). "Policy-Netzwerke und die Logik von Verhandlungssystemen", in Adrienne Heritier (Hrsg.). *Policy-Analyse: Kritik und Neuorientierung*. PVS-Sonderheft 24/1993. Opladen: Westdeutscher Verlag, S. 39-56.

Meyer, Thomas, Rüdiger Ontrup und Christian Schicha (Hrsg.) (2000). *Die Inszenierung des Politischen. Zur Theatralität von Mediendiskursen*. Wiesbaden: Westdeutscher Verlag.

Nullmeier, Frank (1997). "Interpretative Ansätze in der Politikwissenschaft", in Arthur Benz und Wolfgang Seibel (Hrsg.). *Theorieentwicklung in der Politikwissenschaft – eine Zwischenbilanz*. Baden-Baden: Nomos, S. 101-144.

Pappi, Franz U. (1993). "Policy-Netze: Erscheinungsform moderner Politiksteuerung oder methodischer Ansatz?", in Adrienne Heritier (Hrsg.). *Policy-Analyse: Kritik und Neuorientierung*. PVS-Sonderheft 24/1993. Opladen: Westdeutscher Verlag, S. 84-95.

Priebs, Axel (2002). "Die Bildung der Region Hannover und ihre Bedeutung für die Zukunft stadtregionaler Organisationsstrukturen", *Die öffentliche Verwaltung* 55(4): 144-151.

Savitch, Hank V. und Ronald K. Vogel (2000). "Paths to New Regionalism", *State and Local Government Review* 32(3): 158-168.

Scharpf, Fritz W. (1997). *Games Real Actors Play: Actor-Centered Institutionalism*. Boulder, CO: Westview Press.

Scheller Jens Peter (1998). *Rhein-Main - Eine Region auf dem Weg zur politischen Existenz*. Diplomarbeit an der Goethe-Universität Frankfurt a.M.

Simon, Herbert A. (1962). "The Architecture of Complexity", *Proceedings of the American Philosophical Society* 106(6): 467-482.

Steinberg, Elisabeth (2003). "Innovation durch Kooperation: Der Wirtschaftsraum Südbayern", *MAI. DISP* 152: 102-107.

Trümper, Andreas (1982). *Raumbezogene Planung im Großstadt-Umland-Bereich*. Bonn: Gesellschaft für Regionale Strukturentwicklung.

VRS - Verband Region Stuttgart (Hrsg.) (1999). *Who is Who auf der regionalen Landkarte*. Stuttgart: VRS.

Weber, Max (1985). *Wirtschaft und Gesellschaft. Grundriss der verstehenden Soziologie*. Tübingen: Mohr.

3

Weck, Sabine (1996). "Neue Kooperationsformen in Stadtregionen", *RuR 4:* 248-255.

Wiechmann, Thorsten (1998). *Vom Plan zum Diskurs?: Anforderungsprofil, Aufgabenspektrum und Organisation regionaler Planung in Deutschland.* Baden-Baden: Nomos.

Metropolitan Governance in Germany: Normative, utilitarian, communicative and dramaturgical approaches

The article provides a theory-lead description of governance approaches in six German metropolitan areas (Hamburg, Bremen, Hanover, Frankfurt, Stuttgart and Munich). In order to analyse the historical transformation of governance approaches in metropolitan areas as well as to show the variety among the six regions in a theoretically meaningful way, a two-dimensional typology of forms of governance is developed in the first part of the article. With "theoretically meaningful" I mean that forms of governance should be conceptualised and analysed with reference to micro-foundations. In consequence, forms of governance are differentiated in a first dimension according to the underlying structural pattern of interaction (tight coupling versus loose coupling). In the second dimension forms of governance are differentiated according to their underlying action theory (norm-based, utilitarian, communicative and dramaturgical action). With the help of the resulting eight ideal-types of forms of governance it is shown in the empirical part of the article that until the 1970s norm-based governance approaches dominated in Germany; they were challenged in the 1980s by an utilitarian paradigm. From the beginning of the 1990s, a new wave of governance restructuring has reached the German metropolitan areas, the new approaches were based on communicative and dramaturgical concepts but lead to quite different institutional results in the six case study regions.

Metropolitan Governance en Allemagne : des formes normatives, utilitaristes, communicationnelles et dramaturgiques

L'article décrit l'évolution historique et les formes les plus récentes des systèmes de gouvernance politique dans six régions urbaines d'Allemagne de l'Ouest (Hambourg, Brême, Hanovre, Francfort, Stuttgart et Munich). A cette fin, la partie théorique développe une typologie bi-dimensionnelle des formes de Metropolitan Governance. Sur la première dimension, les formes de gouvernance sont différenciées en fonction de la structure de leurs interactions. La seconde dimension distingue les théories de l'action sous-jacentes aux systèmes de gouvernance (action normative, utilitariste, communicationnelle et dramaturgique). A l'aide des huit idéaux-types ainsi construits, la partie empirique se charge ensuite de montrer que les formes normatives de gouvernance prévalaient encore dans les années 1970, jusqu'à ce qu'elles soient mises en question par un paradigme utilitariste. Dès le début des années 1990 des formes de gouvernance de type communicationnel et dramaturgique commencèrent à s'imposer. A partir de cette base commune, toutefois, des trajectoires distinctes se dessinent ; des priorités très différentes, et parfois des "paysages institutionnels" contrastés, virent le jour dans les six régions étudiées.

Dr. Joachim Blatter is Hochschulassistent at the Department of Politics and Management, University of Konstanz, Germany. He has done research in the fields of urban politics, environment and water politics, cross-border cooperation and governance theory. Among his publications are two books: "Entgrenzung der Staatenwelt? Politische Institutionenbildung in grenzüberschreitenden Regionen in Europa und Nordamerika", Baden-Baden: NOMOS (2000) and "Reflections on Water: New approaches to transboundary cooperation and conflict", Cambridge: MIT-Press, which he edited together with Helen Ingram, UC at Irvine. Currently, he is working on a book on metropolitan governance in Germany and the United States and is contributing to an Encyclopedia of Governance edited by Mark Bevir, UC Berkeley.

Address for correspondence: Joachim Blatter, Dr., Universität Konstanz, Fachbereich Politik- und Verwaltungswissenschaft, Fach D 89, D – 78457 Konstanz; E-Mail: joachim.blatter@uni-konstanz.de

Originaltext Fürst 2001

Dietrich Fürst: Regional governance – ein neues Paradigma der Regionalwissenschaften?

3

Dietrich Fürst

Regional governance – ein neues Paradigma der Regionalwissenschaften?

Regional Governance: A New Paradigm in the Regional Sciences?

Kurzfassung

Regional governance bezeichnet schwach institutionalisierte, eher netzwerkartige Kooperationsformen regionaler Akteure für Aufgaben der Regionalentwicklung. Die wissenschaftliche Diskussion zur Qualität und Kohärenz der *regional governance* steckt noch in den Anfängen. Theoriebezüge bestehen jedoch zu: Milieu-Theorie, Lernende Region-Konzeption, Regulations-Schule, Regime-Theorie. Die Besonderheit der *governance* wird im Folgenden herausgearbeitet. Offene Forschungsfragen beziehen sich vor allem auf Strukturmerkmale der *governance*, thematische Kompetenz, Einbindung in bestehende Institutionen, Arbeitsteilung mit anderen regionalen Steuerungsformen, eigendynamische Verlaufsformen, Legitimationsfragen, Beitrag zur Regionalentwicklung und Rolle des Staates.

Abstract

Regional governance defines weakly institutionalised, network-oriented modes of co-operation between regional actors to achieve common goals of regional development. The scientific discussion on proficiency and coherence of regional governance is still in its infancy. However, there are related theoretical approaches like milieu-theory, learning-region-conception, regulation-school, regime-theory. In the article the peculiarities of regional governance are analysed. Open research questions identified refer to structural elements of governance, issue-selectivity, embeddedness in existing institutions, division of labor with other regional modes of governance, inherent dynamics, legitimization, contribution to regional development and the role of the state.

1 Was versteht man unter „regional governance"?

„*Governance*" bezeichnet zunächst „soziale Koordination" (Mayntz 1993, S. 11) kollektiven Handelns über Regel- oder Ordnungssysteme. Aber eine Auswertung der Literatur zeigt, dass es eine große Zahl von Definitionen gibt, abhängig davon, worauf sich „*governance*" bezieht (regionales oder internationales kollektives Handeln, multinationale Unternehmen, Managementfragen, Nicht-Regierungsorganisationen usw.) (Kooiman 1999).[1] Eine vergleichsweise umfassende, aber den Begriffsinhalt gut darstellende Definition hat die *Commission on Global Governance* gegeben (1995, S. 4). Danach ist

„*Governance ... die Gesamtheit der zahlreichen Wege, auf denen Individuen sowie öffentliche und private Institutionen ihre gemeinsamen Angelegenheiten regeln. Es handelt sich um einen kontinuierlichen Prozess, durch den kontroverse oder unterschiedliche Interessen ausgeglichen werden und kooperatives Handeln initiiert werden kann. Der Begriff umfaßt sowohl formelle Institutionen und mit Durchsetzungsmacht versehene Herrschaftssysteme als auch informelle Regelungen, die von Menschen und Institutionen vereinbart oder als im eigenen Interesse angesehen werden.*"

Dietrich Fürst: Regional governance – ein neues Paradigma der Regionalwissenschaften?

Die Ursprünge des Begriffs liegen in den Wirtschaftswissenschaften.[2] In die politikwissenschaftliche Diskussion hat der Begriff relativ spät Eingang gefunden[3], vor allem mit der Hinwendung zur Steuerung politischer Prozesse über Netzwerke (Börzel 1998).

In den Politikwissenschaften hat *governance* – gegenüber seiner wirtschaftswissenschaftlichen Herkunft – eine Modifikation erfahren. Insbesondere grenzt sich *„governance"* gegen *„government"* ab. Während mit letzterem Begriff das institutionalisierte staatliche Steuerungssystem bezeichnet wird, meint *„governance"* das Regulierungssystem, das kollektives Handeln steuert. Die Abgrenzung ist erwartungsgemäß nicht immer leicht, weil auch *„governance"* institutionalisiert ist und *„government"* eine spezifische *„governance"* implizieren kann. Gleichwohl hat sich der verselbstständigte Begriff inzwischen etabliert, weil er nützlich ist, um eben diese schwach institutionalisierten Steuerungsformen wie Netzwerke, Runde Tische, Regionalkonferenzen usw. zu erfassen.

Unter dieser heuristischen Ausrichtung lässt sich die Begriffsbestimmung etwas verfeinern, indem man unter *„governance"* die Prozesssteuerung für kollektives Handeln versteht, bei dem Akteure / Organisationen so miteinander verbunden und im Handeln koordiniert werden, dass gemeinsam gehaltene oder gar entwickelte Ziele wirkungsvoll verfolgt werden können. *Regional governance* soll Auskunft darüber geben, wer was wann und wie tut, um in einer Region kollektives Handeln zu ermöglichen.

Was *governance* ausmacht, sind folgende Merkmale (vgl. Rhodes 1997, S. 15):

- eine Form der Selbstorganisation;
- basierend auf Interdependenz und Ressourcenabhängigkeiten der Akteure, die sich in politischen Handlungssystemen umsetzen;
- unterstützt durch ein System von Regeln, Normen, Konventionen, die förmlicher und/oder ungeschriebener Art sein können.

Der Begriff *„governance"* gehört zum Forschungsfeld der gesellschaftlichen Steuerung. Insofern kann zur Analyse von *governance* auf die allgemeinen deskriptiven Vorstellungen der politischen Steuerungstheorie zurückgegriffen werden: Grob zu unterscheiden sind dabei ein systemtheoretischer Ansatz und ein handlungstheoretischer Ansatz (vgl. Kooiman / van Vliet 2000, S. 363 f.).[4] Für *„regional governance"* scheint sich der handlungstheoretische Ansatz eher zu bewähren, weil er die Akteure mit ihren Interessen und Einflusspotenzialen und nicht das System in den Mittelpunkt der Betrachtung rückt.

2 Warum braucht man ein neues Konzept „regional governance"?

Wenn neue Begriffe geprägt werden, so kann das häufig bedeuten, dass Phänomene oder Erklärungsmuster entdeckt wurden, die mit den traditionellen Begriffen nicht mehr erfasst werden können. Neue Begriffe werden aber in der Literatur auch genutzt, um *„claims"* abzustecken: Sie deuten dann nicht unbedingt auf etwas Neues hin, markieren aber ein Forschungsfeld, das von einer Gruppe von Forschern besetzt wurde. Solche Begriffe haben den Charakter von „Markenzeichen", wichtig ist ihr Symbolwert.

Fruchtbar sind Begriffe aber nur, wenn dahinter ein theoretisches Konzept steht, das über diese Begriffe Deutungsmacht gewinnt. *„Regional governance"* könnte zu dieser Kategorie der Begriffe gehören. Denn der Begriff kam auf, als mehrerer Faktoren zusammentrafen und Neues bildeten. Erstens wandelte sich die staatliche Steuerung (vgl. Fürst 1998):

- Die staatlichen Fachpolitiken beginnen, sich im Zuge der Pluralisierung und Individualisierung der Gesellschaft regional zu differenzieren und dafür die Regionsebene als Handlungsebene zu stärken (Fürst 1999; Genosko 1999);
- Der Staat mutierte in vielen Politikfeldern zum „kooperativen Staat", um die Adressaten seiner Steuerung aktiv in die Steuerung einzubeziehen (Voigt 1995). Die in der Stadtplanung seit langem geübten partizipativen Strategien werden in Varianten in fast allen Fachpolitiken eingesetzt, bis hin zum „kooperativen Verwaltungshandeln" und „kooperativen Recht" (Schuppert 1996);
- der Wohlfahrtsstaat wird – zumindest symbolisch – vom Konzept des *„enabling state"* abgelöst, der die paternalistisch-interventionistischen Handlungsmuster durch Stärkung der Selbsthilfekräfte ersetzt (Giddens 1995);
- die wirtschaftliche Strukturpolitik ist mit dem traditionellen interventionistischen Instrumentarium an ihre Grenzen gestoßen (Mitnahme-Effekte statt Steuerungs-Effekte). Forschungsergebnisse zeigten zudem, dass Re-Strukturierungsprozesse systemgebundene Prozesse sind, wobei das relevante System diejenigen Akteure in Regionen sind, die durch gemeinsame Produktionsbedingungen (z.B. Infrastruktur, Arbeitsmarkt, Dienstleistungen), durch produktive Verflechtungen (z.B. über Produktions-Cluster) und durch eine Reihe gemeinsamer Interaktionsbezüge enger verbunden sind. Diese Vernetzung kann zwar auch konservierend wirken (man bestätigt sich in der Vergangenheit und verhindert gemeinsam neue Zukünfte), aber eben

auch das Potenzial für Neuerungen haben (z.B. Sicherheit durch soziale Abstützung, Vertrauen in die Hilfe des Umfeldes, Integration des Neuen in einen reichen regionalen Erfahrungsschatz).

Zweitens haben die gewachsene Arbeitsteilung und die „Gemeinschaftsaufgabe" der regionalen Umstrukturierungsprozesse den Kooperationsbedarf zwischen regionalen Akteuren erhöht: Trotz der Marktkonkurrenz arbeiten Unternehmen in „strategischen Allianzen" zusammen, bilden sich zwischen Industriebetrieben und Zulieferern Produktionsgemeinschaften heraus, engagieren sich private und staatliche/kommunale Akteure in *public-private partnerships* usw. Netzwerke spielen in der Regionalpolitik eine immer wichtigere Rolle (Genosko 1999).

Drittens hat die „*new economy*" das Netzwerkdenken erheblich befördert: Der Übergang von der Beschäftigung mit klassischen Industriegütern zu wissensbasierten Produktionsprozessen und Produkten (Dienstleistungen) hat Vernetzungen zu einer wichtigen „Ressource" werden lassen. Denn Vernetzungen führen zu sog. "positiven Netzwerkexternalitäten", worunter man u.a. versteht, dass der Nutzen von wissensbasierten Netzwerken mit der Anzahl der Nutzer ansteigt und „virtuelle Unternehmen" davon abhängen, dass sie schnell und nahezu ohne Transaktionskosten die Verbindung zwischen Anbietern und Nachfragern resp. zwischen arbeitsteilig verknüpfbaren Produzenten herstellen lassen (vgl. Wey 1999, S. 33 ff.).

Diese unterschiedlichen Strömungen, verbunden mit Wertewandel (Selbstentfaltung, Institutionenverdrossenheit) und neuen Paradigmen des Handelns (eigenständige Regionalentwicklung, aktivierender Staat), haben überall in Europa Anstrengungen entstehen lassen, auf der regionalen Ebene selbstgesteuerte Entwicklungsprozesse zu initiieren und zu stützen. Dabei hat sich die regionale Ebene deshalb als Forum für „*regional governance*" entwickelt (Keating 1998, Benz u.a. 1999), weil sie in der gegenwärtigen Umstrukturierung der Gesellschaft und Weiterentwicklung unter dem Banner der „nachhaltigen Entwicklung" spezifische Vorteile bietet:

– Regionen bieten Systemvorteile: Mit zunehmender Arbeitsteilung und Vernetzung sowie wissensbasierter Produktion werden Vorteile wichtig wie „*untraded interdependencies*" (Storper 1997), „Milieu-Effekte" (Maillat 1998), Optionsvorteile der Agglomeration (*economies of scope*), Innovationsvorteile (Morgan 1997);

– die schwache Institutionalisierung der (deutschen) Regionen fördert wirksamer als verfasste Gebietskörperschaften die Integration der drei Steuerungs-

logiken: die hierarchische Steuerung des politisch-administrativen Bereichs, die marktliche Steuerung des wirtschaftlichen Bereichs und die sozio-emotionale Verflechtung im sozio-kulturellen Bereich. Die Synergie-Effekte der Integration begünstigen reibungslose lernoffene Entwicklungsprozesse, wobei hier vor allem die wachsende Produktivkraft von Nichtregierungsorganisationen resp. des sog. „Dritten Sektors" (Priller u.a. 1999) hohe Aufmerksamkeit verdient.

Da *regional governance* offenbar eher komplementär zu bestehenden institutionellen Strukturen wirkt, ist die Diskussion dazu nicht unabhängig vom jeweiligen nationalen institutionellen Rahmen zu sehen. In Deutschland ist es eher die „Flucht aus den Institutionen", die zur Aufwertung der Regionsebene führt, in England ist es vor allem die schwache Institutionalisierung der Region, die bei wachsender Förderung der Region durch die EU-Strukturpolitik und den „regionalen Standortwettbewerb" einen Bedarf an Regionalisierung schafft.

3 Wie verhält sich „regional governance" zu verwandten Steuerungsansätzen?

Regional governance konkurriert mit bereits vorhandenen Ansätzen. Bei der Durchsicht der konkurrierenden Ansätze zeigt sich aber, dass einige wirklich in Konkurrenz stehen, andere jedoch komplementär, also ergänzend zur *governance*-Diskussion genutzt werden können. Weniger konkurrierend als die Begrifflichkeit erschwerend ist das in den USA mit „*new governance*" verbundene Denken. Das ist ein Management-Ansatz für die öffentliche Verwaltung (LeGalès 1998, S. 495). Es ist auf Steuerung in festen Organisationen durch eine institutionalisierte Führung festgelegt. Es hat mit „*regional governance*" eigentlich wenig zu tun.

Konkurrierend ist dagegen der Milieu-Ansatz anzusehen. Er wurde durch die französische Forschungsgruppe GREMI (Paris) ab Mitte der 80er Jahre in die Diskussion gebracht (Maillat 1998). Die Grundidee der Milieus ist, dass wirtschaftliche Entwicklungsprozesse Ergebnis eines funktionierenden sozialen Systems sind. Im Zentrum dieses Systems stehen sozial vernetzte Akteure, die ein „Milieu" bilden. Milieu wird dabei vor allem durch ein System von Regeln, Normen, Werten und gemeinsamen Paradigmata bestimmt. Milieus haben die Funktion,

– Risiken für die einzelnen Akteure zu mindern,

– Handlungsressourcen zur Verfügung zu stellen (z.B. auch „Sozialkapital")[5] und

– Resonanzstrukturen für Neuerungen zu bilden.

Dietrich Fürst: Regional governance – ein neues Paradigma der Regionalwissenschaften?

Die Gemeinsamkeiten zwischen dem Milieu- und *„regional governance"*-Ansatz liegen auf der Hand. Beide wollen regionale Entwicklungsprozesse durch solidarische Kooperation erklären helfen. Beide wollen als strategisches Konzept begriffen werden – wenngleich das bei dem Milieu-Ansatz weniger eindeutig ist. Aber bei genauerer Betrachtung werden auch Unterschiede deutlich. Das beginnt schon bei den unterschiedlichen theoretischen Ansprüchen:

– der Milieu-Ansatz will erklären und normative Handlungsanleitungen ableiten, warum die räumliche Agglomeration von Akteuren für die regionale Entwicklung bedeutsam ist. Er geht dabei über die traditionelle Agglomerationsforschung hinaus, indem er das Interaktionssystem zwischen Akteuren aufnimmt;

– der *Governance*-Ansatz interessiert sich in erster Linie für strategische Möglichkeiten zur Gestaltung regionaler Steuerungsprozesse. Für ihn ist wichtig, wie Akteure kollektiv handlungsfähig werden und welche *Governance*-Formen dabei die wirkungsvolleren sind.

Aber Milieu- und *Governance*-Ansatz stehen nicht nur in Konkurrenz zueinander, sondern sie ergänzen sich auch. Denn während der Milieu-Ansatz eher struktureller Art ist (die Strukturbedingungen regionaler Entwicklung untersucht), ist der *Governance*-Ansatz eher prozessualer Art: Seine Leitfragen richten sich auf kollektive Handlungsprozesse.

Konkurrierend ist der Ansatz der (französischen) „Regulations-Schule".[6] Diese marxistisch inspirierte Forschungsrichtung interessiert sich für das Zusammenspiel zwischen wirtschaftlicher Entwicklung und Formen der gesellschaftlichen Steuerung, indem sie eine enge Verknüpfung von wirtschaftlichen sozio-kulturellen und politisch-administrativen Teilsystemen der Gesellschaft unterstellt (vgl. Jessop 1990). Die Grundüberlegung ist dabei, dass wirtschaftliche Akkumulationsprozesse institutionelle und sozio-kulturelle Rahmenbedingungen benötigen, die sich das Kapital geschaffen hat und die vor allem aus den immanenten Klassenkonflikten des Kapitalismus entstanden sind: gesellschaftliche Formen der Konfliktregelung (z.B. Wohlfahrtsstaat, Gewerkschaften). Dabei wird davon ausgegangen, dass die „Regulation" (*System von ökonomischen, rechtlichen und politisch-sozialen Institutionen (und Normen) zur Steuerung von Entwicklungsprozessen:* Danielzyk 1998, S. 103) nicht losgelöst von den gesellschaftlichen Machtstrukturen und Produktionsverhältnissen entwickelt werden kann. Solange die Art der Akkumulationsprozesse und dieser „Rahmen" gut aufeinander bezogen sind, läuft das System vergleichsweise reibungslos. Aber wenn sich die Akku-

mulationsprozesse verändern, weil andere Akkumulationsmodelle wichtiger werden (z.B. „Post-Fordismus" mit „flexibler Spezialisierung"), dann kann es zu Spannungen zwischen den Rahmenbedingungen und den Anforderungen des Kapitalismus kommen. Das heißt, tritt der strukturelle Rahmen in Widerspruch zu diesen Kräften, so entstehen Konflikte, die sich zu gesellschaftlichen Struktur-Krisen[7] aufschaukeln können. Die Regulationsschule fragt deshalb nach den stabilisierenden Strukturen, welche die immanenten (Klassen)konflikte unter Kontrolle halten (vgl. Jessop 1995). Das Regulationskonzept unterscheidet sich von *"governance"* dadurch, dass es lediglich einen strukturalistischen Ansatz darstellt, während *governance* das handelnde System charakterisiert, d.h. aktorenbezogen ausgerichtet ist (vgl. Jessop 1995). Der Regulationsansatz wäre beispielsweise nicht geeignet, Aussagen über Netzwerke zu machen, während der *governance*-Ansatz gerade hier seine Stärke hat (Rhodes 1996). Umgekehrt aber ist *„governance"* ohne den regulationstheoretischen Bezug schwerer zu begreifen, weil mit *governance* auch Regelsysteme / Konventionen verbunden sind, die erst die erforderliche Handlungssicherheit im Sinne der Institutionenökonomie geben (vgl. dazu auch Storper 1997, S. 44 f., der von *„frame-work of action"* spricht). Die Erklärung dafür, welche Regelsysteme gewählt werden, kann durch die Regulationstheorie unterstützt werden.

Schließlich konkurriert der *Governance*-Ansatz mit dem „regime-Konzept". Das „regime-Konzept" ist nicht identisch mit der Verwendung des Begriffs „Regime" in der Theorie der Wirtschaftspolitik oder in der Theorie der Internationalen Beziehungen. Dort bedeutet „Regime": ein Netz von Prinzipien, Normen, Regeln und Entscheidungsverfahren, die das Verhalten der Akteure (der Internationalen Beziehungen) regeln (Krasner 1983, S. 2). Das „regime-Konzept" ist dagegen ein theoretischer Ansatz, der in den USA Bedeutung erlangt hat. Er ist vor allem auf lokale politisch-administrative Entscheidungssysteme bezogen und bezeichnet ein politisches Arrangement von Akteuren, das Einfluss auf politische Entscheidungsprozesse nimmt (Stoker / Mossberger 1994, S. 197; Stoker 1995). Die Netzwerk- und Koalitionsbildung zwischen Akteuren zum Zwecke der Einflussmehrung stellt den Kern des Regime-Konzepts. Das Regime-Konzept verwendet dabei häufig den „rational choice"-Ansatz, um Koalitionsbildungen zu erklären (vgl. Lauria 1997, Ward 1996). Aber bei genauerem Vergleich haben die Ansätze der Internationalen Beziehungen und der Kommunalpolitik viele Gemeinsamkeiten, weil in beiden Fällen „regimes" zwar das Handeln der Akteure bestimmen, gleichzeitig aber Gegenstand von Aushandelungsprozessen zwischen den Akteuren sind. Regimes ent-

3

wickeln sich folglich unterschiedlich in Abhängigkeit von den Themen, den Akteurskonstellationen und dem situativen Umfeld. Deshalb ist die „regime-Theorie" für die *governance*- Diskussion durchaus hilfreich. Zumindest werden darin Fragen aufgeworfen, die auch für die *governance*-Diskussion bedeutend sind.

Es liegt auf der Hand, dass die Ansätze trotz ihrer Konkurrenz sich wechselseitig befruchten können, zumal zwischen ihnen geistige Verbindungen bestehen. Davon bleibt die *governance*-Diskussion nicht unbeeinflusst.

4 Was ist das Spezifische an der „governance-Diskussion"?

Die „*governance*-Diskussion" wird zur Zeit noch eng auf die Netzwerktheorie bezogen (Rhodes 1996). Aber *regional governance* ist mehr als Netzwerkverknüpfung. Denn „*regional governance*" entwickelt sich aus der regionsspezifischen Mischung der *drei Grundformen* gesellschaftlicher Steuerung: Markt, Hierarchie (politische Steuerung) und sozio-emotionale Vereinigungen *(associations)*.[8] Die *regional governance*-Diskussion hat in der Verknüpfung der unterschiedlichen Steuerungslogiken, anders als die Systemtheoretiker der Luhmannschen Schule, keine Schwierigkeiten: Zum einen wird diese Verknüpfung – anders als bei Luhmann – als Voraussetzung regionaler Anpassungsfähigkeit an neue Herausforderungen gesehen. Zum anderen erfolgt die Verknüpfung über solche Akteure, die gewohnt sind, sich in allen drei Steuerungslogiken zu bewegen: Zeitgenössische Akteure sind stets in mehreren Steuerungslogiken aktiv. Am besten zeigt das die moderne öffentliche Verwaltung: Hier verknüpft das Personal problemlos die machtbetonte hierarchische Steuerungslogik mit der – über „*new public management*" in die Alltagsverwaltung eingedrungenen – marktlichen Steuerungslogik und der sozio-emotionalen Steuerungslogik des informalen Verwaltungshandelns.

Allerdings sind für die Verknüpfung der unterschiedlichen Handlungslogiken Netzwerke unentbehrlich geworden, weil sie „intermediäre Strukturen" sind, um solche Integrationsleistungen zu erbringen. Netzwerke werden dabei als gestaltete, aber informale Verflechtungen von Akteuren (vorzugsweise: öffentlichen und privaten) zum Zwecke des gemeinsamen Handelns auf Grund interdependenter Handlungsstrukturen definiert.[9] Netzwerke basieren auf Freiwilligkeit der Personen, die sich zu handelnden Kollektiven zusammenschließen. Aber nicht jede Gruppe ist als Netzwerk zu bezeichnen, vielmehr sind Netzwerke durch Interaktionsdichte, interne Regelsysteme und Rollenzuweisun-

gen gekennzeichnet – auch wenn Regeln und Rollenzuweisungen häufig nicht explizit formuliert werden. Aus der Dichte der Beziehungen müssen Vertrauen und ungeschriebene Normen entstehen, welche die Interaktionskosten und -risiken reduzieren: Vertrauen und Normen sind der Ersatz für fehlende härtere Institutionen. Die Informalität erklärt auch, warum es so schwierig ist, zu bestimmen, ab wann man von Netzwerken sprechen kann (vgl. Börzel 1998, S. 255 ff.).

Die auf „*regional governance*" bezogene Netzwerkdiskussion muss sich insbesondere mit dem geeigneten *Mix* der drei oben genannten Steuerungslogiken auseinandersetzen. Da dieser *Mix* kontextgebunden ist, muss er sich zwangsläufig von Region zu Region unterscheiden. Denkbar ist, dass es spezifische regionale „Steuerungsstile" gibt, die das Verhältnis der Menschen untereinander stärker kompetitiv oder kooperativ, stärker liberal-egalitär oder hierarchisch-paternalistisch u.ä. prägen können (vgl. Fürst 1997, van Waarden 1995). Die Zusammenhänge zwischen Steuerungsstilen und praktischen Steuerungsmodalitäten sind noch sehr unklar. Aber zumindest kann man davon ausgehen, dass *regional governance* durch Kommunikation konstituiert wird, also primär über kognitive Prozesse. Das heißt, dass die relevanten Akteure offenbar gemeinsame Vorstellungen über die Handlungsbedingungen, Handlungsbedarfe und möglichen Handlungswege entwickeln. Dabei unterscheiden sich die Regionen signifikant in ihrer Fähigkeit, solche Gemeinsamkeiten auszubilden.

Folglich ist die *Governance*-Entwicklung der Regionen sehr ungleich und pfadabhängig (wobei die Einflussfaktoren in ihrer Relevanz bisher noch nicht systematisch erfasst wurden). Zudem ist typisch für *regional governance* deren innere Entwicklungs-Dynamik (Wandelbarkeit): Governance-Strukturen können zunächst durch Netzwerke formiert werden, die sich dann über konkrete Projekte in Partnerschaften und sogar fest institutionalisierte Zusammenarbeiten weiterentwickeln können, die aber auch – nach Abschluss des Projektes – wieder auf die Stufe locker gekoppelter Netzwerke zurückfallen können (Lowndes / Skelcher 1998, 320 f.).

5 Warum ist die „regional governance"-Diskussion für die Diskussion regionaler Selbststeuerung relevant?

Regional governance ist Teil der in allen modernen Gesellschaften unterhalb der Staatsebene sich entwickelnden Selbststeuerungsformen. Dabei werden unterschiedliche Ansätze verfolgt: In Deutschland setzt man in erster Linie auf regionale Vernetzungen von

Dietrich Fürst: Regional governance – ein neues Paradigma der Regionalwissenschaften?

---

staatlichen, kommunalen, gemeinnützigen und privatwirtschaftlichen Akteuren in sog. „Regionalkonferenzen" (Fürst 1994, Benz u.a. 1999).

Weshalb sollte man sich mit *regional governance* befassen? Weil *regional governance* Ausdruck eines europaweiten paradigmatischen Wandels in der Steuerung ist, indem die Steuerungsfähigkeit moderner Gesellschaften durch Rekurs auf dezentrale Selbststeuerungsmechanismen, auf die solidarischen Selbsthilfekräfte und die sog. *intrinsische* Steuerung (d.h. Steuerung über Selbst-Motivation und Selbst-Disziplin) wiederbelebt werden soll (vgl. Giddens 1998; Ehrke 1999). Das verbindet sich mit dem Formenwandel der staatlichern Interventionen (vom regulativen zum kooperativen und moderierenden Ansatz) und mit einer Maßstabsverschiebung des Handelns zu Gunsten der dezentralen Selbststeuerung (Keating 1998; Tomaney/Ward 2000).

Die *regional governance*-Diskussion nimmt zur Kenntnis, dass (vgl. Benz u.a. 1999; Keating 1998; MacLeod 1999):

- funktionale Formen der Selbststeuerung gegenüber der Globalisierung aufgewertet werden (Fürst 1999), und zwar als Plattform für Aufgaben, welche die Grenzen der Gemeinden und Einzelunternehmen immer häufiger überschreiten[10];

- das Dilemma der Dominanz ökonomischer Zwänge der Globalisierung und der Anforderungen an nachhaltiges Wirtschaften offenbar leichter auf der regionalen Ebene gelöst werden kann. Hier öffnen sich regionale Handlungsspielräume, welche ökonomische, ökologische und soziale Belange miteinander verknüpfen lassen (siehe Agenda-21-Prozesse)(vgl. Tomaney/Ward, 2000, S. 473);

- mit Ausdifferenzierung der Gesellschaft, mit Globalisierung und wachsender Zahl intermediärer Entscheidungsstrukturen (wie Verbände, Runde Tische, neo-korporatistische Formen auch auf regionaler Ebene) das Demokratiedefizit immer größer wird und noch am ehesten auf regionaler Ebene aufgefangen werden kann (Tomaney/Ward 2000, S. 475);

- die Regionalebene flexibler Anpassungsprozesse gegenüber neuen Rahmenbedingungen zulässt, weil hier die funktionalen Formen der *governance* eingebunden werden können in die gebietskörperschaftlichen Legitimations-Institutionen (z.B. Gemeinderat, Kreistag) und sich über Netzwerke der Selbststeuerungsspielraum erweitern lässt.

Dabei ist *regional governance* keine standardisierbare Form der Selbststeuerung, sondern jede Region entwickelt ihre besondere Gestalt: Sozio-kulturelle Bedingungen (Traditionen), spezifische institutionelle Strukturen (z.B. ob es viele kleine oder wenige große Gemeinden gibt, ob die Region durch viele Landkreise oder durch eine Großstadt und einen Landkreis markiert wird), wie die Wirtschaft in der Region institutionalisiert und in das politische Entscheidungshandeln eingebunden ist usw. können die *governance*-Muster wesentlich bestimmen

Regional governance entfaltet sich in erster Linie in Steuerungslücken, die von den traditionellen Institutionen nicht abgedeckt werden. Dabei bildet sich eine regionsspezifische *governance* umso leichter, je günstiger die „*political opportunity structures*" sind, um eine entsprechende gesellschaftliche „Nachfrage" nach dieser Steuerungsform zu entfalten. Unter *political opportunity structures* wird von einigen Autoren der politisch-administrative Rahmen bezeichnet, in dem sich *regional governance* entwickelt. Als begünstigend gelten: Grad der Dezentralisierung, Öffnung der Ressorts für informelle Beziehungen zum Umfeld, Anreize über die Förderpolitik u.ä. (Maloney, Smith, Stoker 2000, 809 f.). Für Deutschland lässt sich zur Zeit konstatieren, dass sich die Rahmenbedingungen für *regional governance* verbessert haben, weil EU, Bund, aber auch die meisten Länder mit Förderprogrammen und Modellvorhaben dafür Anreize geschaffen haben.

Da die *regional governance*-Diskussion Teil der allgemeineren gesellschaftlichen Steuerungsdiskussion ist, steht sie in enger Beziehung zu gleichartigen anderen Diskussions-Zusammenhängen, etwa:

- „zivile Gesellschaft" oder „Bürgergesellschaft" (vgl. Gohl 2001): Damit soll zum Ausdruck gebracht werden, dass moderne Gesellschaften nicht mehr funktionieren können, wenn sich die Mitglieder den Anforderungen der Gesellschaft verweigern. Was benötigt wird, sind „intrinisch gesteuerte" aktive Bürger, die sich für das Gemeinwesen oder für soziale Projekte einsetzen und Verantwortung für kollektive Belange übernehmen;

- der „dritte Sektor" (Priller u.a. 1999): Darunter werden non-profit-Organisationen verstanden, die Funktionen zwischen Markt und Staat wahrnehmen, aber für gesellschaftliche Entwicklungsprozesse immer wichtiger werden. Darunter fällt auch die ehrenamtliche Tätigkeit;

- die amerikanische „Kommunitarismus-Bewegung" (Budäus/Grüning 1997, Tam 1998): Dahinter verbirgt sich eine wertgeladene Bewegung, die genossenschaftlichen Idealen anhängt.

6 Der unbefriedigende Forschungsstand

Regional governance weckt zwar viele Assoziationen und den Anschein, dass damit Steuerungsfragen unter neuen Aspekten angegangen werden. Aber faktisch ist die Diskussion noch nicht sehr weit gekommen – sie ist noch eher etikettenhaft geblieben, als dass sie bereits praktikable Hinweise für regionale Selbststeuerung gäbe. Vielmehr zeichnet sich zur Zeit die Diskussion durch hohe Unbestimmtheit aus, weil es weder einen begrifflichen Konsens noch eine klare Abgrenzung des Themenfeldes gibt. Verwandte Fragestellungen, etwa nach der „lernenden Region" (Fürst 2001) oder nach „evolutorischen Entwicklungsprozessen" (Grabher 2001), sind eng damit verwoben. Deshalb verwundert nicht, dass selbst Grundfragen noch wenig beantwortet sind. Einige, die sich aufdrängen, sollen kurz skizziert werden:

(1)

Was sind die wichtigsten Strukturmerkmale, um von „*regional governance*" sprechen zu können? Die Literatur bietet dazu eine Reihe von analytischen Ansätzen an, die zumindest als „Suchrahmen" dienen können. Der m. E. fruchtbarste ist das von Scharpf und Mayntz (1995, Scharpf 2000, S. 73 ff.) entwickelte Konzept des „akteurszentrierten Institutionalismus". Danach gehört zur Beschreibung von *governance* die Akteurskonstellation (Interessen, Machtverhältnisse usw.), die Akteure (Handlungsorientierungen, Fähigkeiten u. ä.), der institutionelle Kontext (Optionen, Restriktionen, Anreizstruktur) und die Interaktionsformen (negative Koordination, Verhandlungen, Mehrheitsentscheidungen, hierarchische Steuerung). Dabei spielen kognitive Deutungs- und Lernprozesse eine dominante Rolle (Situationsdeutung, Optionenwahrnehmung und -einschätzung usw.), so dass die sozio-psychologische Seite der Interaktionsprozesse eine wesentliche Analyseebene ist.

(2)

Da *regional governance* eine funktionale Form der Selbststeuerung ist, wird ihre konkrete Form vor allem von den Themen (*issues*) bestimmt. Denn Themen „suchen" sich ihre Akteure und Lösungen, und aus dem Zusammenspiel von Themen, Akteuren und Lösungen entstehen Gestaltungszwänge für die Form der *regional governance* („policy dictates politics": Reich 2000). Aber damit verbindet sich ein hohes Maß an Selektivität: Welche Themen sind *governance*-fähig, welche Akteure werden mobilisiert, was geschieht mit den nicht-eingeschlossenen Akteuren? Entfaltet sich *regional governance* nur für Entwicklungsaufgaben oder kann sie auch zur Abwehr von Veränderungen, zur Formierung regionaler Ansprüche an außenstehende Dritte (Staat, Konzerne) oder zur Abgrenzung von Freund-

Feind-Relationen entstehen? Oder handelt es sich dann um eine andere Form der Steuerung, die stärker territorial als funktional ausgerichtet ist? Ist zudem *regional governance* eine Antwort auf die mit Globalisierung einhergehenden Disparitätsprobleme? Hier mehren sich Befürchtungen, dass *regional governance* in erster Linie eine Veranstaltung unter Eliten ist, „kollektive Produktionsgüter" (Voelzkow 1999) zu erstellen.

(3)

Ferner sind weiche Steuerungsformen solche, die relativ geringe Konfliktregelungskapazität haben. Das kann dazu führen, konflikthaltige Themen auszuklammern resp. auf andere Ebenen zu verschieben. Es kann aber auch zur Externalisierung von Konflikten dergestalt kommen, dass sich die Akteure zu politischen Allianzen formen, die lediglich Forderungen an Dritte (den Staat, die EU) richten, nicht aber nach innen wirken im Sinne der Mobilisierung von mehr Selbsthilfkräften.

(4)

Wie *regional governance* konkret arbeitet, hängt nicht nur vom bereits bestehenden Institutionenrahmen ab, sondern auch von regionalen soziokulturellen Determinanten (gibt es in einer Region eine Kooperations-Tradition oder dominieren historische Freund-Feind-Beziehungen), Akteurskonstellation (z. B. wer sind die Promotoren, wie souverän sind die Akteure) und letztlich auch von situativen Einflüssen (z. B. Kooperationszwängen und -anreizen). Jede Region wird dabei ihren eigenen „*governance style*" ausbilden. Aber das wirft Fragen auf: Was sind typische *governance styles*? Und wie stark werden sie durch die dominanten System-Regime (die stärker auf Wettbewerb oder Koporatismus, stärker auf Markt oder Staat setzen) geprägt? Dabei dürfte mindestens so wichtig wie die formalen Institutionen die dominante gesellschaftspolitische Ideologie sein – Denkmuster, die auch Einstellungen zur *regional governance* und zum Einfluss des Staates bestimmen (vgl. Weiss 1998).

(5)

Governance hat sich mit der Dynamik ihrer Entwicklung zu befassen. Das bezieht sich auf Lernen und Anpassungen an sich verändernde Rahmenbedingungen, aber auch die interne Funktionsfähigkeit. Hier könnte eine Diskrepanz auftreten zwischen einerseits der „*institutional thickness*" (Amin / Thrift 1995), die für die Funktionsfähigkeit von *governance* als wichtig angenommen wird, aber auch konservatives Verhalten auslösen kann, und andererseits offeneren, mehr auf Wettbewerb ausgerichteten Strukturen, die sensibler gegenüber Veränderungen sind. Diese Diskussion muss sich auch mit den Beziehungen zu bestehenden Institutionen der Steuerung befassen.

Dietrich Fürst: Regional governance – ein neues Paradigma der Regionalwissenschaften?

(6)

Regional governance ist keine legitimierte Steuerungsform, wenn Legitimation verstanden wird als Billigung durch vom Volk gewählte Repräsentanten. Denn *regional governance* entwickelt sich quasi-korporatistisch und kann dabei sogar in Konflikt geraten mit etablierten und legitimierten Steuerungsstrukturen. Das ist ein immer wieder thematisiertes Problem, das früher vor allem in Verbindung mit der Partizipationsdiskussion Aufmerksamkeit fand. Vielmehr können die gesellschaftlichen Entscheidungsstrukturen intransparenter werden, weil sich „Nebenregierungen" oder „Vorentscheiderstrukturen" bilden, die zwar einflussreich, aber wenig kontrolliert sind. Das Problem ist vielschichtig, weil wir auf der einen Seite die Beziehung zwischen (regionsungebundenen) funktionalen *governance*-Formen und andererseits territorial gebundenen politischen Legitimationsstrukturen[11] zu lösen haben. Auf der anderen Seite verschieben sich auf der lokalen und regionalen Ebene die faktischen Legitimationsstrukturen, d.h. Strukturen, die von der Bevölkerung als ausreichend für die Kontrolle politischer Entscheidungen angesehen werden: Medien-Diskurse, Bürgerinitiativen u.ä. sind heute wichtige Kontrollstrukturen geworden, die einerseits die notwendige Transparenz von Entscheidungsprozessen herstellen, andererseits aber auch über Konflikte, aufgedeckte Skandale usw. auf nicht geklärte Entscheidungsbedarfe hinweisen.

(7)

Regional governance schiebt sich amöbenhaft zwischen etablierte Entscheidungsstrukturen. Das kann zwar einerseits Entscheidungsprozesse flexibilisieren, andererseits aber auch komplizieren und zu intransparenter Doppelarbeit führen. Was fehlt, sind – analog zur Föderalismus-Diskussion – klare arbeitsteilige Strukturen. Aber gerade das ist im Verhältnis zur *regional governance* offenbar nicht möglich. Denn wenn klare arbeitsteilige Strukturen geschaffen werden sollen, dann muss *regional governance* institutionalisiert werden. Und das würde bedeuten: Sie kann nur eine Übergangsform zur festeren Institutionalisierung sein, d.h. sie ist Teil des Prozesses des *unfreezing* etablierter Strukturen, um zu neuen festeren Strukturen zu kommen.

(8)

Ein weiteres Problem liegt darin, welchen Beitrag *regional governance* zur Regionalentwicklung leistet. Diese Frage richtet sich darauf, welche Komplementärgüter *regional governance* erzeugen kann, die für Regionalentwicklung wichtig und förderlich sind. *Regional governance* könnte die regionale Wettbewerbsfähigkeit gegenüber anderen Regionen fördern, wenn sie Kollek-

tivgüter subsidiär für unzureichende Leistungen der formalen Institutionen erzeugen würde (vgl. Voelzkow 1999).

(9)

Offen ist auch die Rolle des Staates. *Regional governance* wird zwar als relativ staats-unabhängig bezeichnet. Aber die empirischen Beobachtungen zur Entwicklung der *regional governance* machen deutlich, in welchem Maße der Staat als Initiator oder Moderator daran beteiligt ist. Insbesondere sind Zusammenhänge zwischen dem bestehenden Institutionensystem einer Gesellschaft und dem Bedarf nach neuen Mustern der *regional governance* noch ungeklärt. Wie weiter oben bereits angeführt, ist zu erwarten, dass *regional governance* umso größere Bedeutung gewinnt,

– je starrer und schwerfälliger sich der bestehende Institutionenrahmen gegenüber neuen Problemen und Konstellationen der Problembearbeitung erweist („Flucht aus den Institutionen") und

– je günstiger die *„political opportunity structure"* ist.

Zusammenfassung

Zusammenfassend kann man folglich sagen: Für die Forschung definiert *regional governance* einen erweiterten Begriffsrahmen für neue regionale Selbststeuerungsformen, die auf netzwerkartiger Kooperation basieren und traditionelle Sektorgrenzen (öffentlicher Bereich, privater Bereich) überschreiten. Das heuristisch Interessante dabei ist, ob und wie sich daraus konsistente Steuerungssysteme bilden. Denn es könnte auch sein, dass mehrere, unterschiedliche Steuerungsformen für je spezifische regionale Gemeinschaftsaufgaben entstehen. Es ist dann offen, ob sie zu einem konsistenten Steuerungsmodus zusammenwachsen, wobei die einzelnen Steuerungsteilsysteme flexibel genug sein müssen, die externen Effekte der anderen Steuerungsteilsysteme problemlos zu verarbeiten. Denn zunehmend entwickeln sich solche externen Effekte. Ob sie zu interaktiven Querbezügen Anlass geben, ist jedoch nicht vorauszusetzen. Andererseits lässt die Interaktionsdichte in Regionen erwarten, dass die einzelnen Steuerungsformen wechselseitig (interaktiv) aufeinander bezogen werden. Das gilt umso mehr, als die Region bereits heute (und zukünftig verstärkt) als Handlungsforum genutzt wird, wo die ökologischen und sozialen Folgen der Globalisierung und Internationalisierung aufgefangen werden. Damit ist deshalb zu rechnen, weil diese Belange auf lokaler und regionaler Ebene durchsetzungsstärker sind als auf nationaler oder supranationaler: Denn Betroffene sind primär die privaten Haushalte, und diese können sich leichter auf lokaler und regionaler Ebene als auf nationaler Ebene artikulieren.

Dietrich Fürst: Regional governance – ein neues Paradigma der Regionalwissenschaften?

Zudem ist zu erwarten, dass sich regional unterschiedliche *governance*-Systeme herausbilden, abhängig von Traditionen, historischen Bedingungen und institutionellen Besonderheiten. Zwar richtet sich der Wettbewerb primär auf ökonomische Handlungsbedingungen (Porter 1991), die stärker auf nationaler Ebene definiert werden als auf sub-nationaler. Aber der „Wettbewerb der Regionen" zeigt, dass auch die Selbst-Steuerungsfähigkeit der Regionen deren Wettbewerbsbedingungen für Unternehmen nennenswert mitgestaltet.

In einer sehr großzügigen und wohl auch gewagten Integration der vorgetragenen Argumente könnte man folgendes Fazit ziehen:

(1)
Regional governance ist eine Steuerungsform, die primär über Netzwerke, Konventionen, Verträge / Selbstverpflichtungen und allgemeine gesellschaftliche Normen (z.B. Reziprozität, Rationalität der Diskurse) operiert. „*Governance* is about manageing networks" oder noch allgemeiner: „*governance* refers to self-organizing, interorganizational networks" (Rhodes 1996, S. 658 und 660). Aber die Steuerungsform wird nicht extern aufoktroyiert, sondern entwickelt sich aus der Thematik und Aktorenkonstellation: „This use of *governance* suggests that networks are self-organizing. At its simplest, self-organizing means a network is autonomous and self-governing." (Rhodes 1996, S. 659).

(2)
Regional governance unterliegt dynamischen Veränderungen. Dabei besteht die Besonderheit darin, dass die *governance*-Muster sich aus verschiedenen Initiativen und Steuerungsteilsystemen zusammensetzen. Aber darin liegen Spannungsfelder: zwischen dem *funktionalen* Ansatz der *governance* und dem *territorialen* Ansatz der verfassten politischen Institutionen; zwischen dem neo-korporatistischen Elite-Konzept (das *regional governance* der Sache nach ist) und den politischen Legitimationsstrukturen; zwischen der Eigendynamik der *governance*-Muster und dem Kontrollbedarf der Institutionen, aus denen Akteure in die Koordinationsprozesse der *governance* eingebunden sind. Das Spannungsverhältnis führt zwangsläufig dazu, dass *regional governance* kein statisches Muster ist, sondern Änderungen unterworfen ist (Aktorenzusammensetzung, Handlungsform u. ä.). Dabei lassen sich grundsätzlich zwei Veränderungsströme erkennen: Zum einen findet man den Prozess zunehmender Institutionalisierung, so dass *regional governance* nur eine Zwischenphase markiert zwischen dem „*unfreezing*" bestehender Institutionen und dem „*re-freezing*" neuer institutionalisierter Formen der Problembearbeitung. Zum anderen intensiviert sich *regional governance* phasenweise über konkrete Probleme, die mit den traditionellen Institutionen nicht adäquat bearbeitet werden können, kann aber auch „stiller" werden, wenn ein kollektiver Handlungsbedarf nicht erkannt wird oder nicht über Promotoren auf die Agenda gebracht wird.

(3)
Üblicherweise entsteht *regional governance* aus dem Regelungsbedarf konkreter Probleme, für die bestehende Institutionen unzureichend oder gar nichtexistent sind. Aber das ist ein *projektbezogener* kollektiver Handlungsbedarf, weil immer mehr Handlungsfelder erkennen lassen, dass gemeindeübergreifende oder public-private-partnerhip-Lösungen erforderlich sind. Hier zeigt sich auch ein Unterschied zur internationalen *governance-Diskussion*. Während auf internationaler Ebene sich der Regelungsbedarf in erster Linie auf Ordnungsregeln bezieht (Ronit / Schneider 1999), ist er auf regionaler Ebene eher auf projektbezogenes kollektives Handeln ausgerichtet. Das hängt damit zusammen, dass auf regionaler Ebene Ordnungsregeln inzwischen weitgehend durch staatliche Institutionen sichergestellt wurden. Der Regelungsbedarf, der in den 20er Jahren in vielen deutschen Verdichtungsräumen kommunale Planungsverbände schuf, ist heute durch die Regionalplanung institutionalisiert worden.

Anmerkungen

(1)
Einen sehr weitgefassten Begriff verwendet die Weltbank. Für sie gehört alles zu „*governance*", was mit politisch-administrativer Institutionenbildung verbunden ist und der Organisation und Transparenz von Entscheidungsprozessen, Konfliktregelungsprozessen, Repräsentation von Interessen, Kontrolle politischer Führung usw. dient. Im Weltbankbericht 1994 (S.xiv) hat sie versucht, den Begriff mit „the manner in which power is exercised in the management of a country's economic and social resources for development" zu umschreiben. Dieser Begriff kommt dem nahe, was heute als Basis-Konsens des „*regional governance*" verstanden wird.

(2)
Insbesondere die „neue Institutionenökonomik" hat diesen Begriff genutzt, um institutionelle Regeln zu kennzeichnen, welche den Umgang mit Verfügungsrechten und Gütern wesentlich beeinflussen (Richter 1990, S. 572).

(3)
Außerhalb der Theorie der Internationalen Politik erst ab Mitte der 90er Jahre

(4)
Kooiman / van Vliet sehen zwischen diesen beiden Basis-Ansätzen einen „dritten Weg", der als „Interaktion" beschrieben wird (ebenda, S. 368 f.) und die Verbindung zwischen Steuerung und Steuerungsobjekt herstellen soll. Die Grundidee ist das Zusam-

Dietrich Fürst: Regional governance – ein neues Paradigma der Regionalwissenschaften?

menspiel zwischen Steuerungsintention und Steuerungs-Struktur – Letzteres bezeichnet die die Steuerung restringierenden Eigenheiten des Steuerungsobjekts. Dieser Ansatz wirkt nicht überzeugend, weil er systemtheoretische und handlungstheoretische Logiken umstandslos vermischt. Der akteurszentrierte Institutionalismus integriert diese Aspekte konsequenter und überzeugender unter der Handlungslogik.

(5)

Unter Sozialkapital versteht man die Investitionen in soziale Gemeinschaftsbildung, wobei gemeinsame Denkmuster, gemeinsame Werthaltungen, Vertrauen, Solidarität, Bereitschaft zur ehrenamtlichen Tätigkeit usw. darunter fallen (zum Konzept: Burt 1997, zur Kritik: Fine 1999).

(6)

Es gibt nicht die Regulationsschule, sondern mindestens sieben unterschiedliche Ausprägungen (Danielzyk 1998, S. 97). Es handelt sich auch weniger um eine ausgefeilte Theorie als um eine Denkrichtung.

(7)

Der Ansatz unterscheidet: extern verursachte Krisen (Naturereignisse, Kriege), Mikro-Krisen (einzelner Wirtschafteinheiten), Konjunkturkrisen (makroökonomische Verwerfungen) und Strukturkrisen (Differenz zwischen Akkumulationsregime und Regulationsweise)(Danielzyk 1998, S. 106).

(8)

Die Literatur hat diese Trias unterschiedlich bezeichnet: Markt, Hierarchie und Netzwerke; oder: Markt, Bürokratie und Clans, oder: Preis, Autorität und Vertrauen, oder: Markt, Staat und Gemeinschaft (Lowndes/Skelcher 1998, S. 318)

(9)

Gemeint sind: interdependente Interessen, wechselseitige Abhängigkeit in der Interessenbefriedigung, Synergieeffekte der Ressourcenbündelung.

(10)

Bei Kommunen: regionale Energieversorgung, regionaler ÖPNV, regionale Abfallbeseitigung, aber auch regionale Entwicklungskonzepte; bei Unternehmen: Produktions-Cluster und regionale Ausbildungs- und Arbeitsmärkte.

(11)

Politisch legitimierte Entscheidungsstrukturen sind i.d.R. an definierte politisch-administrative Regionsbegrenzungen gebunden (*Gebiets*körperschaften).

Literatur

Amin, Amin; Thrift, Nigel (1995): Institutional issues for the European regions: from markets and plans to socioeconomics and powers of association. In: Economy and Society, 24, S. 41–66

Benz, Arthur; Fürst, Dietrich; Kilper, Heiderose; Rehfeld, Dieter (1999): Regionalisierung. Opladen: Leske + Budrich

Börzel, Tanja A. (1999): Organizing Babylon – on the different conceptions of policy networks. In: Public Administration 76, S. 253–273

Brans, Marleen; Rossbach, Stefan (1997): The autopoiesis of administrative systems: Niklas Luhmann on public administration and public policy. In: Public Administration 75, S. 417–439

Budäus, Dieter; Grüning, G. (1997): Kommunitarismus – eine Reformperspektive? Eine kritische Analyse kommunitaristischer Vorstellungen zur Gesellschafts- und Verwaltungsreform. Berlin: Edition Sigma = Modernisierung des öffentlichen Sektors, Bd. 10

Burt, Ronald S. (1997): A note on social capital and network content. In: Social Networks, 19, S. 355–374

Commission on Global *Governance (Ed.) (1995)*: Nachbarn in einer Welt. Der Bericht der Kommission für Weltordnungspolitik. Bonn (Stiftung Entwicklung und Frieden)

Danielzyk, Rainer (1998): Zur Neuorientierung der Regionalforschung. Oldenburg: Universitätsverlag. = Wahrnehmungsgeographische Studien zur Regionalentwicklung, Bd. 17

Ehrke, Michael (1999): Der Dritte Weg und die europäische Sozialdemokratie. Ein politisches Programm für die Informationsgesellschaft? Bonn: Friedrich-Ebert-Stiftung

Fine, Ben (1999): The development state is dead – long live social capital? In: Development and Change, 30, S. 1–20

Fürst, Dietrich (2000): Die „learning region" – strategisches Konzept oder Artefakt? In: Eckey, H.-F. u.a. (Hrsg.): Ordnungspolitik. Festschrift für Paul Klemmer. Stuttgart: Lucius & Lucius, S. 71–90

ders. (1999): Regionalisierung – die Aufwertung der regionalen Steuerungsebene? In: ARL (Hrsg.): Grundriss der Landes- und Regionalplanung. Hannover, S. 351–363

ders. (1998): Wandel des Staates – Wandel der Planung. In: Neues Archiv für Niedersachsen 2, S. 53–74

ders. (1997): Humanvermögen und regionale Steuerungsstile – Bedeutung für das Regionalmanagement? In: Staatswissenschaften u. Staatspraxis 8, S. 187–204

ders. (1994):, Regionalkonferenzen zwischen offenen Netzwerken und fester Institutionalisierung. In: Raumforschung und Raumordnung, 52, H. 3, S. 184–192

Genosko, J. (1999): Netzwerke in der Regionalpolitik. Marburg: Schüren

Giddens, Anthony (1998): Der dritte Weg. Frankfurt: Suhrkamp

Gohl, Christopher (2001): Bürgergesellschaft als politische Zielperspektive. In: Aus Politik und Zeitgeschichte B 6–7, S. 5–11

Grabher, Gernot (2001): Ecologies of creativity: the Village, the Group, and the heterarchic organisation of the British advertising industry. In: Environment and Planning A 33, S. 351–374

Jessop, Bop (1990): Regulation theories in retrospect and prospect. In: Economy and Society 19, S. 153–216

ders. (1995): The regulation approach, *governance* and post-Fordism. in: Economy and Society 24, S. 307–333

Keating, Michael (1997): The invention of regions: political restructuring and territorial government in Western Europe. In: Environment and Planning C: Government and Policy 15, S. 383–398

ders. (1998): The new regionalism in Western Europe. Cheltenham/Engl: Elgar

Kooiman, Jan (1999): Social-political *governance*. Overview, reflections and design. In: Public Management 1, S. 68–92

Dietrich Fürst: Regional governance – ein neues Paradigma der Regionalwissenschaften?

ders; van Vliet, Martijn (2000): Self-*governance* as a mode of societal *governance*. In: Public Management 2, S. 359–377

Krasner, Stephen D. (1983): Structural causes and regime consequences. Regimes as intervening variables. In: Krasner, St.D. (Hrsg.): International Regimes. Ithaca, London 1983, S. 1–21

Lauria, M. (Hrsg.) (1997): Reconstructing urban regime theory: Regulating urban politics in a global econom., Thousand Oaks / CA: Sage

Le Galès, Patrick (1998): Regulations and *governance* in European cities. In: International Journal of Urban and Regional Research 22, S. 483–506

Lowndes, Vivien; Skelcher, Chris (1998): The dynamics of multi-organizational partnerships: An analysis of changing modes of *governance*. In: Public Administration 76, S. 313–333

Maillat, Dennis (1998): Vom „Industrial District" zum innovativen Milieu: ein Beitrag zur Analyse der lokalisierten Produktionssysteme. In: Geographische Zeitschrift 86, S. 1–15

ders. (1998): Innovative milieus and new generations of regional policies. In: Entrepreneurship & Regional Development 7, S. 157–165

Maloney, William; Smith, Graham; Stoker, Gerry (2000): Social capital and urban *governance*: Adding a more contextual „top-down" perspective. In: Political Studies 48, S. 802–820

Martinsen, Renate: Theorien politischer Steuerung – auf der Suche nach dem dritten Weg. In: Grimmer, K.; Häusler, J.; Kuhlmann, S.; Simonis, G. (Hrsg.) (1992): Politische Techniksteuerung, Opladen: Leske + Budrich, S. 51–73

Mayntz, Renate (1993): Governing failures and the problems of governabilty: Some comments on a theoretical paradigm. In: Kooiman, J. (Hrsg.): Modern *Governance*. London: Sage

Morgan, Kevin (1997): The learning region: Institutions, innovation and regional renewal. In : Regional Studies 31, S. 491–503

Peters, B. Guy; Savoie, D.J. (Hrsg.) (1995): *Governance* in a changing environment, Montreal: MacGill U.P.

Priller, Eckhard; Zimmer, Annette; Anheier, Helmut K. (1999): Der Dritte Sektor in Deutschland. Entwicklungen, Potenziale, Erwartungen. In: Aus Politik und Zeitgeschichte B9, S. 12–21

Reich, Simon (2000): The four faces of institutionalism: Public policy and a pluralistic perspective. In: *Governance* 13, S. 501–522

Richter, Rudolf (1990): Sichtweise und Fragestellungen der Neuen Institutionenökonomik. In: Zeitschrift für Wirtschafts- und Sozialwissenschaften 110, S. 571–591

Rhodes, Rod A.W. (1996): The new *governance*: Governing without government. In: Political Studies 44, S. 652–667

ders. (1997): Understanding *governance*. Buckingham/England: Open U.P.

Ronit, Karsten; Schneider, Volker (1999): Global *governance* through private organizations. In: *Governance* 12, S. 243–266

Scharpf, Fritz W. (2000): Interaktionsformen. Akteurzentrierter Institutionalismus in der Politikforschung. Opladen: Leske + Budrich

Schuppert, Gunnar Folke (1996): Privatisierung und Regulierung – Vorüberlegungen zu einer Theorie der Regulierung im kooperativen Verwaltungsstaat. Berlin: Europäisches Zentrum für Staatswissenschaften und Staatspraxis = Discussion Paper 8

Storper, Michael (1997): The regional world. Territorial development in a global economy, New York, London: Guilford Press

Stoker, G. (1995): Regime theory and urban politics. In: Judge, D.; Stoker, G.; Wolman, G. (Ed.): Theories of urban politics. London: Sage, S. 54–71

Stoker, G.; Mossberger, K. (1994): Urban regime theory in comparative perspective. In: Environment and Planning C: Government and Policy 12, S. 195–212

Tam, H. (1998): Communitarism. A new agenda for politics and citizenship. London: Macmillan

Thierstein, Alain; Walser, Manfred (2000): Die nachhaltige Region. Ein Handlungsmodell, Bern u.a.: Haupt = Schriftenreihe des Instituts für Öffentliche Dienstleistungen und Tourismus, Beiträge zur Regionalwirtschaft, Bd.1

Tomaney, John, Ward, Neil (2000): England and the „new regionalism". In: Regional Studies 34, S. 471–478

Voelzkow, Helmut (1999): Die *Governance* regionaler Ökonomien im internationalen Vergleich: Deutschland und Italien. In: Fuchs, G.; Krauss, G.; Wolf, H-G. (Hrsg.): Die Bindungen der Globalisierung. Marburg: Metropolis, S. 48–91

Voigt, Rüdiger (Hrsg.) (1995): Der kooperative Staat. Baden-Baden: Nomos

van Waarden, Frans (1991): Persistance of national policy styles: A study of their institutional foundations. In: Unger, B.; Waarden, F.v. (Hrsg.): Convergence or diversity? Aldershot: Avebury, S. 333–373

Ward, K. (1996): Re-reading urban regime theory: A sympathetic critique. In: Geoforum 27, S. 427–438

Weiss, L. (1998): The myth of the powerless state: Governing the economy in a global era. Cambridge / Engl.: Policy

Wey, C. (1999): Marktorganisation durch Standardisierung. Ein Beitrag zur Neuen Institutionenökonomik des Marktes, Berlin

Williamson, Oliver E. (1985): The economic institutions of capitalism. New York: Free Press

World Bank (1994): Development in practice: *Governance* – the World Bank's Experience. Executive Summary, Washington D.C.

Prof.Dr. Dietrich Fürst
Universität Hannover
Institut für Landesplanung
und Raumforschung
Herrenhäuser Straße 2
30419 Hannover
E-Mail: fuerst@laum.uni-hannover.de

Originaltext Jessop 2002

The Theoretical Debate

2. Governance and Meta-governance in the Face of Complexity: On the Roles of Requisite Variety, Reflexive Observation, and Romantic Irony in Participatory Governance
Bob Jessop

2.1 Introduction

Governance is clearly a notion whose time has come. It appears to move easily across philosophical and disciplinary boundaries, diverse fields of practical application, the manifold scales of social life, and different political camps and tendencies. This terminological mobility enables it to organise significant narratives about contemporary social transformation. Yet it is also clear that governance is a polyvalent and polycontextual notion. Its meaning varies by context and it is being deployed for quite contrary, if not plain contradictory, purposes. And, by virtue of these terminological uncertainties, it is doubtful whether governance *sans phrase* can really provide a compelling theoretical entrypoint for analysing contemporary social transformation or a compelling practical entrypoint for coping with complexity. It is this paradox that I wish to pursue and resolve in the following reflections on governance, with the ultimate intention of providing a clear account of the nature and limitations of governance and meta-governance in a complex world.[1]

My contribution to this book is organised into five main parts. Part 1 (section 2.2) considers some aporias engendered by the fuzziness of "governance" as a notion that has been pressed into service for so many different purposes. Part 2 (section 2.3) provides a bridge to the subsequent discussion by offering a working definition of governance and distinguishing govern-

---

[1] This contribution is a further development of ideas presented in four other papers (Jessop 1997, 1998, 1999, and 2002b) and has benefited greatly from the comments of participants in the Conference on Participatory Governance held in Athens, October 2002.

ance from other ways to co-ordinate social practices in situations characterised by complex reciprocal interdependence. This definition is elaborated in the remainder of the chapter. Thus Part 3 (section 2.4) links the increasing interest in governance to the growing complexity of social life and the search for mechanisms to cope with this complexity. Part 4 (section 2.5) then argues that the same complexity that generates the demand for new governance mechanisms also contributes to their tendential failure to achieve what is expected of them, resulting in a repeated pattern of failed attempts to resolve problems through promoting first one, then another form of governance. These governance cycles prompt attempts to modulate the forms and functions of governance. I refer to these attempts as meta-governance and argue that they also tend to fail. Finally, Part 5 (section 2.6) identifies three alternative responses to these cycles of failure and proposes some self-reflexive governance mechanisms that may enable governance to enhance democratic and accountable decision-making despite its association with theoretical fuzziness and practical failure. It is in this context that I comment on the advantages of participatory governance whilst recognising its challenges and difficulties. Overall, then, this contribution aims to introduce some conceptual clarity into the field of governance studies and to problematise the effectivity of governance practices in solving co-ordination problems. But it also aims to avoid a purely negative critique of the adequacy of governance as a theoretical concept, policy paradigm, and normative prescription by offering some positive ideas about how effective governance can be pursued despite the tendencies towards governance failure with which it is linked.

2.2   Fuzzy Terms and Failed Practices

There has been growing interest from the late 1970s onwards in whether and how new forms of governance might enhance state capacity in the face of growing complexity and/or whether or how they might provide new ways to overcome old problems that postwar state intervention and the more recent (re)turn to market forces seem to have left unsolved, if not aggravated.[2] In-

---

[2]   In highlighting the explosive interest in theories of governance since the 1970s, it would be wrong to imply that these paradigms have no pre-history and no current competitors. After all, if governance is not to be reduced to the explicit adoption of a particular word, one must recognise that the (set of) concept(s) to which it refers could also be presented in other terms. Theories of governance have obvious precursors in institutional economics, work on statecraft and diplomacy, research on corporatist networks and policy communities, and interest in "police" or welfare. And, although the idea of 'governance' has now gained widespread currency in mainstream social sciences, it has by no means displaced other research on economic, political, or social co-ordination. This might point us towards

deed, far from just responding to demands from social forces dissatisfied with both state and market failure, state managers themselves have become active promoters of these new forms of governance as adjuncts to and/or substitutes for more traditional forms of top-down government. This shift from govern*ment* to govern*ance* can be seen on all scales from the local state through metropolitan and regional governments to national states and on to various forms of intergovernmental arrangements at the international, transnational, supranational, and global levels. Another sign of change is the introduction of the notion of multi-level governance to describe new forms of public authority that not only link different territorial scales above and below the national level but also mobilise functional as well as territorial actors. More generally, new forms of partnership, negotiation, and networking have been introduced or extended by state managers as they seek to cope with the declining legitimacy and/or effectiveness of other approaches to policy-making and implementation. Such innovations also redraw the inherited public-private divide, engender new forms of interpenetration between the political system and other functional systems, and modify relations between these systems and the lifeworld as the latter impacts upon the nature and exercise of state power.

These developments in politics and government are matched by growing interest in governance as a means of enhancing co-ordination capacities both within and across other functional systems. Among many key issues here we can mention corporate governance in the economy, clinical governance in medicine, the governance of schools and universities, the self-regulation of the scientific community, and the governance of sport. The increasing concern about the relations across these systems is also reflected in new ideas about governance. These include the "triple helix" formed by government, business, and universities, the desirability of "joined-up thinking" in promoting international competitiveness, and the improbability of effective intersystemic co-operation to promote sustainable development. In addition to explicit use of the word "governance" to denote these issues, analogous terms such as steering, networks, stakeholding, and partnerships are also liberally deployed nowadays.[3] Nor has civil society (or the lifeworld) escaped from this fascination with new forms of governance. Indeed, with its growing pluralisation of individual and collective identities and its multiplication of social movements, civil society is also seen as ripe for their development. This is linked to a continuing search for forms of inclusion in the political process that go beyond the relationship of individual citizens to their respective sov-

---

an interest in the social and/or political agendas that are driving forward the governance debate.

3   Thus, alongside the emphasis on public-private partnerships and strategic alliances, we also find talk of network enterprises, network economies, global city networks, policy networks, the network state, and the network society.

ereign states and for forms of participation that would enable various stakeholders to influence the operation of other systems too. As such civil society is a rich and confused ensemble of multiple and contestable identities that can be mobilised for both pro- and anti-systemic purposes. Compounding this already ample complexity are recommendations that governance be used to guide interactions between systems and the lifeworld in response to issues such as ecological crisis, the dialectic of globalisation-regionalisation, social exclusion, and the risk society.

In short, the notion of "governance" seems to condense and encapsulate a wide range of concerns in the contemporary world and therefore carries an enormous analytical, theoretical, descriptive, practical, and normative weight. It has also been applied to a wide range of social issues and to every scale of social organisation from the micro- through the meso- and macro- to the meta-social level. As such, governance has become an increasingly significant theme in the social and management sciences, in social practices, and in the rhetoric and narratives of social transformation. It has multiple meanings and can be inserted into many different paradigms and problematics. At the same time and for the same reasons, however, governance has become a rather fuzzy term that can be applied to almost everything and therefore describes and explains nothing. Indeed, the very popularity of the term increases the likelihood that those who use it will talk past each other, leading to ill-founded misunderstandings and pointless disagreements.

Faced with such problems, it is useful to distinguish words from concepts. This holds especially where the terminology is not only unclear but also essentially contested. The latter is particularly common in periods of rapid social change and/or when new fields of academic inquiry are emerging. Both circumstances apply in the present case. Indeed the recent history of governance, its practices, and its study illustrates clearly the close, mutually constitutive links among academic discourse, political practice, and changing realities.

It is hardly surprising, then, that the single word "governance" can have multiple referents; that any given concept of governance can be expressed through several words; and that there is little consensus on how to resolve the resulting terminological issues. The field of governance provides many examples of

1. the same word and its cognates being applied to a changing and confusing mixture of analytical, theoretical, practical, philosophical, and normative objects;
2. different words – old and new alike – being applied to more or less the same range of phenomena, as individuals and social forces attempt to capture new developments, differentiate phenomena previously subsumed under the same word or concept, or distinguish one approach from another;

36

3. changes being made in vocabulary and discourses for largely political rather than analytical purposes, for example, to re-legitimate discredited practices, to distinguish one political party's proposals for governance from those of other parties, or to enable competing organised interests or social movements to advance their respective interests by shaping governance practices; and

4. different academic disciplines vying for ownership of the field of governance studies and seeking to integrate it into different theoretical paradigms.

Given the polyvalent, polycontextural, and essentially contested nature of governance as word and concept, it should also occasion no surprise that, despite its entry into the standard anglophone social science lexicon, its social scientific usage is still largely 'pre-theoretical' and eclectic. The situation gets even more confusing, of course, when one attempts to translate the concept into other languages (where there is often no directly equivalent term) or establishing what correspondence there might be between governance, *gouvernance, gouvernementalité, Steuerung, styring*, and so forth.

It is impossible to resolve all these problems here and I will not attempt to do so. But it is worth noting one major source of ambiguity in the mobility of 'governance' between theoretical inquiries and practical politics. This is the fact that governance offers both a theoretical and a policy paradigm. Wallis and Dollery (1999: 5) distinguish between them as follows: "policy paradigms derive from theoretical paradigms but possess much less sophisticated and rigorous evaluations of the intellectual underpinnings of their conceptual frameworks. In essence, policy advisers differentiate policy paradigms from theoretical paradigms by screening out the ambiguities and blurring the fine distinctions characteristic of theoretical paradigms. In a Lakatosian sense, policy paradigms can be likened to the positive heuristics surrounding theoretical paradigms. Accordingly, shifts between policy paradigms will be discontinuous, follow theoretical paradigm shifts, but occur more frequently than theoretical paradigms since they do not require fundamental changes in a negative heuristic."

Drawing on this distinction helps us to understand that the explosion of interest in governance has policy as well as theoretical roots and that the transfer of ideas and arguments across these two types of paradigm may be both limited and subject to serious misunderstandings. Conversely, failure to make this distinction is likely to contribute to two complementary fallacies. Either governance, when viewed largely from the perspective of the ideas that inform the policy paradigm, is seen as an essentially incoherent concept. Or, when measured against the demands for analytical rigour of governance as a scientific concept and practice, it is claimed that governance practices are bound to produce no more than "muddling through" at best and failure at worst. This poses at least three problems in exploring theoretical and policy

37

paradigms. What is the best way to link the theoretical and policy paradigms without reducing one to the other? Without subjecting policy paradigms to a purely theoretical critique or seeking to derive immediate policy lessons from the theoretical paradigm? And without falling prey to the normative assumption that the practical necessity of governance justifies any and all attempts at governance[4] or to the fatalistic argument that the practical impossibility of fully effective governance practices nullifies all such attempts?

2.3   Introducing Some Conceptual Clarity

Having just emphasised the polyvalent, polycontextural, and essentially contested nature of "governance", I will now engage in the seemingly self-defeating exercise of offering a definition of governance. But at least this will provide a basis for the ensuing discussion and illustrate the importance of self-reflexive irony in addressing complex problems. My approach involves two analytical steps, the first identifying the broad field of co-ordination problems within which governance can be located, the second providing a narrow definition that identifies the *differentia specifica* of governance within this broad field. In broad terms, governance is one of several possible modes of co-ordination of complex and reciprocally interdependent activities or operations. What makes these modes relevant for our purposes is that their success depends on the performance of complementary activities and operations by other actors – whose pursuit of their activities and operations depends in turn on the performance of complementary activities and operations elsewhere within the relevant social ensemble.[5] In general, the greater the material, social, and spatio-temporal complexity of the problems to be addressed, the greater the number and range of different interests whose co-ordination is necessary to resolve them satisfactorily, and the less direct the reciprocities of these interests, the greater will be the difficulties of efficient, effective, and consensual co-ordination regardless of the method of co-ordination that is adopted (for further discussion of complexity, see section 2.4). It is nonetheless useful to distinguish three main forms of co-ordination

---

4   For an interesting self-criticism from a leading member of the Köln school of governance studies, admitting that students of governance have tended to assume that state managers are primarily motivated by the desire to solve problems for the common good, see Mayntz (2001).

5   Scharpf distinguishes between pooled and reciprocal interdependence. Whereas pooled interdependence requires only a one-off agreement on a common standard which individual actors then accept as the parameter within which to make their own independent choices among the options available to them individually, in the case of reciprocal interdependence outcomes depend on the combined choices of all participants among their interdependent options (1994: 36n).

of complex reciprocal interdependence: *ex post* co-ordination through exchange (e.g., the anarchy of the market), *ex ante* co-ordination through imperative co-ordination (e.g., the hierarchy of the firm, organisation, or state), and reflexive self-organisation (e.g., the heterarchy[6] of ongoing negotiated consent to resolve complex problems in a corporatist order or horizontal networking to co-ordinate a complex division of labour). It is this third type of co-ordination that I refer to below as "governance" and that is most relevant to the question of participatory governance.

Table 2.1:   Modalities of Governance

	exchange	*command*	*dialogue*
rationality	formal and procedural	substantive and goal-oriented	reflexive and procedural
criterion of success	efficient allocation of resources	effective goal-attainment	negotiated consent
typical example	market	state	network
stylised mode of calculation	homo economicus	homo hierarchicus	homo politicus
spatio-temporal horizons	world market, reversible time	national territory, planning horizons	re-scaling and path-shaping
primary criterion of failure	economic inefficiency	ineffectiveness	"noise", "talking shop"
secondary criterion of failure	market inadequacies	bureaucratism, red tape	??

Reflexive self-organisation can be distinguished from both exchange and imperative co-ordination in terms of the basic rationale for its operations and its institutional logic (see table 2.1). Thus market exchange is characterised by a formal, procedural rationality that is oriented to the efficient allocation of scarce resources to competing ends; imperative co-ordination has a substantive, goal-oriented rationality that is directed to the effective realisation of specific collective goals established from above. In turn, governance, as defined here, has a substantive, procedural rationality that is concerned with solving specific co-ordination problems on the basis of a commitment to a continuing dialogue to establish the grounds for negotiated consent, resource sharing, and concerted action. As such, it is a form of self-organisation that, in contrast to the anarchy of exchange, depends not on purely formal, *ex post*,

---

6   "Heterarchy" is a recent neologism introduced for forms of co-ordination that involve neither anarchy nor hierarchy.

and impersonal procedures but on substantive, continuing, and reflexive procedures. These procedures are concerned to identify mutually beneficial joint projects from a wide range of possible projects, to redefine them as the relevant actors attempt to pursue them in an often turbulent environment and monitor how far these projects are being achieved, and to organise the material, social, and temporal conditions deemed necessary and/or sufficient to achieve them. Moreover, in contrast to the hierarchy of command, reflexive self-organisation does not involve actors' acceptance of pre-given substantive goals defined from above on behalf of a specific organisation (e.g., a firm) or an imagined collectivity (e.g., the nation) and the centralised mobilisation of the resources to achieve these goals. Instead it involves continued negotiation of the relevant goals among the different actors involved and the co-operative mobilisation of different resources controlled by different actors to achieve interdependent goals. For these reasons and to distinguish it from the *anarchy* of the market and the *hierarchy* of command, it is also common to refer to these forms of reflexive self-organisation as *heterarchic* in character.

There are various forms of reflexive self-organisation. One way to classify them is in terms of the level of social relations on which they operate. Thus we can distinguish collaboration based on *informal interpersonal networks*, the self-organisation of *interorganisational relations*, and the indirect steering of the co-evolution and structural coupling of *intersystemic relations*. The individuals who are active in interpersonal networks may represent only themselves and/or articulate the codes of specific functional systems. However, although they may also belong to specific agencies, groups, or organisations, they are not mandated to commit the latter to a given line of action. In contrast, interorganisational relations are based on negotiation and positive co-ordination in task-oriented "strategic alliances" based on a (perceived or constructed) coincidence of organisational interests and dispersed control of the interdependent resources needed to produce a joint outcome that is deemed to be mutually beneficial. The key individuals involved in interorganisational relations are also empowered to represent their organisations and to negotiate strategies on their behalf for positive interorganisational co-ordination. Another layer of complexity is introduced by the more programmatic or mission-oriented, de-centred, context-mediated nature of intersystemic steering. Here noise reduction and negative co-ordination are important means of governance. Whereas noise reduction involves practices that are intended to facilitate communication and mutual understanding between actors and organisations oriented to different operational logics and rationalities, negative co-ordination involves taking account of the possible adverse repercussions of one's own actions on third parties or other systems and exercising self-restraint as appropriate.[7]

Although governance in the sense of reflexive self-organisation occurs on all three levels, the term itself is often limited to interorganisational co-ordination mechanisms and practices. However, where the relevant agencies, stakeholders, or organisations are based in different institutional orders or functional systems, problems relating to intersystemic steering will also affect the "self-organisation of interorganisational relations" even if they are not explicitly posed as such in this context. Indeed, more generally, all three forms of reflexive self-organisation may be linked in tangled hierarchies. For example, interpersonal trust can facilitate interorganisational negotiation and/or help build less personalised, more "generalised trust" as organisations and other collective actors (including interorganisational partnerships) are seen to sacrifice short-term interests and reject opportunism. Likewise, inter-organisational dialogue across systems helps to ease intersystemic communication by reducing the "noise" that can arise from major differences between systems in their respective institutional logics, operational codes, and modes of calculation. If organisations representing different systems can formulate and communicate these contrasting desiderata and legitimate them in terms of their respective functional requirements, this may promote mutual understanding and the search for mutually beneficial trade-offs. In particular, it may generate "systemic trust" (in the integrity of other systems' codes and operations) by promoting mutual understanding and stabilising reciprocal expectations around a wider "societal project" as the basis for future self-binding and self-limiting actions. In turn, the resulting noise reduction can promote interpersonal trust by enhancing mutual understanding and by stabilising expectations.

2.4   Governance as the Art of Complexity

We can develop the preceding arguments by making an explicit connection between the increased salience of the policy and theoretical paradigms of governance and the increased salience of complexity in policy making and theoretical debates respectively. There is some merit in suggestions that the current interest in governance is just another turn in a never-ending policy cycle and/or involves little more than an attempt to put old theoretical wine

---

7   This typology is influenced by the Luhmannian distinction between three levels of social structure (interaction, organisation, and functional system or institutional order); and by a correlative distinction between different forms of social embeddedness -- the social embeddedness of interpersonal relations, the institutional embeddedness of interorganisational relations, and the societal embeddedness of intersystemic relations.

in new bottles. But it is more plausible to argue that there has been a secular increase in governance practices because society itself is becoming more complex and that this makes it harder to rely on the anarchy of the market or the hierarchy of the state as means of co-ordination (Jessop 1998). On the one hand, the growing interest of practitioners in governance directly reflects growing recognition of the complexity of the policy environment in which they must now make and implement policies. And, on the other hand, the growing interest of theorists in governance can be related to their growing recognition that modern societies are becoming more functionally differentiated and hypercomplex and/or that post-modern societies are becoming fragmented and chaotic.

The spread of governance practices into so many spheres and the growth of governance studies in so many disciplines can be seen to represent a general response to a dramatic intensification of societal complexity. This has several sources:

1. increased functional differentiation in contemporary societies combined with increased interdependence among the resulting functional systems;
2. the increased fuzziness and contestability of some institutional boundaries, for example, concerning what counts as 'economic' in an era of increased competitiveness in a knowledge-based economy;
3. the multiplication and re-scaling of spatial horizons and the increasingly complex dialectic of de-territorialisation and re-territorialisation as the taken-for-grantedness of the national sovereign state continues to erode;
4. the increasing complexity and interconnectedness of institutionalised temporalities and temporal horizons at different sites and scales of action, ranging from split-second timing (e.g., computer-driven trading) to growing awareness of the acceleration of the glacial time of social and environmental change;
5. the multiplication of identities and the re-imagination of the political communities to which the political system is oriented together with new state projects to redefine the nature and purposes of the state and new hegemonic projects to redefine the imagined general interest of these new political communities;
6. the increased importance of knowledge and organised learning; and, as a result of the above,
7. the self-potentiating nature of complexity, i.e., the fact that complex systems generally operate in ways that engender opportunities for additional complexity.[8]

---

8   The scope for interaction among complex entities, the emergence of new entities and processes therefrom, the simplifications that are introduced by operating agents or systems to reduce complexity to manageable limits, and the emergent effects of such simplifications all mean that complexity becomes self-potentiating (Rescher 1998: 28).

Such complexity is reflected in worries about the governability of economic, political, and social life and is particularly associated with worries that major new problems have emerged that cannot be managed or resolved readily, if at all, through top-down state planning or market-mediated anarchy. This has promoted a shift in the institutional centre of gravity (or institutional attractor) around which policy-makers choose among possible modes of co-ordination.

In short, it can be suggested that governance has (re-)entered our vocabularies and become more important in co-ordination practices in response to the growth of the ontological, descriptive, and policy complexity of the natural and social world(s) and the apparent incapacity of other, more familiar concepts and practices to address some of the problems generated by such complexity. Ontological complexity means that the world is too complex ever to be fully grasped by the human mind. Moreover, since complex entities and their interactions have many naturally necessary potentialities (or possible states) that may not be realised and/or cannot be co-realised, there is a necessary impredictability and indeterminacy about how complex systems operate. Such ontological complexity excludes any simple algorithm to generate explanations of complex phenomena or to provide the basis for planning. This requires mechanisms of complexity reduction or simplification at the cognitive, organisational, and practical levels (see Rescher 1998). The market is often presented as an appropriate mechanism to address problems of complexity because it draws on the dispersed knowledge of many different actors and allows for self-correction in response to changes in price signals. Yet it remains a purely formal and procedural mechanism that operates *ex post* and requires demanding conditions if it is to work efficiently even in its own limited terms. This is reflected in the fact that even market-friendly economists have long recognised that it is often rational to adopt non-market modes of co-ordination. But top-down planning is also problematic in the face of growing complexity. For, in addition to the usual problems of creating and maintaining appropriate organisational capacities, the algorithms required for effective *ex ante* co-ordination in a complex and turbulent environment impose heavy cognitive demands. In addition, both market and imperative co-ordination are prey to the problems of bounded rationality, opportunism, and asset specificity (Coulson 1997).[9]

In these terms, the most general explanation for the rise of self-reflexive governance can be related to the possible evolutionary advantages it offers for learning and innovation in a changing environment. Interorganisational negotiation and intersystemic context steering involve self-organised guidance of multiple agencies, institutions, and systems that are operationally autonomous from one another yet structurally coupled due to their mutual in-

---

9 Asset specificity exists to the extent that assets have limited uses and are immobile.

terdependence. It is the combination of operational autonomy and mutual interdependence of organisations and systems that encourages reliance on governance. For, whilst their respective operational autonomies exclude primary reliance on a single hierarchy as a mode of co-ordination among relevant agencies, institutions, and systems, their interdependence makes them ill-suited to simple, blind co-evolution based on the 'invisible hand' of mutual, *ex post* adaptation. On the one hand, market forces often fail to address the positive and negative externalities involved in situations of complex and continuing interdependence and this leads to short-run, localised, *ad hoc* responses to market opportunities. Thus reliance on the invisible hand of the market tends to be sub-optimal and hence to generate market failures. On the other hand, top-down command makes excessive demands on prior centralised knowledge or accurate anticipation of the likely interaction among operationally autonomous systems with different institutional dynamics, modes of calculation, and logics of appropriateness. This tends to result in the failure to achieve collective goals because of the unintended consequences of top-down planning or simple bureaucratic rule following. Governance is often said to overcome these problems in providing a 'third way' between the anarchy of the market and top-down planning. For self-organisation is especially useful in cases of loose coupling or operational autonomy, complex reciprocal interdependence, complex spatio-temporal horizons, and shared interests or projects (cf. Mayntz 1993a; Scharpf 1994).

Given these arguments about complexity, we can suggest four factors that affect the capacity to build effective self-reflexive governance mechanisms, almost regardless of the levels on which self-organisation operates:

1. Simplifying models and practices that reduce the complexity of the world but are nonetheless congruent with real world processes and relevant to governance objectives. These models should simplify the world without neglecting significant side effects, interdependencies, and emerging problems. Some bodies may specialise in such model building and/or in monitoring their adequacy.

2. Developing the capacity for dynamic interactive learning about various causal processes and forms of interdependence, attributions of responsibility and capacity for actions, and possibilities of co-ordination in a complex, turbulent environment. This is enhanced when actors are able to switch among different modes of governance to facilitate more effective responses to internal and/or external turbulence.

3. Building methods for co-ordinating actions among different social forces with different identities, interests, and meaning systems, over different spatio-temporal horizons, and over different domains of action. This depends on the self-reflexive use of self-organisation to sustain exchange, negotiation, hierarchy, or solidarity as well as on the specific nature of the

co-ordination problems engendered by operating on different scales and over different time horizons.

4. Establishing both a common worldview for individual action and a system of meta-governance (see below) to stabilise key players' orientations, expectations, and rules of conduct. This allows for a more systematic review and assessment of problems and potentials, of resource availability and requirements, and the framework for continued commitment to negative and positive co-ordination.

Obviously the specific forms of governance will vary with the nature of the objects to be governed: effective governance of local economic development, hypermobile financial capital, international migration, universities, medical practice, the nuclear power industry, and cyberspace, for example, would entail very different sets of partners and practices. Equally obviously, the relative success of attempts at governance will also depend on the nature of the objects of governance.

2.5 Governance Failure and the Meta-governance Response

The current fascination with the nature and dynamic of governance is closely linked to disillusion with the state and market as co-ordination mechanisms in the postwar world. The state and market are both prone to failure but they fail in different ways. We can explore this in terms of their respective rationalities. The capitalist market, as noted above, has a formal, procedural rationality. It prioritises an endless 'economising' pursuit of profit maximisation. In contrast, government has a substantive rationality. It is goal-oriented, prioritising 'effective' pursuit of successive policy goals. Market failure is said to occur when markets fail to allocate scarce resources efficiently in and through pursuit of monetised private interest; and state failure is said to occur when state managers cannot secure substantive collective goals determined on the basis of their political divination of the public interest. There was once a tendency to assume that market failure could be corrected either by extending the logic of the market or by compensatory state action. Likewise, it was believed that state failure could be corrected either by promoting 'more market, less state' or improved juridico-political institutional design, knowledge, or political practice (for a useful recent review of arguments about market and state failure, see Wallis and Dollery 1999). More recently, however, governance has been seen as an effective response to market and state failure and as a means to escape the continuing oscillation between reliance on market forces and on imperative co-ordination.

45

Reflexive self-organisation is based, as we have seen, on a third type of rationality. It replaces arms-length exchange and integrated command with institutionalised negotiations to mobilise consensus and build mutual understanding. The key to its success is continued commitment to dialogue to generate and exchange more information (thereby reducing, without ever eliminating, the problem of bounded rationality). It also reduces opportunism through locking governance partners into a range of interdependent decisions over a mixture of short-, medium-, and long-term time horizons. And it builds on the interdependencies and risks associated with "asset specificity" by encouraging horizontal and vertical solidarities among those involved. In this sense the rationality of governance is dialogic rather than monologic and this in turn requires an investment of time to work effectively. For these reasons there is also a strong presumption in favour of enhancing the scope and mechanisms of participation as well as the range of participants (stakeholders) in this form of governance.

Unfortunately, the growing attractiveness of such governance mechanisms should not lead us to overlook the risks involved in substituting it for exchange and command and the resulting likelihood of governance failure. Recognising the problems and risks of governance will help us to see through the current rhetoric surrounding "public-private partnership" and the associated tendency to highlight successes and downplay failures (cf. Capello 1996). Disillusion with the utopias of communism, the welfare state, and, more recently, the unfettered dominance of market forces should not lead us to put all our trust in the atopic vision of governance based on horizontal and vertical solidarities and the mobilisation of collective intelligence (Willke 2001). For it is not just markets and imperative co-ordination that fail; governance is also prone to failure – albeit for different reasons, in different ways, and with different effects.

Malpas and Wickham (1996) argue that all efforts at governance are bound to fail because their objects are never fully defined and also open to competing attempts at governance. In many cases the likelihood of effective governance is further undermined by the unstructured complexity and/or turbulence of the causal chains in which specific objects of governance are embedded. Even if we accept these arguments, however, we should still distinguish modes and degrees of success and failure. If actors or observers focus one-sidedly on either success or failure they deprive themselves of important information about the prospects for governance and the scope for meta-governance.

The conditions making for governance success also tell us something about those for failure. First, governance attempts may fail because of oversimplification of the conditions of action, deficient knowledge about the causal relationships that affect the object of governance, or inability to anticipate the unintended consequences of changes in that object that follow from attempts to govern it. This can be especially problematic when the object of governance is an inherently unstructured but complex system such as the global economy or the environment. This leads in turn to the more general problem of governability, i.e., the question of whether the object of governance could ever be manageable, even with adequate knowledge (Malpas and Wickham 1996; Mayntz 1993b; O'Dowd 1978). For example, in the case of capitalist development, much of what is interpreted as market failure is actually an expression of the underlying contradictions of capitalism. Substituting imperative co-ordination or self-organisation for market forces merely shifts the forms of appearance of these contradictions but does not eliminate them. This is especially important to grasp because much literature on economic governance focuses on the modalities rather than objects of governance and thereby ignores the distinctive constraints imposed by the self-organising dynamic and intersystemic dominance of capitalism. There are analogous problems of governability rooted in basic structural contradictions, strategic dilemmas, and discursive paradoxes in many other objects of governance. One final point to note here is that, in many cases, the appearance of successful governance depends on the capacity to displace and/or defer some of the unwanted effects of basic contradictions and dilemmas beyond the specific spatio-temporal horizons of a given set of social forces. Thus an important aspect of governance success and failure is the discursive and institutional framing of specific spatio-temporal fixes within which governance problems appear manageable because certain ungovernable features manifest themselves elsewhere (on spatio-temporal fixes, see Jessop 2002a).

Second, there may be problems involved in strategic learning. These can originate in the objects of governance because these are themselves liable to change and/or because the environment in which they are embedded is turbulent. In such cases, any lessons learnt in one period may be inapplicable to the next round of attempts at governance. But the capacity for strategic learning may also be underdeveloped in the subjects of governance, especially when it is organisations and systems that are involved. There is an extensive literature on organisational learning relevant to this question (for a recent review, see Dierkes et al., 2001; see also Coriat and Dosi 1994; Haas and Haas 1995; Eder 1999). Of particular significance here is the ability to apply any such learning by changing tactics within any given mode of governance or by switching among different modes of governance as the problems of relying on any given mode become evident (see below).

Third, there may be co-ordination problems on one or more of the interpersonal, interorganisational, and intersystemic levels. As noted above, these levels are often related: thus interorganisational negotiation often depends on interpersonal trust; and de-centred intersystemic steering involves the representation of system logics through interorganisational and/or interpersonal communication. A related problem is the scope for division between those directly engaged in interorganisational or intersystemic communication (networking, negotiation, etc.) and those actors whose interests and identities are being indirectly represented through such communication. This can lead to representational crises and the loss of legitimacy of those charged with the task of interorganisational or intersystemic co-ordination as well as to problems in securing the compliance of securing compliance of the represented with commitments made by those who represent them. This is one of the basic dilemmas inherent in all forms of representation, of course, and requires careful attention to problems of organisational and institutional design as well as to the cultivation of appropriate subjectivities on the part of both represented and representatives (for interesting recent discussions of some of the problems involved here, see Müller 2001; Willke 2001).

Fourth, linked to this, there is a problem of stabilising expectations among the various actors involved in governance and meta-governance as the basis for concerted action. Too little attention is paid in studies of governance, governance failure, and meta-governance to the formation of the subjects of governance and the subjective conditions for co-ordination. This is where issues of governmentality (or the formation of subjects with specific identities, modes of calculation, and capacities for self-regulation) and struggles to define dominant or hegemonic perspectives in specific policy domains, fields of governance, and the wider social formation are significant.

2.6   Responses to Meta-governance Failure

There is growing recognition of different levels or orders of governance. Thus one of the pioneers of modern governance studies, Jan Kooiman, distinguishes first, second, and third-order governing. First-order governing is problem-solving; second-order governing occurs when attempts are made to modify the institutional conditions of first-order governing when, according to Kooiman, these conditions are out-dated, dysfunctional or detrimental in governance terms. And third-order governing (or, for Kooiman, meta-governance) involves attempts to change the broad principles that concern the way governing takes place: it is the governance of governance or governors through modification of the (normative) framework in which first and second-order governing activities evolve (Kooiman 2000; 2002).

For the purposes of this chapter, meta-governance involves the organisation of the conditions for governance in its broadest sense. Thus, corresponding to the three basic modes of governance (or co-ordination) distinguished above, we can distinguish three basic modes of meta-governance and one umbrella mode. First, there is "meta-exchange". This involves the reflexive redesign of individual markets (e.g., for land, labour, money, commodities, knowledge – or appropriate parts or subdivisions thereof) and/or the reflexive reordering of relations among two or more markets by modifying their operation, nesting, overall articulation, embedding in non-market relations or institutions, and so on. Second, there is "meta-organisation". This involves the reflexive redesign of organisations, the creation of intermediating organisations, the reordering of interorganisational relations, and the management of organisational ecologies (i.e., the organisation of the conditions of organisational evolution in conditions where many organisations co-exist, compete, cooperate, and co-evolve). Third, there is what one might call "meta-heterarchy". This involves the reflexive organisation of the conditions of reflexive self-organisation by redefining the framework in which heterarchy (or reflexive self-organisation) occurs[10] and can range from providing opportunities for 'spontaneous sociability' (Fukuyama 1995; see also Putnam 2000) through various measures to promote networking and negotiation to the introduction of innovations to promote "institutional thickness" (Amin and Thrift 1995).

Fourth, and finally, there is "meta-governance". This involves re-articulating and "collibrating" the different modes of governance. The key issues for those involved in meta-governance are "(a) how to cope with other actors' self-referentiality; and (2) how to cope with their own self-referentiality" (Dunsire 1996: 320). Meta-governance involves managing the complexity, plurality, and tangled hierarchies found in prevailing modes of co-ordination. It is the organisation of the conditions for governance and involves the judicious mixing of market, hierarchy, and networks to achieve the best possible outcomes from the viewpoint of those engaged in meta-governance. In this sense it also means the organisation of the conditions of governance in terms of their structurally inscribed strategic selectivity, i.e., in terms of their asymmetrical privileging of some outcomes over others. Unfortunately, since every practice is prone to failure, meta-governance and collibration are also likely to fail. This implies that there is no Archimedean point from which governance or collibration can be guaranteed to succeed.

Governments play a major and increasing role in all aspects of meta-governance: they get involved in redesigning markets, in constitutional change and the juridical re-regulation of organisational forms and objectives, in organising the conditions for self-organisation, and, most importantly, in collibration. They provide the ground rules for governance and the regulatory order in and through which governance partners can pursue their aims; ensure the compatibility or coherence of different governance mechanisms and regimes; act as the primary organiser of the dialogue among policy communities; deploy a relative monopoly of organisational intelligence and information with which to shape cognitive expectations; serve as a 'court of appeal'

---

10 It therefore involves what my earlier work labelled 'metagovernance' – a term I would now reserve for the collibration of all three modes of co-ordination (cf. Dunsire 1996).

for disputes arising within and over governance; seek to re-balance power differentials by strengthening weaker forces or systems in the interests of system integration and/or social cohesion; try to modify the self-understanding of identities, strategic capacities, and interests of individual and collective actors in different strategic contexts and hence alter their implications for preferred strategies and tactics; and also assume political responsibility in the event of governance failure. This emerging role means that networking, negotiation, noise reduction, and negative as well as positive co-ordination occur "in the shadow of hierarchy" (Scharpf 1994: 40). It also suggests the need for almost permanent institutional and organisational innovation to maintain the very possibility (however remote) of sustained economic growth.

Meta-governance involves both institutional design and cultural govern-ance. Whereas there has been much interest in issues of institutional design appropriate to different *objects of governance*, however, less attention has been paid by governance theorists themselves to the reform of the *subjects of governance*. Yet the neo-liberal project, for example, clearly requires at-tempts to create entrepreneurial subjects and demanding consumers aware of their choices and rights as well as actions to shift the respective scope and powers of the market mechanism and state intervention. This is an area where Foucauldian students of *governmentality* have more to offer than stu-dents of governance do. For they have been especially interested in the role of power and knowledge in shaping the attributes, capacities, and identities of social agents and, in the context of self-reflexive governance, in enabling them to become self-governing and self-transforming. This raises important questions about the compatibility of different modes of governance insofar as this involves not only questions of institutional compatibility but also the dis-tribution of the individual *and collective* capacities needed to pursue crea-tively and autonomously the appropriate strategies and tactics to sustain con-trasting modes of governance.

Recognising the possible contributions of institutional design and subjec-tive governmentality to meta-governance is no guarantee of success. These are certainly not purely technical matters that can be resolved by those who are experts in organisational design, public administration, and public opin-ion management. For all the technical activities of the state are conducted under the primacy of the political, i.e., the state's concern with managing the tension between economic and political advantages and its ultimate responsi-bility for social cohesion. This fact plagues the liberal prescription of an arms-length relationship between the market and the nightwatchman state – since states (or, at least, state managers) are rarely strong enough to resist pressures to intervene when political advantage is at stake and/or it needs to respond to social unrest. More generally, we can safely assume that, *if every mode of governance fails, then so will meta-governance!* This is especially likely where the objects of governance and meta-governance are complicated and interconnected.

Overall, this analysis leads to three conclusions, intellectual, practical and philosophical respectively. For, once the incompleteness of attempts at co-ordination (whether through the market, the state, or heterarchy) is accepted as inevitable, it is necessary to adopt a satisficing approach which has at least three key dimensions:

1. Deliberate cultivation of a flexible repertoire (requisite variety) of responses. This involves recognition that complexity excludes simple governance solutions and that effective governance often requires a combination of mechanisms oriented to different scales, different temporal horizons, etc., oriented to the object to be governed. In this way strategies and tactics can be combined to reduce the likelihood of failure and to modify their balance as appropriate in the face of governance failure and turbulence in the policy environment.
2. A reflexive orientation about what would be an acceptable outcome in the case of incomplete success, to compare the effects of failure/inadequacies in the market, government, and governance, and regular re-assessment of the extent to which current actions are producing desired outcomes.
3. Self-reflexive 'irony' such that the participants in governance recognise the likelihood of failure but proceed as if success were possible. The supreme irony in this context is that the need for irony holds not only for individual attempts at governance using individual governance mechanisms but also for the practice of meta-governance using appropriate meta-governance mechanisms.

I will comment on each of these in turn, beginning with requisite variety. This need for "requisite variety" (with its informational, structural, and functional redundancies) is based on the recognition of complexity. As initially introduced into cybernetics, this law states that, in order to ensure that a given system has a specific value at a given time despite turbulence in its environment, the controller or regulator must be able to produce as many different counteractions as there are significant ways in which variations in the environment can impact on the system (Ashby 1956). This principle has major implications for governance but, as specified, it is essentially static. In a dynamic and changing world the inevitable forces of natural and/or social entropy would soon break down any predefined control mechanism established using this concept. Because of the infinite variety of perturbations that could affect a system in a complex world, one should try to maximise its internal variety (or diversity) so that the system is well prepared for any contingencies. Thus it is appropriate to reformulate the law as follows. To minimise the risks of (meta-)governance failure in the face of a turbulent environment, one needs a repertoire of responses to retain the ability flexibly to alter strategies

51

and select those that are more successful. Moreover, because different periods and conjunctures as well as different objects of governance require different kinds of policy mix, the balance in the repertoire will need to be varied as circumstances change.

This involves the monitoring of mechanisms to check for problems, resort to collibrating mechanisms to modulate the co-ordination mix, and the reflexive, negotiated re-evaluation of objectives. Maintaining requisite variety may well seem inefficient from an economising viewpoint because it introduces slack or waste. But it also provides major sources of flexibility in the face of failure (Grabher 1994). For, if every mode of economic and political co-ordination is failure-prone, if not failure-laden, relative success in co-ordination over time depends on the capacity to switch modes of co-ordination as the limits of any one mode become evident.

The second set of constraints concerns the insertion of reflexive self-organisation (or heterarchy) into the broader political system. This particularly concerns the relative primacy of different modes of co-ordination and their differential access to the institutional support and the material resources necessary to pursue reflexively-agreed objectives. Among crucial issues here are the flanking and supporting measures which are taken by the state; the provision of material and symbolic support; and the extent of any duplication or counteraction by other co-ordination mechanisms. We can distinguish three aspects of this second set of constraints. First, as both governance and government mechanisms exist on different scales (indeed one of their functions is to bridge scales), success at one scale may well depend on practices and events on other scales. Second, co-ordination mechanisms may also have different temporal horizons. One function of governance (as quangos and corporatist arrangements beforehand) is to enable decisions with long-term implications to be divorced from short-term political (notably electoral) calculations. But there may still be disjunctions between the temporalities of different governance and government mechanisms that go beyond issues of sequencing to affect the very viability of heterarchy in the shadow of hierarchy. Third, although governance mechanisms may acquire specific techno-economic, political, and/or ideological functions, the state typically monitors their effects on its own capacity to secure social cohesion in divided societies. The state reserves to itself the right to open, close, juggle, and re-articulate governance not only in terms of particular functions but also from the viewpoint of partisan and global political advantage. This can often lead to self-interested action on the part of state managers to protect their particular interests rather than to preserve the state's overall capacity to pursue an (always selective and biased) consensual interpretation of the public interest and to promote social cohesion.

This provides the basis for displacing or postponing failures and crises. It also suggests that the ideologically-motivated destruction of alternative modes of co-ordination could prove counter-productive: for they may well need to be re-invented in one or another form. In addition, since different conjunctures and periods require different kinds of policy mix, the balance within the repertoire will need to vary. One should also recognise that, even if specific institutions and organisations are abolished, it may be necessary to safeguard the underlying modes of co-ordination that they embody. Overall this should promote the ability to alter strategies and select those that are relatively successful. Thus a flexible, adaptable political regime should seek to maintain a repertoire of modes of policy-making and implementation.

Second, reflexivity involves the ability and commitment to uncover and make explicit to oneself the nature of one's intentions, projects, and actions and their conditions of possibility; and, in this context, to learn about them, critique them, and act upon any lessons that have been learnt. Complexity requires, as we have seen, that a reflexive observer recognises that she cannot fully understand what she is observing and must therefore make contingency plans for unexpected events. In relation to governance, this involves inquiring in the first instance into the material, social, and discursive construction of possible objects of governance and reflecting on why this rather than another object of governance has become dominant, hegemonic, or naturalised. It also requires thinking critically about the strategically selective implications of adopting one or another definition of a specific object of governance and its properties, *a fortiori*, of the choice of modes of governance, participants in the governance process, and so forth (on these particular issues, see Larmour 1997). It requires monitoring mechanisms, modulating mechanisms, and a willingness to re-evaluate objectives. And it requires learning about how to learn reflexively. There is a general danger of infinite regress here, of course; but this can be limited provided that reflexivity is combined with the second and third principles.

Third, there is a philosophical dimension to meta-governance. This concerns the appropriate stance towards the intellectual and practical requirements of effective governance and meta-governance given "the centrality of failure and the inevitability of incompleteness" (Malpas and Wickham 1995: 39). This suggests that, in approaching policy making and implementation, one should also respect what can be defined as "the law of requisite irony". For, in a world of increasing complexity, "Irony – with its emphasis on context, perspective, and instability – is simply what defines 'the present conditions of knowledge' [...] for *everyone*" (Hutcheon 1994: 33).

To defend this strange idea I distinguish irony from cynicism. The cynic is overly influenced by the "pessimism of the intellect" and assumes that new policies will work no better than old policies. This leads the cynic into a state of "being in denial" so that s/he denies failures or else redefines them as successes; it also encourages a manipulative approach, with appearances being stage-managed so that success seems to have occurred. This is the realm of

53

symbolic politics, accelerated policy churning (to give the impression of doing something about intractable problems), and the "spin doctor" – the realm of "words that work but policies that fail". In contrast to the cynic, the ironist is a sceptic. S/he recognises the wisdom of choosing one's preferred forms of failure: this is irony in the Rortyan sense but it is a public form of irony, not a private form. Rortyan irony primarily concerns a contrast between public confidence about the permanency and validity of one's vocabulary of motives and actions and private doubt about their finality and apodicticity (Rorty 1989: 73-4). Thus, for Rorty (1989: xv, italics in original), "an ironist is a person who realises that all non-public convictions and values, and even vocabularies are contingent, contestable, transitory, and exposed to alternatives that arise continually. The ironist's position, therefore, embraces privacy and plurality and denies any one specific view as *a priori* or automatic priority. We must, he says, be *content to treat the demands of self-creation and of human solidarity as equally valid, yet forever incommensurable*".

Now, as expressed by Rorty, purely private irony could lead to cynicism or fatalism – a distrust of the motives behind other's expressed motives and actions and self-serving manipulation of their beliefs, on the one hand, or passive resignation, *laissez-penser*, and *laissez-faire* vis-à-vis others' beliefs and actions, on the other. Yet Rorty does go on to spell out one implication of his philosophy, namely, a "commitment to political freedom and free discussion" (1989: 84). Thus one could conclude that the ironist is more inclined to an "optimism of the will" than a "pessimism of the intelligence". In this sense the ironist is more romantic than cynical. Yet, while Rorty's irony may minimise both cynicism and fatalism, it also tends to privilege the educated intellectual at the expense of the non-reflexive citizen and can encourage forms of elitism and even intellectual terrorism (cf. Haber 1994: 66-69).

Muecke has defined romantic irony as "the ironical presentation of the ironic position of the fully-conscious artist" (Muecke 1970: 20). Transposed from the artistic field to the art of governance, this suggests that self-reflexive governing agents should seek creative solutions whilst acknowledging the limits to any such solution; they must engage in calculation but also make judgements; they must be committed to the resulting governance projects but recognise the risk of failure; and they will need to combine passion and reason to mobilise support behind the project. Recognising the inevitable incompleteness of attempts at governance (whether through the market, the state, or partnership), romantic ironists adopt a satisficing approach. They accept incompleteness and failure as essential features of social life but continue to act as if completeness and success were possible. Whether the ironic stance in this latter regard is purely private (individual) or public (shared) or, again, is covert (unstated but implicit) or open (i.e., expressed in a self-consciously ironical manner) is surely a contingent issue at this level of reflection and analysis. In any case, the political ironist must simplify a complex, contradictory, and changing reality in order to be able to act – knowing full well that any such simplification is also a distortion of reality and, what is worse, that such distortions can sometimes generate failure even as they are also the necessary precondition of relatively successful interventions to manage complex interdependence. The only possibility open for political ironists, then, is, indeed, to stand apart from their political practices and at the same time incorporate this awareness of their ironic position into the practice itself.

Moreover, if political ironists are to take account of the subjects as well as the objects of governance in their ironic attempts at governance, then they must also choose the modes in and through which they do so. The law of requisite irony entails that those involved in governance choose among forms of failure and make a reasoned decision in favour of one or another form of failure. In this respect it is important to note that, in contrast to cynics, ironists act in "good faith" and seek to involve others in the process of policy-making, not for manipulative purposes but in order to bring about conditions for negotiated consent and self-reflexive learning. In line with the law of requisite variety, moreover, they must be prepared to change the modes of governance as appropriate. But for good philosophical reasons to do with empowerment and accountability, they should ideally place self-organisation at the heart of governance in preference to the anarchy of the market or the top-down command of more or less unaccountable rulers. In this sense self-reflexive and participatory forms of governance are performative – they are both an art form and a life form. Like all forms of governance they are constitutive of their objects of governance but they also become a self-reflexive means of coping with the failures, contradictions, dilemmas, and paradoxes that are an inevitable feature of life. In this sense participatory governance is a crucial means of defining the objectives as well as objects of governance as well as of facilitating the co-realisation of these objectives by reinforcing motivation and mobilising capacities for self-reflection, self-regulation, and self-correction.

2.7 Conclusions

This review of the complexities of governance and the nature of governance failure has emphasised that, while self-reflexive organisation is an alternative mode of co-ordination to the market and the state, it is not immune to failure. Indeed I have emphasised here and elsewhere that all forms of co-ordination of complex reciprocal interdependence are prone to failure. Two reactions to the tendency all forms of co-ordination to fail are cynical opportunism and fatalistic resignation. But a third form is also possible: public romantic irony.

55

3

This involves a commitment to participatory forms of governance in which relevant social forces engage in continuing dialogue and mutual reflection to monitor the progress of their attempts at governance and to develop an appropriate repertoire of modes of co-ordination so that they can respond to signs of failure. This in turn requires a commitment to meta governance practices that are concerned to create the conditions in which the scope for participatory governance is optimised in different policy domains and on different scales and in which the contribution of market forces and top-down command (especially through the state) are subordinated to the logic of participatory governance. This does not exclude resort to the anarchy of exchange or the hierarchy of formal organisation as means of simplifying specific co-ordination problems but it does require that the scope of the market mechanism and the exercise of formal authority should be subject as far as possible to forms of participatory governance that aim to balance efficiency, effectiveness, and democratic accountability in and through self-reflexive deliberation in conditions that minimise social exclusion. In this context, while some theorists of governance rightly emphasise that governance takes place in the shadow of hierarchy, this should be understood in terms of a democratically accountable, socially inclusive hierarchy organised around the problematic of responsible meta governance rather than unilateral and top-down command. This places issues of constitutional design at the heart of debates on the future of governance and meta governance.

2.8   References

Amin, A. and Thrift, N. (1995) 'Globalisation, institutional "thickness" and the local economy', in P. Healey, S. Cameron, S. Davoudi, S. Graham, and A. Madani-Pour, eds., Managing Cities: the New Urban Context, Chichester: John Wiley, 91-108.

Ashby, W.R. (1956) Introduction to Cybernetics, London: Chapman and Hall.

Capello, R. (1996) 'Industrial enterprises and economic space: the network paradigm', European Planning Studies, 4 (4), 485-98.

Coulson, A. (1997) '"Transaction cost economics" and its implications for local governance', Local Government Studies, 23 (1), 107-13.

Coriat, B. and Dosi, G. (1994) 'Learning how to govern and learning how to solve problems: on the coevolution of competences, conflicts, and organisational routines', in A.D. Chandler, P. Hagström, and Ö. Sölvell, eds., The Dynamic Firm: the Role of Technology, Strategy, Organization, and Regions, Oxford: Oxford University Press, 103-33.

Dean, M. (2002) 'Culture governance and individualisation', in H. Bang, ed., Governance, Governmentality and Democracy, Manchester: Manchester University Press (in press).

56

Dierkes, M., Antal, A.B., Child, J., and Nonaka, I., eds., (2001) Handbook of Organizational Learning and Knowledge, Oxford: Oxford University Press.

Eder, K. (1999) 'Societies learn and yet the world is hard to change', European Journal of Social Theory, 2 (2), 195-215.

Fukuyama, F. (1995) Trust: the Social Virtues and the Creation of Prosperity, New York: Free Press.

Grabher, G. (1994) Lob der Verschwendung, Berlin: Edition Sigma.

Haber, H. F. (1994) Beyond Post-Modern Politics: Lyotard, Rorty and Foucault, London: Routledge.

Haas, P.M. and Haas, E.B. (1995) 'Learning to learn: improving international governance', Global Governance, 1 (4), 255-285

Hutcheon, L. (1994) Irony's Edge: the Theory and Politics of Irony, London: Routledge.

Jessop, B. (1997) 'The governance of complexity and the complexity of governance: preliminary remarks on some problems and limits of economic guidance', in A. Amin and J. Hausner, eds., Beyond Markets and Hierarchy: Interactive Governance and Social Complexity, Chelmsford: Edward Elgar, 111-147.

Jessop, B. (1998) 'The rise of governance and the risks of failure: the case of economic development', International Social Science Journal, issue 155, 29-46

Jessop, B. (1999) 'Governance failure', in G. Stoker, ed., The New Politics of Local Governance in Britain, Basingstoke: Macmillan, 11-32.

Jessop, B. (2002a) The Future of the Capitalist State, Cambridge: Polity.

Jessop, B. (2002b) 'Governance and meta-governance. On reflexivity, requisite variety, and requisite irony', in H. Bang, ed., Governance, Governmentality and Democracy, Manchester: Manchester University Press (in press).

Kooiman, J. (2000) 'Societal governance: levels, models, and orders of social-political interaction', in J. Pierre (ed.) Debating governance: authority, steering, and democracy, Oxford: Oxford University Press, 138-64.

Kooiman, J. (2002) 'Activation in governance', in H. Bang, ed., Governance, Governmentality and Democracy, Manchester: Manchester University Press (in press).

Larmour, P. (1997) 'Models of governance and public administration', International Political Science Review, 63 (4), 383-94.

Malpas, J. and Wickham, G. (1995) 'Governance and failure: on the limits of sociology', Australian and New Zealand Journal of Sociology, 31 (3), 37-50.

Mayntz, R. (1993) 'Governing failures and the problem of governability: some comments on a theoretical paradigm', in J. Kooiman, ed., Modern Governance: new Government-Society Interactions, London: Sage, 9-20.

Mayntz, R. (1993) 'Modernization and the logic of interorganizational networks', in J. Child, M. Crozier, R. Mayntz et al., Societal Change between Market and Organization, Aldershot: Avebury, 3-18.

Mayntz, R. (2001) 'Zur Selektivität der steuerungstheoretischen Perspektive', Köln: Max Planck Institut für Gesellschaftsforschung. http://www.mpi-fg-koeln.mpg.de/publikation/working_pap../wp01-1.htm, accessed 14/05/2001

Messner, Dirk (1997) The Network Society, London: Frank Cass.

Muecke, D.C. (1970) Irony, London: Methuen.

Müller, F. (2001) Demokratie in der Defensive. Funktionelle Abnutzung -- soziale Exklusion – Globalisierung, Berlin: Duncker & Humblot.

O'Dowd, M.C. (1978) 'The problem of "government failure" in mixed economies', South African Journal of Economics, 46 (3), 360-70.

Putnam, R.D. (2000) Bowling Alone: the Collapse and Revival of American Community, New York: Simon & Schuster.

Rescher, N. (1998) Complexity: a Philosophical Overview, New Brunswick: Transaction Books.

Rorty, R. (1989) 'Private irony and liberal hope', in idem, Contingency, Irony, and Solidarity, Cambridge: Cambridge University Press, 73-95.

Scharpf, F.W. 1994: Games Real Actors could Play: Positive and Negative Coordination in Embedded Negotiations, in: Journal of Theoretical Politics, 6 (1), 27-53.

Wallis, J. and Dollery, B. (1999) Market Failure, Government Failure, Leadership and Public Policy, Basingstoke: Macmillan.

Willke, H. (1997) Ironie des Staates: Grundlinien einer Staatstheorie polyzentrischer Gesellschaft, Frankfurt: Suhrkamp.

Willke, H. (2001) Atopia. Studien zur atopischen Gesellschaft, Frankfurt: Suhrkamp.

Serviceteil

Artikelverzeichnis – 356

Stichwortverzeichnis – 357

Artikelverzeichnis

Habermas, Jürgen (1973): Die Wahrheitsfähigkeit praktischer Fragen. Unterkapitel in: Legitimationsprobleme im Spätkapitalismus, Frankfurt, 140–162. Jürgen Habermas, Legitimationsprobleme im Spätkapitalismus. S. 140–162.

© Suhrkamp Verlag Frankfurt am Main 1973

Rittel, Horst W. J.; Webber, Melvin M. (1973): Dilemmas in a general theory of planning. In: Policy Sciences 4, 155–169

© Springer-Verlag GmbH Deutschland

Healey, Patsy (1992): Planning through Debate: The Communicative Turn in Planning Theory. In: Town Planning Review Vol. 63 (2), 143–162.

© Liverpool University Press

Forester, John (1982): Planning in the Face of Power. In: Journal of the American Planning Association, Vol. 48, (1), 67–80

© The American Planning Association, ► www.planning. org, reprinted by permission of Taylor & Francis Ltd, ► http://www.tandfonline.com on behalf of The American Planning Association.

Renn, Ortwin (1996): Kooperativer Diskurs. Kommunikation in der Umweltpolitik. In: Selle, K. (Hg.): Planung und Kommunikation: Gestaltung von Planungsprozessen in Quartier, Stadt und Landschaft; Grundlagen, Methoden, Praxiserfahrungen, Berlin, 101–112.

© Bauverlag BV GmbH, © Ortwin Renn

Selle, Klaus (2004): Kommunikation in der Kritik. In: Müller, B.; Löb, S.; Zimmermann, K. (Hg.): Steuerung und Planung im Wandel. Wiesbaden, 229–256.

© Springer-Verlag GmbH Deutschland

Mäntysalo, Raine 2002: Dilemmas in Critical Planning Theory. In: The Town Planning Review 73 (4): 417–436.

© Liverpool University Press

Reuter, Wolf (2000): Zur Komplementarität von Diskurs und Macht in der Planung. In: disP – The Planning Review 36 (141): 4–16.

© ETH – Eidenossiche Technische Hochschule Zurich, reprinted by permission of Taylor & Francis Ltd, ► http://www.tandfonline.com on behalf of ETH – Eidenossiche Technische Hochschule Zurich.

Alexander, Ernest R. (2005): Institutional Transformation and Planning: From Institutionalization Theory to Institutional Design. In: Planning Theory 4 (3): 209–223.

© 2005 by Alexander, Ernest R., Reprinted by Permission of SAGE Publications, Ltd.

Healey, Patsy (2007): The New Institutionalism and the Transformative Goals of Planning. In: Verma, Niraj (Hg.): Institutions and Planning: Current Research in Urban and Regional Studies. Amsterdam, Boston. 70–87

Reprinted with permission from Emerald Group Publishing Limited, originally published in Verma, Niraj (Hg.): Institutions and Planning: Current Research in Urban and Regional Studies. Amsterdam, Boston. © Emerald Group Publishing Limited 2007.

Mayntz, Renate; Scharpf, Fritz W. (1995): Der Ansatz des akteurzentrierten Institutionalismus. In: Mayntz R.; Scharpf, F.W. (Hg.): Gesellschaftliche Selbstregelung und politische Steuerung. Frankfurt/Main, New York. 39–73.

Campus Verlag, © Renate Mayntz und Fritz W. Scharpf

Kooiman, Jan (1999): Social-Political Governance: Overview, Reflections and Design. In: Public Management: An International Journal of Research and Theory 1 (1): 67–92.

Reprinted by permission of the publisher Taylor & Francis Ltd, ► http://www.tandfonline.com

Blatter, Joachim (2005): Metropolitan Governance in Deutschland: Normative, utilitaristische, kommunikative und dramaturgische Steuerungsansätze. In: Swiss Political Science Review, 11 (1): 119–155.

© Swiss Political Science Association, Reprinted by permission by John Wiley and Sons, Inc.

Fürst, Dietrich (2001): Regional Governance – ein neues Paradigma der Regionalwissenschaften? In: Raumforschung und Raumordnung 59 (5–6): 370–380.

© Springer-Verlag GmbH Deutschland

Jessop, Bob (2002): Governance and Meta-Governance in the Face of Complexity: On the Roles of Requisite Variety, Reflexive Observation and Romantic Irony in Participatory Governance. In: Heinelt, H. et al. (Hrsg.): Participatory Governance in Multi-level Context: Concepts and Experience. Opladen, 33 58.

© Springer-Verlag GmbH Deutschland

Stichwortverzeichnis

A

Akteur 168–176
Akteurskonstellation 172, 174

C

Critical Planning Theory (CPT) 20

D

Depolitisierung 177
Diskurs, kooperativer 17, 18

G

Gouvernementalität 177
Governance 168, 170, 171, 173, 174, 177
– Modi 168, 172–174, 176
– und Planung 172
– Versagen 176
Government 173, 174

H

Handeln, kollektives 168, 175
Handlungsproblem, kollektives 169
Handlungsprozess, kollektiver 174
Hierarchie 168, 172–174, 177
– Schatten 177

I

Institution 168–172
– formelle 169
– informelle 169, 172
Institutionalismus
– akteurzentrierter 171, 172, 174, 177
– Rational Choice 169
Institutionensystem 168
Institutionenwandel 171, 172
Interdependenz 168, 173, 175
Interpretative Policy Analysis 171

K

Kooperation 171, 174, 175

M

Macht 19–21, 176, 177
– Asymmetrie 17
– Theorie 19
Markt 169, 170, 172, 173, 175
Marktversagen 170, 174
Mehrebenen-Governance 174
Meta-Governance 173, 174, 176
Modell, kommunikatives, Kritik 14

N

Neoinstitutionalismus 168–171, 176, 177
– und Planung 169
Neoliberalismus 177
New Public Management 175

O

Ökonomie, politische 176
Organisation 169, 170, 174, 177

P

Partizipation 14, 18, 19
– Verfahren 18
Planung
– durch Projekte 175
– kommunikative 14, 171, 174–176Geschichte 14Kritik 19Theorie 20, 21
– kooperative 171, 175, 176
– projektorientierte 175
Planungstheorie, kritische 176, 177
Planungsversagen 170
Policy-Netzwerk 174, 175
Postfordismus 172
Pragmatismus, kritischer 19
Problem, kollektives 177
Problemlösungsbias 177
Property rights 170
Prozess 168, 169, 173–175, 177
Public Private Partnerships 175, 176

R

Rational Choice 169–171, 174

S

Sachverhalt, kollektiver 173
Self-Governance 172, 175
Sozialkonstruktivismus 168–171
Staat, kooperativer 172, 175
Struktur und Handlung 168, 170, 171, 173
Subjektivierung 177

T

Theorie
– der kommunikativen Planung 20, 21
– des kommunikativen Handelns 14, 15, 18, 19
Transaktionskosten 169, 170

U

Ungleichheit 177

W

Wachstumskoalition 176
Wandel
– der Institutionen 171, 172
– der Staatlichkeit 173, 175, 176
Wende
– argumentative 14
– kommunikative 14, 18, 20
Werte 168–170, 176, 177
Wettbewerb 176

Z

Zivilgesellschaft 172, 173, 175

Rationalität, kommunikative 15–17, 22
Regel 168, 169, 172
Regional-Governance 175

The manufacturer's authorised representative in the EU is Springer
Nature Customer Service Centre GmbH, Europaplatz 3, 69115 Heidelberg,
Germany. If you have any concerns regarding our products, please
contact ProductSafety@springernature.com

Printed and bound by CPI Group (UK) Ltd, Croydon, CR0 4YY
24/04/2026
02096376-0001